# Chlorophyll

Von M. J. Herberth

**2. überarbeitete Auflage**


**Impressum**

Verlag der Printausgabe:
M.J. Herberth
c/o
Papyrus Autoren-Club,
R.O.M. Logicware GmbH
Pettenkoferstr. 16-18
10247 Berlin.
m.j.herberth@outlook.de
E-Book erschienen bei neobooks Verlag, Erika-Mann-Straße 23, 80636 München
Umschlaggestaltung neobooks München
Redaktionelle Bearbeitung: Tat-Worte.de | Lektorat

**Für tank girl**

Teil 1 7

25. Dezember, Finnland - Lappland, Region Salla *8*

25. Dezember, Finnland - Universität Oulu, Institut für Astrophysik *17*

26. Dezember, Finnland - Lappland, Region Salla *21*

29. Dezember, Deutschland - Frankfurt *50*

29. Dezember, Finnland - Kuopio, Luftwaffenstützpunkt 31. Fliegerkommandostaffel *66*

27. Dezember, Finnland - Lappland, Region Salla *76*

29. Dezember, Finnland - Lappland, Region Salla *80*

29. Dezember, Deutschland - Frankfurt *103*

31. Dezember, Deutschland - Marburg, Außenstelle des Institutes für Phyto- und Humanpathologie *124*

02. Januar, Deutschland - Berlin, Bundesministerium für Landwirtschaft und Ernährung *142*

02. Januar; Schweden - Uppsala *154*

02. Januar, Ostsee *157*

03. Januar, der See *177*

04. Januar, Irland - Insel Dursey *191*

04. Januar, Finnland - Lappland, Region Salla *195*

20. Februar, Finnland - Inarisee, nördliches Lappland *215*

Teil 2 **221**

1. Mose - Kapitel 1 *221*

01 März, Meteorologischer Frühlingsanfang *226*

04. März, Spanien - El Ejido, Region Andalusien *231*

10. März, Deutschland-Marburg, Außenstelle des Institutes für Phyto- und Humanpathologie *238*

10. März, Finnland - Oulu *246*

11. März, Deutschland-Marburg, Außenstelle des Institutes für Phyto- und Humanpathologie *257*

11. März, Finnland - Salla *265*

11. März, Deutschland - Kanzleramt Berlin *269*

11. März, Deutschland - irgendwo in einem Biotop 281

11. März, Australien - Uluru 285

15. März, Deutschland-Marburg, Außenstelle des Institutes für Phyto- und Humanpathologie 287

16. März, Alaska - Sitka-Sund 299

19. März, Grönland - Thule Air Base 303

21. März, Deutschland-Marburg, Außenstelle des Institutes für Phyto- und Humanpathologie 315

21. März, Deutschland - Marburg, Supermarktparkplatz 327

25. Mai, Vereinigte Staaten - Kansas, Corning 340

27. Mai, Deutschland - Berlin 346

05. Juni, Frankreich - Paris 363

05. Juni, Finnland - Oulu 370

06. Juni, Finnland - Sikorsky H-3 Sea King 388

15. Juni, Italien - Lago Maggiore 396

15. Juni, Italien - Lago di Lugano 407

15. Juni, Italien - Lago Maggiore, Flughafen Locarno 421

20. September, Deutschland - Bayerischer Wald 425

29. September, Deutschland - Jagdschloss Marburg, Aada 434

30. September, internationale Gewässer vor der amerikanischen Ostküste 444

30. September, Baikonur / Kasachstan - Biosphäre IV 460

01. Oktober, Deutschland - Jagdschloss Marburg 497

01. Oktober, Irland - Insel Dursey 500

01. Oktober, Alaska - Prospect Creek 503

01. Oktober, Frankreich - Paris 507

01. Oktober, Irland - Insel Dursey 516

01. Oktober, Frankreich - Paris 518

01. Oktober, Deutschland - Jagdschloss Marburg 522

02. Oktober, Deutschland - Jagdschloss Marburg, Eyna 539

29. Oktober, Greenland Warrior 547

30. November, nordchilenische Anden - Chajnantor-Plateau 564

30. November, Biosphäre I - Kontrollraum der europäischen Taskforce 572

Teil 3 - Jahr 2 **593**

02. Februar, Formentera - Biosphäre I *599*

02. Februar, Jake Osterhaus *608*

11. März, Deutschland - Jagdschloss Marburg *614*

11. März, Biosphäre in der argentinischen Pampa *621*

12. März, Deutschland - Jagdschloss Marburg *627*

12. März, Biosphäre in der argentinischen Pampa *634*

12. März, nordchilenische Anden - Chajnantor-Plateau *637*

12. März, Deutschland - Jagdschloss, Marburg *648*

12. März, Chile - Atacamawüste, Boeing C-17 Globemaster *654*

12. März, Naomi Mae Wood *658*

Epilog *662*

## Teil 1

Die Asche macht alle gleich.

*Lucius Annaeus Seneca*

-

## 25. Dezember, Finnland – Lappland, Region Salla

Als Toni die Augen aufschlug und sein trübes Bewusstsein im Halbdunkel das Muster an seiner Zimmerdecke erfasste, war sein Kopf leer. Ihm fiel nicht ein, was heute auf dem Plan stand oder was er gestern gemacht hatte. Der erste verlässliche Gedanke war *Halbdunkel*! Das Muster an der Zimmerdecke erschien ihm immer deutlicher als Zifferfolge. Klar, sein Projektionswecker zeigte 09:57, und plötzlich konnte er auf die Festplatte in seinem Schädel wieder voll zugreifen.

»Halbdunkel, Sonne schon aufgegangen, Weihnachtsferien«, murmelte er leise. Der gestrige Abend lief wie ein Film vor seinem geistigen Auge ab. Das Abendessen mit seiner Familie, der Joulukinkku und die vielen Geschenke. Der Gedanke an seine neuen Langlaufskier ließ alle seine Systeme auf neunzig Prozent schnellen. Er wusste genau, wie er den Tag verbringen würde. Heute war der 25. Dezember – der Tag nach Heiligabend.

Dann fiel ihm das Licht wieder ein. Später am Abend war er mit seinem Vater noch mal vor die Tür gegangen, um frische Luft zu schnappen. Gemeinsam hatten sie den wunderschönen Sternenhimmel betrachtet und etwas Merkwürdiges beobachtet. Für einen Augenblick von geschätzten zwei bis drei Sekunden war der Himmel taghell erleuchtet gewesen. Nicht so, als ob eine große Sternschnuppe ihn erhellte. Nein, es war, als hätte jemand die Sonne für einen kurzen Moment angeschaltet, um sie gleich wieder auszuschalten, als hätte dieser Jemand nachsehen wollen, ob in Salla oder in ganz Lappland noch alles in Ordnung ist. Oder um die Menschen in der Polarnacht – mit zwei Stunden und fünfzehn Minuten Sonnenschein am Tag – durch eine kleine Lichtspende in der Nacht zu entschädigen und ihnen die Hoffnung zu machen, dass es davon demnächst noch mehr geben würde. Vielleicht würde sich dann auch der Alkoholkonsum in Finnland auf einen normalen Pegel einpendeln.

Sie hatten im Familienkreis noch lange darüber diskutiert, was diese Himmelserscheinung hervorgerufen haben könnte. Auch die anderen hatten das Licht durch die Fenster wahrgenommen. Tonis sechsjähriger Bruder Elias, großer Star-Wars-Fan und seit der Bescherung stolzer Besitzer eines rasenden Falken, fühlte sich wie Han Solo und war nicht mehr davon abzubringen, dass hier irgendwelche Außerirdischen die Finger mit im Spiel gehabt haben mussten. Da im Radio aber keine Warnmeldung über eine außerirdische Invasion gekommen war, einigte sich der Familienrat schließlich auf eine große Sternschnuppe oder einen großen Meteor, der einfach nur sehr hell am Firmament verglüht sein musste.

»Frühstück! Toni, kommst du?«, rief sein Vater aus der Küche zwei Etagen unter ihm. Meist brachte Toni mit seinen vierzehn Jahren auf die Frage nur ein gelangweiltes Teenager-»Jaaa« heraus. Doch heute war er voller Tatendrang und sehr hungrig: »Yes Sir, komme gleich!«

Schnell war er aus seinem Bett in seine Cargohose und seinen über alles geliebten orangen Hoodie geschlüpft, halb im Rennen auf der Treppe fast über den Hauskater gestolpert, was dem Tag wahrscheinlich einen anderen Verlauf gegeben hätte, um dann an der wie immer verschlossenen Badezimmertür zu scheitern.

»Aada, wie lange noch? Ich will auch da rein. Nur einmal morgens der Erste sein!« Keine Antwort. Nur das Geräusch des sich im Schloss drehenden Schlüssels, dann ging auch schon die Tür auf, und Tonis zwei Jahre ältere Schwester Aada glitt an ihm vorüber, ohne ihn eines Blickes zu würdigen.

Tonis Morgentoilette war schnell erledigt. Das halblange schwarze Haar kämmte er fast nie. Lediglich auf die Zahnpflege achtete er, das aber auch nur aus Angst vor dem Zahnarzt.

Am Frühstückstisch war die Familie schon versammelt. Aada zeigte ihm, als er sich setzte und alle ihn anschauten, schnell den Inhalt ihres Mundes und schnitt eine Grimasse. Bestärkt durch die ihm zuteilgewordene Schwesternliebe war ihm schnell klar, dass es kein langes Frühstück werden würde und er den größten Teil des noch verbleibenden Tages draußen verbringen wollte.

Seine Mutter schaute ihn mit diesem Blick an, der mit der Missbilligung seiner Körperpflege einherging, und sagte: »Heute musst du aber duschen! Dein Haar ist schon ganz fettig.«

»Ja Mum, aber reicht ja, wenn ich das heute Abend mache. Ich will noch raus mit meinen neuen Langlaufskiern, und außerdem will bestimmt Aada jetzt duschen. Die kriegt doch heute noch Besuch.«

Wenn sein Vater in dem Moment nicht zufällig aufgeschaut hätte, wäre Toni sicher wieder mit See-Food seiner Schwester beglückt worden, die wahrscheinlich auch andere Wege finden würde, ihn zu malträtieren.

»Wenigstens besucht mich jemand. Du hast ja keine Freunde!«, schoss sie mit vollem Mund zurück und hängte ein leises »Opfer!« an.

Toni hatte seine Retourkutsche schon auf den Lippen, aber sein Vater war schneller: »Hört endlich auf, zu streiten! Man, wir haben Ferien, können ausschlafen und in Ruhe frühstücken - *chillt einfach mal!*«, äffte er die Teenager nach.

So wurde das Frühstück weitergeführt. Man sprach über die Planung der nächsten Tage, Verwandtenbesuche, diskutierte, ob alle mit zu Onkel Anton fahren sollten oder ob man die beiden Teenager alleine zu Hause lassen könnte. Das grelle Licht der letzten Nacht wurde wieder zum

Thema. Elias wollte wegen der Außerirdischen auf keinen Fall ohne Eltern sein und liebend gerne zu Onkel Anton fahren.

»Ich geh dann jetzt raus, ein bisschen Langlauf machen. Soll ich Drago mitnehmen?«, sagte Toni nach dem Frühstück.

»Gerne! Der freut sich. Drago war heute noch gar nicht draußen«, sagte Tonis Mutter Anna. »Aber sei zum Abendessen wieder zu Hause, mein Bester.« Toni hasste diesen Ausdruck. Mein Bester – wie sich das anhörte. Schnell war er aus dem Haus, dicht gefolgt von dem freudig bellenden Drago, über den Hof und in den Schuppen gelaufen. Dort empfing ihn der gewohnte Geruch nach Stroh und Holz. Der Schuppen wurde als Lager genutzt und war momentan bis unter das Dach gefüllt mit frischem und trockenem Brennholz. Sein Vater hackte hinter der Hütte mit monotonen Axthieben Holz für den Ofen. Das tat er in letzter Zeit oft, und Toni hatte das Gefühl, er machte es hauptsächlich, um dem Haus zu entfliehen und in Ruhe rauchen zu können. So viel kleines Anmachholz, wie hier mittlerweile herumlag, brauchte kein Mensch auf dieser Welt. Vielleicht tat er es auch, um seiner Mutter aus dem Weg zu gehen. Die beiden hatten sich nach Großvaters Tod und dem Umzug auf den Hof nicht mehr allzu viel zu sagen. Irgendein Schatten lag auf ihrer Ehe. Die Unbeschwertheit der letzten Jahre war gewichen. Vielleicht war es die Sorge um die laufenden Kredite, mit denen man die Geschwister seines Vaters hatte auszahlen müssen. Der fällte mittlerweile mehr Bäume, als für nachhaltiges Forsten erlaubt war, und Mutter hatte neben ihrer Lehrtätigkeit immer öfter Nachhilfeschüler im Haus.

Toni nahm seine Langlaufschuhe aus dem Regal neben der Tür und schlüpfte hinein, um sie dann mit einem Click zu verschließen und mit den nagelneuen Langlaufskiern zu verbinden. Er zog seine olivfarbene Skijacke an, nahm die Skistöcke und glitt durch die Tür in den Schnee.

Der Winter hatte in den letzten Tagen seine Krallen gezeigt. Die Temperaturen lagen weit unter dem Gefrierpunkt, und in der letzten Nacht waren zwanzig Zentimeter Neuschnee gefallen. Toni freute sich auf eine ausgedehnte Runde Langlauf. Er liebte es, nur mit seinem Hund als Begleiter durch die finnische Taiga zu cruisen. Er hatte noch nie verstanden, warum so viele Leute in Skigebiete mit ausgedehnten Loipennetzen fuhren, nur um ständig auf andere zu treffen. Er hasste das Loipenfahren und genoss es, die ersten Spuren in den noch jungfräulichen Schnee zu pflügen.

Seine Uhr zeigte ihm 11 Uhr und 30 Minuten an. Ihm blieben noch circa 45 Minuten Tageslicht, denn die Sonne sollte heute gegen 12:15 Uhr untergehen. Er griff in seinen Rucksack mit der Ausrüstung, um nach einigem Suchen die Hochleistungs-LED-Kopflampe in der Hand zu halten. Nachdem er sich vergewissert hatte, dass die Lampe funktionierte und sich die Ersatz-Akkus an ihrem Platz im Rucksack befanden, stülpte er sie über seine Lappenmütze und fuhr mit gleichmäßigen Bewegungen los.

Seine Tour führte ihn über eine große Rodungsfläche direkt in den borealen Nadelwald. Zum größten Teil fanden sich hier Fichten und Kiefern. Aber auch einige Birken waren in den Wald gesprenkelt. Weiter im Norden veränderte sich die Vegetation zu deren Gunsten. Das Fahren mit den Langlaufskiern war für Toni mittlerweile zur Routine geworden und verlangte seinem durchtrainierten Körper keine allzu großen Anstrengungen ab. Wenn der Wald zu dicht wurde, was selten vorkam, dann fand sich immer ein Wirtschaftsweg. Die finnische holzverarbeitende Industrie war gigantisch.

Er fuhr die übliche Runde und freute sich über den Neuschnee, der seine Spuren von gestern verwischt hatte. Der Hund folgte ihm, holte ihn ein, rannte voraus und kam wieder zurück. Er lief die Strecke mindestens zwei- bis dreimal.

Nach gut fünf Kilometern erreichten sie den See, der am Ostufer von einem dichten Birkenwäldchen gesäumt war. Über dem Westufer stand die untergehende Sonne sehr tief und blendete Toni. Auf seinen Touren entdeckte er immer viele Spuren von Rentieren, Rehen und Elchen im Schnee. Er war mittlerweile zu einem erfahrenen Spurenleser geworden. Manchmal fand er auch Wolfsspuren, und einmal hatte er die Abdrücke von Bärentatzen im frischen Schnee entdeckt. Angst hatte er keine, weil er wusste, dass er nicht in das übliche Beuteschema von Wolf und Bär passte und weil diese Tiere sehr scheu waren und Menschen meist aus dem Weg gingen. Würde dies einmal nicht der Fall sein, so konnte er sich darauf verlassen, dass Drago sein Leben für ihn geben würde.

So hing er seinen Gedanken nach, während er den See im Westen umrundete, ohne dabei bewusst auf seine Bewegungsabläufe oder die nähere Umgebung zu achten, als er plötzlich in die eiskalte finnische Realität zurückgeholt wurde. Er fuhr gerade einen kleinen Hügel hinunter und schaute sich nach Drago um. Der Hund war nicht zu sehen.

»Wo ist denn der Mistkerl hin?« *Wahrscheinlich hat er wieder ein paar Schneehühner aufgescheucht und ist auf der Jagd,* dachte er, während er das Bellen hörte. Es kam aus der Fichtenschonung direkt hinter ihm, vielleicht zweihundert Meter entfernt. Die Jungfichten waren schon kapitale Bäume, um die fünfzehn Meter hoch und momentan vom Neuschnee gepudert. Nur die Bäume am Rand der Schonung waren durch den hier ständig blasenden Wind zum Teil von ihrer Schneelast befreit.

Toni stöhnte und machte kehrt. »Na, dann will ich dich mal holen«, murmelte er und fuhr in seiner Spur zurück. Er hatte gerade den Wald erreicht, als Drago ein fast schon ein hysterisches Bellen anschlug.

Toni fing an, sich Sorgen zu machen. Hoffentlich hat er keinen Fuchs aufgescheucht, schoss es ihm durch den Kopf, während er durch die Bäume in den Wald fuhr und versuchte, den Geräuschen seines Hundes zu folgen. Er war etwa fünfzig Meter weit gekommen und konnte Drago in unmittelbarer Nähe hören, aber noch nicht sehen. Direkt zu seiner Linken lag der Kadaver eines Rehs. Das Tier war noch nicht lange tot. Sein Bauch war aufgebrochen, die Därme lagen ausgebreitet in einem dunkelroten See im weißen Schnee. Die gebrochenen Augen guckten trübe in verschiedene Richtungen. Eines schien ihn direkt anzuschauen. Hier hatte in der Nacht wahrscheinlich ein Vielfraß Beute gemacht. Spuren waren im Neuschnee nicht mehr zu erkennen, aber Toni tippte aufgrund der Bisswunden und der Art und Weise, wie der Kadaver aufgerissen war, auf einen Vielfraß. Da das Reh sonst kaum Fraßspuren aufwies, kam Toni zu dem Schluss, dass der außergewöhnlich angriffslustige und starke Großmarder bei seiner Mahlzeit gestört worden war. Merkwürdig war für Toni nur der Umstand, dass er sein Mahl nicht später beendet hatte und dass das Reh offensichtlich nicht der Grund für Dragos Verhalten war.

Toni konnte den Hund jetzt zehn Meter vor sich sehen, wie er langsam rückwärtsgehend und laut anschlagend in seine Richtung kam. Er bellte etwas an. Da der Junge immer noch nicht den Anlass für Dragos Verhalten ausmachen konnte, fuhr er auf den Hund zu und versuchte ihn zu beruhigen. »Was ist denn los, Dicker? Was hat dich denn so erschreckt? Ruhig, ruhig!«, sprach er laut auf Drago ein, in der Hoffnung, einen womöglich in einem Baum lauernden Vielfraß zu verscheuchen, bevor er ihm ins Gesicht sprang.

Toni fasste seine Stöcke fester und schnellte auf seinen Skiern an einer Fichte zu seiner Linken vorbei mehrere Meter nach vorne, dicht gefolgt von dem immer noch anschlagenden Drago. Dann stockte ihm der Atem und er wäre fast mit seinem vierbeinigen Begleiter kollidiert, der mittlerweile an ihm vorbeigezogen war, als er sah, was Drago so zur Raserei gebracht hatte.

Er hatte schon viele kranke Bäume mit allen möglichen Symptomen gesehen. Schließlich war er im Wald groß geworden, aber der Anblick vor ihm sprengte seine gesamte Vorstellungskraft. Der Baum, wenn man hier noch von einem Baum im herkömmlichen Sinne sprechen konnte, war vollkommen vom Schnee befreit. Das alleine hätte schon gereicht, um ihn stutzig werden zu lassen. Aber was ihm Gänsehaut den Rücken hinunter jagte, war seine Farbe. Besser gesagt: die Farbe seiner Nadeln. Sie bildeten in leuchtendem Orange einen deutlichen Kontrast zu ihrer Umgebung. Vor ihm stand ein Baum, der aussah, als sei er nicht von dieser Welt. Bei kranken, von Schädlingen befallenen Bäumen kam es oft vor, dass Blätter sich verfärbten oder an den Blattspitzen Nekrosen zeigten. Oftmals wurden Blätter auch abgeworfen. Der Baum vor ihm aber sah aus, als hätte jemand fein säuberlich jede Nadel in einen kleinen Lackbecher mit oranger Farbe getaucht. Vielleicht weil das Grün des Chlorophylls nicht mehr gefiel oder weil man was Besonderes zu Weihnachten haben wollte? Und dabei war nicht eine Nadel vergessen, verletzt oder gar abgerissen worden. Nein, der Baum sah aus, als habe ihn jemand umlackiert, und im Schnee darunter lag nicht eine einzige orange Nadel.

Der Anblick war grotesk und hätte Toni fast schon wieder gefallen können, wenn er mit seinen geschulten Augen nicht erkannt hätte, um was es sich hier wirklich handelte: eine Krankheit! Und zwar eine, die er noch nie gesehen hatte.

»Meine Güte!«, zischte er. Deutlich konnte er auch an zwei anderen Fichten links und rechts davon die ersten orangefarbenen Nadeln erkennen, als ob die Farbe auch auf die Nachbarbäume gekleckert wäre. Offensichtlich breitete sich hier irgendetwas Unheimliches aus. *Das glaubt mir kein Mensch!*, dachte Toni, nahm seinen Rucksack ab und kramte sein Handy hervor, um einige Fotos aus mehreren Perspektiven zu machen. Als er das erledigt hatte, beschloss er, den Rückzug anzutreten, da es hier nichts mehr zu tun gab und um den noch immer verstörten Hund von hier wegzubringen. Er verließ den Wald, glitt er in seine alte Spur und macht sich mit Drago in der mittlerweile einsetzenden Dämmerung auf den Heimweg, die Gedanken bei dem eben Entdeckten. Er musste morgen wieder herkommen und das noch mal überprüfen. *So lange erzähl ich erst mal nichts zu Hause.* Vater würde sich sonst unnötig Sorgen machen. Außerdem beschloss er, später eine ausgedehnte Internetrecherche zum Thema Pflanzenkrankheiten und Schädlinge zu machen und die Finger von seinen Computerspielen zu lassen.

## 25. Dezember, Finnland - Universität Oulu, Institut für Astrophysik

In der Fakultät für Astrophysik und Astronomie der Universität Oulu saß Viktor Kaspuhl zur gleichen Zeit an seinem Rechnerterminal und überprüfte die Daten des europäischen Feuerkugelnetzes. Viktor war 31 Jahre alt und hatte seinen Doktor der Physik seit zwei Jahren in der Tasche. Er hatte sich mittlerweile auf Astrophysik spezialisiert, was schon seit frühster Jugend ein Steckenpferd von ihm war. Schon als Teenager hatte er mit einem einfachen Teleskop, das er von seinem Vater zum Geburtstag geschenkt bekommen hatte, den Nachthimmel abgesucht und sich oft die Ringe des Saturn angeschaut. Stunden konnte er so verbringen und hatte manche Nacht zum Tage gemacht. Bei der dabei immer wieder aufkeimenden Erkenntnis über die Größe d es Universums und der damit verbundenen Frage, ob die Menschen auf diesem unbedeutenden Planeten alleine waren im Kosmos, stieß er immer wieder an die intellektuellen Grenzen seines Vorstellungsvermögens. Wahrscheinlich war das der Grund für die Wahl seines Studiums.

Heute war er wissenschaftlicher Mitarbeiter am Institut, und an eine große Karriere war nicht mehr zu denken. Da hatte sich schon vor Jahren die Spreu vom Weizen getrennt. Viktor hatte es sich mit seinem Posten an der Uni gemütlich gemacht, und die Neugier seiner Jugend war in dem Maße zu einer pragmatischen Trägheit geschrumpft, wie sein Bauchumfang gewachsen war. Hauptsache satt und jeden Abend ordentlich was zu trinken - das war nach all den Jahren sein Motto geworden. Aus diesem Grund war Viktor sauer auf seinen Chef, der ihn aus den verdienten Weihnachtsferien und dem Bett von Julia geholt hatte.

Nur weil er gestern, am Heiligen Abend, zu vorgerückter Stunde eine sehr helle Lichtspur am östlichen Nachthimmel beobachtet hatte.

*Wahrscheinlich ist er wieder hackedicht und glaubt, den Stern von Bethlehem über Finnland gesehen zu haben,* dachte Viktor verärgert und rief die verschiedenen Kamerastationen des Feuerkugelnetzes auf. *Vielleicht sollten wir für Oulu die Statistiken noch nach Jungfrauengeburten in den letzten Tagen durchforsten.*

Das europäische Feuerkugelnetz wurde in den Siebzigerjahren aufgebaut und besteht heute aus über vierhundert Kameras über ganz Europa verteilt, die im Abstand von hundert Kilometern aufgestellt sind, sodass man mit ihnen in der Lage ist, nahezu den gesamten europäischen Nachthimmel nach Meteoren, umgangssprachlich auch Sternschnuppen genannt, abzusuchen und gegebenenfalls auch eine Einschlagstelle zu lokalisieren. Wenn so ein Meteor runterkam, ohne vorher vollständig zu verglühen, nannte man ihn – oder das, was von ihm übrig war – Meteorit, und es gab einige Verrückte, die sich auf die Suche nach so was machten. Manch einer dieser Verrückten hatte sich mit solchen Fundstücken schon eine goldene Nase verdient, wusste Viktor.

Da sein Chef Caspary die Feuerkugel im Osten von Oulu beobachtet hatte und den Verlauf der Flugbahn in nördliche Richtung für einige Sekunden weiter verfolgen konnte, wie er am Telefon berichtet hatte, wusste Viktor, welche der Stationen für eine Beobachtung in Frage kamen. Es waren drei. Eine hier am Institut betriebene, die er selbst betreute, eine im finnischen Kuusamo, betrieben von einem Physiklehrer im Ruhestand, und eine auf schwedischem Terrain. Auf seine Daten hatte er natürlich sofort Zugriff und den Film schon längst ausgewertet. Bei der Aufnahme handelte es sich um eine Langzeit belichtete Fotoplatte, auf der sich schnell bewegende Objekte wie Meteore als Lichtspur abzeichneten. Hiermit konnten die Helligkeit und die Winkelgeschwindigkeit des

Objektes berechnet werden. Die anderen Daten konnte er sich schnell aus dem Netz ziehen, da sie immer online zur Verfügung standen. Ja, die Astronomen waren eine eingeschworene Gemeinschaft, jeder half jedem.

Die Auswertung der Daten war für Viktor mathematische Routine, und über verschiedene Berechnungen ergab sich für den Meteor eine Flugbahn von 142 Kilometern, die etwa in 104 Kilometern Höhe begann und irgendwo bei Salla auf Höhe Null endete. Beim Eintritt in die Erdatmosphäre unter einem Winkel von ungefähr 55 Grad hatte der Meteor eine Geschwindigkeit von etwa 23 km/s gehabt und war durch die Reibung in den unteren Luftschichten auf etwa 4 km/s abgebremst worden.

Viktor stieß einen leisen Pfiff aus und murmelte: »Das muss ein ordentlicher Brocken gewesen sein. Ich könnte wetten, der hatte Bodenkontakt.«

Damit war das Objekt von einem Meteor zu einem möglichen Meteorit geworden. Viktor sicherte seine Daten auf dem Uni-Rechner und eine Kopie auf seinem USB-Stick. Außerdem nahm er sich vor, die wichtigsten Informationen auf die Online-Ausgabe ihrer Homepage zu stellen, wenn er Zeit dafür fand. Vielleicht würde sich wieder irgendein Verrückter auf die Suche machen. Die mögliche Einschlagstelle war ausreichend eingegrenzt. *Aber wahrscheinlich ist der Dreckklumpen irgendwo in den unteren Luftschichten sowieso auseinandergebrochen oder explodiert*, überlegte Viktor und war überzeugt, dass der Meteorit, wie so oft, nur eine Karteileiche in seinem Jahresabschlussbericht werden würde. Der Stern von Bethlehem sah auf jeden Fall anders aus, und Viktor wollte nur noch nach Hause, um zu verhindern, dass seine Freundin noch eine Jungfernzeugung erlitt. Da hatte er andere Pläne für heute Abend.

Er kicherte, schickte eine E-Mail mit den Ergebnissen an seinen Chef, der sich wahrscheinlich gerade abfüllte und jetzt vor seiner Frau mit einer astronomischen Jahrhundertentdeckung prahlen konnte.

*Kann mir auch egal sein,* dachte er, fuhr seine Rechner runter und machte sich aus dem Staub.

## 26. Dezember, Finnland – Lappland, Region Salla

In der Region um Salla waren in der Nacht wieder einige Zentimeter Neuschnee gefallen. Der Himmel war aber inzwischen wieder klar, und die Temperaturen fielen weit unter den Gefrierpunkt.

Toni fuhr nach einer unruhigen Nacht – er war immer wieder aufgewacht und hatte an den orangen Baum denken müssen – auf seinen Skiern über die schneebedeckte Rodungsfläche vor dem Hof seiner Eltern. Es war 10:00 Uhr, als er sich auf den Weg machte. Der Rest der Familie saß noch am Frühstückstisch und dachte gar nicht daran, das Haus heute am zweiten Weihnachtsfeiertag zu verlassen. Man wollte es sich lieber im gut geheizten Heim gemütlich machen und den Tag genießen.

Die Internetrecherche am gestrigen Abend hatte keine brauchbaren Ergebnisse geliefert. Toni konnte im ganzen World Wide Web keine Pflanzenkrankheit finden, die nur annähernd ähnliche Symptome zeigte, wie er sie gestern in der Fichtenschonung entdeckt hatte. Einen Nadelbaum, dessen Nadeln vom Grund bis zur Spitze so gleichmäßig orange gefärbt waren, gab es nicht und auch nichts Ähnliches. Was ihn nicht hatte schlafen lassen, waren nicht nur die fremdartig aussehenden Nadeln, sondern auch der Umstand, dass der Baum vollkommen schneefrei war. Dies alles konnte er sich nicht erklären, und das hatte ihn immer wieder aus dem Schlaf gerissen, wenn er kurz eingenickt war. Aber da war noch ein anderes, ihm in dieser Intensität unbekanntes Gefühl, das sich wie ein Dunst über die Gewissheit legte, irgendetwas Wichtiges übersehen zu haben. Dieses Gefühl hatte ihm immer wieder die Luft abgeschnürt. Er hatte Angst!

Den Hund führte er heute im Geschirr, sodass er ihn besser kontrollieren konnte und gleichzeitig von ihm gezogen wurde. Auch Dragos merkwürdiges Verhalten gestern bestärkte ihn nicht in seinem momentanen Lieblingsgedanken an den möglichen schlechten Scherz von ein paar betrunkenen Holzfällern zur Weihnachtszeit.

Schon zwei Kilometer, bevor er die Fichtenschonung erreicht hatte, spürte Toni, dass ihn heute nichts Gutes erwarten würde. Der Hund spielte vollends verrückt. Drago heulte, bellte und zerrte in alle Richtungen wie ein wild gewordener Wasserbüffel. Nur nicht in Richtung der Fichtenschonung. An ein Weiterkommen war mit ihm nicht zu denken.

»Hier Drago!«, sagte Toni und lenkte ihn in die Richtung, aus der sie gekommen waren. Nachdem der Hund sich einigermaßen beruhigt hatte, befreite Toni das verstörte Tier von seinem Geschirr und befahl ihm: »Platz und bleib!« Drago legte sich widerstrebend in den Schnee und schaute winselnd zu Toni auf, der wusste, dass der Befehl, unmissverständlich und einmal gegeben, von dem Hund eingehalten wurde. Da der Junge darauf vertraute, dass sein Begleiter hier auf jeden Fall auf ihn warten würde, nahm er all seinen Mut zusammen und setzte mit kräftigen Stockstößen seinen Weg fort. Nachdem er sich immer wieder nach Drago umgedreht hatte, bis er ihn kaum noch sehen konnte, konzentrierte er sich auf die Fahrt. Meine Spuren von gestern sind unter dem Neuschnee schon wieder verschwunden. In diesen Gedanken versunken, und in Gedanken auch bei dem zurückgebliebenen Hund, traf es ihn plötzlich wie ein Hammerschlag. Als ihm eine Hasenspur an der Stelle auffiel, an der er mit Drago hatte umkehren müssen, wunderte er sich darüber, dass der Hase an dieser Stelle offenbar auch eine Kehrtwendung gemacht hatte und in die entgegengesetzte Richtung davon gelaufen war. Plötzlich wusste er, was er übersehen hatte. Gestern waren in der Fichtenschonung keinerlei Wildspuren gewesen, was in dem jungfräulichen Neuschnee ungewöhnlich war. Hier gab es immer irgendwelche Spuren. Wenigstens einige Vogelspuren waren immer zu finden. Aber gestern? Nichts! Auch das tote Reh fiel ihm wieder ein, das zwar noch nicht so lange tot gewesen sein konnte, aber merkwürdigerweise schon längere Zeit unberührt dort gelegen haben musste. Auch dort waren keine Spuren im Neuschnee zu sehen gewesen. Ein Umstand, der bei einer geschlossenen Schneedecke und den momentanen Temperaturen nicht zu erwarten war, da in den Wäldern immer hungrige Fleisch- und Aasfresser unterwegs waren und dabei sicherlich nicht wählerisch sein würden. Das Reh hätte längst irgendeines Räubers Festmahl werden müssen.

»Hier stimmt verdammt noch mal etwas nicht!«, zischte Toni. Ein Schauer lief ihm den Rücken hinunter, als er noch mehr Tierspuren entdeckte, die an einer imaginären Grenze kehrt machten und sich wieder entfernten. Dahinter waren keine Fährten zu erkennen. Nichts! Nicht einmal die Spuren eines Rotkehlchens – einfach nichts.

Toni musste schlucken, und etwas Schweiß rann zwischen seinen Schulterblättern hinab. Er schaute sich um. Weit und breit war kein Tier zu sehen und, noch schlimmer – er lauschte angestrengt –, es war kein Mucks zu hören, nicht einmal das Zwitschern eines Vogels. Nur das monotone Brummen eines weit entfernten Motorflugzeuges war gerade noch in der sonst absoluten Stille um ihn herum zu hören.

Unwillig nahm er langsam wieder Fahrt auf und bewegte sich vorsichtig weiter auf die Fichtenschonung zu. Dabei musste er zwangsläufig die imaginäre Grenze überschreiten. Er fragte sich, ob er noch in dieser Welt oder schon in einer anderen unbekannten und jenseitigen Welt mit anderen Naturgesetzen war und ob man ihn überhaupt noch von der anderen Seite sah. Fast hatte er damit gerechnet, beim Überschreiten dieser Bannmeile ein unsichtbares Kraftfeld überwinden zu müssen, welches keinem Lebewesen gestattete, den jenseitigen Raum zu betreten. Aber wider Erwarten spürte er nichts.

*Du machst dich selbst verrückt und siehst schon Gespenster. Fahr einfach weiter, es wird schon nicht so schlimm sein. Das lässt sich doch alles erklären*, dachte er ermutigt durch den einfachen Übergang und ließ sich einen Abhang hinuntergleiten, wobei er den Blick hob und das fiebrige, orange Mal sah, das gestern noch eine Fichtenschonung gewesen war.

Toni verlor die Kontrolle über seine Skier und verkantete den Rechten derart, dass er aus voller Fahrt plötzlich gestoppt vornüber ging und sich mehrmals überschlug. Nur den modernen Bindungen war es zu verdanken, dass er sich dabei nicht sämtliche Glieder brach und verrenkte, sondern ohne die Bretter an seinen Füßen mit dem Kopf voran auf dem Bauch zum Liegen kam. Das Erste, was er sah, als er langsam den Kopf aus dem Schnee hob, war der spitze Felsbrocken zwei Zentimeter neben ihm, der ihm fast das Gesicht zerschmettert hätte. Sein Herz hämmerte gegen seine Brust, und der Atem schoss stoßweise aus ihm heraus. Er stöhnte auf und hob den Kopf weiter, um über den Stein schauen zu können. Was er sah, übertraf seine schlimmsten Erwartungen. Der Wald, oder das, was einmal ein Wald gewesen war, ragte orange vor ihm auf und nahm sein ganzes Gesichtsfeld ein. Die Fichtenschonung von gestern gab es nicht mehr. Sie war einer surrealen orangefarbenen, neuen Nadelbaumspezies gewichen und hatte eine Ausdehnung von circa hundert Metern entlang des angrenzenden Waldweges. Auf die Entfernung konnte er ausmachen, dass alle Bäume zusammen, mit orangen Nadeln gesegnet und von ihrer Schneelast befreit, den Eindruck erweckten, der Wald läge in fiebriger Agonie.

Toni stand sehr langsam auf und schüttelte seine Glieder einzeln, wie um zu überprüfen, ob noch alles am rechten Fleck war, und schaute dann wieder auf die bedrohliche Kulisse. Nicht nur die Nadeln waren orange. Auch der ehemals grüne Moosbewuchs am Grund der Baumstämme hatte sich mittlerweile verfärbt. Einzelne Flechten zeigten nicht mehr ihre ursprüngliche Farbe und hingen lustlos von den Bäumen herab.

*Eine Pflanzenseuche, die vor Artgrenzen keinen Halt macht,* ging es ihm durch den Kopf, während er fröstelte. Der Schock des Sturzes hatte ihn zittrig werden lassen. Der sich ihm bietende Anblick erledigte den Rest. Toni bebte am ganzen Leib.

»Ich muss mich bewegen, sonst kühle ich aus«, sagte er leise und klopfte sich den Schnee von Hose und Jacke. Er sammelte seine Skier ein und rammte sie samt der Stöcke in den Schnee. Mit vorsichtigen Schritten ging er trotzig in Richtung des Unfassbaren. »Gestern ein Baum und heute der gesamte Wald. Wie kann sich das so schnell ausbreiten?«, flüsterte er leise, als er sich dem Rand der Schonung bis auf zehn Meter genähert hatte. Weit und breit war kein Tier zu hören, geschweige denn zu sehen, keine Fährten im Schnee unter den Pflanzen und kein Schnee darauf. »Warum ist da kein Schnee mehr drauf?«, fragte er sich mit brennender Neugier, die ihn seinen Schockzustand vergessen ließ.

Als er den ersten Baum erreichte, fasste er Mut, als er dachte: E*s gibt keine Pflanzenkrankheiten, die auf Menschen übertragbar sind!,* und griff nach einem herunterhängenden Zweig in Orange. Er ließ sich einfach herunter biegen und machte einen normalen Eindruck. Toni nahm die orangen Nadeln in Augenschein und untersuchte sie konzentriert. *Alles ganz normal, nur orange, und es roch auch wie ein Fichtenzweig. Verdammt, was war das? Und wo war der Schnee? Der konnte doch nicht einfach so geschmolzen sein.*

Toni riss den Zweig ab, nahm sich ein Herz und lief zu einem zwanzig Meter entfernt stehenden, noch gesunden Fichtenschössling. Er griff einen Zweig mit der linken Hand, während er das orange Ding in der rechten hielt. Toni konnte es kaum fassen. Er hatte es eigentlich gleich gespürt, aber wieder verdrängt. Jetzt, als er die beiden Zweige in den Händen hielt, konnte er es deutlich spüren. Der verfärbte war ein kleines bisschen wärmer. Er wechselte die Zweige, in der Hoffnung, einer Illusion zu erliegen, in seinen Händen hin und her, aber der Eindruck eines Temperaturunterschiedes blieb. Toni war kurz davor, seinen Sinnen nicht mehr zu trauen, aber er hatte hier die logische Ursache für den verschwundenen Schnee in der Hand. Irgendetwas schien die Bäume von innen heraus zu erwärmen und den Schnee schmelzen zu lassen. Es kam ihm vor, als lägen die Bäume in fiebriger Krankheit, und man müsste ihnen kalte Umschläge machen.

Der Junge ging zurück zum Waldrand. Hier war er gestern auf der Suche nach Drago in den Wald gefahren. Toni machte einige Schritte, und plötzlich fiel ihm das tote Reh wieder ein. Vom Instinkt getrieben und mit wachsender Spannung schritt er voran. Er musste sich vergewissern. Das Reh konnte dort nicht mehr liegen. Er hatte schon viele Kadaver im Schnee gesehen, aber nie länger als einen Tag und niemals über Nacht. Irgendein hungriger, herumstreifender Jäger tauchte immer auf, um das Werk des Todes zu vollenden.

Das Reh, oder das, was von ihm übrig war, lag noch an der gleichen Stelle. Es war weder Schnee auf dem Reh zu erkennen - nach dem Schneefall der letzten Nacht unmöglich - noch waren neue Fraßspuren zu sehen. Der Kadaver war zusammengefallen, so als ob jemand die falsche Konfektionsgröße des Fells gewählt hätte. Es entstand der Eindruck, als habe das Reh sich selbst von innen heraus verdaut. Dort, wo gestern noch die trüben Augen gesessen und in verschiedene Richtungen geblickt hatten, waren nur blutige Höhlen mit knöchernen Rändern.

Das war nicht das Werk von Insekten und Würmern, den ersten Leichenbestattern im warmen Sommer. Bei den jetzigen Temperaturen undenkbar. Hier war etwas anderes am Werk. Eigentlich hätte hier gar kein Reh oder wenn, dann ein tiefgefrorenes im gleichen Zustand wie gestern, liegen sollen. Dieses Reh jedoch wurde künstlich über dem Gefrierpunkt gehalten von etwas Unheimlichem, das auch die Bäume vom Schnee befreite und Toni langsam die Kehle zuschnürte.

Der Junge überwand seinen Ekel und alle Ängste, um einen Stock zu greifen und den Kadaver vom morastigen Untergrund anzuheben. Ihm entfuhr ein durchdringender Schrei bei dem Anblick, der sich ihm bot. Es schien, als hätte der pelzige Leichnam Wurzeln geschlagen. Das dichte Geflecht hielt den in Auflösung begriffenen Körper fest am Boden, sodass Toni ihn nur mit Gewalt anheben konnte. Es sah fast so aus, als hätte das tote Reh Wurzelwerk ausgeworfen, um sich mit Nährstoffen aus dem Untergrund zu versorgen, damit es wieder in seinen Pelz hineinwachsen konnte.

Es dauerte einen kurzen Augenblick, der in Zeitlupe den Raum zum Bersten dehnte, bis sich aus einem konturlosen Nebel der unfassbare Gedanke in Tonis Bewusstsein formte: Nicht der Kadaver versorgte sich mit Nährstoffen – irgendetwas im Boden saugte den toten Körper aus!

Der Junge stolperte kreidebleich drei Schritte zurück, zog sein Handy aus der Hose, machte ein Foto von dem Kadaver und wählte die Nummer seines Vaters.

Tonis Vater Mikka war Forstwirt mit Leib und Seele. Das Bewirtschaften von Wäldern lag seiner Familie im Blut. Schon in sechster Generation lebten sie, wie viele finnische Familien, von dem Wald, der nach dem Tod von Tonis Großvater an seinen Vater übergegangen war. Insgesamt bewirtschaftete die Familie ein 3.000 Hektar großes Areal in der Region um Salla. Größtenteils reine Fichtenbestände, die Tonis Vater nachhaltig bewirtschaftete. Das heißt, es wurden nicht nur Bäume gefällt und der weiteren Verarbeitung zugeführt, sondern auch ständig neue aufgeforstet. Ein angepflanzter Fichtenschössling benötigte mindestens achtzig Jahre, bis man ihn als ausgewachsenen Baum schlagen konnte, um damit Geld zu verdienen – ein Generationenvertrag, der vom Vater an den Sohn weitergegeben wurde. Die Bäume, die Mikka heute fällte, hatten sein Vater und zum Teil schon sein Großvater gepflanzt. Der Verdienst aus dem familieneigenen Betrieb reichte aber nicht aus, um die laufenden Kosten zu begleichen. Vor allem die Kredite, die Mikka aufnehmen musste, um seinen drei Geschwistern den Erbteil auszahlen zu können, belasteten die Finanzen, sodass er sich noch als Lohnunternehmer beim finnischen Staat verdingen musste. Hierzu hatte er sich vor drei Jahren einen riesigen Harvester, eine Holzerntemaschine auf sechs Rädern mit 300 PS, angeschafft, um in die Holzernte einsteigen und im eigenen Wald ökonomischer arbeiten zu können.

Ein weiterer Kredit, und Toni kam es manchmal so vor, als würde sich sein Vater übernehmen und Löcher mit Löchern stopfen. Mit der Arbeit für den finnischen Staat kam natürlich dringend benötigtes Geld in die Kasse, aber sein Vater war mit der Politik der Forstämter oft nicht einverstanden, da im Auftrag der Regierung ein Kahlschlag vorangetrieben wurde, den er ökologisch nicht vertreten konnte. Allein in den mehreren tausend Hektar Urwald der Region Salla mit jahrhundertealten Fichtenbeständen waren von Harvestern in wenigen Wochen 400 Hektar unwiederbringlich zerstört worden. Das machte seinen Vater sehr oft nachdenklich, und es war immer wieder Gesprächsthema zwischen Tonis Eltern.

Als das Telefon in Mikkas Arbeitshose vibrierte, lag er gerade mit ölverschmierten Händen unter einem schweren Traktor und versuchte, eine defekte Hydraulikleitung auszutauschen. Die Arbeit ging vor. Der

Traktor musste morgen laufen, und die Familie konnte am zweiten Feiertag auch ohne den Vater auskommen.

»Hallo, wer spricht da?« Mikka konnte die Stimme am anderen Ende der Leitung nicht gleich einordnen. Hier peitschten Panik und Hysterie die Worte eines Menschen in den Stimmenverzerrer.

»Toni? Toni, bist du das? Was ist denn los? Wo bist du?«

Aus den Lauten in der Leitung kristallisierte sich langsam die Stimme seines Sohnes: »Papa, du musst sofort her kommen, der Wald ist krank! Ich hab so was noch nie gesehen. Komm schnell, ich habe Angst!«

»Aber wo bist du denn? Was ist denn passiert? Du machst mir auch Angst!«

Toni schrie schon fast eine Wegbeschreibung in das Telefon.

Mikka eilte in der Gewissheit, seinen Sohn noch nie so aufgelöst erlebt zu haben, mit dem Telefon am Ohr zu seinem Schneemobil vor dem Hallentor, startete den Motor, noch während Toni am anderen Ende wiederholt die Worte »Fichtenschonung am See« in sein Ohr schrie, und fuhr mit Vollgas los.

Das Letzte, was er in der einsetzenden Dämmerung im Scheinwerferkegel seines Schneemobils sah, während er das Hofgelände mit aufheulendem Motor verließ, war der Hund, der wie von allen Geistern verlassen auf das Haupthaus zu rannte.

Toni lief, das Handy noch in der Hand, im Halbdunkel seinen eigenen Spuren folgend aus dem Wald und schrie nach Drago. Atemlos stolperte auf den Weg und drehte sich wieder zu m Wald um. Das orange Ungetüm streckte seine Finger nach ihm aus. Der Junge erinnerte sich an das letzte Geräusch im Telefon. Sein Vater war mit dem Schneemobil auf dem Weg zu ihm. Da war er sich sicher. Er versuchte, die Zeit einzuschätzen, die sein Vater mit der Maschine bis zu ihm brauchen würde.

Als er schlotternd in der Kälte stand und die Minuten sich wie Gummi dehnten, zog die Dunkelheit einen immer engeren Kreis um ihn. Von Drago war nichts zu sehen. Im letzten Licht erkannte er noch die Baumreihen fünfzehn Meter gegenüber der Fichtenschonung. Hier begann der Wald seiner Familie. Man konnte deutlich die ersten hellen Rostflecke an zwei mächtigen Fichten sehen. Sein letzter Gedanke, bevor er den Motor hörte, war: *Bitte nicht auch das noch!*

Der Motorschlitten kam schnell näher, und er konnte das Orange jetzt hin und wieder im Lichtkegel des Gefährts aufblitzen sehen. Sein Vater sprang förmlich von dem auslaufenden Schlitten und rannte auf ihn zu, ohne dem laufenden Motor weitere Beachtung zu schenken. Toni sank unendlich dankbar in seine Arme.

Mikka drückte ihn eng an sich. »Was ist los mit dir? Beruhige dich! Ich bin ja da! Was ist mit dem Wald? Warum ist der Wald krank? Und was ist mit Drago los? Der ist mir eben auf dem Hof entgegengekommen – ohne dich! Mir ist fast das Herz in die Hose gerutscht. Und wo sind deine Skier?«

Für Toni zu viele Fragen auf einmal. Er wand sich aus der Umarmung seines Vaters, drehte sich wortlos zu der orangen Seuche um und zeigte mit ausgestrecktem Arm auf das Unfassbare im Scheinwerferlicht des Schneemobils.

Mikkas Blick folgte dem ausgestreckten Arm seines Sohnes. Ihm stockte der Atem beim Anblick der Bäume. Er ging im Schnee in die Knie und fragte: »Wann hast du das entdeckt?«

»Gestern!«, war die einsilbige Antwort seines Sohnes.

Mikka stand auf, ging zum Schlitten, der ein paar Meter hinter ihm stand, und nahm den Handhalogenscheinwerfer aus der Halterung an der Verkleidung. Das, was er dann im am Waldrand entlang streifenden

Halogenlicht zu sehen bekam, sollte er für den Rest seines Lebens nicht mehr vergessen.

Den Schockzustand seines Sohnes ignorierend, und selbst ohne Beherrschung bei dem sich ihm bietenden Anblick, schrie er Toni an: »Warum hast du mir das denn nicht schon gestern gesagt, mein Gott?«

Toni sah, wie sein Vater um Fassung rang, und während er mit leeren Augen auf den Familienwald zeigte, waren seine einzigen Worte: »Weil ich gestern nur einen orangenen Baum gesehen habe.«

Mikka folgte der Geste seines Sohnes und leuchtete die Szenerie mit dem Halogenstrahler aus.

»Keine Ahnung, was das ist, Toni! So was hab ich noch nie gesehen. Wie kann sich das so schnell ausbreiten? Das schaffen wir nicht alleine. Wir müssen das beim Forstamt melden.« Er nahm den Jungen wieder in die Arme. »Ich mach dir keine Vorwürfe. Hast alles richtiggemacht. Ich bin total geschockt, aber ich wollte dich nicht anschreien.«

Mittlerweile war es richtig dunkel geworden und man konnte das Nordlicht tanzen sehen, was die Szene noch unwirklicher erscheinen ließ.

Toni erzählte seinem Vater von den Erlebnissen der letzten beiden Tage. Er sprach von Dragos Verhalten, von den Wildspuren, die an der imaginären Grenze kehrtmachten. Er berichtete von dem Reh mit dem ominösen Wurzelgeflecht, er erwähnte die Wärme, die von dem Ast ausgegangen war und den Schnee unter und auf dem Reh hatte schmelzen lassen.

Sein Vater riss einen orangen Ast ab und konnte auch ohne direkten Vergleich mit einem gesunden Zweig spüren, dass die Temperatur leicht über dem Gefrierpunkt lag. Er nahm eine Handvoll Schnee und legte ihn behutsam auf die Nadeln. Sie sahen dabei zu, wie der Schnee langsam schmolz und nach unten tropfte.

Die beiden gingen daraufhin entgegen Tonis eindringlichen Bitten zu dem toten Reh, und Mikka leuchtete mit dem Handstrahler den Ort aus. Er hob den Kadaver, wie zuvor sein Sohn, mit einem toten Ast an und sah Tonis Bericht bestätigt. Der Junge hatte in seiner Panik nicht übertrieben. Auch Mikka war bei diesem Anblick geschockt und angeekelt. Nichts war hier mit gesundem Menschenverstand zu erklären. Vater und Sohn waren sich einig, dass hier etwas vor sich ging, was unbedingt der Klärung durch höhere Instanzen bedurfte.

»Ich hasse diesen Fettsack!«, sagte Mikka, als er im Speicher seines Handys die Nummer von Seppo Mikkosen suchte, dem Direktor der Forstverwaltung Lappland und nebenbei auch noch Besitzer einer Zellstofffabrik, und eine Verbindung herstellte. »Hoffentlich ist der Mistkerl nicht wieder vollkommen besoffen!«, sagte er an seinen Sohn gewandt.

»Hier Mikkosen!«

»Hallo Seppo, hier spricht Mikka!« Tonis Vater und er waren per Du trotz gegenseitiger Abneigung. Beide waren schon oft aneinandergeraten, wenn es um die Forstpolitik des Staates ging.

»Was kann ich für dich am zweiten Weihnachtsfeiertag tun, mein Lieber?«, kam die blasierte Antwort. »Ich hoffe, du hast einen triftigen Grund, mich ausgerechnet heute zu stören. Ich dachte, wir sehen uns sowieso morgen?«

»Wir sollten uns heute schon sehen. Ich stehe hier an der kleinen Fichtenschonung, die am Westufer des Sees direkt an unseren Familienwald angrenzt. Du weißt schon, die Grenze zwischen unserem Wald und dem Staatsforst.«

»Ja und? Was soll ich da? Suchst du ein Techtelmechtel mit mir oder was?«

Mikka erkannte an der aggressiven Sprechweise, dass Seppo tatsächlich einen im Tee hatte und er jetzt ein überzeugendes Argument liefern musste, um ihn hierher zu bewegen. Aber das hatte er schließlich!

»Wie es aussieht, habt ihr eine Pflanzenseuche im Wald, die auf meinen Wald übergreift. Ich habe so was noch nie gesehen. Deine Bäume sind alle orange, kein Grün mehr zu erkennen, sehen aus wie ein Schwarm Flamingos, und der Dreck breitet sich in Windeseile aus. Gestern waren es ein oder zwei Bäume, hat mein Sohn mir erzählt. Heute ist fast deine gesamte Schonung befallen. Außerdem sieht es so aus, als würde irgendwas die Pflanzen von innen heraus erwärmen. Die sind vollkommen schneefrei.« Von dem Rehkadaver erzählte er lieber nichts. Den sollte Mikkosen sich mit eigenen Augen ansehen.

»Hä? Was ist los?«, kam die verdutzte Antwort.

»Man Seppo«, blaffte er, »beweg einfach deinen Hintern hierher und schau es dir selber an!«

»Du bist doch besoffen!«, raunzte es nach einer Weile aus dem Telefon.

»Du weißt, dass ich nichts trinke, und mir ist auch nicht nach Witzen zumute. Glaub mir, wir haben hier ein Problem. Ich hab noch nie so ein ungutes Gefühl gehabt!«

Seppo konnte Tonis Vater zwar nicht besonders gut leiden, aber er hielt ihn dennoch für einen zuverlässigen Mann, dessen Urteil ihn schon oft vor größerem Schlamassel bewahrt hatte. Mikkas Stimmlage verriet ihm außerdem, dass Ärger im Anmarsch war. Seppo Mikkosen war ein Mann, der keinen Ärger wollte. Alles, was ihm zusätzliche Arbeit einbrachte, war ihm zuwider. »Bin in einer halben Stunde bei dir, und wehe, das ist einer dieser miesen Holzfällerscherze!«

Mikkosen war ein Hüne. Mit 1,98 Meter Körpergröße überragte er fast jeden Mann, und seine Leibesfülle, die er seinem ausschweifenden Lebenswandel zu verdanken hatte, ließ ihn noch imposanter wirken.

Wenn man ihn so sah, und er jemanden mit seinem vom Wodka aufgedunsenen, pockennarbigen Gesicht zur Rede stellte, konnte man es – zart besaitet – mit der Angst zu tun bekommen. Und wenn er dann noch mit seiner schmierigen Art und mit seinen Metzgerspranken gestikulierend Befehle bellte, war er für jedermann eine furchteinflößende Gestalt. Und e r war ein Kinderschreck. Aber das Schlimmste an ihm war, dass seine körperliche Erscheinung und seine widerwärtige Physiognomie ein Spiegelbild seines Charakters waren. Seppo Mikkosen war ein Lebemann, und er lebte im Hier und Jetzt. Moralische Werte oder Bedenken wurden für einen bequemen Lebenswandel und Profit einfach weggewischt. Alles war unwichtig, solange der Rubel rollte. Er war maßgeblich für den Kahlschlag im nordfinnischen Lappland verantwortlich. Hier wurde im Gebiet der Sami ein Raubbau an uralten Wäldern betrieben. Die Sami waren eine skandinavische Minderheit mit eigener Sprache und Kultur, die sich hauptsächlich von der Rentierhaltung ernährten. Da den Herden der Sami im Winter die alten Waldareale als Weidegründe dienten, drohte ihnen, die Lebensgrundlage entzogen zu werden. Die Rentiere ernährten sich im Winter bei geschlossener Schneedecke fast ausschließlich von den Baumflechten der Urwälder in Nordfinnland. Jede Dezimierung von Weidewald führte zur Dezimierung von Rentierherden und damit zwangsläufig zu existenziellen Einkommenseinbußen, die die Lebensweise der Sami stark bedrohten. Nachdem die Rentierhalter Klage gegen den finnischen Staat eingereicht hatten und trotzdem weiter gerodet wurde, hatten sie das UN-Menschenrechtskomitee angerufen, und der finnische Staat, vertreten durch Mikkosen, musste den Kahlschlag einstellen. Mikkosen war von höherer Stelle aus ein Maulkorb verpasst worden – ein herber Rückschlag für den selbstverliebten Seppo auf persönlicher Ebene und ein herber finanzieller Einbruch für seine

Zellstofffabrik, die mit großem Profit das billige, im Auftrag des Staates geschlagene Holz verarbeitete und verkaufte. Dieses persönliche und finanzielle Waterloo hatte Seppo Mikkosen bis heute nicht überwunden.

Mikka hatte gerade ein Feuer entzündet, um sich und Toni bei den herrschenden Minusgraden zu wärmen, als beide das typische Motorengeräusch von Mikkosens V8 Geländewagen näher kommen hörten. Genau zwei Minuten später rutschte der Hüne mit seinem riesigen SUV amerikanischer Bauart über den verschneiten Waldweg und kam neben Mikkas Schneemobil zum Stehen. Seppo Mikkosen stieg aus seinem Wagen und starrte, ohne die beiden zu beachten, und ohne ein Wort der Begrüßung, auf den im Licht des Feuerscheins und von den Scheinwerfern seines Autos erhellten Wald. Er blickte mehrmals hin und her, schaute auf und ab und murmelte schließlich: »Scheiße noch mal, was ist das denn?« Er wandte sich zu Toni und Mikka um, die beide hinter ihm standen. »Heilige Scheiße, und du sagst, das waren gestern nur ein oder zwei Bäume?«

»Ganz recht, Seppo! Was machen wir jetzt? Wir müssen das Institut für Pflanzenpathologie in Oulu benachrichtigen. Die müssen herkommen und die Sache untersuchen. Vielleicht wissen die, was das ist, und haben irgendein Mittel.«

»Bist du von allen guten Geistern verlassen? Die machen uns den Laden für Wochen dicht und verhängen eine Quarantäne. Das geht gar nicht! Hab ich letztes Jahr oben im Norden schon alles durch. Zwei Wochen Stillstand für Menschen und Maschinen, keine Lieferungen mehr für die Fabrik. Das hat mich einen fünfstelligen Betrag gekostet. Nicht zu vergessen der ganze Ärger und Schreibkram. Und alles nur, weil wir so ein paar Scheißkäfer in den Holzpaletten aus China eingeschleppt hatten. Konnten wir gar nichts für, und die haben zehn Tage gebraucht, um das herauszufinden, diese Schwachköpfe. Und dann hieß es: abholzen und verbrennen. Ich sag dir, was wir machen!«

Mikka wollte intervenieren, doch Mikkosen war nicht zu stoppen.

»Das kann ich auch ohne die Deppen aus Oulu. Wir machen den Wald platt, und das Holz geht in meine Verarbeitung. Das überlebt sowieso kein Käfer.«

»Das können wir doch nicht machen!«, sagte Mikka aufgebracht. »Wir machen uns strafbar. Wir wissen doch gar nicht, was das hier verursacht hat. Kann ja auch ein Pflanzenvirus oder ein Bakterium sein.«

Toni stand neben seinem Vater und verlagerte nervös sein Gewicht von einem Bein auf das andere. Dabei sah er alles andere als glücklich aus. »Papa, erzähl ihm von dem Schnee und den warmen Zweigen!«

Mikkosen schaute irritiert zu dem Jungen.

»Und zeig ihm das Reh!«

Mikka deutete auf die Bäume und machte Seppo auf den fehlenden Schnee aufmerksam. Ein Umstand, der dem noch gar nicht aufgefallen war.

Er nahm einen Ast zwischen seine Wurstfinger und schaute verklärt an dem Baum hoch. »Ja, ja, ein bisschen wärmer, na und! Vielleicht haben die heute mehr Sonne abbekommen und der Schnee ist geschmolzen. Das passiert und lässt sich alles erklären.«

Als Toni ihm von dem eingefallenen und am Boden festgewachsenen Reh erzählte und auch die fehlenden Wildspuren erwähnte, winkte Mikkosen ab und sagte: »Klar kann man da keine Spuren sehen, da liegt ja auch der ganze abgetaute und runter gerutschte Schnee drauf. Ich glaube, ihr seht langsam Gespenster. Und was hat ein verrottetes Reh mit dem ganzen Kram zu tun? Es reicht! Ihr schaut zu viele Horrorfilme.« Mikkosen hatte genug gesehen und gehört. *Mit dem Bengel geht die Fantasie durch,* dachte er und sagte zu Mikka: »Pass auf, mein Lieber«, wieder dieser Ton, »ich übernehme die volle Verantwortung! Du holst deinen Harvester am besten heute noch und fängst an, diesen Dreck zu roden. Morgen früh schick ich dir noch zwei Jungs mit zwei Maschinen, weil du das alleine so schnell nicht schaffen kannst. Übermorgen seid ihr fertig! Das Holz wird zur Fabrik gefahren, den Rest verbrennt ihr hier. Und vergiss nicht deinen Wald da drüben!« Er zeigte auf ihren Familienwald. »Da fängst du am besten an, und meine Leute kommen dir von der anderen Seite entgegen.«

Mikka nickte. Er wusste, dass jedes Widerwort sofort mit Getöse im Keim erstickt würde. Außerdem war es vielleicht nicht die schlechteste Lösung. Zumindest war es eine schnelle Lösung. Und bei der Geschwindigkeit, mit der sich das Zeug ausgebreitet hatte – wenn er den Erzählungen seines Sohnes Glauben schenkte –, war er für jedes schnelle Handeln dankbar. Vielleicht ließ sich so wenigstens der Familienwald retten. »In Ordnung! Ich fang heute noch an und mach eine Nachtschicht. Schick deine Jungs morgen früh her. Wir werden tun, was wir können.«

Mikkosen gab ihm die Hand und stieg in seinen Wagen. Er ließ noch mal die Scheibe herunter und sagte an Toni gewandt: »Und du hilfst deinem Vater! Wir können hier jede Hand gebrauchen!« Dann trat er das Gaspedal durch und fuhr mit durchdrehenden Reifen den Weg zum See hinab.

Toni und sein Vater schauten sich lange an, bis Mikka das Eis brach: »Das ist der richtige Weg! Wir holzen den Mist ab und verbrennen den Rest. Das wird schon!«

»Ich weiß nicht! Ich muss immer dran denken, dass das gestern nur ein Baum war. Morgen sind wir schlauer. Hoffentlich klappt das!«

Sie löschten das Feuer, Toni schnappte sich seine Skiausrüstung und schwang sich hinter seinem Vater auf das Schneemobil. Mit einem mehr als unguten Gefühl in der Magengegend fuhren beide zurück zum Gehöft, in Gedanken bei den unheimlichen Vorgängen im Wald, die Mikkosen einfach weggewischt hatte.

Als Seppo Mikkosen an der Südseite des Sees entlang fuhr, klappte er sein Handschuhfach auf und bediente sich ordentlich aus der Flasche Wodka, die er dort für solche Situationen immer griffbereit liegen hatte. Irgendetwas stimmte hier nicht. Das konnte er auch spüren. Aber die beiden übertrieben maßlos, und er hatte den Eindruck, dass Mikka sich von dem Bengel an der Nase herumführen ließ. Der Junge war ihm schon öfter unangenehm aufgefallen. Er verabscheute dieses vorlaute, halbwüchsige Gesindel. Hatten doch nur Unsinn im Kopf.

Als er seinen Blick über den im Mondlicht liegenden See schweifen ließ, hatte er für einen kurzen Augenblick den Eindruck, das Eis an der Westseite des Sees sei geschmolzen und das Wasser spüle dort schwer ans Ufer. Er nahm noch einen kräftigen Schluck aus der Flasche und ließ die Gespenster der heraufziehenden Nacht hinter sich.

Mikka und Toni erreichten nach einer zehnminütigen Fahrt durchgefroren den Hof. Das Haus war hell erleuchtet, und aus den drei Schornsteinen stieg der Rauch der Öfen kerzengerade in den sternenklaren Nachthimmel. Drago kam ihnen bellend entgegen. Der Hund war eine Mischung aus einem Deutschen Schäferhund und einem tschechoslowakischen Wolfshund. Die meisten Menschen, die ihn das erste Mal zu Gesicht bekamen, hielten ihn für einen Schäferhund. Nur für Kinder, die unbeeinflusst durch Erfahrungen das Wesentliche sahen, war Drago ein Wolf. Der tschechische Wolfshund war aus einer Kreuzung von Schäferhund und Karpatenwolf entstanden. Für einen Kenner war das Wölfische in Dragos Körperbau und Verhalten sofort zu erkennen.

Drago sprang an den beiden abwechselnd hoch, und seine gelben Wolfsaugen leuchteten im Mondlicht.

Die anderen hatten es sich im Wohnzimmer gemütlich gemacht und schauten Fernsehen. Tonis Mutter Anna konnte sofort die Anspannung der beiden an ihren Gesichtern ablesen. Aada und Elias schauten nur kurz hoch und sagten »Hallo!«, um sich gleich wieder ins Programm zu vertiefen.

»Kommt, wir gehen in die Küche! Ich mach euch einen Kaffee«, sagte Anna, bemüht um eine sorglose Stimme.

In der Küche saßen sie zu dritt um ihren riesigen Tisch, tranken Kaffee und schwiegen sich an. Es herrschte eine angespannte Atmosphäre, die keiner lange aushalten würde.

Als Anna schließlich fragte, was passiert sei, brach der Bann, und die beiden erzählten ihr alles. Sie fragte zwischendurch immer wieder nach, um Ordnung in die Geschichte zu bekommen, und nachdem Toni die Erlebnisse des gestrigen Tages zusammengefasst und mit den heutigen in Verbindung gebracht hatte, nickte sie verstehend und schüttelte dann gleich den Kopf ob dieser unglaublichen Geschichte.

»Warum sind die Bäume orange geworden?«, sagte sie mehr zu sich selbst. Anna hatte ihr Biologieexamen im Fachgebiet Botanik mit Auszeichnung bestanden und war eine exzellente Pflanzenkennerin. Sie ließ sich von Toni das Foto auf seinem Handy zeigen, welches er tags zuvor in der Fichtenschonung von dem einen Baum gemacht hatte, und sagte dann: »Wenn ich es nicht besser wüsste, würde ich sagen, die Fichte hat ihr gesamtes Chlorophyll verloren, das, wie ihr wisst, für die grüne Farbe der Pflanzen und für die Fotosynthese verantwortlich ist. Und das, was wir dort sehen, ist der Anteil der Restfarbstoffe in den Nadeln. Aber da müssten eigentlich auch noch andere Farben sein. Es sieht so aus, als ob man hier nur noch die Carotinoide sehen kann. Das ist eine

Farbstoffklasse, die zum Beispiel für die Farbe von Möhren und auch für die Laubfärbung der Laubbäume im Herbst verantwortlich ist. Nämlich dann, wenn die Laubbäume das energiereiche Chlorophyll in den Blättern abbauen und als Reservestoff für den Winter speichern. Aber hier haben wir keine Laubbäume vor uns, sondern immergrüne Koniferen, Fichten, und die werfen keine Blätter ab, nicht im Herbst und schon gar nicht im Winter. Und das mit den Zweigen, die sich erwärmen und den Schnee tauen lassen – das ist mehr als komisch. Ich habe so was noch nie gesehen oder davon gehört. Ich glaube, Mikkosen hat erst mal recht mit dem, was er zu euch gesagt hat. Das ist alles sehr unheimlich, aber die Sache mit dem Rehkadaver kann man wahrscheinlich wirklich einfach erklären. Durch den Verwesungsprozess ist vielleicht auch Wärme entstanden und hat irgendeinen Schimmelpilz wachsen lassen. Wie auch immer, ihr solltet die Bäume schnellstmöglich fällen. Aber es könnte sich auch um eine neue Krankheit handeln, und wenn die Arbeit beendet ist, müssen wir Probe material ins Labor nach Oulu bringen. Das muss auf jeden Fall untersucht werden. Ich glaube, das ist was völlig Neues, und wir wissen gar nicht, was das für uns bedeuten kann.«

Es herrschte erst einmal beklemmende Stille, bis Vater und Sohn ihr zustimmten und der kleine Familienrat sich einig war, so zu verfahren. Anna beschloss, den Besuch bei Onkel Anton fürs Erste abzusagen. So saßen sie noch eine Weile in der Küche zusammen und diskutierten, während Anna dicke Brote für die Nachtschicht schmierte und die Thermoskannen mit starkem, schwarzem Kaffee füllte.

Mikka und Toni fuhren in dem tonnenschweren Harvester auf einem Waldweg durch die klirrende Kälte der Nacht in Richtung der Schonung. Der Harvester hatte eine voll klimatisierte Kabine, sodass sie von der Kälte unberührt blieben. Beide waren guter Stimmung seit dem Gespräch mit Anna, die Mikkosen fürs Erste recht gab und damit das, was sie vorhatten, in ein anderes Licht rückte. Dabei hatte sie aber auch klar zum Ausdruck gebracht, dass die Vorgänge in den Wäldern noch eingehend zu untersuchen seien, und damit beiden aus der Seele gesprochen.

Als sie nach einer guten halben Stunde die Schonung erreichten, sahen sie im Licht der 15 starken Halogenscheinwerfer zuerst die unheimliche Kulisse von vorhin. Es war jetzt 19:45 Uhr, und die Polarnacht wurde nur von dem noch nicht ganz vollen Mond und den Scheinwerfern erhellt, wobei die Halogenstrahler den Wettbewerb um die stärkere Leuchtkraft eindeutig für sich entschieden. Erst der zweite Blick offenbarte ihnen die rasant fortschreitende Anomalie im Familienwald. Die hellen Rostflecke, die sie heute Nachmittag an zwei Fichten ausmachen konnten, hatten sich nicht nur auf den zwei Bäumen vollständig ausgebreitet – die Bäume leuchteten jetzt in dem typischen Orange –, sondern waren in den letzten Stunden auch auf mehrere angrenzende Fichten übergesprungen, die dem Befall nichts entgegenzusetzen hatten.

Mikka wendete die schwere Maschine und steuerte grimmig auf seinen Wald zu, wobei er halb an Toni gewandt, halb in die Koordination des zehn Meter Kranauslegers mit dem frei beweglichen Fällkopf am Ende vertieft, schrie: »Das gibt's doch gar nicht! Das Zeug greift ja um sich wie die Pest und die Pocken. Jetzt reicht's, raus mit dem Gestrüpp!« Die gigantische 30-Tonnen-Maschine beherrschte er durch die Erfahrung der letzten drei Jahre mittlerweile blind. Er senkte den Kranarm, drehte gleichzeitig den Fällkopf mit dem riesigen Kreissägeblatt in die richtige Position und packte den ersten Baum mit den Vorschubwalzen. Die Säge trennte den Baum innerhalb einer Sekunde ab, und die Hydraulik schob das 30-Meter-Gehölz durch die Entastungsmesser des Fällkopfs. Der gesamte Vorgang dauerte maximal dreißig Sekunden. Mikka legte den entasteten Baum ab und packte mit dem Arbeitskopf den nächsten. »Ich mach euch jetzt alle weg!«, schrie er.

Toni musste lachen.

So fällte er im Minutentakt Baum um Baum im eigenen Wald und stapelte sie am Rand des Weges. Um Astwerk und Reisig würden sie sich später kümmern. Nachdem dort kein Orange mehr zu sehen war, wendete er und fuhr mit einem Schrei, der seinem Ärger Luft machte, auf die kranke Fichtenschonung zu.

Der Harvester erledigte sein Zerstörungswerk entlang des Waldsaums, von Mikka mit kalter Präzision gesteuert. Nach drei Stunden Arbeit waren sie bereits zehn Meter in den Wald eingedrungen, Mikka und die Maschine arbeiteten wie ein Uhrwerk. Als er die fünf Meter breite Gasse für den Holzernter weiter in die Schonung vorangetrieben hatte, legte er bei laufendem Motor eine Pause ein und drehte sich zu seinem Sohn um. Toni war trotz der Erschütterungen der schweren Hydraulik und der Motorengeräusche hinter ihm auf dem Notsitz eingeschlafen. Mikka trank einen heißen Kaffee und gönnte sich bei einer Stulle eine kleine Verschnaufpause. Er dachte über die Arbeit der letzten Stunden nach und überschlug im Geiste die Anzahl der Bäume, die er gefällt hatte. Er versuchte, sich die Ausdehnung der Schonung ins Gedächtnis zu rufen, und ging nach einer ersten Schätzung davon aus, dass er alleine mindestens zwei bis drei Tage brauchen würde, um den kranken Wald zu fällen.

Er griff in seiner Weste nach seinem Handy und fand zwei neue SMS. Anna machte beiden mit ein paar freundlichen Worten Mut und bat ihn, sich am nächsten Morgen bei ihr zu melden. Die zweite Nachricht war von Mikkosen. Die beiden Helfer sollten in den frühen Morgenstunden gegen fünf Uhr mit zwei schweren Sattelschleppern und den Harvestern bei ihm erscheinen. Außerdem stellte Mikkosen für die Mittagszeit noch weitere Leute für das Holzrücken in Aussicht. Er plante, das Holz direkt abzufahren und das Reisig an Ort und Stelle zu verbrennen.

Mikka beendete seine Pause, Toni schlief immer noch fest, und brachte den Motor auf Drehzahl, um seine Arbeit fortzusetzen. Gegen zwei Uhr war er zwanzig Meter in den Wald eingedrungen. Die Rodungsfläche hinter ihm wuchs Stunde um Stunde und füllte sich mit entasteten Stämmen und Reisig. Mikka konnte die Augen nicht mehr aufhalten, das konzentrierte Arbeiten mit der komplexen Maschine überforderte ihn zusehends. Er stellte den Motor ab und beschloss, eine Mütze Schlaf zu nehmen. Er befürchtete, dass Toni durch den plötzlichen Stillstand aufwachen würde, aber der schlief immer noch wie ein Murmeltier. Mikka lehnte sich in seinem Fahrersitz zurück und sank fast sofort bei dem monotonen Brummen der Standheizung in einen traumlosen Schlaf.

Ein dumpfes Dröhnen drang in gleichmäßigen Intervallen in sein komatöses Bewusstsein. Mikka wusste nicht sofort, wo er war und woher das Geräusch kam.

»Papa, da klopft jemand an die Scheibe«, drang Tonis Stimme in seinen umnebelten Kopf.

Auf dem Tritt des Harvesters stand Ukko und trommelte gegen die Kabinentür. Hinter ihm konnte man Tuure im Schnee erkennen. Der Atem der beiden kondensierte in der eiskalten Luft zu kleinen Wolken, sodass es fast so aussah, als würden sie rauchen.

»Da hat Mikkosen ja seine übelsten Speichellecker geschickt!«, flüsterte Mikka Toni zu und richtete sich auf. Ein Blick auf die Uhr zeigte ihm, dass es zehn Minuten nach fünf war. Er zog seine dicke Daunenjacke an und forderte Toni auf, es ihm gleichzutun. Die Kälte kam wie ein Schock, nachdem er die Tür des Harvesters geöffnet hatte.

»Hallo ihr zwei, lange nicht mehr gesehen. Seid ihr auf dem Laufenden?«

Die beiden waren genau instruiert und wussten, was zu tun war. Mikkosen hatte ihnen erzählt, hier wären ein paar Bäume zu fällen, die durch den Befall eines eingeschleppten Käfers abgestorben seien, und dass man den Krankheitsherd nur durch sofortigen radikalen Einschlag entfernen könne. Er war sich der Verschwiegenheit seiner Leute sicher und wusste auch, dass die zwei Einfaltspinsel sich der Tragweite der Geschehnisse nicht bewusst waren. Denken war nicht ihre Stärke, und das kam einem Seppo Mikkosen sehr gelegen. Er wollte Leute, die taten, was man ihnen sagte.

Sie verständigten sich schnell über das weitere Vorgehen. Beide würden mit ihren Harvestern von der anderen Seite der Schonung ihr Zerstörungswerk beginnen, und irgendwann im Verlauf des nächsten Tages oder der nächsten Nacht würden sie sich in der Mitte treffen. Da keine Zeit zu verlieren war, legten die drei schnell eine Funkfrequenz für die Kommunikation fest und gingen auseinander.

Toni und Mikka bestiegen das Fahrzeug und nahmen ihre Arbeit im Licht der Strahler wieder auf. Nachdem sich beide einig waren, dass Anna bereits ihren ersten Kaffee am Küchentisch zu sich nahm, wählte Toni ihre Nummer und unterrichtete sie über den Verlauf der Arbeiten und die Ankunft der beiden Helfer. Anna war zufrieden. Aber am meisten war sie beruhigt darüber, dass die kranken Bäume im eigenen Wald schon gestern Abend gefällt worden waren. Sie verabredeten sich, gegen Mittag wieder zu telefonieren, und Anna bot an, ihnen eine warme Mahlzeit vorbeizubringen.

Die Rodungsarbeiten schritten Stunde um Stunde voran. Von Ukko und Tuure war nichts mehr zu hören. In der ersten Morgendämmerung, gegen 9:00 Uhr, bat Toni seinen Vater, sich die Beine vertreten zu dürfen. Außerdem musste er sehr dringend, nachdem er in den letzten Stunden sehr viel Kaffee getrunken hatte.

Mikka unterbrach seine Arbeit und hielt an. »Pass aber auf dich auf da draußen. Nicht dass du den beiden Landeiern noch in die Quere kommst und sie dich mit einem Baum verwechseln. Geh am besten zurück über das schon gerodete Gebiet«.

»Mach ich, und wenn ich zurückkomme, rufe ich dich vorher an.«

Mikka nickte und ließ Toni aussteigen. Er legte sein Handy auf die Konsole des Harvesters, um den eingehenden Anruf auf keinen Fall zu verpassen, und winkte seinem Sohn noch einmal zu. Sich einem Harvester bei der Arbeit zu nähern, ohne vom Fahrer gesehen zu werden, konnte tödlich enden. Toni entfernte sich von den Geräuschen des Fahrzeugs und ging in Richtung ihres Waldes durch die Fahrgasse des Holzernters.

Das, was von dem Reh übrig war, hätte er beinahe übersehen. Sein Vater musste in der Nacht mit dem tonnenschweren Gerät über den Kadaver hinweggerollt sein und hatte ihn dabei tief in den Untergrund gedrückt. Er konnte in den Profilabdrücken der Reifen die Umrisse eines Tieres nur erahnen. Die zermalmten, spitzen Knochen stießen seitlich des Reifenabdruckes aus dem Boden. Hier gab es nichts mehr zu untersuchen.

Noch angewidert von dem Anblick, erreichte er den Waldweg an der Grenze zu ihrem Familienwald. Er setzte sich auf einen Baumstumpf und stellte seine Augen auf unendlich. »Einfach nichts mehr denken!«, beschwor er sich und betrachtete eine Fichte. Das erste Orange in den Ästen hob sich klar vom restlichen Grün ab. Toni konnte seinen Blick von einem befallenen Ast nicht mehr abwenden. Und je länger er hinschaute, umso deutlicher nahm er die vermeintliche Bewegung der kranken Farbe in dem Ast wahr.

Man kennt diese Form der Bewegung auf einer für uns kaum wahrnehmbaren Zeitskala vom Betrachten eines Sonnenuntergangs. Erst, wenn man wirklich lange hinschaut, kann man sehen, wie die Sonne sich langsam hinter den Horizont schiebt. Dieser Eindruck bleibt auch dann noch erhalten, wenn man weiß, dass sich dort nicht die Sonne bewegt. Ähnlich war es auch hier. Das Fortschreiten der Krankheit war nur zu erahnen. Aber wenn man lange hinschaute, konnte man sehen, wie das Orange in Zeitlupe das normale Grün verdrängte. Toni wagte nicht zu blinzeln.

Nachdem er fast eine halbe Stunde in die Eiseskälte gestarrt hatte, war der Landgewinn der Krankheit -und eine Krankheit war es auch, da war er sich jetzt absolut sicher - in dem Grün des Astes nicht mehr zu leugnen. Das Orange war in dieser Zeitspanne, die Toni wie eine halbe Ewigkeit vorkam, um einige Zentimeter vorangeschritten. Das hatte er gesehen, und er war sicher, seine Sinne spielten ihm keinen Streich. Deprimiert stand er auf und ging mit vor Kälte tauben Füßen langsam zurück. Die Tragweite seiner Beobachtung lastete schwer auf seinen Schultern, und er überlegte schon, wie er das seinem Vater beibringen sollte, während er dessen Nummer wählte.

Es war mittlerweile früher Nachmittag geworden und Toni saß wieder hinter seinem Vater, der immer noch hoch konzentriert seiner Arbeit nachging. Er hatte von seiner Entdeckung aus der Angst heraus, alle bisher gemachten Fortschritte mit einem dummen Satz zunichtezumachen, noch nichts berichtet. Er dachte, dass er das noch mal überprüfen müsse, bevor er es seinem Vater erzählen könne. Dann sah er durch das Unterholz den roten Harvester keine 20 Meter von ihnen entfernt.

Toni tippte Mikka auf die Schulter und zeigte nach draußen. Mikka stoppte die Maschine und sprang mit dem Walkie-Talkie am Ohr aus der

Kabine. Toni folgte ihm. Sie konnten jetzt deutlich Ukko hinter der Scheibe des Fahrzeugs erkennen, der ihnen zuwinkte.

Der stoppte seinen Harvester, ließ den Motor im Leerlauf und sprang heraus. Mikka und Toni gingen auf ihn zu und sahen jetzt die Rodungsfläche der beiden anderen Fahrzeuge hinter dem letzten Waldstreifen, der sich noch zwischen ihnen und der neuen Brachfläche befand. Tuure befand sich mit seinem Harvester 15 Meter links von Ukkos Fahrzeug und hatte sie noch nicht bemerkt, da er in einer von ihnen abgewandten Fahrgasse arbeitete.

Auf der von Bäumen befreiten Fläche sahen sie jetzt noch mehr Helfer, die unter den barschen Anweisungen von Mikkosen mit dem Holzrücken beschäftigt waren. In der Mitte der Rodung brannte ein riesiges Feuer aus Reisig und Ästen. Das Orange der Nadeln wurde von der Hitze versengt und löste sich auf. Es lag ein beißender Geruch in der Luft. Die Flammen schossen fast zehn Meter in die Höhe; sie konnten die Hitze des Feuers fast spüren. Die Rauchsäule war bestimmt meilenweit zu erkennen, und ein Ascheregen ging über dem Wald im Osten des Sees nieder.

»Hallo Mikka, so sieht man sich wieder. Ging ja schneller, als ich gedacht habe!«, schrie Ukko ihnen entgegen.

»Ja, lass uns den Rest schnell erledigen. Dann können wir den Müll verbrennen und endlich nach Hause. Ich brauch ne warme Mahlzeit!«, rief Mikka ihm zu.

»Das wird wohl nichts!«, kam die Antwort. »Du hast noch nicht den Wald am Ostufer des Sees gesehen? Das scheint ein sehr schneller Käfer zu sein, den ihr euch da geholt habt. Alles schon orange verseucht. Mikkosen hat uns schon an den Eiern. Wir sollen da gleich weitermachen!«

Mikka stöhnte auf und legte den Arm um seinen Sohn.

»Außerdem hab ich noch gar keinen Käfer gesehen. Eigentlich hab ich überhaupt keine Tiere gesehen, nur komische Bäume ohne Schnee drauf!«, rief Ukko mit sehr viel Sarkasmus in der Stimme.

In diesem Moment brach der andere Harvester mit lautem Getöse durch die letzten noch stehenden Bäume. Tuure saß mit verbissenem Gesicht hinter dem Steuer und packte soeben eine große Fichte mit dem Fällkopf. Sie hörten noch das schneidende Geräusch der Kreissäge, die den zwanzig Meter langen Stamm ohne Schwierigkeiten vom Stumpf trennte, als Toni infernalisch aufschrie.

Mikka begriff nicht sofort, was der Auslöser für den Schrei war. Erst als er Tonis Blick nach oben folgte, sah er das Unheil auf sie zukommen. Tuure hatte den Baum gefällt, und der untere Teil des Fichtenstammes war fest im Fällkopf der Maschine fixiert. Der obere Teil aber brach entlang einer Sollbruchstelle – vielleicht eine Schwachstelle, verursacht durch einen der letzten Herbststürme – mit einem lauten Knacken und senkte sich langsam herab. Alles geschah jetzt in Sekundenbruchteilen. Mikka zerrte Toni unter Aufbietung all seiner Kräfte weg von der fallenden Baumspitze und blickte dabei in das völlig fassungslose Gesicht von Ukko, der mit offenem Mund seinem Tod entgegensah, als der Baum ihn auch schon begrub.

Das Nächste, was Mikka wahrnahm, war ein völlig desolater Tuure, der schreiend auf den Unglücksort zu rannte und vergeblich versuchte, den Baum wegzuzerren, unter dem sein Freund lag. Von Ukko war unter der tonnenschweren Last nichts zu sehen. Auch die anderen Helfer hatten jetzt bemerkt, dass etwas geschehen war, und drehten ihre Köpfe in Richtung des Unheils. Mikkosen rannte bereits los.

Mikka sprang auf den Harvester von Ukko, der immer noch mit laufender Maschine herumstand, drehte mit der Steuerung den Fällkopf so, dass er den Stamm packte, und hob ihn mit der Hydraulik so vorsichtig an, wie er nur konnte. Keiner begriff sofort, was hier passiert war. Nachdem Mikka den Rest des Baumes angehoben hatte, war von Ukko immer noch nichts zu sehen. Erst als Tuure schreiend in den Wipfel des abgerissenen Baumes zeigte, der am Kranausleger des Harvesters mehrere Meter über dem Boden schaukelte, sahen es auch die anderen. Ein langer abgestorbener Ast hatte Ukkos Oberkörper in Höhe des Brustbeins, knapp unter dem Hals, durchbohrt. Ukko hing an dem Ast wie ein aufgespießtes Insekt, das Blut quoll in Strömen aus ihm heraus, während seine Füße hoch in der Luft noch zuckten.

Als Mikkosen atemlos seinen toten Waldarbeiter erreicht hatte und Tuures Schreien zu einem leisen Wimmern erstorben war, konnte Mikka seinen Sohn sehen, wie er sich an einen Baumstumpf gelehnt übergab. Das war's, dachte er und wählte auf seinem Telefon bereits die Nummer der Polizei. Sanitäter würde man hier nicht mehr brauchen.

## 29. Dezember, Deutschland - Frankfurt

Aus den Boxen hämmerte das Intro des Stones Songs Sway. Mick Jagger sang mit unverwechselbarer Stimme. Mia trommelte den Rhythmus mit der flachen Hand auf das Lenkrad, mit der anderen Hand steuerte sie den alten Volvo über die zweispurige Allee im morgendlichen Berufsverkehr von Frankfurt.

Heute war nicht viel los. Mia kam schneller voran als gedacht. In zwei Tagen würde Silvester auf einen Sonntag fallen. Die meisten hatten sich die drei Brückentage zwischen Weihnachten und Neujahr freigenommen. Für Mia leider undenkbar. Würde das so weitergehen, erschien sie noch zu früh zur Arbeit. Das geschah nicht all zu oft.

Sie fuhr die Miquelallee in westlicher Richtung und nahm den Zubringer zur Autobahn in Richtung Darmstadt. Mia kannte die Strecke und wusste, dass sie ihr Ziel, wenn alles gut ging, in einer halben Stunde erreichen könnte. Der Motor des vierzehn Jahre alten Volvos schnurrte vor sich hin, während die Stones ihr letztes Stück spielten und Mia mit 130 km/h über die fünfspurige Autobahn fuhr. Ihr Blick wanderte, wie jeden Morgen, nach rechts über das gigantische Flughafengelände, und sie erschreckte sich, wie jedes Mal, über das vierstrahlige Personenflugzeug, einen Airbus, der 70 Meter über ihrem Kopf mit heulenden Triebwerken zur Landung ansetzte.

*Warum muss ich mich eigentlich immer erschrecken, wenn so ein Ding über mir fliegt?* , dachte sie, fischte die CD aus dem Autoradio und schaltete auf USB-Modus. Nach einer Weile erklangen die Gregorianischen Gesänge. Eine gute meditative Einstimmung für die Arbeit, die heute vor ihr lag. Außerdem war sie sich sicher, dass die Choräle ihre sonst so hektische Fahrweise beruhigten, und das war für sie, aber auch für die anderen Verkehrsteilnehmer, von Vorteil, wie ihr oft von Mitfahrern bestätigt wurde.

Auf der Landebahn Nordwest konnte sie aus den Augenwinkeln noch einen Flieger landen sehen. Die Flugzeuge landeten und starteten am Frankfurt/Main Airport im Minutentakt. Mia wunderte sich darüber, dass die Maschinen nicht in noch kürzeren Abständen landeten. Bei dem Verkehrsaufkommen im europäischen Luftraum musste es da oben doch langsam eng werden. Sie konnte es manchmal nicht glauben, dass bei wolkenlosem Himmel über der Mainmetropole das schachbrettartige Muster nur von den Kondensstreifen der Verkehrsflugzeuge gezeichnet wurde. Neulich erst hatte sie die Animation eines Schweizer Forscherteams im Netz gesehen, die eindrucksvoll den Flugverkehr auf dem gesamten Globus darstellte. Die Flugzeuge waren als gelbe Punkte markiert, und es sah teilweise so aus, als würde ein gelber Wespenschwarm über den Globus schwirren. Tageszeitabhängig waren Nordamerika oder Europa unter dem gelben Schwarm nicht mehr zu erkennen. Insgesamt waren zu jeder Zeit zehntausend Flugzeuge auf dem gesamten Globus in der Luft und über den Tag waren es mehr als hunderttausend.

*Kaum zu glauben,* dachte Mia. *Dabei flieg ich höchstens zehnmal im Jahr.* Bei dem Gedanken musste sie laut lachen. Mia war 31 Jahre alt und hieß mit bürgerlichem Namen Schindler. Sie hatte Physik studiert und war Postdoc am Zentrum für Entwicklungsforschung der Uni Frankfurt. Nach dem tragischen Tod ihrer Eltern war sie durch das Erbe eigentlich finanziell abgesichert und bis zu ihrem Lebensende ausreichend versorgt. Sie hätte nicht mehr arbeiten müssen, aber der Müßiggang und das leichte Leben taten ihr nicht gut. Sie hatte das schon ein paar Jahre in vollen Zügen genossen und wäre beinah vor die Hunde gegangen. So war sie froh darüber, eine auf fünf Jahre befristete Stelle ergattert zu haben.

Im Rahmen ihres Forschungsauftrages sollte ihr Team im Auftrag der Europäischen Union Strategien für die nachhaltige Nutzung tropischer Regenwälder entwickeln. Momentan aber war sie abgestellt für einen dringlicheren Auftrag der Europäer - ein Freundschaftsdienst für die Regierung von Singapur. Es ging darum, der Palmölindustrie in Malaysia und Indonesien Abholzungen durch Brandrodungen nachzuweisen. Der südostasiatische Stadtstaat litt immer häufiger unter starken, mittlerweile gesundheitsschädlichen Rauchbelästigungen durch die Rodungen in den Nachbarstaaten. Mia wusste, dass die Palmölindustrie stark boomte. Das Öl wurde aus den fetten Früchten der Ölpalme gewonnen und war eines der wichtigsten Pflanzenöle weltweit. Es war fast in jedem zweiten Supermarktprodukt enthalten. In Lebensmitteln, Kosmetikprodukten, Schmiermitteln war es zu finden und sogar als Brennstoff wurde es genutzt.

Mias Aufgabe bestand darin, die Verursacher der Brandrodungen auf den Inselstaaten mittels Satellitenaufklärung dingfest zu machen. Sie war die erste Wahl für diesen Job, da sie im Rahmen ihrer Forschungen über den tropischen Regenwald maßgeblich an der Einführung der Satellitenaufklärung in ihrem Fachgebiet beteiligt war und schon wiederholt Aufklärungsprojekte für ihr Forschungsteam geleitet hatte. Außerdem war sie weltweit eine viel gebuchte Dozentin auf dem Fachgebiet Satellitennavigation, was auch Thema ihrer Doktorarbeit war. Für die Aufklärung hatte ihr Arbeitgeber bei der Europäischen Weltraumorganisation (ESA) Satellitenzeit eingekauft, bezahlt durch Gelder der EU._Mia hatte seit einer Woche Zugriff auf die Erdaufklärungssatelliten der Spectorreihe. Hierzu fuhr sie jeden Tag von ihrem Wohnsitz in Frankfurt zum European Space Operations Centre, kurz ESOC, der ESA in Darmstadt.

Mias Gedankengänge wurden jäh unterbrochen. Ihr Smartphone meldete sich mit den Riffs von *Satisfaction*. Sie griff nach dem Telefon auf dem Beifahrersitz und war einen Augenblick abgelenkt bei dem Versuch, das Display zu lesen und die Musik gleichzeitig leise zu stellen. Dass sie die Geschwindigkeitsbegrenzung von 80 km/h übersehen hatte, wusste sie in dem Moment, als sie den grellen Blitz des Radargerätes unter der Autobahnbrücke wahrnahm.

»So ein Mist!«, entfuhr es ihr bei m Blick auf den Tacho, der immer noch 130 anzeigte. »Das Scheißding steht jeden Tag an der gleichen Stelle. Hier ist 80er-Zone, und ich Idiotin bretter da mit 130 rein!«, rief sie in ihr Telefon, ohne zu wissen, wen diese Botschaft am anderen Ende der Leitung erreichen würde. »Das sind mindestens drei Punkte und hundertfünfzig Euro! Wenn ich Pech habe, auch noch ein Fahrverbot!«

»Hi Mia, was machst du denn da?«, hörte sie die belustigte Stimme ihres Freundes Simone. »Man, fahr bloß vorsichtig! Ich seh dich vor mir, mit dem Telefon am Ohr. Hab dir schon hundert Mal gesagt, du sollst dir ne Freisprecheinrichtung kaufen, dann passieren solche Sachen auch nicht!«

»Ja, ja, ich weiß, aber das hilft mir jetzt auch nicht mehr. Hab ich jetzt ein Fahrverbot? So ein Mist!«

»Kommt drauf an. Wenn du 50 Kilometer zu schnell warst, dann ist der Lappen für einen Monat weg. 160 Euro kannst du dann auch noch zahlen. Eigentlich wollte ich dich fragen, was ich heute Abend für dich zu Essen machen kann. Ich wollte kochen und dich einladen!«

»O Mann, o Mann, das auch noch! Ja, lad mich ein! Am besten für die ganze Woche, bei den Preisen hier!«

»Jetzt warte erst mal ab, wie schnell du wirklich warst. Die ziehen da noch einen Toleranzwertwegen Messungenauigkeiten ab. Also, was darf' s heute Abend sein? Wünsch dir was!«

»Gut! Ich brauch Energie, mach mir Fleisch! Vielleicht Osso Bucco? Komm aber erst gegen neun Uhr nach Hause.«

»Exquisite Wahl, zwar teuer, aber ich krieg auch keinen Bußgeldbescheid«, lachte er amüsiert ins Telefon. »Also, ich sehe dich um neun, freue mich! Der gedeckte Tisch wartet auf dich. Lass uns Schluss machen vor der nächsten Radarkontrolle, sonst hast du auch noch ein Telefon am Ohr, wenn sie dich fotografieren. Das wird dann noch teurer. Kuss!«

Das Letzte, was sie hörte, bevor er auflegte, war sein herzhaftes Lachen. Sie legte das Telefon zurück und fuhr verärgert weiter. Ein bisschen freute sie sich aber auch schon auf den Abend.

Ihr Ärger war fast verflogen, nachdem sie ihr Ziel erreicht hatte. Dass sie auf dem Gelände des ESOC sofort einen Parkplatz ergatterte, ließ ihre Laune wieder hochschnellen, obwohl sie wusste, dass an den Brückentagen im Center auch nur mit kleiner Mannschaft gespielt wurde. Mia war ein positiver Mensch, und Dinge, die nicht zu ändern waren, konnte sie mit großer Gelassenheit hinnehmen.

Sie erreichte den Eingang des Gebäudekomplexes und genoss dabei ein letztes Mal für die nächsten Stunden die winterliche Sonne. Ihr Arbeitsplatz war ein Kontrollraum mit dutzenden Bildschirmen in einer Kunstlichtatmosphäre. Die biometrische Zutrittskontrolle zum Hochsicherheitsbereich des Gebäudes war eine lästige Prozedur, aber auch eine notwendige. Der Scann ihrer Iris benötigte nur einige Sekunden. Wenn sie mit dem linken Auge in den Scanner blickte, beschlich sie allerdings immer das ungute Gefühl, jemand schaue ihr direkt ins Gehirn und lese dabei gleichzeitig ihre Gedanken. Nachdem auch die automatische Gesichtserkennung sie als Mia Schindler identifiziert hatte, zog sie ihre Chipkarte durch das Lesegerät. Die schwere Sicherheitstür schob sich zur Seite, und sie schlüpfte durch den sich verbreiternden Spalt, bevor die Tür sich ganz geöffnet hatte.

»Hallo Klaus!«, begrüßte sie im Eingangsbereich, wie jeden Morgen, den Sicherheitsmann mit der österreichischen Glock im Pistolenhalfter. Die Antwort war ein kurzes militärisches Nicken des bewaffneten Mannes einer externen Sicherheitsfirma, während sie hinter sich hörte, wie die Schließbolzen der Tür mit einem metallischen Klicken zeitgleich arretierten. Ihr Arbeitsplatz lag im ersten Stock des Gebäudekomplexes. Im Erdgeschoss befanden sich die Sozialräume der Belegschaft, die Kantine mit der riesigen Küche und die Nachtquartiere für die Nachtschicht, die hier ein wenig schlafen konnte, wenn es ruhig war und der Pager sie nicht zum Dienst rief.

Mit dem Fahrstuhl fuhr sie in den ersten Stock und öffnete die Sicherheitstür am Ende des Ganges mit ihrer Chipkarte. Der Kontrollraum lag in schwacher Notbeleuchtung vor ihr. Die großen Monitore an der konkav zu den Arbeitsplätzen gebogenen, vierzig Meter langen Wand zeigten verschiedene Satellitenaufnahmen sowie aktuelle Weltraumfotos der internationalen Raumstation ISS und erhellten den riesigen Raum zusätzlich. Die circa hundert Arbeitsplätze bogen sich in zwei Reihen entlang der Raumgeometrie und waren mit Computerterminals ausgestattet, wobei die altertümlich wirkenden Computerbildschirme auf den ersten Blick seltsam wirkten. Das lag daran, weil es sich hier ausschließlich um Röhrenbildschirme handelte, die im Falle eines elektromagnetischen Pulses, ausgelöst durch ein Gewitter oder im Verteidigungsfall durch eine nukleare Explosion, nicht ausfielen. Da die Antennen der ESOC aus verständlichen Gründen nicht gegen elektromagnetische Strahlung abgeschirmt werden konnten, war das die einzig mögliche Schutzmaßnahme im Kontrollraum. Das Rechenzentrum lag gut gesichert in der vierten Etage des unterirdischen Gebäudeteils, eingekapselt in einen gigantischen Faradaykäfig, der für elektromagnetische Strahlen undurchdringlich war. Momentan war der Kontrollraum mit lediglich zwei Wissenschaftlern besetzt, die Mia nur vom Sehen kannte und die jetzt, wie in den letzten Tagen auch um diese Zeit, im Gehen begriffen waren. Das war das Schöne an ihrem Job. Der Überwachungsauftrag sollte in zwei Wochen um Weihnachten und Neujahr durchgeführt werden. Auf der Südhalbkugel war jetzt Sommer, und das Jahresende war die beste Zeit für illegale Brandrodungen, sodass Mia meistens vollkommen alleine und ungestört in dem riesigen Raum arbeiten konnte.

Sie steuerte auf die ihr zugewiesene Arbeitskonsole in der ersten Reihe zu. Sie band ihre schulterlangen blonden Haare zu einem Zopf, schwang sich in den Drehstuhl und aktivierte ihren Arbeitsplatz mit der Chipkarte. Nachdem sie eine Verbindung zu dem sechs Etagen tiefer gelegenen Rechenzentrum hergestellt hatte, loggte sie sich mit einem zehnstelligen numerischen Code in das Betriebssystem der Satelliten ein und fuhr die Systeme zur Steuerung der optischen Sensoren hoch. Bei der Suche nach einem Aufklärungssatelliten für ihre Mission wäre ein geostationärer Satellit über Asien die erste Wahl gewesen. Solch ein Satellit würde ein großes Gebiet abdecken und wäre auch ständig in der Lage, das Zielgebiet mit seinen optischen Systemen abzutasten und das Bildmaterial an die Bodenstation zu funken. Das Problem hierbei war aber, dass Satelliten im geostationären Orbit in einer Höhe von 35.786 Kilometern über dem Äquator flogen und dass diese Höhe zulasten der optischen Auflösung der Kamera ging. Deshalb bekam man kein auswertbares und beweiskräftiges Bildmaterial durch die Sensoren. Außerdem verringerte sich mit zunehmender Höhe und damit Entfernung zur Bodenstation die Datenübertragungsrate. Aus diesem Grund hatte Mia die Satelliten der Spectorreihe gewählt. Sie bildeten ein weltumspannendes Netz mit 84

Satelliten. Jeder auf einer eigenen Umlaufbahn, in der gleichen Höhe und mit der gleichen Geschwindigkeit. So war gewährleistet, dass jeder Teil der Erde zu jeder Zeit durch einen der 84 Satelliten sensorisch abgedeckt wurde.

Auf den Monitoren ihrer Arbeitskonsole konnte sie die Satelliten, die mit ihrem Footprint das Zielgebiet abdeckten oder es in den nächsten Stunden tun würden, auf ihren momentanen Umlaufbahnen verfolgen. Als Footprint bezeichnete man das Gebiet, das ein Satellit mit seiner Optik ausleuchten konnte. Die Aufklärungssatelliten flogen auf niedrigen Erdumlaufbahnen in einer durchschnittlichen Höhe von 680 Kilometern mit einer Durchschnittsgeschwindigkeit von 7,6 Kilometern pro Sekunde und benötigten so für eine Erdumrundung circa 98 Minuten. Bedingt durch die niedrige Flughöhe lieferten die hoch auflösenden Kameras der Satelliten Bilder in bester Qualität, deren Datenmengen auf die relativ kurze Distanz auch per Funk übertragbar waren. Jeder Satellit war zusätzlich mit einem Infrarotsensor ausgestattet, der das elektromagnetische Spektrum erweiterte. Mit diesem bildgebenden Verfahren war man in der Lage, warme Körper in einer kälteren Umgebung zu detektieren. Eine gängige Praxis bei Spionagesatelliten, um feindliche Panzer mit warmen Motoren im Gelände aufzuspüren oder ein U-Boot unter Wasser zu erkennen. Die niedrige Flughöhe ging allerdings mit einer sehr hohen Geschwindigkeit einher, sodass die Satelliten das Zielgebiet nur kurz überflogen und maximal eine Viertelstunde Zeit hatten, um das Areal mit den Kameras abzusuchen. Dann brauchte der Satellit wieder 80 Minuten, um die Erde zu umrunden. Das Absuchen eines so riesigen Gebietes auf illegale Brandrodungen war für einen Menschen, auch wenn er, wie Mia, ein geschultes Auge für solche Aktivitäten hatte, die sprichwörtliche Suche nach der Nadel im Heuhaufen. Aus diesem Grund hatte sie die Satelliten und deren optische

Systeme so programmiert, dass sie in der ersten Woche bei ihrem Überflug eine Reihe von Bildern machten und alle Satellitenaufnahmen zusammengenommen eine fotografische Karte des Untersuchungsgebietes liefern würden. Die Daten wurden von jedem Satelliten an die Bodenstation im indonesischen Jakarta übermittelt und dann an das Rechenzentrum der ESA weitergeleitet. Mias Aufgabe bestand jetzt nur noch darin, das Bildmaterial genauer zu untersuchen, auffällige Areale zu vermessen und mit den ermittelten Koordinaten den Rechner zu füttern. Danach konnte sie die Satelliten für die zweite Woche so programmieren, dass sie bei der Passage der verdächtigen Flächen die in Frage kommenden Gebiete mit der Optik heranzoomen und Detailfotos machen konnten. Auffälligkeiten, nach denen sie auf den Fotos suchte, waren bei Tag starke Rauchfahnen von Buschfeuern und bei Nacht der weithin sichtbare Feuerschein der Flammen. Außerdem konnte Mia mit den Infrarotsensoren der Satelliten die Restwärme von bereits erloschenen Rodungsfeuern nachweisen. Sowohl, wenn das Zielgebiet im Erdschatten lag, als auch bei Tag.

Heute sollte die erste Phase der Untersuchung abgeschlossen werden und die Detailuntersuchungen sollten beginnen. Nach der ihr vorliegenden Datenlage war sie sicher, mehrere Volltreffer landen zu können. Momentan wanderten die Inselstaaten langsam aus dem Footprint von Spector y06 heraus und Spector d09 würde gleich übernehmen. Da sie jetzt ein bisschen Zeit hatte, bis die heiße Phase der Detailuntersuchungen beginnen würde, widmete sie ihre Aufmerksamkeit einer anderen Aufgabe. Sie drehte sich um, registrierte, dass sie jetzt alleine im Kontrollraum war, und rief die Bilder eines bestimmten Satelliten ab. Mia kicherte leise in sich hinein, weil ihr bewusst wurde, dass nicht jeder mit einem millionenteuren Hightech-Apparat in 680 Kilometern Höhe spielen konnte, der mit einer hoch auflösenden Kamera ausgestattet war. Sie hatte vor, den nächsten Urlaub mit Simone in Skandinavien zu verbringen, um dort bei ausgedehnten Trekkingtouren das Polarlicht zu genießen und anschließend für eine Woche ein Ferienhaus in einem Skigebiet zu mieten. Mia hatte sich schon mehrere Häuser im Netz angesehen, aber die Beschreibungen waren dürftig, und sie fragte sich, warum die Vermieter dieser Ferienhäuser immer Bilder von Duschen, WC s, Betten und Küchenzeilen zeigen mussten, ohne einmal das Haus aus mehreren Perspektiven in seiner Umgebung zu fotografieren. Dann wäre ihr so mancher Urlaub in den letzten Jahren mit Baustellen auf dem Grundstück oder Vermietern, die in direkter Nachbarschaft lebten und einem den ganzen Tag auf die Nerven gehen konnten, erspart geblieben. Also, was war einfacher, als mal eben aus 680 Kilometer Höhe vorbei zuschauen, Hallo zu sagen und die Lage zu checken?

Der Satellit ihrer Wahl befand sich momentan über Grönland und flog auf das europäische Festland zu. Er war noch im Erdschatten der winterlichen Polarnacht und würde in wenigen Minuten die Tag-und-Nacht-Grenze über Europa überschreiten. Nachdem sie sich in die Optik des Satelliten eingeloggt hatte und der Systemcheck positiv verlaufen war - alle Systeme waren einsatzbereit -, übernahm sie die Handsteuerung. Der Satellit hatte soeben den Erdschatten verlassen und flog nun im Tageslicht über Nordeuropa. Bis zum Erreichen ihres Zieles hatte Mia jetzt noch einige Minuten. Bei dem Gedanken daran musste sie wieder lachen und sich dann noch mal umdrehen. Die Luft war aber noch rein, niemand würde sie stören.

Sie trainierte in der noch verbleibenden Zeit ihre Fingerfertigkeit im Umgang mit der komplexen Kamerasteuerung und versuchte, ihre Augen an das übertragene Bild aus dem Orbit zu gewöhnen. Mia erfasste auf der scheinbar unter ihr vorbeirasenden Erdoberfläche Skandinavien mit der

Kamera und zoomte dann in das nördliche Finnland mit dem schneebedeckten Lappland. Das Ferienhaus ihrer Wahl lag etwa dreihundert Kilometer im Nordosten von Oulu, einer Hafenstadt am Bottnischen Meerbusen, die sie jetzt bei bester Sicht klar erkennen konnte. Sie schwenkte mit der einem Joystick nicht unähnlichen Handsteuerung die Kamera in die richtige Position und zoomte das Gebiet heran. Sie hatte leider keine Adresse von der Ferienhaussiedlung, sondern wusste nur, dass sich das Häuschen in der Nähe einer kleinen Ortschaft namens Salla in Waldrandlage an einem See befand. Nun, Seen gab es in Finnland wie Sand am Meer, und Wald war in dem waldreichsten Land Europas auch keine Mangelware. Mia hatte aber die Koordinaten der Ortschaft und legte ein Netz mit geografischen Koordinaten über das Satellitenbild.

Salla war schnell gefunden. Jetzt musste sie nur noch nach einem See Ausschau halten. Sie schwenkte die Optik des Satelliten um wenige Grad, und der erste kleine See wanderte ins Blickfeld. Da sie hier keinen Wald erkennen konnte, ließ sie die Kamera weiter über das Gebiet streichen und fand einen am Ostufer bewaldeten See. Mia erhöhte den Zoomfaktor und konnte ihn jetzt deutlich erkennen, er war nur teilweise zugefroren. Von Häusern war weit und breit nichts zu sehen, aber etwas anderes erregte ihr Interesse an dem Bild, das vor ihr auf dem Monitor flimmerte. Westlich des Sees erkannte sie eine große Rodungsfläche - erst mal nichts Ungewöhnliches für Finnland, das praktisch nur von der Holzwirtschaft lebte. Ungefähr in der Mitte dieser Rodung konnte sie deutlich ein großes Feuer ausmachen, dessen dunkle Rauchfahne über den See im Osten zog. Vielleicht war das der Grund für das teilweise Auftauen des Sees, dessen Wasser sich jetzt klar von dem zugefrorenen weißen Teil unter dem sich ausdünnenden Rauch abhob, dachte sie. Aber was ihr wirklich missfiel, war der an die Rodung und das Ostufer des Sees angrenzende Wald. O der besser seine Farbe. Der Wald zeigte ein für die Jahreszeit vollkommen untypisches Orange. Wäre es Herbst gewesen und sie hätte dort unten Laubbäume gesehen, dann wäre das noch in Ordnung, obwohl sie dann auch ein Farbenspiel im Sinne eines Indian Summer erwartet hätte. Aber das war hier nicht der Fall. Die Bäume, alles boreale Nadelbäume, Fichten, vielleicht auch Kiefern, sie konnte das nicht genau erkennen, leuchteten in einem hellen Orange. Fast sahen sie aus wie gekochter Hummer. Auch war der neu eingefärbte Wald nicht klar abgegrenzt. Es gab keine lineare Grenze zu dem ihn umgebenden schneebedeckten Wald. Es sah so aus, als würde das Orange mit tausenden Fingern, Tentakeln gleich, in den normalen Wald greifen und sich dort manifestieren. Teilweise erkannte Mia auch schon orange Kleckse in entfernten Waldgebieten, die keinen Kontakt zu der zentralen orangen Fläche hatten.

Sie wusste nicht, was sie davon halten sollte. Was sie beunruhigte, war aber nicht nur die Farbe der Bäume. »Wo ist denn der ganze Schnee hin?«, murmelte sie in sich hinein. Auf keinem der betroffenen Waldgebiete lag mehr Schnee, wodurch sich das Orange noch deutlicher von den anderen Bäumen abhob. Alles zusammengenommen machte das fast schon einen ästhetischen Eindruck. Besonders der Weiß- Orange- Kontrast wäre nett anzuschauen gewesen, würde das Ganze nicht ein verstörendes Bild wie von einem anderen Stern liefern.

Ihr rannte die Zeit davon. Sie verkleinerte das Zoom und konnte so einen größeren Bildausschnitt aus größerer Höhe sehen. Dabei fiel ihr auf, dass sich auch hier im Umkreis von vielleicht fünfzig Kilometern, so ihre Schätzung, orange Nester in den Wäldern zeigten. Nebenbei bemerkte sie, dass das Gebiet in zwei Minuten aus dem Footprint des Satelliten heraus wandern würde und sie vergessen hatte, die Livebilder aufzuzeichnen.

»Dafür ist jetzt keine Zeit mehr!«, rief sie laut aus. Auch um sich zu beruhigen und die Nerven zu behalten. Dann machte sie mit koordinierten Bewegungen schnell noch einen Screenshot von dem Szenario. Sie brauchte wenigstens ein Bild, um das Areal vermessen zu können. Sie zoomte noch mal in das Zentrum der Rodung und konnte einen großen Fuhrpark und einen Wohncontainer sehen. In der Nähe des Feuers waren mehrere Fahrzeuge verschiedener Bauart zu erkennen, die von einem emsigen Treiben umgeben waren. Wie Ameisen liefen dort einige Dutzend Menschen umher, aber der Sinn ihres Tuns war für Mia nicht ersichtlich. Sie war gerade dabei, das Areal noch mal in die Totale zu zoomen, als das Gebiet aus dem Bild wanderte. Der Satellit hatte mit annähernd 27000 km/h seine Bahn fortgesetzt und die Szenerie ihrem Blick entzogen.

Mia ließ entnervt und von der großen Anspannung in den letzten Minuten entkräftet die Handsteuerung los, lehnte sich in ihrem Sessel zurück und atmete tief ein. Was war das? Alles orange und ohne Schnee? Sie schaute auf den Monitor und das Bild aus dem Orbit, das mittlerweile irgendeine Region in Südfinnland zeigte. Einfach nur den schneebedeckten Nadelwald zu sehen war angenehm für sie. Ihre Gedanken drehten sich um das eben Gesehene. In ihrem Kopf war so etwas wie neurotisches Gedankenkreisen um schneefreies Orange, und es hätte ihr den Boden unter den Füßen weggerissen, wenn sie gestanden hätte.

»Ich glaub das nicht! Der ganze Wald orange, als ob die den angemalt hätten. Das glaubt mir keiner!«, flüsterte sie vor sich hin und lud den Screenshot auf den Monitor, um das unglaubliche Bild in ihrem Kopf mit dem Foto abzugleichen und sich selbst zu bestätigen, dass sie nicht geträumt hatte. »Was machen die Finnen da? Das sieht nicht gut aus! Ich brauch erst mal einen starken Kaffee.«

Mia überprüfte mit automatisierter Routine ihr Satellitenprojekt und erhob sich aus ihrem Sessel, nachdem sie festgestellt hatte, dass dort alles gut lief, griff nach ihrer Handtasche und verließ völlig verwirrt den Raum. Der Fahrstuhl brachte sie ins Erdgeschoss, wo in einem kleinen Raum neben dem Speisesaal die Kaffeeautomaten und die Automaten mit den üblichen kleinen Snacks standen. Mia suchte das passende Kleingeld in ihrer Börse und entschied sich für einen großen, schwarzen Kaffee mit Zucker, der ihrem Kreislauf guttun würde. Sie ging in die Großküche der Kantine, steuerte zielstrebig eine der ausladenden Dunstabzugshauben an und schaltete sie ein. Sie schaute sich um – kein Mensch weit und breit. Aber selbst wenn nebenan eine UNO-Vollversammlung getagt hätte, wäre ihr das jetzt vollkommen egal gewesen. Sie griff in ihre Tasche, zog das Päckchen Zigaretten heraus, lehnte sich unter die Abzugshaube, zündete sich eine an und nahm einen tiefen Zug. So stand sie eine Weile dort, rauchend, den Kaffee in kleinen Schlucken schlürfend, und dachte darüber nach, wie viel Rauch genügen würde, um den Rauchmelder vor ihr an der Decke zu aktivieren. Nachdem sie den letzten Zug in den Abluftstrom der sich über ihr drehenden Rotoren geblasen hatte, löschte sie die Zigarette in dem öligen Rest Kaffee am Boden des Pappbechers, warf ihn in den Mülleimer und ging in die Eingangshalle des Gebäudes.

Klaus, der Wachmann, stand immer noch an der gleichen Stelle und schaute gerade gelangweilt auf seine Uhr. Da er Mia nicht zu bemerken schien, ging sie wortlos zu den Fahrstühlen und entschied sich dann doch für die Treppen zu ihrer Linken. Ein wenig Bewegung würde ihr guttun! Sie nahm immer zwei Stufen auf einmal und erreichte atemlos den Kontrollraum, der unverändert vor ihr lag. Am liebsten hätte Mia jemanden angerufen, um über das eben Erlebte zu sprechen, aber ihr Handy funktionierte hier nicht, zu viel Störfunk durch die großen Empfangs- und Sendeanlagen der ESOC. Und sich eines der abhörsicheren Telefone auf den Arbeitskonsolen zu bedienen, das traute sie sich nicht, denn dann würde sie unweigerlich ein Privatgespräch nach draußen führen, und das könnte großen Ärger nach sich ziehen.

Auch die Anomalie in Lappland mit einem anderen Satelliten abzutasten war ihr für heute zu riskant. Satellitenzeit war ausgesprochen teuer, und wenn das bei einer Routineuntersuchung rauskam, würde sie Probleme bekommen. Sie beschloss, morgen noch mal unerlaubt auf einen der Satelliten über dem Nordpolarkreis zuzugreifen, um das Gesehene mit der Kamera aufzuzeichnen und zu verifizieren. Außerdem wollte sie unbedingt ein Infrarotscreening des Gebietes machen, um hinter das Geheimnis des geschmolzenen Schnees zu kommen. Denn eines war ihr gewiss: Schnee konnte man nur mit Wärme schmelzen, und wo die in einem schneebedeckten Gebiet unter dem Dauerfrost eines skandinavischen Hochdruckgebietes herkommen sollte, das gab ihr ein großes Rätsel auf.

Mia beschloss, heute Abend mit Simone über ihre Erlebnisse zu sprechen. Sie druckte den Screenshot aus, um ihn ihrem Freund als Beweis zeigen zu können. *Der erzählt mir sowieso irgendwas von einem optischen Fehler oder einer Störung im digitalen Chip. Oder er erzählt mir, es sind Fehler bei der Datenübertragung gewesen. Kann ich ihm nicht verdenken. Ich glaub's ja selber nicht,* dachte sie, während sie die orange Fläche auf dem Ausdruck studierte und in Gedanken versuchte, die Größe des Gebietes zu schätzen. Sie legte den Farbausdruck in eine Mappe in ihrer Handtasche und nahm sich vor, das Problem mit mehr Gelassenheit anzugehen und sich nun voll und ganz ihrer eigentlichen Aufgabe zuzuwenden.

Den Rest des Tages verbrachte sie mit Phase zwei der Satellitenaufklärung über Indonesien und Malaysia. Die Untersuchung lieferte auf einer der Hauptinseln Indonesiens im Norden Sumatras zwei viel versprechende Gebiete, die im Falschfarbenbild des Infrarotscanns eindeutig auffällige Temperaturunterschiede zu dem nächtlichen Restteil der Insel zeigten. Hier lag die Temperatur noch um einige Grad über der Umgebungstemperatur, was eindeutig auf Brandrodungen schließen ließ. Um Punkt acht Uhr beendete sie ihre Arbeit. Eine Nachtschicht würde sie nicht machen müssen. Die Satellitensysteme arbeiteten den Rest der Nacht automatisch, und die Detailfotos von drei anderen Verdachtsflächen konnte sie morgen auswerten. Mia war sich sicher, fündig geworden zu sein und Beweise für illegale Brandrodungen in der Hand zu haben. Den Abschlussbericht würde sie im neuen Jahr zusammenschreiben und ihrem Auftraggeber fristgerecht zur Verfügung stellen. Alles in allem konnte sie den Auftrag jetzt schon als Erfolg verbuchen. Mit ihren Daten und den Beweisfotos sollte man einigen Schurken in Malaysia und Indonesien das Handwerk legen können. Vielleicht nur ein Tropfen auf den heißen Stein. Andere skrupellose und gierige Unternehmer in der Palmölbranche würden die Lücke schnell schließen und zum Business as usual zurückkehren. Das bedeutete, maximalen Profit, heute auch gerne Wertschöpfung genannt, mit geringsten Mitteln zu erzielen. Und das, wie in anderen Branchen auch üblich, ohne Rücksicht auf Verluste. Weder auf menschlicher noch auf ökologischer Ebene.

Mia war all das bewusst, trotzdem hatte sie immer das Gefühl, etwas Sinnvolles zu tun.

**29. Dezember, Finnland - Kuopio, Luftwaffenstützpunkt 31. Fliegerkommandostaffel**

Die beiden zweistrahligen F/A-18 Hornet-Kampfflugzeuge der 31. Fliegerkommandostaffel waren um Punkt 10:00 Uhr Ortszeit vom Luftwaffenstützpunkt der finnischen Armee in der Nähe von Kuopio zu einem Aufklärungsflug gestartet. Die beiden Mehrzweckkampfflugzeuge stiegen auf eine Flughöhe von 10.500 Meter und gingen mit einer Geschwindigkeit von Mach 1,5 entlang der russischen Grenze auf nördlichen Kurs. Beide Maschinen waren kurzfristig für den speziellen Aufklärungsflug präpariert worden, indem man die sechsläufige M61 Vulcan Bordkanone in der Nase der Flieger gegen ein elektronisches Aufklärungsmodul mit optischen Sensoren ausgetauscht hatte, die das Gelände im sichtbaren und im infraroten Spektralbereich abtasten konnten.

Ziel ihres Auftrages war ein Gebiet im südlichen Lappland, in der Nähe der Stadt Salla. Die beiden alt gedienten Piloten waren instruiert, das Waldgebiet in der Region mit ihren Sensoren bei mehreren Überflügen durch Luftaufnahmen zu kartieren und dabei mit den Infrarotsensoren abzutasten. Bei der Einsatzbesprechung am heutigen Morgen waren neben den üblichen höheren Dienstgraden, Waffenoffizieren, Armeeangehörigen des meteorologischen Wetterdienstes und den beiden Piloten auch zwei Wissenschaftler der Universität Oulu anwesend.

Colonel Quickström saß während der Besprechung neben seinem Pilotenkollegen Major Laine und hörte seinem Vorgesetzten bei der Vorstellung der Routenplanung für den heutigen Aufklärungsflug zu. Die beiden Fremden hatte er schon beim Betreten des Besprechungsraumes registriert, und sein durch vierundzwanzig Dienstjahre bei der Luftwaffe deutlich ausgeprägter militärischer Instinkt sagte ihm gleich, dass der heutige Auftrag sich von den langweiligen Routinen der letzten Jahre unterscheiden würde. Quickström liebte, wie die meisten Piloten, die Fliegerei und hatte seine Liebhaberei zum Beruf gemacht. Der militärische Alltag ohne Höhen und Tiefen langweilte ihn meistens nur noch, aber die Flugstunden in den technisch hochgerüsteten High-End-Maschinen entschädigten ihn immer wieder für all die eintönigen Rituale der Armee. Er war, wie die meisten seiner Pilotenkollegen, ein Flieger aus Überzeugung und hoffte, seinen Beruf noch ein paar Jahre ausüben zu können, bevor das Alter ihn auf ein Abstellgleis in der Verwaltung schicken würde.

Er und Laine schauten sich während der Besprechung immer wieder fragend an, und Quickström konnte die brennende Neugier seines Kollegen spüren, der, entgegen seiner sonst besonnenen Art, unruhig auf seinem Stuhl hin und her rutschte. Die Besprechung lief anfangs wie immer. Flugdaten wie Flughöhe, Geschwindigkeit und Kurs wurden besprochen. Nach der Präsentation der meteorologischen Daten für den Tag, der optimales Flugwetter bot, nahm die Besprechung bei der Vorstellung der mitgeführten Waffensysteme aber eine steile Wendung. Der Austausch der Bordkanonen gegen die elektronischen Aufklärungssensoren ließ beide Piloten die Stirn in Falten ziehen und den einen oder anderen Blick austauschen. Das war ungewöhnlich. Nach der Beendigung des Kalten Krieges war mit überraschenden Truppenbewegungen der russischen Armee entlang der finnisch-russischen Grenze nicht zu rechnen, und die Flugroute über finnische Waldgebiete war eindeutig zu weit entfernt von der Grenze, um mittels optischer Aufklärung Truppenaufmärsche entdecken zu können.

Dies war auch der Moment, als einer der beiden Wissenschaftler, ein hagerer Typ mit Brille in einem teuren maßgeschneiderten Anzug, auf ein

Zeichen des ranghöchsten Offiziers das Wort ergriff und dabei die beiden Piloten fixierte. Er stellte sich als Professor Lukas Strindberg vor und war nach eigener Auskunft leitender Direktor des Instituts für Phytomedizin in Oulu. Nachdem er seinen Laptop hochgefahren und mit dem interaktiven Bildschirm eine Verbindung hergestellt hatte, zeigte er auf dem großflächigen Board seine Präsentation. Die Startseite des Institutes klickte er schnell weg, es erschien ein Farbfoto einer ausgewachsenen Fichte.

»Dieses Bild, meine Damen und Herren«, begann er seinen Vortrag mit Gestik und Körperhaltung, die ihn sofort als erfahrenen Redner auswiesen, » wurde am gestrigen Tage in einem Wald in der Region Salla gemacht. Wie Sie sehen können, handelt es sich bei dem Baum um eine etwa 40 Jahre alte Fichte der Gattung Picea. Wie Sie auch unschwer erkennen können, zeigt dieser Baum eine uns bis dato vollkommen unbekannte Anomalie der Blattorgane. Sämtliche Nadeln zeigen eine komplett artuntypische Färbung. Nach unserem bisherigen Kenntnisstand deutet diese Metamorphose der Blattspreite auf den vollständigen Abbau des Pflanzenfarbstoffes Chlorophyll hin. Die orangene Färbung scheint auf die Anteile der Restfarbstoffe in den Blättern hinzudeuten. Momentan nehmen wir an, dass hier die Farbstoffklasse der Carotinoide im sichtbaren Spektralbereich reflektiert. Probenmaterial dieses Baumes und auch anderer erkrankter Bäume wird momentan mit Hochdruck in einem unserer Labore einer intensiven Analyse unterzogen.« Er sah in die Reihen der Zuhörenden, bevor er fortfuhr: »Nun, ich möchte Sie nicht zu sehr mit wissenschaftlichen Details langweilen. Nur so viel: Bei dieser Anomalie handelt es sich aller Wahrscheinlichkeit nach um eine Pflanzenkrankheit, die uns unbekannt ist und die sich momentan in rasantem Tempo in unseren Wäldern ausbreitet. Eine weitere Auffälligkeit der befallenen Pflanzen ist, dass sie typische Merkmale eines erhöhten Stoffwechsels aufzeigen, einhergehend mit einer deutlich erhöhten Temperatur, die sämtlichen Schnee von den Blättern hat schmelzen lassen.« E r schaltete mit der Fernbedienung ein Bild weiter. Es war eine Infrarotaufnahme des gleichen Baumes mit einer Farbskala am unteren Bildrand zu sehen. »All das ermahnt uns zu absoluter Eile. Ihr Auftrag wird es sein, das infizierte Gebiet in der Region Salla zu überfliegen und mit der Optik Ihrer Jets zu erfassen. Wir brauchen dringend Daten über die Größe des Infektionsherdes, um geeignete Maßnahmen ergreifen zu können. Da wir zurzeit vom Boden aus nur abschätzen können, wie weit die Erkrankung vorangeschritten ist, benötigen wir dringend Ihre Luftaufnahmen. Weiterhin werden Sie das Gebiet mit Infrarotsensoren abtasten. Bei dem Auftrag handelt es sich um einen Auftrag der Regierung mit absoluter Priorität. Ihnen wird größtmöglicher Handlungsspielraum bei Ihren Aufklärungsflügen gewährt, und wir erwarten, dass Sie die Aufklärung erst abbrechen, wenn das Infektionsgebiet eingegrenzt ist. Sollte dies nach Auskunft der Flugzeugbesatzungen, also Ihnen, heute nicht möglich sein, so werden wir das Aufklärungsgebiet morgen und in den nächsten Tagen erweitern. Der Flugverkehr in der Region Lappland wurde bis auf Weiteres eingestellt. Haben Sie noch Fragen, meine Herren?«

Quickström schaute erst Laine an und ergriff dann das Wort: »Eine Frage habe ich, Herr Strindberg. Wenn es sich um eine neue unbekannte Pflanzenerkrankung handelt, warum werden die Bäume nicht einfach gefällt?«

»Seit Bekanntwerden der Anomalie vor zwei Tagen arbeitet ein Team mit mehreren Harvestern intensiv an der Rodung infizierter Flächen, aber in dem unwegsamen Gelände können wir nicht jeden kranken Baum ausmachen und eliminieren. Außerdem erreichten uns gestern Augenzeugenberichte aus dem Norden von Salla, die eindeutig neue

Infektionsherde beschreiben. Kurz: Wir brauchen so schnell wie möglich den Überblick aus der Luft.«

»Warum haben die Bäume eine erhöhte Temperatur? Wie Sie sagen, lässt das den Schnee schmelzen. Wenn ich mich noch richtig an meinen Biologieunterricht in der Schule erinnern kann, müssten die Bäume doch absterben, wenn sie kein Chlorophyll mehr besitzen, anstatt auch noch Wärme zu erzeugen.«

Für einen Moment sah es so aus, als würde Strindberg seine Schuhe einer genauen Analyse unterziehen. Als er wieder hochblickte, räusperte er sich und sprach mit heiserer Stimme weiter: »Diese Frage, Herr Quickström, kann ich Ihnen zum jetzigen Zeitpunkt nicht ausführlich beantworten. Nur so viel sei gesagt: Die mit der Wärmeabgabe einhergehende Stoffwechselanomalie deutet bei m Fehlen des Chlorophylls darauf hin, dass die Pflanzen zu einem heterotrophen Stoffwechsel übergegangen sind.«

Durch den Raum ging ein Raunen.

Quickström schüttelte den Kopf und sagte: »Herr Strindberg, ich glaube, alle wären Ihnen dankbar, wenn Sie uns den Sachverhalt so erklären könnten, dass wir ihn auch verstehen.«

Lukas Strindberg holte tief Luft und sprach mit angespannter Körperhaltung: »Ja gut, dann will ich es mal versuchen. Ich muss ein bisschen ausholen, um Ihnen das verständlich zu machen. Wie Sie wissen, betreiben alle Pflanzen Fotosynthese. Ein Prozess, bei dem mithilfe des Chlorophylls und des Sonnenlichtes aus Wasser und Kohlendioxid Zuckermoleküle, sprich Glukosemoleküle, hergestellt werden, die einen hohen Energiegehalt haben. Man könnte sagen, die Energie des Lichtes wird in Form von chemischer Energie in den Molekülen gespeichert. Das ist unser aller Lebensgrundlage. Die Bäume ernähren ihre Zellen ebenfalls von den selbst erzeugten Kohlenhydraten. Man nennt diesen

Vorgang autotrophe Ernährung. Irgendetwas hat die erkrankten Bäume nun dazu veranlasst, ihr Chlorophyll abzubauen. Kurz gesagt, die Fotosynthese einzustellen. Die Bäume sind nach einer gewissen Zeit, in der sie noch von eigenen Speicherstoffen zehren können, dem Tod geweiht. Der Ihnen gezeigte Baum betreibt keine Fotosynthese mehr, sondern scheint ausschließlich Nährstoffe zu verbrennen. Genau wie wir es tun und sämtliche Tiere dieser Welt. Man nennt dies auch heterotrophe Ernährungsweise. Was wir zum jetzigen Zeitpunkt nicht wissen, ist, woher die Pflanzen die Nährstoffe erhalten, um so hohe Temperaturen zu erzeugen, die den Schnee schmelzen lassen, und wie lange sie bei dieser Form der Assimilation bleiben können.«

Es herrschte eine Weile absolute Stille im Besprechungsraum, man hätte eine Stecknadel auf den Boden fallen hören können.

Strindberg richtete noch mal das Wort an das Plenum: »Leider kann ich Ihnen momentan auch nicht mehr sagen. Wir scheinen es hier mit einem Problem unbekannten Ausmaßes zu tun zu haben und benötigen deshalb unbedingt und schnellstmöglich genaues Datenmaterial. Wenn Sie jetzt keine Fragen mehr haben sollten, gehen Sie bitte umgehend an Ihre Arbeit. Wir haben keine Zeit zu verlieren!«

Als die ersten Soldaten im Begriff waren zu gehen, rief er ihnen eine letzte Ermahnung zu: »Bevor ich es vergesse! Natürlich steht alles, was hier in diesem Raum gesagt und berichtet wurde, unter strengster Geheimhaltung. Ich danke Ihnen für Ihre Aufmerksamkeit und wünsche Ihnen für die kommenden Aufgaben alles Gute!«

Die beiden Kampfpiloten Quickström und Laine saßen in ihren Druckanzügen in den Jets und tauschten über die Kommunikationseinheit in ihren Helmen Informationen über das überflogene Gebiet aus. Sie zogen die im Abstand von mehreren hundert

Metern fliegenden Maschinen zeitgleich mit den Steuerknüppeln auf eine abwärts gerichtete Flugbahn und nahmen beim Erreichen einer für den Aufklärungsauftrag optimalen Flughöhe von 750 Metern den Schub heraus. Nachdem die beiden Flugzeuge ihre Geschwindigkeit auf 300 km/h gedrosselt hatten, wurden von den erfahrenen Piloten die Hochgeschwindigkeitskameras sowie die Infrarotsensoren in der Nase der Flugzeuge in Betrieb genommen und mit der Rasterung des Gebietes begonnen. Mit der jetzigen Geschwindigkeit würden sie den Infektionsherd in wenigen Minuten erreichen. Die beiden Bildschirme der Multifunktionsdisplays in den Cockpits zeigten die Bilder der Optik und das Infrarotbild des überflogenen Gebietes in Echtzeit.

Quickström und auch Laine konnten die Farbanomalie schon sehen, bevor die Kamera sie mit dem Objektiv erfasste.

»Meine Güte, guck dir das an!«, sagte Laine zu seinem Kollegen. »Das ist schlimmer, als ich es mir vorgestellt habe!«

Quickström hörte ihn in seinem Helmlautsprecher, konnte aber kein Wort herausbringen bei dem Anblick, der sich ihm aus der Flugzeugkanzel und mittlerweile auch auf einem seiner Monitore zeigte. Der Wald vor und unter ihnen sah vollkommen unnatürlich aus. Verstärkt wurde dieser Eindruck noch durch das völlige Fehlen des Schnees auf den Bäumen. Beide Piloten hatten zwar noch die Bilder von Strindberg in Erinnerung, aber die flächige Ausbreitung der Infektion übertraf ihre schlimmsten Fantasien. Aus der jetzigen Flughöhe war kein Ende des Infektionsherdes zu erkennen. Erst weit am Horizont konnten sie wieder schneebedeckten Wald ausmachen.

Toni stand in der Nähe des prasselnden Feuers, um sich aufzuwärmen. Er verfolgte auf dem mittlerweile mehrere Hektar ausladenden Rodungsfeld die Funken des Feuers, bis sich ihre Leuchtspur im Aufwind der Flammen seinen Blicken entzog. Die Rodungsarbeiten waren kurz nach Ukkos fürchterlichem Unfall wieder aufgenommen worden. Nachdem der Arzt seinen Tod festgestellt und man ihn mit einigen Mühen von dem Ast herunter gezogen hatte, wurde, nach einer kurzen Untersuchung der Polizei, Tod durch Unfall in seinem Totenschein eingetragen. Der Verdacht einer von Tuure begangenen groben Fahrlässigkeit war schnell vom Tisch. Jeder Waldarbeiter wusste, dass er sich nicht frei im Arbeitsradius eines Harvesters bewegen durfte. Mit diesem tragischen Ende von Ukko wurde die Angelegenheit natürlich offiziell. Die Infektion war damit aktenkundig und wurde nun von Amtswegen untersucht. Mikkosen wurde von höherer Stelle ein Mann aus dem Forstministerium zugeteilt, der das Ausmaß der Bedrohung schnell erkannte, Mikkosen mit sofortiger Wirkung sämtlicher Aufgaben enthob und ein Team Phytomediziner aus Oulu einfliegen ließ.

Toni blickte sich um und sah etwa dreihundert Meter in östlicher Richtung den See. Im Hintergrund stach der orange Wald in den blauen Himmel. Er drehte sich einmal um seine Achse und konnte am Horizont nur noch oranges Blätterwerk erkennen. Die beiden Jets nahm er zuerst wahr, weil er seinen Blick wieder nach Osten gerichtet hatte und die beiden Maschinen eben im Tiefflug über dem See heranflogen.

Toni ging in die Hocke, nahm Drago in den Arm und wickelte sich die Leine fest ums Handgelenk – der Hund würde sich gleich erschrecken. Er verfolgte die Hornet-Kampfflugzeuge, die mit infernalischem Getöse über ihn hinweg donnerten, und hielt Drago fest, der Anstalten machte, wie ein wild gewordener Hengst durchzugehen. Er richtete sich wieder auf und sah, wie sich bei den Umstehenden der Schreck in die Gesichter gefressen hatte. Sein Vater erholte sich als Erster von dem plötzlichen Fluglärm und nahm wieder das Gespräch mit den drei Wissenschaftlern auf, die Proben verschiedener kranker Bäume entnommen hatten und per

Satellitentelefon den Hubschrauber anforderten, um das Material gut gekühlt und schnellstmöglich zum Labor in Oulu bringen zu können.

Es schien irgendwelche Probleme zu geben. Das konnte Toni an der Gestik des Wissenschaftlers erkennen, der erregt telefonierte. Er ging ein paar Schritte auf die Männer zu, um verstehen zu können, was sie redeten. Zuerst hörte er nur ein paar Wortfetzen, nach und nach kristallisierte sich der Sinn des Gesprochenen heraus.

»... ist mir doch vollkommen egal, wie ihr das macht! Die Proben müssen heute noch ins Labor – Flugverbot hin oder her! Dann muss der Hubschrauber eben mit Sondergenehmigung im Tiefflug her. Das geht schon! Kümmere dich drum und sag mir sofort Bescheid, wenn du was erreicht hast.«

Der Mann, den Toni nicht mit Namen kannte, beendete das Gespräch und wandte sich seinen Kollegen und Tonis Vater zu. »Das waren eben zwei Aufklärer der Luftwaffe. Endlich kartieren die das Gebiet. Wenn wir die Infektion eingrenzen können und die Verbreitungsgeschwindigkeit kennen, können wir über andere Maßnahmen zur Rodung nachdenken. Mit den Harvestern kämpfen wir hier auf verlorenem Posten. Außerdem haben wir ein Problem mit dem Flugverbot. Solange die Jets aufklären, darf hier nichts anderes herumfliegen. Ist ja auch verständlich, aber der Hubschrauber muss her. Sie arbeiten dran.«

Sein Vater und die Biologen aus Oulu nahmen keine Notiz von Toni. Sie drehten ihm den Rücken zu, um sich in die Wärme des Containers zurückzuziehen, der gestern von einem Hubschrauber als Notstandshauptquartier auf der baumlosen Fläche abgestellt worden war. Toni ließ Drago von der Leine und machte sich auf in Richtung des Sees. Der Hund freute sich auf den Spaziergang, und Toni warf sein Bällchen. Es war eins dieser runden Kunststoffdinger, innen hohl, mit einer langen Plastikschnur, damit man es weit werfen konnte und der Hund auch ein bisschen rennen musste. Meistens fand Drago es sofort und brachte es brav zurück. Manchmal dauerte es auch und Toni musste beim Suchen behilflich sein.

Das Erste fand er schnell und legte es mit feuchter Schnauze, wie immer ein wenig widerwillig, in die Hand des Jungen.

## 27. Dezember, Finnland – Lappland, Region Salla

Igor Pajula war sturzbetrunken. Er hatte sich sein Besäufnis nach den letzten Tagen und den Erniedrigungen durch seine Frau redlich verdient. Er lebte mit Martha in einem Mehrfamilienhaus in Salla, und seit dem Auszug der Kinder vor einigen Jahren hatten sie sich nicht nur nichts mehr zu sagen, sondern gingen sich gehörig auf die Nerven. Sie machte ihm den Lebensabend im wohlverdienten Ruhestand wortwörtlich zur Hölle. Ihr ewiges Genörgel und Gemecker konnte er nicht mehr ertragen. Igor nahm an, dass die unablässige Unzufriedenheit seiner Frau mit dem Alter zu tun hatte. Sie hatte in den letzten Jahren ihres Zusammenlebens immer stärkere Stimmungsschwankungen gezeigt. Vielleicht Auswirkungen der Wechseljahre. Martha war im letzten Herbst erst Fünfzig geworden. Der Auszug der Kinder hatte es nicht besser gemacht. Er nahm an, dass seitdem ihrem Leben der letzte Sinn genommen wurde und sie ihren Lebensinhalt verloren hatte. Das Einzige, was ihr blieb, war, ihre ganze Verbitterung und ihren Überdruss jetzt in ihn zu projizieren. Irgendjemand musste schließlich schuld sein an ihrer Misere, und das bekam er jeden Tag von morgens bis abends zu spüren. Wenn ihre Respektlosigkeiten wieder einmal in üblen und unbegründeten Beschimpfungen gipfelten und er sich keiner Schuld bewusst war, war Igor oft am Ende seiner Kräfte. Dann dachte er schon mal über Trennung nach. Aber, wenn er ehrlich zu sich war, geschah das eigentlich jeden Tag. Auch einen anderen unaussprechlichen Gedanken hatte er schon oft gehabt – er war schließlich Jäger –, aber schnell wieder verworfen.

Während der zwei Weihnachtfeiertage mit den Kindern und den Enkeln, zusammen in der kleinen Wohnung, hatte sie sich noch zusammengerissen. Ihm war dieser ganze Weihnachtszirkus zuwider.

Dieses scheinheilige Getue jedes Jahr. Aber gestern war es dann vollkommen eskaliert, und etwas in ihm schien zerbrochen zu sein. Ein Nachbar war zu Besuch und hatte seinen Bruder mitgebracht, der ihr offensichtlich den Hof machte. Der Alkohol floss in Strömen, und Martha hatte die Annäherungsversuche des Mannes sichtlich genossen. Igor war von ihr entweder gedemütigt oder ignoriert worden und hatte seinen Kummer ertränkt, bis er am Tisch einschlafen war. Als er spät in der Nacht wach wurde, war Martha verschwunden und die beiden Männer auch. Er hatte die Haustür geöffnet und an der Tür des Nachbarn gelauscht. Das Lustgeschrei und Gestöhne aus der Wohnungnebenan war nicht zu überhören gewesen. Daraufhin hatte er in einer Stimmung, die zwischen Verzweiflung und Hass schwankte, seine Jagdstiefel angezogen, die Jacke genommen und war durch die klirrende Kälte aus Salla heraus und in den Wald gegangen. Für die zehn Kilometer bis zu seiner Jagdhütte hatte er fast zwei Stunden gebraucht. Auf halber Strecke hatte er mehrmals das Gefühl gehabt, für kurze Zeit zwischen den Bäumen das Aufblitzen von Lichtern und das Aufheulen von starken Motoren wahrzunehmen. Aber Igor Pajula traute seinen Sinnen nach dem Alkoholkonsum des letzten Tages nicht sonderlich und war der Meinung, die Lichter und auch die vermeintlichen Motorengeräusche gehörten ins Reich der Fantasie.

Am frühen Morgen des nächsten Tages war er mit einem ordentlichen Brummschädel erwacht und hatte sich in der gut eingerichteten Hütte erst mal einen starken Kaffee gemacht. Den Rest des Tages verbrachte er in der Hütte, putzte seine Jagdwaffen, und der Wodka floss reichlich seine trockene Kehle hinab. Er war an einem Punkt in seinem Leben angekommen, an dem es hieß, eine Entscheidung zu treffen. Aber er war noch nicht so weit und bildete sich ein, der Wodka würde es leichter machen.

Nach der zweiten Flasche ging er hinaus und pinkelte in den Schnee. Als er dabei nach oben schaute, konnte er den Sternenhimmel in seiner ganzen Pracht sehen. Allerdings doppelt. Drinnen warf er ein Scheit Holz ins Feuer und öffnete die dritte Flasche. Nachdem er sie halb gelehrt hatte, fasste er einen Entschluss. Es muss gegen neunzehn Uhr gewesen sein, als er seine doppelläufige Flinte packte, sich die Taschen mit Schrotpatronen voll stopfte und mit der Flasche Wodka unzurechnungsfähig die Hütte verließ. Er war aber so betrunken, dass er schwankend den Weg, den er letzte Nacht gekommen war, entlang torkelte und zwischendurch immer wieder an einen Baum gelehnt pausieren musste.

Als er wieder so dastand, er war in der vergangenen Stunde höchstens einen Kilometer weit gekommen, nahm er den letzten Schluck aus der Flasche und warf sie in den Schnee. Er holte die eiserne Reserve, einen halben Liter Roggenwodka, aus der Innentasche seiner Jacke und schwankte weiter. Die Farbe des Etiketts konnte er im Dunkel des Waldes nicht erkennen – nachts waren alle Katzen grau.

Weit kam er nicht. *Ich brauch eine Pause!* , war sein einziger klarer Gedanke. Der Rest seiner Gedankenwelt drehte sich nur noch um seine Frau und wie er ihr gleich endlich zeigen würde, was er von ihr hielt. Er setzte sich auf eine kleine Böschung am Wegesrand, die von einigen Fichtenzweigen bedeckt war. Die dahinterstehenden Fichtenschösslinge dienten ihm als Rückenlehne. Er nahm noch einen letzten tiefen Schluck, und das Letzte was er dachte, bevor er auf seine Flinte gestützt in der nur vom Sternenlicht und vom Mond erhellten Nacht einschlief, war, dass da, wo er jetzt saß, gar kein Schnee lag. Dann spürte er nur noch die Wärme in seinem Gesäß hochsteigen. Igor fühlte sich wie ein kleines Kind, das sich in die Hose gemacht hatte.

Bei dem Pilz, der mit seinen Hyphenzellen im Laufe der nächsten Stunden den Boden durchbrach und sich windend und nach Nährstoffen suchend um die eigene Achse drehend mit seinen Zellsträngen in jede Körperöffnung von Igor Pajula bohrte, handelte es sich um einen Spitzhütigen Knollenblätterpilz, der normalerweise tödlich giftig war, wenn er aus Versehen in der Pfanne landete. Aber Igor wurde nicht nur von dem Gift getötet, welches der Pilz mit tödlicher Präzision durch die in seine Blutgefäße eingewachsenen Hyphenzellen injizierte, sondern er wurde im Verlauf der Nacht auch innerlich verflüssigt und verdaut.

Hier wurde ein bis dato völlig neuer Stoffwechselweg beschritten.

Als am nächsten Morgen die Sonne aufging, saß das, was von ihm übrig war, zusammengesunken in seiner Kleidung an der gleichen Stelle, und die ledrig mumifizierten Finger umklammerten mit der einen Hand immer noch den Lauf seiner Flinte. In der anderen hielt er die Flasche, während sein rechtes tief gefrorenes Auge am Rest des Sehnervs aus der Augenhöhle baumelte und im Wind schaukelte. Die Vermisstenmeldung seiner liebevollen und fürsorglichen Frau Martha ging am gleichen Tag bei der Polizei ein. Es war auch der Tag, an dem man Igors Überreste finden sollte.

## 29. Dezember, Finnland – Lappland, Region Salla

Das Spiel mit dem Bällchen hätte der Hund den ganzen Tag treiben können, und Toni wollte ihm zumindest für eine halbe Stunde den Gefallen tun. Ein bisschen Auslauf und Beschäftigung würde ihnen beiden guttun, dachte der Junge.

Drago hatte sich mehr oder weniger an die Anomalie der Bäume gewöhnt und machte keine Anstalten mehr, die Flucht zu ergreifen. Zum Teil lag es wahrscheinlich daran, weil auch Toni nicht mehr die anfängliche Furcht verspürte und sich dies auf den Hund übertrug. Außerdem waren die Rodungsfläche und der kranke Wald von einem emsigen Schaffen erfüllt. Das Gefühl der Einsamkeit in den Wäldern, das sich wie ein Schatten über Toni und seinen Hund gelegt hatte, war dem geschäftigen Treiben der Waldarbeiter und ihrer Maschinen gewichen. Das schien beide zu beruhigen. Andere Tiere mieden das Gebiet aber immer noch. In den letzten Stunden hatte Toni kein anderes Lebewesen außer seinen eigenen Artgenossen entdecken können. Den Erwachsenen schien das gar nicht aufzufallen, und er meinte, dies bei Gelegenheit zur Sprache bringen zu müssen.

Er hob das dreckige, vor Hundesabber strotzende Bällchen auf und warf es erneut in Richtung See. Drago war nicht zu bremsen und rannte jetzt mit heraushängender Zunge. Sie waren nur noch zwanzig Meter vom Ufer entfernt. Toni hatte keine Lust mehr zu werfen, solange sie in Ufernähe waren. Er hatte Angst, dass sein Hund aus Versehen auf die Eisfläche des Sees geraten könnte. Das war riskant. Nicht, weil für den Vierbeiner die Gefahr bestand, einzubrechen, sondern weil der ungestüme Kerl Gefahr lief, sich zu verletzen, wenn er auf dem Eis ausrutschte. Toni ging die letzten Schritte zum Ufer. Drago lief vor ihm hin und her und schaute immer wieder zu ihm hoch, als wolle er sagen: Nun wirf schon endlich den Ball, du dummer Junge.

Das Ufer fiel an dieser Stelle steil ab, und Toni überblickte den vor ihm liegenden See bis zum Ostufer. Als er das letzte dichte Röhricht durchbrochen hatte, konnte er einen Blick auf das Wasser werfen, das einige Meter unterhalb seiner Füße gegen das Ufer klatschte. Der See bis zur Seemitte eisfrei. Das Eis war geschmolzen, und er konnte das dunkle Wasser sehen, das sich im Wind leicht kräuselte. Die Wasseroberfläche wurde von der Eisdecke begrenzt, die im Halbkreis um das Ufer verlief. Toni stand ungefähr im Mittelpunkt des Teilkreises und staunte nicht schlecht. Nach allem, was er in den letzten Tagen erlebt hatte, konnte ihn das jedoch nicht mehr aus der Bahn werfen. Der See war zum Teil ohne Eis, aber dafür gab es bestimmt eine natürliche Erklärung.

Aus der Tiefe konnte der Junge Blasen aufsteigen sehen. Die Ursache dafür war ihm nicht ersichtlich. Er nahm einen Stein und warf ihn in das Zentrum der trüben Wasserfläche. Sofort stiegen noch mehr Gasblasen auf. Er wiederholte das noch ein paar Mal, und immer konnte er dabei verstärkt Gas entweichen sehen. Riechen konnte er nichts, aber er nahm an, dass irgendein Fäulnisprozess unter Wasser für die starke Gasentwicklung verantwortlich war und dass die bakterielle Zersetzung von organischem Material auch das Eis hatte schmelzen lassen. Von solchen Vorgängen hatte er letztes Schuljahr im Biologieunterricht gehört. Sie hatten das Ökosystem See durchgenommen, und er meinte, sich erinnern zu können, dass bei Fäulnisprozessen auch Wärme entstehen konnte. Er hatte noch die Worte seines Biologielehrers in den Ohren: »Das kann bis zur Selbstentzündung von Heuballen führen!«

Drago riss ihn aus seinen Gedanken, weil er an dem Ball zerrte, den er noch in der Hand hielt. Toni ging, dicht gefolgt von dem Hund, durch das Schilfrohr zurück zu dem Weg, der den See im Süden umrundete. Er lief ungefähr 200 Meter bis zu einer Weggabelung. Geradeaus ging es zum Ostufer, dessen orangefarbenen Waldsaum er nur zu gut sehen konnte und der ihn nicht besonders anzog. Links bog der Weg ab in den noch sehr jungen Staatswald, der nur vereinzelt Anzeichen der Krankheit zeigte. Der Weg führte weg vom See weg und verlief erst durch die Neuaufforstungen bis zu den alten Wäldern direkt an der Jagdhütte von Herrn Pajula vorbei, den Toni aus den ersten Jahren seiner Schulzeit noch gut in Erinnerung hatte. Herr Pajula war bis zu seiner Pensionierung sein Mathematiklehrer gewesen, und er hatte ihn als freundlichen Menschen kennengelernt, wenn auch seine Frau sehr eigenartig war, wie Toni immer wieder von seiner Mutter hörte, die beiden gut kannte. Immerhin war sie eine Kollegin von Igor Pajula.

Toni war froh, sich vom See entfernen zu können. Jetzt konnte er das Spiel mit Drago fortsetzen. Er warf den Ball an der langen Schnur, und der Hund rannte wie von der Tarantel gestochen hinterher. Manchmal schlug der Ball im richtigen Winkel auf und sprang dann hoch, sodass Drago ihn im Sprung mit seinen Fängen erwischte. Toni freute sich dann immer, weil er es liebte, wie der Hund den Ball in der Luft fing. Er war immer noch erstaunt über dessen Bewegungskünste und die koordinierten Reflexe. Als er den Ball wieder warf, hatte er allerdings kein gutes Händchen. Er glitt ihm falsch aus der Hand und schlug gegen einen Ast über dem Weg, sodass er unkontrolliert, über einige junge Fichten hinweg, seinem Blick entschwand. Drago war plötzlich nicht mehr zu sehen, und Toni verharrte an Ort und Stelle, da er wusste, sein Hund würde ihn dort suchen, wo er ihn verloren hatte. Nachdem er so eine kleine Ewigkeit gewartet hatte, hörte er Drago hinter seinem Rücken aus dem Unterholz brechen. Ein Stein fiel ihm vom Herzen.

Toni wirbelte herum und hielt Drago die flache Hand entgegen, um den Ball entgegenzunehmen. Drago kam schwanzwedelnd auf ihn zu und legte ihn in Tonis Hand. Er tat das immer etwas widerstrebend, als müsse er eine große Abneigung überwinden, um ihn zurückzugeben.

Toni tätschelte ihn für seinen Gehorsam und hielt den Ball in der Rechten. Irgendwie, dachte er dabei, schien der Ball seit dem letzten Wurf kleiner geworden zu sein. Er wunderte sich noch darüber, warum er so kalt war. Normalerweise kaute Drago drauf rum, wenn er ihn zurückbrachte, und das Ding fühlte sich dadurch immer wärmer an. Dann ließ er ihn, wie schon hunderte Male zuvor, durch die Finger gleiten, um die Schnur für den nächsten Wurf zu greifen. Fast wäre er ihm runtergefallen, da auch sie um einiges kürzer war als vorher. Toni blickte zu dem Ende der Schnur in seiner Hand herunter und sah einen zerfaserten, gelblichen Strang zwischen Zeige- und Mittelfinger hindurch verlaufen, der in etwas mündete, was auf keinen Fall sein Ball war. Er nahm das Ding in die linke Hand und drehte es um. Das rechte Auge von Igor Pajula war durch die Kälte außerhalb der Augenhöhle tiefgefrostet und schaute Toni mit starrem, lidlosem Blick direkt ins Gesicht. In der Rechten hielt der Junge noch den Rest des zerfaserten Sehnervs.

Stroboskopartige blaue Blitze überlagerten das weiße Hintergrundrauschen der unzähligen Scheinwerfer im Wald, deren Bild sich mit einer Serie langer Schatten und abgehackter Lichtexplosionen in die Netzhaut brannte. Die Einsatzfahrzeuge der Polizei blitzten mit den Blaulichtern der Sanitärfahrzeuge um die Wette.

»Wir haben ihm eine ordentliche Dosis Diazepam verabreicht. Er wird jetzt erst mal schlafen. Wir sollten den Jungen aber auf jeden Fall beobachten, bis er wieder aufwacht. Was dann ist, kann man nur abwarten. Er steht unter Schock und ist unterkühlt. Das kann dauern. Braucht seine Zeit, so was zu verarbeiten. Erst recht, wenn man erst vierzehn ist.«

Tonis Vater stand mit dem Rücken an die Heckklappe des Rettungswagens gelehnt und sprach mit dem zuständigen Notarzt im Fahrzeug. »Wo wollen Sie ihn denn hinbringen? Doch hoffentlich nicht ins Krankenhaus. Das kommt überhaupt nicht in Frage! Wenn der Junge heute Nacht irgendwo wach wird, dann auf jeden Fall in seinem eigenen Bett. Zu Hause hat er alles, was er braucht.«

»Ich habe es Ihnen schon dreimal erklärt! Ihr Sohn gehört ins Krankenhaus. Nur dort können wir ihn beobachten und bei plötzlich auftretenden Komplikationen entsprechend handeln. Wenn wir Toni jetzt nach Hause bringen, geschieht das auf Ihre alleinige Verantwortung. Ich appelliere noch einmal an Ihre Vernunft: Lassen Sie uns den Jungen mitnehmen.«

»Nein, mein letztes Wort! Toni gehört nach Hause, sofort!

Der Notarzt zuckte resigniert mit den Schultern, schaute den auf der anderen Seite der Trage stehenden Sanitäter mit gerunzelter Stirn an und gab dann dem Fahrer ein Zeichen zur Abfahrt.

»Wir kennen den Weg zu Ihrem Gehöft nicht. Würden Sie bitte vorfahren?«, rief der Fahrer aus der vorderen Kabine.

»Ja klar, mach ich gleich! Muss nur noch kurz mit der Polizei und den Leuten aus Oulu reden.« Die letzten Worte des Arztes konnte Mikka in dem Lärm der beiden Aufklärungsjets, die in der hereinbrechenden Nacht auf dem Rückweg zu ihrem Stützpunkt waren, nicht mehr verstehen.

Der befehlshabende Polizist erzählte Mikka, dass die Leiche von Igor Pajula zur Obduktion ins gerichtsmedizinische Institut der Hauptstadt von Lappland, Rovaniemi, gebracht wurde und dass man über die Todesursache momentan nichts sagen könne. Der Zustand der Leiche ließ jedenfalls viel Spielraum für Spekulationen, wie er einräumte.

»Tod durch Erfrieren scheidet aus. Der Arzt konnte noch eine Körperkerntemperatur von dreißig Grad Celsius messen, als wir ihn gefunden haben. Allerdings ist es ihm schwergefallen, das Thermometer irgendwo zu platzieren. Der Mann bestand ja fast nur noch aus Haut. Der Körper war vollkommen ausgezehrt. Die beiden Leichenbestatter haben mir eben erzählt, dass er höchstens noch 10 bis 15 Kilo wog, als sie die Leiche in den Zinksarg gelegt haben. Pajula war ein stattlicher Mann von mindestens 80 Kilogramm. Außerdem mussten sie ihn förmlich losschneiden. Da ist irgendetwas an ihm hoch- und in ihn hinein gewachsen. Sah ein bisschen aus wie Wurzelwerk. Aber du hast es ja selbst gesehen. Sei froh, dass dein Sohn ohnmächtig geworden ist. Gar nicht auszudenken, wenn Toni auch noch die Leiche gefunden hätte. Er war ja nicht mehr weit entfernt von ihm. Dann hätten wir ihn in die Psychiatrie einliefern können. Ich habe so was noch nie gesehen. Selbst der Junge vom Bestatter war fix und fertig, und das sind hart gesottene Männer, die in ihrem Leben bestimmt schon viel gesehen haben. Selbst der aufgespießte Ukko hat sie mehr oder weniger kalt gelassen.«

»Wie lange lag er schon da?«, fragte Mikka.

»Ich kann es dir nicht sagen. Der Arzt meinte, er läge schon fast die ganze Nacht da. Er konnte den Todeszeitpunkt auch nur schätzen. Todesflecken, Totenstarre und so ein Zeug, aber die Körpertemperatur hat ihn ganz fertig gemacht. Der wusste es auch nicht besser und fing dann an, über diese komischen Wurzeln zu philosophieren. Er meinte, es seien Pilzhyphen, und die bräuchten schon ein Weilchen, um so zu wachsen und praktisch den ganzen Kerl zu bedecken. Er hat sich welche in ein Glas abgefüllt, um sie im Labor genauer untersuchen zu können. Dann hat er noch was Merkwürdiges gemacht. Der hat dem Toten die Flasche Wodka abgenommen. Dabei sind ein paar Finger abgebrochen. Einer meiner Kollegen hat sich übergeben müssen, heilige Scheiße, und dann hat er dran gerochen. Er sagte, man könne anhand des Alkoholrestgehaltes in der Flasche berechnen, wann sie geöffnet wurde.

Viel hat ja nicht gefehlt, aber der Alkohol ist flüchtig und verdampft auch noch bei diesen Temperaturen. Die hat er verschlossen und auch mitgenommen. Wenn es hilft, meinetwegen!«

Mikka schaute zur Ambulanz hinüber, wandte sich dann wieder seinem Gesprächspartner zu: »Kannst du dir einen Reim auf das alles machen? Hier passieren in den letzten Tagen äußerst merkwürdige Dinge!«

»Nein, keine Ahnung. Aber ich stimme dir zu. Das ist mehr als merkwürdig. Lass uns mal die Obduktionsergebnisse abwarten. Vielleicht sind wir dann schlauer. So, ich muss jetzt los, es ist schon spät, und ich muss noch die Berichte schreiben. Der Polizeipräsident höchstpersönlich hat sich der Sache angenommen. Da wartet eine Menge Schreibkram auf mich. Mach's gut, Mikka! Kümmere dich um Toni und grüß Anna von mir. Ach, vielleicht schau ich nachher noch mal bei euch rein, wenn's passt.«

Er verabschiedete sich mit einem wohlwollenden Klaps auf Mikkas Schulter und stieg in seinen Streifenwagen.

Mikka schaute noch einen Augenblick den Rücklichtern hinterher und dann zu den Biologen der Universität Oulu. »Ich glaube, wir sollten reden. Hier gibt es nichts mehr zu tun, und ihr werdet heute Nacht nicht mehr gebraucht. Die Rodungen überwacht der Mann aus dem Forstministerium. Wie war noch gleich sein Name?«

»Keine Ahnung, ich hatte noch nicht das Vergnügen! Der kämpft an vorderster Front und koordiniert die Arbeit der Harvester!«, sagte Henry, der Spezialist für Pflanzenkrankheiten.

»Gut, heute Nacht seid ihr meine Gäste! Ich hab meiner Frau schon gesagt, sie soll die Gästezimmer zurechtmachen und heizen. Ihr könnt die nächsten Tage bei uns übernachten, und außerdem brauchen wir jetzt alle was Warmes in den Bauch«.

»Vielleicht auch den ein oder anderen Schnaps auf den Schock?« Henry schien durstig zu sein.

»Könnt ihr auch haben. Meine Frau und ich haben bestimmt viele Fragen an euch. Was ist mit eurem Chef? Strindberg hieß er doch. Kommt der auch hierher?«

»Sitzt schon im Hubschrauber, wir haben eben telefoniert. Müsste in zehn Minuten hier sein.«

»Bestellt dem Mann schöne Grüße von mir. Er ist auch eingeladen. Vier Betten sind frei. Wir sehen uns gleich bei mir?« Nachdem er den Dreien den Weg erklärt hatte, gab er dem Fahrer der Ambulanz ein Zeichen zur Abfahrt und stieg in seinen Unimog. Mikka legte einen Gang ein und fuhr langsam auf dem tief verschneiten Weg, der zu seinem Gehöft führte. Dabei waren seine Gedanken bei Toni, der in dem Fahrzeug hinter ihm schlief. Nebenbei nahm er die vielen Fahrzeugspuren im Schnee wahr. So ein Gedränge hatte es hier noch nie gegeben.

Anna machte sich sehr große Sorgen. Sie hatten Toni in sein Bett gelegt. Er stand noch immer unter der Wirkung des starken Beruhigungsmittels und wurde nur kurz wach, als seine Mutter ihm über die Stirn streichelte. Er öffnete dabei für einen Augenblick die Augen und stammelte ein paar Worte. Viel war nicht zu verstehen. Nur den Namen von Drago wiederholte er mehrmals, und einmal schrie er kurz auf: »Der Ball, der Ball ist weg!«

Mikka und Anna saßen in der Küche. Auf dem Herd dampften die Töpfe. Anna hatte eine riesige Portion Rentiergulasch zubereitet. Sie hatte ihre Arbeit gerade beendet und trank ein großes Glas Rotwein. Aada war über Nacht bei einer Freundin. Elias saß mit einer Pizza vor dem Fernseher und schaute seine Lieblingssendung. Sie hatten den Kindern nichts von der Leiche und dem Augapfel erzählt, um sie nicht zu beunruhigen. Die offizielle Version lautete, Toni habe eine fiebrige Erkältung und müsse sich ausruhen.

Es klingelte an der Tür, Drago bellte laut, und Mikka stand auf, um den Männern die Haustür zu öffnen. Henry stand mit den beiden Kollegen vor der Tür im Schnee. Alle drei kamen auf Mikkas Zeichen ins Haus und legten ihre dicken Daunenjacken an der Garderobe ab.

»Wo ist euer Boss Strindberg?«, wollte Mikka wissen.

Während Henry sich die Winterstiefel auszog und zu einer Antwort ansetzte, erstarben seine Worte in einem höllischen Lärm, der vom Hof vor dem Haus zu kommen schien. Er gestikulierte nur wild und deutete Mikka an, die Tür zu öffnen, um nachzuschauen, was dort vor sich ging.

Durch die Türöffnung blies ein Orkan, unterlegt vom ohrenbetäubenden Knattern des Hubschraubermotors, den Schnee herein. Den Hoplite-Hubschrauber aus sowjetischer Herstellung erkannten sie in dem aufgewirbelten Schnee nur schemenhaft. Nachdem er aufgesetzt hatte, ließ der Lärm etwas nach, und sie sahen Strindberg mit gesenktem Kopf aus der Maschine springen und über den Hof laufen. Er hielt seine Laptoptasche mit verschränkten Armen dicht an die Brust gedrückt und hatte eine Reisetasche um die Schulter geschwungen. Kaum war er unter dem noch laufenden Rotor hinweg getaucht, hob der Heli mit lautem Getöse wieder ab, gewann schnell an Höhe und senkte in einer 180- Grad- Drehung seine Nase in Flugrichtung, um zu verschwinden. Strindberg schüttelte Mikka die Hand und begrüßte die Männer in der Diele des Hauses sporadisch mit einem Nicken, während er ablegte.

In der nächsten Stunde genossen sie die wohlige Wärme des Hauses und die gemeinsame Mahlzeit. Sie tauschten Freundlichkeiten aus, machten sich miteinander bekannt und bedankten sich für die Gastfreundschaft bei Anna und Mikka. Auch der Zustand von Toni war mehrmals Inhalt ihres Gespräches.

Neben Lukas Strindberg, dem Direktor des Institutes in Oulu, lernte Anna die drei jungen Wissenschaftler der Phytomedizin kennen. Da war

Henry, der Spezialist für Pflanzenkrankheiten, der auf der Suche nach viralen und bakteriellen Infektionen im Pflanzenreich den ganzen Globus bereist hatte und ein Kenner der Regenwaldökologie war. Mårten, sein Kollege, Mikrobiologe und Genetiker, war ein Spezialist für Viren- und Bakteriengenome, man nannte ihn am Institut nur den *Sequenzierer*. Tyler war Botaniker aus England und machte eine Fortbildung am Institut. Er arbeitete wissenschaftlich an der genetischen Stammbaumanalyse und brauchte mehr Know-how auf dem Gebiet der experimentellen Genetik.

Nachdem alle satt waren, wurde der Tisch gemeinsam abgeräumt, und Mikka zeigte den Besuchern die Gästezimmer im ersten Stock des Hauses. Sie wollten sich erst mal frisch machen und aus den Klamotten raus. Mikka brachte ihnen frische Handtücher, und sie verabredeten sich in einer halben Stunde in der Küche.

Zu sechst saßen sie später am Tisch. Mikka stellte eine Flasche schottischen Whisky und fünf Gläser darauf und goss ein. Er würde sich nach dem heutigen Tag ausnahmsweise auch einen genehmigen. Anna saß am Kopfende des Tisches mit einem Glas Rotem und überstrahlte mit ihrer natürlichen Schönheit und ihren grünen Augen, umrahmt von ihrer pechschwarzen Lockenmähne, alle. Im Ofen prasselte das Feuer, und Strindberg hatte den geöffneten Laptop vor sich stehen. Er hatte Zugang zum Intranet der Universität und überprüfte seine Mails auf dem hauseigenen Server.

»Ich habe eben noch mal nach Toni gesehen. Er schläft tief und fest. Ich denke, wir schauen nachher noch mal nach ihm, aber ich hoffe, er schläft durch.« Mikka trank einen Schluck und schaute Anna an.

Tyler, der bisher nicht viel gesprochen hatte, ergriff das Wort und sagte mit seinem starken Akzent: »Ich weiß nicht, wie ich anfangen soll. Aber ihr habt auch den Leichnam gesehen, und ich bin sehr gespannt auf das

Ergebnis der Obduktion. Der Mann war vollkommen von einer weißen Substanz bewachsen. Das Zeug war nicht nur auf ihm, sondern auch *in* ihm. Man hat es deutlich in seinem Mund und seinen Ohren wachsen sehen. Aus den Augenhöhlen kam es, wie es aussah, wieder raus. Das eine Auge hat es dabei rausgedrückt, der Hund hat es gefunden und Toni in die Hand gelegt.«

Anna hielt sich mit weit aufgerissenen Augen die Hand vor den Mund. Sie wusste von Mikka schon, was passiert war, aber es noch mal in dieser Deutlichkeit zu hören, schockierte sie aufs Neue. Mikka drückte ihre Hand unter dem Tisch.

»Ich will gar nicht wissen, wie die anderen Körperöffnungen aussahen. Aber ich weiß, was die weiße Substanz war. Ich hab's noch nicht gesagt, aber ich habe das schon tausend Male gesehen. Das waren Pilzhyphen. Der Arzt hatte recht und wird das auch im Labor bestätigen können. Was ich nur nicht kapiere, ist, wie die so schnell gewachsen sein können, wenn der Typ ...«

Anna mischte sich ein: »Nenne ihn bitte Igor! Ich kannte den Mann!«

»Okay, entschuldige bitte. Wenn Igor also nur für eine Nacht da lag. Ich meine, bei diesen Temperaturen wachsen die Pilzzellen vielleicht ein paar Zentimeter – ich weiß es nicht genau –, aber niemals in dieser Form. Außerdem war der Mann vollkommen eingefallen, als hätte man ihn ausgesaugt.«

»Ich denke, das passt zu den Auffälligkeiten der infizierten Bäume.« Strindberg schaute von seinem Rechner hoch. »Die gemessene Temperaturerhöhung um mehrere Grad deutet auf eine stark erhöhte Metabolismusrate hin. Es scheint, die Pflanzen haben aufgrund des fehlenden Chlorophylls ihre Fotosynthese eingestellt und zehren ihre letzten Reserven auf, bis zu ihrem sicheren Tod. Sie werden, salopp formuliert, verhungern!«

»Aber wieso passt das zu den Pilzhyphen?«, fragte Tyler ungeduldig.

Strindberg nippte an seinem Whisky und fuhr fort: »Den Zusammenhang, meine Lieben, sollten eigentlich alle aus meinem Institut herstellen können. Auch wenn es sehr absurd klingt, glaube ich, dass der Baum, der mit dem Pilz in Symbiose verbunden ist, sein Einzugsgebiet vergrößert hat. Er hat, wenn man es so nennen will, seinen Speiseplan erweitert!«

Henry wollte protestieren, doch Mikka kam ihm zuvor: »Das kapier ich nicht! Ich weiß durch meine Ausbildung zum Forstwirt, dass zwischen Bäumen und Pilzmyzelien im Boden enge Lebensgemeinschaften bestehen. Symbiosen, bei denen sowohl für den Baum als auch für den Pilz etwas herausspringt. Der Baum versorgt den Pilz mit lebensnotwendigen Nährstoffen über die Wurzeln, die eng mit den Pilzhyphen in Verbindung stehen. Der Pilz erweitert das Wurzelwerk des Baumes und schafft Wasser und wichtige Mineralien für den Baum heran. Aber Pajula war doch kein Wasserloch! Der Mann hatte nur noch ein Zehntel seines Gewichtes. Der war innerlich aufgelöst!«

Strindberg schaute in die Runde und meinte dann: »Eben, du sagst es, Mikka! Igor Pajula wurde aufgelöst, er wurde verdaut! Der Baum und der Pilz haben die normalen Verhältnisse quasi umkehrt. Was soviel heißen soll, dass der Baum nicht mehr den Pilz mit organischen Nährstoffen versorgt, sondern dass der Pilz den Mann verdaut hat. Und dann hat er das, was einmal Igor Pajula war, durch sein Fernleitungssystem in den Baum gepumpt. Der wiederum besorgt sich sozusagen über das erweiterte Einzugsgebiet des Pilzes neue Nährstoffe, um gegen den drohenden Hungertod anzukämpfen, und dabei war er nicht sonderlich wählerisch.«

Die Kerzen flackerten im Zug des Kamins, es herrschte betretenes Schweigen.

Mikka brach es nach einer Weile, indem er ausrief: »Mensch, ich hätte es fast vergessen! Anna, erinnerst du dich noch an den Rehkadaver, den Toni mir gezeigt hat?«

»Natürlich! Das war genauso ominös. Der war auch mit irgendwelchen Wurzeln am Boden festgewachsen, oder?«

»Ja, sah genauso aus wie die ... Tyler? Hast du nicht Pilzhyphen gesagt? «Mikka schaute den Angesprochenen an.

»YesSir, hab ich gesagt!«

»Ich könnte wetten, das war auch ein Pilz. Da fällt mir ein, Toni hat vielleicht ein Foto gemacht. Anna, wo ist sein Handy?«

»Ich glaube, es liegt in der Schale auf der Anrichte. Ich geh mal eben schauen, ob ich es finden kann.«

Während sie die Küche verließ, fügte Mikka aufgeregt hinzu: »Das Tier sah, wenn ich mich recht erinnere, genauso ausgelaugt - oder sollte ich besser sagen, innerlich aufgelöst? - wie Igor aus. Und es war wärmer als die Umgebung. Auf dem Reh war kein Schnee, und es lag fest verwachsen mit diesen Hyphen auf dem schneefreien Untergrund. Der Kadaver hat sich regelrecht in den Schnee geschmolzen.«

Anna erschien mit Tonis Handy und nestelte daran herum, um es anzuschalten.

»Anna, gib es mir!«, sagte Mikka. »Ich kenne das Passwort.«

Mikka gab das mehrstellige Passwort ein und öffnete die Wiedergabefunktion der Kamera. Er scrollte durch das Menü und wurde schnell fündig. »Hier ist es! Und hier sind auch noch Fotos von dem ersten kranken Baum, den Toni entdeckt hat.«

Die anderen standen alle auf und scharten sich um Mikka, der ihnen die Bilder zeigte.

»Das ist der erste Baum, den dein Sohn entdeckt hat?«, fragte Strindberg.

»Ja, nur zufällig, weil ihm Drago weggelaufen war. Der Hund muss ein ordentliches Theater veranstaltet haben.«

»Wann war das noch mal?«, wollte Strindberg wissen.

»Das muss vor vier Tagen gewesen sein. Am ersten Weihnachtsfeiertag.« Mikka überprüfte noch mal die Fotodatei. »Ja, das Bild hat Toni am 25. gemacht. Erzählt hat er es mir aber erst einen Tag später! An dem Tag hat er auch den Kadaver fotografiert.«

Strindberg sah sich den Baum nachdenklich an und fragte Mikka: »Den Baum gibt es nicht mehr, oder?«

»Nein, der muss in den ersten Stunden der Rodungsarbeiten gefallen sein!«

Strindberg schüttelte resigniert den Kopf und schaute seine Kollegen der Reihe nach an. »Schade! Da habt ihr unter Anleitung von diesem widerlichen Mikkosen ganze Arbeit geleistet. Wenn das wirklich der erste erkrankte Baum war, Patient Null sozusagen, dann ist das eine verpasste Chance. Wir hätten hier wichtige Daten gewinnen können. Vielleicht hätten wir einen bekannten Erregerstamm identifizieren können, der mutiert ist.«

Henry meldete sich zu Wort: »Zeig uns noch mal den Rehkadaver, Mikka!«

Alle waren sich beim Anblick des toten Tieres einig, dass es zwischen dem Leichnam von Igor Pajula und dem Kadaver des Rehs Parallelen gab. Beide waren vollkommen eingefallen und bis auf das Unterhautfettgewebe ausgesaugt, fast schon mumifiziert. Die weißen Pilzhyphen waren auf dem Foto unterhalb des Kadavers deutlich zu sehen, wenn Mikka den Ausschnitt vergrößerte.

Er überlegte laut: »Nach Auskunft des Arztes lag die Körperkerntemperatur von Pajula noch bei dreißig Grad, als man ihn gefunden hat. Passt zu dem Kadaver. Schaut euch doch nur mal an, wie tief das Tier in den Schnee eingeschmolzen ist. Bis auf den Erdboden! Es liegt ja förmlich im Matsch des getauten Erdreiches.«

Anna unterbrach seine Gedanken: »Aber das ist doch vollkommen absurd! Leichen, die von Pilzen verdaut werden und sich dabei erwärmen! Pflanzen, die ihr Chlorophyll abbauen, wie Karotten aussehen und dann wärmer sind als ihre Umgebung und den Schnee schmelzen, während sie sterben! Mein Sohn liegt mit einem Schock im Bett und wäre fast erfroren, wenn ihn nicht irgendein Waldarbeiter zufällig gefunden hätte. Was ist denn hier los? Vor ein paar Tagen haben wir noch Weihnachten gefeiert!« Annas Stimme wurde immer lauter und überschlug sich mehrmals, während sie sprach.

Strindberg räusperte sich, nahm einen ordentlichen Schluck aus seinem Glas und sagte: »Okay! Lasst uns zusammenfassen, was wir haben! Ich habe eben meine Mails gelesen. Keine guten Nachrichten. Sämtliche Screenings der von euch ins Labor geschickten Proben auf pathogene Viren, Bakterien und Pilze brachten bisher kein Ergebnis. Ich denke auch nicht, dass die Untersuchungen noch ein brauchbares Ergebnis liefern werden. Die Seuche, mit der wir es hier zu tun haben, ist etwas vollkommen Unbekanntes. Wir betreten hier absolutes Neuland. Keiner von uns hat so was schon mal gesehen. Stimmst du mir zu, Henry? Wenn einer sich mit Pflanzenkrankheiten auskennt, dann du!«

Henry nickte und zuckte mit den Schultern, wie um sich zu entschuldigen.

Strindberg fuhr fort: »In keiner der Pflanzenproben war Chlorophyll nachweisbar. Das heißt, der Erreger verändert die Stoffwechselwege der Pflanzen so, dass sie ihr Chlorophyll abbauen und ihre Nadeln mit einem Farbstoff sättigen, der dem Carotin ähnlich ist. Um welchen es sich handelt, wissen wir noch nicht. Die Analysen laufen noch. Außerdem habe ich Neuigkeiten von der Luftbildauswertung.«

In der offenen Tür stand plötzlich Elias in seinem Schlafanzug und hielt seine Kuschelgiraffe in der Hand. Mit der anderen Hand hielt er sich an Dragos Halsband fest, der neben ihm stand: »Mama! Was ist das für eine Seuche? Ist Toni sehr krank?«

Anna stand auf und nahm ihn liebevoll auf den Arm: »Nein, mach dir keine Sorgen! Das wird schon wieder. Toni muss nur mal richtig ausschlafen und du auch, mein kleiner Dreckspatz!« Sie wandte sich den anderen zu und sagte: »Ich bring Elias mal ins Bett. Er muss schlafen, es ist schon spät!«

Die Erwachsenen wünschten ihm eine gute Nacht, und Anna stieg mit ihm die Treppe zu seinem Zimmer hinauf.

Die Männer stießen an, und Mikka schenkte ihnen nach. Mårten, der augenscheinlich sehr müde war, nahm das Gespräch aus Interesse wieder auf, aber auch, um sich wach zu halten: »Luftbildauswertung? Sind die Bilder schon ausgewertet? Was zeigen sie?«

Strindberg drehte seinen Laptop so, dass alle ihn sehen konnten. Er zeigte ihnen mehrere Bilder, die er dabei kommentierte: »Wir sehen hier die bereits zu einem Bild zusammengesetzten Reihenaufnahmen der Aufklärungsflugzeuge. Die Jungs von der 31. Fliegerkommandostaffel haben ganze Arbeit geleistet. Die Jets haben parallele Streifen mit dreißig bis vierzig Prozent Überdeckung der Aufnahmen geflogen, und hier ist das Ergebnis. Wir sehen das Gebiet mit den voranschreitenden Rodungsarbeiten. Deutlich sind die Rodungsflächen und die noch nicht gefällten und infizierten Bestände zu erkennen. Hier kann man auch einige Harvester bei der Arbeit sehen.« Strindberg deutete auf den Monitor und fuhr fort: »Was wir sehen können, ist, wie großflächig die Infektionsherde hier bereits sind. Mittlerweile fast viermal so groß wie die bisher gerodeten Gebiete. Das alleine würde schon genug Anlass zur

Besorgnis bieten, aber das hier ...«, er zeigte ein neues Foto, »das ist wirklich angsteinflößend!«

Sie sahen auf dem Bild gesunden, schneebedeckten Wald, der aber schon von orangen Flecken verschiedener Größe durchsetzt war.

»Dieses Foto zeigt den Wald in fünfzig Kilometern Entfernung zur Harvesterfront. Wir sehen hier ganz eindeutig Neuinfektionen in weit entfernten und vor Kurzem noch gesunden Waldgebieten. Dieser Sachverhalt deckt sich auch mit Augenzeugenberichten, die wir aus diesen Regionen erhalten haben.«

Strindberg konnte seinen Blick nicht von dem furchtbaren Bild auf seinem Laptop lösen und ließ das Gesagte unter den schockierten Blicken der anderen nachwirken.

Während Anna wieder die Küche betrat und sich zu ihnen gesellte, erklärte ihr Mikka leise die gezeigte Aufnahme und deren Bedeutung.

Tyler räusperte sich und wollte aussprechen, was alle dachten: »Das greift ja um sich, wie ... wie ...« Er rang um Worte.

Henry vollendete seinen Satz: »Wie die Pest!«

»Mit was für einer Geschwindigkeit sich das ausbreitet!«, sagte Mårten, der jetzt hellwach zu sein schien, etwas zu laut für die Ohren der anderen.

»Das Problem wird augenscheinlich zu einer überregionalen Bedrohung! Wir müssen von einer Infektion ausgehen, die sich mit nie da gewesener Wachstumsrate in unseren Wäldern ausbreitet!«, führte Strindberg weiter aus. »Und wir wissen momentan weder, was es ist, noch haben wir ein wirksames Mittel zur Bekämpfung in der Hand!«

Anna, die wie die anderen geschockt um Fassung rang, stellte nur eine Frage, die aber alles bisher Gesagte in ein neues Licht rückte und wie eine Bombe einschlug: »Was ist, wenn wir das nicht in den Griff kriegen und es wird Frühling?«

Alle redeten plötzlich wild durcheinander, und die Saat ihres laut ausgesprochenen Gedankens, den sie bisher alle gemieden hatten wie der Teufel das Weihwasser, nistete sich in ihrem von den Strapazen der letzten Tage getrübten Bewusstsein ein und fing langsam an zu keimen.

»Ich meine, momentan hat es nur Fichten befallen!«

Tyler berichtigte sie: »Wir haben auch kranke Kiefern gesehen und auch Flechten. Außerdem habe ich infizierte Laubmoose an fast jedem Baum gesehen. Es hat die Artgrenze schon überschritten. Und denkt an die Sache mit den Pilzen!«

Anna fuhr fort: »Wir haben Winter, aber in ein paar Monaten ist es Frühling! Was passiert, wenn es auch Laubbäume befällt? Und was ist, wenn es an unsere Kulturpflanzen geht? Das ist unser aller Nahrungsgrundlage! Wenn das unsere Getreidefelder oder unseren Gemüseanbau zerstört, was ist dann?« Sie schrie fast schon, und Mikka wollte ihre Hand nehmen, aber sie zog sie zurück und fügte leise hinzu: »Ich meine, wir haben nichts außer der Gewissheit, dass da draußen irgendetwas wie wahnsinnig um sich greift und das Chlorophyll abbaut oder die Pflanzen dazu veranlasst, es selber zu tun. Und mir war noch nie in meinem Leben so bewusst, wie abhängig wir von einem einzigen Molekül sind.«

Eisige, unheilvolle Stille breitete sich in der Küche aus, und man hatte das Gefühl, selbst das Feuer wäre kleiner geworden und zöge sich in einen entrückten Winkel des Kamins zurück.

Anna setzte zum verbalen Todesstoß an: »Wenn dieses Etwas wirklich die Chlorophyllmoleküle in den Pflanzen über alle Artgrenzen hinweg zerstört, dann werden wir alle sterben!«

Sie hatte mit diesen Worten einen Stein zum Rollen gebracht, der sich langsam, aber unaufhörlich in der Fantasie der anderen zu einer Lawine unbekannten Ausmaßes entwickelte und alles mitriss. Sie hatte ausgesprochen, was vom Rest der Anwesenden nach dem Motto *»Was nicht sein darf, dass nicht sein kann«* bisher vom bewussten Denken ausgeschlossen war. Sie hatte die Büchse der Pandora für noch nicht gedachte Horrorszenarien geöffnet.

Tyler und Henry gaben ihr recht, und Mårten, der vom Whisky etwas benebelt schien, war sprachlos und überfordert.

Mikka stand vom Tisch auf und lief mit dem Glas in der Hand ruhelos durch die Küche. »Wenn ich mir unseren Wald angucke, ist das vielleicht nicht die schlechteste Lösung. Wenn diese Infektion nicht bald gestoppt wird, dann haben wir bald keinen Wald mehr. Neunhundert Jahre alte Fichten und seit Generationen in der Hand unserer Familie!« Er schüttelte den Kopf. »Kann mir mal jemand sagen, wie ich dann unsere Kredite zurückzahlen soll?«

Nur Strindberg fand die richtigen Worte und sagte an alle gewandt: »Langsam, langsam! Sicher ist das eine schreckliche, aber auch sehr unwahrscheinliche Möglichkeit, die wir im Auge behalten müssen. Allerdings möchte ich hinzufügen, dass wir in der gesamten uns bekannten Geschichte der Menschheit keinen derartigen überlieferten Fall kennen. Immer wieder kam es zum Ausbruch von Seuchen, die die Menschheit dezimierte. Und auch im Pflanzenreich kennen wir Seuchen, die mit Pflanzenschutzmitteln nicht zu bekämpfen sind. Man denke nur an den Feuerbrand, der von dem Bakterium Erwinia amylovora ausgelöst wird und sich rasend schnell ausbreiten kann. Diese Krankheit kann bis zu hundertdreißig Pflanzenarten befallen, und man kann die infizierten Pflanzen nur roden und verbrennen. Also«, sagte er und schaute dabei Anna an, »soweit sind wir noch lange nicht! Wir dürfen die Flinte jetzt nicht ins Korn werfen und auch nicht ins Getreidefeld, wenn du verstehst, was ich meine?«

Anna konnte sich ein Grinsen nicht verkneifen, und alle waren froh über die beschwichtigenden Worte von Strindberg, der weiter ausführte: »Ich denke, wir werden anhand der Luftbildauswertung die Rodungsarbeiten koordinieren und intensivieren und gegebenenfalls auch über Brandrodung und noch härtere Maßnahmen nachdenken müssen. Wir müssen die Verbreitungswege der Infektion herausfinden und dort ansetzen. Dafür müssen wir aber unbedingt erst mal wissen, mit was für einem Erreger wir es zu tun haben. Das hat oberste Priorität! Habt ihr Vorschläge zur Vorgehensweise?«

Mårten, Spezialist für Viren- und Bakteriengenome, trank sein Glas leer und hielt es Mikka hin, der ihm ordentlich nachgoss. Dann sagte er leicht beschwipst, aber mit großer Überzeugungskraft: »Wenn es ein neues, uns noch nicht bekanntes Virus ist – egal woher, egal wie versteckt –, dann gebt mir ein bis zwei Wochen mit Henry und Tyler im Labor und gebt mir Geld und viel von dem Whisky, dann finde ich es!«

Strindberg und die anderen mussten lachen. »Erzähl!«, sagte Strindberg, der um Mårtens Genialität wusste.

»Ganz einfach! Wir suchen die Nadel im Heuhaufen. Wissen aber nicht, wie die Nadel, unser Virus, aussieht. Aber wir wissen, wie das Genom einer gesunden Fichte aussieht. Die Fichten-DNS wurde schon sequenziert. Also wissen wir, wie der Heuhaufen aussieht. Wir nehmen uns das Genom einer befallenen Pflanze vor und sequenzieren es. Alle Hunderte von Millionen Basen der Botenribonukleinsäuren. Wenn wir das sequenziert haben, dann ziehen wir von dem Ergebnis alle uns bekannten Gene der gesunden Fichte, also den Heuhaufen, ab. Und was dann übrig bleibt ...« Mårten klatschte in die Hände, warf seine blonden schulterlangen Dreadlocks nach hinten und blickte die anderen erwartungsvoll an.

Fast alle schauten verwirrt zurück, und wieder war es Strindberg, der als Erster die richtigen Worte fand: »Logisch! Und was dann übrig bleibt ...«, nahm er Mårtens unvollendeten Satz auf und vervollständigte ihn: »... ist das Virengenom. Ganz einfache Rechnung. Heuhaufen plus Nadel minus Heuhaufen gleich Nadel.«

Man konnte den Groschen förmlich fallen hören.

Nur Mikka hatte noch nicht begriffen, wie man den Virus finden wollte.

Anna sah es ihm an. »Also, wenn ich es richtig verstanden habe«, fasste sie das eben Gehörte für ihren Mann, aber auch für sich noch mal zusammen, »dann nehmt ihr die Erbinformation einer kranken Fichte, also die DNS, in der das Virengenom versteckt ist, und sequenziert sie. Das heißt, ihr kennt dann die Basenabfolge der kranken DNS. Die Basenabfolge einer gesunden Fichte ist bekannt, und diese zieht ihr von der kranken DNS ab. Und übrig bleiben einige DNS-Schnipsel, die vom Virus stammen!«

Mårten nickte: »So könnte man es laienhaft sagen. Nur nehmen wir nicht die DNS, sondern die Blaupause der DNS, die RNS, aber das zu erklären würde zu weit führen.«

Anna unterbrach ihn: »Nein, ich glaube, ich verstehe dich! Die DNS besteht aus einem doppelten Strang, der sogenannten Doppelhelix, der bei der Genexpression gespalten wird, und an einem Strang bildet sich die RNA. Also praktisch eine Negativkopie dieses einen Stranges, und daraus werden dann in einem anderen Prozess die Eiweiße gebildet.«

»Richtig, so ist es! Es wurde hierfür eine neue Sequenziertechnik entwickelt, die mit Hochgeschwindigkeit arbeitet, um die riesige Zahl der Basen identifizieren zu können. Den Abgleich der gesunden DNS mit der kranken erledigen dann spezielle Computerprogramme. Das ist ein neues Verfahren, ich habe erst kürzlich davon gehört. Wird aber ein bisschen

Zeit brauchen. Das Fichtengenom ist siebenmal größer als das menschliche, es wird uns was kosten«, sagte er an seinen Chef gewandt.

Strindberg nickte: »Geld ist in unserer momentanen Lage das kleinere Problem. Der Zeitfaktor ist bei dieser Ausbreitungsgeschwindigkeit entscheidend. Ich denke, wir sollten nach diesem Plan vorgehen und unser Werk direkt morgen beginnen. Mårten, Henry und Tyler werden morgen früh mit dem Hubschrauber nach Oulu gebracht, um schnellstmöglich die Arbeit aufnehmen zu können. Über die Whiskyversorgung müssen wir noch reden.« Er lachte laut auf, bevor er fortfuhr: »Ich werde hierbleiben und mit Mikka morgen den Mann von der Forstdirektion besuchen, um mit ihm die Ergebnisse der Luftbilder zu besprechen und ihn zu unterstützen.« An Anna gerichtet fügte er noch hinzu: »Ich hoffe, wir erzielen schnell brauchbare Ergebnisse, und ich hoffe, dass ich dir, Anna, und auch dir, Mikka, ein bisschen Mut machen konnte. Ich denke, wir sollten jetzt schlafen gehen. Es ist spät, und wir haben morgen und in den nächsten Tagen alle Hände voll zu tun.«

Anna und Mikka lagen aneinandergeschmiegt und hundemüde im Bett.

»Mach dir nicht so viele Sorgen. Ich glaube, dass die drei etwas finden werden und dass unser Wald noch zu retten ist. Außerdem können wir das Holz der gefällten Bäume noch verkaufen, oder?«, sagte Anna.

»Das kann ich mir nicht vorstellen«, antwortete Mikka. »Immerhin stammt das Holz von erkrankten Bäumen. Wir kennen die Ursache der Erkrankung nicht, und ich glaube nicht, dass wir es so in den Umlauf bringen dürfen. Wäre ja auch Wahnsinn! Man kann es wahrscheinlich nur noch verbrennen, aber auch da bin ich nicht sicher, ob die Behörden das in der jetzigen Situation noch zulassen.«

Sie schwiegen eine Zeit lang, und dann stellte Mikka, den Blick starr an die Zimmerdecke geheftet, die Frage, die ihn am meisten beschäftigte:

»Was ist eigentlich, wenn die drei im Labor nach einem Virus suchen und es ist gar keiner, sondern irgendetwas anderes?«

Aber Anna schlief bereits in seinem Arm, und er blieb mit seiner bohrenden Frage alleine zurück.

## 29. Dezember, Deutschland – Frankfurt

Simone hatte, wie versprochen, für sie gekocht. Seine italienische Abstammung konnte er nicht verleugnen, wenn er am Herd stand. Die Kochkünste seines Heimatlandes hatte er einfach im Blut, und das Essen war exquisit.

Er hatte üppig aufgetischt. Italienische Antipasti, Primi Piatti Cannelloni Con Ricotta e spinaci, Secondi Piatti Osso Bucco e Caponata, und zum Schluss gab es noch eine ordentliche Portion Panna cotta.

Mia platzte fast und trank ihren Vino Rosso. Bei der Wahl der Weine machte Simone kein langes Federlesen. Ein einfacher italienischer Tafelwein war seine erste Wahl – und auch ihre. Die schmeckten immer, und sie hasste nichts mehr als das versnobte Getue mancher Menschen um ein Getränk. Der Wein korkt, Rotwein muss atmen ... Alles Quatsch! Zur Not hatten sie schon Wein aus dem Getränkekarton getrunken oder sich Eiswürfel in den Rotwein geschüttet.

»Ich brauche jetzt einen Grappa! Das war so lecker! Lass uns rauchen, und mach mir bitte einen großen Grappa.«

Simone stand schon hinter ihr und schwenkte zwei Gläser, als sie sich umdrehte. Er steckte ihr eine Zigarette an und stieß mit Mia an: »Auf dein Wohl! Es freut mich, dass es dir geschmeckt hat. Du hättest es gar nicht sagen müssen. Man hat es schon an den Mengen gesehen, die du vertilgt hast.«

Mia musste lachen. Sie mochte es, wenn er so herrlich direkt war.

»Komm, wir machen es uns gemütlich, dann erzählst du mir, was dich belastet! Du hast vor dem Essen so Andeutungen gemacht, und ich kann mir nicht vorstellen, dass es der Blitzer heute Morgen auf der Autobahn war, der dich so aus der Kurve geworfen hat.«

Mia nippte an ihrem doppelten Grappa. Der Schnaps tat ihr gut, und es fiel ihr leichter, über ihre Entdeckung zu sprechen. Sie nahm einen tiefen Zug von ihrer Zigarette, und nach einem weiteren kräftigen Schluck platzte es nur so aus ihr heraus. Sie erzählte Simone von ihrer merkwürdigen Entdeckung in Finnland und ließ nichts aus. Angefangen bei der illegalen Suche nach dem Ferienhaus bis hin zu den Anomalien im finnischen Wald.

Über die Zweckentfremdung des Satelliten musste Simone herzlich lachen. Den Rest ihrer Erzählung fand er weniger witzig.

Mia erzählte ihm von dem teilweise aufgetauten See. Ein Detail, das ihr erst jetzt, während sie darüber sprach, äußerst befremdlich vorkam. Sie berichtete von der Rodungsfläche mit dem zentralen Feuer und dem Wald, der in diesem seltsam anmutenden Orange fast zu leuchten schien. Und sie vergaß auch nicht, zu erwähnen, wie die krankhafte Färbung im Wald um sich griff und schon in weit entfernte Waldgebiete gestreut hatte.

Zum Schluss stellte sie Simone eine Frage: »Ist dir an meiner Erzählung etwas aufgefallen?«

»Na, so, wie du das erzählst, bekommt man den Eindruck, der finnische Wald liegt in den letzten Zügen und es greift ohne das Wissen der Weltöffentlichkeit eine Pflanzenseuche um sich.«

»Das mag sein, so sollte es auch klingen. Aber ich mein e etwas anderes. Was glaubst du eigentlich, welche Farbe der Wald in Finnland jetzt haben sollte? Wir haben Winter, und zwar einen strengen mit viel Schnee, und ich konnte aus 680 Kilometer Höhe orange Bäume – was sag ich – einen fiebrig orangen Wald mit einer Ausdehnung von mehreren Kilometern erkennen, der sich deutlich vom Rest abhob. Auf den Pflanzen sollte zu dieser Jahreszeit in Finnland Schnee liegen. Lag da auch! Nur nicht auf dem orangenen Zeug. Und ich will dir was sagen: Das, was ich gesehen habe, war auch eine Pflanzenseuche, und die hat den Schnee schmelzen lassen.« Sie trank den Rest ihres Grappas und lehnte sich auf dem Sofa zurück, nachdem sie während ihrer Schilderung nicht hatte still sitzen können.

Simone war skeptisch, wie Mia es erwartet hatte, aber wer wollte ihm das übel nehmen? Sie hätte selbst Zweifel, wenn ihr jemand so was auftischen würde.

»Fehler in der Optik oder bei der Übertragung ...« Simone konnte seinen Satz nicht beenden.

Mia war vorbereitet und unterbrach ihn energisch: »Ich wusste, dass du das sagen würdest. Hab ich alles gecheckt. Der Satellit ist in Ordnung! Er hat danach noch völlig normale Bilder geliefert.« Sie stand auf, kramte etwas aus ihrer Tasche und drückte Simone die Mappe in die Hand: »Hier, schau es dir selbst an!«

Simone klappte die Mappe auf und betrachtete zweifelnd den Farbausdruck. »Mensch Mia! Das glaub ich nicht! Da ist ja wirklich alles orange. Guck dir das mal an! Das ist ein riesiges Gebiet, und du hast recht: Der Schnee fehlt. Wie kann das denn sein? Haben wir irgendwelche Anhaltspunkte, wie groß das ist? Ich meine, können wir das berechnen?«

»Ja, können wir. Ich hätte mit dem Satelliten eine elektronische Distanzmessung vornehmen können, hatte aber keine Zeit mehr. Aber wir können das einfach mit einem Internettool ungefähr bestimmen.« Sie ging zum Schreibtisch, öffnete die entsprechende Seite auf dem Laptop und suchte den Kartenausschnitt, den auch ihr Screenshot zeigte, um die Fläche zu berechnen. Mit ein paar Klicks auf der Tastatur hatte sie das Ergebnis, setzte sich mit dem Laptop neben Simone auf das Sofa und präsentierte ihm die Berechnung.

Simone fuhr sich durch die Haare und sagte: »Das sind fast fünf Quadratkilometer! Das wäre ein Quadrat mit einer Kantenlänge von ungefähr 2,2 Kilometern. Berechne mal die Fläche, die gerodet wurde!«

Mia sagte, nachdem sie die Daten auf dem Monitor sehen konnte: »Das gerodete Gebiet ist circa einen halben Quadratkilometer groß, also ein Zehntel der befallenen Fläche.« Plötzlich wurde ihr klar, dass sie zum ersten Mal das Wort »befallen« benutzt hatte.

»Du hast recht, wenn du von einem Befall sprichst. Ich habe so was noch nie zu Gesicht bekommen. Das scheint wirklich eine Pflanzenseuche zu sein. Offensichtlich wissen das auch schon die Finnen, wenn sie solche radikalen Rodungen vornehmen. Überleg mal! Ein halber Quadratkilometer – das sind, warte, das sind fünfzig Hektar Wald, den die da gerodet haben. Ordentlich! Aber was wir natürlich nicht wissen, ist, wie lange sie dafür gebraucht haben und was das für eine Seuche ist. Man müsste mal einen Experten zurate ziehen. Arbeitet dein verrückter Ex aus Marburg nicht auf dem Gebiet?«

»Alex? Ja, der leitet ein Forschungsprojekt. Irgendwas mit neuen Pflanzenviren aus dem Regenwald, glaube ich. Aber dafür ist es noch zu früh. Wir wissen einfach zu wenig, und ich hab keine Lust, mich lächerlich zu machen. Ich denke, ich sollte morgen noch mal heimlich mit dem Satelliten vorbeigucken und das verifizieren.«

»Mach das, und sag mir dann bitte sofort Bescheid. Ich bin total neugierig, was da passiert. Du kannst mich jederzeit auf dem Handy im Institut erreichen.«

Mia stand auf, stellte den Laptop auf den Schreibtisch und klappte ihn zu. »So, für heute haben wir genug die Welt gerettet. Ich brauch jetzt ein bisschen Entspannung!« Sie zog im Gehen ihr Oberteil aus und entledigte sich geschmeidig ihrer Hose. Den Slip warf sie Simone an den Kopf, während sie sich rittlings auf seinen Schoß setzte und ihn leidenschaftlich küsste. Im wilden Liebesspiel aneinandergeklammert, trug er sie zum Bett und kümmerte sich für den Rest des Abends um ihre wohlverdiente Entspannung.

Am nächsten Morgen stand Mia sehr früh auf. Simone schlief noch, und sie wollte ihn nicht wecken, nachdem er sich gestern so verausgabt hatte. Bei dem Gedanken legte sich ein Lächeln über ihre Lippen. Sie trank einen Kaffee und verließ geräuschlos die Wohnung, während Simone noch leise im Bett vor sich hin schnarchte.

Die Fahrt nach Darmstadt verlief ereignislos. Die Radarkontrolle stand wieder am gleichen Fleck, aber Mia war heute bei der Sache, und das Telefon hatte sie ausgestellt. Die biometrische Sicherheitskontrolle scannte wie immer ihr Gehirn. Mia versuchte, an nichts zu denken. Das gelang ihr heute nicht sonderlich gut, und sie musste laut lachen bei der Vorstellung, irgendwer würde an seinem langweiligen Arbeitsplatz an ihren schlüpfrigen Gedankenfetzen der letzten Nacht teilhaben.

Klaus musste ihr Lachen gehört haben, als sie die Eingangshalle betrat. Er zeigte es aber mit keiner Regung, nur ein leichtes Nicken seines Kopfes ließ Mia erahnen, dass er sie überhaupt wahrgenommen hatte.

Es war jetzt acht Uhr, und Mia saß pünktlich im leeren Kontrollraum an ihrem Rechnerterminal. Die Detailuntersuchungen der Gebiete, die als vielversprechende Kandidaten für Brandrodungen in Frage kamen, liefen noch und waren, soweit sie das jetzt beurteilen konnte, sehr vielversprechend. Sie ging davon aus, dass sie im Laufe des Tages weitere eindeutige Beweise für illegale Brandrodungen in die Hände bekommen würde. Aber ihr eigentliches Interesse galt den Vorgängen in Finnland.

Mia fand schnell einen Satelliten, der das Gebiet in Kürze mit seinem Footprint überstreichen würde. Sie aktivierte, wie am gestrigen Tage, die optischen Systeme und vergaß diesmal auch nicht den

Aufzeichnungsmodus. Außerdem programmierte sie die Routinen für ein Infrarotscreening des Gebietes mit den ihr bekannten Koordinaten.

Mit der Optik konnte sie auch ohne Zoom bereits die Lofoten, eine Inselgruppe an der Westküste Norwegens, sehen. Der Footprint des Satelliten wanderte weiter und überstrich jetzt das nördliche Skandinavien. Mia hatte höchstens zehn Minuten, um mit dem Aufnahmestreifen des Satelliten das Gebiet zu erkunden. Bei maximalem Zoom der ersten optischen Stufe war der Streifen circa zwanzig Kilometer breit. Mit dem hochauflösenden digitalen Zoom der zweiten Stufe konnte sie in diesem Streifen auch kleinere Objekte zur Fernerkundung heranzoomen. Mit dem Auflösungsvermögen der optischen und digitalen Systeme war sie sogar in der Lage, das Nummernschild eines Fahrzeuges zu lesen. Am Wichtigsten schien ihr aber die genaue Vermessung des Infektionsherdes, wie sie die Auffälligkeit in ihren Gedanken jetzt nannte.

Die Region um Salla war jetzt gut zu erkennen, und sie nutzte die Zeit, bis das befallene Gebiet ins Zentrum des Footprints wandern würde, um mit maximaler Auflösung in die Rodungsfläche zu zoomen. Die Bilder, die sie sah, ergaben keinen Sinn. Die Vergrößerung zeigte zu viele Details. Mia erkannte sozusagen den Wald vor lauter Bäumen nicht und zoomte mit der Handsteuerung etwas heraus. Deutlich konnte sie jetzt die Fahrzeuge in der Mitte der Fläche erkennen. Auch auf das Feuer und den Container hatte sie beste Sicht. Sie schwenkte die Kamera um einige Grad nach Osten, um den See zu untersuchen, dessen merkwürdiger Zustand ihr erst gestern Abend bewusst geworden war. Er lag unberührt von irgendwelchen menschlichen Aktivitäten vor ihr auf dem Monitor. Am Ostufer konnte sie das typische Orange in dem angrenzenden Birkenwäldchen sehen. In dem dahinter liegenden Nadelwald hatte sich die Infektion bereits mit kreisrunden orangen Flecken manifestiert. Ein Teil des zugefrorenen Sees war, wie gestern, aufgetaut. Das war eindeutig zu erkennen. Aber es war auch zu erkennen, dass sich die gestern noch circa fünfzig Meter vom Westufer des Sees entfernte Eiskante mehr zur Mitte hin verschoben hatte, ohne den Kontakt zum Ufer zu verlieren. Das Eis schien sich vom Westufer des Sees ohne erkennbaren Grund zurückzuziehen, und es sah so aus, als fräße sich eine mehr oder weniger sichelförmige Wasserfläche in das Eis hinein und bekäme dabei immer mehr die Form eines Kreises. Aus Mias Perspektive wirkte es, als würde sich der dunkle Teil einer Scheibe aus Wasser vom Ufer in den See schieben und in den nächsten Stunden als perfektes kreisrundes Loch aus dem Weiß des zugefrorenen Sees in den Himmel starren.

Mia sah in der Werkzeugleiste am unteren Monitorrand den roten Punkt, der anzeigte, dass der Aufzeichnungsmodus aktiviert war. Da die Region jetzt im Zentrum des Satelliten-Footprints war, zoomte Mia aus der Detailaufnahme heraus und bekam einen Gesamtüberblick über die Region. Deutlich war die orange Infektion um die Rodung zu erkennen. Die Krankheit streute in den gesunden Wald, bis in fünfzig bis siebzig Kilometer entfernte Gebiete, und kleckerte ihre runden Neuinfektionen überall hin. Neuinfektionen, die seit gestern von innen heraus konzentrisch in alle Richtungen gewachsen waren oder dies in den ausgedehnten Waldgebieten Finnlands unaufhaltsam tun würden.

An irgendetwas erinnerten sie diese massig auftretenden orangen Kreisflächen unterschiedlicher Größe in dem schneegepuderten Weiß des umgebenden Waldes, aber momentan hatte sie auf den Zusammenhang in ihrem Gedächtnis keinen Zugriff. Sie aktivierte die automatische Distanzmessung der Satellitensoftware. Über einen Abgleich der Bahngeschwindigkeit mit der Flughöhe und einem GPS-Messpunktesystem sowie über verschiedene mathematische Algorithmen konnte die Entfernung zwischen zwei Punkten auf der Erdoberfläche berechnet werden. Damit war man natürlich auch in der

Lage, die Fläche bestimmter Areale auf der Oberfläche zu berechnen, und zwar mit einer nie da gewesenen Genauigkeit.

Der Footprint des Satelliten hatte das Gebiet soeben verlassen. Mia atmete erst einmal auf. Die Daten waren im Kasten und die Informationen gesichert. Da die befallene Waldfläche kein regelmäßiges Rechteck bildete, musste Mia die vielen Seiten des unregelmäßigen Vielecks bestimmen oder eine neue Software anwenden. Dabei wurden die Konturen unregelmäßiger Flächen, wie die der vielen gestreuten Neuinfektionen, mit einem speziellen Stift auf dem Touchscreen nachgefahren, um eine Flächenberechnung zu erhalten.

Nachdem sie ihre Arbeit am Touchscreen beendet hatte, projizierte das Rechenzentrum das Ergebnis nach einigen Millisekunden auf einen ihrer Monitore. Als sie es sich anschaute, atmete sie erschrocken ein. Das Kerngebiet umfasste jetzt eine Fläche von annähernd sechs Quadratkilometern. Das bedeutete einen Zuwachs von einem Quadratkilometer in vierundzwanzig Stunden. Hinzu kamen noch die drei Quadratkilometer der Neuinfektionen, die sie gestern gemeinsam mit Simone und dem einfachen Internettool nicht hatte berechnen können, die aber heute in Zahl und Ausdehnung nicht mit dem gestrigen Ergebnis korrespondierten. Wenn Mia das Standbild auf dem Bildschirm mit dem Screenshot von gestern verglich, dann konnte sie eine deutliche Zunahme der Neuinfektionen erkennen, aber auch eine Flächenausdehnung der gestern schon vorhandenen.

»Jetzt weiß ich, an was mich das erinnert!«, entfuhr es ihr. »Das sieht aus wie ein Bakterienrasen auf einem Nährmedium. Bakterien breiten sich auf einer Agarplatte auch so aus und bilden kreisförmige Ableger, die langsam zusammenwachsen.« Mia war sprachlos und lud das Infrarotscreening auf den Monitor, was ihr den Rest gab. Deutlich hob sich die Temperaturanomalie der befallenen Pflanzen im Falschfarbenbild von den noch gesunden Waldgebieten ab. Die Pflanzen schienen infrarote Wärmestrahlung zu produzieren und abzugeben, was letztendlich den Schnee zum Schmelzen gebracht haben musste.

Ich muss das unbedingt Simone zeigen! , dachte sie und überlegte gleichzeitig, wie sie die Bilder an ihren Freund übermitteln und dabei den hauseigenen Server umgehen könnte. Sie stellte mithilfe eines USB-Kabels eine Verbindung zwischen dem Rechnerterminal und ihrem Smartphone her. Die Firewall der ESOC-Zentrale erkannte ihr Gerät natürlich nicht und wollte eine Untersuchung des unbekannten mobilen Datenträgers durchführen, bevor eine Datenübermittlung durchgeführt werden konnte. Mia dachte: Ist mir jetzt auch egal! Dann ist das eben offiziell, dass ich hier Daten runtergeladen habe, und aktivierte den Virenscann des Datenträgers. Nachdem die Firewall ihr Handy als sicher eingestuft hatte, lud sie die Datei mit den Untersuchungsergebnissen auf ihre Speicherkarte und entkoppelte das Telefon vom Rechner. Sie überprüfte noch kurz die Detailuntersuchungen in Asien und stellte dabei fest, dass die Ergebnisse vorlagen und Phase 2 damit beendet war. Das war eine gute Nachricht, bedeutete aber auch, dass ihre Zeit hier in der Kommandozentrale der ESOC beendet war und sie ab morgen keinen Zugang mehr zu den Satelliten bekommen würde. Das hieß weiter, dass sie die Auffälligkeiten in Finnland nicht mehr observieren konnte. Und das, überlegte sie, konnte bei der momentanen Lage im nördlichen Finnland nicht angehen. Da wird sich bestimmt eine Lösung finden, dachte sie und war selbst wenig überzeugt von ihrem Pragmatismus.

Mia sicherte alle Daten der offiziellen Untersuchung auf dem Server des Rechenzentrums, auf den sie auch von außerhalb von einem gesicherten Rechner mit einem Passwort und den üblichen biometrischen Sicherheitsprüfungen Zugang hatte. Die finnischen Daten speicherte sie nur an ihrem Arbeitsplatz, sodass sie nicht gleich auffliegen würde. Das Rechenzentrum unterlag verständlicherweise strengeren Kontrollen mit regelmäßigen Überprüfungen auf unerlaubte und auffällige Aktivitäten und Zugriffe von außerhalb. Die Terminals im Kontrollraum wurden nur sporadisch auf Aktivitäten Dritter untersucht. Der Zugriff auf diese hätte auch nur über das Rechenzentrum oder kriminelle Mitarbeiter erfolgen können. Ein Gedankenkonstrukt, das in der Welt der ESOC noch nicht vorgesehen war.

Mia loggte sich aus dem System aus, raffte ihre Sachen zusammen und verließ eilig den Kontrollraum mit einem mehr als schlechten Gefühl. Am Ausgang verabschiedete sie sich wie immer von Klaus, um nicht aufzufallen, und steuerte, nachdem sie den Gebäudekomplex verlassen hatte, zielstrebig ihr Auto an. Sie fuhr mit dem Wagen auf den ersten freien Parkplatz, den sie in der Stadt finden konnte, und übermittelte das Datenmaterial mit ihrem Handy an die E-Mail-Adresse von Simone, während der Motor noch lief und die warme Heizungsluft ihre Füße wärmte. Die Aufregung ließ Mia innerlich auskühlen, sie fror selbst in dem gut geheizten Volvo. Auf der anderen Straßenseite sah sie einen Burger-King mit Drive-in-Verkauf.

Der heiße Kaffee tat ihr gut. Auf dem Parkplatz des Fast-Food-Ladens war nicht viel los. Das musste zum großen Teil an den fehlenden Teenagern liegen, die zu dieser Uhrzeit in den Weihnachtsferien wahrscheinlich noch im Bett lagen und von gutem Essen träumten. Sie hatte sich gerade ihre erste Zigarette angezündet - für ihre Verhältnisse sehr früh am Tag - und trank einen Schluck von dem schwarzen Kaffee aus dem Pappbecher mit Plastikdeckel, da vibrierte ihr Telefon auf dem Armaturenbrett. Sie konnte sofort an Simones Konterfei erkennen, dass er dran war.

»Hi Süße! Was schickst du mir denn da für Bilder? Ich habe sie mir schon angesehen und ich bin schockiert. Krass ist natürlich erst mal die

Wachstumsrate, die sich aus dem Flächenzuwachs der erkrankten Gebiete ergibt. Wenn ich es richtig gelesen habe, dann sind aus den gestrigen fünf Quadratkilometern bereits sechs geworden. Die Flächenzunahme der Neuinfektionen von gestern und die neuen Infektionsherde von heute noch gar nicht hinzugerechnet. Das macht summa summarum einen Zuwachs von mindestens zwei, vielleicht sogar drei Quadratkilometern aus. Weißt du, was das bedeutet?«

Er war gar nicht mehr zu stoppen, Mia musste ihn unterbrechen: »Kaum zu glauben, oder? Hast du dir auch die Infrarotaufnahme angesehen?«

»Ja, hab ich, aber was ich sagen wollte, ist, dass wir unbedingt noch eine Aufnahme von morgen haben müssen. Also nach weiteren vierundzwanzig Stunden. Denn dann kann ich dir Genaues zur Ausbreitungsgeschwindigkeit sagen. Momentan haben wir nur zwei Werte mit einer großen Wachstumsrate. Ich sollte besser sagen: mit einem großen Zuwachs. Wenn wir morgen einen dritten Wert haben, dann bete, dass es sich um ein lineares Wachstum handelt. Ich meine damit, wenn sich das exponentiell ausbreitet, dann brauchen wir uns um die Infrarotbilder nicht mehr zu sorgen. Das kannst du dann demnächst hier im Park auch ohne Satellit fotografieren.«

Mia konnte Simones Angst durch die Leitung förmlich riechen. So hatte sie ihn noch nicht erlebt. »Ich bekomme Angst, wenn du so redest, Simone. Was meinst du mit exponentiell? Können wir uns treffen? Wie lange bist du noch am Institut? Ich muss dich jetzt sehen, wir müssen reden. Das wird schwierig morgen. Ich weiß nicht, ob ich noch mal an die Satelliten komme. Die Untersuchungen in Indonesien und Malaysia sind abgeschlossen, und das war auch so geplant. Jede weitere Minute Untersuchungszeit muss ich begründen, und da passen die Jungs von der

ESOC verdammt gut auf, aber vielleicht fällt mir was ein. Vielleicht fällt uns zusammen was ein. Also, wann können wir uns sehen?«

»Okay, ich mach hier gleich Schluss, morgen ist Silvester. Ich bin in einer Stunde in deiner Wohnung.«

Sie beendete das Gespräch, trank ihren Kaffee aus und startete den Motor.

»Ich will versuchen, es dir zu erklären. Bei einem linearen Wachstumsprozess nimmt eine bestimmte Größe immer mit der gleichen Rate zu. Lass es mich an einem Beispiel klar machen.« Simone stand vom Sofa auf und ging mit dem Kaffeebecher in der Hand zu ihrem Aquarium. »Siehst du die Schnecke hier an der Scheibe?«

»Ja, kann ich sehen. Kannst du sie bitte raus nehmen? Die vermehren sich wie verrückt und fressen die schönen Wasserpflanzen.«

»Später!« Simone trank einen Schluck Kaffee und fuhr fort: »Genau, die vermehren sich! Aber stell dir mal vor, die vermehren sich nicht, sondern ich setze jeden Tag eine dazu, um dich zu ärgern.«

»Ich glaube, du spinnst! Das wirst du doch nicht tun?«

»Hör mir doch mal zu, sonst überlege ich es mir noch anders. Also: Am ersten Tag ist da nur diese eine Schnecke, aber der böse Simone legt am zweiten Tag noch eine dazu. Eigentlich ist der gar nicht böse, sorgt er doch dafür, dass die kleine Schnecke nicht so alleine ist. Also sind da am zweiten Tag zwei Schnecken. Am Dritten leg ich die Dritte dazu und so weiter. Nach hundert Tagen sind es 100 und nach tausend Tagen 1000 Schnecken. Das ist ein lineares Wachstum. Es kommt schön überschaubar jeden Tag eine neue Schnecke hinzu.«

»So viele Schnecken will ich nicht in meinem Aquarium haben!«

»So viele werden es auch nicht, weil die nur eine bestimmte Lebenserwartung haben und die ersten schon wieder wegsterben oder sie nichts mehr zu fressen haben, wenn es zu viele wurden, und dann sterben alle.«

»Genau, die haben alle meine Wasserpflanzen gefressen, und du bist schuld!«

»Aber du hast das verstanden? Eine bestimmte Größe wächst immer mit der gleichen Zuwachsrate. Jeden Tag eine Schnecke.«

»Kapiert! Ich weiß schon, was lineares Wachstum bedeutet. Aber kannst du die Schnecke jetzt bitte raus nehmen?« Mia ließ ihn weiter dozieren.

Simone trank seinen Kaffee aus und krempelte sich den Ärmel hoch. Nachdem er die Schnecke von der Scheibe gelöst hatte, warf er sie mit tropfendem Unterarm in seinen leeren Becher.

»So, jetzt zum exponentiellen Wachstum. Wir fangen wieder mit einer Schnecke in deinem Aquarium an.«

»Nein!«, protestierte Mia. »Lass die Schnecke in deinem Kaffeebecher!«

»Okay, am ersten Tag ist eine Schnecke in meinem Becher. Jetzt kommt aber der Clou. Da kommt nicht jeden Tag eine hinzu, sondern die vermehrt sich mit einer Wachstumsrate von zwei. Das heißt, die Schnecken verdoppeln sich einmal pro Tag. Aus der Ersten sind am ersten Tag zwei geworden. Die beiden verdoppeln sich wieder und wir haben am zweiten Tag bereits vier, am dritten Tag acht, am vierten Tag sechzehn und so weiter. Das klingt erst mal nicht besonders bedrohlich, aber was ist nach zehn oder hundert Tagen?«

»Das kann man einfach ausrechnen. «, sagte Mia. »Bei einer Verdopplung haben wir einen Wachstumsfaktor von zwei, wie du bereits gesagt hast. Also kann man einen einfachen mathematischen Term aufstellen. Schnecken zu Beginn mal dem Wachstumsfaktor hoch der Anzahl der Tage.«

»Genau! Also eine Schnecke mal zwei hoch drei. Der Exponent drei steht für drei Tage Vermehrung mit dem Wachstumsfaktor zwei. Zwei mal zwei mal zwei ergibt acht Schnecken nach drei Tagen. Jetzt rechne das mal für zehn Tage aus!«

Mia überlegte und sagte dann: »Eine Schnecke mal zwei hoch zehn.« Es dauerte eine Weile und sie sagte: »Tausendvierundzwanzig Schnecken. Wow, das geht ab! Nach hundert Tagen sind das dann ein mal zwei hoch hundert!«

»Genau, das können wir nicht mehr im Kopf rechnen. Unser Gehirn funktioniert nicht exponentiell. Wir können nur linear denken. Mit exponentiellen Wachstumsraten sind wir hoffnungslos überfordert.« Simone stellte den Becher auf den Schreibtisch und tippte die Zahlenfolge in den Rechner. »Ich bin immer wieder überrascht!«, sagte er und hielt Mia den Rechner hin, sodass sie das Ergebnis auf dem Bildschirm sehen konnte:

1267650600228229401496703205376

»Kaum zu glauben, ich kann die Zahl nicht mal aussprechen! Die passen aber nicht mehr in deinen Becher!«

»Ich bin Mathematiker, lass mich kurz nachdenken!«, sagte Simone, schaute sich die ellenlange Ziffernfolge an und überlegt eine Weile hin und her. Dabei machte er ein entrücktes Gesicht, und Mia musste grinsen. »Ich hab's! Das sind eine Quintillion zweihundertsiebenundsechzig Quadrilliarden sechshundertfünfzig Quadrillionen sechshundert Trilliarden zweihundert achtundzwanzig Trillionen zweihundertneunundzwanzig Billiarden vierhundert ein Billionen vierhundertsechsundneunzig Milliarden siebenhundertdrei Millionen zweihundertfünftausenddreihundertsechsundsiebzig Schnecken. Die passen auch nicht mehr in dein Aquarium! Schnecken vermehren sich nicht mit einem solchen Wachstumsfaktor, aber Bakterien tun das. Zum

Beispiel Escherichia coli, ein Bakterium aus unserem Darm. Die verdoppeln sich sogar alle zwanzig Minuten. Das ergibt für eine Stunde zwei hoch drei, nämlich drei mal zwanzig Minuten, einen Wachstumsfaktor von acht. Also werden aus einem Colibakterium in einer Stunde acht Bakterien. Nach vierundzwanzig Stunden wären das acht hoch vierundzwanzig Bakterien. Ich glaube, das müssen wir nicht ausrechnen, oder?«

Mia goss sich einen Kaffee nach und drehte sich zu Simone um: »Das erinnert mich daran, was ich heute Morgen dachte, als ich mir die Bilder aus Finnland angesehen habe.«

»Lass mich raten. Ich glaube nämlich, ich habe beim Anblick der Fotos das gleiche gedacht. Der Infektionsherd und die vielen kreisförmigen Neuinfektionen haben dich an einen Bakterienrasen auf einem Nährmedium erinnert. Stimmt' s?«

»Genau. Eine orange Bakterienkultur, die sich auf dem finnischen Nährmedium Wald rasant ausbreitet und alles vernichtet. Aber wenn ich mir das jetzt vorstelle, dann frage ich mich, warum Bakterien im exponentiellen Wachstum nicht schon den ganzen Globus meterdick mit einem widerlichen Bakterienschleim bedecken. Genug Zeit hatten sie ja!«

Simone sah sie mit diesem ironischen Gesichtsausdruck an, den sie nur zu gut kannte und der ihr zu verstehen geben sollte, dass sie schon das Licht in ihrem Schädel um einiges heller drehen müsse, um sich die Frage selbst beantworten zu können.

»Okay, okay, ich versteh schon! Du glaubst, ich steh jetzt auf dem Schlauch. Stimmt auch. Aber eigentlich ist es ja logisch. Die können sich ja nur solange vermehren, solange sie auch Nahrung finden können, oder?«

»Richtig!«, sagte Simone und warf sich neben Mia auf's Sofa. »Wachstum ist nur solange möglich, wie eine Spezies auch Nahrung finden kann. Hinzu kommt noch, dass ausgeschiedene

Stoffwechselprodukte die Population letztendlich vergiften würden. Das exponentielle Wachstum geht dann in die sogenannte stationäre Phase über, wie Biologen das nennen. Die Kurve des exponentiellen Wachstums steigt in einem Koordinatensystem zunächst rasant an, wie wir ja bereits ausgerechnet haben, um dann einzuknicken. Das heißt, die Kurve geht über in eine Gerade parallel zur x-Achse, auf der wir den Zeitverlauf dokumentieren, und das bedeutet, wenn wir auf der y-Achse die Individuenzahl auftragen, Flatline – also Nullwachstum.«

Mia nickte verstehend und fügte hinzu: »Dann findet also keine Vermehrung mehr statt, und letztendlich sterben die Organismen alle ab, weil die Nahrungsquellen versiegen und weil sie sich selbst vergiften.«

»Genau, und so was passiert ständig in der Natur! Das ist sozusagen ein Naturgesetz!« Simone machte eine ausladende Bewegung mit den Armen, so als wolle er die ganze Welt umarmen. »D as lässt sich auch auf uns übertragen, ich meine natürlich auf die Menschheit. Man muss nur mal Nachrichten hören oder Zeitung lesen, dann weiß man das.«

Mia legte seinen Arm um ihre Schulter und kuschelte sich an ihn. »Du hast recht! Und wo befindet sich die Menschheit deiner Meinung nach auf der Kurve, die du eben beschrieben hast?«

»Ich weiß es auch nicht genau, aber weit von der stationären Phase sind wir nicht mehr entfernt, denke ich. Ich glaube, dass sich Teile der Weltbevölkerung auf den weniger begünstigten Kontinenten schon kurz vor der Phase des Nullwachstums befinden. Wir, in den reichen Industrienationen, verschieben diesen Prozess zu unseren Gunsten und auf Kosten dieser Menschen, um unseren Wohlstand zu erhalten, wenn nicht sogar noch zu vermehren.«

Mia seufzte. »Ja, da sind wir alle dran beteiligt. In Afrika und den sogenannten Entwicklungsländern sterben jeden Tag Menschen. Ein Teil der Menschheit hat die stationäre Phase schon hinter sich und stirbt.«

Es herrschte eine Zeit lang betretenes Schweigen, bis Mia noch mal das Wort an Simone richtete: »Und in Finnland? Was hat das alles zu bedeuten?«

Simone schaute sie an und sagte: »Wir müssen momentan davon ausgehen, wie wir mit unseren bescheidenen Mitteln herausgefunden haben, dass diese Krankheit in vierundzwanzig Stunden zwei bis drei Quadratkilometer Wald infiziert hat. Breitet sich diese, ich will es mal Anomalie nennen, linear aus, dann ist das zwar auch nicht schön und kann zu großen Problemen in Finnland führen. Das wären dann in hundert Tagen bei der Annahme eines Worst-Case-Szenarios auch um die dreihundert Quadratkilometer. Aber die Menschen dort oben hätten Zeit, ein Gegenmittel zu suchen. Und ich bin mir absolut sicher, das tun sie in diesem Moment bereits. Aber wenn sich das exponentiell ausbreitet, dann gute Nacht. Und der Vergleich mit dem Bakterienrasen ist uns beiden unabhängig voneinander doch sofort in den Kopf geschossen, oder?«

»Ja, das stimmt. Wenn ich dich richtig verstanden habe, brauchen wir unbedingt einen dritten Wert nach vierundzwanzig Stunden, um entscheiden zu können, ob diese Krankheit sich linear oder exponentiell ausbreitet. Also um zu sehen, wie die Kurve in deinem Koordinatensystem verläuft.«

»Grundsätzlich richtig! Entweder ist es in *meinem* Koordinatensystem ein linearer Graph, also eine Gerade mit gleichem Zuwachs pro Zeit, oder es ergibt sich eine typische exponentielle Wachstumskurve. Dafür brauchen wir dringend die dritte Messung!«

Simone stand auf und ging in die zum Wohnraum geöffnete Küche. »Ich brauche jetzt ein Bier, willst du auch eins?«

»Gute Idee, da stehen noch ein paar Flaschen im Kühli.«

Er öffnete den Kühlschrank, schnappte sich zwei Flaschen und schaltete auf dem Rückweg das Radio ein. »Lass uns mal Nachrichten hören! Vielleicht sind wir ja nicht die Einzigen, die in Finnland vorbei geguckt haben.«

Jim Morrison sang mit den Doors This is the end.

»Kaum zu fassen! Warum läuft ausgerechnet jetzt dieses Lied ?«, sagt Mia verwundert.

»Wirst du jetzt esoterisch?«, fragte Simone.

»Nein, aber das ist doch kein Zufall! Du hast noch nicht C. G. Jungs Abhandlung über die Synchronizität gelesen!«

Simone war sprachlos. Er hatte sich schon oft über Mias profunde Allgemeinbildung gewundert. »Was?«

»Jung meinte damit, dass man nicht alles, was man nicht versteht, einfach mit dem Wort Zufall vom Tisch wischen darf. Wenn zeitliche Ereignisse zusammentreffen – zum Beispiel der Text von Jim Morrison und unsere Weltuntergangsstimmung –, ohne in kausalem Zusammenhang zu stehen, dann bezeichnet er das als Synchronizität. Man kann es so deuten, dass unsere starken Emotionen über eine quantenmechanische Raum-Zeit-Beziehung ihre Materialisation in diesem Textgefunden haben.«

»Was? Du machst mir Angst! Und was bedeutet das jetzt?«

»Nichts! Nur dass wir alle miteinander in Beziehung stehen. Vielleicht über ein kollektives Unterbewusstsein. Das Ganze ist mehr als die Summe seiner Teile!«

Simone war sichtlich überfordert und öffnete die beiden Flaschen. »Du fängst an zu orakeln! Ich brauch jetzt erst mal einen ordentlichen Schluck!«

Sie stießen an und tranken. Mia nahm einen kleinen Schluck und konnte gerade noch zuschauen, wie ihr Freund die halbe Flasche leerte.

Im Radio liefen die letzten Akkorde des Songs, und auf dem Sender war der Jingle für die Nachrichten zu hören. Es gab die üblichen Beiträge zur Steuerpolitik der Regierung. Die Sprecherin berichtete über ein tragisches Zugunglück in Süddeutschland und die Anzahl der Toten. In Südfrankreich hatte es ein verheerendes Unwetter gegeben, und außer dem Wetterbericht, der das Hochdruckgebiet über Skandinavien für die niedrigen Temperaturen in Deutschland verantwortlich machte, weil damit eiskalte Polarluft nach Mitteleuropa geschaufelt wurde, gab es keine Berichte über irgendwelche Anomalien in Skandinavien.

»Na bitte!«, sagte Mia. »Nichts über einen sterbenden finnischen Wald. Also, wie gehen wir vor? Mein Ausweis für die Kommandozentrale der ESOC läuft wahrscheinlich heute aus. Die Satellitenüberwachung war nur bis heute geplant und ist ja auch erfolgreich abgeschlossen. Ich komme da morgen wahrscheinlich nicht mehr rein.«

Simone nahm einen weiteren Schluck aus seiner Flasche und griff nach den Zigaretten auf dem Tisch. »Wie kommst du eigentlich an die Daten auf dem ESOC-Rechner, um deinen Abschlussbericht zu schreiben?« Er steckte sich eine Zigarette in den Mund und zündete sie an.

»Ich hab ein spezielles ESOC-Laptop, das über ein Passwort und meinen Fingerabdruck gesichert ist. Damit kann ich mich im Rechenzentrum einloggen und habe Zugang zu den Daten.«

Simone blies einen Rauchkringel in die Luft. »Werden die Satelliten nicht auch vom Rechenzentrum aus angesteuert?«

»Klar! Aber das kann ich nicht von meinem Laptop aus. Der hat weder die richtige Benutzeroberfläche noch die Rechenkapazitäten, um von hier über das Rechenzentrum einen Satelliten zu bedienen.«

Simone stand auf und ging im Zimmer auf und ab, dabei zog er abwechselnd an der Zigarette und trank an seinem Bier. Er schien angestrengt über ein Problem nachzudenken. »Wenn wir aber dein kleines Laptop nehmen und es mit der Großrechenanlage in meinem Institut vernetzen? Was, wenn wir dann von dort auf den ESOC-Rechner zugreifen und der gar nicht merkt, dass hinter deinem Sesam-Öffne-Dich-Rechner der momentan leistungsfähigste Computer Deutschlands steht, und wenn wir dann noch eine Benutzeroberfläche generieren, mit der wir uns in die Steuerungssoftware deines Satelliten einloggen und so die optischen Systeme des Satelliten hochfahren und steuern können?« Simone stellte die leere Flasche auf die Arbeitsplatte der Küche und nahm sich ein neues Bier.

Mia war sprachlos. »Du bist genial! Daran habe ich noch gar nicht gedacht. Klar, mit eurem Großrechner müsste das möglich sein.«

Simone äffte sie nach: »Müsste das möglich sein! Ha, unser Rechner steckt den von der ESOC schon lange in die Tasche! Wir berechnen damit komplexe Klimamodelle, die auf Abermillionen Variablen und Parametern beruhen. Der frisst das kleine mickerige Ding zum Frühstück. Pah, wer hat denn Kuchen gerufen, dass der Krümel aus Darmstadt sich meldet!«

Mia musste losprusten und hätte beinah den Inhalt ihres Mundes über den Tisch verteilt. Nachdem sie sich wieder gefangen hatte, sagte sie: »Höher, schneller, weiter! Ihr Jungs seid doch alle gleich. Aber das sollte wirklich funktionieren. Wann fangen wir an?«

Simone schaute auf seine Uhr, setzte die Flasche an und trank. »Jetzt brauch ich erst noch ein paar Bierchen und dann Entspannung, wenn du verstehst, was ich meine!«

Mia verstand sofort und fing schon wieder an zu lachen. »Dann, und erst dann schlafen wir eine Runde und fahren morgen in aller Frühe ins Institut. Wir ziehen das morgen durch. Da ist sowieso kein Mensch bei uns in den Fluren unterwegs und wir können ungestört arbeiten.«

»Was machen wir eigentlich, wenn wir Zugriff auf den oder die Satelliten bekommen und stellen dann fest, dass sich dort oben eine heimtückische Pflanzenseuche ...« Mia hielt beide Hände empor und imitierte mit zwei Fingern jeder Hand die Anführungszeichen, »ein Worst-Case-Szenario mit exponentieller Geschwindigkeit ausbreitet?«

»Keine Ahnung, aber ich denke, wir sollten dann deinen Ex kontaktieren und mit ihm die Ergebnisse besprechen. Auch wenn sich das nur linear ausbreitet. Der wird vielleicht besser wissen, was wir dann unternehmen müssen. Immerhin arbeitet er auf dem Fachgebiet und kennt sicher auch den ein oder anderen Experten für Pflanzenpathologie. Vielleicht hat er so was auch schon gesehen. Und ich nehme an, dass er die richtigen Schaltstellen in der Verwaltung und der Regierung kennt. Wenn wir wirklich eine Worst-Case-Situation haben, müssen wir das melden und weitergeben. Wir machen uns sonst strafbar.«

Mia stand am Kühlschrank und holte sich ein zweites Bier. Sie öffnete es und wandte sich an Simone: »Ich glaube, wir werden uns morgen sowieso strafbar machen. Prost!«

So drehten sich an diesem Abend ihre Gespräche noch weiter um den morgigen Tag und die mögliche Vorgehensweise. Thema war immer wieder auch die Angst der beiden vor einer exponentiellen Ausbreitung und der sich daraus ergebenden Konsequenzen . Die Wärmeabstrahlung der Pflanzen, die auf den Infrarotaufnahmen eindeutig zu erkennen war, und das damit wahrscheinlich zusammenhängende Auftauen eines finnischen Sees im Winter, war für beide unerklärlich und gab ihnen Rätsel auf. Dabei wurden noch einige Biere geleert, wobei Simone ganz klar vor seiner Freundin im Rennen lag, sodass er schließlich müde von den anstrengenden Diskussionen und dem Alkohol in Mias Arm einschlief. Auch eine schöne Form der Entspannung, wie Mia dachte, als sie ihn mit Mühe und Not ins Bett verfrachtete. Sie stellte ihren Wecker auf 06:00 Uhr und schlief neben dem laut schnarchenden Simone sofort ein.

**31. Dezember, Deutschland – Marburg, Außenstelle des Institutes für Phyto- und Humanpathologie**

Die Eppendorfpipette mit der Einwegspitze enthielt einen Milliliter einer leicht getrübten Flüssigkeit aus einer Milchglasflasche. Die Virenlast in der Flaschenmonokultur würde reichen, um die deutschen Obstbauern vor ein ernstes Problem zu stellen.

Das Scharka-Virus war 1917 zum ersten Mal in Bulgarien beschrieben worden und hatte sich seitdem in ganz Europa ausgebreitet. Das Virus befällt ausschließlich Steinobstbestände wie Pflaumen und Aprikosen. Bis heute ist keine Therapieform bekannt, mit der befallene Pflanzen geheilt werden können, und deshalb ist die Krankheit meldepflichtig.

Seit drei Jahren war Alex mit der Suche nach einem Heilmittel beschäftigt. Die Ergebnisse waren bisher bescheiden, und die Gelder für das Projekt würden nicht mehr lange bewilligt werden. Die Arbeit zermürbte ihn langsam. Er hatte das Gefühl, wie ein Blinder herumzustochern, ohne greifbare Erfolge zu erzielen. Er sehnte sich nach einer neuen Herausforderung und überlegte momentan, ob er das Angebot aus Venezuela annehmen sollte. Die Abwechslung täte ihm gut, und aus dem verschlafenen Marburg herauszukommen, würde ihm auch gefallen. Das Einzige, was ihn davon abhielt, war sein unbändiger Wille, das einmal Angefangene auch zu Ende zu bringen. Alex war fünfunddreißig Jahre alt und mit eins neunzig Körpergröße, den langen blonden Haaren, die er meistens im Zopf trug, und dem kantigen Gesicht mit gepflegtem Dreitagebart nicht der Typ, der allzu schnell die Flinte ins Korn warf.

Er impfte die angezogenen Zelllinien der verschiedenen Steinobstarten aus den Gewächshäusern mit dem Virus an und brachte die Zellkulturen zum Inkubieren in den Brutschrank. Das war für heute sein Tagwerk. Es war Silvester, und er war froh, nicht viel arbeiten zu müssen. Er war heute Abend zu zwei Partys eingeladen und wusste bis jetzt noch nicht, wohin er gehen sollte. Die Zellen würden über Nacht inkubieren, und er hoffte, diesmal resistente finden zu können, die ihm auf der Suche nach zellulären Mechanismen zur viralen Abwehr behilflich sein würden.

Der Laborkomplex, in dem Alex arbeitete, war ein Labor der Schutzstufe 4, der höchsten biologischen Schutzstufe für das Arbeiten mit infektiösem Material in Deutschland. Die baulichen Maßnahmen, die dazu dienten, den hohen Sicherheitsstandard zu realisieren, waren enorm. Sämtliche Zu- und Abluft wurde mit hohem Aufwand gefiltert. Der Zugang zu den absolut gasdichten Laboren war nur durch ein aus mehreren Kammern bestehendes Schleusensystem möglich. Im Inneren der Labore herrschte immer ein Unterdruck gegenüber der Außenwelt. Kein Partikel sollte jemals von hier nach draußen gelangen. Selbst das Abwasser der Labore wurde chemisch und thermisch behandelt. Die Stromversorgung würde im Krisenfall jederzeit durch ein riesiges Notstromaggregat aufrechterhalten.

Grund für diesen enormen Aufwand war nicht nur die Arbeit mit Pflanzenviren i m phytopathologischen Labor von Alex, sondern vor allem das, was sich im Ostflügel des Laborkomplexes befand. Dort lagerten in einem Labor, dessen redundante Zugangskontrollen nur einem engen Kreis von Mitarbeitern den Zutritt gewährte, in mehreren mannshohen Kühlschränken humanpathogene Keime der übelsten Sorte. Das dort in den kleinen, gut beschrifteten Ampullen lagernde Keim- und Virenmaterial war geeignet, einen großen Teil der Menschheit auszurotten. Im Grunde lagerten die hochinfektiösen Erreger dort nur, weil im Rahmen eines militärischen Auftrages nach Gegenmitteln für die gesammelten Plagen der Menschheit gesucht werden sollte. Nach

Beendigung des Kalten Krieges und dem Wegfall der akuten Bedrohung durch biologische Kampfstoffe waren aber die Geldmittel hierfür immer spärlicher geflossen, und seit einigen Monaten sah es so aus, als wären die Arbeiten komplett eingestellt worden und dieser Teil des Labors stände kurz vor der Schließung.

Alex hatte hier lange keinen Mitarbeiter des humanpathologischen Institutes mehr gesehen. Er verließ den biologischen Hochsicherheitstrakt durch das dreistufige Schleusensystem und ging durch das parkähnliche Gelände des Innenhofes zum Westturm, in dem sich seine Wohnung befand.

Bei dem gesamten Areal handelte es sich um ein ehemaliges Jagdschloss eines längst in Vergessenheit geratenen Fürsten. Der riesige Innenhof war von den hohen Außenmauern des Schlosses eingefriedet. An den vier Ecken des nahezu quadratischen Grundrisses wurden die Mauern von hohen Türmen überragt, in denen sich zum Teil Lagerräume befanden. In der nach Westen weisenden Ecke des Schlosses lief die Mauer in den fünfundzwanzig Meter hohen Turm aus, in dem Alex sich wohnlich eingerichtet hatte. Der gegenüberliegende östliche Turm beherbergte die autonome Energieversorgung der alten Verteidigungsanlage. Das ganze Gelände war von einem tiefen, vier Meter breiten Wassergraben umgeben und nur über ein Tor mit einer Zugbrücke auf der Südseite zu erreichen. Die Brücke war in den letzten Jahren, vor der Einrichtung der Labore, auf den neusten technischen Stand gebracht worden und zum Schutz des Laborkomplexes vor Sabotageakten meist geschlossen. Das ganze Gelände war somit hermetisch nach außen abgeriegelt, und ein potenzieller Eindringling hätte nur noch den Weg über den Wassergraben und die dahinterliegende, zehn Meter hohe Schlossmauer nehmen können. Dann wäre er aber sofort von einem der vielen Bewegungsmeldern und den automatischen Kameras erfasst worden, und der gleichzeitig ausgelöste Alarm hätte innerhalb von zwanzig Minuten ein Sondereinsatzkommando der Polizei herbei geordert.

Im Innenhof lag der Laborkomplex und die darin integrierten Gewächshäuser. Alex hatte sich, trotz oder gerade wegen der einsamen Lage des Schlosses, entschieden, hier zu wohnen. So konnte er immer in der Nähe seiner Experimente sein. Außerdem hatte er dem Charme des Jagdschlosses und vor allem der Wohnung im Westturm nicht widerstehen können. Das Schloss selbst lag circa fünfzehn Kilometer von Marburg entfernt in einem zerklüfteten, von einem Bach durchflossenen Tal, umgeben von ausgedehnten Wäldern und nur erreichbar über einen schmalen, aber befestigten einspurigen Waldweg, was das Befahren bei Gegenverkehr schwierig machte. Meistens arbeitete er hier vollkommen allein. Der gesamte Komplex stellte nur eine Dependance des eigentlichen Institutes in Marburg dar, und die Arbeit hier wäre ein Traum gewesen, würde er endlich auch Ergebnisse erzielen, die er veröffentlichen könnte.

Am schönsten war es nachts, wenn er im Winter bei Kaminfeuer in den alten Fachwerkgemäuern seines Turmes saß und seinen Feierabend genoss, oder wenn er im Sommer auf den befestigten Wehrgängen der Schlossmauer mit einem kalten Bier im Liegestuhl saß, die letzten Sonnenstrahlen genoss und auf den Sonnenuntergang in der Stille der Abgeschiedenheit wartete. Seine Trennung von Mia vor fünf Jahren hatte Alex noch mehr zu einem Eigenbrötler werden lassen. Und das mittlerweile drei Jahre andauernde Eremitendasein im Schloss wirkte dieser Entwicklung nicht entgegen, sondern beschleunigte sie noch.

Alex stieg die Treppe zum ersten Stock seines Wohnturmes hinauf und öffnete die alte Eichentür, die, wie immer, nur ins Schloss gefallen war. Warum sollte er hier auch abschließen? Im unteren Bereich des Turmes befand sich die modern eingerichtete Küche mit dem Essbereich. Das

Stockwerk darüber beheimatete sein Arbeitszimmer und ein Gästezimmer, inklusive Bad. Darüber lag die dritte Etage mit seinem Schlaf- und Wohnzimmer sowie ein zweites Bad. Abgerundet wurde das dreistöckige Wohnensemble durch die nach allen vier Himmelsrichtungen geöffnete Beobachtungsplattform, die von einem mit Kupfer beschlagenen Dach, das mittlerweile Patina angesetzt hatte, gegen die Unbill der Witterung geschützt war.

Alex hatte Hunger und schnitt zwei ordentliche Streifen Speck ab, die er in Olivenöl ausließ, um dann drei Eier in die Pfanne zu hauen, die er *Sunny Side up* zubereitete und auf einem frisch geschnittenen, dunklen Vollkornbrot auf den Teller legte. Er nahm seine Mahlzeit, die Flasche Ketchup, die unbedingt dazugehörte, wie er meinte, und setzte sich an den Holztisch. Das Sonnenlicht durchflutete den Raum in grellen Bündeln, und er konnte die Staubpartikel darin tanzen sehen.

Alex hatte gerade seine Mahlzeit mit großem Appetit beendet und trank den schwarzen Kaffee aus seinem Lieblingsbecher, als das Telefon auf dem Tisch zu klingeln begann. Die Nummer im Display kam ihm bekannt vor, aber er konnte sie auf den ersten Blick keiner Person zuordnen.

»Hallo! Ich hoffe, ich störe dich nicht und du erkennst mich noch!«

Es war Mia, deren Stimme er seit Monaten nicht mehr gehört hatte, die er aber nach den ersten Wörtern natürlich erkannte.

»Hi Mia! Nein, überhaupt nicht! Im Gegenteil, ich freue mich, dass du dich meldest. Hab dich übrigens sofort erkannt. Was gibt's?«

Einen kleinen Augenblick zu lange ließ die Antwort auf sich warten, und irgendein sechster Sinn sagte ihm, dass etwas nicht stimmte.

»Alex, ich muss mit dir reden! Am besten nicht am Telefon. Können wir uns treffen?«

»Worum geht's? Ich meine, du rufst hier nach Monaten zum ersten Mal an und bittest mich kryptisch um ein Treffen. Da wüsste ich schon gerne, was eigentlich los ist. Außerdem dachte ich, zwischen uns beiden ist bereits alles geklärt.«

»Alex, es geht nicht um uns. Ich habe eine Sache entdeckt, die ich mit dir persönlich besprechen muss, und das schnellst möglich. Das geht nicht am Telefon! Ist echt wichtig, wahrscheinlich sogar existenziell!«

»Wie meinst du das – existenziell? Für wen?«

»Ich meine, dass ich etwas herausgefunden habe, was existenziell für die Menschheit ist und uns alle bedroht.«

Mia machte keinen Scherz. Daran gab es keinen Zweifel für ihn. Ihrer Stimme fehlte die ihr so eigene Lässigkeit, die er immer an ihr bewundert hatte. Aber man musste ja auch nicht gleich mit der Tür ins Haus fallen.

»Okay, dann pass auf! Wenn es wirklich so wichtig ist, dann treffen wir uns nächste Woche ...« Weiter kam er nicht.

Sie sprach sehr leise in einem sehr beherrschten, keine Widerworte zulassenden Tonfall, der Alex sofort gemahnte, sie auf keinen Fall zu unterbrechen. »Ich sage *dir* jetzt, was wir machen! Du hörst mir jetzt genau zu! Ich sitze hier in Frankfurt mit Simone in seinem Institut am Großrechner, und wir haben sehr brisantes Material, das du dir anschauen musst und auch anschauen wirst. Nicht nächste Woche, heute noch! Bleib einfach in deinem Schloss, wir sind in einer Stunde bei dir!«

Alex hörte nur noch, wie sie die Verbindung, ohne sich zu verabschieden, unterbrach, und fühlte sich wie vor den Kopf gestoßen.

»Meine Güte, was ist denn mit der los? Lässt Monate lang nichts von sich hören und spielt sich dann auf wie eine Verrückte!«

Da er nichts weiter zu tun hatte, und auch nichts tun konnte, nutzte er die Zeit, nahm die Treppe in den dritten Stock und schlüpfte unter die Dusche.

Ihren alten Volvo hatte er nicht den Weg herunterkommen hören, aber das nervige Gehupe riss ihn aus seinen Gedanken. Alex lief die Treppe zum Innenhof hinunter und tippte noch im Laufen dass Passwort zum Öffnen der Zugbrücke in seine Handy-App. *Hoffentlich hörte sie gleich auf zu hupen! Man konnte doch auch klingeln*, dachte er verärgert, als ihr Dinosaurier aus Schweden schon in den Hof schoss. Mia und Simone sprangen zeitgleich aus dem Wagen, und Alex setzte gerade zu einer Schimpftirade über ihre Huporgie an, da fiel sie ihm schon in den Arm.

»Tut mir leid, dass wir hier so einfach reinschneien, aber wir haben unsere Gründe. Glaub mir!«

»Ist ja schon gut! Jetzt kommt erst mal rein. Wir frieren uns hier draußen noch was ab. Ich mach uns einen Kaffee.«

»Einen starken bitte«, sagte Simone, dem der gestrige Abend und der heutige Tag noch in den Knochen steckten.

In der warmen Küche legten sie ihre Jacken ab. Mia stellte ihr Laptop auf den Tisch und holte die Mappe mit den Aufnahmen aus ihrer Tasche. Während Alex den Kaffee aufbrühte, warfen Mia und Simone sich abwechselnd Blicke zu.

»Was ist denn in euch gefahren? An Silvester so hier einzufallen. Wollt ihr vielleicht mit mir feiern?« Alex stellte den Kaffee auf den Tisch und versuchte so, ein wenig die Situation aufzulockern.

Mia schob ihren Becher zur Seite und warf ihm die Mappe zu. »Hier! Das haben wir in den letzten drei Tagen mit einem Satelliten in Finnland entdeckt. Wir beide glauben, du solltest dir das unbedingt angucken!«

Alex nahm die Mappe vom Tisch, während er Mia skeptisch anschaute, und öffnete sie. Er blätterte die Satellitenaufnahmen langsam durch und stellte, während er die Farbausdrucke einen nach dem anderen ansah – den einen länger, manche bekamen nur kurz seine Aufmerksamkeit –

keinerlei Fragen. Nur einmal schaute er hoch und schien dabei durch die beiden hindurch zu sehen.

Mia und Simone sahen ihm konzentriert zu, ohne den Blick von ihm abzuwenden. Sie saugten dabei förmlich jede noch so kleine Regung von ihm auf, wie ein trockener Schwamm das Wasser. Einmal war es nur eine kaum wahrnehmbare Veränderung seiner Sitzposition, ein anderes Mal war es ein minimalinvasiver Eingriff seiner Gesichtsmuskulatur in das Spiel seiner Mimik, der in beiden die Hoffnung auf Komplizenschaft keimen ließ.

Alex betrachtete das letzte Foto, warf die Mappe auf den Tisch und sagte: »Okay, netter Versuch! Also, was soll das? Ihr seid doch nicht den langen Weg von Frankfurt hierhergekommen, um mir diese gefakte Photoshopscheiße auf den Tisch zu legen.«

Mia und Simone tauschten einen ratlosen Blick aus.

Simone fand zuerst seine Fassung wieder. »Man Alex! Wir wollen dich nicht verarschen. Warum denn auch? Ich schwöre dir, dass das kein Witz ist! Mia hat das zufällig in Finnland entdeckt, als sie illegalerweise mit einem Satelliten der ESOC bei einem Ferienhaus vorbeischauen wollte. Ich kann dich verstehen, ich konnte es zuerst auch nicht glauben und hab an irgendwelche optischen Fehler oder Fehler in der Übertragung der Daten denken müssen. Aber das, was du dir gerade angeschaut hast, ist Fakt. Das passiert gerade da oben in Finnland, keine dreitausend Kilometer von hier.«

»Er hat recht! Ich hab' s vorgestern zufällig entdeckt, gestern habe ich das Gebiet noch mal überprüft und auch die Flächenzunahme berechnet. Die Infrarotaufnahmen sind von gestern und heute. Heute sind wir mit meinem Laptop und dem Rechner in Simones Institut in das Rechenzentrum der ESOC ... wie soll ich sagen ... eingedrungen und haben das Ganze noch mal verifiziert.«

»Heilige Scheiße! Ihr wollt mir echt erzählen, dass das hier ...«, er nahm die Mappe in die Hand und hielt sie hoch, »dass es echt ist?«

Mia nickte mit hohlem Blick. »Ja, leider! Wir müssen davon ausgehen, dass sich diese orangene Infektion, du hast es ja eben mit eigenen Augen gesehen, also dass sich diese Pflanzenseuche mit exponentieller Geschwindigkeit in finnischen Wäldern ausbreitet. Mittlerweile nicht nur in der finnischen Taiga. Wir haben gestern erste Neuinfektionen in Russland, Norwegen und auch Schweden entdeckt. Du hast gerade die Bilder gesehen. Die letzten drei Aufnahmen zeigen erkrankte Regionen in den eben genannten Ländern. Die Erkrankung der Pflanzen schreitet mit nie zuvor gesehener Geschwindigkeit voran und überwindet in kürzester Zeit mehrere hundert Kilometer.«

Alex öffnete die Mappe und sah sich die Bilder erneut an: »Was wisst ihr noch darüber? Ich meine, ich habe so was noch nie gesehen, nicht in dieser Größenordnung und nicht in dieser Form.«

»Wir wissen nicht mehr als du. Wir haben nur die Daten in der Mappe. Das waren vorgestern, nach einer einfachen Berechnung von uns beiden, um die fünf Quadratkilometer kranker Wald. Gestern habe ich es mit dem Satelliten überprüft und die Fläche mit der Software berechnet. Nach nur vierundzwanzig Stunden waren es inklusive der Neuinfektionen acht bis neun Quadratkilometer. Das ist ein Zuwachs von mehr als drei Quadratkilometern pro Tag. Würde es sich linear ausbreiten, hätten wir heute, wenn sich keine Neuinfektionen mehr gezeigt hätten, eine Fläche so um die elf Quadratkilometer erwarten können.« Mia trank mit vor Aufregung zitternden Händen einen Schluck Kaffee, während Alex die heutigen Aufnahmen mit den gestrigen verglich. Dann schaute er wieder hoch: »Und, wie viel Zuwachs habt ihr heute festgestellt?«

Mias Stimme klang sehr dünn: »Für das Kerngebiet und die Neuinfektionen von gestern haben wir ungefähr einen Zuwachs um fünf

Komma fünf auf zwölf Komma fünf Quadratkilometer festgestellt, aber Sorgen machen uns vor allem die Neuinfektionen. Die greifen derart schnell um sich, dass man es fast nicht glauben will. Hier haben wir einen weiteren Flächenzuwachs der Erkrankung um fast fünf Quadratkilometer festgestellt, wobei die Infektionsherde, wie du dich ja selbst überzeugen kannst«, sie griff über den Tisch und tippte mit dem Zeigefinger energisch nacheinander auf Schweden, Norwegen und Russland, » vor Ländergrenzen keinen Halt machen und der Erreger, oder was immer das hier auch verursacht, große Distanzen anscheinend mühelos überwinden kann.«

Alex betrachtete jetzt sichtlich geschockt die Aufnahmen und breitete sie zum besseren Vergleich auf dem Tisch aus: »Also haben wir heute eine Fläche von siebzehn Komma fünf Quadratkilometern Wald in Skandinavien, der sehr merkwürdig aussieht, und wir wissen nicht, was da los ist! Ich will es noch mal zusammenfassen. Erstens: Ihr habt vor drei Tagen im finnischen Nadelwald eine Farbanomalie der Bäume entdeckt, die morphologisch mit keiner bekannten Pflanzenkrankheit Ähnlichkeiten hat, und das hat das hier«, er zeigte auf die vor ihm auf dem Tisch ausgebreiteten Aufnahmen, » mit Sicherheit nicht! Wie gesagt, ich habe derartiges noch nicht zu Gesicht bekommen und glaube, von mir behaupten zu können, dass ich mich mit Pflanzenerkrankungen, ob bakteriellem oder viralem Ursprungs, auskenne. Auch an Pilzinfektionen habe ich eigentlich schon alles, was Mutter Natur zu bieten hat, gesehen. Ein so gründliches Erkrankungsmuster habe ich noch nie gesehen. Schaut euch doch mal die infizierten Gebiete an! Da bleibt nichts verschont, soweit wir das mit dem vorliegenden Material beurteilen können. Ich meine, da ist im finnischen Wald ein sehr pingeliger Sensenmann unterwegs. Der macht seine Arbeit sehr gründlich und übersieht in den von ihm besuchten Gebieten nicht einen Baum. Zweitens: Die Seuche breitet sich mit hoher Geschwindigkeit aus und überwindet dabei auch große Distanzen. Wir müssen nach euren Berechnungen und dem vorliegenden Datenmaterial von einer exponentiellen Ausbreitungsgeschwindigkeit ausgehen. Das, meine Lieben, ist ein Horrorszenario unbekannten Ausmaßes!«

Mia und Simone sahen sich bestätigt. Simone stand auf und ging um den Tisch herum. Er stellte sich neben Alex, der sich in seinem Stuhl zurücklehnte und ein Loch in die Decke zu gucken schien. Er deutete auf die Karten: »Du hast noch gar nichts zu der Farbe der Bäume gesagt. Ich meine, wir reden hier dauernd über Pflanzenerkrankungen und benutzen Wörter wie Neuinfektionen und Ausbreitung, haben aber nicht mal den Hauch einer Ahnung, um was es sich handelt oder was das verursacht.«

Alex beendete die Arbeit an dem Loch in der Decke und schaute zu Simone hoch: »Richtig!« Das Wort hallte in dem alten Gemäuer seiner Küche nach, und kein anderes Geräusch schien bereit zu sein, ihm nachzueifern.

Alex durchbrach die Stille: »Was soll ich auch dazu sagen, was ihr nicht bereits wisst? Soll ich sagen, die Bäume erscheinen in einem einheitlichen Orange, die sollten doch eigentlich grün sein! Da fehlt doch das Chlorophyll! Die sind tot! Oder soll ich sagen, wo ist denn der Schnee hin? Darüber haben wir übrigens noch gar nicht gesprochen. Ist der geschmolzen? Und wenn ich sagen würde, die Bäume haben vielleicht Fieber, dann wäre ich absolut sicher, dass einer von euch beiden das entweder schon gedacht, wenn nicht sogar gesagt hat. Und ich könnte nach dem im finnischen Dauerfrost zum Teil aufgetauten See fragen. Was mich aber momentan wahnsinnig macht, ist eine Zahlenreihe und deren mögliche Fortsetzung. Fünf, acht, siebzehn Komma fünf und die Frage nach einer derartigen Ausbreitungsgeschwindigkeit, wie ich sie in meiner Zeit als Wissenschaftler noch nicht gesehen habe.«

Mia griff über den Tisch nach einer Aufnahme, auf der die Rodungsfläche zu erkennen war, und drehte sie so zu Alex, dass er sie sehen konnte: »Die Finnen scheinen auch nicht zu wissen, mit was sie es zu tun haben. Schau es dir doch an! Die haben, soweit wir das beurteilen können, nur eine Kur für den kranken Wald: Abholzen. Und das tun sie mit einem großen Aufgebot an Maschinen und Manpower. Allerdings mutet es ein wenig hilflos an, wenn wir es uns aus 680 Kilometern Höhe anschauen und den Fortschritt der Rodungsarbeiten mit dem Voranschreiten der Ausbreitung vergleichen.«

Alex stimmte ihr zu. »Wenn ich mir das anschaue, habe ich das Bild der sprichwörtlichen Sisyphusarbeit vor meinem geistigen Auge. Ich kann mir nicht vorstellen, dass die Leute da oben das ganze Ausmaß ihres Problems kennen. Dann würden sie mit Sicherheit zu anderen Mitteln greifen, anstatt nur im Kerngebiet die Rodungsarbeiten voranzutreiben.«

»Was meinst du damit?«, fragte Simone.

»Ich denke an gezielte Brandrodung oder sogar den Einsatz des Militärs oder des finnischen Pendants zum deutschen Technischen Hilfswerk.«

»Was soll denn das Militär ausrichten? Sollen die die Bäume totschießen?«, fragte Mia.

Simone schaute sie wieder mit dem Blick an, der sie an das Licht in ihrem Schädel gemahnte.

Alex musste lachen. »Klar, mit aufgesetztem Bajonett! Nein, aber ein paar gut platzierte Brandbomben würden vielleicht auch helfen.« Das Lachen hatte ihn auf andere Gedanken gebracht. Er stand auf, um das Licht in der Küche anzuschalten. »Es wird schon dunkel, und heute ist Silvester. Ich denke, wir werden heute hier bei mir bleiben und das neue Jahr begrüßen. Das alte klingt ja nicht so gut aus, wenn ich mir das alles betrachte. Hoffentlich bringt das neue Jahr, im Gegensatz zu euch, auch ein paar gute Nachrichten. Wir müssen uns das alles noch mal genau anschauen. Wenn ihr keine Fehler gemacht habt und es sich so verhält, wie es sich momentan darstellt, dann müssen wir über unsere nächsten Schritte nachdenken. Das heißt: Flucht nach vorne. Aber vorher lasst uns alles bei einem guten Essen und einem guten Wein besprechen. Vielleicht können wir trotz der Umstände noch ein bisschen feiern. Im Übrigen sollten wir vor den nächsten Schritten, wie sie auch immer aussehen mögen, erst mal eine Nacht schlafen!«

Simone drehte die Pasta auf die Gabel, wie es nur ein Italiener tun konnte. Mit vollem Mund sagte er zu Alex: »Kaum zu glauben, dass du Jakobsmuscheln in deinem Gefrierschrank hast. Ich hätte hier im tiefen Wald alles Mögliche erwartet. Wild vielleicht, aber dass du hier die leckersten Früchte des Meeres hortest, ist schon ein Ding. Da haben wir ja Glück gehabt.«

Mia pflichtete ihm bei und brachte das Gespräch wieder auf den eigentlichen Grund ihres unerwarteten Zusammentreffens: »Was haltet ihr eigentlich von den Infrarotaufnahmen?« Sie wandte sich an Alex: »Du hast ja vorhin selbst gesagt, dass wir überhaupt noch nicht über die Schneeschmelze auf den Bäumen gesprochen haben.«

»Ich denke, wir sind uns einig in der Einschätzung, dass wir zum jetzigen Zeitpunkt zu wenig wissen, um uns eine klare Vorstellung von den Vorgängen in Finnland machen zu können. Die Infrarotaufnahmen bestätigen das, was wir auch mit bloßem Auge erkennen konnten. Irgendetwas macht die Bäume krank, und zwar auf eine Art und Weise, die mich zuerst an der Echtheit der Bilder hat zweifeln lassen. Ihr habt's gemerkt, oder?

Beide nickten sofort und ohne Umschweife! Sagten aber nichts, weil sie den Mund voll hatten.

»Irgendetwas scheint den Stoffwechsel der Pflanzen dermaßen zu stören, oder sollte ich besser sagen, so zu verändern, dass die Pflanzen letztendlich Wärme erzeugen, die den Schnee schmelzen lässt. Und das ist mir auch mit all meiner wissenschaftlichen Erfahrung vollkommen unerklärlich. Ich habe keinen blassen Schimmer, warum die Bäume ihren wichtigsten Blattfarbstoff Chlorophyll verlieren und dabei auch noch in der Lage sind, Wärme abzugeben. Das erscheint mir total absurd. Pflanzen, die im Herbst ihre Blattfarbstoffe abbauen, tun das, um die energiereichen Makromoleküle nicht mit dem Laub abzuwerfen, sondern über den Winter, für den nächsten Lebenszyklus im Frühjahr, im Stamm zu speichern. Dann reduzieren sie aber ihren Stoffwechsel auf Sparflamme. Das ist logisch. In Finnland sieht es aber so aus, als würden die Nadelbäume mit überschüssiger Wärme um sich werfen. Das ist Thermoregulation auf botanischer Ebene. Es gibt zwar auch Pflanzen, die Wärme erzeugen, aber nicht in diesem Stil. Übertragen wir das auf andere Bereiche der Biologie, dann ist das, als würden Fische ein Aquarium so aufheizen, dass man die Heizung abstellen kann, und wenn ich noch einen drauf setzten wollte, dann würde ich sagen, die machen das so lange, bis sie anfangen zu schwitzen und das Becken überläuft.«

Simone verschluckte sich bei der Vorstellung an einen schwitzenden Fisch dermaßen, dass Mia ihm schon fast auf den Rücken hämmern musste, um ihn ins Reich der Lebenden zurückzuholen und vor dem schnellen Bolustod zu retten. Er hustete ein paar Mal, und seine feuchten Augen schienen ihm aus dem Kopf quellen zu wollen, wobei er unter ständigem Gelächter immer wieder schrie: »Ich hab' s, ich hab ne Marktlücke gefunden! Wir werden reich! Wir verkaufen Fischdeo!«

Mia und Alex konnten jetzt auch nicht mehr an sich halten und prusteten los.

Nach einer Weile beruhigte sich die Runde wieder, und sie setzten schweigend ihre Mahlzeit fort, bis Alex das Thema auf den See brachte: »Vielleicht brauchen die Fische im See tatsächlich Deo. Du solltest dein Product Placement dort beginnen, wie es aussieht. Nein, mal im Ernst, wie kann denn ein See im finnischen Winter auftauen?«

Simone fing wieder an zu kichern.

»Keine Ahnung!«, sagte Mia mit einem strengen Seitenblick auf ihren Freund. »Komisch ist nicht nur, dass er auftaut, sondern auch, wie er taut. Ist euch aufgefallen, wie sich die eisfreie Wasserfläche verändert hat?«

»Ja, ganz merkwürdig! Als ob sich eine scharf begrenzte geometrische Figur mit beinahe Kreisform unter dem Eis in Richtung Seemitte bewegen würde und das Eis schmelzen lässt.«

Alex konnte sich auch keinen Reim darauf machen und fügte ernst hinzu: »Auf jeden Fall scheint das mit den Vorgängen im Wald und den erkrankten Bäumen zu tun zu haben. In dem See gibt es sicherlich auch Pflanzen. Höher entwickelte Wasserpflanzen und alle möglichen Algenarten müssten da zu finden sein. Sieht fast so aus, als ob die Stoffwechselanomalie auch vor Wasserpflanzen keinen Halt macht.«

Simone trank seinen Wein aus und fragte ironisch: »Und die bewegen sich dann in einer koordinierten Art wie ein Wasserpflanzenschwarm auf die Mitte des Sees zu, erzeugen Wärme und bilden ein perfekt kreisförmiges Loch im Eis, so, wie es auf den Fotos momentan aussieht? Das ist doch Quatsch! Vielleicht gibt es wenigstens dafür eine natürliche Erklärung. Wahrscheinlich leiten die Finnen da nur erwärmtes Abwasser ein.«

Mia schenkte ihm nach. »Ich denke, wir sollten die Kirche im Dorf lassen und uns nicht verrückt machen. Wahrscheinlich hast du recht, Simone! Wir sollten uns auf die wirklich beängstigenden Details konzentrieren. Zum Beispiel hast du vorhin von dieser noch nie gesehenen Ausbreitungsgeschwindigkeit gesprochen. Deine Zahlenreihe fünf, acht und siebzehn Komma fünf sollte uns zu denken geben, und wir müssen überlegen, wie wir weiter vorgehen. Denn morgen untersucht keiner den finnischen Wald. Und ich wüsste schon zu gerne, wie die nächste Zahl in der Reihe aussieht. Ist es achtzehn oder achtundzwanzig? Das ist unser wichtigstes Problem.« Alex trank einen Schluck Wein und dachte nach.

»Ich kenne keinen Krankheitserreger, kein biologisches Prinzip, das sich auch nur annähernd so schnell ausbreiten kann, wie ihr es bis jetzt dokumentiert habt. Jeder Organismus, selbst ein Virus, muss sich auch an zeitliche Vorgaben der Stoffwechselvorgänge des Wirtsorganismus halten. Und das scheint mir hier vollkommen ausgehebelt zu sein. Ich habe darüber nachgedacht, was wir tun können. Nach allem, was uns momentan vorliegt, müssen wir einen Schritt nach vorne wagen und all das öffentlich machen. Wobei ich natürlich meine, dass wir es den richtigen Stellen melden müssen, um keine Panik zu verursachen. In den letzten Jahren haben wir hier im Institut aus naheliegenden Gründen immer wieder Kontakt zum Bundesministerium für Ernährung und Landwirtschaft gehabt. Die sind federführend in Deutschland, wenn es um neue Pflanzenerkrankungen geht.

Ein hohes Tier aus dem Ministerium kenne ich über meine Tätigkeit persönlich. Markus Behringer heißt der Mann. Der hat vor einigen Monaten unser Institut besichtigt und sich sehr für meine Arbeit interessiert. Kein Wunder, die bezahlen das ja auch alles, und es war nicht nur ein Freundschaftsbesuch. Der wollte sich ganz genau über meine Fortschritte informieren. Der Mann war echt vom Fach, man konnte auch über wissenschaftliche Details mit ihm reden. Ich glaube, er war damals ganz zufrieden und hat mir dann auch größtmöglichen Spielraum für meine Arbeit zugesichert. Wir waren abends noch zusammen in der

Stadt, einen trinken – netter Kerl. Er hat mir seine Karte gegeben und mir zugesichert, ich könne mich jederzeit an ihn wenden, wenn ich Probleme hätte oder irgendetwas brauchen würde. Ich denke, das ist der richtige Mann für unser *kleines* Problem. Wenn es euch recht ist, würde ich ihm gerne eine SMS schicken und versuchen, ihn morgen ans Telefon zu bekommen. Heute Abend wird das nichts mehr. Wir können froh sein, wenn wir ihn im Laufe des Neujahrstages erreichen können. Ich glaube, der Typ wird am besten wissen, wie es weitergehen soll. Der kennt Hinz und Kunz und vor allem die Amtswege. Außerdem kennt Markus Behringer das politische Geschäft in Berlin.«

Mia und Simone gaben ihm grünes Licht, und die SMS war schnell geschrieben. Jetzt hieß es erst mal warten, und sie besannen sich zur mittlerweile schon weit vorgerückten Stunde, es war kurz vor Mitternacht, auf das, was es heute zu feiern gab.

Alex holte die extra für heute gekaufte Flasche Champagner aus dem Kühlschrank und öffnete sie. »Lasst uns auf den Turm gehen! Von da oben haben wir eine richtig gute Aussicht, und wenn wir Glück haben, können wir das Feuerwerk über Marburg zum Teil sehen.«

Mia und Simone schnappten sich die Gläser, und dick eingepackt stiegen sie zu dritt zur Aussichtsplattform hinauf. Sie waren kaum oben angelangt, als Mia schon entzückt aufschrie und in den Nachthimmel zeigte, der am Horizont über dem Wald vom Feuerwerk beleuchtet wurde. Sie fielen sich in die Arme und wünschten sich ein frohes neues Jahr, wobei sie mit dem Champagner anstießen und immer wieder nach den grellen, in allen Farben explodierenden Neujahrswünschen über der Stadt schauten, die hinter den Hügeln versteckt lag. Eine richtig gute und ausgelassene Stimmung wollte aber dennoch nicht aufkommen. Es war, als ob das Gesehene, das bleiern auf ihren Gemütern lastete, sie schon ahnen ließ, dass dieser Abend nicht als guter Einstieg in das neue Jahr dienen würde. Ein Jahr, das mit sehr viel Ungewissheit beginnen würde und dessen Ende sich an diesem Abend keiner vorzustellen wagte.

Die Antwort, die Alex auf seinem Handy las, war kurz und bündig: *Bin morgen ab 10 Uhr erreichbar. Frohes Neues. Markus.*

**02. Januar, Deutschland – Berlin, Bundesministerium für Landwirtschaft und Ernährung**

Der Konferenzraum im sechsten Stockwerk des Bundesministeriums für Landwirtschaft und Ernährung war als abhörsicherer Krisensitzungsraum in den letzten Jahren öfter als bei seiner Erbauung geplant zu zweifelhafter Ehre gekommen. Landwirtschaftliche Krisen hatte es in den letzten Dekaden reichlich gegeben. Mehr, als so manchem Mitarbeiter im Bundesministerium lieb gewesen war. Von BSE über Schweinepest, Dioxinen in Hühnereiern, Gammelfleisch, falsch deklarierte Waren und Vogelgrippe. Hier war in geheimen Expertensitzungen schon so manche Krise besprochen und immer wieder versucht worden, den Schaden für die Bevölkerung so klein wie möglich zu halten. Einige Minister waren über den einen oder anderen Skandal oder über falsches Krisenmanagement gestolpert und tief in die politische Bedeutungslosigkeit gefallen.

Markus Behringer hatte schon viele Krisen und einige Minister kommen und gehen sehen. Er war als wissenschaftlicher Berater und Staatssekretär in der Hierarchie der Behörde sehr weit gekommen und stand als Mann aus der Wirtschaft, mit einer großen wissenschaftlichen Karriere im Rücken, immer in der zweiten Reihe, in der einem der Wind zwar stetig, aber nicht so kalt wie in der ersten ins Gesicht blies. Aber die Bilder, die er gestern Morgen zu sehen bekommen hatte, ließen nicht einen Wind, sondern einen Sturm erwarten, der über Europa hinwegfegen würde. Das war Markus Behringer sofort klar.

Das Gespräch mit Alex Krämer am gestrigen Morgen war erst freundschaftlich verlaufen, hatte dann aber eine nicht vorhersehbare Wendung genommen, nachdem ihm bewusst geworden war, dass es nicht um die aktuelle Forschung von Alex ging. Er hatte es erst für einen geschmacklosen Scherz gehalten. Vielleicht das Ergebnis eines alkoholischen Exzesses in der Silvesternacht. Aber schnell war ihm klar geworden, dass sein Gesprächspartner ein sehr ernstes Anliegen seriös an den Mann bringen wollte. Und zwar an den richtigen Mann, der mit derartigen Informationen um gehen und die richtigen Knöpfe drücken konnte.

Nachdem die drei Marburger ihm die Satellitenbilder per Email zugeschickt hatten, ging alles sehr schnell. Sie verabredeten sich für den späten Nachmittag zu einer Gesprächsrunde in Berlin. Sechs Stunden später saßen die drei Jungwissenschaftler Alex Krämer, Mia Schindler und ihr Freund Simone Clasani in seiner Kreuzberger Wohnung und kamen schnell überein, dass die mehr als merkwürdigen Vorkommnisse in Finnland unbedingt unter staatlicher Kontrolle weiterverfolgt und aufgeklärt werden mussten.

Markus Behringer wusste mit diesen Informationen umzugehen und drückte umgehend die richtigen Knöpfe, sodass bereits am nächsten frühen Vormittag ein Treffen mit den politischen Köpfen des Ministeriums und den wissenschaftlichen Größen der untergeordneten Bundesämter einberufen wurde.

Der Saal 0612 des Ministeriums war brechend voll. An dem Oval des Konferenztisches mit einer imposanten Länge von 20 Metern war jeder Platz besetzt. Auf dem Tisch standen neben den Mikrofonen die Namensschilder der anwesenden fachlichen Koryphäen aus Verwaltung und Wissenschaft.

Alex und Mia saßen ungefähr in der Mitte des Tisches zur Linken und Rechten von Markus Behringer und konnten es immer noch nicht glauben, was in den letzten vierundzwanzig Stunden passiert war. Der Konferenzraum öffnete sich ihren Sitzplätzen gegenüber mit einer

Glasfront dem morgendlichen Berlin im winterlichen Sonnenlicht eines kalten Hochdruckgebietes. Der 368 Meter hohe Berliner Fernsehturm überragte alles, die Turmkugel glitzerte im Sonnenschein.

Behringer hatte sie unbedingt bei der Sitzung dabei haben wollen, um sich notfalls auf authentische Augenzeugenberichte Mias und die Expertenanalyse eines anerkannten Phytopathologen berufen zu können. Simone war von der Sitzung ausgeschlossen, worüber er aber nicht traurig war. Daraus hatte er auch keinen Hehl gemacht.

Behringer hatte Mia und Alex aber unmissverständlich darum gebeten, während der Sitzung nicht ungefragt das Wort zu ergreifen und ihn reden zu lassen. Bei Bedarf würde er sich an sie wenden und um ihre Einschätzung der Lage bitten.

Es war Punkt elf Uhr, als ein untersetzter Mann in einem Dreireiher mit dem Läuten einer Glocke die Sitzung eröffnete.

»Meine Damen und Herren, aus gegebenen Anlass sind wir heute Morgen sehr kurzfristig hier zusammen gekommen. Sie haben alle die Eil-Depesche mit den wichtigsten Daten erhalten. Alles, was wir in den nächsten Stunden hier besprechen, unterliegt der höchsten Geheimhaltungsstufe. Kein Wort darf zum jetzigen Zeitpunkt diesen Raum verlassen. Die Gründe für diese Vorsichtsmaßnahme werden sich Ihnen in den nächsten Minuten erschließen. Unsere Ministerin lässt sich für heute entschuldigen, da sie einen lange vorbereiteten Auslandsbesuch nicht so kurzfristig absagen konnte. Vertreten wird sie von Staatssekretär Markus Behringer, dem ich jetzt das Wort erteile.«

Behringer richtete sich in seinem Sessel auf und rückte das Mikrofon in die richtige Position: »Meine Damen und Herren, ich danke Ihnen erst mal für Ihr kurzfristiges Erscheinen am ersten Arbeitstag im neuen Jahr und begrüße Sie. Da ich davon ausgehe, dass jeder in diesem Raum meine Depesche gelesen und dass uns zurzeit vorliegende Bildmaterial gesichtet hat, kann ich mir denken, dass diese Kurzinformation sehr viele offene Fragen aufwirft, die ich gerne bereit bin zu beantworten, soweit meine Informationen es zulassen. Aber zuerst möchte ich die Ihnen bereits vorliegenden Informationen vertiefen.« Er räusperte sich und nahm einen tiefen Atemzug: »Das neue Jahr, meine Damen und Herren, bringt zunächst keine guten Nachrichten. Am 29. Dezember des letzten Jahres wurde zufällig bei einer routinemäßigen Satellitenaufklärung der ESA im finnischen Lappland eine Erkrankung des borealen Nadelwaldes entdeckt. In den folgenden zwei Tagen wurde die Ausbreitung der Erkrankung von einer Mitarbeiterin der ESA weiter beobachtet und eine Flächenvermessung der erkrankten Waldareale vorgenommen.«

Mia, die rechts von Behringer saß, rutschte unmerklich ein kleines bisschen tiefer in ihren Sessel und spürte, wie ihr das Blut in den Kopf stieg.

»Die uns zurzeit vollkommen unbekannte Erkrankung der Koniferen äußert sich, nach dem uns vorliegenden Datenmaterial der Satellitenaufklärung, durch einen radikalen Abbau des Chlorophylls in den Blattorganen der Nadelbäume, die nach erfolgter Infektion und Erkrankung in einem satten Orange erscheinen. Eine weitere Anomalie der Pflanzen wurde durch Infrarotaufnahmen der betroffenen Waldgebiete aufgedeckt. Alle uns momentan bekannten Infektionsgebiete zeigen in den Infrarotscreenings eine deutliche Temperaturerhöhung, die mit einer Schmelze des Schnees auf den betroffenen Gebieten einhergeht.«

Ein Raunen ging durch den Saal 0612 des Bundesministeriums, und die ersten Finger gingen in die Höhe.

»Lassen Sie mich bitte meine Ausführungen beenden. Ich stehe dann gerne für Fragen und eine Diskussion der Ergebnisse zur Verfügung!«, sagte Behringer mit zur Ruhe gemahnenden, erhobenen Händen das

Auditorium, um dann fortzufahren: »Das beunruhigendste Detail der uns vorliegenden Daten möchte ich Ihnen natürlich nicht vorenthalten. Letztendlich ist das auch der Grund unseres Treffens am heutigen Morgen. Nach der Datenlage breitet sich die Infektion momentan mit exponentieller Geschwindigkeit im borealen Waldgürtel aus.«

Das Raunen im Saal erwuchs zu einem chaotischen Stimmengewirr, und die ersten Zwischenrufe waren zu hören. Insbesondere aus den Reihen der wissenschaftlichen Mitarbeiter kamen Unmutsbekundungen über Behringers Ausführungen, und man konnte Fragen nach genauen Zahlen aus mehreren Richtungen auf Behringer einprasseln hören, der sich mit lauter Stimme wieder Gehör verschaffte: »Glauben Sie mir, mir ist nicht nach Scherzen zumute, und ich hätte das Wort *exponentiell* nicht in den Mund genommen, wenn die Zahlen eine andere Sprache gesprochen hätten oder es jetzt tun würden. Am 29. Dezember wurde von Frau Schindler zu meiner Rechten eine Infektionsfläche von ungefähr fünf Quadratkilometern kranken Waldes vermessen.« An Mia gewandt sagte er: »Frau Schindler, unterbrechen Sie mich bitte, wenn ich etwas Falsches sage!«

Mia richtete sich auf und nickte ihm zu.

»Am 30. Dezember waren es bereits acht bis neun Quadratkilometer, wozu auch einige Neuinfektionen in weit entfernten und bis dato gesunden Waldgebieten zählten. Am darauf folgenden Tag, dem 31. Dezember, wurden von Frau Schindler bereits 17 Komma 5 Quadratkilometer und eine sehr große Anzahl an Neuinfektionen in Finnland und mittlerweile auch in den finnischen Anrainerstaaten Schweden, Norwegen und Russland entdeckt. Ist das richtig, Frau Schindler?«

Mia antwortete ihm sofort: »Das entspricht den Tatsachen, Herr Behringer! Besonders beunruhigend ist aber nicht nur der

Flächengewinn der Erkrankung, sondern die Zahl der Neuinfektionen, die sich rasend schnell über Skandinavien ausbreitet.«

»Danke für Ihre Einschätzung!« Behringer wandte sich wieder an die Allgemeinheit. »Am 1. Januar wurden mir die Ergebnisse von Frau Schindler und Herrn Krämer, dem renommierten Phytopathologen hier zu meiner Linken, zu Verfügung gestellt. Ich habe daraufhin eine weitere Untersuchung der betroffenen Gebiete veranlasst. Die Satellitenuntersuchung der ESOC in Darmstadt lieferten für den 2. Januar, also heute Morgen um neun Uhr Ortszeit, eine befallene Fläche von 48 Quadratkilometern!«

Jetzt brach im Saal ein Tumult aus. Mehrere Personen sprangen von ihren Sesseln auf und schrien wild durcheinander. Ein Mann mittleren Alters klopfte mit seinem Taschenrechner gegen eins der Mikrofone, und der Saal kam wieder zur Ruhe.

»Entschuldigen Sie bitte meine Unterbrechung! Mein Name ist Daniel Keiner. Ich arbeite im Bundesamt für Bevölkerungsschutz und Katastrophenhilfe. Ich habe mit den Zahlen, die Sie eben genannt haben, jongliert und die Ausbreitung dieser merkwürdigen Infektion für die nächsten Tage und Wochen mit meinem Taschenrechner annähernd extrapoliert. Die Ergebnisse sind erschreckend. Bei gleichem Fortschreiten der Erkrankung hätten wir folgenden Infektionsverlauf zu erwarten, wobei aber noch viele unbekannte Parameter, wie Erregertyp und mögliche Verbreitungswege, zu berücksichtigen sind, die die Ergebnisse in die eine oder andere Richtung verschieben können.« Er ging zu einem Flipchart an der Fensterfront und schrieb die Zahlen an, wobei er vorlas, was er schrieb: »Nach zwanzig Tagen, vom Tag der Entdeckung an, hätten wir mit einem Infektionsgebiet von 257 Quadratkilometern zu rechnen, wobei aber nur die uns heute bekannten Infektionsherde und deren Wachstum berücksichtigt wurden. Die potenziellen Neuinfektionen und deren Wachstum können wir zum jetzigen Zeitpunkt noch nicht berücksichtigten, weil wir nicht wissen, wie das zukünftige Verbreitungsmuster aussieht. Die Zunahme an neu infizierten Gebieten liegt noch vollkommen im Dunkeln. Außerdem bitte ich zu bedenken, dass wir heute bereits den fünften Tag nach der Entdeckung haben. Nach dreißig Tagen hätten wir ein Gebiet von 4.142 und nach vierzig Tagen ein Gebiet von 66.520 Quadratkilometern zu erwarten. Nach nur sechzig Tagen, also in circa zwei Monaten, wäre mit der momentanen Wachstumsrate eine Fläche von circa siebzehn Millionen Quadratkilometern befallen. Das entspricht einem Quadrat mit einer Kantenlänge von 4.123 Kilometern!« Während er den Stift zurücklegte, breitete sich im Saal Grabesruhe aus.

Behringer steckte schnell mit Mia und Alex die Köpfe zusammen. Im Saal brandeten die ersten Diskussionen auf, und Hypothesen wurden mit heißer Nadel gestrickt: »Alles geplant, nur Show. Ich kenne Daniel gut, wir sind befreundet und haben das vorher abgesprochen. Jetzt ist der Haufen wach. Die fressen uns jetzt aus der Hand, und wir sagen, wo es langgeht!« Er zwinkerte und fügte hinzu: »Sun Tsu, die Kunst des Krieges! Passt auf!«

Er klopfte mit seinem Stift gegen das vor ihm stehende Glas. Sämtliche Gesichter im Saal wandten sich ihm zu. »Ich danke Ihnen für Ihre Ausführung, Herr Keiner! Ich hätte ähnliche Ergebnisse anbieten können, aber Sie waren schneller!« Die leichte Ironie in seiner Stimme war nicht zu überhören. »Nichtsdestotrotz geben die Zahlen Grund zu großer Besorgnis, und ich stehe Ihnen jetzt gerne für alle weiteren Fragen zu Verfügung.«

Mehrere Finger schossen zeitgleich in die Höhe, und Behringer übernahm die Moderation der nun folgenden Diskussion.

»Ja bitte, ich glaube, Sie haben sich zuerst gemeldet!« Er bat eine junge Frau aus dem Bundesamt für Naturschutz, ihre Frage zu stellen.

»Wir reden die ganze Zeit über eine Pflanzenerkrankung und deren Ausbreitung, die uns, wie Sie sagen, vollkommen unbekannt ist. Was wissen wir überhaupt über diese Infektion?«

»Momentan wissen wir nur das, was ich Ihnen eben dargestellt habe. Wir kennen weder ein derartiges Krankheitsbild, noch können wir irgendetwas über den Verlauf der Infektion sagen. Die dokumentierten Farb- und Wärmeanomalien, Sie kennen die Bilder, finden in dieser Form nirgendwo in der wissenschaftlichen Literatur Erwähnung. Wir haben das von ausgewiesenen Experten prüfen lassen.« Er warf Alex einen Seitenblick zu und bekam ein zustimmendes Nicken. Behringer zeigte auf einen erhobenen Arm, und ein Mann mit Glatze und blau getönter Nickelbrille gab sich als Mitarbeiter des Umweltbundesamtes zu erkennen.

»Wenn wir diese Krankheit nicht kennen, dann kann ich davon ausgehen, dass uns auch nichts über den Auslöser, sprich den Erreger, und die möglichen Ausbreitungswege desselben bekannt ist?«

»Das ist Fakt!«

»Was können wir zum jetzigen Zeitpunkt darüber sagen, welche Pflanzen befallen werden?«

»Wie gesagt, wir haben nur das auch Ihnen vorliegende Datenmaterial zur Verfügung, und es sieht nach einer genauen Auswertung der Satellitenbilder so aus, als ob die Erkrankung auch die Artengrenze überschritten hat. Die Infektion ist momentan artspezifisch auf mehreren Pflanzen nachzuweisen. In der Mehrzahl der Fälle sind Fichten und Kiefern betroffen. Man konnte auf einigen Satellitenbildern aber auch typische Erkrankungsmuster an Flechten und einigen Moosen, deren Artzugehörigkeit wir natürlich mit dem Satelliten nicht klären konnten, erkennen. Zu ihrer Frage über mögliche Ausbreitungswege möchte ich noch ergänzen, dass wir nach dem jetzigen Verbreitungsmuster in Skandinavien auf jeden Fall von der Ausbreitung eines Erregers über den Luftweg ausgehen müssen.«

»Wie gelangen Sie zu dieser Einschätzung?«

»Schauen Sie sich doch nur mal das heutige Satellitenscreening von Skandinavien an. Das Muster der Neuinfektionen folgt genau der antizyklonalen Windrichtung des Hochdruckgebietes, welches über Skandinavien liegt. Die Luftmassen drehen sich im Uhrzeigersinn um das Hoch und kleckern überall die Neuinfektionen hin.«

»Das leuchtet mir ein! Haben wir einen Meteorologen hier?«

»Ja, hier! Mein Name ist Kai Söllner, ich bin vom Deutschen Wetterdienst.«

Der Mann mit der getönten Nickelbrille drehte sich um: »Können Sie uns Ihre Einschätzung zur Wetterlage über Nordeuropa und insbesondere zu der Entwicklung des skandinavischen Hochdruckgebietes geben?«

»Nun, das Hoch über Skandinavien ist momentan auch wetterbestimmend für Mitteleuropa, also auch für Deutschland, und bewegt sich zurzeit in Richtung Süden auf uns zu, wobei es ständig polare Kaltluft zu uns schaufelt.«

Die Konsequenz dieser kurzen meteorologischen Zusammenfassung war jedem im Saal bewusst.

Während eine streng aussehende Mitarbeiterin aus dem Bundesforschungsinstitut für Kulturpflanzen sich zu Wort meldete, kam ein Bote zur zweiflügeligen Saaltür herein und ging schnellen Schrittes zu Behringer, um ihm eine Mappe mit der Aufschrift *Nur für den Dienstgebrauch* zu übergeben. Behringer überflog das Material und gab ihr ein Zeichen zu reden.

»Das heißt meiner Meinung nach, und da sind wir uns wahrscheinlich alle einig, dass wir es demnächst auch hier in Deutschland mit dieser Infektion zu tun bekommen werden. Aber meine Frage zielt auf ein ganz anderes Problem. Ich möchte nämlich noch mal auf die angesprochene Artengrenze zu sprechen kommen. Sie sprachen vorhin von Koniferen, Flechten und Moosen. Nach meiner Ansicht müssen wir bei dieser Konstellation davon ausgehen, dass Laubholz auch in das Infektionsraster fällt. Nur wird sich das erst in ein paar Monaten zeigen und jetzt möglicherweise an einigen immergrünen Laubhölzern. Gibt es hierzu irgendwelche Befunde?«

Behringer wusste sofort, auf was ihre Frage vor allem abzielte. »Nein, momentan gibt es hierzu keine Befunde!«

»Was ich damit meine, ist, dass wir nach dem Stand der Dinge - ich will es vorsichtig aus drücken - auch befürchten müssen, dass die Infektion vor Kulturpflanzen keinen Halt macht. Und was das bedeuten kann, ist jedem hier klar!«

Daniel Keiner vom Bundesamt für Bevölkerungsschutz und Katastrophenhilfe meldete sich, und Behringer forderte ihn auf, zu sprechen.

»Ich denke, dass das bei dieser aggressiven Form der Ausbreitung jedem klar ist, deswegen sollten wir schnell handeln. Haben wir schon Kontakt zu den Finnen aufgenommen, und gibt es Reaktionen aus dem europäischen Ausland?«

Markus Behringer war dankbar für das Stichwort und nahm die Flanke Keilers dankend an. »Tatsächlich hat mich im Laufe unserer Konferenz die Meldung erreicht, dass es einen Kontakt nach Finnland gibt. Aber nicht wir haben den Kontakt hergestellt, sondern die Finnen ersuchen uns und die Europäische Union um Hilfe in einem nationalen Notstand.« Er schaute sich um und sah das erste Mal in seinem Leben in eine derart große Zahl vollkommen verzweifelt wirkender Gesichter, in denen sich die düsteren Sorgen um die Zukunft spiegelten. »Was bleibt zu tun? Ich bin bevollmächtigt, sofort eine Expertengruppe nach Finnland ausfliegen zu lassen, um vor Ort und in Zusammenarbeit mit den dortigen Behörden die Erkrankung zu untersuchen. Für diesen Fall gibt es ein behördeninternes Papier mit den Namen der Personen, die in diese Expertengruppe berufen werden. Des Weiteren werden wir an der Gründung und dem Aufbau einer europäischen Task Force beteiligt sein, die alle weiteren Maßnahmen zur Eindämmung und Untersuchung der Infektion koordinieren soll. Es geht nach einer Meldung, die wir eben erhalten haben, vor allem um die Koordinierung der analytischen, biochemischen, genetischen und molekularbiologischen Untersuchungen der Erkrankung in sämtlichen zur Verfügung stehenden europäischen Laboren.« Behringer holte kurz Luft und ließ dann die Bombe platzen: »Nach der Meldung, die ich soeben erhalten habe, hat es in Finnland einen ersten Toten gegeben, dessen Ableben in direkten Zusammenhang mit der Infektion steht. Genaues hierzu kann ich aber zum jetzigen Zeitpunkt noch nicht sagen, weil ich nicht mehr Informationen habe. Die EU hat mit sofortiger Wirkung über das Staatsgebiet von Finnland die Quarantäne verhängt.«

Der nun folgende Aufruhr im Saal 0612 läutete beinahe ein offenes Ende der Konferenz ein. Aber Behringer setzte sich wortgewaltig durch und schaffte es, die Meute wiederholt zu beruhigen. »Ich werde in den nächsten Stunden die Expertengruppe für Finnland zusammenstellen und mich mit der EU über die Einrichtung der Taskforce verständigen. Sie werden über die Vorgänge in Finnland auf dem Laufenden gehalten und über jeden Fortschritt, den wir machen, sofort informiert. Ich erkläre die Konferenz jetzt für beendet und werde Sie über ein neues Zusammentreffen rechtzeitig informieren.

Mia schaute Behringer an und fragte ihn, was das mit der Kunst des Krieges zu bedeuten hatte. Er sagte leise an sie und Alex gerichtet: »Ein gut platzierter Schockeffekt kann sehr nützlich sein, wenn es darum geht, eine Herde in die richtige Richtung zu lenken. Jeder hier im Saal hätte gute Gründe gehabt, mit einer Expertengruppe nach Finnland geschickt zu werden. Es gibt keine behördeninterne Liste mit Namen, und es hätte ein Hauen und Stechen gegeben um die Plätze in dieser Gruppe. Die Mappe lag mir schon vor der Konferenz vor und ich kannte das Material. Das hat aber keiner gemerkt, und dumme Fragen zu der Namensliste wurden auch nicht mehr gestellt.« Behringer grinste beide schelmisch an. »Ich will entscheiden, wer in Finnland für uns arbeitet! Wir können dort keine Profilneurotiker brauchen, die aus purer Eitelkeit alles vermasseln und sich in Kompetenzstreitereien ergehen. Ich brauche dort erstklassige Profis, die gute Arbeit machen und über den Tellerrand sehen können. Kurz: Packt eure Sachen! Der Hubschrauber lässt schon die Maschinen warmlaufen. Ihr beide seid dabei und fliegt heute noch.«

»Warum ich?«, fragte Mia entgeistert.

»Das will ich dir sagen! Ich möchte da oben nicht nur Biologen haben, sondern auch jemanden mit einem anderen Background. Jemanden, der eine andere Sichtweise auf die Dinge hat. Du bist Physikerin, und außerdem hast du es entdeckt!«

## 02. Januar; Schweden – Uppsala

Nach ihrem achtzigsten Geburtstag im letzten Jahr hatte sie beschlossen, sich langsam auf ihr Altenteil zurückzuziehen. Hortensia-Pia Hansen hatte es durch die Schriftstellerei zu bescheidenem Wohlstand gebracht. Sie hatte in den letzten Dekaden recht erfolgreich mehrere Kriminalromane veröffentlicht, deren Hauptdarsteller, ein pensionierter Kriminalinspektor, durch sein schnoddriges, scharfzüngiges Auftreten viele Freunde unter den Fans von Kriminalliteratur gefunden hatte.

Ihr vor zwei Jahren verstorbener Mann gab für Pia, wie sie von den meisten einfach genannt wurde, ein prächtiges Vorbild für den pampigen Großkotz aus ihren Büchern ab, und so hatte sie sich von seinen galligen Lebensweisheiten und seinen üblen Charakterzügen immer wieder inspirieren lassen. Verständlicherweise sehr zum Missfallen ihres Gatten. Ihrer Ehe hatte das aber nicht geschadet, da Pia und den alten Griesgram, wie sie ihn immer genannt hatte, etwas verband, das für jede Beziehung wie Kitt wirkte: Humor!

Mit Achtzig kann man schon mal leiser treten, hatte sie gedacht und beschlossen, höchstens noch einen Roman alle zwei Jahre zu veröffentlichen. Die ständigen Reisen zu irgendwelchen Lesungen ins Ausland war sie leid, und langsam wurde das auch zu anstrengend. Sie liebte es, einfach zu Hause zu sein und ihren Alltag nach ihrem eigenen Rhythmus zu gestalten, der hauptsächlich aus ausschlafen, schreiben, lesen, einem täglichen Spaziergang mit ihrem Pudel, essen und der aufopfernden Pflege ihrer Orchideensammlung bestand. Für ihre Lieblinge hatte sie sich extra einen Wintergarten mit isolierten Scheiben einrichten lassen, sodass sie zu jeder Jahreszeit das beste Raumklima für die Pflanzen einstellen konnte, die sehr empfindlich gegenüber

Schwankungen der Temperatur oder der Luftfeuchtigkeit waren. Pia legte großen Wert auf eine exquisite Auswahl an Orchideen. Nicht die Massenware aus dem Baumarkt sollte bei ihr auf der Fensterbank stehen, sondern wirkliche Exoten aus den Regen- oder Nebelwäldern. Das ließ sie sich auch einiges kosten. Sie konnte es sich schließlich leisten.

Heute Morgen war sie mit einem schlechten Geschmack im Mund wach geworden. Wahrscheinlich ein Gläschen Schlehenlikör zu viel mit ihrer alten Freundin Lisbeth, die sie schon aus der Schulzeit kannte und mit der sie sich gemeinsam das Witwendasein versüßte. Gestern hatte sie sich sehr über ihre neue Putzfrau ärgern müssen. Die dumme Kuh hatte die Fenster im Wintergarten zum Lüften geöffnet. Bei minus 14 Grad! Sie hatte es nicht fassen können. Das Mädchen wurde natürlich sofort entlassen. Pia hoffte, dass die empfindlichen Orchideen den Temperatursturz gut überstehen würden. Wahrscheinlich hatte sie aus Ärger gestern Abend etwas zu tief ins Glas geschaut.

Noch vor dem Frühstück, die Zähne hatte sie sich aber wegen des schlechten Geschmacks schon geputzt, lief sie im Morgenrock durch den Flur mit den schönen alten Jugendstilmöbeln in Richtung Wintergarten, um nachzusehen, wie es ihren Lieblingen heute ging. Das bisschen kalte Luft sollte ihnen eigentlich nichts anhaben können. Die Fenster waren höchstens eine Viertelstunde offen gewesen, wie ihr von dem Putztrampel mehrfach versichert worden war.

Sie war eigentlich eine starke Frau, die so schnell nichts aus der Fassung zu bringen vermochte, aber der Anblick der toten Orchideen, die in einer Kette nebeneinander entlang der Fensterbank aufgereiht waren, führte zu einem Schock, der sie mehrmals nach Luft schnappen ließ. Dieses traumatische Erlebnis sorgte für eine kurze Sauerstoffunterversorgung ihres Herzmuskels und zu einem Herzflimmern, das schließlich ihr schnelles Ende durch Herzstillstand herbeiführte. Das Letzte, was sich vor ihrem Hirntod auf ihrer Netzhaut einbrannte und immer mehr verblassend in ihr Bewusstsein drang, war das Bild dieser grotesken, völlig orange gefärbten Pflanzen, die sämtliche Blütenblätter abgeworfen hatten, verbunden mit der Frage nach dem Warum.

Gefunden wurde sie erst zwei Tage später von ihrer Freundin Lisbeth. Der Zustand der Leiche war, begünstigt durch das feuchtwarme Klima des Wintergartens, miserabel.

**02. Januar, Ostsee**

Alex und Mia saßen eng aneinander gepfercht mit vier anderen Wissenschaftlern von Behringers Liste in dem Sikorsky Sea King Hubschrauber des 5. Marinefliegergeschwaders und flogen mit 120 Knoten über die graue baltische See. Sie steckten in orangen, dick wattierten Marineoveralls und trugen die typischen Marinehelme mit einer Kommunikationseinrichtung, bestehend aus integriertem Kontaktmikrofon und Lautsprecher, sodass trotz des immensen Lärms eine Unterhaltung möglich war.

Der Rest der normalerweise für fünfzehn Personen zugelassenen Kabine war mit den unterschiedlichsten Ausrüstungsgegenständen der Wissenschaftler bis unter das Dach vollgestopft. Im Hubschrauber war es eiskalt. Auf den Luxus einer Heizung hatte man in der Militärmaschine verzichtet.

Für die 1.800 Kilometer Luftlinie von Berlin nach Salla bräuchte die Sea King annähernd acht Stunden, und in der polaren Kaltluft würde es nicht gerade wärmer werden, sodass die Thermoanzüge ihre Berechtigung hatten. Da der Hubschrauber nur eine Reichweite von tausend Kilometern hatte, war in Helsinki ein Zwischenstopp zum Auftanken geplant, und einige in der engen Kabine freuten sich schon nach einer Stunde Flugzeit auf die Möglichkeit, sich dort bei einem warmen Getränk aufwärmen zu können.

Mias Gedanken waren bei Simone, von dem sie sich Knall auf Fall hatte verabschieden müssen, weil er nicht auf Behringers imaginärer Liste stand. Simone hatte immer wieder beteuert, dass er sowieso keine Zeit gehabt hätte, weil er mitten in einer Rechnersimulation eines Klimamodells steckte. Mehrmals hatte er ihr signalisiert, dass es für ihn kein Problem sei, wenn sie mit Alex, ihrem Ex, nach Finnland fliegen würde.

Neben Alex Krämer und Mia Schindler bestand das Team aus zwei Wissenschaftlern vom Institut für Pflanzenkrankheiten der Universität Bonn, Lars Willmann und Max Krause, sowie dem renommierten Professor Kasimir van Baazan vom Institut für Biochemie und Pflanzenpathologie Hamburg, kurz BICHEP. Van Baazan eilte in der wissenschaftlichen Welt ein merkwürdiger Ruf als Schöngeist und Bonvivant voraus. So galt er als ausgesprochen schwierig und narzisstisch, wobei er sich aber auch als ungemein genialer Wissenschaftler um die Biochemie der Pflanzen verdient gemacht hatte. Er war mit seiner auffallend jungen und gut aussehenden wissenschaftlichen Assistentin Sabine Helmholz angereist. Er hatte Behringer solange die Pistole auf die Brust gesetzt, bis er der Mitnahme der jungen Assistentin zugestimmt und den Flug mit dem Hubschrauber auf sechs Personen aufgestockt hatte. Auf Behringers Liste waren nur fünf für den heiklen Auftrag vorgesehen, aber auf eine Koryphäe wie ihn konnte und wollte er nicht verzichten. Deshalb ließ er sich notgedrungen von ihm breit schlagen, obwohl es van Baazan augenscheinlich nicht um die wissenschaftliche Reputation der jungen Frau ging, sondern mehr um ihre langen Beine, das üppige Dekolleté und ihre langen blonden Haare.

Mia wurde von der Stimme aus ihrem Helmlautsprecher zurück in die Realität geholt. Van Baazans arrogante und leicht näselnde Stimme krächzte durch die Kommunikationseinheit, und nicht nur Mia erschrak aufgrund dieses plötzlichen Missklangs im monotonen Brummen der Motoren. Seit dem Besteigen des Hubschraubers hatte außer dem Piloten, der sie begrüßt und eingewiesen hatte, niemand mehr gesprochen. Mia hing ihren eigenen Gedanken nach, und die anderen schienen geschlafen zu haben.

»Meine Liebe! Ich habe gehört, Sie gelten als die Entdeckerin der seltsamen Vorkommnisse in Finnland und Sie sind promovierte Physikerin. Was, außer der Entdeckung von ein paar orangenen Pflanzen, zeichnet Sie als Physikerin, die illegal mit Satelliten der ESA spielt, eigentlich noch aus, weil ausgerechnet Sie uns begleiten dürfen?«

»Mein lieber Herr Baazan, ich denke, Sie haben die Bilder gesehen! Das dürfte sich um mehr handeln als ein paar orangene Pflanzen. Wie kommen Sie eigentlich zu Ihrer irrtümlichen Annahme, ich hätte mich illegal verhalten?«

»Na, das pfeifen doch mittlerweile die Spatzen von den Dächern, meine Teuerste!«

»Aber, aber, Herr Baazan, ich wusste gar nicht, dass Sie sich auch noch auf dem Gebiet der Ornithologie tummeln und sich mit Vögeln auskennen! Dann ist Ihnen sicherlich geläufig, dass es noch eine andere Redensart gibt, die die Umstände meiner Anwesenheit hier präziser umschreibt und die auch den von Ihnen bemühten Spatz mit einschließt. Ich meine damit, dass man den Spatz in der Hand der Taube auf dem Dach vorziehen sollte!« Dabei schaute Mia erst spöttisch zu seiner Assistentin und lachte van Baazan anschließend herausfordernd an, der mit einer solchen Schlagfertigkeit sichtlich überfordert war und eben zu einer Retourkutsche ausholen wollte, als sich Alex unvermittelt einmischte, um diesen Kleinkrieg zu beenden und zu verhindern, dass Mia diesem aufgeblasenen Schnösel gleich vollends das Maul stopfte. Van Baazan hatte überall einflussreiche Freunde sitzen, mit deren Hilfe schon so manchem das Leben schwer gemacht worden war. Leute von seinem Schlag knüpften in ihrem Leben oftmals viele Seilschaften, die ihnen den Weg nach ganz oben ebneten, und dabei blieben natürlich auch einige Widersacher auf der Strecke.

»Ich muss doch bitten! Diese Gerüchte sind mir auch zu Ohren gekommen. Alles unhaltbar! Frau Schindler hat bei der ESA einen guten Job gemacht, und von einer illegalen Nutzung der Satelliten kann überhaupt nicht die Rede sein. Im Gegenteil! Die von Frau Schindler begonnenen Untersuchungen werden momentan in Absprache mit Behringer und der ESA unter der Leitung von Frau Schindler weitergeführt.«

»Unter der Leitung von Frau Schindler, die sich momentan in einem Hubschrauber über der Ostsee auf dem Weg nach Finnland befindet?«, fügte van Baazan zynisch hinzu.

»Ganz recht, Herr Professor! Ich kann so eine Mission auch von hier aus leiten. Ich bin nämlich Physikerin und kenne mich mit moderner Kommunikationstechnik aus! Heute gibt es bereits andere Formen der Kommunikation, um über weite Entfernungen Informationen auszutauschen. Besser, als nur auf das zu lauschen, was die Vögel von den Dächern pfeifen!«

Der kleine Disput fand ein jähes Ende, als die Maschinen des Hubschraubers plötzlich mit einer anderen Frequenz fauchten und der Pilot über Funk den Zwischenstopp zum Betanken ankündigte. Der Rest des Fluges verlief nach dem Tankstopp, bei dem es tatsächlich warme Getränke und einige Snacks für alle gegeben hatte, eher ruhig. Mia hatte van Baazan die Flügel fürs Erste gestutzt und ihn auf seinen Platz verwiesen. Aber lange würde er sein enormes Ego nicht zügeln können. Das war Mia und Alex klar, die sich bei dem Zwischenstopp ungestört über ihn ausgetauscht hatten. Willmann und Krause, die beiden Wissenschaftler aus Bonn, hatten auch, aber sehr zurückhaltend, van Baazan Verhalten gegenüber Mia gerügt und ihr den Rücken gestärkt. Van Baazan hatte davon natürlich nichts mitbekommen – die

Gruppendynamik gewann so schon nach ein paar Stündchen an Fahrt und schien noch interessant zu werden.

Der Hubschrauber setzte am späten Abend in Salla auf, und man bezog in einem extra angemieteten Hotel Quartier. Alle waren von dem langen Flug und der Kälte vollkommen ausgelaugt und wollten nur noch ins Bett.

Am nächsten Morgen Punkt sechs Uhr war das Frühstück geordert und Punkt halb acht waren sie zur ersten Ortsbesichtigung mit dem Krisenstab verabredet. Um sieben saßen sie zusammengequetscht in einem Armeefahrzeug und wurden schon von ihrem finnischen Übersetzer vollgequatscht, der offensichtlich bester Laune war und die Gäste von der finnischen Lebensart und den Vorzügen der finnischen Landschaft überzeugen wollte. Die Armeepritsche mit Blechdach rumpelte über die nicht befestigten, verschneiten Waldwege, und allen im Fond des Fahrzeugs war nun endgültig klar, dass Heizungen im militärischen Bereich als verschwenderischer Luxus galten.

Als das erste Orange im vorbeirauschenden Wald auftauchte, verschlug allen die Sprache. Die surrealen Male der Infektion in ihrem natürlichen Umfeld zu sehen, war mit den Satellitenaufnahmen in keiner Weise vergleichbar. Erst als sie die kranken Bäume aus direkter Nähe sehen konnten, wurde den Wissenschaftlern die penible Sorgfalt, mit der die Seuche die Pflanzen befiel, bewusst. Kein Blatt, keine Nadel wurde ganz oder teilweise verschont. Die Krankheit machte keine halben Sachen. Infizierte Pflanzen wurden einer vollständigen Metamorphose unterzogen. Sogar den Moosen und Flechten, die im Winter ein ohnehin kärgliches Dasein pflegten, blieb dies nicht erspart. Hier hatte offensichtlich irgendwas oder irgendjemand eine sehr starke Abneigung gegenüber der Farbe Grün.

»Wenn euch das schon beeindruckt, dann wartet mal ab, was euch erwartet, wenn wir da vorne bei dem See um die Kurve fahren!«, rief ihnen der immer noch gut gelaunte finnische Übersetzer zu. Der Lastwagen hatte gerade die Jagdhütte von Igor Pajula passiert, und der Dolmetscher nutzte die Gelegenheit, ihnen die Umstände des schrecklichen Todes von Pajula in den Farben eines Gemäldes von Hieronymus Bosch zu schildern, als sie auch die Stelle erreichten, an der Toni erfahren musste, dass das, was Drago ihm in die Hand gelegt hatte, kein Ball war.

Die gruseligen Berichte des Finnen hätten sie noch mehr aufgewühlt, wenn sie in dem engen Lastwagen mehr Zeit gehabt hätten, das Gehörte zu verdauen. Aber als der Laster um die bereits angekündigte Kurve schoss, zeigte sich ihnen rechter Hand der See durch die Fenster des Blechdaches. Er war gut und gerne zwei Quadratkilometer groß und zeigte, von der weißen Eisfläche begrenzt, ein Loch in der Mitte. Das Eis war dort kreisrund aufgetaut und das schwarze Wasser vom Wind leicht gewellt. Das Loch im Eis hatte schätzungsweise einen Durchmesser von dreißig bis vierzig Metern.

»Hier waren wir immer zum Eisangeln!«, rief ihnen der finnische Führer zu. »Letztes Jahr, ich meine, noch vor zwei Wochen gab es hier Fische ohne Ende. Aber jetzt ist es wie verhext! Wir waren vorgestern hier zum Fischen. Meine Freunde und ich dachten, wir könnten einen schönen Fang machen, wenn schon so ein großes Loch im Eis ist. Aber nichts! Wir haben uns vier Stunden lang den Arsch abgefroren, und nicht ein Fisch hat angebissen. Nur die Angelhaken haben sich ständig irgendwo in der Tiefe verhakt, wir mussten einige Schnüre kappen.«

»Warum ist der See überhaupt aufgetaut?«, fragte Alex und starrte auf das aus dem Eis des Sees gestanzte Loch.

»Keine Ahnung! Weiß keiner so genau, aber hier passieren momentan so viele merkwürdige Dinge, dass sich bisher noch keiner um den See gekümmert hat. Die sind alle zu sehr mit dem kranken Wald beschäftigt. Sehr merkwürdige Dinge passieren hier!«, wiederholte er. »Da fällt mir auch noch ein, dass wir hier kein Handynetz hatten. Wir haben mehrmals versucht zu telefonieren, aber nichts ging. Es konnte uns auch keiner erreichen, hab ich später erst erfahren. Das Netz war tot, obwohl wir hier sonst immer gute Verbindung hatten.«

Mia holte ihr Handy aus der Tasche und zeigte den anderen zur Bestätigung ihr Display. Kein Netz! Sie kramte das Satellitentelefon aus einer Tasche ihrer Hose und stellte schnell fest, dass auch dieses out of order war. »Das ist alles äußerst merkwürdig!«, sagte sie und fügte nur für Alex hörbar hinzu: »Wir müssen den See auf jeden Fall genau untersuchen!«

Der Lastwagen fuhr entlang des Seeufers und erreichte nach einigen Minuten die Rodung, die alle schon von den Satellitenaufnahmen kannten, während sich aus dem Heck der Pritsche ein guter Ausblick auf das in Orange getauchte Ostufer des Sees bot. Der Wagen rumpelte einige hundert Meter über die gerodete Fläche und hielt dann neben einem Container an. Alle waren froh, sich endlich die Beine vertreten zu können.

Der Anblick, der sich nun bot, kam ihnen seltsam vertraut vor, kannten sie ihn doch nur zu gut aus einer anderen Perspektive. Das Feuer brannte immer noch, und am Rand der Rodung leuchtete der Wald in dem allseits bekannten Orange. Weit im Osten sahen sie die Rauchsäulen eines entfernten Brandes aufsteigen.

»Was ist das für ein Feuer?«, rief van Baazan, der den rechten Arm völlig schamlos um die Taille seiner Assistentin schlang, während er mit dem Linken in Richtung Osten zeigte.

»Das sind die Russen, die zu einer anderen Form der Waldrodung übergegangen sind!«, kam die Antwort aus dem Off.

Alle drehten sich um und sahen einen groß gewachsenen, schlanken Mann mit Brille auf die kleine Gruppe zukommen. Er trug eine Cargohose über schweren Outdoorstiefeln und hatte eine dicke Armeejacke in Camouflage an, die ihm ein militärisches Aussehen verlieh.

»Mein Name ist Professor Lukas Strindberg. Ich bin leitender Direktor des Instituts für Phytomedizin in Oulu und leite die Untersuchungen hier. Ich bin derjenige, dem Sie es zu verdanken haben, dass Sie jetzt hier stehen.« Strindbergs Englisch war sehr gut. Er gab jedem die Hand und prägte sich die Namen der sechs Besucher ein. Nach der Begrüßung schritt er selbstbewusst in Richtung des Containers, der als Notstandszentrale diente, und forderte die Gruppe auf, ihm zu folgen. Der Container war von einem Holzofen überhitzt, sodass sich alle ihrer Jacken entledigten, um sich dann an dem Tisch in der Mitte zur Einsatzbesprechung niederzulassen.

Außer Strindberg waren noch ein bäriger Finne und ein schlaksiger Teenager mit langen schwarzen Haaren im Container. Beide waren damit beschäftigt, den Neuankömmlingen große Becher mit heißem, schwarzen Kaffee anzubieten, die alle dankend annahmen. Die beiden fremden Finnen schienen Vater und Sohn zu sein, wie Mia schnell erkannte.

Strindberg stellte sie als Mikka und Toni vor, wobei er den Nachnamen der beiden nicht erwähnte: »Mikka ist Forstunternehmer, und sein Wald ist neben den staatlichen Wäldern hier in der Region mit am schwersten von dem Krankheitsbefall betroffen. Sein Sohn ...«, Strindberg nahm Toni dabei in den Arm, » ist sozusagen der Entdecker der Erstinfektion. Er hat den ersten infizierten Baum heute vor zehn Tagen entdeckt. Stimmt's, junger Mann?«

Toni nickte und löste sich aus seinem Arm, um weiteren Kaffee zu besorgen.

»Ja, wie soll ich beginnen? Ich freue mich erst mal, Sie hier begrüßen zu können! Auch wenn die Umstände nicht gerade Anlass zur Freude geben, wie Sie wissen. Finnland ist seit gestern von der EU zum Quarantänegebiet erklärt worden. Das heißt, momentan dürfen keine Waren die finnischen Grenzen passieren, weder in die eine noch in die andere Richtung, und der Personenverkehr ist stark eingeschränkt. Was das für den finnischen Staat und die Wirtschaft, die fast ausschließlich von der Forstwirtschaft lebt, und letztendlich auch für die Menschen hier bedeutet, muss ich Ihnen nicht sagen. Unser Land hängt am Tropf, und wir sind auf jede Hilfe von außen angewiesen. Wir sind momentan nur noch Akteure in einem Spiel, dessen Spielregeln wir nicht kennen, deshalb haben wir uns vorgestern entschlossen, das europäische Ausland um Hilfe zu bitten. Um so dankbarer bin ich Ihnen, dass Ihre Delegation so schnell hier sein konnte. Wir werden Ihnen alle Mittel und Informationen, die wir momentan haben, zur Verfügung stellen, um eine reibungslose und fruchtbare Zusammenarbeit zu gewährleisten. Einiges ist Ihnen schon bekannt, und ich denke, Sie platzen förmlich vor Fragen.« Strindberg schaute in die Runde und wartete offensichtlich auf die ersten Meldungen.

Van Baazan war der Erste, der das Wort ergriff: »Nun, wir haben Informationen über das Ausbreitungsgebiet und nehmen an, dass sich die Infektion exponentiell ausbreitet. Alle Informationen haben wir den Satellitenaufnahmen der letzten Tage entnehmen können. So weit ich informiert bin, waren es gestern 48 Quadratkilometer und erste Infektionen in Schweden, Norwegen und Russland. Können Sie uns mehr sagen? Sie haben ja sozusagen Informationen aus erster Hand.«

Mia konnte es nicht fassen. Kein Wort von diesem Egozentriker über ihre Beteiligung an der Satellitenaufklärung. Die Frage hätte er eigentlich ihr stellen sollen. Sie konnte nicht anders, als sich in die Diskussion einzuschalten: »Ich muss mich jetzt mal einmischen, schließlich habe ich die Infektion per Satellit entdeckt, und mir liegen die neusten Daten der heutigen Untersuchung vor. Ich hatte noch keine Zeit, es zu erwähnen, da ich die Meldung eben erst auf meinem Satellitentelefon erhalten habe, das den ganzen Weg hierher nicht zu gebrauchen war.«

»Ich dachte, Sie kennen sich so gut in der modernen Kommunikationstechnik aus!«, unkte van Baazan dazwischen, was Mia aber geflissentlich überhörte und sich davon auch nicht in ihrem Gedankengang stören ließ.

»Die neuesten Zahlen sprechen für sich und bestätigen die Vermutung einer exponentiellen Ausbreitung. Heute Morgen wurden in Finnland und in den bereits genannten Staaten eine Infektionsfläche von 87 Quadratkilometern vermessen. Das alleine wäre schon schlimm genug, aber leider ist mir gemeldet worden, dass die Anzahl der Neuinfektionen in einem Maße zunimmt, welches die schlimmsten Befürchtungen übersteigt. Außerdem hat man erste Infektionsherde in lettischen und estländischen Wäldern detektiert. Dass die Russen ein Problem haben, muss ich nicht explizit erwähnen. Das konnten wir im Osten selbst sehen.«

Strindberg sah erschüttert aus, und auch alle anderen waren von der Information sichtlich betroffen. Mikka nahm diese Hiobsbotschaft mit versteinertem Gesicht auf und legte noch ein Holz nach.

»Mich interessiert, wie Sie mit den Rodungsarbeiten vorankommen?«, sagte Alex.

»Das ist nur noch ein Tropfen auf den berühmten heißen Stein. Nach mehreren Aufklärungsflügen über finnischem Gebiet haben wir feststellen müssen, dass wir mit den Rodungen der Ausbreitung der Krankheit hinterherhinken. Wir werden natürlich die Arbeiten fortsetzen, aber heute wird im Parlament über eine drastischere Maßnahme abgestimmt: die gesteuerte Brandrodung. Nach der jetzigen Lage gehe ich davon aus, dass wir ab heute Nachmittag damit beginnen werden, den finnischen Wald niederzubrennen. Die Russen sind da weniger zimperlich, wie Sie gesehen haben.«

»Was können Sie uns über die Infektion sonst noch sagen? Sie haben meines Wissens mehrere Wissenschaftler in Oulu darauf angesetzt«, meldete sich zum ersten Mal Lars Willmann aus Bonn zu Wort. »Was haben Sie bisher herausgefunden? Wir kennen die Infektion bisher nur von Satellitenbildern und der Fahrt hierher.«

Strindberg schaute ratlos in die Gruppe erfahrener Wissenschaftler. »Wir tappen vollkommen im Dunklen. Kein einziges positives Ergebnis auf bekannte Erreger, weder durch molekularbiologische PCR-Technik noch durch Antikörpernachweise. Drei meiner Leute sind dabei, einen fremden Virus aufzuspüren und zu identifizieren. Sie haben aber bisher keine brauchbaren Ergebnisse erzielt. Es ist eigentlich noch schlimmer! Die drei haben versucht, das Genom einer kranken Fichte zu sequenzieren.«

»Ich nehme an, sie wollen von dem kranken Genom das uns bereits bekannte Fichtengenom abziehen und die DNS-Schnipsel, die übrig bleiben, müssten dann vom Virus stammen. Ich habe von dem Verfahren gehört. Sehr neue Technik und Software, aber sehr vielversprechend.« Willmann trank einen Schluck heißen Kaffee, wobei er sich fast den Mund verbrühte, und fuhr fort: »Das haben Sie sich aber einiges kosten lassen. Soweit ich weiß, sind die Sequenziermaschinen und die Software ziemlich teuer.«

»Geld spielt in unserer Situation keine Rolle mehr. Entweder wir finden in den nächsten Wochen irgendetwas, um die Erkrankung einzudämmen, oder es wird die finnischen Wälder nicht mehr geben, und die machen über siebzig Prozent der Landesfläche aus!« Strindberg schüttelte energisch seinen Kopf. »Das wäre das Ende Finnlands!«

Van Baazan stand auf und stemmte beide Fäuste auf den Tisch. Dabei sah er aus wie ein antiker Feldherr: »Das könnte nicht nur den Exitus für Finnland bedeuten! Und ...«, er setzte sich wieder auf seinen Platz, jeder konnte diese Übersprunghandlung mitfühlen. Keiner am Tisch konnte noch ruhig sitzen. »Wie haben Sie das eben gemeint? Ihre Mitarbeiter haben *versucht*, das Genom einer kranken Fichte zu sequenzieren?«

»Die DNS lässt sich nicht vollständig sequenzieren, sie lässt sich noch nicht einmal vollständig vervielfältigen.«

»Was?«, platzte es zeitgleich aus Alex und Willmann heraus.

»Das müssen Sie uns erklären!«, sagte Alex und schaute abwechselnd zwischen Willmann und Strindberg hin und her.

»Wir können es selber nicht glauben, aber wir konnten den DNS-Doppelstrang durch Erhitzen anscheinend nur teilweise denaturieren.«

Mia runzelte die Stirn: »Bitte, jetzt mal ganz langsam für Physikerinnen!« Ihre Augen dabei auf van Baazan gerichtet, fügte sie noch hinzu: »Und für Assistentinnen!«

Strindberg schaute sie irritiert an. »Da muss ich ein bisschen ausholen, aber vielleicht ist das auch gut so. Wir gehen dann systematischer vor, und eventuell entdecken wir so den Teufel im Detail. Also: Die Polymerase Chain Reaction, kurz PCR, dient dazu, DNS gezielt für weitere Untersuchungen zu vervielfältigen. Ich sage es nicht gerne, aber die zu untersuchende DNS wird dabei exponentiell vermehrt, um genug DNS-Material für die Analyse zu erhalten. Man nimmt die DNS und erhitzt sie auf circa 96 Grad. Dadurch trennt sich der Doppelstrang, und ein Enzym, die Polymerase, baut an jedem dieser Einzelstränge den komplementären Strang. Wir haben jetzt aus einem Doppelstrang zwei gemacht. Wir erhitzen und erhalten vier Einzelstränge, die Polymerase macht ihren Job, und zack: vier Doppelstränge. Wir erhitzen und erhalten acht Einzelstränge, Polymerase arbeitet und schon sind es acht Doppelstränge und so weiter. Das macht man dreißig Mal und erhält eine unvorstellbar große Menge DNS. Die wird dann sequenziert, und man bekommt den Basencode der DNS. Aber was uns die Sequenzierung der kranken Fichten-DNS geliefert hat, ist ein um einiges kleineres Genom, als wir es von gesunden Fichten kennen. Wir sind natürlich noch nicht ganz fertig mit unserer Sequenzierung, was kein Wunder ist. Das Genom einer gesunden Fichte enthält rund zwanzig Milliarden Basenpaare und ist damit siebenmal größer als das menschliche.«

Mia unterbrach Strindberg kurz: »Warum ist das Erbgut einer kranken Fichte kleiner? Ich meine, die DNS kann doch nicht einfach verschwinden.«

»Sie ist auch nicht verschwunden. Große Teile können wir nicht lesen. Das heißt, diese Bereiche werden durch die PCR nicht vermehrt. Hier kann die Polymerase keinen komplementären Strang bauen.«

»Aber einiges haben Sie doch sequenziert. Also hat es doch zum Teil auch funktioniert«, warf jetzt Max Krause ein, der zwischen Willmann und van Baazan saß.

»Richtig! Fichten enthalten circa 29.000 Gene, im Gegensatz zu den 20.000 des Menschen. In den Genen liegen die codierten Erbinformationen. Das ist zwar mehr, aber eben nicht siebenmal mehr. Die Bäume schleppen Unmengen an genetischem Müll mit sich herum, der nicht für Erbinformationen codiert, die sogenannten Introns. Wo der Müll herkommt, darüber rätseln wir alle. Nur eins ist sicher: Dieser nicht codierende genetische Müll scheint sehr alt zu sein. Wir konnten nach der Sequenzierung feststellen, dass fast nur nicht codierende Bereiche der DNS vermehrt und sequenziert wurden. Die Bereiche der DNS, die für die Genexpression gelesen werden, also auf denen die Gene liegen, fehlen größtenteils. Sie werden auch Exons genannt und wurden durch die PCR-Technik kaum noch vermehrt und konnten auch nicht sequenziert werden. Diese wichtigen codierenden Abschnitte der Fichtengene sind für uns nicht mehr erreichbar. Es ist, als ob sie irgendwo im riesigen Genom versteckt würden und sich unserem Blick entzögen.« Strindberg hatte sich in Rage geredet und musste tief einatmen, bevor er fortfuhr.

»Wenn ich das Ergebnis richtig interpretiere, dann muss man davon ausgehen, dass die codierenden Exons auch im normalen Zellstoffwechsel nicht mehr gelesen werden. Wir haben die komplementären Stränge der DNS, die sogenannte Boten-RNS, die die genetischen Informationen aus dem Zellkern zu den Orten der Proteinsynthese im Zellplasma bringt, analysiert. Die Boten-RNS ist die Kopie der DNS im Zellkern. Dort kommt fast nur noch nicht codierender Müll an. Es ist, als ob der gesamte kranke Pflanzenstoffwechsel durch DNS-Abschnitte gesteuert wird, die nach unserem Wissensstand bisher als DNS-Müll galten. Die Introns werden gelesen und in dem neuen Stoffwechsel in Eiweiße übersetzt.«

»Das heißt, ihr werdet so niemals euren Virus finden?«, warf Mia ein.

»Es scheint momentan eher unwahrscheinlich. Wie sollen wir die beiden Genome miteinander vergleichen, wenn wir an das der kranken Fichte nicht mehr vollständig herankommen?«

»Sie sagten, die nicht codierenden Introns in dem Genom müssen sehr alt sein. Was bedeutet das, und wo kommen sie her?« Mias Interesse an der Genetik war wieder geweckt. Sie wusste noch einiges, aber die Zusammenhänge fehlten.

»Das wissen wir nicht genau. Wir nehmen an, dass diese Introns Reste von Virenerbgut sein müssen, die im Laufe der Evolution immer wieder in das normale Erbgut eingebaut wurden und sich in Jahrmillionen dort angesammelt haben. Dort fristeten sie als genetischer Müll ein Schattendasein und wurden bis heute im Genom mitgeschleppt.«

»Haben alle Organismen diese Introns?«

»Ja, alle höheren Lebewesen haben diese Introns neben den codierenden Exons in unterschiedlichen Anteilen. Bei uns Menschen macht der Intronanteil am Genom ungefähr fünfundvierzig Prozent aus, bei den Fichten muss es weit mehr sein.«

Van Baazan hielt es nicht mehr auf seinem Stuhl. Er sprang auf und fuchtelte wild mit den Händen herum, wobei er mehrmals rief: »Das kann nicht sein. Das widerspricht allen wissenschaftlichen Erfahrungen der letzten dreißig Jahre. Ich kann das einfach nicht glauben.«

Krause und Willmann stimmten ihm zu und schüttelten ungläubig mit den Köpfen.

»Ich will Ihnen nicht zu nahe treten, aber Sie müssen verstehen, wenn wir das in unseren Laboren überprüfen wollen. Das muss verifiziert werden. Wenn es tatsächlich *so* in der Genetik und der Biochemie der Pflanzen rappelt, dann wäre das mit nichts bisher Dagewesenem vergleichbar. Das wäre eine völlig neue Genetik, und wir würden vor einem bodenlosen Abgrund stehen.«

Mia konnte nicht anders, jetzt musste selbst sie van Baazan zustimmen: »Das sehe ich genauso. Wir müssen umgehend Pflanzenmaterial in die Labore schicken.«

Strindberg öffnete seinen Organizer. »Wir haben gestern angefangen, Proben an die verschiedenen Labore und universitären Institute in England, Holland, Frankreich und Italien zu verschicken.

Selbstverständlich müssen Sie das auch überprüfen. Am besten fangen Sie heute noch an.«

»Wir müssen auch das analytische Spektrum erweitern«, mischte sich Alex ein. »Wir dürfen nicht nur in eine Richtung ermitteln. Ich meine damit, die Suche nach einem Virus – auf molekulargenetischer Ebene – muss auch auf andere Bereiche ausgedehnt werden. Wir sollten auch die Biochemie der Bäume auf eventuell vorhandene Fremdstoffe untersuchen. Ich denke da an Toxine, Eiweiße und Prionen. Außerdem muss ich jetzt noch mal auf das Thema der Wärmeabgabe zurückkommen. Und was hat es eigentlich mit dem Toten auf sich, von dem wir gestern gehört haben?«

Strindberg stimmte ihm, was die Analytik anging, zu: »Da gebe ich Ihnen vollkommen recht. Sie haben freie Hand, was den Untersuchungsumfang angeht. Was uns jetzt noch helfen kann, ist Kreativität und Menschenverstand. Zur Wärmeabgabe habe ich eine naheliegende Theorie. Wir haben eine kranke Fichte einer genaueren Untersuchung unterzogen und sind auch noch dabei, dies zu tun. Wir haben den Baum vollständig eingepackt. Das hätte Christo garantiert gefallen. Dann haben wir unter standardisierten Bedingungen den Gasstoffwechsel der Pflanze über einen längeren Zeitraum quantitativ erfasst. Das war nicht einfach, aber im Endeffekt wissen wir jetzt, dass der Baum keine Fotosynthese mehr betreibt, was aufgrund des fehlenden Chlorophylls auch zu erwarten war. Er gibt keinen Sauerstoff mehr ab, und der Kohlendioxidgehalt der Luft in dem geschlossenen System steigt ständig. Das heißt, er atmet nur noch und verbrennt seine Reservestoffe und alles, was er aus dem Boden an organischen Nährstoffen herausziehen kann. Dabei scheint als Abfallprodukt Wärme zu entstehen, die abgegeben wird.«

»Aber welche organischen Nährstoffe kann der Baum denn aus dem Boden bekommen? Über die Wurzel erhält er nur Wasser und anorganische Nährstoffe, Dünger sozusagen. Die Bäume müssten längst tot sein.« Alex konnte es nicht fassen.

»Wir haben festgestellt, dass die Pflanzen ihre Mykorrhizapartner anzapfen. Entweder um den Pilz in der Lebensgemeinschaft Baum- Pilz auszusaugen, zu verdauen, oder um mithilfe des Pilzmyzels ihr Einzugsgebiet und ihr Nahrungsangebot zu erweitern.«

»Wie bitte?« Alex' Weltbild schien immer mehr ins Wanken zu geraten. »Die Symbiose zwischen Pilzen und Bäumen war schon immer eher ein Kräftegleichgewicht gegenseitigen Gebens und Nehmens, aber immer kurz vorm Kippen in die eine oder andere Richtung, zugunsten des einen oder anderen Lebenspartners. Wenn der Pilz zu frech wird, dann wurde er schon immer verdaut, und wenn nicht, dann übernahm der Pilz den Baum, und das war das Ende für die Pflanze. Aber wie soll der Pilz das Nahrungsangebot erweitern?«

Strindberg führte an: »Indem er - ich weiß, es klingt sehr unglaubwürdig, aber wir haben nach der Obduktion klare Beweise - zum Beispiel in einen seinen Rausch ausschlafenden Mann hineinwächst und ihn verdaut, um dann die organischen Nährstoffe, sprich den verflüssigten Mann, an der Haustür abzugeben.«

»Jetzt reicht's!«, entfuhr es van Baazan. »Wollen Sie mich verarschen? Das ist doch hanebüchen! Das glaubt Ihnen doch keiner hier!«

»Lassen Sie den Mann doch mal ausreden!«, sagte Alex. »Ich habe zumindest keinen Grund, ihm nicht zu glauben. Warum sollte er uns denn so ein Schauermärchen auftischen?«

»Hier ist der Obduktionsbericht.« Strindberg deutete auf eine Mappe vor ihm auf dem Tisch. »Können Sie gerne lesen! Sie haben dem armen Teufel in der Gerichtsmedizin die Pilzhyphen förmlich aus jeder

Körperöffnung herausschneiden müssen. Der Mann war innerlich aufgelöst und wog nur noch einen Bruchteil seines ursprünglichen Gewichtes.« Er öffnete die Mappe und hielt van Baazan und den anderen die Bilder der Sectio unter die Nase.

Mia musste sich abwenden, ihr wurde übel. Die Fotos waren der Horror.

»Wir haben mittlerweile einige Tierkadaver finden können, die ähnlich aussahen. Die meisten Tiere meiden übrigens den kranken Wald. Aber einige, die sich aus unerfindlichen Gründen zum Schlafen oder Ruhen auf einem der kranken Bäume niedergelassen haben – Eichhörnchen, Marder, einige Vögel –, ereilte das gleiche Schicksal wie Pajula. Sogar einen ausgewachsenen Elch hat es erwischt. Wahrscheinlich ein krankes Exemplar. Die Tiere wurden sozusagen von Pilzhyphen eingesponnen und ausgesaugt. Mittlerweile haben wir eine Warnung an die Bevölkerung herausgegeben, den infizierten Wald *nicht* zu betreten und sich nicht lange in der Nähe von kranken Pflanzen aufzuhalten. Insbesondere auf Kinder sollten wir jetzt achten.«

Mia war jetzt richtig schlecht. Ob es von den Bildern der Leichenschau oder vom Kaffee und der Hitze in dem Container kam, wusste sie nicht, aber sie fragte Strindberg nach der Toilette. Toni, der wie sein Vater gut Englisch sprach, bot ihr sofort an, sie zu begleiten. Mia nahm dankend an und folgte dem Jungen aus dem völlig überheizten Container in die frische Luft des finnischen Winters.

»Ich habe ihn gefunden! Den toten Pajula, meine ich«, sagte Toni draußen. »Er war mal mein Mathelehrer, und mein Hund hat mir sein Auge gebracht. Es stimmt alles, was Lukas euch erzählt hat.«

Mia verstand nicht recht und fragte nach. Toni erzählte ihr die ganze Geschichte, während es Mia an der frischen Luft zusehends besser ging. Sie hatte Toni auf den ersten Blick gemocht, er erinnerte sie an irgendeinen Musiker, aber sie konnte sich nicht erinnern, wem er ähnlichsah.

Die Tür des Containers öffnete sich, und der Rest der Gruppe strömte nach draußen. Sie hatten den Obduktionsbericht gemeinsam durchgeschaut und waren übereingekommen, dass die Warnung an die Bevölkerung ihre Berechtigung hatte. Strindberg hatte angeboten, ihnen den eingepackten Christobaum zu zeigen, und sie wollten den kranken Wald genauer inspizieren, um sich ein eigenes Bild machen zu können und um geeignetes Probenmaterial für den Versand nach Deutschland zu bekommen. Die beiden Bonner, Krause und Willmann, wollten unbedingt einen der Tierkadaver, am liebsten den Elch, in Augenschein nehmen und die Mykorrhizapilze untersuchen.

Am Horizont, in Richtung der russischen Grenze, stieg der Rauch immer stärker auf. Strindbergs Telefon klingelte. Nach einem kurzen Wortwechsel wandte er sich an die anderen »Ich habe soeben die Meldung erhalten, dass die Armee in einer Stunde beginnen wird, eines der Hauptinfektionsgebiete mit Brandbomben zu überziehen. Das Parlament hat diesen Maßnahmen zugestimmt. Momentan wird die Bevölkerung aus angrenzenden Gebieten evakuiert. Wir sind hier in Sicherheit. Das Testgebiet liegt ungefähr elf Kilometer in nördlicher Richtung. Wir werden die Detonationen und die Rauchsäulen aber von hier aus hören und sehen können.«

Alex und Mia standen beieinander, und Strindberg gesellte sich zu ihnen, während die anderen in einer Gruppe etwas abseits standen.

»Herr Strindberg«, fing Mia an, wobei sie nach Osten blickte, » wir haben noch gar nicht über den See gesprochen. Was hat es eigentlich mit der getauten Eisfläche und der Störung des Handynetzes in Seenähe auf sich?«

Strindberg zuckte mit den Achseln. »Keine Ahnung, wir hatten noch keine Zeit, um uns darum zu kümmern.«

Mia schaute Alex an und sagte dann zu Strindberg: »Unser Übersetzer hat uns heute Morgen darauf aufmerksam gemacht. Er sprach auch davon, dass es dort keine Fische mehr gäbe. Ich denke, während Sie mit dem Rest den Wald begutachten, sollten Alex und ich uns mal den See vornehmen. Ich habe da so ein Bauchgefühl, dass wir dort was Wichtiges übersehen könnten.«

Alex zeigte auf den See und fragte Strindberg: »Wie tief ist er eigentlich?«

»Nach meinen Informationen ist das Gewässer zweiundvierzig Meter tief.«

»Kennen Sie jemanden, bei dem ich mir eine Tauchausrüstung leihen kann? Ich bin ausgebildeter Taucher und würde mir den See gerne mal genauer ansehen.«

Strindberg pfiff Toni heran. »Ich kenne hier niemanden. Ich lebe in Oulu, aber den Jungen können wir fragen.«

Toni erzählte ihnen von einem alten, verrückten Russen, den er schon in einem Neoprenanzug gesehen hatte. Ein ehemaliger Kampftaucher der russischen Marine. Toni kramte sein Smartphone hervor und suchte die Nummer im Netz. »Ich hab sie. Lew Jerschow heißt der Mann.«

### 03. Januar, der See

Alex hatte Lew Jerschow beim Holzhacken gestört. Der alte Russe sprach ein wenig deutsch und englisch, er selbst warf etwas russisch mit in die Kommunikationsschale, sodass sie sich verständigen konnten. Alex erzählte ihm von seinem Vorhaben, im See einen Tauchgang durchführen zu wollen, verschwieg aber vorerst die Gründe für sein Interesse. Er gab vor, nur ein verrückter Biologe aus Deutschland zu sein, der gerne in fremden Gewässern tauchte.

Lew hatte tatsächlich zwei russische Tauchausrüstungen aus Beständen der Armee und einen Kompressor, mit dem er die Pressluftflaschen befüllen konnte. Er erzählte Alex begeistert von einem Tauchgang, den er vor Jahren im See unternommen hatte, und schwärmte von dem klaren Wasser mit einer sehr guten Sicht von zehn bis fünfzehn Metern und von der tollen Fauna und Flora. Lew hatte dort Störe, Hechte, Karpfen, Ukeleie und Äschen gesehen. Er war damals bis auf den Grund getaucht und bestätigte Strindbergs Angaben zur Tiefe des Sees. Lew war sofort Feuer und Flamme. Er freute sich, endlich mal wieder tauchen gehen zu können. Sein Partner war vor einigen Monaten gestorben, und alleine tauchen war unter Tauchern verpönt, weil zu gefährlich. In Finnland einen neuen Tauchbuddy zu finden, war in etwa ein so vergebliches Unterfangen, wie in der Sahara eine Whale-Watching-Tour zu organisieren.

So verabredeten sie sich für den Vormittag. Alex und Mia hatten noch gut eine Stunde Zeit, bis Lew sie treffen wollte. Die beiden gingen in Begleitung von Toni und seinem Wolfshund Drago zu dem See. Toni hatte sich gerne von den anderen getrennt. Den erkrankten Wald konnte er nicht mehr sehen. Seinem Vater hätte es auch gutgetan, mal nicht durch den todgeweihten Familienwald zu gehen und sich Sorgen um eine Zukunft zu machen, die es nach Tonis Meinung in Finnland sowieso nicht mehr gab.

Der Junge und Alex verstanden sich sofort. Sie warfen abwechselnd Stöckchen für den Hund. Einen Wurfball an der Leine hatte Toni seit dem Vorfall mit Pajula s Auge nicht mehr benutzen wollen.

Mia musste über die beiden lachen, die unterschiedlicher nicht sein konnten und trotzdem ausgelassen wie kleine Jungs mit dem Hund herumtollten. Alex überragte Toni um eine Haupteslänge, und ihre Haarfarben standen in einem krassen Kontrast. Der Ältere war blond, fast schon weiß, und der andere in einem Tiefschwarz, das schon bläulich schimmerte. Beide waren trainiert und sahen sehr sportlich aus, was Mia sehr gut gefiel.

»Ich glaube, dort am Ostufer können wir gut einsteigen!«, rief Alex den beiden anderen zu und zeigte auf einen Bootssteg. »Schaut mal, der Steg geht beinahe bis zu der Eisgrenze, wo das Loch beginnt. Ich denke, da kommen wir mit der schweren Tauchausrüstung bis ans Wasser, ohne Gefahr zu laufen, im Eis einzubrechen.«

Mia hielt etwas in ihrer rechten Hand und deutete auf den Wald am Ostufer. »Ich glaube, das ist eine gute Idee. Da wütet die Krankheit auch schon, seht ihr?«

»Nicht nur dort. Das geht hinter dem See noch weiter«, sagte Toni und fragte Mia: »Was hast du da?«

Alex und Toni sahen neugierig auf den Gegenstand in ihrer Hand.

»Das ist jedenfalls das Ostufer. Man kann es am Stand der Sonne sehen, aber mein kleiner Freund hier ist nicht mehr zu gebrauchen.« Sie hielt den beiden einen Kompass in der flachen Hand hin. Alle drei konnten zusehen, wie die Nadel einen wilden Tanz aufführte, so als ob die Pole, zwischen denen sich die Nadel ausrichten wollte, ständig die Position verändern würden. Die Kompassnadel spielte völlig verrückt.

»Das passt zum Ausfall des Handynetzes«, sagte Mia. »Wir haben hier starke elektromagnetische Anomalien, die ich nicht zuordnen kann. Hier sind keine Hochspannungsleitungen und keine Stromnetze. Aber irgendein elektromagnetisches Feld lässt den Kompass verrückt spielen und sorgt wahrscheinlich auch für den Netzausfall. Es muss ziemlich stark sein. Ich habe so was bisher nur in der Nähe von Hochspannungstechnik und starken Sendern gesehen. Aber hier ist nichts, außer dem See und der Natur.«

»Vielleicht eine magnetische Eisenlagerstätte unter uns? Magnetit, wie in Kiruna in Schweden?«, meinte Alex.

»Möglich«, sagte Mia, wurde aber von Toni abgelenkt, der das seltsame Gefährt zuerst entdeckte. Das, was da den Weg hoch klapperte, war ein alter russischer Lastwagen mit Pritsche. Auf der vorderen Stoßstange saß eine mächtige Seilwinde, und der Laster pflügte sich mit seinem Allradantrieb einen Weg über die verschneite und holprige Zufahrt zu m Bootssteg. Hinten auf der Pritsche konnte man eine kompliziert aussehende Apparatur aus mehreren Kesseln und Rohrleitungen sehen, deren Funktion sich dem Betrachter nicht sofort erschloss. Irgendwie sah das Ding aus wie die Mischung aus einem Heizkessel und einer Schnapsdestille.

»Das muss der Russe sein. Der fährt mit einem Holzvergaser.« Alex hatte so etwas noch nie zu Gesicht bekommen, aber schon davon gehört. »Die Dinger gab's bei uns nach dem Ende des Zweiten Weltkrieges auch. Als damals der Sprit rationiert wurde, hat man damit Holz vergast und mit dem Gas Verbrennungsmotoren betrieben.«

»Bei uns fahren noch viele mit Holzvergasern«, erklärte Toni. »Wir haben so viel Holz. Wahrscheinlich ist das die einzige Möglichkeit der Holzverwertung in Zukunft.«

Zu dritt gingen sie zu dem Laster, aus dem ein kleiner, stämmiger Mann in einer ausgedienten russischen Armeeuniform sprang und an dem Holzvergaser herumnestelte, wobei er einige Flüche von sich gab, die aber nicht zu verstehen waren. Als sie den Wagen erreichten, drehte sich der Mann mit der struppigen Frisur um und grinste sie an, wobei er zwei große Zahnlücken im Oberkiefer zeigte und versuchte, mit den ölverschmierten Händen die Haare auf seinem Kopf zu bändigen.

»Dobrui djen, was seid ihr denn für ein Haufen? Mit wem habe ich vorhin telefoniert? Und wer von euch will mit mir tauchen gehen? Doch hoffentlich nicht du?«, sagte er, während er auf Toni zeigte, mit tiefer, lauter Stimme, die den Schalk in seinem Nacken erahnen ließ. Dann fing er an, über den eigenen Scherz zu lachen. »Nein! Ich glaube, du bist der verrückte Deutsche, der mit mir im Winter in einem finnischen See tauchen möchte.« Er lachte Alex an, und alle konnten den Wodka riechen.

»Ganz recht! Mein Name ist Alex, das ist Mia, und der junge Mann dort heißt Toni. Hast du deine Ausrüstung dabei, Lew?«

»Natürlich! Zwei Neoprenanzüge – wie besprochen. Ich hoffe, es passt dir einer. Du bist ziemlich groß. Aber wenn nicht, dann nehmen wir eben den Kleinen hier mit.« Er klopfte Toni unter heftigem Gelächter auf die Schulter. »Außerdem habe ich zwei Tarierwesten und Lungenautomaten, Flossen und Masken. Die Flaschen habe ich gefüllt. Jeder bekommt eine 25- Liter- Pressluftflasche. Außerdem kann ich mir denken, warum du hier tauchen willst. Hat was mit dem kranken Wald zu tun und mit dem Loch im Eis. Stimmt's? Na ja, musst mir nichts sagen, aber versuch auch nicht, einem alten Trapper in die Flinte zu pissen!«

Sie schafften unter den lauten Anweisungen Lews den ganzen Kram vom Laster auf den Steg, und Alex begutachtete die Ausrüstung zufrieden. Es war zwar altes Zeug aus Armeebeständen, aber alles in einem guten und gepflegten Zustand. Lew hatte sogar ein Tauchermesser, das er Alex anbot. Um das verbleibende Tageslicht ausnützen zu können, wollten sie möglichst schnell ins Wasser. Die Luft in den Flaschen würde je nach Tiefe des Tauchganges für dreißig bis vierzig Minuten reichen.

Alex zog den Neoprenanzug an, der fast passte. Nur seine Arme und Beine waren etwas lang, aber das machten die Handschuhe und die Füßlinge aus Neopren wieder wett. Das Tauchermesser befestigte er mit den Gurten an seiner rechten Wade. Er schloss den zweistufigen Atemregler an die Flasche an, die er an der Weste festgezurrt hatte, und prüfte seine Atemluft. Nachdem er einige Atemzüge genommen und festgestellt hatte, dass alles in Ordnung war, schloss er die Tarierweste mit dem zweiten Schlauch an und prüfte auch deren Funktion.

Lew und Alex halfen sich schließlich unter den kritischen Blicken von Mia und Toni in ihre Ausrüstung, setzten sich auf den Rand des Stegs und zogen ihre Tauchmasken an. Die letzten Meter zum Eisrand legten sie in voller Montur zurück. Nachdem sie ihre Flossen angezogen hatten, drehten sich beide noch mal um und winkten Toni und Mia zum Abschied. Sie machten jeder einen Schritt, es gab ein lautes Klatschen, und sie waren in einer anderen Welt.

Das Erste, was Alex spürte, war das ihn umgebende eiskalte Wasser. Er konnte fühlen, wie es sich einen Weg in den Neoprenanzug bahnte und ihm langsam an Bauch und Rücken herunterlief. Er hätte jetzt alles für einen Trockentauchanzug gegeben, aber unter den Umständen war er schon froh über das Neopren auf seiner Haut. Das Beste war, sich jetzt so schnell wie möglich zu bewegen, um nicht auszukühlen. Er schaute sich um und konnte Lew drei Meter neben sich in dem glasklaren Wasser deutlich sehen. Der Russe gab ihm das Zeichen – alles in Ordnung. Alex erwiderte es, senkte dann den Daumen der Rechten nach unten: abtauchen! Er ließ die Luft aus seiner Weste entweichen, um den Auftrieb zu verringern. Sogleich sank er langsam tiefer. Lew konnte er, regelmäßig atmend, an seiner Seite erkennen.

Sie sanken eine Weile gleichmäßig nach unten. Der Tiefenmesser zeigte Alex jetzt bereits zehn Meter an, und er konnte in dem klaren Wasser außer seinem Partner nichts ausmachen, was sein Interesse erregt hätte. Ab und zu hatte er den Eindruck, Gasblasen aufsteigen zu sehen. Oben sah man die leicht gekräuselte Wasseroberfläche, die sich langsam entfernte, und ein Blick nach unten offenbarte eine gähnende Leere, die sich konturlos in den See erstreckte. Vom Grund war nichts zu sehen.

Alex überprüfte Luftvorrat und den Tiefenmesser. Zwanzig Meter! Lew war jetzt auf eine Armeslänge herangekommen, und er konnte das Blubbern seiner Atemluft hören. Noch war das Wasser um sie herum vom Tageslicht erhellt, ein letzter Gruß von oben. Aber zusehends schwanden die Lichtanteile. Der See schien ziemlich nährstoffarm zu sein, sonst wäre das Wasser nicht so klar gewesen. Allerdings passte das nicht zu den vielen Fischen, von denen der finnische Übersetzer berichtet hatte. Alex konnte jetzt deutlich Gasblasen aus der Tiefe aufsteigen sehen.

*Fünfundzwanzig Meter!* Sie mussten ihre Handstrahler anschalten, um die Umgebung besser auszuleuchten. Kein Lebewesen war zu sehen. Die grünen und blauen Lichtanteile begannen die Unterwasserwelt zu dominieren, und ein Blick nach unten verlief ins Bodenlose, das nur von den beiden Lichtkegeln ihrer Lampen zerschnitten wurde, in denen die Gasblasen trudelnd nach oben tanzten.

Plötzlich bekam Alex einen Stoß und erschrak fürchterlich. Dann stellte er fest, dass Lew ihn nur auf etwas aufmerksam machen wollte. Sein Partner deutete nach unten, und Alex folgte dem Lichtstrahl von dessen

Strahler. Weitere zehn bis fünfzehn Meter unter ihnen konnte er schemenhaft eine große Struktur erkennen, die sich diskusförmig von dem einheitlichen Graugrün des Wassers abhob. Sie ließen sich weiter in diese Richtung absinken und sahen jetzt mehr Details. Das Gebilde war ziemlich groß und erstrahlte in einem unnatürlichen Weiß. Die Größe konnte man nur erahnen. Sie schwebten über dem Ding. Die Trübung des Wassers hatte zugenommen. Irgendetwas schien das Sediment des Sees aufzuwühlen.

Alex gab Lew ein Zeichen, nicht weiter zu sinken. Sie strahlten gemeinsam das weiße Objekt an, welches das Licht stark reflektierte, sodass sie die Strahler ein wenig wegdrehen mussten, um nicht geblendet zu werden. Sie hatten den Eindruck, die Strahlen der Lampen seien in circa vierzig Meter Tiefe, dicht über dem Seegrund, auf einen großen Spiegel getroffen. Alex deutete Lew an, weiter abzutauchen. Die weiße Struktur nahm langsam im vom Sediment getrübten Wasser Kontur an. Das Ding hatte einen Durchmesser von fünf bis sieben Metern und war auf der Oberfläche von perlmuttfarben. Die Ränder waren nach oben gebogen, und es sah aus wie eine zu groß geratene Salatschüssel. Je näher sie kamen, desto mehr Einzelheiten konnten sie in der schüsselförmigen, kreisrunden Struktur erkennen. Der Rand der Scheibe war stark ausgefranst. Alex erkannte lange Ausläufer, die von der Scheibenmitte konzentrisch nach außen verliefen und aussahen wie lappenartige Wasserpflanzen, wären sie nicht vollkommen weiß gewesen. Der Diskus schien an den Rändern noch nicht fertig zu sein. Die Ausläufer wurden dort von anderen Strängen durchwachsen, regelrecht vernetzt. Hier wurde noch am Flechtwerk der Ausläufer gearbeitet, um sie zu verweben und das zu bilden, aus dem die Scheibe bestand. Ein dicht verzweigtes Netzwerk mit weißer Oberfläche.

Hier war auch der Ursprung der Gasblasen, die um den ausgefransten Rand nach oben drängten. Die noch freien, nicht verwobenen weißen Lappen schwebten in der Strömung und bewegten sich, zum Teil auch von den Gasblasen getragen, auf und ab. Es sah aus, als würde eine Welle um den zerfaserten Randbereich der Scheibe laufen, deren Bewegungsmuster eine steuernde, höhere Instanz erahnen ließ. Die Bewegungen, die Alex und Lew wahrnahmen, waren zu koordiniert für ein zufälliges Zusammenspiel von Strömungsschwankungen und aufsteigenden Gasen.

Die beiden waren auf fünf Meter herangekommen und erkannten jetzt auch auf der Oberfläche Einzelheiten.

Ungefähr in der Mitte der Scheibe, im Scheitelpunkt der Schüssel, erhob sich etwas aus dem Boden und wuchs metallisch glänzend in die Höhe, das Licht reflektierend, wobei es sich immer mehr verzweigte. Alex hätte es für einen abgestorbenen Baum gehalten, wäre da nicht eine gänzlich andere Beschaffenheit gewesen. Die Oberfläche der gesamten Scheibe schien aus Tausenden von Sechsecken zu bestehen, die alle zusammen eine perlmuttfarbene Oberfläche bildeten und an Bienenwaben erinnerten. Alex tauchte ab und strich mit seinen Fingern über die Oberfläche, die eine deutlich aufgeraute Struktur aufwies. Er schaute auf und entdeckte Lew zu seiner Rechten auf dem Ding kniend und es ebenfalls betastend. Ihre Blicke trafen sich, und Alex konnte die gleiche Faszination in Lews Augen erkennen, die auch er im Angesicht dieses Dinges empfand.

*Was ist das?*, dachte er und signalisierte Lew, ihm zu folgen. Sie schwammen zum Rand des Gebildes. *Was war darunter?* Alex gab seinem Partner zu Verstehen, an Ort und Stelle zu verweilen und auf ihn zu warten. Es reichte, wenn sich einer in Gefahr begab und unter das unbekannte Objekt tauchte. Er bahnte sich einen Weg durch das vernetzte und verstrickte Meer der weißen Ausläufer, die ihn an einen Seetangwald erinnerten. Er ließ sich im dichter werdenden Gestrüpp absinken und glaubte plötzlich, aus den Augenwinkeln eine Bewegung wahrzunehmen. Ein schneller Blick, nichts war zu sehen, vielleicht eine Täuschung?

Die Trübung nahm immer mehr zu, und Alex schaute sich um, konnte Lew nicht mehr ausmachen. Er nahm sich ein Herz und ließ sich unter das Gebilde sacken. Hier herrschte absolute Dunkelheit, und er leuchtete mit dem Strahler in den Zwischenraum unter der Struktur. Was er dort sah, ließ den Blutfluss in seinen Adern stocken. Sämtliche Fische dieses Sees schienen unter dem Gebilde von tentakelartigen Fangarmen umklammert und von deren haarähnlichen Ausläufern eingesponnen und durchbohrt zu sein. Von einem klebrigen Sekret bedeckt, waren sie in allen möglichen Stadien der Auflösung begriffen. Im ersten Moment sah er nur Fische, aber der zweite Blick offenbarte auch andere Lebensformen, die er als solche nur noch erahnen konnte. Überreste von Fischottern, Bisamratten und Amphibien konnte er bei genauerem Hinsehen jetzt in der unförmigen Masse erkennen. Einige der Tiere waren eindeutig nicht tot. Sie bewegten sich noch zappelnd und zuckend in der Hoffnung, den Tentakeln entkommen zu können - ein hoffnungsloses Unterfangen, wie er sofort erkannte. Eine dicke Kröte schlug in ihrem Todeskampf mehrmals gegen seine Maske, die dabei fast abgerutscht wäre.

Alex wurde schlecht, er wollte den Rückweg antreten, bemerkte jedoch in diesem Moment, dass sich etwas um sein linkes Bein wickelte. Von Panik ergriffen schaute er an sich herab und sah, wie sich ein weißer Ausläufer um seinen Unterschenkel schlang. Eine vollständige Umdrehung hatte der Stolon schon geschafft und setzte gerade zur zweiten an, wobei sich der Druck um das Bein erhöhte.

Unbändige Angst, das Schicksal der zuckenden und zappelnden Seebewohner zu teilen, machte sich in Alex breit, und er wollte nur noch die Flucht ergreifen. Er wand und drehte sich, aber der Strang um sein Bein lockerte den Griff nicht. Im Gegenteil, der Druck nahm noch zu. Alex verschluckte sich und musste husten. Der Lungenautomat fiel aus seinem Mund, und er konnte das brackig faule Wasser plötzlich schmecken. Die Panik übermannte ihn jetzt vollends. Vierzig Meter unter Wasser, das linke Bein in fester Umklammerung eines Fangarmes und der Lungenautomat mit der lebensnotwendigen Luft nicht in Sichtweite.

Die mittlerweile tote Kröte schlug ihm ins Gesicht, und plötzlich fielen ihm die tausendfach geübten Routinen wieder ein. Oberkörper zur rechten Seite neigen und ausholende Bewegung mit dem rechten Arm – Wiedererlangen des Lungenautomaten. Alex schob sich das lebensrettende Kautschukmundstück zwischen die Lippen und holte tief Luft. Er zog das Tauchermesser aus der Scheide, fasste den Strang und hieb mehrmals auf ihn ein. Der Ausläufer war äußerst zäh, gab aber nach einigen heftigen Hieben nach, und er war frei. Das abgetrennte Ende war allerdings immer noch fest um sein Bein gewickelt.

Alex drehte sich im Wasser und tauchte zum Rand zurück, als ihm Lew wieder einfiel. Sein Partner würde da draußen bewegungs- und schwerelos über dem Gestrüpp hängend auf ihn warten. Wie schnell hatte der Fangarm sich um sein Bein gewunden? Das waren nur Sekunden, vielleicht zehn oder zwanzig, dann hatte er es erst spüren können, weil er sich bewegte. Und das war nur ein Ausläufer! Nicht auszudenken, was passiert wäre, wenn er sich nicht bewegt hätte. Wie viele dieser Dinger hätten sich noch unbemerkt um seine Extremitäten wickeln können?

Alex tauchte jetzt, so schnell er konnte, in die Richtung, aus der er gekommen war. Dabei musste er sich durch das dichte Netz der weißen Tentakel arbeiten. Das Messer hatte er noch in der Hand.

Als er seinen Partner Lew sah, entleerte er seine Lungen in einem Schrei aus Atemluft. Lew hatte ihn jetzt auch gesehen, und der blanke Horror weitete seine Augen. Lews Beine waren von mehreren Strängen umwickelt, und er zappelte wie ein Fisch an der Angel um sein Leben. Die Panik hatte den Russen in fester Umklammerung. Mit der rechten Hand hielt er krampfhaft den Atemregler und drückte ihn fest gegen die Lippen, während ein weiterer Ausläufer bereits seinen linken Arm umrankte.

Alex schwamm die letzten Meter und hieb mit dem Messer auf den ersten Pflanzenstrang ein, der erst nach vielen kraftzehrenden Versuchen nachgab. Er nahm sich den nächsten vor und musste feststellen, dass sich immer mehr um Lews Körper wickelten. Das Hacken und Schneiden mit dem Messer wurde umso schwieriger, je mehr sich Lew in seiner Umklammerung wand und drehte. Alex musste immer mehr darauf achten, ihn nicht zu treffen.

Die Zeit rannte ihnen davon. Alex hatte in den vergangenen Minuten immer wieder einen Blick auf ihre Finimeter geworfen und den Pressluftvorrat überprüft. Beim letzten Mal wurde ihm die Ausweglosigkeit der Situation klar. Er hatte noch für circa zehn Minuten Luft, der Russe für höchstens acht. Lew war mittlerweile hoffnungslos im Würgegriff der Tentakel gefangen, und über ihnen befanden sich noch vierzig Meter Wasser.

Der Moment in ihrer beider Gegenwart, dieser unendlich kleinen Zeitspanne zwischen Vergangenheit und Zukunft, in dem es galt, eine unwiderrufliche Entscheidung zu treffen, rückte erbarmungslos näher. Alex' und Lews Blicke trafen sich, und er konnte in Lews Augen sofort sehen, dass der diese Entscheidung für sich schon längst gefällt hatte. Es wurde sehr ruhig, und man hörte nur ihre Atemluft aus den Atemreglern entweichen, während sie sich anschauten und zu keiner Regung mehr fähig waren. Die einzige noch wahrnehmbare Bewegung war die der sich um Lews Körper windenden Fangarme.

Alex starrte in das Gesicht eines Menschen, der wusste, dass die Minute seines Todes im Laufschritt auf ihn zueilte, und seine Augen schienen in dem stark gealterten Gesicht entrückt, so als ob schon der Film seines Lebens vor ihnen ablief.

Unvermittelt spannte sich der Körper des Russen ein letztes Mal, und er entriss Alex das Tauchermesser, das nur noch locker in dessen Hand gelegen hatte. Bevor Alex reagieren konnte, schnitt der Russe in einer schnellen Bewegung den Schlauch von Alex' Lungenautomat durch. Mit seinem letzten Atemzug saugte Alex das kalte Wasser durch das lose Schlauchende in seinen Mund und konnte eben noch verhindern, dass er das Wasser tief in die Lungen zog. Er kippte vornüber und versuchte panisch, das andere Ende des Schlauches zu fassen, das, von der entweichenden Pressluft getrieben, wie eine entfesselte Peitsche im Wasser hin und her schoss. Seine einzige Chance zu überleben bestand darin, das Ende des Schlauches in den Griff zu bekommen und zu versuchen, die entweichende Pressluft direkt einzuatmen. Alex kippte hin und her bei dem Versuch, den Schlauch zu schnappen. Der Drang zu atmen umnebelte sein Bewusstsein, er war nur noch von Instinkten gesteuert. Endlich packte er ihn mit der rechten Hand, beinahe wäre es ihm in seiner Gier nach lebensnotwendiger Luft wieder entkommen. Alex stopfte sich den Schlauch in den Mund. Ein Gefühl, als ob er sich eine geschüttelte Mineralwasserflasche in den Rachen schob. Irgendwie gelang ihm der erste Atemzug, und er besann sich seiner Situation. An Lew konnte er jetzt keinen Gedanken mehr verschwenden.

*Das war seine Strategie gewesen, um mich zu retten*, schoss es ihm durch den Kopf, während er seinen Bleigurt abwarf, um im plötzlichen Auftrieb nach oben zu schießen. Die vierzig Meter bis zur

Wasseroberfläche wurde er zum Teil vom Auftrieb des Neoprenanzugs getragen, zum Teil musste er mit anstrengenden Flossenschlägen nachhelfen, während die Pressluft in seinen Mund sprudelte und er keuchend atmete.

Mia und Toni saßen mit baumelnden Beinen auf dem Bootssteg und genossen den herrlichen Sonnenuntergang über dem Westufer. Sie quatschten seit gut einer halben Stunde miteinander, und Toni interessierte sich sehr für Mias Arbeit mit den Satelliten. Sie fand, dass er ein aufgeweckter Teenager war.

Mia sah vor Toni, wie ein Taucher durch die Wasseroberfläche brach, aber der Junge erkannte zuerst, dass es Alex war, und rief ihm freudig zu. Beide sprangen auf und winkten. Schnell begriff Mia, dass irgendwas nicht stimmte, und legte ihre Hand auf Tonis Arm, um ihn in seiner Euphorie zu bremsen.

Alex schwamm mit dem Schlauch im Mund die letzten Meter zur Eiskante. Er löste die Schnallen seiner Weste, um das Equipment abzulegen und sich aus dem Wasser zu hieven. Mia und Toni schauten stumm zu und rechneten noch mit dem zweiten Taucher, während Alex aus dem See kletterte. Sie konnten ihm nicht helfen die Ausrüstung zu tragen, weil es zu gefährlich gewesen wäre, zu dritt über das Eis zu gehen.

Alex kam wortlos auf sie zu, legte seine triefende Ausrüstung auf den Bootssteg und fand endlich Zeit, seine Maske abzunehmen.

»Wo ist Lew?«, entfuhr es Mia.

»Lew ist tot!«, waren seine einzigen Worte, während er sich auf den Steg setzte.

Mia und Toni wurden kreidebleich.

»Stellt mir jetzt bitte erst mal keine Fragen! Ich bin gerade dem Tod von der Schippe gesprungen und habe aus vierzig Metern Tiefe einen Notaufstieg gemacht. Ich muss mal durchatmen.« Alex schien in einer Art Schockzustand zu sein, denn seine Worte kamen stockend. »Ich hatte keinen Dekostopp, kann gefährlich werden! Das war kein Nullzeittauchgang!« Dann sackte er auf dem Steg zusammen.

## 04. Januar, Irland – Insel Dursey

Der heutige Tag schien für Doreen O' Sullivan und ihre beiden Töchter nach dem gleichen Schema abzulaufen wie immer. Um sechs Uhr war Doreen aufgestanden und hatte sich in ihrer kleinen Küche einen Kaffee gekocht, um dann am offenen Küchenfenster, mit dem Kaffee in der Hand, eine Zigarette zu rauchen. Ein Ritual, das sie seit der Geburt ihrer ersten Tochter pflegte und das der einzige Luxus in ihrem Leben war, den sie sich noch gönnte. Seit ihr Mann die Familie verlassen hatte, war das Geld mehr als knapp. Die gemeinsamen Stunden mit ihren Kindern konnte sie zählen, da sie für den bescheidenen Verdienst, mit dem sie sich und die Mädchen über Wasser hielt, hart arbeiten musste. Doreen stand jeden Tag zehn Stunden am Fließband eines Elektrogeräteherstellers und schraubte Toaster zusammen. Sie nahm das harte und karge Leben gerne in Kauf, wenn nur der Vater der Kinder, dieses versoffene Schwein, wie sie ihn in ihren Gedanken immer nannte, nicht zurückkehren würde.

Nach der Zigarette weckte Doreen ihre Töchter Sinéad und Grainne, die mit anderthalb Jahren Abstand zur Welt gekommen waren und heute drei und vier waren. Zum Frühstück gab es Scones mit Marmelade, manchmal hatten sie auch Honig, meistens am Monatsanfang.

Doreen brachte die beiden nach dem Frühstück in den Kindergarten, der extra für berufstätige Mütter den ganzen Tag geöffnet hatte und den Kindern auch eine Mittagstafel anbot. Danach fuhr sie bei Wind und Wetter mit ihrem klapprigen Fahrrad die wenigen Kilometer zur Ostküste der Insel Dursey. Dort setzte sie dann mit Irlands einziger Seilbahn, dem Dursey Island Cable Car, über den 230 Meter breiten Dursey Sound. Die Seilbahn war für maximal sechs Menschen konzipiert, wurde aber auch für den Transport von Vieh genutzt. Dann durften entweder eine Kuh oder sechs Schafe an Bord, um die Nutzlast nicht zu überschreiten, was aber trotzdem immer wieder vorkam. Die Gondel, alle nannten sie nur die *Box*, schaukelte in fünfzig Metern Höhe schwer über der rauen Irischen See, aber Doreen war das gewöhnt.

Nachdem sie nach der zehnminütigen Fahrt auf das Festland übergesetzt hatte, stieg sie in das Auto einer Arbeitskollegin, die dort jeden Morgen auf sie wartete. Zusammen fuhren sie zur acht Kilometer entfernten Fabrik, um dort ihre Schicht zu beginnen. Der heutige Tag sollte aber, im Gegensatz zu all den anderen trostlosen Tagen in ihrem Leben, noch eine willkommene Überraschung für Doreen und ihre Arbeitskolleginnen zu bieten haben.

Es war Punkt 10:30 Uhr, als das Band plötzlich stehen blieb und alle Köpfe hochfuhren und nach den Vorarbeitern im Steuerungsraum unter dem Hallendach schauten. Nach einigem Durcheinander und Kompetenzrangeleien - das Übliche unter den Sklaventreibern in der gläsernen Kanzel, die für ein paar Kröten mehr ihr Gewissen an der Stechuhr abgegeben hatten und nur noch dem Besitzer der Fabrik die Stiefel leckten - war schnell klar, dass ein schweres Unglück für einen Stromausfall gesorgt hatte. Ein Güterzug war entgleist und hatte dabei ein Umspannwerk völlig zerstört. Das bedeutete mindestens zwei, wenn nicht sogar drei Tage Stillstand in der Fabrik. Der Besitzer schäumte vor Wut und lief schreiend und tobend durch die Hallen. Die Arbeiterinnen wurden für den Rest des Tages entlassen und wurden aufgefordert, am nächsten Morgen pünktlich zu erscheinen, um gegebenenfalls die Arbeit wieder aufnehmen zu können. Das war nach dem Stand der Dinge aber eher unwahrscheinlich.

Doreen sah es mit einem lachenden und einem weinenden Auge. Einerseits freute sie sich über einen unerwarteten, aber unbezahlten

Kurzurlaub mit den Kindern, andererseits würde ihr nächsten Monat das Geld fehlen.

Zurück auf der Insel holte sie beinah sofort die Mädchen aus dem Kindergarten ab. Das heißt, sie wartete noch, bis die Kinder ihr Mittagessen erhalten hatten, und zog ihnen dann zu Hause schnell die Gummistiefel und regenfeste Kleidung an, um den Rest des Tages an der frischen Luft im Irish mist zu verbringen. Der Wind hatte aufgefrischt. Wolkenfetzen flogen tief über ihre Köpfe, während Doreen mit den beiden durch die Obstgärten auf dem Südhang des Hügels hinter ihrem Haus schlenderte. Sie musste die Mädchen immer wieder fangen und sie suchen, wenn sie sich wieder einmal hinter einem Baum versteckt hatten. Manchmal lachte sie auf, weil ihre Kinder dachten, wenn sie ihre Mutter mit vorgehaltener Hand nicht sehen könnten, dann wären sie für Doreen auch unsichtbar.

Als sie die beiden zum wiederholten Mal hinter einem Baumstamm gefunden hatte, zeigte Sinéad in einen Apfelbaum und fragte: »Wem gehört der orangene Ball da oben? Den möchte ich gerne haben!«

Doreen folgte mit ihrem Blick dem ausgestreckten Arm der Vierjährigen und konnte zwischen zwei grünen Misteln eine fast kugelrunde sehen. Die Mistel hatte vollkommen orangefarbene Blätter und mit den weißen Beeren tatsächlich ein wenig Ähnlichkeit mit einem Ball. »Aber Sini, das ist doch kein Ball. Schau doch, da sind zwei grüne Misteln. Die kennt ihr doch, oder?«

»Ja Mum, da müssen die Jungs die Mädchen drunter küssen.« Sinéad und Grainne fingen an zu kichern.

»Richtig, ihr beiden albernen Hühner. Und die Mädchen die Jungs auch.«

»Darf man sich unter der orangenen Mistel nicht küssen?«, wollte Grainne wissen.

»Nein, ich denke, das gilt nicht. Die ist wahrscheinlich einfach nur ein bisschen krank«, mutmaßte Doreen und jagte die beiden kichernden Mädchen den Hügel hinunter.

### 04. Januar, Finnland – Lappland, Region Salla

Als er die Augen aufschlug, sah Alex das Gesicht eines Engels, der ihn aus wunderschönen, grünen Augen ansah und dabei freundlich anlächelte. Er konnte sich sofort wieder an alles erinnern. Auch an seinen Notaufstieg ohne Dekompressionsstopp und daran, wie er das Bewusstsein verloren hatte. Sein letzter Gedanke auf dem Bootssteg war, auch das wusste er noch genau: *Jetzt gast der Stickstoff in meinen Adern aus wie bei einer geöffneten Sektflasche, und das war's dann.* So hatte er sich ein Leben nach dem Tod immer vorgestellt. Man öffnet die Augen, die aus einem völlig schmerzfreien Körper schauen, und erblickt den Engel, der einen im Garten Eden willkommen heißt.

Die Frau, die ihn anschaute und ihm zärtlich mit ihrer Hand durch sein langes blondes Haar fuhr, war eine Schönheit. Der volle rote Mund und die großen Augen in ihrem schmalen, weiblichen Gesicht zogen Alex sofort in ihren Bann.

»Wo bin ich?«, fragte er die Frau mit den langen schwarzen Haaren. »Und wer bist du?«

Anna musste lachen, ihre tiefe Stimme erinnerte Alex sofort an Nico von *The* Velvet Underground. Er war noch vollkommen gerädert, konnte aber seinen Blick nicht mehr von ihr lassen und hoffte, der Moment hier mit ihr in diesem Zimmer würde ewig dauern.

»Du bist in Sicherheit. Wir haben dich bei uns einquartiert, das Bezirkskrankenhaus platzt aus allen Nähten. Mein Name ist übrigens Anna.«

»Was ist mit Lew?«

»Sie haben seine Leiche heute Morgen geborgen und in die Rechtsmedizin gebracht.«

»Wer hat ihn geborgen, und wo sind Mia und die anderen?«

»Taucher der finnischen Armee sind heute Morgen runter und haben ihn hochgeholt. Muss ein schrecklicher Anblick gewesen sein. Die anderen sind alle in unserem Haus untergebracht. Mia, Lars Willmann und Max Krause sowie Strindberg, der sowieso schon die ganze Zeit bei uns wohnt. Eurem komischen Professor und seiner Assistentin war es hier nicht fein genug. Die haben sich in Salla eine komfortablere Bleibe gesucht. All inclusive, wenn du verstehst, was ich meine. Ist auch besser so, es wäre sonst ziemlich eng geworden.«

»Wie ist Lew gestorben?« Alex spürte erst jetzt, wie kaputt er noch war.

»Lew ist gestorben, wie ein Kampftaucher bei seinem letzten Einsatz eben stirbt. Er hat die Pressluftflasche leer geatmet und dann einen letzten Atemzug genommen. Seine Lungen waren voller Wasser.«

Alex hatte Tränen in den Augen und wollte etwas erwidern, aber er brachte keinen Ton heraus.

»Sag nichts«, tröstete ihn Anna. »Du hast keine Schuld an seinem Tod. Was hättest du tun sollen? Er wollte es so, um wenigstens dich zu retten. Er wusste, dass es für ihn keine Rettung gab. Er war ein erfahrener Taucher und auf so einen Tod vorbereitet. Ihm ist in seinen letzten Minuten bewusst geworden, dass du niemals ohne ihn aufsteigen würdest. Deshalb hat er deinen Atemregler abgeschnitten. Das Messer hatte er übrigens noch in der Hand, als man ihn fand. Er hat den Tod eines Kampftauchers gewählt. Mit dem Messer hätte er auch für einen schnelleren Abgang sorgen können.«

»Wahrscheinlich hast du recht, aber ich hätte ihn niemals alleine lassen dürfen.«

»Du hast ihn alleine gelassen?«

Alex erzählte ihr von seinem Ausflug unter den seltsamen Organismus und von den toten Tieren, die dort offensichtlich als Nahrung dienten.

»Aber dann hast du ihn alleine gelassen, um ihn nicht in Gefahr zu bringen. Dir hätte dort unten das Gleiche passieren können. Außerdem war er für sich selbst verantwortlich!«

Alex war aufgewühlt und sagte nur: »Was war das bloß für ein Ding? Das war ein Albtraum. Haben die Taucher es gesehen?«

»Sie haben es mit mehreren Seeminen gesprengt, weil es so aussah, als ob es Lew absichtlich angegriffen hätte. Außerdem wurden sie selbst auch angegriffen.«

»Sie haben keine Proben von dem Organismus genommen, oder?«

»Nein, daran haben sie wohl nicht gedacht. Es waren Soldaten und keine Wissenschaftler. Aber wir haben Proben. Der Rest des Fangarmes, den du von dir losgeschnitten hast, war noch um deinen Unterschenkel gewickelt, und an Lews Leiche hing auch noch so allerhand Zeug.«

»Sie hätten es nicht sprengen dürfen. Wir hätten das Ding noch gründlicher untersuchen müssen. Ich hab so was vorher noch nie gesehen.« Alex setzte sich auf und machte Anstalten, das Bett zu verlassen.

Anna schob ihn sanft zurück. »Du bleibst liegen und ruhst dich aus!«, sagte sie in einem Ton, der keinen Widerspruch duldete. »Der Arzt sagt, du hättest großes Glück gehabt. Jemand mit einer weniger guten Konstitution wäre wahrscheinlich an einem Barotrauma der Lunge gestorben oder hätte zumindest in eine Druckkammer gehört.«

»Wieso bin ich eigentlich hier bei euch und nicht im Krankenhaus?«

Anna schaute betroffen, als sie sagte: »Die finnische Luftwaffe hat gestern begonnen, mit gezielten Brandbombenabwürfen den kranken Wald zu vernichten. Leider war ein Bombardement nicht gezielt genug. Sie haben einen kleinen Ort im Norden dem Boden gleich gemacht. Es gab dutzende Tote. Männer, Frauen und Kinder, außerdem haufenweise Opfer mit schwersten Verbrennungen, die in den umliegenden Krankenhäusern so gut es eben geht versorgt werden müssen. In Finnland herrscht Krieg gegen eine verheerende Seuche, und das waren die ersten Kollateralschäden.«

»Mein Gott, wie furchtbar! Wie schreitet die Seuche voran?«

Anna nahm seine Hand in die ihre und sagte dann: »Es reicht jetzt. Du musst ruhen! Schlaf noch ein paar Stunden, dann können wir heute Abend alle zusammen eine Krisensitzung in der Küche halten, unserem Hauptquartier hier, und du erfährst alles Weitere und kannst uns deine Erlebnisse unter Wasser schildern.«

Alex hätte ihre Hand am liebsten festgehalten, als sie aufstand, um das Zimmer zu verlassen. An der Tür drehte sie sich noch einmal um und lächelte ihn an. »Ich freue mich, dass du hier bei uns bist.« Dann zog sie leise die Tür ins Schloss, und Alex fielen sofort wieder die Augen zu. Ihr Duft schwebte noch in dem Zimmer, während er einschlief. Er träumte von einer großen, dunkelhaarigen Frau mit grünen Augen, die ihn an die Hand nahm und aus der Tiefe des Sees nach oben ins Licht zog.

Nun saßen sie schon wieder zusammen in der Küche. Die Konstellation der Gruppe hatte sich geändert, aber nicht der Grund ihrer Zusammenkunft. Außer Anna und Mikka saßen hier noch Lukas Strindberg und die Neuankömmlinge Mia, Alex, Lars Willmann und Max Krause. Außerdem hatte Toni sich zu ihnen gesellt, der als Entdecker der Seuche großes Interesse am weiteren Verlauf der Infektion hatte, selbst aber an kein gutes Ende mehr glauben konnte. Keine gute Perspektive für einen Vierzehnjährigen, wie Mia und Anna sich in einem gemeinsamen Gespräch über ihn einig wurden. Dabei erwähnte Mia auch, dass ihr heute Morgen zum wiederholten Male übel gewesen wäre. Anna hatte nur gelacht und gesagt, dass sie diese Übelkeit bisher dreimal in ihrem Leben verspürt hatte und es für Mia an der Zeit für einen Schwangerschaftstest sei.

Auf den Gedanken war sie selbst noch nicht gekommen, und Mia nahm sich vor, in Deutschland gleich einen Gynäkologen aufzusuchen. Der Rest des Gespräches hatte sich dann um ihren Freund Simone gedreht und darum, wie Kinder das eigene Leben verändern und auch bereichern würden.

Alex war irgendwann ausgeruht in dem dunklen Zimmer wach geworden und hatte sich auf die Suche nach der Küche gemacht, in der Hoffnung, dort die anderen zu treffen. Vor allem aber wollte er Anna wiedersehen.

Als er den hell erleuchteten Raum mit zusammen gekniffenen Augen betrat, wurde er von allen mit einem großen Halali begrüßt. Man schob ihn auf die Bank zwischen Strindberg und Mia und drückte ihm ein großes Glas Rotwein in die Hand. Gegenüber saßen Mikka und Anna. Alex wusste sofort, dass Anna Mikkas Frau war, und war sehr verunsichert, als sie ihn anstrahlte, während Mikka ihn begrüßte. Alex hatte früh gelernt, die Zeichen einer Frau zu deuten. Er war mit seinem Aussehen schon immer sehr begehrt gewesen in der Frauenwelt. Die meisten standen nun mal auf blonde Hünen mit dem Körper eines Athleten. In Annas Lächeln lag mehr als pure Freundlichkeit einem Fremden gegenüber. Das hatte er sofort begriffen und war froh darüber, dass es augenscheinlich keinem anderen aufgefallen war.

Draußen hatte es angefangen zu schneien. Das skandinavische Hoch über Finnland war von einem Tiefdruckgebiet verdrängt worden.

Strindberg war sehr gespannt auf Alex' Erzählung über seine Erlebnisse und forderte ihn auf, von dem Ding unter Wasser genau zu berichten. Bisher kannten sie nur zusammenhangslose Details aus den wortkargen Meldungen der Armeetaucher, die offensichtlich nicht über profunde biologische Kenntnisse verfügten.

Alex begann seinen Bericht mit ihrem Abtauchen im klaren Wasser und erzählte von den aufsteigenden Gasblasen, was Toni sofort bestätigen konnte. Auch er hatte an dem Tag, als Pajula gefunden wurde, Gasblasen aus der Tiefe aufsteigen sehen. Alex erzählte, wie sich das Wasser mit zunehmender Tiefe immer mehr trübte und sie die Unterwasserlampen angeschaltet hatten. Dann hatten sie plötzlich unter sich die große schüsselförmige Struktur aus dem getrübten Wasser auftauchen sehen. Mia fragte nach der Größe des Objekts, und Alex sagte, er könne nur schätzen, weil im Wasser alles größer erscheint. Vielleicht fünf bis sieben Meter im Durchmesser. »Wie gesagt, so was habe ich noch nie gesehen. Es sah aus, als ob da unten ein Pflanzenkonglomerat aus verschiedenen höheren Wasserpflanzen vernetzt worden ist. Ich konnte ganz deutlich eine Spezialisierung der einzelnen Teile erkennen – eigentlich muss man fast schon von Organen mit hoher Zelldifferenzierung sprechen. Es gab eine weißlich glänzende, das Licht unserer Strahler stark reflektierende Oberfläche. Lew und ich haben sie näher in Augenschein genommen. Sie war irgendwie aus sechseckigen Strukturen zusammengesetzt, die ein bisschen wie Bienenwaben aussahen. Es erinnerte mich an das Perlmutt der Muscheln. Es war aber nicht glatt, sondern hatte eine leicht aufgeraute Oberflächenbeschaffenheit. An der tiefsten Stelle der Schüssel entsprang etwas baumähnliches, metallisch Glänzendes. Ich meine, es war verzweigt wie ein Baum, aber viel kantiger, nicht mit organischen Rundungen versehen wie Pflanzen. Aber das war noch nicht alles. Am Rand sah es aus, als wäre das runde Ding noch nicht fertig und würde dort in alle Richtungen weiterwachsen. Da waren pflanzenartige Stränge – die erinnerten ein bisschen an Braunalgen-Tang,hätte auch Seegras sein können – regelrecht zu der festen Struktur des weißen Diskus verwoben worden. Sah aus, wie die nicht vollendete Arbeit an einem Webstuhl.«

Strindberg mischte sich neugierig ein: »Wie tief wart ihr da?«

»Das war fast auf dem Grund des Sees, vielleicht vierzig Meter tief, aber das Schlimmste war unter der Scheibe.«

»Was hast du da gesehen?«, fragte Max Krause.

»Auf jeden Fall war dort der Ursprung der Blasen. Das konnte ich sofort erkennen. Deshalb habe ich Lew ein Zeichen gegeben, am Rand zu warten, während ich weiter abgetaucht bin. Ich dachte, es könnte gefährlich werden und es wäre besser, wenn sich nur einer der Gefahr aussetzt. Wie sich herausgestellt hat, war das ein großer Fehler.« Alex schaute betroffen in die Runde.

Mikka sprach aus, was alle dachten: »Völliger Quatsch! Du hast in diesem Moment bei der Gefahrenlage richtig gehandelt. Du konntest doch nicht ahnen, was auf dich zukommen würde, und nachher ist man immer schlauer.«

»Genau«, pflichtete ihm Strindberg bei. »Wir alle hier hätten situativ bedingt genau so gehandelt. Und viel mehr, als du zu dem Zeitpunkt gewusst hast, wissen wir bis jetzt auch noch nicht, aber erzähl bitte weiter.«

»Ich habe mir dann einen Weg durch diese lappenartigen Stränge gebahnt und bin weiter abgetaucht. Unter dem Ding war es dunkel, und ich habe mit meinem Strahler den Zwischenraum ausgeleuchtet.« Alex machte eine kurze dramaturgische Pause, die anderen schauten ihn hoch konzentriert an. »Das, was ich dann sehen konnte, war abscheulich. Unter der Scheibe waren hunderte, wenn nicht sogar tausende Organismen des Sees von Fangarmen umklammert, und es sah aus, als würden sie dort verdaut. Das Ding muss sämtliche Fische des Sees erwischt haben, außerdem waren da noch andere Tiere.« Alex schauderte bei der lebhaften Erinnerung und fuhr fort: »Ich habe auch größere Wirbeltiere gesehen und viele Amphibien. Das Ding muss sehr großen Hunger gehabt haben. Ich meine, wie kam dieses Scheißding an all die Tiere? Ich habe im

Bett darüber nachgedacht. Es muss sie mit Lockstoffen, vielleicht Pheromonen, angelockt haben. Echt man! Wie kommen sonst die ganzen Tiere in die Fangarme eines Räubers? Da waren Fischotter und Bisamratten in vierzig Meter Wassertiefe!«

»Das passt zu allem, was wir bisher herausgefunden haben«, übernahm Strindberg die Diskussion. »Die Pflanzen werden von irgendetwas manipuliert und geben ihren autotrophen Stoffwechsel, die Fotosynthese, auf und ernähren sich von organischen Nährstoffen. An Land verschwenden sie ihre Speicherstoffe für eine überflüssige Wärmeerzeugung, anstatt sie für ihren Stoffwechsel zu nutzen. Dabei missbrauchen sie Pilze, um an mehr Nährstoffe zu kommen. Ich meine, den armen Igor Pajula und die Tierkadaver habe ich einem Teil von euch gestern gezeigt. Im Wasser scheinen sie die gleiche Strategie zu verfolgen.«

»Nein! Im Wasser scheinen die Pflanzen diese Strategie zu perfektionieren«, rief Alex aufgebracht.

»Wie meinst du das?«

»Ich meine, unter Wasser haben sie unter Ausbildung von Organen und einhergehend mit hoher Zelldifferenzierung einen Superorganismus gebildet, der offensichtlich in der Lage war, sich die Nahrung aktiv zu besorgen. Ob über Lockstoffe und Pheromone, sei dahingestellt. Das wissen wir nicht, aber das Ding hat gejagt! Die Landpflanzen werden in Ermangelung von Nährstoffen irgendwann zwangsläufig eingehen, da bin ich sicher, aber im Wasser kann das ...« Alex rang nach Worten und schaute dabei Anna an.

Max Krause sprang schließlich ein: »Der Prädator?«

»Ja, genau! So verhält es sich, wie ein Räuber! Nachdem, was ich gestern da unten gesehen habe, kann das Ding im Wasser praktisch unbegrenzt organische Nährstoffe erschließen und leben. Und es kann wachsen. Das hat es offensichtlich auch getan.«

Mia schaltete sich ein: »Aber wenn es die Nährstoffe im See aufgebraucht hat, ist doch auch Schluss!«

»Im See sind dem Ding Grenzen gesetzt, das stimmt. Aber es gibt aquatische Ökosysteme, die praktisch unbegrenzt Nährstoffe zur Verfügung stellen.«

Alex hatte damit das Vorstellungsvermögen seiner Zuhörer zu sehr strapaziert, und in die nun folgende Sprachlosigkeit platzte schließlich Lukas Strindberg: »Du meinst die Ozeane, richtig?« Strindbergs Intellekt war wieder mal der schnellste.

»Das meine ich. Das Ding hat sich bewegt, ich hab's gesehen, und wenn es in marinen Ökosystemen überlebensfähig ist, dann hat es dort ungeahnte Möglichkeiten.«

»Wie bewegt? Du meinst die Fangarme?«, fragte Mia erstaunt, während Anna, Toni, Mikka, Lars Willmann und Max Krause der Unterhaltung nur noch passiv und mit vor Verwunderung geweiteten Augen folgen konnten.

»Nein! Ich habe es noch nicht erwähnt. Der Rand der Scheibe schien sich koordiniert zu bewegen. Es sah fast aus, als würde sich dort eine membranartige Struktur ausbilden, in der sich Wellenbewegungen um den Diskus bildeten. In etwa wie der Flossensaum einer Sepia. Es sah noch nicht besonders gekonnt aus, nicht koordiniert genug für eine freie Ortsbewegung, aber wer weiß, was passiert wäre, wenn das Ding mehr Zeit gehabt hätte.«

»Okay, okay, das kann auch andere Gründe gehabt haben. Wasserströmungen oder die Gasblasen, die übrigens gut in unsere Theorie der heterotrophen Atmung passen. Das müsste Kohlendioxid gewesen sein, wenn dieses Ding wirklich organische Nährstoffe verbrannt hat. Ähnlich wie bei dem Baum, den ihr verpackt habt«, sagte Mia perplex an Strindberg gewandt. »Der hat doch auch $CO_2$ aus der Atmung freigesetzt.«

»Ja, das habe ich auch schon gedacht. Aber was macht das alles für einen Sinn?« Selbst Strindberg war jetzt intellektuell überfordert.

Alex dachte nun sehr pragmatisch und biologisch. »Die Frage nach dem Sinn stellt sich so nicht. Welchen Sinn haben Viren oder Parasiten? Auf den ersten Blick keinen. Sie Leben auf Kosten ihrer Wirte. Manchmal so lange, bis der Wirt zugrunde geht und sie mit in den Tod reißt. Das ergibt keinen Sinn. Es geht nur ums Leben, koste es, was es wolle. Die Natur funktioniert nicht so. Sie fragt nicht immer nach dem Sinn. Ich bin eigentlich davon überzeugt, dass sie das nie tut. Die Natur ist sozusagen von Natur aus die größte Massenmörderin überhaupt. Das Ding da unten war eine neue, uns unbekannte Lebensform, die sich auf irgendeine Weise aus den schon vorhandenen pflanzlichen – oder sollte ich besser sagen: biologischen – Bausteinen gebildet haben muss. Vielleicht eine Mutation, die Zellen von Lebewesen verändert und über eine neue Zelldifferenzierung zu etwas gänzlich Neuem zusammenfügt. Ich hoffe, die wenigen Proben, die wir haben, sind im Labor eines tüchtigen Biologen gelandet.«

Strindberg schaltete sich noch mal in die Diskussion: »Das hört sich sehr apokalyptisch an, aber wir müssen weg von der Worst-Case-Betrachtung und wieder zu den Tatsachen kommen. Die Proben werden natürlich längst im Labor untersucht. Auch von tüchtigen Biologen, wie ich meine. Eins ist aber klar! Irgendetwas manipuliert das Genom von Pflanzen. Ich hatte es schon erwähnt. Es scheint, als würden nicht codierende DNS-Abschnitte bei den Fichten gelesen. Wir können das aber noch nicht für alle befallenen Pflanzen verallgemeinern. Das muss noch untersucht werden. Die Informationen aus den Introns scheinen, ähnlich wie bei normalen Genen, in Eiweiße übersetzt zu werden. Dabei wird ein völlig neuer Stoffwechsel realisiert und es werden Eiweiße in den Zellen synthetisiert, die es bis dato gar nicht gegeben hat. Wie kann zum Beispiel ein Pilz so schnell tierische Eiweiße und Fette verdauen, besser gesagt, enzymatisch so effektiv zerlegen? Woher hat er die enzymatische Ausstattung? Wie können Pflanzen plötzlich Wärme erzeugen, und was ist da unter Wasser passiert? Da müssen wir ansetzen.«

Mia fiel noch etwas ein. »Offensichtlich hat dieses Ding im See auch so viel Wärme erzeugen können, dass es förmlich ein Loch ins Eis gebrannt hat. Dafür benötigt man einiges an Energie. Das Wasser in vierzig Meter Tiefe dürfte nicht mehr als vier Grad haben. Wasser hat bei dieser Temperatur die größte Dichte, sinkt ab und sammelt sich am Grund des Sees. Jetzt muss dieser Organismus in vierzig Meter Tiefe soviel Wärme abgegeben haben, dass das ihn umgebende Wasser wärmer als vier Grad wird. Es steigt dann mit geringerer Dichte wieder auf, um an der Oberfläche das Eis zu schmelzen. Dafür braucht das Ding schon ein paar Kilokalorien. Vielleicht hatte es deshalb so einen Appetit auf Fisch.« Mia musste über ihre eigenen Worte lachen.

»Nicht nur Fisch!«, fügte Alex hinzu und nahm Strindbergs Gedankengang noch mal auf. »Ich habe es gestern ja schon gesagt. Wir dürfen nicht nur nach einem Erreger suchen, sondern wir sollten auch mit dem Gedanken spielen, die Sache von der anderen Seite zu betrachten. Untersucht die Biochemie der Pflanzen auf Fremdstoffe wie Eiweiße und Enzyme, die es bis dato im Stoffwechsel der Pflanzen nicht gab, und lasst uns dann nach den Erbinformationen suchen. Vielleicht finden wir in dieser molekulargenetischen Kaskade eine Schwachstelle.«

Strindberg stimmte ihm zu. »Das denke ich auch. Das scheint ein richtiger Weg zu sein. Aber wir werden die Untersuchungen weiterhin in alle Richtungen vorantreiben müssen.«

»Es gibt auch noch Anomalien, über die wir noch nicht gesprochen haben«, meldete sich Mia zu Wort. »Wie ihr wisst, war das Telefonnetz am See gestört, wenn nicht vollständig außer Betrieb. Ich habe meinen Kompass benutzt, um zu sehen, ob es dort irgendwelche elektromagnetischen Störfelder gibt. Alex und Toni haben es gestern gesehen. Der Kompass hat am See vollständig versagt. Ich habe so was in dieser Form bisher nur in der Nähe von Hochspannungsanlagen oder starken Sendern gesehen. Heute, nach der Sprengung dieses komischen Dings, war plötzlich wieder alles normal. Da muss also ein Zusammenhang bestanden haben.«

Alex erinnerte sich: »Richtig, ich habe auch gesehen, wie die Nadel völlig verrückt gespielt hat. Das hätte genauer untersucht werden müssen, aber leider hatte das Militär den Finger am Abzug. Wie kam es zu diesen elektromagnetischen Anomalien? Ich kenne keinen Organismus, der elektromagnetische Felder erzeugen kann, die solche Effekte hervorrufen.«

»Es gibt aber schon Tiere, die Strom erzeugen können. Ich denke da an Zitterrochen, die starke Stromschläge abgeben können, und an aktive elektrische Orientierung, die im Tierreich weit verbreitet ist«, führte Anna aus.

Alex lachte sie an, und während er anfing zu reden, schoss ihm der Verdacht durch den Kopf, dass sich zwischen ihm und ihr auch ein Kraftfeld aufbaute. »Ja klar, das ist richtig, aber das sind schwache elektrische Felder um die Tiere herum, die keine Kompassnadel verrückt spielen lassen oder gar ein Handynetz stören.«

Aus Mia platzte es nur so heraus: »Aber zwischen dem Organismus und dem Feld *muss* ein Zusammenhang bestanden haben. Meine Güte, wir haben doch gesehen, wie die Nadel sich gedreht hat. Der Handyempfang war bei euch allen total gestört. Und dann sprengen sie das Ding und zack: Alles ist wieder normal. Mir kann keiner erzählen, dass das ein Zufall war. Wie auch immer, Alex, ich habe eben noch mal über das nachgedacht, was du zu dem Sinn gesagt hast, dass die Natur nicht sinnvoll vorgehe und kein Ziel verfolge. Nun, ich bin Physikerin und kein Biologe wie fast alle anderen hier. Ich habe da wahrscheinlich eine etwas andere Sicht der Dinge und kann deshalb nicht so einfach zustimmen. Einstein hat schon gesagt, Gott würfele nicht, und obwohl ich es mit Gott nicht so habe, stimme ich ihm auf dem Gebiet der Physik grundlegend zu. Aber auch in der Natur wird nicht nur gewürfelt. Immerhin hat die Biologie auf diesem Planeten jede nur erdenkliche ökologische Nische mit einem Organismus besetzt. Die Evolution ist vielleicht nicht zielgerichtet, aber sie macht Sinn. Und dieser Organismus im See? Ist der auch für eine Nische konzipiert oder ist er nur ein seltsamer Zufall im Spiel von Mutation und Selektion? Das ist es, was ich nicht glauben kann. An Land führt diese Anomalie, diese Krankheit, ihr habt es selbst gesagt, in eine Sackgasse. Aber im Wasser scheint die evolutionäre Strategie besser zu funktionieren. Was ich meine, ist, wir sollten dieses Ding im See nicht unterbewerten und aus dem Auge verlieren. Ich habe ein ungutes Gefühl, wenn ich mir vorstelle, dass es für eine ökologische Nische auf unserem Planeten vorgesehen ist. Wie soll die denn aussehen? Und wenn ich mir überlege, dass seine Entwicklung, seine Metamorphose einen Sinn hat, vielleicht sogar ein Ziel, dann wird mir angst und bange. Was ich auch nicht verstehe, ist, warum dieses Ding so groß war und das Eis des Sees zum Schmelzen gebracht hat. Das macht nämlich in Bezug auf seinen Lebensraum wirklich keinen Sinn. Dort wäre es eingegangen. Der See war ja schon fast leergefischt. Wenn man Hunger hat, warum macht man dann noch Löcher ins Eis? Nach allem, was wir hier gesagt und gehört haben, muss man davon ausgehen, dass der Organismus für eine größere Aufgabe vorgesehen ist. Vielleicht für ein größeres Biotop, wie Alex eben angedeutet hat?«

»Rätsel über Rätsel«, konstatierte Strindberg und versuchte Mia zu beruhigen, die sich regelrecht in Rage geredet hatte. »Ich hoffe nur, dass wir nicht an anderer Stelle eine zweite Gelegenheit bekommen, die gestrigen Vorgänge noch mal untersuchen zu müssen. Ich werde gleich morgen mit der Führung der Armee reden. Man sollte wirklich andere Gewässer im Bereich der Infektion einer genauen Untersuchung unterziehen.« Strindberg stockte in seiner Ausführung und holte ein vibrierendes Handy aus der Tasche. Das Telefonat dauerte höchstens drei Minuten. Alle Anwesenden hörten gespannt und in der Hoffnung auf gute Nachrichten zu. Aus den Gesprächsfetzen ergab sich aber kein genaues Bild, sodass alle das Ende abwarten mussten.

Während er noch redete, schenkte Anna allen Wein nach. Als sie sich über Alex beugte und er den Geruch ihrer langen Haare wahrnahm, fühlte er sich wieder wie vor ein paar Stunden in dem kleinen Zimmer. Dabei berührte sie flüchtig und wie zufällig seinen Arm, was ihn elektrisierte.

»Schlechte Nachrichten.«

Strindbergs Worte holten Alex wieder auf den Boden der Tatsachen zurück.

»Im Labor machen sie keine Fortschritte. Sie tappen immer noch im Dunkeln. Aber schlimmer noch ist eine Nachricht aus dem Süden Skandinaviens. Man hat dort erkrankte Pflanzen gefunden, die bisher noch nicht in das Muster der Infektion passten: immergrüne Laubpflanzen. Bisher konnten wir Infektionen nur bei Koniferen und einigen niederen Pflanzen nachweisen. Die Krankheit hat die Schwelle zu den Laubpflanzen überschritten.«

Anna, die bei ihrer letzten Zusammenkunft vor nur sieben Tagen dieses Horrorszenario und die möglichen weiteren Konsequenzen schon angedeutet hatte, war wie paralysiert. »Was für Pflanzen?«, brach es aus ihr heraus.

»Efeu in Südschweden und die Orchideen einer Schriftstellerin in Uppsala, die anscheinend verstorben ist. Außerdem Lappland - Alpenrosen und einige Buchsbaumhecken.«

»Ich hab's euch doch gesagt! Und jetzt? Was passiert in einigen Monaten, wenn es Frühling wird? Orchideen sind übrigens einkeimblättrige Pflanzen, wie unsere Gräser und unser Getreide.« Anna stand auf und verließ den Raum, dicht gefolgt von Toni, dem dieser Gedanke neu war und der die möglichen Folgen noch nicht überblickte.

Mikka war völlig am Boden und schaute von einem zum anderen. »Sie hat es wirklich geahnt. Diese verdammte Seuche hat meinen gesamten Wald in knapp zwei Wochen vernichtet und breitet sich wie ein Lauffeuer in Skandinavien, was sage ich, in Europa aus! Mia hat mir vorhin die neuen Zahlen genannt. Mittlerweile sind es über zweihundert Quadratkilometer an erkranktem Wald. Jetzt müssen wir praktisch nur noch warten, bis es Frühling wird. Die Krankheit hat sich bis dahin an den Nadelwäldern gütlich getan und wird sich dann an den Laubwäldern vollfressen, und wenn das auch nicht mehr reicht, um ihren Appetit zu stillen, dann muss der Rest dran glauben: unsere landwirtschaftlichen Flächen. Sie hat es schon gesagt ...« Mikka stand mit zitternden Händen ebenfalls vom Tisch auf, seine Lippen bebten. »Dann wird ein Massenelend ausbrechen.« Während er aus der Küche lief, hörte man ihn noch rufen: »Wir werden alle verrecken!«

Die fünf in der Küche schauten sich betreten an, und keiner wusste etwas hinzuzufügen. Mikkas emotionaler Ausbruch hatte ihnen die Augen vor dem scheinbar Unausweichlichen geöffnet.

Nach einiger Zeit betroffenen Schweigens flüsterte Lars Willmann mit gesenktem Kopf: »Das darf nicht passieren!«

Lukas Strindberg erwachte ebenfalls aus seiner katatonischen Starre. »Hoffentlich behält er nicht recht. Die Infektion ist jetzt endgültig auch in der europäischen Presse angekommen. Die Schlagzeilen überschlagen sich, und es ist nur eine Frage der Zeit, bis man sich andernorts die gleichen Gedanken macht und die gleichen Schlüsse ziehen wird. Dann wird Panik ausbrechen, und wohin das führen kann, wissen wir alle. Was ich ebenfalls am Telefon erfahren und bis jetzt verschwiegen habe: Die Amerikaner haben den Flugverkehr nach Europa eingestellt und lassen auch kein Flugzeug aus Europa in ihren Luftraum. Außerdem haben die Amis sämtlichen Schiffsverkehr über den Atlantik eingestellt, und US-Kriegsschiffe sichern zurzeit das amerikanische Hoheitsgebiet. Andere Länder aus Übersee denken über ähnliche Maßnahmen nach.«

Max Krause schaute verwirrt in die Runde und wunderte sich: »Warum ergreifen die Amerikaner so drastische Maßnahmen?«

Lars Willmann schaute seinen Kollegen verwundert an. »Hast du es noch nicht begriffen? Die Pflanzeninfektion verbreitet sich mit exponentieller Geschwindigkeit in Europa, und weder Erreger noch Ausbreitungswege sind bekannt. Sehr wahrscheinlich ist aber eine Ausbreitung über den Luftweg. Wir wissen einfach nichts und sind momentan nur Statisten, die live an einem möglichen Endzeitszenario beteiligt sind – an der Apokalypse. Mensch Krause! Die Amis verfolgen die europäische Medienlandschaft, hören jedes Telefon in Europa ab, und deinen E-Mail-Account haben die schon lange geknackt. Die wissen, was hier los ist, und Satelliten haben die auch.«

»Er hat recht.« Alex war der gleichen Meinung. »Wir würden auch unsere Grenzen dichtmachen, um uns vor so einer Gefahr zu schützen. Die Amis machen es sich jetzt in ihrem Land gemütlich, schauen zu, wie es hier weitergeht und was Europa jetzt macht.«

»Die Nächsten werden die Kanadier sein.« Strindberg sah in die müden Gesichter der Männer. »Lasst uns schlafen gehen, wir sollten morgen unsere Sinne beieinanderhaben.«

Die anderen stimmten ihm zu, und sie verließen die Küche, um in den Gästezimmern schnell in einen traumlosen Schlaf zu fallen. Außer Alex, den im Traum Lews Antlitz quälte. Er sah den alten russischen Kampftaucher mit herausquellenden Augen, wassergefüllten Lungen und mit im Todeskampf verkrampftem Körper in dem ausgefransten Rand des Organismus schweben. Aus seinem Mund schlängelte eine blau-violette Zunge, die wie ein Fangarm nach Alex griff, um ihn in die Tiefe zu ziehen. In der linken Hand hielt er das Messer, in der rechten den nutzlos gewordenen Lungenautomaten.

Strindberg erwachte mitten in der Nacht von einem Geräusch aus der unteren Etage des Hauses. In den beiden anderen Betten des Gästezimmers hörte er Krause, der im Schlaf leise und undeutlich vor sich hinmurmelte, und Willmann, der im tiefen Schlaf leicht schnarchte. Im Zimmer war es stockdunkel, und Strindberg lauschte angestrengt in die Finsternis. Er dachte, dass wahrscheinlich nur der Hund in der Küche was zu fressen gesucht hatte, als er schon wieder ein Geräusch hörte.

Jemand hatte quietschend eine Tür geöffnet und verließ das Haus durch den Vordereingang. Strindberg vernahm, wie sich die Schritte vom Haus entfernten und dann, wie die Tür eines Schuppens leise geöffnet und wieder ins Schloss gezogen wurde. Er war fast wieder eingeschlafen, als ihn ein lauter Knall hochschrecken ließ.

Sofort waren auch Krause und Willmann wach und saßen kerzengerade in ihren Betten. Krause hatte seine Nachttischlampe angeschaltet und sagte mit noch verschlafenen Augen: »Wer hat da geschossen?«

Jetzt erst fiel es Strindberg wie Schuppen von den Augen, und er katapultierte sich aus seinem Bett, schlüpfte in seine Hose und rannte, noch während er sie zuknöpfte, aus dem Zimmer. Die beiden anderen schauten sich an und sprangen dann auch aus ihren Betten, um ihm zu folgen.

Strindberg rannte aus dem Haus auf den Schuppen zu, dicht gefolgt von Krause und Willmann. Dicke Schneeflocken tänzelten noch vereinzelt in einer leichten Brise. Er erreichte die Schuppentür als Erster und wollte sie öffnen. Sie war verschlossen und im Innern brannte kein Licht. Hinter sich im Haus konnte er jetzt noch mehr Geräusch hören. Er drehte sich um und sah, dass dort mehrere Zimmer hell erleuchtet waren. Offensichtlich waren auch die anderen von dem Knall geweckt worden. Strindberg trat mit einem gezielten Tritt gegen das Schloss der Tür. Sie gab sofort nach und sprang auf. Im Innern des Schuppens konnte er die Hand nicht vor Augen sehen und suchte tastend den Lichtschalter. Alles, was er in der Dunkelheit wahrnahm, war ein beißender Geruch, den er nicht sofort einordnen konnte. Während er immer noch nach dem Schalter suchte, fiel ihm ein, was er da roch. Es stank nach Schwarzpulver und verbranntem Fleisch.

Plötzlich, er hatte den Schalter gefunden, wurde das Schuppeninnere hell erleuchtet. Strindberg brauchte einen kleinen Moment, um zu begreifen, was er dort sah. Auf dem Boden lagen zwei Beine, die in knöchelhohen Arbeitsschuhen steckten. Am anderen Ende der Beine lehnte ein Torso an der weiß gekalkten Wand, der in einer blutigen undefinierbaren Masse endete. Die beiden Arme lagen regungslos auf dem Mann. Mit der linken Hand umklammerte er noch die Schrotflinte, in deren Abzug ein Daumen baumelte, den der Rückstoß der Waffe beim Drücken des Auslösers abgerissen hatte. Die Schrotladung hatte den Kopf des Mannes mit allem, was darin war, über die weiße Wand verteilt, an der blutige Hirnklumpen langsam herunterrutschten. Überall hingen behaarte Hautfetzen, und man konnte auch Reste eines Auges und Schädelfragmente im Weiß der Wand ausmachen. Dazwischen sah Strindberg elfenbeinfarbene Brocken aus dem Kalkputz ragen, die er erst für abgebröckeltes Mauerwerk hielt. Der zweite Blick offenbarte ihm das ganze Grauen. Hier hatte der Treibsatz der Schrotpatrone einige Zähne des Selbstmörders in den Putz der Wand gesprenkelt. Den Kopf von Mikka, dessen Reste hier vor Strindberg lagen, hatte die Schrotladung regelrecht bersten lassen. Aus dem Torso ragte nur ein Stück der Halswirbelsäule mit einem Teil des Hinterkopfes.

Strindberg dreht sich weg und sah Willmann, der sich in einem Schwall übergab. Dabei kotzte er Krause voll, der auf dem Boden zusammengesunken war und nur noch wimmerte. Aus dem Haus sah er jetzt auch Anna kommen, gefolgt von den Kindern. Hinterher rannten Mia und Alex.

Strindberg tat das einzig Richtige. Er trat aus dem Schuppen, wobei er das Licht ausknipste, und zog die Tür hinter sich zu. Er musste unbedingt verhindern, dass die Kinder ihren Vater, oder besser das, was von ihm übrig war, so sahen.

Alex blieb auf dem Treppenabsatz stehen. Er schaute Strindberg aus der Distanz direkt in die Augen und nahm das leichte Kopfschütteln wahr, das ihm signalisieren sollte, es gäbe in dem Schuppen nichts mehr zu retten. Mit einem Schritt nahm er den Treppenabsatz, um Anna und die Kinder einzuholen. Dabei fiel sein Blick auf das Meer der Bäume hinter der an den Hof angrenzenden Rodungsfläche. Dort, wo gestern noch alles in unheilvollem Orange geleuchtet hatte, standen jetzt nur noch schneebedeckte Bäume, und die erbarmungslose, aber logische Schlussfolgerung ließ ihn kurz in seinem Bewegungsablauf innehalten. Heute Nacht hatte nicht nur Mikka sein Leben ausgehaucht. Heute Nacht waren auch die Bäume gestorben, und der Schnee hatte sich wie ein Leichentuch über die kalten, ausgezehrten, Holzskelette gelegt.

## 20. Februar, Finnland – Inarisee, nördliches Lappland

Die Hunde galoppierten gleichmäßig, und der Musher betätigte immer wieder die Krallenbremse des Schlittens, um die Zugleine unter Spannung zu halten. Ansonsten würden die Tiere Gefahr laufen, ineinander zu rennen und zu straucheln. Die neun Hunde waren allesamt Malamute und rannten paarweise links und rechts von der Zugleine hinter dem neunten, dem Leithund, her. Der war ein typischer Malamut mit einem Gewicht von fünfundvierzig Kilogramm und einer Widerristhöhe von annähernd siebzig Zentimetern, ein erfahrener Gespannführer. Mit seinem sehr gut entwickelten Orientierungssinn konnte er auch vor langer Zeit gelaufene Routen wiedererkennen.

Hentto war seit seiner frühsten Kindheit mit dem Hundeschlitten vertraut. Sein Vater hatte ihn zum Musher ausgebildet, und heute war er einer der erfahrensten Hundeschlittenlenker Lapplands. Die Tour sollte ihn heute bei minus fünfzehn Grad Celsius über den See führen. Insgesamt hatten sie eine Strecke von achtzig Kilometern zu bewältigen, die sie von Inari, am westlichen Zipfel des Sees, über das zugefrorene Eis nach Ivalo führen sollte. Zurück ging es dann in der eigenen Spur auf der gleichen Strecke. Das Gespann erreichte auf dem See eine durchschnittliche Geschwindigkeit von fünfundzwanzig km/h, und Hentto schätzte, dass sie für ihre Tour etwa drei Stunden brauchten. Für seine Hunde war das eigentlich nur ein kleiner Spaziergang, aber heute hatte er nicht mehr Zeit für das Training. Seine Mutter beging ihren fünfundsechzigsten Geburtstag, und für die Feierlichkeit war noch allerhand vorzubereiten.

Hentto trainierte für das alljährliche Hundeschlittenrennen Lapplands, das von Finnland aus über eine dreihundert Kilometer lange Strecke in der nordischen Tundra bis nach Schweden führte. Das Rennen war das größte im gesamten Polarkreis, und Hentto wollte den Wanderpokal als Vorjahressieger auf keinen Fall aus der Hand geben. An dem Wettbewerb hatten letztes Jahr noch Gespanne aus der gesamten Welt teilgenommen, die Konkurrenz war groß gewesen. Vor allem die Kanadier hatten ihm das Leben schwer gemacht und mit harten Bandagen um das Preisgeld gekämpft. Immerhin ein Betrag, der es Hentto erlaubt hatte, im vergangenen Jahr seinen Job als Holzfäller an den Nagel zu hängen und sich ganz dem Training der Hunde zu widmen.

Dieses Jahr würde das Feld der Hundeschlittengespanne kleiner ausfallen. Eigentlich nahmen nur noch Europäer teil. Der Rest der Welt konnte durch den Ausbruch der Infektion in den Wäldern Nordeuropas und der über Europa hängenden Quarantäne nicht einreisen, und Hentto hoffte, dass dadurch nicht auch das Preisgeld kleiner ausfallen würde. In den Nachrichten hatten sie heute Morgen von der Ausbreitung dieser seltsamen Pflanzenseuche berichtet. Es war mittlerweile von mehr als 650.000 Quadratkilometern infizierten Nadelwaldes die Rede. Die Infektion hatte sogar den Sprung über die Ostsee nach Dänemark geschafft und sich von dort über die Nordseeküste und deren Anrainerstaaten Holland und Belgien hergemacht. Auch von der anderen Seite des Ärmelkanals, aus England, hörte man die Schreckensnachricht von Infektionsnestern in bisher gesunden Pflanzenbeständen. In Irland wütete die Infektion aus unerfindlichen Gründen schon seit einigen Wochen.

Hentto wusste auch nicht, was er davon halten sollte, aber die Hoffnung starb zuletzt. Eine dem Menschen innewohnende, ureigene Haltung – die Zuversicht – ließ ihn, als Krone der Schöpfung, der sich die Natur untertan gemacht hatte, nicht vor der elementaren Bedrohung der großen Infektion resignieren. Menschen wie Hentto glaubten an die

Wissenschaft und den Fortschritt der Technik. Der Optimismus und der feste Glaube daran, dass sich alles zum Besseren kehren würde, ließ sie ihr Leben in den gewohnten Bahnen weiterleben.

Hentto fuhr seine Trainingsrunden nur noch über den Inarisee, da die Hunde hier nicht von den kranken und toten Bäumen irritiert wurden. Die den See umgebenden Kiefernwälder waren alle der Pflanzenseuche zum Opfer gefallen. Bei den letzten Runden im Wald war es immer wieder vorgekommen, dass die Hunde gescheut hatten, und das konnte für den Musher und auch die Tiere gefährlich werden. Eine kurze Unachtsamkeit, und man fiel vom Schlitten. Kein vernünftiger Musher band sich daran fest. Viel zu groß war die Gefahr, von dem durchgehenden Hundegespann kilometerweit mitgezogen zu werden, wenn man einmal runtergefallen war. Das endete für den Hundeschlittenführer oft tödlich. Die Strecke über den manchmal bis Juni zugefrorenen See war somit um einiges ungefährlicher und würde die Hunde auch besser an die baumlose Tundra des Polarkreises gewöhnen.

Hentto lenkte den Schlitten immer zur Mitte des zugefrorenen Sees, um den größtmöglichen Abstand zum Ufer oder einer der vielen Inseln zu haben, wo die kranken, absterbenden oder schon toten Pflanzen dicht an dicht standen.

Er genoss die Fahrt und den Wind, der ihm um die Nase blies. Gleichmäßig sah er die Atemfahnen seiner Hunde in der trockenen Kälte des Polarkreises aufsteigen und entspannte seinen Körper, da er nicht mehr viel zu tun hatte. Der Leithund hatte die Führung übernommen. Er kannte den Weg und sorgte als routinierter Schrittmacher für ein Hundegespann, das in völliger Harmonie lief und keine weiteren Befehle mehr benötigte.

Weit oben am Himmel kreiste ein Raubvogel auf der Suche nach Beute. Hentto konnte nicht erkennen, was für einer es war. In Gedanken versunken folgte er mit seinem Blick der Flugbahn des Vogels.

Urplötzlich machte der Schlitten einen starken Ruck nach rechts. Hentto konnte sich gerade noch festhalten und sein Gleichgewicht auf dem Schlitten stabilisieren, um sich in der sehr engen Rechtskurve, die das Gespann schlagartig einnahm, weit nach rechts aus dem Schlitten heraus zu hängen. Nur so konnte er verhindern, dass der Schlitten zur anderen Seite abdriftete und sich überschlug. Sein durch die vielen Jahre geprägter Instinkt hatte ihn automatisch das einzig Richtige tun lassen. Nachdem sich das Gespann wieder in einer stabilen Spur befand, zog er sich in die normale Position zurück, schaute auf der Suche nach einem Grund für den abrupten Richtungswechsel nach links und erstarrte für eine Sekunde. Der Schlitten raste mit den Hunden im Geschirr unmittelbar entlang einer Eiskante. Dahinter klaffte ein riesiges Loch, und er verdankte es wahrscheinlich nur seinem Leithund, dass sie jetzt nicht alle im eiskalten Wasser des Sees lagen. Das hätte für seine Hunde den sicheren Tod bedeutet, wenn sie im Geschirr gefangen und vom mit Trainingsgewichten beschwerten Schlitten nach unten gezogen worden wären. Er hätte es höchstwahrscheinlich auch nicht überlebt, auch wenn er sich aus dem Wasser hätte retten können – triefnass bis auf die Knochen bei minus fünfzehn Grad und einem immer mehr auffrischenden Wind.

Hentto lenkte das Gespann in einer leichten Kurve weg vom Rand des Loches und verstärkte dabei mit seinem Fuß den Druck auf die Kralle der Bremse, die sich immer stärker in das Eis fraß und den Schlitten endlich zum Stehen brachte. Er sprang ab und wandte sich zu dem Loch, das gestern noch nicht im Eis geklafft hatte. Es beschrieb einen perfekten Kreis, und Hentto setzte sich erst mal auf den Schlitten. Das war nicht das

Werk von Eisanglern, die zwar ein Loch ins Eis gebohrt hätten, aber keines mit einem Durchmesser von gut dreißig Metern. Die Ursache hierfür konnte er nicht entdecken, und völlig baff drehte er sich eine Zigarette und sog den Rauch ein, während er überlegte, was als Nächstes zu tun sei. Er griff nach seinem Handy, um den örtlichen Polizeichef, einen Freund seiner Mutter, zu informieren. Schließlich war er nicht der Einzige, der den zugefrorenen See als Verkehrsweg nutzte, und es war nur eine Frage der Zeit, bis der erste Motorschlitten im Wasser landen würde. Viele Schneemobilfahrer, meist Holzfäller oder Rentierzüchter, nutzten die Abkürzung und würden nicht von dem Instinkt eines Leithundes gewarnt werden.

Hentto wählte die Nummer. Er bekam aber auch nach mehreren Versuchen keine Verbindung zum Netz, das gestört zu sein schien. Die Hunde fingen plötzlich an, aufgeregt zu bellen, und das Rudel zog nervös an den Leinen des Geschirrs, wobei die Malamute wie gebannt in Richtung des Loches blickten. Den Grund für ihr Verhalten sah Hentto im Moment, als er sich umdrehte. Das Entenpaar in der Mitte der kreisrunden Wasserfläche nahm er jetzt erst wahr. Die beiden mussten gerade dort gelandet sein. Das Wasser war noch sehr unruhig. Von der Landung der Vögel, wie er annahm. Diese Art Enten hatte er noch nie vorher in der Region gesehen.

Von Norden näherte sich ein einmotoriges Wasserflugzeug mit anschwellendem Motorengeräusch und flog in einem weiten Bogen an Hentto vorbei. Der Pilot schien ihn und das Loch im See nicht wahrgenommen zu haben. Das Motorengeräusch erstarb langsam und wurde jäh von einem kurzen gluckernden, schmatzenden Geräusch unterbrochen, das nicht in die Kulisse passte, wie Hentto in dem Moment durch den Kopf schoss, als seine Meute vollends durchdrehte. Die Hunde zerrten wild kläffend, zum Teil die Zähne fletschend und knurrend im

Geschirr, als ob sie den Schlitten vom Eisrand wegzuziehen versuchten. Die Enten waren so plötzlich, wie sie erschienen waren, wieder verschwunden. Von der Stelle, wo sie vor Sekunden noch im Wasser schwammen, verliefen konzentrische Wellen zu den Rändern des Loches. Es sah aus, als habe man einen Stein hineingeworfen. Von den Vögeln keine Spur! Hentto drehte sich suchend im Kreis, konnte sie aber auch im weiteren Umfeld nicht ausmachen.

Während die Hunde den Schlitten mit jämmerlichen Gejaule, trotz der Krallenbremse im Eis, Zentimeter um Zentimeter vom Rand des Loches wegzogen, ging Hentto einige Schritte darauf zu und blickte über den Rand in das bodenlose Blau des Wassers. Aus der Tiefe konnte er Blasen aufsteigen sehen, und vage sah er etwas weiß aufblitzen. Unscharfes Rund mit verschwommenen Bewegungen. Groß schien es zu sein und an Größe zuzunehmen. Irgendetwas aus der Tiefe des Sees kam auf ihn zu, und er beschloss, den Rückzug anzutreten. Niemand außer seinem Leithund sah, wie das weiße Tentakel im Bruchteil einer Sekunde aus dem Wasser schoss, sich um Henttos Knöchel wickelte und ihn mit einem Ruck schmatzend unter Wasser zog.

Als die Hunde sich in sicherer Entfernung beruhigt hatten, war das Wasser noch leicht gekräuselt, und die Landschaft lag pittoresk und verträumt im Winterschlaf. Lediglich ein wenig mehr Blasen schienen aus der Tiefe wirbelnd herauf zu steigen.

## Teil 2

1. Mose – Kapitel 1

Und die Erde war wüst und leer, und es war finster auf der Tiefe.

Vor einigen Milliarden Jahren, der heiße Erdmantel war nach einem äonenlangen, infernalischen Bombardement aus dem Weltall ein magmatischer Brei geschmolzenen Gesteins, kühlte die Erde langsam ab. Der Wasserdampf in der Uratmosphäre konnte endlich kondensieren und auf der Erde für ein wirklich erbärmliches Sauwetter sorgen.

Der nun folgende Landregen wuchs zu einem beachtlichen, zehn Millionen Jahren andauernden Regenguss an, der die Erde weiter abkühlte und Teile der Erdoberfläche mit den Wassermassen der Urmeere bedeckte. Schließlich lagen die ersten namenlosen Kontinente unter einer unbarmherzigen Sonne, die mit ihrer ungefilterten ultravioletten Strahlung den trockenen, kargen und steinigen Fels in eine lebensfeindliche Ödnis verwandelte. Aber in der lichtlosen Tiefe der Ozeane gab es Orte mit einer unerschöpflichen Energiequelle, die mit ihren extremen Umweltbedingungen ideale Voraussetzungen für etwas grundlegend Neues in der Molekülsuppe der Meere boten. Nämlich dem sich hier entwickelnden, archetypischen Urprinzip, das man erst sehr viel später als »Leben« bezeichnen sollte und dem noch eine unglaubliche Karriere auf dem unwirtlichen, um die Sonne rasenden Felsbrocken bevorstand.

An den Bruchkanten der Kontinentalplatten, dort, wo der Vulkanismus die nukleare Hitze aus dem Erdinneren zu den hydrothermalen Feldern der Tiefsee brachte, entstanden Quellen, aus denen das über 400 Grad heiße mineralreiche Wasser herausschoss und im kalten Wasser des Meeres abgeschreckt wurde. Die dabei ausfallenden Mineralien bildeten eine schwarze Rauchfahne, die den »schwarzen Rauchern« ihren Namen gab, und sedimentierten zu den kegelförmigen Schornsteinen.

Es war nur noch eine Frage der Zeit, bis in dieser Umgebung ein autokatalytischer Prozess aus dem Zutatenmix der thermischen Energie und der anorganischen Mineralien etwas Organisches schuf. Erstes

Leben, das wuchs, Stoffwechsel betrieb, sich bewegte und vermehrte. Diese ersten einfachen Lebewesen schafften es, die Meere der noch ungastlichen und trostlosen Erde zu erobern.

Vor drei Milliarden Jahren beherrschte ein Vertreter einer ursprünglichen Bakterienabteilung die oberflächennahen, vom Sonnenlicht durchfluteten Wasserschichten der Ozeane. Das Wasser schützte als UV-Filter das noch junge Leben vor den tödlichen Strahlen der ebenfalls noch jungen Sonne. Diese Purpurbakterien machten ihrem Namen alle Ehre. Einem Besucher aus dem Weltall wäre unser Planet mit seinen von Myriaden Bakterien gefärbten Ozeanen als ein sattroter, fast violetter Farbklecks im Dunkel des Alls erschienen. Die Weltmeere schillerten purpurn.

Vielleicht ist es nur einem Zufall zu verdanken, dass die farbenfrohen Vertreter dieser Lebensform ihre territoriale Hoheit an einen neuen aufstrebenden Star in den Ozeanen des Planeten verloren. Einem Zufall, der verhinderte, dass heute alle Pflanzen in diesem Purpur die Welt anders aussehen lassen würden.

In etwas tieferen Wasserschichten unter den Bakterienmassen, in der noch durchlichteten Zone der Ozeane, schaffte es ein kleiner Konkurrent, die hier vorherrschenden grünen und blauen Lichtanteile, die von den Purpurbakterien verschmäht wurden, für einen Prozess zu verwenden, den man heute als Fotosynthese bezeichnet. Die Vertreter dieser Cyanobakterien nutzten einen weit größeren Anteil des Sonnenspektrums zur Energieumwandlung und erschienen aufgrund der Reflexion ihres Farbstoffes Chlorophyll überwiegend grün.

Als Gewinner aus dem Kampf hervorgegangen, sollte dieses Molekül wie ein Stern am Firmament aufgehen und unseren Planeten mit einem grünen Teppich überziehen. Die Evolution hatte sich im Übrigen für den richtigen Vertreter entschieden. Nämlich für den, der als Abfallprodukt des lichtfressenden Stoffwechselweges Sauerstoff erzeugte und die Atmosphäre langsam mit diesem Lebenselixier anreicherte. Weit oben in der Atmosphäre wurde dieses Gas vom Sonnenlicht zersetzt und in einer chemischen Reaktion zu einem neuen Stoff zusammengefügt. In Jahrmillionen reicherte sich das Ozon in der Stratosphäre an und bildete einen effektiven Schutzmantel vor der tödlichen UV-Strahlung, sodass quasi das Abfallprodukt aus den Meeren erst die Grundlage zur Eroberung der noch lebensfeindlichen Landmassen schuf.

Weitere Millionen von Jahren sollten noch vergehen, bis erste Organismen, den heutigen Pflanzen schon ähnlich, das Land eroberten. Zuerst mussten die Cyanobakterien und schließlich auch andere Pioniere wie Algen an den Küstenabschnitten der Ozeane im wahrsten Sinne des Wortes Boden gut machen. Einen Boden, der unserer Erde sehr viel später den Namen geben sollte und der sich als dünner, in Jahrmillionen durch absterbende Bakterien und Algen gebildeter Belag an den Küsten ablagerte. Dieses Substrat war der Wegbereiter für den Landgang der Pflanzen, die so dem in den Ozeanen geführten Konkurrenzkampf entkamen, bei dem sich auch die ersten Tiere die Bäuche mit Pflanzen vollschlugen. Zuerst waren es Vorfahren unserer Moose, die die Küstensäume grün färbten. Bis die Pflanzen nach weiteren Jahrmillionen immer höhere Stufen der Komplexität erklommen und Organe entwickelten: Wurzeln, um im Erdboden Halt zu finden und sich Wasser und Nährsalze mit Hilfe der damals schon vorhandenen Pilze zu erschließen. Einen durch Holz gefestigten Spross, um der Schwerkraft zu trotzen und der Sonne entgegenwachsen zu können. Und schließlich die Blätter, Sonnenkollektoren, die das Licht effektiv einfingen und auch den Pflanzennährstoff Nummer eins – das nur begrenzt vorhandene Kohlendioxid – aus der Luft filterten, um es in den Stoffwechselweg der Fotosynthese einbinden zu können. Kurz: Die Pflanzen waren nicht mehr aufzuhalten, und das Grün des Chlorophyllmoleküls wurde als allgemeingültiges Prinzip bestimmend für das heutige Erscheinungsbild der Erde.

Diese Nachfahren der Cyanobakterien und Grünalgen sollten die lebensfeindliche und karge Wüste der Landmassen erst in den vor Leben strotzenden Planeten Erde wandeln, den wir heute kennen. Auch die explosionsartige Verbreitung eines zweiten Stoffwechselprinzips wäre ohne den Landgang der Pflanzen nicht möglich gewesen. Alle Tiere, ob Insekten oder Wirbeltiere, konnten sich so erfolgreich nur in Koevolution mit ihrer Nahrungsgrundlage, den Pflanzen, entwickeln.

So könnte in Kurzform die Geschichte vom Siegeszug des Lebens auf unserem Planeten erzählt werden. Ein Triumph, der eigentlich nur der Erfindung eines in der Welt der Teilchen relativ großen, uns Menschen grün erscheinenden Moleküls zu verdanken ist. Wie groß allerdings die Abhängigkeit der selbst ernannten Krönung der Schöpfung von einem lediglich aus 137 Atomen zusammengesetzten Molekül ist, wurde bisher noch nicht erzählt.

## 01 März, Meteorologischer Frühlingsanfang

In weiten Teilen Europas dominierte in den ersten Monaten des Jahres ein strenger Winter mit klirrenden Frostnächten und hartem Bodenfrost. Das Wettergeschehen der vierten Jahreszeit wurde größtenteils vom kontinentalen Klima geprägt, das massenhaft sibirische Kaltluft nach Europa schaufelte, die die Landschaften mit ihrem Eiseshauch überzog und die geschlossene Schneedecke örtlich verharschen ließ. Die Menschen froren seit Wochen und Monaten und hatten es sich in ihren beheizten Häusern gemütlich gemacht.

In den letzten Tagen waren in Mitteleuropa die Temperaturen tagsüber zum ersten Mal über den Gefrierpunkt gestiegen. Aber auch heute, am 1. März, war von den Vorboten des Frühlings noch nichts zu sehen. Unter anderen Umständen hätten die Menschen den Frühling herbeigesehnt und sich auf eine warme Vegetationsperiode auf ihrem Kontinent gefreut.

Das Siechtum der Pflanzen, das vor nicht mal drei Monaten im Norden Finnlands in der Nähe des kleinen Städtchens Salla seinen Ursprung genommen hatte, war mittlerweile zum dominierenden Thema des Tagesgeschehens in der Politik und in den globalen Medien geworden. Salla hatte es weltweit zu einer traurigen Berühmtheit gebracht. Das Holzfäller-Eldorado im finnischen Lappland kannte heute nahezu jeder Mensch auf dem Globus.

Die Seuche hatte in den letzten zwei Wintermonaten ganze Arbeit geleistet. Die Infektion war, ausgehend von Finnland, wie ein Steppenbrand über die europäischen Nadelwälder hergefallen und hatte dabei den halben Kontinent mit dem kranken Orange überzogen. Die andere Hälfte der europäischen Flora, die Blütenpflanzen, lag noch im Winterschlaf, und das bot einen riesigen Raum für Spekulationen aller

Art. Der boreale Nadelwald Skandinaviens war so gut wie ausgelöscht. Die Krankheit hatte alle Koniferen befallen, Fichten und Kiefern ebenso wie Tannen. Die Seuche hatte ihren Weg, von Finnland ausgehend über Schweden, bis an die Küsten Norwegens genommen. Nach Osten war die seltsame Pflanzenerkrankung in der Taiga Russlands bis zum die Grenze zwischen Europa und Asien bildenden Uralgebirge vorgedrungen. Dort verharrte sie Seuche seit einer Woche, als ob sie noch ein mal Luft holen müsste für die Gebirgspassage, um sich dann im asiatischen Teil des Landes austoben zu können. Im Süden Europas war die Krankheit bis zu den Alpen vorgedrungen und hatte die Koniferen ausgelöscht. Die Infektion bewegte sich jetzt die alpinen Berghänge hinauf, und es war nur noch eine Frage der Zeit, bis auch die letzten Bäume bis zur Baumgrenze in Höhen bis zu zwei Kilometern erkrankten. Große Nadelwälder in Zentraleuropa wie der Harz, der bayrische Wald, der Schwarzwald und das tschechische Riesengebirge waren vollständig eliminiert. Die Wälder waren nach einem kurzen orangen, den Schnee abtauenden Aufflackern teilweise wieder von neuen Schneefällen bedeckt oder ließen ganze Landstriche in der grotesken Farbe erscheinen. Die Beneluxländer waren überrollt, und in Frankreich war die Seuche bis zum Zentralmassiv vorgedrungen, hatte aber noch nicht den mediterranen Teil des Landes erreicht. Hohe Gebirge wie der Ural, die Alpen, das Zentralmassiv und die Pyrenäen schienen der Krankheit Einhalt zu gebieten.

Auf den anderen Kontinenten dieser Erde hatte man bisher keine Anzeichen der großen Infektion entdecken können. Weder aus Asien noch aus Australien, Afrika oder Süd- und Nordamerika gab es Berichte über eine neue Pflanzenerkrankung. Aber man hatte begonnen sich abzugrenzen. Aus Angst, die Infektion einzuschleppen, hatten Australien und Nordamerika mit den USA und Kanada die Grenzen für den europäischen Güterverkehr geschlossen. Der Warenstrom aus Europa war vollständig zum Erliegen gekommen, und es verließen auch keine Exportartikel die Grenze in die andere Richtung. Die Staaten des südamerikanischen und asiatischen Kontinents verhielten sich nicht einheitlich. Man war sich über die Konsequenzen des Export- und Importstopps noch nicht im Klaren und konnte die Bedeutung für die eigene Wirtschaft nicht absehen. Fakt war aber, dass Australien, die USA und Kanada die Länder dieser Regionen in das Embargo zwingen wollten, um ein Eindringen der Infektion in das eigene Territorium über Umwege zu verhindern. Die afrikanischen Länder konnten auf den europäischen Import nicht verzichten. Sie hingen sowieso am wirtschaftlichen Tropf der Europäer.

Die Weltwirtschaft stand vor dem Kollaps, und es mehrten sich die Stimmen, die vor einer Ausbreitung der Infektion auf den gesamten Globus über natürliche, nicht zu verhindernde Ausbreitungswege warnten. Wie würde etwa die Krankheit über Sibirien wegrollen, und könnte sie tatsächlich von einer zweiundachtzig Kilometer breiten Meerenge zwischen Asien und Nordamerika, der Beringstraße, aufgehalten werden, wenn sie bisher tausende Kilometer in Europa in Windeseile zurückgelegt hatte? Die alles bestimmende Frage aber war, wie sich die Infektion im Frühling beim ersten Austreiben und Auskeimen der bedecktsamigen Blütenpflanzen, zu denen fast ausschließlich alle Nahrungs- und Kulturpflanzen der Menschheit gehörten, verhalten würde. Bei einigen immergrünen Blütenpflanzen, wie Ginster, Lorbeer, Heidekräuter, Wintergrün, Efeu, Mistel, Buchsbaum und europäische Stechpalme, waren Infektionen eindeutig dokumentiert. Außerdem wurde aus allen betroffenen Ländern von befallenen Zimmerpflanzen aus Pflanzenfamilien fast aller Kontinente berichtet, was den Optimismus im Hinblick auf ein frühzeitiges Ende der Infektion im nahenden Frühjahr nicht unbedingt nährte.

Die Medien überschlugen sich mit den neusten Meldungen zu dem Thema. Teils wurde objektiv und seriös berichtet und über Fortschritte im Kampf gegen den Befall informiert, aber es gab auch eine andere Form der Berichterstattung, die dazu geeignet war, die Angst der Menschen zu schüren und Panik in der Bevölkerung zu verbreiten. Die Ungewissheit in Bezug auf den weiteren Krankheitsverlauf bot einen fruchtbaren Nährboden für Endzeitvisionen und Verschwörungstheorien aller Couleur. Auf der Welle der Sensationshascherei ritten die üblichen Spinner, und die hypothetischen Erklärungsversuche selbst ernannter Fachleute trieb regelrecht Blüten. Hier tummelten sich die religiösen Fanatiker ebenso wie naive Esoteriker und pseudowissenschaftliche Umwelthysteriker.

Es gab neben dem Gerede über eine Strafe Gottes für den menschlichen Hochmut im Umgang mit der Schöpfung auch Versuche, das Geschehen mit seltsamen Sternenkonstellationen in Verbindung zu bringen. Eine Verschwörungstheorie schien dabei auf besonders nahrhaften Boden zu fallen. Eine Gruppe von Umweltaktivisten ging davon aus, dass die Infektion eine menschengemachte Ursache habe. Aus Reihen dieser Gruppe machte man Freilandexperimente mit genveränderten Pflanzen für die Seuche verantwortlich. Es wurde vermutet, dass die Pflanzenkrankheit von transgenen Nutzpflanzen über eine Spontanmutation erst auf die Koniferen und schließlich auch auf andere Pflanzen übergesprungen sei und dort den Stoffwechsel nachhaltig verändert hatte.

So bestechend logisch diese Hypothese auch in manchem Ohr klang, dem wirklichen Ursprung der Erkrankung war man dennoch keinen Deut nähergekommen. Man hatte weder einen Erreger dingfest machen können, noch war man sich über mögliche Verbreitungswege im Klaren. Die Ausbreitung über den Luftweg schien sich aber immer mehr zu bestätigen. Das Einzige, was man mit Bestimmtheit sagen konnte, war, dass die höheren Pflanzen, vorwiegend nadelblättrige, nacktsamige Koniferen, aber auch einige immergrüne Blütenpflanzen sowie eine Vielzahl an Zimmerpflanzen - von der Infektion einmal befallen - nach einer Inkubationszeit von acht bis zehn Tagen dahingerafft wurden. Der Krankheitsverlauf war immer gleich. Die Pflanzen zeigten innerhalb weniger Stunden - manchmal dauerte es auch etwas länger - das typische orange Erscheinungsbild, das mit dem vollständigen Abbau des Chlorophylls und der Aufgabe der Fotosynthese zugunsten eines heterotrophen Stoffwechsels einherging. Abfallprodukt der Stoffwechselanomalie schien die sekundäre Wärmeproduktion zu sein, die mit dem Absterben der Pflanzen abrupt endete. Auch als gesichert galt die Annahme, dass es bei einer Erkrankung der Bäume immer zu einer Sekundärinfektion der Pilze kam, die einerseits selbst als Nahrungsquelle herhalten mussten, andererseits aber auch das Einzugsgebiet der infizierten Bäume erweiterten, wenn sich eine Gelegenheit dazu bot.

Einzig an einigen chlorophyllfreien Pflanzenexperten schien die Erkrankung spurlos vorbeizugehen. Zwei davon, der Fichtenspargel und der Nestwurz, lebten eng parasitär auf Pilzhyphen, die sie ernährten. Die Fotosynthese hatten sie aufgegeben und schmarotzten von ihrem Wirtspilz.

Der Frühling zeigte sich in Europa zuerst im südlichen Portugal und wanderte dann mit einer Geschwindigkeit von circa vierzig Kilometern pro Tag nach Norden - unaufhaltsam die kalte Jahreszeit vertreibend und die Pflanzenwelt zum Leben erweckend. In seinem Gefolge trafen auch die ersten heimkehrenden Zugvögel ein und überzogen die stillen Landschaften wieder mit ihrem Gesang.

## 04. März, Spanien – El Ejido, Region Andalusien

Thamir al Gossarah war neunzehn Jahre alt und lebte seit zwei Jahren als marokkanischer Gastarbeiter in Andalusien.

Das wenige Geld – er bekam wie alle illegal eingereisten Kollegen ohne festen Arbeitsvertrag nur einen Hungerlohn – schickte er am Monatsende zum größten Teil an seine Familie. Der Vater lebte mit seiner Frau und Thamirs Schwestern ohne geregeltes Einkommen in Marokko. Thamir und die fünf Brüder waren in die Welt gezogen, um die zurückgebliebene Großfamilie zu ernähren, die ansonsten auf Almosen angewiesen wäre, was seinen kranken, arbeitsunfähigen Vater mit Sicherheit ins frühe Grab gebracht hätte. Thamir verdingte sich als Landarbeiter im Mar del plastico, dem Gemüseanbaugebiet Südspaniens in der Provinz Almeria. Der Job passte gut zu ihm, wie er glaubte. Sein Name bedeutete Fruchtbarkeit.

Das *Plastikmeer* wurde von den Einheimischen so genannt, weil hier auf 360 Quadratkilometern, in einer der weltgrößten landwirtschaftlichen Intensivkulturen, ganzjährig Gemüse und Obst in Gewächshäusern aus Plastikfolien angebaut und geerntet wurde. Wenn man mit dem Flugzeug über Südspanien flog, erstrahlte das Albedo des diffus reflektierenden Plastikmeeres hell in der mediterranen Sonne, und man hatte das Gefühl, über eine extraterrestrische Siedlung auf einem Exoplaneten zu fliegen.

Der Gemüseanbau, der zum überwiegenden Teil Mittel- und Nordeuropa mit Tomaten, Gurken und Paprika überflutete, ging Hand in Hand mit massiven Umweltproblemen. Der extraordinäre Wasserverbrauch der intensiv landwirtschaftlich betriebenen Fläche war ein Hauptproblem in der trockenen Region. Die Trinkwasserspeicher waren kurz vor dem Versiegen, und es war schon wiederholt zu einem Zusammenbruch der Wasserversorgung gekommen. Ein weiteres ökologisches Desaster war der außerordentlich hohe Verbrauch an hochgiftigen Pestiziden, ohne die ein lohnender Ertrag der Monokulturen nicht zu realisieren war.

Thamir schuftete zwölf bis vierzehn, manchmal auch mehr Stunden auf der Plantage, und zu seinen Hauptaufgaben gehörte es, die Tomaten und Gurken ohne Schutzkleidung täglich mehrmals mit Pflanzenschutz- und Schädlingsbekämpfungsmitteln zu spritzen. Er hatte natürlich schon von der großen Seuche jenseits der Pyrenäen gehört. In den Nachrichten war von nichts anderem mehr die Rede, aber in Spanien ging das Leben seinen gewohnten Gang. Bisher war die Seuche schließlich nicht über das Gebirge gekommen. Einige Meldungen in den Medien hatten ihm und seinen Kollegen allerdings Sorgen bereitet. Da war die Rede von einem Handelsembargo, das den Handel Europas mit Australien, Kanada und den USA betraf. Eigentlich kein Problem für seine Tomaten. Die wurden nicht nach Übersee verfrachtet. Aber immer lauter waren Stimmen aus dem eigenen Land zu vernehmen, die eindringlich dazu aufriefen, auch den Warenhandel über das nordspanische Gebirge zu unterbinden, um der Ausbreitung der Infektion keinen weiteren Vorschub zu leisten. Das wäre für Thamir und die gesamte Region einer Katastrophe gleichgekommen.

Thamir ging wie jeden Morgen, ein Wochenende kannte er nicht, um vier Uhr aus dem Haus. Das Haus war eigentlich mehr eine Baracke mit einem großen Schlafraum und einer kleinen, improvisierten Küche, die er sich mit sechs anderen Männern teilen musste. Der Vermieter dieser »Luxusimmobilie« war praktischerweise auch sein Arbeitgeber, der Besitzer der Plantage, sodass er die halsabschneiderische Wuchermiete gleich von Thamirs Lohn abziehen konnte. Sein Encargado, wie alle hier den Chef nannten, wusste die Arbeiter immer wieder von dieser Prozedur zu überzeugen, da man so doch zwei Fliegen mit einer Klappe schlagen konnte und nicht auch noch ein teures Bankkonto unterhalten musste. Banker waren seiner Meinung nach alle nur blutsaugende Ausbeuter.

Wie jeden Morgen verließ Thamir also auch heute das »Haus« mit leerem Magen. In seinem Budget war für ein Frühstück kein Platz. Wenn er Glück hatte, konnte er ein paar reife Tomaten stibitzen, ohne dass der Chef es merkte, und wenn ihm das Glück richtig hold war, konnte er sie vor dem Verzehr auch noch waschen. Er hatte sich schon wiederholt den Magen verdorben. Wahrscheinlich, vermutete er, lag es an den Mitteln, die sie auf die Tomaten spritzten. Mittags gab es für die Landarbeiter ein warmes Essen aus der Plantagenküche. Die Kosten hierfür zog man ihm praktischerweise auch gleich vom Lohn ab.

Thamir erreichte nach einem anderthalb stündigen Fußmarsch durch das glitzernde Meer der Polyethylenfolien seinen Arbeitsplatz, die Plantage von Señor Lopez. Gestern hatte er mit fünfzig anderen Gastarbeitern in dem mit Folie überspannten Gurkenfeld von morgens bis abends Gurken geerntet. Dabei waren die Temperaturen in dem riesigen Plastiktreibhaus schnell auf vierzig Grad gestiegen. Im Sommer wurde es noch heißer, und schon nach einer Stunde hatte sein Rücken von der Arbeit in gebückter Haltung geschmerzt. Die Ernte mussten sie abends noch in den 40-Tonnerverladen, um sie schnellstmöglich und gut gekühlt an eine deutsche Supermarktkette liefern zu können. Der Fahrer hatte sie immer wieder gedrängt, sich zu beeilen. Ihm saß wahrscheinlich die Zeit im Nacken. Für die knapp 2000 Kilometer hätte er schon zu normalen Zeiten, inklusive der gesetzlich vorgeschriebenen Pausen, dreißig Stunden gebraucht. Das war aber nicht sein Problem. Das Problem bestand darin, dass sein Disponent für ihn schon die nächste Gemüsefuhre aus El Ejido klar gemacht hatte und er den Zeitplan einhalten musste. Zeit war Geld, nicht nur im Speditionsgewerbe. Aber seit hinter dem Gebirge die »orange Seuche«, wie sie von den LKW-Fahrern genannt wurde, grassierte, musste er auf dem Rückweg mit einer stundenlangen Verzögerung an der spanischen Grenze rechnen. Die einreisenden Fahrzeuge wurden einer langwierigen Dekontamination unterzogen, indem sie durch große, schnell improvisierte Desinfektionswaschstraßen fahren mussten und dabei von allen Seiten mit einem übel riechenden Desinfektionsmittel besprüht wurden. Die Fahrer schimpften über diese Maßnahme, die zum Teil zu mehreren Stunden unbezahlten Aufenthalts an den Grenzen führte. Immer wieder hörte man auch Zweifel an der Wirksamkeit dieser Fahrzeugdesinfektion laut werden, da die LKW s nur von außen dekontaminiert wurden. Kein Mensch interessierte sich für das Innere der Fahrzeuge. Weder kümmerte man sich um das, was auf den Pritschen lagerte - kaum ein Fahrzeug kam ohne Ladung nach Spanien zurück, das wäre ökonomischer Unsinn –, noch wurden der Fahrer und das, was er aus dem nördlichen Europa mitbrachte, untersucht oder gar desinfiziert. Das war ökologischer Unsinn.

Thamir sollte in den nächsten Stunden bis in den späten Nachmittag hinein die Tomatenpflanzen im Tomatenfeld 3 mit Pflanzenschutzmitteln besprühen. Morgen würde er dann in einem anderen Gewächshaus mit etlichen Gastarbeitern aus Nordafrika zur Tomatenernte herangezogen. Als er das Gewächshaus betrat, sah er die langen Reihen der Pflanzen, die noch in der Blüte standen. Das Treibhaus bestand aus in regelmäßigen Abständen in den Boden gerammten Rundhölzern, die das mit der Folie bespannte Gerüst stützten.

Das Biotop der Gewächshausmonokultur schien in bester Ordnung, die Pflanzen gediehen prächtig. Thamir schnappte sich einen Pestizidsprüher, schnallte sich das druckluftbetriebene Gerät auf den

Rücken und startete den Kompressor, der stotternd anlief. Er ging vom Eingangsbereich zum linken Randbereich des circa hundert Meter langen Treibhauses aus Plastik und fing hier mit dem Versprühen des Pestizidnebels an. Dabei achtete er immer peinlich darauf, nicht selbst in das auf die Pflanzen herabsinkende Aerosol zu geraten und die Dämpfe einzuatmen.

Er war vielleicht zehn Meter in die erste Reihe der Pflanzen vorgedrungen, als ihm an der Außenseite des Gewächshauses, wo die Folien senkrecht verliefen und im Boden verankert waren, eine Tomatenpflanze auffiel, die sich von den anderen abhob. Thamir erkannte sofort die sonderbare Farbe der Pflanze. Er hatte sie schon dutzende Male im Fernsehen gesehen, wenn über die große Seuche hinter dem Gebirge berichtet wurde und man die Bilder des kranken Waldes zeigte.

Er legte sein Gerät ab und ging langsam auf die offensichtlich erkrankte Pflanze zu, wobei er sich in dem leeren Folienhaus mehrmals vorsichtig umschaute. Die Tomate war vollständig ihrer normalen grünen Farbe beraubt und leuchtete in dem gleichen kräftigen Orange, das er bisher nur aus den Fernsehberichten kannte. Die Farbe war viel kräftiger als auf den Bildern, die er auf dem billigen Bildschirm in seiner Behausung via Satellitenschüssel empfangen hatte. Das satte Orange schien von innen heraus zu leuchten und sah, so empfand er es wirklich, fast schön aus.

Thamirs Blick fiel auf einen Teil der Pflanze, der mit seinen Blättern der Folie entgegen gewachsen war und sie in Brusthöhe berührte. Mehrere gefärbte Blätter hatten dort Kontakt zur Folie hergestellt. Die Plastikfolie hatte hier ein großes Loch, und Thamir konnte sehen, wie sie sich an dessen Rändern auflöste, wobei dicke Kunststofftropfen von der Folie auf die Blätter fielen, so als ob das Plastik schmelzen würde. Aber was schmilzt, benötigt Wärme und erstarrt bei Abkühlung auch wieder, härtet aus, wie Thamir sich erinnerte. Er steckte vorsichtig einen Finger in das schmelzende Plastik. Genauso warm wie die Umgebung, aber trotzdem flüssig. Er strich mit seinem Finger über den verflüssigten Kunststoff, der an den Blättern langsam herunterlief, und konnte auch hier keine Wärme feststellen.

Wie in Gottes Namen, dachte er, kann der Kunststoff schmelzen? Er schätzte, dass dafür Temperaturen von über hundert Grad nötig wären, und so heiß wurde es selbst an diesem unwirtlichen Ort nicht. Thamir wusste genau, was er hier vor sich hatte, und er wusste auch welche weitreichenden Konsequenzen das für ihn und sein Leben haben würde, wenn sich das an seinem Arbeitsplatz ausbreitete. Was würde Señor Lopez bloß dazu sagen? Schließlich war es Thamirs Aufgabe, die Pflanzenschutzmittel hier zu versprühen und Sorge dafür zu tragen, dass die Pflanzen gesund blieben. Sein Encargado würde ihn dafür verantwortlich machen und er verlöre mit Sicherheit seinen Job. Er wäre mittellos, und ohne Aufenthaltsgenehmigung fände er auch in Spanien so schnell keine andere Arbeit mehr. Dann bliebe nur die Rückkehr nach Marokko zu seiner Familie, die mit weniger Geld noch ein hungriges Maul mehr zu stopfen hätte. Das würde seinem Vater das Herz brechen!

Thamir musste das verhindern. Er wollte die elende Tomatenpflanze herausreißen, als er noch mal auf das Blatt schaute, an dem er mit dem Finger durch den flüssigen Kunststoff gefahren war. Es war vollständig trocken. Der Kunststoff war verschwunden. Thamir fühlte auch mit dem Finger keinerlei Flüssigkeit mehr auf dem Blatt. Er ging in die Hocke und legte seine Stirn ungläubig in Falten, wobei er einen Tropfen des Plastiks beobachtete, der sich von dem schmelzenden Rand des Lochs in der Folie löste und auf ein weiteres Blatt heruntertropfte. Der flüssige Kunststoff benetzte die Blattspreite fast vollständig, und Thamir hielt den Atem an. Was er in den nächsten Minuten in Zeitlupe beobachten konnte, ließ ihn den Glauben an all seine Lebenswirklichkeiten verlieren, und er beschloss, heute Abend noch wahrhaftiger zu Allah zu beten. Das orangefarbene Blatt der Tomatenpflanze schien den verflüssigten Kunststoff aufzusaugen. Er konnte jetzt noch ein Detail erkennen, das ihm erst gar nicht aufgefallen war. Ihm war nur der verdrehte Blattstiel aufgefallen. Dann sah er, dass der so verdreht war, dass das Blatt mit der Unterseite nach oben zeigte. Alle Blätter der Tomatenpflanze, die unterhalb der tropfenden Folie lagen, hatten ihre Unterseite nach oben gekehrt. Sie schienen das tropfende Plastik damit aufzufangen.

Thamir packte die Pflanze an ihrem Spross und riss sie mit einer Handbewegung heraus. Er stand auf und lief, ohne dass ihn jemand sah, zur Umzäunung des Geländes von Señor Lopez und warf sie in hohem Bogen über den Zaun. Dahinter verlief ein trüber, übel riechender Wassergraben, und der würde die teuflische Pflanze heute noch ins Meer spülen, da war sich Thamir ganz sicher. Keiner würde etwas erfahren. Er konnte schweigen wie ein Grab.

## 10. März, Deutschland – Marburg, Außenstelle des Institutes für Phyto- und Humanpathologie

Im Fernseher lief eine Talk-Show mit der üblichen Expertenrunde. Immer ging es nur um ein Thema: die große Seuche in den europäischen Nadelwäldern. Alex lümmelte mit einer Dose Bier auf dem Sofa und griff nach der Fernbedienung, um abzuschalten. Er konnte dieses Geschwätz nicht mehr hören.

Als er einen großen Schluck nahm und gerade den Knopf drücken wollte, sah er das Konterfei eines alten Bekannten auf dem Bildschirm flimmern und hätte sich beinahe verschluckt.

»Nun, was wir bisher herausgefunden haben, ist, dass die erkrankten Pflanzen nach einigen Tagen an einem Mangel an Nährstoffen zugrunde gehen. Sie können sich durch die Fotosynthese nicht mehr selbst ernähren, da sie das sehr energiereiche Riesenmolekül Chlorophyll in ihren Blattgeweben praktisch selbst verdaut haben und ...« Van Baazan war in seinem Element und lief zu Hochtouren auf.

Der seriös wirkende Moderator mit einer Frisur, die vermuten ließ, dass er Toupetträger war, unterbrach ihn: »Herr van Baazan! Dass die Pflanzen kein Chlorophyll mehr enthalten, ist eine Binsenweisheit. Das kann jeder sehen, der in Deutschland bei klarem Verstand aus dem Fenster schaut oder seine Zimmerpalmen bereits in die Tonne gekloppt hat. Die Frage ist doch, warum verbrauchen sie ihre Reservestoffe inklusive ihres Chlorophylls für einen derart irrsinnigen Stoffwechselweg, der zwangsläufig zu ihrem Tod führt? Kurz: Warum sägen die Pflanzen an dem Ast, auf dem sie sitzen, und wie können wir das verhindern?«

»Bitte lassen Sie mich doch einfach aussprechen. Ich wollte es Ihnen gerade erklären. Mehrere Wissenschaftler in Oulu, Finnland, haben noch einen weiteren Grund für das Absterben der Nadelbäume entdeckt.« Van Baazan konnte nicht verbergen, dass ihn die Zurechtweisung des Moderators brüskiert hatte. »Der eigentliche Grund für das Absterben der Koniferen ...«

Eine junge, gut aussehende Asiatin, die Alex bekannt vorkam, fiel ihm heftig ins Wort: »Aber Herr van Baazan, Sie wissen doch genauso gut wie ich, dass nicht nur Koniferen betroffen sind. Wir haben die Infektion mittlerweile bei fast allen immergrünen Blütenpflanzen in den befallenen Gebieten nachweisen können und ...«

Van Baazan erhob die Stimme und schnitt jetzt der Frau, deren Name soeben unten im Bild eingeblendet wurde, ebenfalls das Wort ab.

Alex erkannte sie jetzt. Van Baazans Widersacherin war Naomi Mae Wood, Pressesprecherin der Umweltorganisation CNS, studierte Radioastronomin und bekannt für ihr dominantes Auftreten, wenn es um Belange der Umwelt ging.

»Frau Wood, lassen Sie mich bitte ausreden! Ich habe Sie ja eben auch ausreden lassen. Also, wie bereits angedeutet, sterben die Pflanzen«, er zog das Wort Pflanzen süffisant in die Länge, »weil die Zellen der erkrankten Pflanzen mit Proteinen regelrecht überflutet werden. Und zwar mit Eiweißen, die im normalen Zellstoffwechsel gar nicht vorkommen. Aus dem Pflanzengenom werden nicht codierende Bereiche gelesen, die sogenannten Introns, und die aus diesen Bereichen übersetzten Aminosäuresequenzen lagern sich in Form von Proteinen in der Zellmatrix ab und verhindern den normalen Stoffwechsel. Die Synthese dieser Junk-Proteine kostet die Pflanze enorm viel Energie, und das ist der Grund für das große Sterben in unseren Wäldern. Alles andere ist Nebensache. Der Abbau des Chlorophylls und alle anderen Anomalien dienen nur der Energiebereitstellung.«

»Herr Baazan«, mischte sich der Moderator der Sendung erneut ein, »Energiebereitstellung und dann Wärmerzeugung bis zum Finale. Das macht doch keinen Sinn! Warum tun die Pflanzen das? Und ich hatte es eben schon mal gefragt, welche Gegenmaßnahmen können wir ergreifen?«

Die Kamera machte einen Schwenk, und Alex erkannte jetzt den dritten Gast der Sendung. Markus Behringer, der seine Redezeit anscheinend schon genutzt hatte und sich diskret im Hintergrund hielt. Die Sendung war also klassisch mit je einem Vertreter aus Politik und Wissenschaft und einer Vertreterin einer kritischen Umweltorganisation besetzt. Eine Mischung mit Sprengkraft, die Spannung versprach.

»Wir stehen noch ganz am Anfang unserer Forschungen, und ich kann Ihnen diese Frage momentan nicht beantworten, aber ich bin zuversichtlich, dass wir in der aus dem Tritt gekommenen Stoffwechselkaskade eine Schwachstelle finden werden.«

»Sie haben ja noch nicht mal einen Erreger dieser Infektion gefunden, und ich bin sicher, Sie werden so schnell auch keinen finden, weil Ihr Erreger gar nicht existiert!« Naomi Mae Wood saß kerzengerade in ihrem Stuhl und gestikulierte wild mit den Händen. »Das Ganze ist doch hausgemacht. Seit Jahren warnen wir nun schon vor Freilandexperimenten mit genveränderten Pflanzen und kämpfen gegen Ihren wissenschaftlichen Chauvinismus, aber Ihr Wissenschaftsbetrieb dient nur noch wirtschaftlichen Interessen. Die Ethik haben Männer wie Sie längst über Bord geworfen.«

Van Baazan wurde puterrot und schäumte vor Wut, aber Naomi Mae konnte jetzt keiner mehr aufhalten.

»Und ich bin absolut sicher, dass man in nächster Zeit feststellen wird, dass eins dieser Freilandexperimente schiefgelaufen ist und eine Spontanmutation im veränderten Genom einer transgenen Pflanze für den ganzen Mist verantwortlich ist. Sie haben die Büchse der Pandora geöffnet, und jetzt sehen Sie mal zu, wie Sie die wieder zu kriegen!«

Der Moderator wollte gerade vermitteln und Behringer in die Diskussion mit einbeziehen, aber van Baazan explodierte: »Das sind doch unhaltbare Unterstellungen, die Sie hier von sich geben. Man sollte Leuten wie Ihnen das Mundwerk verbieten! Sie schüren nur Panik in der Bevölkerung, und das können wir nicht gebrauchen. Sie wissen, was momentan in Finnland los ist. Im Übrigen gab es in Salla keine Freilandexperimente zur Zeit des Ausbruchs. Wir brauchen mehr Gelassenheit im Umgang mit ...«

»Gelassenheit? Dass ich nicht lache! Wir haben März, der Frühling steht vor der Tür. Sie wissen so gut wie ich, was dann passiert.« Naomi Mae Wood kam nicht weiter. »Ja? Was denn? Es gibt auf diesem Globus 350.000 Pflanzenarten, die neunundneunzig Komma neun Prozent der Biomasse auf unserem Planeten ausmachen, und Sie glauben doch nicht ernsthaft, dass die alle von einer Infektion ausgelöscht werden! Wieder verbreiten Sie nur Panik und machen den Menschen Angst.«

So leicht war eine Naomi Mae Wood nicht zu überzeugen, ihr Konter kam augenblicklich: »Sie wissen doch, was vor fünf Tagen in Spanien passiert ist und gerade passiert. Warum sagen Sie den Zuschauern nicht einfach, dass an der spanischen Costa plastico die Seuche, von LKWs über die Pyrenäen eingeschleppt, Tomaten, Gurken, Paprika und was da sonst noch so wächst, vernichtet hat. Und das sind doch eindeutig bedecktsamige Blütenpflanzen. Was machen wir denn, wenn die Landwirtschaft dieses Jahr komplett ausfällt? In Spanien ist bereits Frühling, und die erste Ernte besagter Blütenpflanzen ist dahin. Die Infektion hat doch den Sprung auf unsere Kulturpflanzen längst geschafft. Was wollen Sie eigentlich noch? Bisher ist jede uns bekannte Pflanzenart Opfer dieser Seuche geworden. Es fehlen nur noch die Süßgräser im

Freiland. Ich sage bewusst *im Freiland,* da viele Menschen schon ihr Zyperngras - orange verfärbt - in die Tonne gekloppt haben. Und Zyperngräser gehören zu den Süßgräsern. Für die Zuschauer: Das ist die Pflanzenfamilie, zu der fast alle unsere Getreidesorten wie Weizen, Gerste, Roggen, Mais, Reis und Hafer, um nur ein paar zu nennen, gehören. Und wenn Ihre neunundneunzig Komma neun Prozent Biomasse erst mal dahin ist, dann geht es den restlichen null Komma eins Prozent an den Kragen, nämlich uns und unseren tierischen Verwandten!« Naomi Mae Wood machte eine Pause, nahm einen tiefen Atemzug und fuhr fort, während sie ihr Smartphone hochhielt: »Aus Spanien hat mir heute, genauer gesagt vor einer halben Stunde, einer unserer Mitarbeiter aus El Ejido in Andalusien berichtet – das ist dort, wo die eben angesprochenen Nahrungspflanzen in den Plastikgewächshäusern infiziert wurden -, dass die ersten Wildgräser aus der Familie der Süßgräser eindeutige Zeichen der Krankheit aufweisen.«

Alex sah, dass van Baazan sichtlich überfordert war. Wahrscheinlich lagen ihm diese Informationen nicht vor und er wurde überrascht.

Mia kam ins Zimmer und setzte sich neben ihn. »Was ist da los?«

»Pssst, will hören!«

Van Baazan räusperte sich, und der Moderator forderte ihn aufgrund der ablaufenden Sendezeit auf, sich kurzzufassen.

»Frau Wood, das sind Informationen, die mir nicht vorliegen und die ich nicht kommentieren kann und auch nicht kommentieren will. Aber so viel sei gesagt: Selbst wenn es zu einem Befall einiger Getreidesorten kommen sollte«, Van Baazan blickte zu Behringer, »so halten die europäischen Staaten Nahrungsmittelreserven vor, um solche Engpässe zu überbrücken.«

Das, was jetzt kommen sollte, würde in den nächsten Tagen und Wochen noch zu vielen Diskussionen und zu einem Wendepunkt in der öffentlichen Meinung führen. Da zur Primetime einige Millionen Zuschauer live dabei waren, als Naomi Mae Wood diese Schreckensnachricht van Baazan um die Ohren gehauen hatte, fingen viele an, sich nun wirklich Sorgen um ihr Überleben und das ihrer Kinder zu machen. Das soeben Gesagte und das nun Folgende sorgte dafür, dass die große Infektion in den Köpfen der Menschen eine neue Dimension erreichte und der Glaube an die Wissenschaft, die es schon richten würde, zusehends schwand.

»Sie widerlicher Heuchler! Sie reden alles schön und verkaufen die Leute da draußen für dumm. Sie wissen genau, was los ist und erzählen irgendetwas von Nahrungsmittelreserven!« Während sie das sagte, griff sie in ihre Tasche und holte einen länglichen Gegenstand heraus. In einer schnellen Bewegung entleerte sie den Inhalt der Spritze auf van Baazans Anzug, der sich orange färbte, ehe überhaupt jemand reagieren konnte, und rief: »Sie Schwein haben doch längst Vorkehrungen für sich und Ihre Familie getroffen, um Europa zeitig verlassen zu können. Uns liegen eindeutige Beweise für Ihre Reisepläne vor, und ausgerechnet SIE erzählen den Menschen was von Nahrungsmittelreserven? Für wen denn? Etwa für 739 Millionen Menschen in Europa?« Weiter kam sie nicht. Man konnte nur noch einige Securityleute durch das Bild flitzen sehen, dann lief auch schon der Abspann.

»Meine Güte! Was war denn da los?« Mia war fassungslos. So einen Eklat sah man nicht alle Tage im Fernsehen. Vor allem nicht zur besten Sendezeit.

»Mann, die hat den ja eingekocht! Fast wie du es im Hubschrauber getan hättest, wenn ich nicht rechtzeitig eingeschritten wäre.«

Mia verpasste ihm einen Knuff, und Alex rollte mit den Augen. Er schaute sie direkt an: »Nein, Scherz! Du hast die Hälfte verpasst.«

»Was sollte das mit den Nahrungsmittelreserven?«

»Naomi Mae Wood hat von dem Befall der spanischen Intensivkulturen in Andalusien berichtet, du weißt schon, mare del plastico. Wir haben es doch von Behringer vorgestern erfahren. Sie sagt, sie habe eine Nachricht eines Mitarbeiters aus Spanien erhalten, der von erkrankten Süßgräsern berichtete, und Baazan fing an, es runterzuspielen, indem er ihr was von Nahrungsmittelreserven der Regierungen erzählte, mit denen man auftretende Nahrungsmittelengpässe überbrücken könnte. Dann ist sie ausgetickt und hat ihn mit oranger Farbe bespritzt.«

»Ausgetickt, ausgetickt«, Mia äffte ihn nach. »Da hat sie doch vollkommen recht, wenn das stimmt mit seinen Ausreiseplänen. Dieses Schwein!«

»Ja, das sehe ich ja auch so, aber was mir wirklich Sorgen macht, sind die erkrankten Süßgräser. Das ist eine Hiobsbotschaft. Wir müssen Behringer anrufen und das vor Ort in Spanien verifizieren lassen. Wenn das stimmt, müssen wir die Arbeit der europäischen Labore sofort auf diese Gräser fokussieren und nach Resistenzen suchen. Oder wir brauchen dringend ein Gegenmittel, um das Schlimmste zu verhindern.

»Glaubst du wirklich, dass die Infektion auch vor unseren Getreidepflanzen keinen Halt macht?« Mia war sehr besorgt.

»Was ich glaube, ist nebensächlich, aber Wood hatte recht, als sie sagte, die Infektion hätte bisher jede bekannte Pflanzenart befallen. Die nacktsamigen Koniferen ebenso wie die immergrünen Blütenpflanzen und einige Zimmerpflanzen. Und was da unten in Spanien passiert ist, spricht für sich. Die Pflanzen in den Gewächshäusern waren allesamt bedecktsamige Blütenpflanzen. Und jetzt wahrscheinlich auch noch die Gräser. Das ist mehr als bedenklich.«

Mia schaute ihn ratlos an. »Bedecktsamig, nacktsamig? Gib mir mal eine kurze Nachhilfestunde in Botanik.«

»Das ist eigentlich relativ einfach, Grundkurs Botanik. Man unterscheidet im Pflanzenreich die nacktsamigen von den bedecktsamigen Pflanzen ...«

»Ja, danke auch! Jetzt weiß ich Bescheid – alles klar!«

Alex musste über ihre Ungeduld lachen und fuhr fort: »Ruhig, Fury! Zu der ersten Gruppe, den Nacktsamern, zählen alle Koniferen, also die Nadelbäume und ein paar Exoten wie Palmfarne und Ginkgo biloba. Diese Pflanzen tragen ihre Samenanlagen offen auf den Fruchtblättern, sodass die Samen, wenn sie reif sind, einfach aus den Zapfen herausfallen können. Das ist die ältere, ursprünglichere Version der Samenausbreitung.

Aber bei den höher entwickelten Pflanzen wurden die Samenanlagen von den Fruchtblättern umhüllt. Der Same reift im Fruchtknoten, der bei allen diesen Pflanzen eine neue Ausbreitungsform für Samen bildet: die Frucht. Also bilden die bedecktsamigen Pflanzen, die man auch als Blütenpflanzen bezeichnet, Früchte in allen erdenklichen Formen, und von einigen dieser Arten ernähren wir uns. Zu besagten Blütenpflanzen gehören auch die Gräser mit allen uns bekannten Getreidesorten. Capito?«

»Ja, ich glaube schon. Das alles macht mir Angst, Alex. Wenn die Krankheit uns wirklich unsere Nahrungsgrundlage entzieht, was dann? Ich mache mir jetzt echt Sorgen.«

»Aber van Baazan hat etwas komisches zu Naomi Mae Wood gesagt, was mir momentan noch mehr Sorgen macht.«

»Was hat er denn gesagt?« Mia strich über ihren schon leicht gewölbten Bauch und nahm sich eine Salzstange vom Tisch.

»Er hat gesagt, Wood würde nur Panik in der Bevölkerung schüren, und sie wüsste doch, was momentan in Finnland los sei.«

## 10. März, Finnland – Oulu

Der Supermarkt war zu Fuß in zehn Minuten zu erreichen. Lukas Strindberg hatte seinen Kindern versprochen, heute Abend Hamburger à la Strindberg zu machen, und er hatte den ganzen Tag noch nicht die Zeit gefunden, die nötigen Zutaten zu besorgen.

Die letzten Tage hatte er Tag und Nacht gemeinsam mit Mårten und Henry im Labor verbracht. Die Nächte hatten sie sich um die Ohren gehauen und nur ab und zu eine Mütze Schlaf im Büro auf den improvisierten Feldbetten genommen. Strindberg war in den letzten 48 Stunden um Jahre gealtert. Er sah mit seinem Dreitagebart und den tiefen Augenringen so schlecht aus, dass er Angst hatte, seine Kinder könnten ihn heute Abend nicht erkennen, wenn sie ihren Vater nach zwei Tagen zu Gesicht bekamen. Aber sie hatten Fortschritte gemacht und waren einen entscheidenden Schritt weiter gekommen. Die Ergebnisse der Aminosäuresequenzierung und insbesondere der Spektroskopie deuteten darauf hin, dass die Zellen der erkrankten Pflanzen eine völlig neue Eiweißausstattung erhielten. Das war durch die Transkription der Introns zu erklären, deren Basenfolge anscheinend doch für diese artfremden Proteine codierte. Fremdeiweiße, die – das war das Merkwürdige – in allen erkrankten Pflanzen nachgewiesen werden konnten. Kurz: Die Krankheit stattete alle Pflanzen über die Artgrenzen hinweg mit einer neuen, identischen Proteingarnitur aus.

Strindberg hatte mit van Baazan telefoniert und ihn über ihre Fortschritte informiert. Aber er hatte ihm nicht alles gesagt. Er hielt van Baazan für einen Dandy und war der Meinung, man könnte ihm nicht trauen. Den eigentlichen Durchbruch hatten sie Mårten zu verdanken. Einige der Eiweiße waren biologisch aktiv, und die erste Aufgabe, die sie erledigten, war, über den neuen Stoffwechselweg das Chlorophyll der Pflanzen abzubauen. Mårten war außerdem bei der Untersuchung des Probenmaterials von Alex' und Lews Tauchgang aufgefallen, dass die Biologie der Fangarme äußerst seltsam anmutete. Es schien sich bei diesen ehemals stark beweglichen Organen um einen Zusammenschluss verschiedener Zelltypen von unterschiedlichen Organismen zu handeln. Er hatte Proben des Materials nach England zur Universität von Cambridge geschickt, wo Tyler seit seiner Abreise aus Finnland wieder forschte. Tyler war der Botaniker an Bord und ein Meister der Elektronenmikroskopie.

An dem Aufbau der Organe waren nach Tylers Meinung mindestens Zellen dreier verschiedener Organismen beteiligt. Im Elektronenmikroskop hatte er Zellen des Süßwasserpolypen *Hydra* mit Muskelfilamenten entdeckt, die anscheinend dem Aufbau des Fangarmmuskels dienten und das Nervensystem lieferten. Dann hatte er Zellen von *Elodea canadensis,* der Wasserpest, identifizieren können, die die Grundsubstanz, das Gewebe für den Fangarm lieferte. Einen dritten Zelltyp konnte er der fleischfressenden Wasserpflanze Utricularia stygia, dem dunkelgelben Wasserschlauch, zuordnen. Nach Tylers Auffassung lieferten diese Zellen die Enzymausstattung für das Verdauungssekret, das an der Auflösung der gefangenen Tiere beteiligt war. Er hatte Mårten von weiteren Zelltypen berichtet, die er aber noch nicht eindeutig zuordnen konnte. Es sah aber so aus, als ob der fremdartige Organismus auch im Begriff war, Nesselzellen auszubilden. Die Entwicklung dieser Zellen schien aber noch nicht abgeschlossen, was Alex wahrscheinlich das Leben gerettet hatte.

Tyler erklärte Mårten, dass das Toxin der Nesselzellen schon vorhanden war. Es hätte Alex sekundenschnell getötet, wenn die Zellen schon in der Lage gewesen wären, ihren Nesselfaden wie ein Projektil mit

Stilett an der Spitze an einer ungeschützten Stelle in ihn zu bohren. Dann hätten sie ihre tödliche Fracht injiziert, und er wäre mit Sicherheit gestorben.

Mehr Probenmaterial stand ihnen für ihre Untersuchungen leider nicht zur Verfügung. Strindberg wusste mehr, war aber als Geheimnisträger zum Stillschweigen verdammt.

Bei dem Gespräch in der Küche von Anna und Mikka, kurz vor dessen Selbstmord, hatte Mia davor gewarnt, diesen Organismus zu unterschätzen. Sie hatte darauf hingewiesen, dass die Evolution zwar nicht zielgerichtet wäre, aber sehr wohl zur Besetzung von ökologischen Nischen im natürlichen Gefüge führte. Sie hatte ihrer Angst vor dem ökologischen Sinn des Organismus', der die Ausgeburt einer aus dem Ruder gelaufenen Evolution zu sein schien, Ausdruck gegeben. Mia hielt das Ding für eine völlig neue und krankhafte Spielform der Pflanzenseuche.

Strindberg hatte dies dazu veranlasst, direkt am darauffolgenden Tag, bei einem Treffen mit der Führung der finnischen Armee und hochrangigen Vertretern der Regierung auf diese Gefahr hinzuweisen. Beim umgehend durchgeführten Screening der Gewässer im Infektionsgebiet hatte man zwei weitere Binnenseen mit elektromagnetischen Anomalien entdeckt. Das Eis darauf war ebenfalls kreisrund geschmolzen.

Das, was dann folgen sollte, war ein Desaster. Eine Einheit finnischer Kampftaucher, acht sehr gut ausgebildete Männer, tauchten zu einer dieser Kreaturen ab. Strindberg hatte sie zuvor bei einem Briefing minutiös darüber informiert, was sie dort unten erwarten würde. Er hatte sie auch davor gewarnt, ihr Leben zu riskieren, um an geeignetes Probenmaterial des Organismus zu gelangen. Die Taucher kannten die Gefahr, die von diesem Ding ausging, und sie wussten, was Lew passiert war. Aber sie unterschätzten sie trotzdem. Der See war unterhalb des Eisloches circa 34 Meter tief. Mittels Sonar wurde der scheibenförmige Organismus dort unten schnell lokalisiert. Der diskusförmige Rumpf hatte einen Durchmesser von sechs Metern und lag bewegungslos auf Grund. Nachdem die Taucher abgestiegen waren, blieb der Oberflächenmannschaft und Strindberg nichts übrig, als die aufsteigenden Blasen der Taucher zu beobachten. Nach zwei bis drei Minuten endete der Vorhang abrupt. Aus der Tiefe stieg nichts mehr nach oben. Dann herrschte eine ewig lang erscheinende Zeitspanne der Ungewissheit, bis plötzlich ein Taucher von der mit Pressluft gefüllten Tarierweste nach oben katapultiert wurde, die Wasseroberfläche durchbrach und röchelnd nach Luft rang. Der Mann wurde von zwei Helfern aus dem Wasser gezogen und verstarb noch mit dem Lungenautomaten im Mund.

Unter den Männern auf dem Eis brach hektische Betriebsamkeit aus, die aber in der vorliegenden Situation nur ins Leere laufen konnte. Die zur Untätigkeit verdonnerten Soldaten wirkten kopflos und verbittert. Plötzlich brachen die zwei Helfer, die Minuten zuvor ihren Kameraden aus dem Wasser gezogen hatten, von Krämpfen geschüttelt, mit Schaum vor dem Mund und verdrehten Augen zusammen und starben binnen Sekunden. Keiner der sieben anderen tauchte wieder auf, und bei einer ersten oberflächlichen Untersuchung des toten Tauchers stellte Strindberg fest, dass der Neoprenanzug von hunderten Nesselfäden mit ihrer tödlichen Fracht übersät war. An ungeschützten Stellen war die Haut des Tauchers von den Stiletten der Zellen perforiert worden. Die beiden Helfer hatten nichts ahnend mit den bloßen Händen in die mit Toxinen gefüllten Zellen gegriffen. Strindberg hatte gerade noch verhindern können, dass ein junger Tölpel bei der Untersuchung der Leiche in die todbringende, schleimige Masse griff.

Wie sich später bei der Untersuchung der Toxine herausstellte, gehörten die Gifte zu den Neurotoxinen, die zur sofortigen Lähmung des Opfers und zu Kammerflimmern führten, was auch einen schnellen Tod bedingte. Daneben enthielt das Giftgemisch auch noch Eiweiß abbauende Enzyme, die der extraintestinalen Verdauung der Beute dienten. Das Gift war dem Neurotoxin der portugiesischen Galeere, einer Staatsqualle, ähnlich, aber tausendfach tödlicher.

Eine Bergung der sieben verschollenen Taucher, die nach der Ausgangslage mit Sicherheit nicht mehr lebten, war ausgeschlossen. Niemand wollte weitere Leben gefährden, und es wurde beschlossen, den Organismus zu vernichten. Der infrarot gesteuerte Torpedo hatte eine Sprengkraft von 100 Kilogramm TNT und fand sein Ziel - die Wärme abstrahlende, auf dem Grund des Sees ihre Mahlzeit verdauende Kreatur - und schickte sie in die Hölle.

Bei dem anderen See verfuhr man genauso, bevor Strindberg intervenieren konnte. Er hätte das Ding in der Tiefe innerhalb eines extra eingerichteten militärischen Sperrgebiets lieber einer längeren Untersuchung aus sicherer Distanz unterzogen. So hätte man sein Verhalten sowie seine weitere Entwicklung über einen längeren Zeitraum studieren können. Nach dem Vorfall am Inarisee verspürte in Finnland allerdings niemand aus Militär und Regierung mehr Lust, diese Dinger zu untersuchen. Der Musher und die beiden verschwundenen Motorschlitten samt ihrer Fahrer wurden nie mehr gefunden. Der Organismus, der mit fünfzehn Metern Durchmesser schon eine imposante Größe erreicht hatte, teilte das Schicksal seiner Artgenossen.

Mit der Zerstörung der fremdartigen Geschöpfe verschwand die mit ihrem Auftauchen einhergehende elektromagnetische Anomalie immer abrupt, so als hätte jemand den Stecker gezogen. Seither wurde in Finnland kein See mehr gefunden, der die unheimlichen Anomalien zeigte. Das vorliegende Datenmaterial wurde bei einem Treffen der europäischen Taskforce vorgestellt. Die Staatengemeinschaft war gewarnt. Mehr konnte man zum jetzigen Zeitpunkt nicht tun.

Der Bevölkerung erzählte man etwas von einer unbekannten giftigen Algenart, die zur Eisschmelze geführt hatte, und stellte alles andere unter strengste Geheimhaltung, um eine Panik zu verhindern. Die Menschen in Finnland waren zu Genüge gewarnt, kein Finne würde mehr mysteriöse Löcher im Eis eines Sees aufsuchen, sondern sofort die hierfür eingerichtete Hotline anrufen und den Fund melden.

Auch wenn Strindberg seinen jungen Kollegen von diesen geheimen Vorgängen nichts berichten durfte, kamen die Untersuchungsergebnisse des vorhandenen Probenmaterials einer biologischen Sensation gleich, hatte sich in dem See schließlich ein Organismus gebildet, dessen Fangarmorgan sich aus einem Konglomerat von Zellen dreier vollkommen unterschiedlicher Organismen zusammensetzte. Hier vermischten sich sogar Botanik und Zoologie. Zellen von Wasserpflanzen hatten mit den Zellen eines Nesseltieres einen völlig neuen Organismus gebildet, und das war, sowohl für Tyler als auch für Mårten, ungeheuerlich! Sie waren sich einig, dass sie das Material schnellst möglich veröffentlichen mussten, und auch Strindberg stimmte ihnen zu.

Der entscheidende Durchbruch aber war, dass Mårten die Fremdeiweiße der Landpflanzen auch in dem Ding unter Wasser finden konnte. Das war erst mal nicht sonderlich aufregend, aber bei einer Röntgenstrukturanalyse einiger Proteine konnte er aktive Zentren in der Struktur dieser Eiweiße nachweisen. Sie waren Biokatalysatoren, Enzyme, und sie waren nicht zufällige Produkte einer aus dem Ruder gelaufenen Genetik, sondern sie erfüllten eine Aufgabe. Der Zusammenschluss der verschiedenen Zelltypen fand mit an Sicherheit grenzender Wahrscheinlichkeit – da waren alle drei sich einig – unter der

Regie dieser Enzyme statt. Und das konnte an Land nicht in dieser Perfektion vor sich gehen. Lediglich die Pilze mussten auf diese Art und Weise von den Pflanzen beeinflusst worden sein. Aber unter Wasser konnten die Biokatalysatoren im Lösungsmittel Wasser den Kontakt zu den unterschiedlichen Zelltypen herstellen und eine vollständig neue Coevolution verwirklichen. Wie die Zellen letztendlich zusammengefunden hatten, blieb ein Rätsel, da die Organismen verschiedene Habitate bewohnten.

Die Aufregung ob dieser sensationellen Entdeckung war verständlicherweise groß, und Strindberg hatte aufgrund ihrer Fortschritte beschlossen, sich den heutigen Abend freizunehmen und die Nacht bei seiner Familie zu verbringen. Er hatte gerade das Institut verlassen und lief in Richtung Innenstadt, als er Schüsse hörte. In den letzten Stunden war es in Finnland wiederholt zu bewaffneten Zusammenstößen von Polizei und extremistischen Gruppen gekommen. Die Unruhen hatten im nördlichen Lappland begonnen, wo die Bevölkerung um ihre Existenz bangte. Die Rentiere der dort heimischen Lappen ernährten sich im Winter von den Baumflechten, und die waren allesamt Opfer der Infektion geworden, sodass die Menschen ihre Tiere notschlachten mussten.

Den Samen wurde die Lebensgrundlage entzogen, und einige Gruppen hatten sich bewaffnet und waren in Getreidespeicher der Regierung eingedrungen, um für ihre Tiere Futtermittel zu besorgen. Dies geschah natürlich aus der Not heraus, aber es handelte sich dabei trotzdem um Plünderungen, und der finnische Staat musste reagieren. Es gab Festnahmen und auch die ersten Toten auf der Seite der Bevölkerung. Die Volksseele kochte hoch, der Streit schien zu eskalieren. Örtlich herrschten bereits bürgerkriegsähnliche Zustände, und es wurde immer öfter von der Waffe Gebrauch gemacht, aber in Oulu war es bisher ruhig gewesen.

In der heraufziehenden Dämmerung, es musste kurz vor sechs Uhr sein, kamen ihm immer mehr Menschen entgegen, was für diese Uhrzeit ungewöhnlich war. Nach der Arbeit zog es die Leute meistens noch mal in die Stadt, um ihre Einkäufe zu erledigen. Sie sahen aber gehetzt aus, so als würden sie vor irgendetwas fliehen. Etwa hundert Meter voraus konnte er den Supermarkt an der Straßenecke bereits ausmachen. Plötzlich hörte er wieder mehrere aufeinanderfolgende Schüsse und erkannte jetzt auch das Mündungsfeuer. Die aus der Stadt strömenden Menschenmassen rannten ihm jetzt mit unverhohlener Angst in den Gesichtern entgegen. Einige zogen panisch ihre Kinder hinter sich her.

Strindberg sah jetzt Einheiten der Polizei, die aus der Deckung ihrer Einsatzfahrzeuge heraus auf irgendjemanden schossen. Auf wen konnte er aber nicht erkennen. Er erreichte den Supermarkt und schlüpfte hinein. Der Laden schien bis auf die Marktmitarbeiter hinter ihren Verkaufstheken und die Kassiererinnen, die aufgeregt miteinander redend im Eingangsbereich Deckung genommen hatten, leer zu sein. Strindberg ging auf die Kassiererinnen zu, die ihn argwöhnisch betrachteten, und sagte: »Keine Angst, meine Damen! Ich bin nur hier, um einzukaufen. Was ist denn da draußen los?«

Eine burschikos aussehende Frau Mitte dreißig mit kurzen strohblonden Haaren, einem auffälligen Augenbrauenpiercing und einem Tattoo auf ihrem Unterarm antwortete sarkastisch: »Jetzt geht's eben los, die lassen sich das nicht länger gefallen! Wundert mich überhaupt nicht. Weiß doch jeder, dass wir in Finnland am Arsch sind. Seit der großen Seuche geht's bergab mit uns. Gucken Sie doch mal in die Regale. Fast alles leer gekauft und nix Neues wird geliefert. Rentierfleisch ist momentan noch im Angebot.« Sie lachte resigniert und zündete sich mitten im Laden eine Zigarette an.

Eine Kollegin, eine ältere Frau mit grauen, zu einem Zopf gebundenen Haaren, schaute Strindberg an. »Sie hat ja recht! Bei den Samen hungern nicht nur die Rentiere, sondern auch die Kinder. Sie haben bereits begonnen, Rentiere notzuschlachten, weil sie sie nicht mehr ernähren können. Jetzt greifen sie eben zu den Waffen. Die haben vorhin das Großhandelskontor eine Straßenecke weiter ausgeraubt und dort Grundnahrungsmittel im großen Stil mitgehen lassen, regelrecht geplündert.«

Strindberg konnte es nicht fassen. Die Zivilisation in Finnland schien im Zusammenbruch begriffen, und er hatte es nicht mal mitbekommen. In den zwei Tagen, die sie im Labor verbracht hatten, waren die einst politisch stabilen Verhältnisse seines Heimatlandes ins Wanken geraten. Er beschloss, schnell die Dinge zu besorgen, die er noch brauchte, und hoffte, dass das Warensortiment die paar Zutaten für Hamburger noch hergab. Eigentlich benötigte er nur Hackfleisch, zur Not ging auch Rentierfleisch, Brötchen und ein paar Zwiebeln.

Als er sich umsah, erkannte er, dass er doch nicht der einzige Kunde war. Eine junge Mutter hatte den Markt betreten und versuchte, ihre beiden weinenden Kinder zu beruhigen. Sie waren vielleicht zwei und vier Jahre alt, wie Strindberg schätzte. Er konnte sich noch gut an dieses Alter bei seinen Kindern erinnern, und die Frau tat ihm leid, weil er wusste, wie schwierig es sein konnte, kleine Kinder zu beruhigen, wenn sie verängstigt waren. Er ging aufmerksam an der vor ihren Kindern knienden Frau vorbei, als ein weiterer Kunde in den Supermarkt gerannt kam.

Lukas Strindberg erkannte sofort, dass mit dem Kerl irgendetwas nicht stimmte. Der ungehobelte Typ hätte beinah den Kinderwagen umgerannt, konnte aber gerade noch ausweichen. Er trat dabei der Mutter versehentlich aus dem vollen Lauf heraus in den Unterleib. Die Frau sank stöhnend zusammen, und die Kinder fingen an, noch lauter zu schreien.

Der Kerl schien sehr betrunken zu sein und zog eine Waffe aus der Jacke, mit der er herumfuchtelnd lallte: »Tschuldigung! Das wollte ich nicht. Und ihr da ...«, er schwenkte die Waffe auf die Kassiererinnen, »ihr legt euch alle, außer der Blonden da, auf den Boden. Und du machst mir jetzt schnell alle Kassen auf.«

Strindberg kniete sich zu der jungen Frau und versuchte ihr zu helfen. »Ihr zwei da! Legt euch auch hin und sorgt dafür, dass diese scheiß Plagen endlich ihr Maul halten!« Der Mann wurde immer unzurechnungsfähiger und hantierte immer wilder mit der Waffe, worauf sich plötzlich ein Schuss löste. Die blonde Frau, die soeben noch mit Strindberg gesprochen hatte, blieb unvermittelt mit einem ausdruckslosen Gesicht stehen, und Strindberg konnte ihr direkt in die Augen sehen, die im Moment ihres Todes brachen. Die Kugel war ihr unterhalb des rechten Auges in den Schädel eingedrungen, und er sah einen sich schnell vergrößernden, roten Fleck, während sie zu Boden ging.

Plötzlich brachen die anderen Kassiererinnen in lautes Geschrei aus, da sie nun ebenfalls um ihr Leben bangten. Zweimal schoss der Typ in die Decke und schrie: »Haltet euer Maul, oder ich mach euch alle!« Strindberg kniete angespannt neben der jungen Frau und zählte die Schüsse. Jetzt hatte dieser Idiot noch drei Patronen im Lauf seines Revolvers.

Die Kinder schrien immer lauter, sie hatten eben einen Menschen sterben sehen und waren vollkommen traumatisiert. Der Kerl machte einen Ausfallschritt auf das ältere der beiden zu. Er zielte dabei mit der Waffe genau auf dessen Kopf. Strindberg schoss aus seiner Haltung hoch und warf sich zwischen das Kind und den irren Mörder. Er konnte den Schuss hören und wusste auch, dass er getroffen war, aber er verspürte keinen Schmerz. Die Kugel war in seine linke Schulter eingedrungen und hatte das Schlüsselbein zerschmettert. Er schleuderte herum.

Tödlich war erst der zweite Schuss. Das Projektil drang Strindberg kurz unterhalb der rechten Achselhöhle in den Körper. In seinem linken Lungenflügel blieb es mangels kinetischer Energie stecken, zerfetzte aber auf dem Weg dorthin mehrere lebenswichtige Arterien. Strindberg sackte an einem Pfeiler zusammen und konnte in dem nun folgenden Tohuwabohu noch sehen, wie der Irre aus dem Gebäude rannte, während sich sein Sehfeld langsam verkleinerte. Seine Sinne schwanden, und er spürte, wie das Leben aus ihm heraus floss und sich als rote Blutlache unter seinen Beinen ansammelte. Strindberg spürte, wie der große, schwarze Vogel Tod bereits seine Schwingen um ihn legte. Mit letzter, unendlich großer Anstrengung holte er seine Brieftasche aus seinem Revers und klappte sie auf seinem Schoß mit blutverschmierter Hand auf. Die Bilder seiner Kinder hatte er an glücklicheren Tagen im letzten Sommerurlaub aufgenommen. Lilja war damals gerade sechs geworden und Samuel war neun Jahre alt. Beide strahlten ihren Vater an, sie waren einkaufen gewesen, und abends hatten sie Hamburger à la Strindberg gegessen. Das Bild seiner geliebten Frau war schon älter. Er hatte es gemacht, kurz nachdem sie sich kennengelernt hatten.

Strindberg spürte einen fürchterlichen Schmerz in der Brust, seine Hand verkrampfte sich um die Brieftasche, wobei er die Bilder zusammenknüllte und mit seinem Blut benetzte. Eine Träne rann an seiner Wange herunter, und das Letzte, was er dachte, war, wie sehr er dieses schöne Mädchen damals geliebt hatte.

## 11. März, Deutschland – Marburg, Außenstelle des Institutes für Phyto- und Humanpathologie

Mia hatte schlecht geschlafen. Sie hatte von verdorrten, kargen Landschaften geträumt, auf denen nichts mehr wuchs, geschweige denn keimte. Sie war im Traum durch eine lebensfeindliche, von der Sonne verbrannte Steppe gelaufen und zog das Kind auf einer Wanderschaft ohne Ziel hinter sich her. Sie hatte dem Kind, ihrem Kind – im Traum war es ein kleines Mädchen mit blonden Zöpfen – versucht zu erklären, wie grüne Pflanzen früher ausgesehen hatten und dass der ganze Planet mit diesen wunderschönen Gewächsen bedeckt gewesen war, die besonders im Frühling mit ihrem frischen, vom Wasser benetzten Grün für die Menschen das Sinnbild des wiedererwachenden Lebens bedeuteten. Das Kind hatte es nicht verstanden und seine Mutter immerwährend nach Wasser angefleht. Mia war irgendwann mitten in der Nacht schweißgebadet aufgewacht und hatte sich stundenlang im Bett gewälzt.

Seit ihrer übereilten Abreise aus Finnland, nach Mikkas Selbstmord, lebte sie bei Alex und pendelte zwischen Frankfurt und Marburg. Von ihrem Gynäkologen erfuhr sie, dass sie schwanger war. Sie hatte sich sehr gefreut, und auch Simone gefiel der Gedanke, mit ihr eine kleine Familie zu gründen. Doch die Sorgen wurden immer größer. Die Umstände in Europa schienen immer weniger für eine Familienplanung geeignet zu sein. Mia hatte ihren Bericht über die Brandrodung in Malaysia und Indonesien noch im Januar an ihre Auftraggeber übergeben. Was mit den Ergebnissen passieren würde, lag nicht mehr in ihrer Hand, und unter den gegebenen Umständen in Europa war es ihr auch völlig schnuppe. Nach allem, was in Finnlands und schließlich in allen nördlichen Nadelwäldern Europas passiert war, interessierte sich kein Schwein mehr für illegale Brandrodungen in Südostasien. Selbst die Regierungen der betroffenen Länder hatten momentan andere Sorgen; sie blickten mit großer Skepsis und mit Angst um ihre Regenwälder auf das, was momentan in Europa passierte. Seit Bekanntwerden der Infektion im Süden Spaniens hielt praktisch die ganze Welt den Atem an, und die UNO rief die Regierungsvertreter der internationalen Staatengemeinschaft zu einer Sondersitzung nach der anderen zusammen. Dabei kam aber nichts weiter heraus, außer dass das Handelsembargo immer weiter ausgeweitet wurde und sich immer mehr nichteuropäische Staaten unter dem Schutzschirm des Embargos versteckten.

Aus Reihen der NATO hörte man zunehmend nervöser klingende Statements, die die Verteidigungsbereitschaft Europas während einer ausufernden europäischen Krise nicht als gefährdet ansahen, auch wenn Amerikaner und Kanadier de facto aus dem Verteidigungsbündnis ausgestiegen waren, weil die bestehenden Quarantänemaßnahmen und das Handelsembargo gemeinsame Manöver oder gar militärische Operationen ausschlossen. Von einem nordatlantischen Bündnis konnte auf jeden Fall keine Rede mehr sein.

Russland verhielt sich auffallend ruhig, aber in den Nachrichten wurde immer wieder von massiven Truppenbewegungen entlang der Grenzen berichtet. Die Russen setzten bei dem Kampf gegen die Seuche auf martialischere Strategien. Die russische Taiga war mittlerweile evakuiert, und man hatte begonnen, massive Bombardements gegen die Wälder zu fliegen. Selbst der Einsatz von Kernwaffen wurde in der russischen Duma schon gefordert, war bisher aber aufgrund unberechenbarer Kollateralschäden nicht näher in Betracht gezogen worden. Kritische Stimmen warnten auch davor, dass man mit den Bombardements und den daraus folgenden gigantischen Waldbränden die noch intakte Umwelt weiter verschmutzen würde.

Andere Staaten protestierten immer massiver gegen diese Maßnahmen, weil auch nicht vorhergesagt werden konnte, was mit den bis in höhere Atmosphärenschichten reichenden Rauchfahnen alles über den Globus verteilt wurde. Vor allem im Hinblick auf die noch nicht gefundene Ursache für die große Infektion ließ sich eine Verbreitung der Seuche über die bis in die Stratosphäre reichende Partikelfahne der Feuer nicht ausschließen.

Mia saß in der Küche des Westturmes und füllte Kaffee in den Zubereiter. Das Wasser im Wasserkocher fing bereits an zu sieden, während sie aus dem Fenster auf den Wald blickte, der hinter dem Wassergraben das Relief der Bergflanke abbildete. Zwischen dem Wald und dem Burggraben floss normalerweise das kleine, den Wassergraben speisende Bächlein mäandrierend dahin. In den letzten Tagen hatte sich der Bach durch die Schneeschmelze in ein reißendes Gewässer verwandelt, das drohte, über die Ufer zu treten. Der die Hänge des Tals bedeckende Wald war ein typisch deutscher Mischwald. Die Fichten verharrten alle in oranger Agonie, und der restliche Baumbestand, vorwiegend Eichen und Buchen, lag noch im winterlichen Dämmerschlaf.

Mia wandte ihren Blick ab, sie widerte dieser Anblick nur noch an. Erst gestern hatte sie den großen Kaktus, der auf der Küchenfensterbank gestanden hatte, wegwerfen müssen, weil sich das kranke Orange mit kleinen runden Flecken auch darauf gezeigt hatte. Sie goss das Wasser in den Kaffeebereiter und holte eine Tüte Milch aus dem Kühlschrank.

Sie saß am Tisch mit einem dampfenden Becher und hörte die Acht-Uhr-Nachrichten im Radio. Das Gerede über die große Infektion, der Begriff hatte sich mittlerweile eingebürgert, konnte sie nicht mehr hören. Den meisten Menschen ging es so. Vor allem, weil irgendwann immer die Rede auf die Fortschritte bei der Bekämpfung der Seuche kam, und die waren immer noch belanglos. Außer der Rodung von Wäldern war in den letzten Wochen nichts herausgekommen, und die wurde allerorts zunehmend eingestellt oder zurückgefahren. Aus den Forschungslaboren Europas und der Welt waren keine Nachrichten zu hören, die Anlass zur Hoffnung gegeben hätten. Die neuste, vom Nachrichtensprecher soeben vorgelesene Meldung bestätigte die gestern von Naomi Mae Wood zum ersten Mal im Fernsehen verkündete Nachricht von den erkrankten Süßgräsern in Spanien, als Alex in Boxershorts und T-Shirt die Küche betrat, wobei er sich gähnend durch das ungekämmte, struppige Haar fuhr.

»Sei mal still! Ich will hören, was der sagt.« Mia glaubte ihren Ohren nicht zu trauen.

»... wurden gestern in Südspanien Vertreter der Süßgräser mit eindeutigen Anzeichen der großen Infektion entdeckt. Bei den Gräsern handelte es sich vorwiegend um das einjährige Rispengras, eine Süßgrasart, die als Kosmopolit auf dem gesamten Globus in allen Klimazonen zu finden ist.«

Alex ließ sich in einen Küchenstuhl fallen, nahm sich einen Kaffee und stöhnte entnervt auf, während der Sprecher von Finnland berichtete:

»Die Unruhen, die gestern im nördlichen Lappland mit Plünderungen durch samische Volksgruppen begannen, weiten sich immer mehr aus. Es kam schon vermehrt zu Zusammenstößen der Polizei mit bewaffneten Gruppen der Bevölkerung, bei denen auch viele Tote zu beklagen sind. Nach den uns vorliegenden Meldungen starben allein auf Seite der samischen Minderheit mehrere Dutzend Menschen. Auch aus der Hafenstadt Oulu, am Bottnischen Meerbusen, werden bewaffnete Zusammenstöße mit mehreren Toten gemeldet.«

Mia sah Alex an, und der Nachrichtensprecher fuhr mit seiner emotionslosen Stimme ohne Höhen und Tiefen, die seriös klingen sollte, mit dem Wetterbericht fort: »Die nächsten Tage werden von frühlingshaften Temperaturen um die zwanzig Grad mit viel Sonnenschein bestimmt. Vereinzelt ist in höheren Regionen nachts noch mit Bodenfrost zu rechnen. Der zweite Teil der Woche bringt dann den Frühling mit Temperaturen über zwanzig Grad. Mit Niederschlägen ist nicht zu rechnen.«

»Jetzt geht's los.« Alex klang sehr besorgt.

»Was geht los, meinst du den lang erwarteten Frühling?« Mias Unterton rutschte von der Ironie in den Sarkasmus.

»Natürlich meine ich den *lang erwarteten* Frühling«, erwiderte Alex und steigerte sich ins Zynische. »Und ich meine die Scheiße, die in Finnland um sich greift. Das sind die ersten Vorboten von dem, was uns hier auch bald erwartet. Ich muss unbedingt Anna anrufen.«

Alex pflegte seit der Abreise aus Finnland einen lockeren Kontakt zu Anna, wenn man von dem Attribut »locker« in Annas Situation überhaupt sprechen konnte. Sie und die Kinder waren nach der Selbsttötung von Mikka am Boden zerstört. Anna hatte für die eigene Trauer bisher keine Zeit gefunden, musste sie sich doch nach diesem Schicksalsschlag erst mal um die drei traumatisierten Kinder kümmern. Am Schlimmsten hatte es Toni erwischt, der seinem Vater am nächsten gestanden hatte. Aber auch Aada und Elias hatten ihr Päckchen zu tragen, das sie noch lange begleiten würde. Anna hatte natürlich nicht mit dem Selbstmord gerechnet, machte sich aber dennoch Vorwürfe. Mikka hatte in den letzten Wochen vor seinem Tod mehrere depressive Phasen durchgemacht und auf Anraten des Arztes auch Antidepressiva genommen. Er hatte schon sehr unter dem Druck der hohen Schuldenlast gelitten, aber als er die Zerstörung seines Waldes durch die Seuche unmittelbar verfolgen konnte, musste irgendwas in ihm zerbrochen sein. Er hatte die Medikamente unbemerkt von Anna abgesetzt. Sie hatte sich das immer und immer wieder vorgeworfen, weil sie glaubte, als seine Frau hätte sie mehr auf ihn achten müssen. Außerdem war sie fest davon überzeugt, dass letztendlich die Medikamentenverweigerung Mikka in seinen Selbstmord getrieben hatte.

Hätte, hätte, dachte sie manchmal in neurotisch anmutendem Gedankenkreisen. Aber Anna war eine starke Frau, und sie beschloss, ihr Leben weiter zu leben, wenn nicht für sich, dann wenigstens für die Kinder. Manchmal musste sie auch an den Deutschen denken. An den blonden Kerl, an dessen Bett sie gesessen hatte und der in ihrer Küche am Abend von Mikkas Selbstmord mit den anderen diskutiert hatte. Alex rief sie sporadisch immer mal wieder an, und die Gespräche mit ihm taten ihr sehr gut. Manchmal hatte Anna nach so einem Telefonat ein schlechtes Gewissen. Eine um ihren Mann trauernde Frau sollte nicht mit einem gut aussehenden Mann telefonieren und sich dabei wohlfühlen, dachte sie dann.

Was sie neben dem Freitod ihres Mannes zusätzlich belastete, waren die hohen Schulden. Manchmal wusste sie nicht einmal, wie sie die Kinder ernähren sollte. Ohne die Familie und die finanzielle Hilfe von Onkel Anton wäre sie vollkommen verzweifelt. Hinzu kam noch die Abwicklung des hoch verschuldeten Hofes. Der Wald war tot und das Holz nicht mehr zu verkaufen. Die Forstmaschinen waren zum Teil zwar noch neuwertig, aber nicht abbezahlt, und wer würde in der jetzigen Situation in Finnland noch Geld in die Hand nehmen, um sich einen Fuhrpark mit Forstmaschinen zuzulegen? Kurz: Sie stand vor der Insolvenz und konnte die laufenden Kredite nicht mehr bedienen. Mikkas Lebensversicherung war durch den Selbstmord aus der Pflicht. Anna hatte sich schon oft bei dem Gedanken erwischt, es wäre für alle besser gewesen, wenn Mikka ein Baum auf den Kopf gefallen wäre. Die einzige Hoffnung, die sie noch hatte, waren staatliche Hilfen. Strindberg hatte sich bei der Regierung sehr für sie eingesetzt, aber in Finnland war mittlerweile jeder auf staatliche Hilfen angewiesen. Der Staat selbst schielte in der Hoffnung auf Gelder der Europäischen Union nach Brüssel, sodass Anna mit großer Mutlosigkeit in die Zukunft schaute.

Alex saß in seinem Büro, die Füße auf dem Schreibtisch, und wählte die Nummer in Finnland. Wie immer vor so einem Telefonat war er nervös und zwirbelte fahrig mit der Linken eine Strähne seiner langen blonden Haare.

Das Freizeichen ertönte, die Verbindung wurde aufgebaut. Unendlich lange kam ihm die Zeit vor, und er wollte schon auflegen, als eine Stimme mit einem kurz und bündigen »Hi!« zu hören war.

»Hi Toni! Schön, dich mal wieder zu sprechen.« Alex hatte seine Stimme sofort erkannt und freute sich, den Jungen in der Leitung zu haben. »Wie geht's dir?«

Toni wechselte sofort ins Englische: »Hi Alex, schön, das du anrufst! Mir geht es gut. Hab seit einigen Tagen keine Schule mehr, wegen der Unruhen hier bei uns.«

»Habt ihr etwa auch schon was davon mitbekommen? Ich hoffe, es geht euch allen gut.« Alex war besorgt.

»Klar, hier ist die Hölle los. Überall hört man Schüsse. Wir haben Ausgangssperre in Salla und müssen nachts im Haus bleiben. Die Plünderungen nehmen immer mehr zu. Seitdem die ersten Idioten mit den Hamsterkäufen begonnen haben, drehen hier alle am Rad. Jeder ist sich selbst der Nächste und sieht zu, dass er Lebensmittel hortet.«

Alex unterbrach ihn: »Und ihr alle, wie kommt ihr klar?«

»Nicht so toll, ich hab totalen Hunger. Wir haben kaum noch was zu essen und warten darauf, dass die Armee uns hilft. Es hieß, sie würden heute Lebensmittel verteilen, und Mutter ist seit heute Morgen unterwegs nach Salla, um uns was zu besorgen.«

»Was? Sie ist alleine unterwegs? Hat sie ihr Handy dabei? Ich muss mit ihr reden!«

»Ja, aber es ging ihr nicht gut heute Morgen. Ich glaube, sie war sehr traurig.« Toni klang jetzt aufgewühlt.

»Wieso, was ist denn bei euch los?

»Sie hat gestern Abend bei Strindberg angerufen. Der hat uns in letzter Zeit immer wieder besucht und uns geholfen. Sie hat mit seiner Frau gesprochen.« Toni stockte, und Alex konnte hören, dass er erschüttert war.

»Und was hat sie Anna erzählt?«

»Sie hat fast nur geweint. Ihr Mann wurde gestern Abend in Oulu erschossen.«

»Nein! Bitte, das darf nicht wahr sein!« Alex war vollkommen durch den Wind. »Toni, gib mir bitte ihre Handynummer. Ich muss sie sofort anrufen.«

Beide kämpften mit den Tränen, während Toni Annas Nummer diktierte und sie sich fürs Erste verabschiedeten, nicht ohne dass Alex noch ein paar aufmunternde Worte für den Jungen fand.

## 11. März, Finnland – Salla

Die Warterei war das Schlimmste. Anna empfand es als erniedrigend, im Gemeindehaus in der Schlange zu stehen und auf die Ausgabe der Essensmarken zu warten. Zwei Stunden hatte sie dort mit all den anderen gewartet und in die verzweifelten Gesichter der Menschen geblickt, die hier für ihre Lieben standen und hofften, etwas zu essen mit nach Hause zu bringen. Danach fanden sie sich in der Kälte unter freiem Himmel wieder zusammen und warteten auf dem Vorplatz auf den Armeelaster mit den versprochenen Nahrungsmitteln. Als der LKW endlich auf den Platz fuhr, standen dort einige hundert Menschen und drängten undiszipliniert auf die Absperrung zu, bis ein ranghoher Offizier mit einem Megafon sie aufforderte, sich in einer Reihe aufzustellen und sich ruhig zu verhalten. Er drohte, die Aktion ansonsten abzublasen und die Leute nach Hause zu schicken.

Anna stand im vorderen Drittel der Menschenmenge und war froh darüber, einen so guten Platz ergattert zu haben, als ihr Telefon klingelte.

»Anna, bist du es?«

Sie erkannte die Stimme nicht und wunderte sich über die komische Aussprache des Englisch sprechenden Mannes. »Ja, Ja! Wer spricht denn da?«

»Ich bin es, Alex! Ich rufe aus Deutschland an. Ich habe eben mit deinem Sohn telefoniert. Er hat mir alles erzählt. Wo bist du?«

»Alex, ich bin so froh, deine Stimme zu hören. Es ist alles so schlimm hier. Strindberg ist tot. Sie haben ihn gestern erschossen. Ich hab mit seiner Frau gesprochen. Das war so traurig. Ich kann nicht mehr.«

»Anna, wo bist du jetzt?«, platzte es aus ihm heraus.

»Ich bin in Salla. Sie verteilen hier Lebensmittel. Die Supermärkte sind leer gekauft, und es kommt kein Nachschub mehr. Die Kinder haben Hunger, wir sind vollkommen pleite und ich muss ...« Anna wurde von der drängelnden Menge immer weiter auf die Absperrung zu geschoben und hätte beinah das Telefon fallen lassen. Der schiebende und drückende Pulk bewegte sich wie ein einzelner großer Organismus in Richtung der Absperrungen, die die Menge trichterförmig in eine Schlange formte. Einer nach dem anderen wurde so von der hinten stehenden Meute durch die Gasse der Sperrgitter auf den Lastwagen zu geschoben.

Es gelang ihr wieder, das Handy ans Ohr zu bekommen. Die Verbindung stand noch, und sie konnte Alex reden hören, verstand aber nicht, was er sagte.

»Alex, ich muss jetzt aufhören. Ich stehe in der Schlange, und die drücken wie verrückt von hinten. Lass uns später noch mal telefonieren.«

Alex redete ununterbrochen, aber seine Worte klangen durch das Rauschen und Knacken in der Leitung total zerhackt. Anna verstand kein Wort. Sie wollte etwas sagen, als unvermittelt ein Ruck durch die Menge ging und sie diesmal nach hinten gestoßen wurde. Während sie sich noch darüber wunderte, warum die Menschen plötzlich vom Lastwagen weg in die falsche Richtung drängelten, beobachtete sie mehrere Meter vor sich, direkt vor der Ladefläche des Fahrzeugs, tumultartige Szenen.

Schwerbewaffnete, mit schwarzen Tüchern und Sonnenbrillen maskierte Männer in Fantasieuniformen standen den wachhabenden Offizieren und Soldaten mit schussbereiten Schnellfeuergewehren gegenüber, die ihrerseits die Waffen im Anschlag hatten. Die Situation war kurz davor zu eskalieren. Die Männer schrien sich an, aber Anna konnte nicht verstehen, was geschrien wurde. Eine kurze Gewehrsalve aus dem Sturmgewehr eines maskierten Mannes, es schien ihr Anführer zu sein, zerschnitt das Geschrei der Männer, und die Menschenmenge stob in alle Richtungen auseinander, wobei die Absperrungen niedergerissen wurden. Anna sah mehrere Menschen fallen - darunter auch Frauen mit ihren Kindern. Was mit ihnen passierte, konnte sie nicht mehr sehen, aber sie sah zwei Soldaten blutüberströmt zu Boden gehen. Sie schienen mehrmals in Kopf und Brust getroffen zu sein.

Anna wurde von einem heftigen Schlag gegen die Brust fast umgeworfen und konnte nach hinten taumelnd nur noch hören, wie das Geschehen vor ihr vollkommen eskalierte. Kurze knatternde Gewehrsalven wechselten sich mit den Schreien sterbender Männer ab. Anna erlangte in der Rückwärtsbewegung ihr Gleichgewicht wieder und sah, während sie von der flüchtenden Menge mitgerissen wurde und einen Blick über ihre Schulter zurückwerfen konnte, wie die Szene sich in ein Inferno verwandelte. Sie sah die Mündungsfeuer und sie sah sterbende Menschen, die von Kugeln durchsiebt zusammensackten. Sie konnte jetzt erkennen, dass unter den getroffenen Personen nicht nur Soldaten waren. Im Tumult schossen die bewaffneten Männer anscheinend ziellos um sich, ihre Kugeln trafen auch Zivilisten.

Anna blieb nichts anderes übrig, als mit der tosenden Menge zu rennen. Wenn sie jetzt strauchelte, wäre das ihr sicherer Tod unter den Füßen der Flüchtenden, die kopflos von der Gefahrenquelle wegzukommen versuchten. Zu ihrer Rechten rannte ein junger Mann, den sie kannte. Es war Erik, der Hausmeister an ihrer Schule. Sein Kopf schien in dem Moment, als sich ihre Blicke kurz trafen, zu explodieren. Anna spürte etwas Warmes in ihr Gesicht klatschen und schrie auf. Noch im Rennen wischte sie sich Blut und Hirnmasse des Hausmeisters aus dem Gesicht und steigerte von Panik ergriffen das Tempo. Erst als sie mehrere hundert Meter gerannt war - die Menschenmenge hatte sich mittlerweile verteilt -, konnte sie in der Deckung eines alten, windschiefen

Holzschuppens verschnaufen. Völlig außer Atem und mit wild schlagendem Herzen schnappte sie nach Luft und merkte erst jetzt, dass sie das Handy immer noch in der verkrampften Hand hielt.

»Alex bist du noch da?«, schrie sie nach Luft ringend in das Telefon.

»Ja, bin noch…« Wieder riss die Verbindung kurz ab. »Was ist da los?«, Alex schrie nun ebenfalls, um das störende Hintergrundrauschen zu übertönen. Anna konnte nur noch verstehen: »… geh nach Hause! Ich hole euch da raus«, bevor die Verbindung zusammenbrach.

Erst jetzt spürte sie, dass sie am ganzen Leib zitterte. Das knatternde Maschinengewehrfeuer und das auf- und abschwellende Heulen der näher kommenden Sirenen drang nur noch dumpf in ihr Bewusstsein.

## 11. März, Deutschland – Kanzleramt Berlin

»Wir stehen vor einer nationalen und internationalen Krisensituation, die wir in dieser Größenordnung noch nicht erlebt haben und deren Tragweite wir noch gar nicht abschätzen können.« Außenminister Russ war in Rage. »Alles deutet doch darauf hin, dass sich diese verdammte Krankheit zu einer Geißel der Menschheit ausweitet, und wir sollen so tun, als ob uns das nichts anginge.«

»Das habe ich so nicht gesagt! Ich meine, und mit der Meinung stehe ich hier nicht alleine ...« Die Ministerin des Inneren, Natalie Seybold, schaute Sander vom Bundesamt für Verfassungsschutz und Brigadegeneral von Eiff vom Militärischen Abschirmdienst abwechselnd an. »Ich meine, dass wir die Menschen in unserem Land nicht über jedes Detail der Zukunftsprognose von Keiner aufklären müssen.«

»Aber die Menschen brauchen keine auf Computermodellen basierende Zukunftsprognosen vom Bundesamt für Bevölkerungsschutz und Katastrophenhilfe, um den Ernst der Lage zu begreifen. Hören Sie endlich auf, die Leute für dumm zu verkaufen. Die müssen in ein paar Tagen nur das Haus verlassen oder die Nachrichten der letzten Tage richtig interpretieren, dann wissen sie, dass es uns an den Kragen gehen wird. Außerdem leben wir im Zeitalter von Internet und Smartphones, wir haben Facebook, Twitter und YouTube. Die Menschen kommen heute auch im letzten verkackten Kaff in Hinterbayern an Informationen aus der gesamten Welt. Die müssen nur noch eins und eins zusammenzählen. Leute, werdet endlich wach! Dafür muss man nicht studiert haben. Um das zu kapieren, reicht schon das verlängerte Rückenmark.« Markus Behringer sprach unverhüllt und war ärgerlich über die Ignoranz gegenüber der Bevölkerung.

Daniel Keiner stimmte ihm zu: »Unser Computermodell ist in drei Wochen überholt. Er hat recht. Was in Finnland los ist – ich meine die gewaltsamen Plünderungen und die Hamsterkäufe –, wissen doch die Menschen in Europa längst, und dass die Seuche bisher keine einzige Pflanze verschonte, hat sich seit Naomi Mae Woods Sternstunde von gestern Abend auch in jedermanns Hirn gebrannt. Ich stimme Markus zu. Das Interview von gestern ist zurzeit das meist angeklickte Internetvideo, und dass die große Infektion auch unsere Kulturpflanzen befällt, ist mittlerweile Fakt für jedermann. Und jetzt auch noch die Gräser in Spanien!«

Von Eiff vom MAD schüttelte energisch den Kopf: »Trotzdem müssen wir extrem aufpassen, dass wir nicht bald auch finnische Verhältnisse bei uns bekommen.«

»Gut, den Frühling halten wir nicht mehr auf. Wir können den Menschen auch nicht verbieten, das zu sehen, was sie in einigen Tagen zu sehen bekommen. Aber wir können das Internet und diese elektronischen Auswüchse, Twitter und Youtube, abschalten, um die Panik in der Bevölkerung auf ein erträgliches Maß zu reduzieren und nicht auch noch die Ängste zu schüren.«

Sander vom Verfassungsschutz wurde vom Bundeskanzler unterbrochen: »Aber, aber, Herr Sander, wir sind doch nicht in der Türkei! Noch leben wir in einer parlamentarischen Demokratie. Wir sind die Souveräne des Volkes und keine muselmanischen Kalifen aus Bagdad.«

Behringer musste lachen und fügte dann hinzu: »Herr Bundeskanzler, da gebe ich Ihnen recht«, und an Daniel Keiner gewandt: »Ihr beschreibt mit eurer Prognose ein Worst-Case-Szenario. Kannst du noch mal kurz für uns alle zusammenfassen, wie eurer Meinung nach der weitere Verlauf der Infektion aussehen wird und welche Konsequenzen sich hieraus für die Bevölkerung ableiten lassen, Daniel?«

»Klar, gerne! Ich fasse mich kurz. Nach den bisherigen Erkenntnissen hat die Infektion alle Nadelgehölze in ihrem Einzugsgebiet befallen. Auch alle immergrünen Blütenpflanzen, und fast alle bei uns kultivierten Zimmerpflanzen sowie die Kulturpflanzen und die ersten Süßgräser in Spanien sind erkrankt. Wir erleben momentan den Einzug des Frühlings und gehen davon aus - wir haben uns da die Meinung vieler unabhängiger Experten eingeholt –, dass die Erkrankung alle unsere Kulturpflanzen, also alle Obst-, Gemüse- und Getreidepflanzen, in kürzester Zeit befallen und vernichten wird. Konkret bedeutet das den vollständigen Ausfall der Nahrungsmittelpflanzen für annähernd 740 Millionen Europäer. Auch die Futterpflanzen für das Schlacht- und Nutzvieh werden ausfallen. Die Tiere konnten wir in der Vergangenheit sowieso nur durch massive Sojabohnenimporte ausreichend ernähren, die wegen der internationalen Quarantänemaßnahmen aber schon weggefallen sind. Dies hat zu Keulungen im großen Maßstab geführt, sodass unsere Kühlhäuser bis unter die Dächer mit Fleisch gefüllt sind. Die von der Bundesrepublik Deutschland und den restlichen europäischen Staaten eingelagerten Nahrungsmittelreserven scheinen nicht geeignet, alle Menschen über einen längeren Zeitraum - und damit meine ich nicht länger als drei Monate - zu ernähren. Die deutsche zivile Notfallreserve und die Bundesreserve Getreide reichen maximal für eine 74 tägige Vollversorgung der Bevölkerung aus, wenn wir von 1500 Kilokalorien pro Person und Tag ausgehen. Danach werden wir die restlichen Tiere verspeisen, die überlebt haben, und die Kühlhäuser leer essen. Dann ist Schluss! Es sei denn, es kommt noch zu Fällen von Kannibalismus in der Bevölkerung, was nicht auszuschließen ist.«

Im Konferenzraum herrschte bedrücktes Schweigen, bis Innenministerin Seybold das Wort ergriff: »Das von Ihnen vorgestellte Szenario ist, wenn es denn wirklich so kommen sollte, nicht nur eine

Geißel, wie Russ es eben ausgedrückt hat, sondern die Apokalypse der Menschheit. Welche Informationen liegen uns zur weiteren Ausbreitung der Infektion vor? Ich denke da vor allem an die Streuung auf anderen Kontinenten.«

Markus Behringer schaute in die Runde. »Daniel, raus mit den Prognosen!«

»Okay! Wir haben mehrere Großrechner mit den uns zurzeit vorliegenden Daten gefüttert. Dabei wurden die verschiedenen Variablen berücksichtigt wie Ausbreitungsgeschwindigkeit, Wachstumsfaktoren, Schutz vor Infektion durch natürliche topografische Barrieren und so weiter. Was dabei rauskam, ist immer das Gleiche. Die Infektion wird über kurz oder lang, hierzu lieferten die Modelle unterschiedliche Verlaufshypothesen, global werden. Wir können momentan zusehen, wie die Seuche im mittleren Westen Russlands scheinbar mühelos ein 1900 Meter hohes Gebirge, den Ural, überquert hat und sich im asiatischen Teil der Taiga mit einer ebenso unfassbaren Geschwindigkeit ausbreitet, wie sie es zuvor schon in Skandinavien und Europa getan hat. Das Gleiche beobachten wir in den Alpen. Die Infektion wird zurzeit nur von der natürlichen Baumgrenze aufgehalten. Klar, wo keine Koniferen mehr stehen, kann sich auch nichts mehr ausbreiten. Das ist ein Pyrrhussieg, der die Ausbreitung nur verzögern, aber nicht aufhalten kann. Die Infektion wälzt sich momentan durch die Alpentäler wie Hannibal mit seinen Elefanten, und es ist nur noch eine Frage der Zeit, bis sie den Mittelmeerraum erreicht. Nach den neusten Meldungen, die uns seit heute Morgen vorliegen, wurden erste Infektionen aus Locarno und Ascona am nördlichen Schweizer Teil des Lago Maggiore und vom Comer See gemeldet. Last, but not least wäre da noch die Infektion in Südspanien zu nennen. Eingeschleppt vom Transitverkehr über die Pyrenäen, breitet sie sich in der mediterranen Klimazone des spanischen

Frühlings aus, worüber ich aber noch keine Zahlen vorliegen habe. Was die noch nicht befallenen Kontinente angeht, also Australien und der amerikanische Kontinent – die Antarktis ist für eine Pflanzenkrankheit eher uninteressant –, kann man anhand der schon infizierten europäischen Inseln England, Irland, den Shetland-Inseln und den Färöer prognostizieren. Die computergestützten Modelle zeigen aber alle, und damit meine ich Berechnungen mit acht europäischen Großrechenanlagen, eine Ausbreitung auch über große Distanzen hinweg. Die Infektion wird mit einem einzigartigen Inselhopping über Island und Grönland oder auch über die Azoren den nordamerikanischen Kontinent erreichen. Wenn sie nicht diesen Weg nimmt, dann wird sie über die Beringstraße mit Sicherheit nach Nordamerika vordringen können. Was mit Australien passieren wird? Na, da brauchen wir uns nur die Inselkette zwischen Down Under und Südostasien anschauen. Malaysia, Indonesien und Papua-Neuguinea sind die Zwischenstationen nach Australien und Neuseeland. Ich denke, dass Amerikaner, Kanadier und Australier zu den gleichen Ergebnissen kommen werden oder schon gekommen sind. Wahrscheinlich treffen sie dort schon Vorbereitungen für den D-Day.«

Keiner trank einen Schluck Wasser und schaute die anderen betrübt an. »Wenn ich einen Begriff aus der Infektionsmedizin bemühen dürfte, würde ich sagen, wir haben es demnächst mit einer weltweiten Pandemie zu tun.«

»Wie lange haben wir?« Brigadegeneral von Eiff beugte sich mit in Falten gezogener Stirn über den Tisch und schaute Daniel Keiner direkt in die Augen.

»Wie gesagt, die berechneten Infektionsmodelle lieferten ...«

»Wie lange?«

»Wir müssen davon ausgehen, dass bei gleichbleibendem Ausbreitungsmuster die planetare Flora in eineinhalb bis zwei Jahren vollständig durch die große Infektion eliminiert ist.«

»Was ist mit den Weltmeeren?« Sander suchte fieberhaft nach Auswegen aus diesem Armageddon. »Wir können doch Nahrung aus den Ozeanen beziehen. Ich denke da an unsere Hochseefischerei und Algen, die man auch verzehren kann.«

Behringer und Keiner tauschten einen langen Blick aus, bis Behringer seufzend antwortete: »Das wird uns nicht lange helfen können. Die Weltmeere sind heute schon hoffnungslos überfischt. Sieben Milliarden Mäuler lassen sich nicht mit Fisch und schon gar nicht mit Algen stopfen, die sowieso kaum einen nennenswerten Nährwert haben. Da fällt mir auch noch ein, dass wir auch schon erste Anomalien in Gewässern festgestellt haben. Darüber haben wir noch gar nicht gesprochen.«

Sander schaute ihn fassungslos an: »Von was für Anomalien sprechen Sie da?«

»Nun, wir wurden von der europäischen Taskforce heute Morgen nicht nur über die Ausbreitung der Infektion in den südlichen Alpen informiert. Die Norweger melden an ihren Küsten ein extremes Algensterben.«

»Und, haben die wenigstens einen Nährwert?«, fragte Seybold lakonisch.

»Hierzu liegen mir keine Erkenntnisse vor. Das ist auch von untergeordneter Bedeutung. Die Algen zeigen Anzeichen der Infektion und verstopfen als abgestorbene Biomasse die ersten Fjorde in Norwegen. Durch den mikrobiellen Abbau der toten organischen Masse kommt es zu einem massiven Sterben. Ganze Biotope gehen dort oben momentan durch die Sauerstoffzehrung in den Buchten zugrunde. So, wie es sich darstellt, wird die marine Flora auch von der Infektion dahingerafft. Zumindest in der Norwegischen See.«

»Helfen Sie mir, Behringer! Hatten wir vor einigen Tagen nicht auch eine Eildepesche der Taskforce auf dem Schreibtisch, in der die Finnen über Anomalien in einigen Binnenseen berichten?« Seybold schaute fragend in die Runde.

»Ganz recht, Frau Seybold! Die Finnen berichteten darin von einem fremdartigen Organismus, den sie wiederholt in ein oder zwei Seen gefunden haben. Es soll Tote gegeben haben, und wir wurden aufgefordert, nach elektromagnetischen Anomalien in der Nähe unserer Binnenseen zu suchen. Es hieß, der Organismus wurde immer in Gewässern gefunden, deren Eisdecken kreisrund aufgetaut waren und in deren unmittelbarer Nähe elektromagnetische Störfelder auftraten, die auch Telefonnetze störten. Wir haben bisher aber noch nichts Vergleichbares in Deutschland entdecken können. Auch unsere europäischen Nachbarn haben Entwarnung gegeben.«

»Was waren das für Organismen, und was ist aus ihnen geworden?«, mischte sich Brigadegeneral von Eiff ein.

»In dem Papier war die Rede von runden Zellkonglomeraten, mehrere Meter im Durchmesser, die Taucher angegriffen und auch getötet haben sollen. Die Dinger wurden aufgrund der Gefährdung für die Bevölkerung allesamt vernichtet.«

»Wie getötet, und was sollen das um Himmels willen für elektromagnetische Störfelder sein?«, fragte von Eiff skeptisch.

»Dazu haben wir keine genauen Informationen. Es war nur die Rede von hochgiftigen Nesselzellen mit Toxinen, die denen der portugiesischen Galeere ähneln sollen«.

»Sonst keine Informationen?«

»Ich habe von Professor Strindberg aus Oulu Informationen darüber erhalten, dass Proben dieser Organismen momentan in Laboren der Universitäten Oulu und Cambridge einer eingehenden Untersuchung unterzogen werden. Sobald ich etwas Neues höre, werde ich Ihnen allen sofort Meldung erstatten. Noch was …«

»Nein, bitte! Mein Bedarf an schlechten Meldungen ist für heute gedeckt!«, entfuhr es Sander vom Verfassungsschutz.

Behringer lächelte ihn milde an. »Doch, Herr Sander! Das muss leider auch noch raus.« Er räusperte sich und fuhr fort: »Ich habe heute mit mehreren Botanikern gesprochen. Das massive Pflanzensterben wird uns auch noch ein paar klimatische Probleme bereiten. Da tote Pflanzen kein Wasser mehr aufnehmen können, werden sie auch keines mehr über ihr welkes Blattwerk abgeben. Das heißt, es wird sich in Kürze weniger Wasserdampf in unserer Atmosphäre befinden und die Wolkenbildung wird zurückgehen. Wir müssen mit einem Rückgang der Niederschläge um fünfzig Prozent rechnen. Das wird aber momentan noch durch Computerberechnungen überprüft. Weiterhin wird es zu vermehrter Bodenerosion kommen. Die Wurzeln der toten Pflanzen werden im Erdreich zersetzt und bieten dem Boden keinen Halt mehr. Wir müssen also auch mit starken Abschwemmungen und Schlammlawinen sowie Bergrutschen rechnen.«

Von Eiff fiel zurück in seinen Sitz und fuhr sich nervös durch seinen militärischen Kurzhaarschnitt: »Meine liebe Frau Seybold, das ist wahrlich die Apokalypse. Ich hätte nie gedacht, dass ich den Untergang der Menschheit miterleben würde. Nicht so, eher durch einen weltweiten thermonuklearen Krieg, aber doch nicht so!«

»Richtig, was Sie da sagen.« Die Ministerin für innere Angelegenheiten sprach jetzt den Kanzler direkt an: »Es geht hier um nicht weniger als den Untergang oder den Erhalt der Menschheit. Wir müssen jetzt über Maßnahmen sprechen, die zumindest einem Teil der Menschen das Überleben sichern.«

»Mein Gott, Sie können doch nicht einfach die Menschen sterben lassen! Wir opfern Millionen Seelen, Frauen und Kinder!« Sander hatte kein Verständnis für den Pragmatismus der Innenministerin.

»Ich will diese Menschen nicht sterben lassen, aber mein lieber Herr Sander, diese Menschen werden sterben, und es ist unsere verdammte Pflicht, zu verhindern, dass wir vollkommen von diesem Planeten getilgt werden.«

»Und es wird noch schlimmer kommen, Sander!« Von Eiff war jetzt ganz Militär. »Die Menschen werden sich nicht einfach mit ihren Kindern hinsetzen und verhungern. Die Gewaltausbrüche, die wir momentan in Finnland erleben, sind nur der Anfang. Das wird wie ein Buschfeuer über Europa, was sage ich, über die Welt kommen. Es wird zu Verteilungskämpfen innerhalb der Bevölkerung, vielleicht sogar zwischen ganzen Nationen kommen. Es werden bewaffnete, marodierende Horden durch das Land ziehen. Plünderung und Mord wird zum Tagesgeschäft werden. Das ist der Niedergang der zivilisierten Welt, wie wir sie kennen.«

»Wir müssen sofort ein Programm in die Wege leiten, vielleicht in Zusammenarbeit mit anderen Nationen, um einem Teil das Überleben zu sichern. Wir müssen einer kleinen Elite die Chance auf einen Neuanfang geben, wenn das alles irgendwann hoffentlich vorbei ist.« Seybold sprach im Brustton der Überzeugung. »Aber wir sollten nicht nur unser eigenes Süppchen kochen. Wir müssen den Völkern der Welt die Hand reichen. Wir brauchen eine globale Zusammenarbeit, um in dieser düsteren Zeit der Gefahr zu trotzen und den Abgrund gemeinsam zu überwinden.«

Der Bundeskanzler hatte sich bisher im Hintergrund gehalten und sich die Ausführungen mit wachsendem Entsetzen angehört. Dass es so schlimm kommen sollte, hatte er bisher noch nicht in dieser Eindringlichkeit und Vehemenz gehört. »Gut, meine Damen und Herren, ich denke, wir haben genug gehört. Lassen Sie uns einen Masterplan für das Überleben der Menschheit entwerfen, damit wir gewappnet sind, sollte es wirklich so weit kommen. Davon müssen wir nach dem eben Gehörten leider ausgehen. Die Chance auf ein Heilmittel oder Gegenmittel gehen zwar nach Aussagen von Behringer und Keiner momentan gegen Null, aber wir werden auf dem Gebiet weiter Zeit und Geld in die wissenschaftliche Elite Europas investieren. Diesen Weg dürfen wir auf keinen Fall aus den Augen verlieren. Ansonsten werden wir als Krisenstab der BRD sofort Kontakt mit der europäischen Taskforce aufnehmen und die Angelegenheit besprechen. Außerdem werden Sie, Herr Russ, sofort einen Kontakt zu unseren Freunden in Übersee herstellen, um deren Einschätzung der Lage abzuklopfen und schnellstmöglich ein Treffen zu organisieren. Vielleicht auch unter Federführung der UNO. Noch Fragen? Keine? Dann gehen Sie ans Werk! Wir haben keine Zeit zu verlieren!«

Die meisten verließen, angestrengt in Gespräche vertieft, den abhörsicheren Saal im Bundeskanzleramt, um die nächsten Schritte in Angriff zu nehmen. Behringer redete mit Außenminister Russ über die Organisation der humanitären Hilfen für Finnland und lenkte das Gespräch auf die Hilfsflüge des 62. Lufttransportgeschwaders. Noch bevor sie zusammen die Tiefgarage erreichten, hatte Markus Behringer auf Alex' Bitten einen Flug für Anna und ihre Kinder aus Finnland heraus zum Fliegerhorst Wunstorf in der Nähe von Hannover organisiert.

Im Halbdunkel des leeren Saals standen nur noch von Eiff und Innenministerin Seybold in ein Gespräch vertieft.

»Egal was passiert, mein lieber von Eiff, ich werde nicht offenen Auges zusehen, wie meine gesamte Familie drauf geht. Ich habe sieben Kinder im Alter zwischen acht und einundzwanzig Jahren, und die will ich auf keinen Fall hier im Land haben, wenn es losgeht. Haben Sie mich verstanden? Sie sind mir noch einen Gefallen schuldig! Das wissen Sie auch. Also organisieren Sie mir eine Fluchtmöglichkeit aus diesem todgeweihten Land.«

»Ich sehe, was sich machen lässt. Aber versprechen kann ich Ihnen nichts.«

»Man, von Eiff! Das war keine Bitte! Sie wissen, welche Informationen ich seit Paris letzten Jahres über Sie habe, und ich kann Ihnen versprechen, dass ich damit an die Öffentlichkeit gehen werde. Ich liefere Sie ans Messer und mach Sie fertig! Stellen Sie sich nicht so an, und glauben Sie nicht, ich hätte nicht vorgesorgt für den Fall, dass mir etwas passiert.«

Von Eiff konnte ihrem eiskalten Blick kaum standhalten. Dass Seybold über Leichen ging und keine Gefangenen nahm, war ihm immer schon bewusst. Aber dass sie ihn so unter Druck setzten würde, hätte er nicht gedacht. Die Temperatur zwischen ihnen näherte sich gerade dem absoluten Nullpunkt.

»Momentan flüchtet das gesamte Kapital aus Europa, und damit meine ich nicht nur das Geld. Die Crème de la Crème des Geldadels ist doch schon weg. Die Ratten verlassen das sinkende Schiff und sorgen für ihr Überleben, indem sie eine sichere Küste ansteuern. Ich weiß aus gut informierten Kreisen, wo dieses Gestade ist. Man baut dort eine Biosphäre, ein geschlossenes Ökosystem unter einer gigantischen Kuppel, das einigen Eliten, ich meine natürlich Menschen mit dem nötigen Kleingeld, das Überleben sichern soll. Zumindest bis wieder Gras über diese widerliche Angelegenheit gewachsen ist und wir den Planeten neu besiedeln können. Mehr kann ich Ihnen im Moment nicht sagen. Sie haben zwar keine Kinder, von Eiff, aber ich rate Ihnen, etwas zurückzulegen. Vielleicht kann ich ein gutes Wort für Sie einlegen, und Sie sind auch dabei. Die Plätze sind natürlich begrenzt. Wie auch immer, denken Sie mal drüber nach. Wenn es so weit kommt, wie die beiden Wissenschaftsfuzzis – wie heißen sie noch? Ach ja, Keiner und Behringer – eben mit sehr schwarzem Pinselstrich für uns gezeichnet haben, will ich eine vollgetankte Maschine für mich und meine Familie. Dazu werde ich Sie noch instruieren. Nur so viel: Es sollte ein Flugzeug mit einer Reichweite von mindestens 15.000 Kilometern sein.«

## 11. März, Deutschland - irgendwo in einem Biotop

Mit der in der Camargue beginnenden Apfelblüte wanderte der Frühling entlang des Rhonetals über Marseille, Avignon und Lyon unaufhaltsam in Richtung Norden und erreichte einige Tage später den Rhein. In die entgegengesetzte Richtung wurde etwas anderes, sehr kleines, für das bloße Auge nicht sichtbares von der Luft neuen Aufgaben entgegengetragen.

Nach der vor einigen Tagen eingesetzten Schneeschmelze brachte die neue Jahreszeit endlich Temperaturen über zwanzig Grad und viel Sonnenschein. In diesem Jahr kam der Übergang vom Winter, der mit einer geschlossenen Schneedecke Mitteleuropa im Klammergriff gehalten hatte, zu den frühlingshaften Temperaturen abrupt. Das Thermometer schnellte in die Höhe, und das Frühlingserwachen kroch nach der langen Bodenfrostperiode in jeden Stängel, Spross, in jede Wurzel und Knolle. Über die verschiedenen Parameter wie Tageslänge, Temperatur und Lichteinfall kurbelte der Frühling den Pflanzenstoffwechsel an. Das alljährliche Streben nach Licht begann mit der Mobilisierung von Speicherstoffen.

Die Ersten, die positiv auf den warmen Lichtregen reagierten, waren die braunen, vom Schnee befreiten Grasmatten der Flussauen, die sich schnell grün färbten und in den Fotosynthesemodus schalteten. Gefolgt von den Frühblühern, die ihre Keimblätter in Windeseile dicht über dem Boden entrollten, um nur kein einziges Photon zu verpassen, das nach einer Reise von circa 150 Millionen Kilometern ihren Lichtsammelapparat erreichte.

Ein Sinn des Lebens auf unserem Planeten und vielleicht auch auf anderen Himmelskörpern besteht im Kommen und Gehen, im Vergehen und in der Geburt von Generationen, die eigene Art zu erhalten und neues Territorium zu erobern. Jedes uns bekannte Leben bedient sich dazu der Nachkommenschaft, die, wenn nur in kleiner Zahl vorhanden, von den Erzeugern gehegt und gepflegt und auf ihre Lebensaufgabe vorbereitet wird. Eine andere Strategie ist die massenhafte Bereitstellung von Nachkommen, die der ungastlichen, feindlich gesinnten Natur in der Hoffnung überantwortet werden, einige mögen überleben. Beide Prinzipien haben trotz unterschiedlicher Voraussetzungen für die Nachkommen ihre Berechtigung und erfüllen ihr Ziel seit ungezählten Generationen.

Die fortschrittlichste Verbreitungseinheit der Pflanzen ist der Same. Im Gegensatz zu den niederen Pflanzen und Pilzen statten die höheren Pflanzen ihre Samen mit einem kleinen Proviant aus, der über den Mangel der ersten Lebensphase hinweg helfen soll.

Der Samen unserer namenlosen Pflanze lag seit Wochen und Monaten, geschützt durch seine Samenschale, unter der Schneedecke. Er wartete dort auf günstigere Bedingungen, um den Generationenvertrag zwischen Erzeuger und Nachfahre zu erfüllen. Noch während der Schnee schmolz und die Temperaturen stiegen, begannen innerhalb der Samenschale biochemische Vorgänge den Pflanzenembryo auf das Kommende vorzubereiten. Gleichzeitig wurde dem flüssigen Lebenselixier Wasser Tür und Tor geöffnet. Die kleine Überdauerungsform der neuen Pflanzengeneration fing an zu quellen. Mit dem Eindringen des Lösungsmittels Wasser wurden die Vorgänge beschleunigt. Der Startschuss für die Bereitstellung des Nahrungsmittelvorrates wurde gegeben. Im Embryo liefen mithilfe der Speicherstoffe genetisch programmierte Vorgänge in den Zellen ab. Geordnete Zellteilungen ließen den Keimling wachsen. Parallel hierzu wurden Gene der kleinen Pflanze gelesen und mithilfe der Speicherstoffe in Eiweiße übersetzt, die das

Wachstum und die Entwicklung des Keimes erst ermöglichten und auch beschleunigten. Schließlich durchbrach eine zarte Wurzelanlage die Samenschale. Sie verankerte den Jungspund im Erdreich und fing an, den Nachschub für das lebensnotwendige Wasser zu organisieren. Jetzt begann ein Wettlauf mit der Zeit. Der Keimling musste dafür Sorge tragen, dass er sich dem Licht entgegenstreckte und die Keimblätter über dem Boden entfaltete, um sogleich seine eigene Ernährung mithilfe des Sonnenlichts zu realisieren, während ihm der mitgelieferte Proviant langsam auszugehen drohte.

Als unser Freund das geschafft hatte und seine grünen Blätter sich im Sonnenlicht des Frühlings für die Fotosynthese bereit machten, stellte er zum ersten Mal eine Verbindung zur Außenwelt her. Auf der Unterseite der Blätter öffneten sich winzige Atemlöcher, die Spaltöffnungen. Im Gasaustausch mit der Atmosphäre atmete die kleine Pflanze das für sie lebensnotwendige Kohlendioxid. Dieses verteilte sich in den Zellen, um bei der Fotosynthese in den Pflanzennährstoff Traubenzucker eingebaut zu werden. Auf umgekehrtem Wege wurde das gasförmige Abfallprodukt der pflanzlichen Atmung, der Sauerstoff, über die Blattöffnungen in die Außenwelt abgegeben.

Aber es drang noch etwas anderes durch die Öffnungen der Blätter in die junge Pflanze ein. Etwas viel größeres als das Kohlendioxid. Ein Molekül, bestehend aus vielen Atomen. Ein Eiweiß, aus Aminosäuren aufgebaut, die bisher noch nichts Lebendiges auf Erden hervorgebracht hatten. Ein Protein mit einer seltsamen Faltung. Ein völlig neues Prinzip im Zirkus der irdischen Biochemie. Eines, das am Anfang einer langen Reihe unglücklicher und für das Leben auf der Erde unheilbringender genetischer Prozesse stand.

Das Biopolymer fand seinen Weg durch die Gewebe in den Zellkern zur Erbinformation auf der Doppelhelix der DNS, einem sehr alten

Riesenmolekül. Die merkwürdig gefaltete Struktur dockte an Stellen im Genom an, die zu dem Schlüsselprotein wie ein Schloss passten, und zwang die Doppelhelix in eine neue Form, in eine neue räumliche Struktur, die sprichwörtlich das Innere, das seit Äonen Versteckte des Genoms, nach außen kehrte und zum Leben erweckte. Mit der in der Pflanze bereits vorhandenen Enzymausstattung wurde jetzt ein genetisches Programm aktiviert, das seit Anbeginn der Zeit, seit es auf Kohlenstoff basierendes Leben auf unserem Planeten gab, hier im Verborgenen geschlummert hatte. Aber das Programm, zur falschen Zeit und am falschen Ort gestartet, lief im terrestrischen Milieu des standortgebundenen Keimlings ins Leere und konnte sein eigentliches Ziel so nie erreichen.

Das sollte fatale Folgen für den jungen Pflanzenspross haben.

## 11. März, Australien – Uluru

Ungefähr in der Mitte des australischen Kontinents ragte der vom Eisenoxid rot gefärbte Monolith 348 Meter aus der Ebene des Outbacks in die Höhe. Die Versammlung der Ältesten hatte begonnen. Aus allen Himmelsrichtungen strömten sie durch die gleißende Sonne der Ebene zum schattigen Plätzchen. So nannten sie den Berg seit jeher in ihrer ureigenen Sprache. Sie trafen sich an einem ihrer heiligsten Orte am Fuß des Uluru, an dem sich die Traumpfade kreuzten, die hier alle heiligen Orte des Kontinents miteinander verbanden.

Die Alten und Weisen, die heute hier zusammenkamen, ohne dass sie jemand gerufen hätte, waren die Auserwählten ihres Volkes. Sie waren in der zeitlosen Traumzeit gereist. Dort hatten sie mythische Bilder der Vergangenheit und der Zukunft erblickt. Sie sahen Dinge, die ihre Herzen mit Angst erfüllten. Die Bilder aus der Zukunft waren es, die sie an den heiligen Ort riefen. In der Traumzeit hatten sie die Regenbogenschlange gesehen, die einst aus der Erde gekrochen war und dabei die Steine nach oben geschoben hatte. Auch den Uluru hatte sie aus der Tiefe an die Oberfläche befördert, und dort lag er schon seit ungezählten Generationen. Die Regenbogenschlange war es, die ihnen die Bilder in der Traumzeit gezeigt hatte. Dort wurde das Land von einer schrecklichen Trockenheit heimgesucht, und die Blätter färbten sich orange. Die Pflanzen wurden krank und starben. Die Wälder und Steppen überzog, ebenso wie das Röhricht an den Ufern der austrocknenden Gewässer, der Hauch des Todes. In den Meeren trieben Geisterwesen umher und fraßen jeden Fisch und jedes Getier. Diese Geisterwesen riefen wie aus einem Mund mit einer unbekannten Sprache, die kein Mensch hören konnte, zu den Sternen nach ihren Brüdern im Himmel, aus dem eine unbarmherzige Sonne, die von keiner Wolke mehr bedeckt wurde, alles verbrannte.

Die Alten saßen im Kreis um das Feuer und sangen uralte Lieder, während die vibrierenden Töne aus einem von Termiten ausgehöhlten Eukalyptusast über ihnen schwebten und sich die Nacht über die Landschaft legte. Als der Morgen dämmerte, erklangen immer noch die Lieder aus ihren Kehlen. Aber es waren mehr geworden, als noch am Abend zuvor. Und sie kamen weiterhin in Scharen von überall her, setzten sich zu ihren Leuten in den Kreis und warteten auf das Ende aller Zeit.

## 15. März, Deutschland – Marburg, Außenstelle des Institutes für Phyto- und Humanpathologie

Er war so nervös, lief wie ein verrücktes Huhn durch die Wohnung, immer auf der Suche nach einer Beschäftigung, die ihn die Zeit vergessen ließ. Mia und Simone machten sich schon seit Stunden über ihn lustig und zogen ihn mit seiner Ruhelosigkeit auf.

Seit Alex am Morgen mit Behringer telefoniert und der ihm mitgeteilt hatte, dass Anna und die Kinder heute in aller Frühe auf dem Fliegerhorst des 62. Lufttransportgeschwaders in Wunstorf gelandet waren, war er in diesem Ausnahmezustand. Natürlich freute er sich auf ein Wiedersehen mit Anna und ihren Kindern, die bereits seit einer Stunde auf der Autobahn waren und in zwei bis drei Stunden ankommen sollten. Er hatte kurz mit Anna telefoniert. Sie hatte ihm von den schlimmen Zuständen in Finnland erzählt und von ihrer fluchtartigen Abreise. Sie hatten gerade mal Zeit gehabt, das Nötigste zusammenzuraffen, um rechtzeitig den Flughafen zu erreichen, auf dem die zweimotorige Transall schon mit laufenden Motoren auf sie wartete. Anna hatte die Kinder nicht lange überreden müssen, mit ihr das Land zu verlassen, in dem bürgerkriegsähnliche Zustände herrschten. Auch die drei, vor allem Toni und Aada, waren froh, die katastrophalen Zustände in Finnland hinter sich lassen zu können. In den immer mehr um sich greifenden Wirren mussten sie mittlerweile um ihr Leben bangen. Die Versorgung der Bevölkerung mit Lebensmitteln stand vor dem Kollaps, seit bewaffnete Horden die staatlichen Lebensmitteltransporte überfielen. Der kleine Elias war noch zu jung, um alles richtig verstehen zu können, freute sich aber unbändig darüber, dass sie Drago auch mitnehmen konnten, was nicht von Anfang an klar gewesen war.

Anna hatte Alex auch von sehr traurigen Momenten erzählt, die sie mit ihrer kleinen Familie erleben musste. Da war der Moment der ersten Tränen, als sie die Tür ihres Zuhauses hinter sich schlossen und Anna den Schlüssel im Schloss drehte. Plötzlich war ihnen allen klar geworden, dass es ein Abschied auf unbestimmte Zeit sein würde und es ungewiss war, ob sie ihren geliebten Hof in diesem Leben überhaupt noch mal zu Gesicht bekommen würden. Die Tränen flossen noch, während sie ihre Koffer im Auto verstauten. Schlimmer war der Besuch von Mikkas Grab gewesen. Zu viert hatten sie Hand in Hand dort gestanden, mit Elias in der Mitte, vor dem aufgeworfenen Erdhügel, auf dem der Kranz mit der Trauerbinde lag, auf der ihre Namen standen und ein letzter Gruß. Das Holzkreuz ragte leicht schief aus dem Erdreich. Dort stand unter Mikkas Namen, neben seinem Geburtstag, das Datum seines plötzlichen und unsinnigen Todes und riss die noch nicht verheilten Wunden wieder ein Stückchen mehr auf. Bei den Kindern hatte Mikkas Tod nicht nur verzweifelte Trauer hervorgerufen. Die Traurigkeit wechselte sich mit Zorn auf ihren Vater ab, der sie schließlich in dieser schlechten Welt alleine gelassen hatte. Anna hatte ihnen immer wieder erzählen müssen, dass ihr Vater sie sehr geliebt habe und sie nicht verlassen wollte, sondern das er sehr krank gewesen wäre.

Als Anna den Kindern zu verstehen gab, dass es an der Zeit war für einen letzten Abschied, sprang Elias auf das Grab und schrie immerfort nach seinem Vater, wobei er mit den kleinen Händen auf das feuchte Erdreich einschlug. Zu dritt mussten sie ihn unter Tränen wegzerren, wobei ihnen allen bewusst war, dass sich dieses Erlebnis für immer in ihr Gedächtnis einbrennen sollte. Sie alle würden noch viel Zeit brauchen, bis die Wunden endgültig geheilt waren. Die Narben würden sie für den Rest ihres Lebens behalten.

Alex stand in der Küche und schnippelte Unmengen an Zwiebeln, wobei er eine Taucherbrille auf der Nase hatte und durch einen Schnorchel atmete. Simone und Mia bogen sich vor Lachen. Mia versuchte unter Tränen – ob vom Lachen oder von den Zwiebeln, war für Simone nicht ersichtlich – ein paar Zwiebelwürfel in Alex' Schnorchel zu werfen, was ihr aber nicht gelang, weil der wie ein Profiboxer auswich und dabei die Marseillaise in den Schnorchel summte. Simone schlug dazu den Takt auf seinen Schenkeln. Er rief ihm immer wieder zu, er solle doch mal von der französischen auf die italienische Nationalhymne wechseln, was Alex aber nicht hören wollte, während die Zwiebeln im Topf schmorten und er dazu übergegangen war, das Fleisch für den Gulasch zu schneiden.

*Wir fahren den Weg zum Schloss runter, sind gleich da! War nicht einfach zu finden.*

Alex las die SMS auf seinem Handy, rannte los, über den Hof, zur auf der Südseite gelegenen Zugbrücke und erklomm die hölzerne Treppe zu dem Wehrgang, indem er immer zwei Stufen auf einmal nahm. Oben angekommen, konnte er den Wagen den Weg zum Jagdschloss hinunter fahren sehen. Es war ein schwarzer Mercedes aus dem Fuhrpark des Bundesministeriums für Ernährung und Landwirtschaft. Behringer hatte dafür gesorgt, dass der Wagen samt Fahrer für Anna und ihre Familie bereitgestellt wurde. Alex tippte den Code für den Öffnungsmechanismus der Zugbrücke in sein Handy und hüpfte die Treppe hinab, um ihnen entgegenzulaufen.

Mittlerweile standen auch Mia und Simone im Hof und schauten erfreut auf die sich langsam öffnende Zugbrücke. Im Moment, als Alex zu ihnen stieß, fuhr der schwere Wagen in den Hof und kam direkt vor ihnen zum Stehen.

Als Erster stieg der Chauffeur aus, ging um den Wagen und öffnete die Beifahrertür. Anna stieg aus. Sie trug eine dunkle Sonnenbrille, enge

Röhrenjeans und eine mintgrüne Lederjacke, passend zu den grünen Wildlederstiefeln.

*Wow!* , dachte Alex. Er hatte fast vergessen, wie gut aussehend diese Frau aus Finnland war, die mit ihrem Auftreten und ihrer Körpergröße aussah, als käme sie von einem anderen Stern oder direkt vom Catwalk einer Pariser Prêt-à-porter Modenschau.

Anna öffnete die Hintertür; sofort fielen die Kinder, eins nach dem anderen, aus dem Heck des Wagens, überglücklich nach der langen Reise endlich die Beine strecken zu können. Als Letzter kam Drago aus dem Auto gehüpft, lief ein paar Meter zum nächsten Baum und pinkelte erst mal ausgiebig, was nicht nur die Kinder zum Lachen brachte.

Mia, Simone und Alex gingen ihnen entgegen. Es gab ein großes Wiedersehen mit Umarmungen und sehr viel Freude auf beiden Seiten. Sie hatten sich nach der schicksalsträchtigen Nacht und der grauenvollen Zeit danach so lange nicht mehr gesehen.

Als Anna Alex in die Arme fiel und sich beide fest aneinanderdrückten, war es, als ob sie nach langer Zeit nach Hause gekommen wären. Alex flüsterte ihr, unhörbar für die anderen, ins Ohr: »Ich bin so froh, dass du hier bist!«

»Ich bin auch froh, dass wir hier sein dürfen! Danke für alles!«, erwiderte Anna, und sie gingen alle zusammen, lachend und erzählend, in den Wohnturm, während die schwarze Limousine vom Gelände fuhr und über die Zugbrücke im Wald verschwand.

Wenig später saßen sie um den großen Holztisch in der Küche und ließen es sich schmecken. Das Essen war einfach, aber ausreichend für alle. Alex hatte ein einfaches Gulasch zubereitet und reichte dazu Unmengen an Nudeln und Reis. Die drei Deutschen hatten sich für diese Mahlzeit entschieden, weil sie annahmen, dass der Speiseplan auch Elias und den beiden Teenagern zusagen würde. Jugendliche Essgewohnheiten gingen mitunter ja merkwürdige Wege, aber so, wie die drei zulangten, sahen sie sich bestätigt und ließen es sich ebenfalls schmecken.

Nachdem alle ihren Hunger gestillt hatten, schlug Alex vor, gemeinsam einen Rundgang durch das Schloss zu unternehmen und sich alles anzuschauen. Bei der Gelegenheit wollte er ihnen auch ihre Zimmer im Südturm zeigen, die er gemeinsam mit Mia und Simone für die vier Finnen hergerichtet hatte.

»Da dürft ihr auf keinen Fall rein.« Alex zeigte auf den biologischen Hochsicherheitstrakt und die integrierten Gewächshäuser. »Nichts für Kinder und Jugendliche. Viel zu gefährlich wegen der tödlichen Bakterien, die dort lagern. Aber ihr kommt sowieso nicht rein. Der Komplex kann nur über die Schleuse betreten werden, und die ist mehrfach gegen unbefugten Zutritt gesichert.«

Toni und Aada alberten herum. Sie liefen wie Zombies mit versteinerter Miene hinter Elias her, der schreiend die Flucht ergriff, dabei aber auch immer wieder laut lachen musste.

»Wer arbeitet dort noch außer dir?« Anna schüttelte in gespielter Empörung über ihre Kinder den Kopf und hakte sich bei Alex unter.

»Im Moment nur ich. Ich denke, das wird in Zukunft auch so bleiben. An der Uni in Marburg ist der Betrieb so gut wie eingestellt. Die meisten Mitarbeiter sind im Augenblick bei ihren Familien oder in größeren Instituten wie Berlin und Bonn mit der Forschung an der Seuche beschäftigt. Ich habe von Behringer die Zusage für weitere Geldmittel bekommen, weil er meinen Forschungsansatz für vielversprechend hält.«

»Wer ist dieser Behringer?«

»Ach so, du kennst ihn ja gar nicht. Markus Behringer ist ein wichtiger Mann im Ministerium für Landwirtschaft in Berlin. Ihm habt ihr es zu verdanken, dass ihr ein Ticket nach Deutschland bekommen habt.«

»Das haben wir aber vor allem auch dir zu verdanken.« Anna schmiegte sich enger an ihn. »Wenn ich ihn kennenlernen sollte, werde ich selbstverständlich auch ihm danken!«

Im Südturm angekommen, zeigte Alex ihnen die Zimmer in den beiden unteren Etagen. Vormals als Büros und Schlafräume für weitere Mitarbeiter aus Marburg eingerichtet, erfüllten sie jetzt ihren Zweck als Gästezimmer für Anna und deren Kinder, die sich hier wahrscheinlich für eine längere Zeit einrichten mussten. Seltsamerweise kam es bei der Verteilung der Zimmer zu keinerlei Querelen zwischen Toni, Aada und Elias. Schnell einigten sich die drei, begeistert von ihrem neuen Wohnumfeld in einer echten Burg mit Zugbrücke und Wassergraben. Das Zimmer in der oberen Etage bezogen die beiden Teenager. Anna und Elias nahmen die darunterliegende Etage.

Nachdem sie ihr spärliches Gepäck verstaut hatten, zeigte Alex ihnen den Rest des Schlosses. Viel Bewunderung fand das parkähnliche Gelände im Innenhof. Besonders die schönen Bäume, überwiegend Kastanien und einige Platanen, hatten es ihnen angetan. Sie schienen alle, außer Anna, vergessen zu haben, welches Schicksal diese Bäume in einigen Tagen ereilen würde. Anna glaubte nicht mehr daran, noch eine Kastanienblüte in diesem Frühling sehen zu können. Sie sagte aber dennoch nichts zu Elias, dem Aada versprochen hatte, im Herbst mit ihm Kastanien zu sammeln und daraus kleine Figuren zu basteln. Die Kinder waren Weltmeister der Verdrängung.

»Weißt du, was das Schlimmste an dem Flug war?«, fragte sie Alex, der sie verständnisvoll anschaute. »Sag nichts! Du denkst wahrscheinlich, dass es die übereilte Flucht aus unserem Heimatland war und dass wir unser geliebtes Zuhause hinter uns lassen mussten. Das war es aber nicht.« Anna flüsterte nur noch, sodass die Kinder sie nicht hören konnten. »Das Schlimmste war, dass ich einen Fensterplatz hatte und die meiste Zeit rausschauen musste. Die Kinder haben fast den ganzen Flug über geschlafen, und ich konnte meinen Blick von den Bildern unter mir nicht mehr abwenden.« Sie sah Alex aus sorgenvollen Augen an. »Ich habe es mir so nicht vorstellen können, Alex. Der gesamte finnische Nadelwald war tot, und auch über deutschem Gebiet habe ich nur noch orangen Wald gesehen, neben den noch kahlen Laubbäumen wie hier im Hof. Aber das Schlimmste waren die schneefreien Flächen, auf denen man die Grasmatten der Wiesen erkennen konnte. Aus dem Flieger konnte ich das frische Grün im Sonnenlicht gut sehen und hatte schon Hoffnung, bis ich genauer hinsah. Und aus der Höhe musste ich genauer hinsehen, um erkennen zu können, dass auch hier die Infektion schon die ersten Flächen befallen hatte. Überall breiten sich diese orangen Flecken aus und fressen sich in die grüne Landschaft. Da, wo kein Grün und kein Orange zu sehen war, liegen die braunen Wiesen trocken und von der Sonne verbrannt, nachdem die Krankheit sie dahingerafft hat. Alex, das geht alles so schnell, wo wird uns das noch hinführen?«

Mia schlug auf den Tisch. Sie war sehr wütend. »Das ist mir scheißegal! Ich bin schwanger und ich werde verdammt noch mal nicht aufgeben. Klar weiß ich, was uns bevorsteht, aber ich werde nicht nach Italien gehen!« Simone hatte ihr eben vorgeschlagen, nach Sardinien zu seiner Familie zu fahren, die dort ein großes landwirtschaftliches Gut besaß. »Außerdem sind wir da auch nicht sicher. Es ist nur eine Frage der Zeit, bis die Infektion auch deine Heimatinsel kapert.«

Sie saßen zusammen in der Küche und tranken Wasser aus einem großen Krug. »Ich wollte es eigentlich mit den anderen zusammen besprechen, aber was soll's! Denk nach, Simone! Wir haben hier alles zum Überleben.« Er wollte ihr gerade widersprechen, aber Mia ließ ihn nicht zu Wort kommen. »Nein, hör mir einfach mal zu! Wir leben hier in diesem

Hochsicherheitstrakt, umgeben von Mauern und einem Wassergraben. Vollkommen versteckt in diesem Tal, fünfzehn Kilometer von Marburg entfernt und nur über einen schmalen Weg erreichbar. Das Schloss wird schnell vergessen sein, und wir haben eine eigene Energieversorgung und einen Brunnen.«

»So ein Quatsch! Energieversorgung! Was bringt uns das und dein Brunnen, wenn wir nichts mehr zu Fressen haben?«

Anna und Alex stürmten lachend in die Küche und verstummten, als sie die Anspannung zwischen den beiden bemerkten.

»Wo sind die Kinder?« Mia schaute die beiden fragend an und forderte sie auf, sich an den Tisch zu setzten.

Anna setzte sich zu Simone und zog Alex neben sich. »Die erkunden noch ein bisschen das Gelände. Ich denke, die gehen heute früh ins Bett. Was ist hier los, habt ihr Stress?«

Mia und Simone tauschten einen kurzen Blick: »Nein, nicht der Rede wert. Wir haben uns nur über eine Ausreise nach Italien unterhalten. Seine Familie lebt auf Sardinien.«

»Ihr wollt uns doch hoffentlich nicht verlassen?« Alex war empört.

»Nein, ich denke nicht. Würde wahrscheinlich auch keinen Sinn machen. Gut, jetzt sitzen wir hier zusammen. Ich wollte eigentlich nicht so schnell mit der Tür ins Haus fallen, aber dann ist es eben so. Ich denke, wir müssen schnellstens miteinander reden und gemeinsam unsere Zukunft planen.« Mia schaute konzentriert jeden Einzelnen an. Dann stellte sie ihnen ihr Überlebenskonzept vor, über das sie schon seit Wochen unbemerkt gebrütet hatte. Sie war eine schwangere Frau und spürte das Leben in ihrem Körper wachsen und gedeihen. Mia war bereit, den Kampf aufzunehmen. So ungewiss der Ausgang bei den momentanen Verhältnissen auch war, sie würde nicht die Segel streichen und dem kommenden Verderben kampflos das Feld überlassen.

»Ich sag es jetzt frei heraus, ihr wisst es sowieso! Wir haben nur noch nie in dieser Eindringlichkeit darüber gesprochen. Wahrscheinlich weil wir Menschen so funktionieren und das Unausweichliche manchmal einfach nicht wahrhaben wollen. Die Hoffnung stirbt zuletzt. Aber um an eine hoffnungsvolle Zukunft glauben zu können, muss ich dem Unausweichlichen ins Auge sehen: Die meisten Menschen werden in den nächsten Monaten sterben!« Mia ließ ihren Satz nachwirken und fügte dann hinzu: »Ich sage bewusst die meisten. Aber ich werde nicht zu ihnen gehören, und ihr auch nicht. Wir werden überleben, wenn wir hier alle am gleichen Strang ziehen. Also hört zu! Erstens wisst ihr, dass die Pflanzenseuche sich immer weiter ausbreitet und mittlerweile vor keiner bekannten Pflanzenfamilie mehr Halt macht. Zweitens wird es Frühling, und es wird in diesem Jahr keine Ernte geben. Das heißt, uns wird die Nahrungsgrundlage entzogen. Die *meisten Menschen* werden schlicht und ergreifend verhungern. Drittens war ich vor einigen Tagen auf meiner Bank in Frankfurt und hab meinen Finanzstatus überprüft. Ich schwimme im Geld! Alles von meinen Eltern geerbt, und das werde ich jetzt sinnvoll für unser aller Überleben anlegen. Ich hoffe gewinnbringend, wenn ihr versteht, was ich meine. Dabei hab ich mich mal ein bisschen umgehört. Den Typen von der Bank kenne ich schon seit Jahrzehnten. Meine Eltern waren bis zu ihrem Tod Kunden bei ihm. Alles sehr seriös. Es hat mich nicht viel Mühe gekostet, die nötigen Informationen aus ihm heraus zu kitzeln. Ich denke, er macht sich auch so seine Gedanken und war ziemlich froh, sie mit jemanden teilen zu können. Aber ich mache es kurz. Das Kapital verlässt Europa, und mit ihm die oberen Zehntausend. Er sitzt natürlich in der Schaltzentrale. Er kann die Finanzströme und die milliardenschweren Transaktionen verfolgen. Geht alles nach Südamerika, genauer nach Argentinien. Die hauen hier alle ab, und die Regierungen wissen es. Er wusste noch mehr, wollte mir nur nicht erzählen, woher. Die europäische Oberschicht lässt sich in der argentinischen Pampa eine Überlebensinsel bauen. Eine von der Außenwelt vollkommen abgeschottete Biosphärenkuppel mit Überlebensbiotop für den Geldadel.«

Simone pfiff seiner Gewohnheit entsprechend durch die Zähne, was seine Abneigung gegenüber dieser Mentalität unterstreichen sollte.

»Das glaub ich ja nicht!« Anna war entsetzt. »Aber wenn die hier mit dem Wissen der europäischen Regierungen alle das sinkende Schiff verlassen und das Kapital abziehen, wer zahlt dann die Steuern, um weitere Forschungen zu finanzieren?«

»Genau da liegt der Hase im Pfeffer. Die Reichen auf jeden Fall nicht mehr und der Rest auch nicht mehr lange, wenn die Konjunktur demnächst zusammen bricht. Wir dachten, wir haben schon so manche Wirtschaftskrise durchlebt, aber was uns jetzt bevorsteht, bedeutet den vollkommenen Zusammenbruch des Systems. Europa und insbesondere Deutschland lebt vom Export, und der ist praktisch durch die Quarantänemaßnahmen zum Erliegen gekommen. Hier lässt sich kein Geld mehr verdienen! Das ist ein Grund für die Kapitalflucht. Der zweite ist der bevorstehende Kollaps der Landwirtschaft und das Massenelend, welches uns dann erwartet. Damit geht dann letztendlich alles den Bach runter. Wer soll denn dann noch arbeiten – für wen und für was? Das bedeutet, wie gesagt, den Zusammenbruch des Systems und in der Schlussfolgerung den Zusammenbruch der uns bekannten Zivilisation.« Mia machte eine kurze Pause, um Luft zu holen. »Und das Schlimmste ist, dass unsere Regierung das wissen muss und es billigend hinnimmt, weil die da oben schon genau wissen, dass wir alle ein One-Way-Tickethaben. Es gibt kein Zurück mehr. Der Point of no Return ist überschritten, sonst würden sie diese Kapitalflucht verhindern.«

Alex unterbrach sie und führte ihren Gedankengang zum einzig logischen Ende: »Ich verstehe, auf was du hinaus willst. Die Konsequenz ergibt sich notwendigerweise aus allem, was du gesagt hast. Es geht für uns um das nackte Überleben!«

Mia schaute ihn an. »Genau! Und was können wir tun, außer auch nach Argentinien auszuwandern, wofür uns wahrscheinlich die Kohle fehlt? Ich will es euch sagen! Hab lange drüber nachgedacht. Wir werden hier in diesem Schloss überleben!«

Simone, der immer noch mit Sardinien liebäugelte, hatte Zweifel. »Und wie sollen wir das anstellen? Wir sind von dem Massensterben der Pflanzenwelt doch umgeben. Lasst uns alle nach Italien gehen! Sardinien ist eine Insel mitten im Mittelmeer. Da wird die Seuche nicht zuschlagen.«

Alex kontert: »Mensch Simone, mach die Augen auf! Die Seuche ist über den Ärmelkanal gehüpft und auf den europäischen Inseln angekommen.«

»Aber die Strecke über das Meer nach Sardinien schafft sie vielleicht nicht.« Simone rang um einen Ausweg aus dem Dilemma.

»Simone, ich hab vor vier Tagen mit Behringer gesprochen, um Anna und den Kindern einen Flug aus Finnland zu organisieren. Nebenbei haben wir auch über die Ausbreitung der Seuche in Spanien und dem restlichen Europa gesprochen. Nicht nur Irland und England, sondern auch die Shetlands und die Färöer sind infiziert. Die Infektion ist im asiatischen Teil Russlands angekommen und dringt gerade in den südlichen Teil der Alpen vor. Von da ist es nur noch ein kurzer Weg bis zum Mittelmeer. Diese Scheiße wird global!«

Mia drückte liebevoll Simones Hand: »Alex hat recht, und uns bleibt nicht allzu viel Zeit. Wir haben maximal drei, vier, vielleicht fünf Monate, bevor es hier ungemütlich wird. Dann werden die Menschen endgültig begreifen, dass es dieses Jahr keine Ernte geben wird und in den nächsten Jahren auch nicht. Uns stehen dann, wenn es nicht schon früher anfängt, Terror,Gewalt und Anarchie wie in Finnland bevor.«

Simone schaute ihr sorgenvoll in die Augen. »Und was sollen wir hier tun?«

»Wir werden hier das Gleiche tun wie die Reichsäcke in Argentinien. Wir lassen im Hof noch mehr Gewächshäuser errichten und binden sie in den bestehenden Hochsicherheitskomplex ein, inklusive der schon vorhandenen Schleusensysteme und Zugangskontrollen. Dann werden wir die Druckverhältnisse in diesem Trakt umkehren. Das heißt, wir werden den momentan vorhandenen Unterdruck, der verhindern soll, dass Keime den Laborkomplex verlassen können, umkehren und das Gebäude gegen Eindringen von infektiösem Material von außen mit einem Überdruck belegen. Weiterhin werden wir uns sofort Saatgut aller möglichen Getreide- und Gemüsepflanzen besorgen. Alles, was wir kriegen und da drin ansäen können. Und wir werden unsere Versorgungssysteme wie Energie- und Wasserversorgung überprüfen und ausbauen.«

Anna schaltete sich ins Gespräch: »Reicht denn die Fläche aus, um uns alle zu ernähren?«

»Ich habe es berechnen lassen. Unter gewissen Umständen: Ja! Wir müssen die richtigen Pflanzen kultivieren.«

»Du hast es bereits berechnen lassen?«, fragte Alex vollkommen überrumpelt von den Tatsachen, die Mia hier schuf.

»Nicht nur das. Ich habe alles von einem Architekten planen lassen, der übrigens ein Ticket für sich und seine Familie nach Argentinien in der Tasche hat. Ein Freund der Familie. Und ich habe die Arbeiten schon beauftragt. Es geht in drei Tagen los. Ich sagte ja bereits, wir haben nicht mehr viel Zeit.«

»Wer soll das denn bezahlen?«, entfuhr es zeitgleich Anna und Alex.

»Ich sagte doch, ich schwimme im Geld, aber mit Geld kann ich mein Kind in einem halben Jahr nicht ernähren.«

## 16. März, Alaska – Sitka-Sund

Der Diesel der Seawolf lief wieder wie ein Uhrwerk, seit Akecheta ihn repariert hatte. Insgesamt hatte die Reparatur drei Tage gedauert und ihn einen Haufen Geld gekostet. Ausgerechnet jetzt musste die Kühlwasserpumpe kaputt gehen, wenn einmal im Jahr für wenige Stunden der Heringsfang in den Gewässern vor Sitka erlaubt war. Akecheta hatte vom Ufer aus zusehen müssen, wie die vielen Fischerboote auf ein Signal gestartet waren, um in den wenigen Stunden so viel Fisch wie möglich zu fangen. Die meisten waren mit reicher Beute in den Hafen zurückgekehrt. Akecheta ärgerte sich. Dieses Jahr waren seine Netze leer geblieben und sein Geldbeutel auch. Er versuchte trotzdem, die Probefahrt mit seinem Trawler zu genießen. Die See war ruhig, und die Sonne meinte es heute auch gut. Er stand im Führerhaus am Steuerrad, und im Radio lief einer seiner Lieblingssongs von Creedence Clearwater Revival. Akecheta sang *Bad Moon Rising* laut mit, hören konnte ihn hier sowieso niemand.

Er schipperte entlang der Küste, die, bis auf einen schmalen Kiesstreifen, fast bis ans Wasser dicht mit Fichten bewachsen war. Immer wieder musste er den Ausläufern von Braunalgen mit ihren gasgefüllten Schwimmkörpern ausweichen, die hier circa dreißig Meter unter der Wasseroberfläche im Meeresgrund verankert waren und vor der Küste riesige Tangwälder bildeten. Der Riesentang gehört zu den Organismen mit dem schnellsten Wachstum, und Akecheta musste aufpassen, dass sich die Schraube seines Trawlers nicht in dem Gewirr der Algen festfraß.

Er öffnete den kleinen Kühlschrank im Steuerstand, griff nach einer Dose Bier und riss sie auf. Heute war Sonntag, und er hatte nichts anderes zu tun. Also nahm er einen großen Schluck und ließ das kalte Bier seine trockene Kehle hinab rinnen. Er hatte das Radio leiser gemacht, als er ein gleichmäßiges, klackendes Geräusch über die ansonsten ruhige See schallen hörte, das er nur zu gut kannte und das ihn immer an das Knacken einer Walnuss erinnerte. Akecheta wusste sofort, was es war. Er hatte es schon so oft gehört und hielt Ausschau nach dem pelzigen Verursacher. Etwa dreißig Meter voraus konnte er eine Bewegung im Blasentang ausmachen, und tatsächlich lag dort ein Seeotter auf dem Rücken im Wasser. Das Tier war gut und gerne eins fünfzig lang. Es musste aufgrund der Größe ein stattliches Männchen sein. Der Otter lag mit dem dunkelbraunen Fell im Wasser und hielt den etwas helleren Kopf über der Wasseroberfläche. Er schien Akecheta noch nicht bemerkt zu haben und war vollkommen in seine Beschäftigung vertieft.

Auf seiner Brust lag ein Stein, und das Tier schlug mit kräftigen Schlägen immer wieder die Beute darauf, bis man schließlich hören konnte, wie das Außenskelett zerbarst. Der so geöffnete Seeigel wurde sogleich verschlungen. Akecheta hatte dieses drollige Verhalten schon oft beobachtet. Er fand es immer wieder bemerkenswert, wie geschickt der Otter mit dem Werkzeug umging, um den Fang zu knacken. Meistens waren es Seeigel, manchmal aber auch Muscheln und größere Schnecken.

Nachdem das Tier die Beute verspeist hatte, tauchte es sogleich zu einem neuen Jagdausflug im Tangwald ab. Akecheta drosselte den Motor und ließ das Boot treiben. Er nahm noch einen kräftigen Schluck und griff nach seinem Fernglas, um nach dem auftauchenden Otter Ausschau zu halten. Er hielt diese Tiere für Glücksbringer, aber man sah sie nur noch selten. Durch den Raubbau der Fischereiflotten im Nordpazifik waren die Fischbestände stark reduziert worden, sodass die großen Prädatoren wie Weißer Hai, Schwertwal und Seelöwe auf andere Jagdgründe mit neuen Beutetieren auswichen. Leider wurden auch immer öfter die Seeotter Opfer dieser Jäger. Dies und die Jagd durch den Menschen hatte die

Seeotterpopulationen stark ausgedünnt, was zu einer enormen Vermehrung der Seeigel geführt hatte, die ganze Tangwälder abweideten und damit komplette Ökosysteme unter Wasser zerstörten. Den Tangwäldern wurde ein ähnlicher Stellenwert im globalen Ökosystem wie den Regenwäldern über Wasser zugeschrieben.

Gerade sah er den Otter wieder auf der Steuerbordseite auftauchen. In den Vorderpfoten hielt er den Stein, der unter Wasser auch als Meißel diente, und einen großen purpurnen Seeigel. Wieder konnte Akecheta Zeuge dieses wundersamen Schauspiels werden. Der Stein wurde auf die Brust gelegt und der Seeigel mit aller Kraft auf ebendiesen gedonnert, bis die Schale des Stachelhäuters nachgab und der Otter seine Beute fressen konnte.

Das Bier war leer, und Akecheta wollte sich eben zum Kühlschrank umdrehen, als er plötzlich einen starken Ruck durch das im Wasser treibende Tier gehen sah. Der Otter krümmte und wälzte sich, wobei er schnaubende Geräusche von sich gab. Das Tier schien starke Schmerzen zu haben, und Akecheta sah, wie der Otter immer wilder zuckte und um sich schlug. Schlagartig war alles vorbei, und der Meerotter rührte sich nicht mehr, sondern dümpelte nur noch in den Wellen.

»Was ist denn mit dem los? Der ist ja elendig verreckt. Wie kann der so schnell sterben?«, wunderte Akecheta sich und drehte das treibende Boot mit dem Steuerrad in Richtung des Kadavers, um ihn näher untersuchen zu können. Noch drei Meter war er entfernt. Irgendetwas im Wasser störte im unteren, unbewusst wahrgenommenen Blickfeld seine Konzentration, aber er konnte es nicht sofort sinnvoll in das Geschehen einordnen. Er schaute angestrengt über die Reling, konnte zwar den dichten Braunalgenwald sehen, aber die Algen schimmerten nicht mehr in ihrer natürlichen Farbe im Sonnenlicht der oberen Wasserschichten. Sie schienen im Spiel des von den Wellen gestreuten Lichtes orange zu glühen. Er schaute sich um und sah im Umkreis seines Trawlers die Flecken unter Wasser leuchten.

Akecheta rannte zum Heck, griff nach einem Haken. Er zog den Otter heran, um ihn über die Reling an Bord zu ziehen. Wieder im Steuerstand angekommen, wendete er das Boot und machte sich übereilt auf den Rückweg.

»Mannomann, orangener Tang! Irgendwie erinnert mich das an die Bilder aus dem Internet«, murmelte er und versuchte, sich die Fotos der großen Pflanzenseuche in Europa ins Gedächtnis zu rufen. Die Farbe der kranken Pflanzen war dort ähnlich, aber in den Berichten, die er sich angeschaut hatte, war immer nur die Rede von Nadelbäumen. Von Wasserpflanzen oder Algen hatte er bisher noch nichts gehört.

»Das muss ich auf jeden Fall melden. Wahrscheinlich nur ein blöder Zufall. Am besten rufe ich die Fischereibehörde an. Ob ich da heute, am Sonntag, jemanden erreiche? Eher unwahrscheinlich. Die müssen unbedingt den Otter untersuchen! Der hat irgendwas Giftiges gefressen«, sagte er leise vor sich hin, riss eine weitere Dose Bier auf und gab Vollgas. Die neue Kühlwasserpumpe würde schon halten.

## 19. März, Grönland – Thule Air Base

Es herrschte bei minus achtzehn Grad dichtes Schneegestöber auf der US-Air-Base, und man konnte die Hand nicht vor Augen sehen. Der Schnee klatschte immer wieder, von heftigen Böen getrieben, gegen die Scheiben des Kontrollturms. Es kam einem Wunder gleich, dass die vierstrahlige Lockheed Jet Star mit den beiden Zusatztanks in den Tragflächen auf der enteisten Landebahn sicher aufsetzte. Die beiden Piloten der Luftwaffe, erfahrene Männer, landeten die Maschine fast im Blindflug, ohne dass ihr Puls dabei nennenswert anstieg. Die sechs Passagiere in der Druckkabine waren auf jeden Fall sicher am Zielort angekommen, und das war von höchster Priorität. Der Adler war im Nest.

Nachdem die Piloten die Triebwerke abgeschaltet hatten, wurde das Flugzeug von einem 70-Tonnen- Schlepper rückwärts in einen Hangar geschoben. Bei diesem Pushback konnten die Piloten und der Flugingenieur durch die Scheibe der Kanzel schemenhaft den Rumpf der riesigen Boeing 747 im Schnee erkennen. Die Air Force One des Präsidenten der Vereinigten Staaten musste draußen bleiben. Ein Hangar für einen Jumbo war auf der Airbase in Nordgrönland nicht vorgesehen.

Nachdem der Schlepper abgekoppelt und aus dem Hangar gefahren war, schloss sich das massive Tor langsam und blendete die Außenwelt unter dem grellen Flackern gelber Alarmleuchten und schriller Warntöne aus. Sogleich wurde die gesamte Lockheed von einem dichten Sprühnebel aus einer Sprinkleranlage im Hallendach überzogen, der aus scharfen Reinigungs- und Desinfektionsmitteln bestand und jedes infektiöse Material sofort eliminieren würde. Während der Prozedur kam Bewegung in die Passagiere, die sich für den Ausstieg bereit machten. Die sechs

Männer und Frauen sammelten sich vor der Kabinentür und warteten auf ein Signal zum Ausstieg. Im Hangar war bereits eine Mannschaft in biologischen Schutzanzügen mit der Endreinigung der Halle beschäftigt, und eine in die Gangway integrierte Unterdruckkabine wurde an das Flugzeug herangefahren.

Sobald die Mannschaft eine luftdichte Verbindung zum Flugzeug hergestellt hatte, betraten mehrere Mitarbeiter in neonfarbenen, aufgeplusterten Schutzanzügen mit eigener Luftversorgung den Dekontaminationsbereich durch ein Schleusensystem. Sie riegelten das schlauchförmige Kammersystem nach außen hermetisch ab. Einer der Männer stieg die Gangway hinauf. Er klopfte an die Außenhülle der Flugzeugkabine, worauf sich die Tür öffnete. Die Passagiere verließen geordnet die Maschine, um sich der nun folgenden Prozedur zu unterziehen, die aus mehreren Dekontaminationsstufen bestand. Zuerst mussten sie nacheinander ihre Habseligkeiten und ihre gesamte Kleidung ablegen, um dann eine Dekontamination in einer Dusche über sich ergehen zu lassen, die geeignet war, jeden nur erdenklichen Krankheitserreger zu töten. Der Geschmack, den sie danach für mehrere Stunden im Mund zurückbehielten, sollte bei keinem Zweifel an der Wirksamkeit des unbekannten Desinfektionsmittelgemisches wecken. In den gelben, sterilen, mit Kapuze ausgestatteten Einweganzügen sahen sie schließlich aus wie eine Truppe gelber Teletubbies und durften nach einer abschließenden UV-Dusche endlich den Schlauch durch die Schleuse einzeln verlassen.

Das Treffen war topsecret. Es lief unter Ausschluss der UNO und der meisten Mitgliedsstaaten ab. Außenminister Russ hatte in mehreren Telefonaten mit den nordamerikanischen Bündnispartnern die Lage sondiert. Amerikaner und Kanadier waren bestens über die Flucht des europäischen Kapitals nach Argentinien informiert. Nach Aussagen der argentinischen Regierung, die aus US-Geheimdienstkreisen bestätigt wurden, waren die Sicherheitsvorkehrungen in dem südamerikanischen Staat ausreichend, um eine Verschleppung der großen Infektion auf den amerikanischen Kontinent zu verhindern. Russ konnte aber auch heraushören, dass die Amerikaner diesen Massentourismus am liebsten unterbunden hätten. Allerdings waren ihnen da die Hände gebunden, handelte es sich schließlich um souveräne Staaten, die dies von ihrem Territorium aus zuließen. Man wollte keinen internationalen Konflikt provozieren – zumindest noch nicht.

Auch über das Großprojekt in der argentinischen Grassteppe war man bestens informiert. Ein Treffen mit den Führern der europäischen Großmächte Frankreich, England und Deutschland hatten sie bisher allerdings abgelehnt. Zu gefährlich und auch unnötig bei der gegebenen Krisenlage. Das hatte sich schlagartig vor zwei Tagen geändert. Russ wurde während einer Videokonferenz von dem amerikanischen und kanadischen Außenminister regelrecht zu einem Treffen gedrängt. Den plötzlichen Gesinnungswandel hatte er nicht verstanden und auch im Gespräch mit den beiden nicht abschließend klären können. Mehr als kryptisch gaben sich die zwei, und man einigte sich auf ein Treffen im Norden Grönlands auf der US Air Base unter Einhaltung der schärfsten Sicherheitsvorkehrungen und absoluter Geheimhaltung. Der Konferenzraum war nur durch eine mehrfach gesicherte Stahltür zu betreten. Die beiden mit Sturmgewehren bewaffneten Hünen der Air Force Security Forces, die vor der Tür Stellung bezogen hatten, ließen bei keinem der sechs europäischen Passagiere Zweifel daran aufkommen, dass nur geladene Gäste Zutritt erhielten.

Die Wände des zehn mal zehn Meter messenden Raumes waren vollkommen mit einer schallbrechenden Schicht aus tausenden Schaumstoffpyramiden versehen, und der ovale, schwarz glänzende Tisch war schon mit mehreren hochrangigen Offizieren der US-Streitkräfte und der kanadischen Armee besetzt. Zwischen dem militärischen Führungspersonal waren zwei Plätze nicht belegt, aber die Namensschilder wiesen sie als Sitze des US-Präsidenten und des kanadischen Premierministers aus.

Außenminister Russ, Innenministerin Seybold, die englische Premierministerin und ihr Geheimdienstchef sowie der französische Premierminister und seine Verteidigungsministerin nahmen in ihren gelben Einweganzügen auf den ihnen zugeordneten Stühlen Platz. Sie rissen sich die albernen Kapuzen vom Kopf, was einige der anwesenden Militärs zum Schmunzeln brachte, aber von den sechs in den gelben Anzügen nicht erwidert wurde. Kaum dass sie saßen, betraten, eskortiert von vier schwarz gekleideten FBI-Agenten und einem Hund, die beiden Männer den Raum, deren Plätze jetzt noch frei waren, und die Tür wurde hermetisch abgeriegelt.

Der Präsident der Vereinigten Staaten saß neben dem Premierminister Kanadas, tätschelte seinen schwarzen Labrador, der sich zu seinen Füßen niedergestreckt hatte, und richtete ohne Umschweife das Wort an die Versammlung: »Meine Damen und Herren, liebe Freunde, erst einmal ein großes Dankeschön für Ihr Erscheinen an diesem wirklich ungastlichen Ort im Nordpolarkreis. Dieser Treffpunkt wurde allerdings mit Bedacht gewählt. Die Einhaltung strenger Quarantänemaßnahmen, insbesondere für unsere Gäste aus Europa, ließ ein Treffen auf den Territorien der USA oder Kanadas nicht zu. Hier oben minimieren sich die Gefahren, einen wie auch immer gearteten Keim einzuschleppen und zu verbreiten. Keine Pflanzen im momentanen Permafrost – keine Infektion. Die Landebahn, auf der Sie eben gelandet sind, wurde und wird übrigens mit den gleichen Desinfektionsmitteln behandelt wie Ihr Flugzeug im Hangar. Ich will mich nicht lange mit Begrüßungsfloskeln und Fragen der Sterilität aufhalten.

Lassen Sie uns direkt in medias res gehen. Um es mit den Worten von Jim Lovell, Apollo 13, zu sagen: Houston, wir haben ein Problem! Und zwar ein gewaltiges, wie Ihnen bekannt sein dürfte. Ihre Pflanzenseuche in Europa ...« Die englische Premierministerin war im Begriff zu intervenieren, doch der Präsident hob beschwichtigend sein Hände. »Ich weiß, ich weiß! Sollte kein Vorwurf sein und ist auch überholt, worauf ich später noch zurückkommen werde. Also, diese Infektion hat das Zeug, um es kurz zu machen, die Menschheit von unserem Planeten zu tilgen. Wie Sie auch wissen – ich gehe zumindest davon aus, dass Sie es wissen –, haben wir es mit einer sich exponentiell ausbreitenden Pflanzeninfektion zu tun, die Europa im Würgegriff hat, sich im asiatischen Teil Russlands mit nie zuvor gesehener Geschwindigkeit ausbreitet und in Kürze die Taiga bis zur Pazifikküste *verwüstet* haben wird. Über kurz oder lang muss man das wohl wörtlich nehmen, wie mir von vielen Experten prognostiziert wurde. Der westlichste Infektionsherd, von Ihnen aus gesehen, dürfte auf den Azoren liegen, die seit mehreren Tagen eine sich sehr schnell ausbreitende Primärinfektion melden. Die Krankheit befällt dort, wo sie sich ausbreitet, jede uns bekannte Pflanzengattung und macht auch vor unseren Nutzpflanzen keinen Halt. Wir wissen momentan weder, um was es sich handelt, noch haben wir irgendwas gegen diese Seuche in der Hand. Keine sehr guten Nachrichten, wie ich meine. Und es gibt noch schlechtere. Vor drei Tagen wurde von einem Fischer, einem Halbindianer namens Akecheta Lavoie, in einem Tangwald vor Sitka in Alaska eine Entdeckung gemacht, die uns ...«, dabei blickte er den kanadischen Premier an, »nicht zu einer optimistischeren Zukunftsprognose hinreißen wird. Meine Damen und Herren, die Seuche ist mit der Ankunft auf einem dritten Kontinent global geworden. Das Gebiet um diese befallenen Braunalgenbestände wurde mittlerweile zum militärischen Sperrgebiet erklärt und die Bevölkerung evakuiert. Wir versuchen momentan mit allen uns zur Verfügung stehenden Mitteln, die weitere Ausbreitung im Golf von Alaska und vor allem einen Landgang der Seuche zu verhindern. Auch mittels chemischer Kriegsführung. Mit erschreckenden Auswirkungen auf die Ökosysteme, aber in Ermangelung einer echten Alternative. Meine Krisenstäbe haben mir aber zu verstehen gegeben, dass, falls die Invasion nicht dort stattfinden wird, sie von Russland aus über die Beringsee unseren Kontinent überrennen wird.

Ich sagte es bereits, die Erkrankung wird uns letztendlich vernichten. Und nicht nur uns. Es wird zu einem gewaltigen Faunenschnitt kommen, zu einem Massensterben auf unserer Erde. Der Planet wird in eine Ödnis biblischen Ausmaßes verwandelt werden. Unsere Aufgabe wird es sein, das Überleben einer Elite zu gewährleisten, die unseren Fortbestand als Rasse sichert. Wie ich aus sicheren Quellen weiß, gehen einige Aktivitäten in Ihren Ländern in ähnliche Richtungen, und das ist der Grund, warum wir hier sitzen.« Er machte eine Pause und sah in die fragenden Gesichter der europäischen Regierungschefs.

»Der Grund für unser Treffen ist, wie Sie richtig sagen, den Fortbestand der Menschheit zu planen. Aber zwangsläufig planen wir nur das Überleben eines kleinen Teils der Menschen und müssen damit billigend den Tod von Abermilliarden hinnehmen. Darüber sollten wir uns alle in diesem Raum einig sein, bevor wir weiter reden.« Die englische Premierministerin setzte den Satz wie ein Skalpell mit kaltem Kalkül an die moralischen Wertvorstellungen der anwesenden Volksvertreter an und machte einen tiefen Schnitt.

Der französische Premier schüttelte ablehnend seinen Kopf: »Das können wir nicht machen. Egal was hier herauskommen wird, wir können doch nicht zusehen, wie unschuldige Menschen, die uns noch dazu demokratisch gewählt haben und mit deren Stimme wir hier sprechen sollten, wie diese Menschen geopfert werden für das Überleben weniger anderer.«

Die deutsche Innenministerin Seybold konnte nicht mehr an sich halten, es brach aus ihr heraus: »Aber Sie haben es doch eben in aller Deutlichkeit gehört und wissen es doch selber auch besser. Das Sterben wird unausweichlich kommen. Es geht nur darum, ob wir alle gemeinsam den Löffel abgeben. Die Erde wird dann in den nächsten hundert Millionen Jahren von Einzellern in Tiefseegräben beherrscht. Bis wieder ein irgendwie geartetes höheres Leben entsteht und die Archäologen dieser Lebensform, die sehr wahrscheinlich nicht viel mit uns gemeinsam haben wird, die Relikte unserer Zivilisation aus dem Staub der Geschichte herausbuddeln werden, um dann festzustellen, dass es sich bei uns nicht um eine sehr intelligente Spezies gehandelt haben dürfte.« Seybold holte tief Luft und fuhr fort: »Oder ob wir als Art, Rasse oder wie Sie es nennen wollen, von mir aus auch Peergroup, überleben. Es geht ums Überleben, nicht mehr und nicht weniger. Entweder wir beißen alle ins Gras und die Einzeller sind am Zug, oder wir sind intelligent genug, und diese Archäologen finden uns nicht im Schutt der Geschichte.«

Die französische Verteidigungsministerin musste laut auflachen, während Russ seine deutsche Kollegin ob dieses Wortschwalls erstaunt musterte.

Seybold griff nach einem Glas Orangensaft und leerte es in einem Zug. *Dieser widerliche Geschmack von der üblen Brühe aus den Desinfektionsduschen muss doch mal verschwinden*, dachte sie und: *Dieser Franzose muss das Zeug doch gesoffen haben, oder er hat Insektenspray inhaliert, so viel Mist, wie der von sich gibt.*

Während sie sich ein neues Glas eingoss, ergriff der US-Präsident wiederholt das Wort: »Meine Damen, meine Herren, ich denke, das Wichtigste ist, dass wir jetzt ruhig Blut bewahren, sonst können wir bald den Wald vor lauter Bäumen nicht sehen. Ich gebe Ihnen beiden recht. Natürlich werden wir nicht alle retten können. Dafür fehlen uns die Zeit, das Geld und die Möglichkeiten.« An den französischen Premier gewandt, fuhr er fort: »Mein lieber, geschätzter Kollege, natürlich opfern wir niemanden. Wir haben einfach keine andere Wahl und müssen uns für das kleinere Übel entscheiden. Ich denke, wir stellen Ihnen unsere Überlebenspläne und den dazugehörigen Zeitplan vor, dann sehen wir weiter. Nur so viel: Wir hier haben, bevor Sie eingeladen wurden, lange über die Möglichkeiten und Handlungsoptionen, die uns bleiben, nachgedacht. Und wir sind zu der Überzeugung gelangt, dass wir nur dann Erfolg haben, wenn wir Hand in Hand arbeiten und verstehen, dass wir in einem Boot sitzen.« Daraufhin forderte er einen Mitarbeiter seines Stabes auf, den Gästen aus Europa die Karten auf den Tisch zu legen.

Das Erste, was sie auf dem bis jetzt dunklen Bildschirm an einer der Wände sahen, war die Satellitenaufnahme einer Großbaustelle in einer endlosen Grassteppe. In der Mitte der Aufnahme war eine gigantische Kuppel zu erkennen, deren Stahlträgerskelett vor der Vollendung zu stehen schien. Im unteren Bildrand, wo man angefangen hatte, die kuppelartige Struktur mit Glas zu überziehen, wurde das einfallende Sonnenlicht stark reflektiert. Die Ausmaße der Kuppel konnte man nur anhand der unzähligen Kräne und Baumaschinen erahnen. Nach dem Größenvergleich mit dem offensichtlich schweren Gerät musste das monumentale Bauwerk mehrere Quadratkilometer überdecken.

Der Mann nestelte an seinem Mikrofon herum und sagte: »Was Sie hier sehen, ist eine im Bau befindliche Biosphärenkuppel, die in der argentinischen Pampa im Auftrag mehrerer europäischer Millionäre und Milliardäre, deren Personalien uns selbstverständlich vorliegen, errichtet wird, um das Überleben von schätzungsweise zwei bis dreitausend Menschen bei einem globalen Ausfall der Landwirtschaft zu gewährleisten.« Er zeigte ein weiteres Bild. Diesmal konnte man mehr Details der gigantischen Baustelle erkennen. »Dieses hier zeigt auch die Baumaßnahmen außerhalb der Kuppel. Wir können praktisch einen Blick auf die Entstehung einer Stadt werfen. Da werden momentan Wohn- und Verwaltungsgebäude sowie Einrichtungen zur Energie- und Wasserversorgung aus dem argentinischen Boden gestampft.«

Die französische Verteidigungsministerin fragte: »In welcher Region Patagoniens befindet sich diese Baustelle, und was ist das für ein Fluss am Rand des Bildes?«

Wieder wurde ein neues Bild gezeigt. »Wir sehen jetzt das gesamte Gelände in einer Übersichtsaufnahme. Bei dem Fluss handelt es sich um den Rio Gallegos, einen Zusammenfluss zweier Gewässer in der Nähe der chilenischen Grenze, der sich hier zu einem Mündungstrichter, einem zehn Kilometer breiten Bassin erweitert, das einen natürlichen Hafen bildet.«

Erstmals meldete sich der englische Geheimdienstchef zu Wort: »Dieses Areal dürfte, wenn ich mich recht an meine Zeit im Falklandkrieg erinnere, westlich der Falklandinseln liegen. Die Stadt südlich des Mündungstrichters müsste die gleichnamige Stadt Rio Gallegos sein.«

»Ganz recht«, bestätigte der Mitarbeiter. »Hier leben etwa 80.000 Menschen, und nach unseren Informationen soll die Stadt in den nächsten Monaten evakuiert werden.«

Der französische Premier war sichtlich berührt: »Sie wollen mir allen Ernstes erklären, dass die argentinische Regierung diese Menschen umsiedeln will, um es ein paar Tausend reichen Europäern zu ermöglichen, ihr mondänes Überleben auf der gegenüberliegenden Flussseite zu sichern?«

»Danach sieht es aus.«

Außenminister Russ stand auf, lief um den Tisch herum zu dem Bildschirm an der Wand und zeigte auf eine kreisförmige Struktur, die das gesamte Großbauprojekt einrahmte. »Was ist das hier für ein Bauwerk um die Baustelle herum?«

Wieder kam die Antwort von dem Mitarbeiter der US-Regierung: »Das ist eine Befestigungsanlage, bestehend aus einer zwanzig Meter hohen Mauer, versehen mit Geschütztürmen, die wahrscheinlich noch mit schwerer Artillerie ausgerüstet werden. Die gesamte Anlage ist ein befestigtes Bollwerk, eine Verteidigungsanlage, die das Überleben von mehreren tausend Menschen an der argentinischen Atlantikküste sichern soll. Uns liegen gesicherte Informationen vor, dass man im Umfeld der hier geplanten und teilweise schon realisierten Maßnahme eine Privatarmee aus Söldnern – alles gut ausgebildete Soldaten, Profis der Kriegsführung – zusammenstellt, um den Lebensstandard der Bewohner auch nach einem Zusammenbruch der Zivilisation zu sichern. Hier wird mit dem Aufbau einer Infrastruktur, bestehend aus luxuriösen Wohneinheiten, Energie- und Wasserversorgungseinrichtungen, einer Biosphärenkuppel zum Anbau der nötigen Nahrungsmittel für Tausende und einem effizienten militärischen Verteidigungsapparat sowie einer Hafenanlage und einem Flughafen, die den Zugang zum Rest der Welt ermöglichen, eine logistische Meisterleistung vollbracht.«

Russ ging zurück zu seinem Platz und setzte sich an den Tisch, dabei schaute er unverwandt den Wandmonitor an. »Die Frage ist nur, warum Sie uns das zeigen? Planen Sie Ähnliches? Wir in Deutschland haben schon über solche Maßnahmen nachgedacht.«

Der US-Präsident antwortete ihm direkt, wobei er ihn fixierte: »So ist es. Nur denken wir in noch größeren Dimensionen, die mehr Geld verschlingen werden als dieses argentinische Gewächshaus für Reiche. Wir werden unseren gesamten Haushalt auf das Überleben der

Menschheit ausrichten. Alles Geld, auch der gesamte Verteidigungsetat, fließt ab sofort in die Planung und Realisierung des Überlebens unserer Spezies. Aber das wird nicht reichen! Wir brauchen euch Europäer! Nicht nur euer Geld, sondern auch euer Know-how und eure Manpower. Es geht nicht nur um Biosphären für die wissenschaftlichen, politischen und kulturellen Eliten unserer Nationen, über deren Auswahl wir noch viel streiten werden. Es geht um weit mehr. Wir planen eine Raumstation im Orbit, gegen die die ISS sich ausmachen wird wie eine Konservendose. Eine, von der wir weiter in das Sonnensystem vordringen können, um bewohnbare Habitate auf dem Mond und auch auf dem Mars schaffen zu können. Dafür müssen wir in den nächsten Monaten alles an Kapital aufbringen, was uns zur Verfügung steht. Auch im Schulterschluss mit anderen Nationen.«

Russ gab ihm recht. »Ich sehe das genau wie Sie und denke, auch meine Regierung und die anderen europäischen Regierungen werden Schritte in diese Richtung begrüßen und einem Joint Venture mit unseren Partnern aus Übersee zustimmen.«

Der Satz erntete zustimmendes Nicken der anderen Europäer am Tisch, und der französische Premierminister fügte hinzu: »Sollten unsere Geldmittel nicht reichen, müssen wir vielleicht auch mal darüber nachdenken, diese im Geld schwimmenden hedonistischen Egoisten aus Europa zu enteignen.« Dabei zeigte er auf das Satellitenbild auf dem Monitor. »Ich denke, von den Tausenden, die dort leben wollen, gehört nur ein Bruchteil zu unseren ... wie sagten Sie gleich, Herr Präsident? Zu den wissenschaftlichen, politischen und kulturellen Eliten unserer Nationen.«

Den nächsten Satz konnte Natalie Seybold nur bruchstückhaft verstehen, während sie ein zweites Glas Orangensaft in einem Zug leerte.

Der widerliche Geschmack in ihrem Mund schien sich aber noch zu verstärken.

## 21. März, Deutschland – Marburg, Außenstelle des Institutes für Phyto- und Humanpathologie

»Alex, glaubst du wirklich, dass alle Pflanzen an dieser Seuche erkranken werden und dann sterben?« Toni und Alex saßen bei strahlendem Sonnenschein auf der östlichen Mauer des Jagdschlosses mit dem Rücken an die Brüstung gelehnt und mit Blick auf die Baustelle im Hof des Schlosses, auf der reges Treiben herrschte. Mehrere Transporter verschiedener Handwerker standen auf dem Platz verstreut. Sie konnten die Geräusche ihrer Werkzeuge hören. Kreissägen jaulten schrill um die Wette mit Bohrmaschinen, und das Hämmern von Druckluftnietpistolen und Elektrohämmern schlug den Takt zur Kakofonie der Arbeit.

»Ich will dir keine Angst machen, aber nach dem Stand der Dinge sieht es so aus. Guck dich doch nur um, Toni! Alle Pflanzen sind befallen. Selbst die Frühblüher keimen kurz grün aus und werden dann ein schnelles Opfer der Infektion.«

»Stimmt! Du hast mir vorgestern das keimende Buschwindröschen im Wald gezeigt. Gestern war die Pflanze schon nicht mehr grün, sondern orange. Heute Morgen war sie vollkommen vertrocknet. Sie schien tot zu sein.«

Alex schaute ihn kurz an und sagte dann: »Ja, so wird es wahrscheinlich den meisten Pflanzen ergehen. Die Nadelbäume sind ja schon lange Opfer der Seuche geworden.«

Einige Zeit sagte keiner der beiden etwas, und sie beobachteten nur das Treiben im Hof, bis Toni seine Sprache wiederfand: »Ihr plant doch, dass wir alle hier überleben. Ich meine hier im Schloss. Ihr wollt Pflanzen in den Gewächshäusern anbauen, die hier schon stehen und die von den

Leuten da unten gebaut werden. Die sind dicht, sodass die Krankheit da nicht eindringen kann?«

»Ja, das haben wir vor.«

»Die anderen Menschen, die in den Städten oder die da unten zum Beispiel, haben die auch Gewächshäuser?«

»Einige vielleicht, aber nicht alle.«

»Dann müssen die doch verhungern?«

»Toni, wir haben uns das nicht ausgesucht und können froh sein, dass wir das Schloss haben. Aber ich will ehrlich zu dir sein. Es stimmt, was du sagst. Viele Menschen werden sterben müssen, wenn es wirklich so schlimm kommt, wie wir annehmen.«

»Aber meinst du nicht, dass die uns dann unser Essen wegnehmen? Ich meine, bevor die verhungern, werden die uns doch ausrauben, oder?«

»Gut möglich. Einige werden das mit Sicherheit versuchen, und dann müssen wir uns verteidigen.«

»Wie denn? Wir haben doch gar keine Waffen.«

»Toni, ich weiß es auch nicht genau, aber uns wird etwas einfallen.« Alex wusste natürlich mehr, wollte den Jungen aber nicht noch mehr beunruhigen. Er konnte und wollte ihm einfach nicht jede Frage beantworten.

Wieder herrschte ein beklommenes Schweigen zwischen ihnen. Doch dann stellte Toni noch eine Frage: »Aber selbst wenn wir es schaffen, in den Gewächshäusern unsere Nahrung anzubauen und nicht überfallen werden, was ist dann mit der Luft?«

»Wieso? Was soll denn mit der Luft sein?«

»Wir haben doch in der Schule gelernt, dass Pflanzen Sauerstoff erzeugen. Was ist, wenn die Pflanzen alle tot sind und wir weiter atmen? Woher kommt dann der Sauerstoff?«

Alex war platt. Der Bengel konnte tatsächlich um die Ecke denken und die Zusammenhänge richtig deuten. Aber die Frage traf ihn nicht unvorbereitet. »In der Atmosphäre befindet sich so viel Sauerstoff, das dürfte ein bisschen für uns reichen. Und viele werden nicht mehr atmen, wenn die Seuche sich auf der Erde erst mal breitgemacht hat.«

Toni stierte betroffen vor sich hin und fragte schließlich: »Die Tiere werden auch alle sterben, oder?« Er fügte noch schnell hinzu: »Was ist dann mit Drago?«

»Die Tiere werden auch nichts mehr zu fressen haben. Um Drago werden wir uns kümmern.«

Toni dachte nach und sagte dann: »Du und Anna, ihr mögt euch, oder?« Dabei schaute er einen vollkommen perplexen Alex an und legte noch einen drauf: »Seid ihr ein Liebespaar?«

Alex wusste nicht, was er auf diese direkte Frage antworten sollte und wich aus: »Ja, schon. Wir mögen uns sehr, aber deine Mutter hat den Tod von eurem Vater noch nicht überwunden und braucht jetzt erst mal Zeit zum Trauern. Schau, das Ganze ist gerade mal zweieinhalb Monate her, und ihr braucht auch noch sehr viel Zeit, um den plötzlichen Tod eures Vaters zu verarbeiten.«

Toni nickte unmerklich und schaute dann Alex direkt an: »Ja, das stimmt schon, aber ich weiß, dass sie dich sehr gerne hat und du ihr guttust. Kümmere dich ruhig um sie, sie braucht dich! Und Mikka hätte das bestimmt auch gewollt – irgendwann auf jeden Fall.«

Alex war von dem Gespräch unter Männern sichtlich gerührt und hatte einen dicken Kloß im Hals. Er wollte noch etwas erwidern, wurde aber unterbrochen. Unten im Hof hielt ein schwerer Geländewagen in Tarnfarben. Die beiden sahen Mia aus dem Auto springen.

»Hey, da ist ja Mia!« Alex war froh über die Unterbrechung des anstrengenden Gesprächs mit dem kritischen Jugendlichen, der sich nicht grundlos Sorgen machte. Sorgen um die Welt, um seine Zukunft und die seiner Mutter. »Komm Toni, wir sagen ihr Hallo!«

Mia öffnete die Heckklappe des Wagens. Ihr Bauch wölbte sich sichtlich unter ihrem Camouflage-T-Shirt. Sie war gerade im Begriff, eine schwere Kiste aus dem Heck des Autos zu heben.

»Hi Mia!«, sagte Toni, der voran gelaufen und noch außer Atem war. Er schob sie zur Seite und hob die Kiste aus dem Auto. »Was ist das für eine riesige Karre? Wo hast du den Wagen her?«

Alex gesellte sich zu ihnen. »Du sollst in deinem Zustand nicht mehr schwer heben!«

»Hab ich ja nicht. Toni hat die Kiste heraus gehoben.«

»Wenn er nicht rechtzeitig gekommen wäre, hättest du es gemacht, oder?«

Toni mischte sich ein: »Jetzt hört auf zu streiten. Wo hast du den Geländewagen her?«

»Das ist ein Hummer, dreihundert PS, zweieinhalb Tonnen geballte Power und noch ein paar Extras, die ich aber noch nicht verrate. Den hab ich mir geleistet. Mein Volvo war mir zu langsam. Außerdem haben sie den in Zahlung genommen. War ein gutes Geschäft, denke ich. Toni, bringst du bitte die Kiste in die Küche? Da sind Lebensmittel drin, die in den Kühlschrank müssen.«

Nachdem Toni sich in Richtung Küche aufgemacht hatte, packte Mia Alex am Arm und zog ihn in das Innere des Wagens. Sie schloss die zweiflügelige Heckklappe und schaute sich konspirativ durch die dunkel getönte Scheibe um.

»Was wird das denn jetzt?«, fragte Alex ungeduldig.

Mia bückte sich zu einer olivfarbenen Holzkiste und öffnete langsam den Deckel.

»Scheiße, was ist das denn?« Er konnte es nicht fassen. Der Anblick des Inhalts verstörte ihn, und jetzt schaute auch Alex noch mal nach, ob ein ungebetener Zaungast einen Blick auf den Inhalt der Kiste erhaschen konnte. Darin lagen mehrere Sturmgewehre mit Magazinen. Mia schloss die Kiste wieder und deutete auf eine zweite, etwas kürzere, aber höhere. »Da sind noch sechstausend Schuss Munition drin. Ich werde aber noch mehr besorgen. Außerdem erwarte ich eine weitere Lieferung Sturmgewehre, mehrere Pistolen, Armbrüste, Bogen und Handgranaten.«

»Ich glaube es nicht! Gerade hat Toni mich gefragt, ob wir hier im Schloss nicht überfallen werden, wenn die Nahrungsmittel ausgehen, und ich hab ihm gesagt, dass wir damit rechnen müssen. Er sagte dann zu mir, wir könnten uns im Ernstfall doch gar nicht verteidigen, weil wir keine Waffen hätten. Und jetzt kommst du mit dem Zeug hier rein geschneit. Habt ihr euch abgesprochen?«

»So ein Quatsch! Das war Zufall. Wie findest du die Dinger?«

»Ich weiß nicht recht. Ich hab eigentlich immer gedacht, dass man sehr schnell tot sein kann, wenn man so ein Teil in die Hand nimmt. Ich hoffe nur, dass wir sie nicht benutzen müssen.«

»Das hoffe ich auch, aber du weißt ja: Vorsicht ist besser als Nachsicht! Ich denke, wir holen die Kisten erst heute Abend aus dem Hummer, wenn hier die Luft rein ist.«

»Wir müssen das auch den anderen sagen. Die Dinger gehören weggesperrt, sonst spielen noch Aada und Elias damit.«

»Nicht nur das. Wir werden demnächst auch mit dem Schießtraining beginnen. Vorerst nur wir Erwachsenen. Die Kinder sollten wir nicht zu sehr beunruhigen.

Die von Mia beauftragten Arbeiten waren vor drei Tagen begonnen worden. Die Handwerker kamen gut voran. Die Stahlkonstruktionen für die Gewächshäuser aus Panzerglas waren kurz vor der Fertigstellung. Das fertige Glasgebäude würde in allen Details die Anforderungen eines Labors der Schutzstufe 4 erfüllen, der höchsten Schutzstufe für Biohazard-Labore. Nur dass hier nichts hermetisch im Laborkomplex eingesperrt, sondern etwas aus der Außenwelt ausgesperrt werden sollte.

Den Arbeitern und den Planern hatten sie erzählt, dass hochinfektiöses, humanpathogenes Material hier lagerte und dass hier weiterhin Experimente zur Aufklärung der schlimmsten Pflanzenseuchen seit Menschengedenken durchgeführt wurden. Alles natürlich nur Strategie, um die an den Arbeiten beteiligten Personen abzuschrecken und um zu verhindern, dass die Geschichte von einer Überlebensinsel in einem Jagdschloss im Wald bei Marburg die Runde machte und später Neugierige oder, so wie es Mia drastischer ausgedrückt hatte, Verhungernde anzog. Insgesamt sollten die Hochsicherheitstreibhäuser eine Fläche von annähernd hundert mal hundert Metern überdecken, was eigentlich den gesamten Innenhof einnahm. Dieser Hektar Nutzfläche sollte nach einer von Mia in Auftrag gegebenen Berechnung ausreichen, zehn bis fünfzehn Menschen zu ernähren, vorausgesetzt man würde vegetarisch leben. Eine Tierhaltung war bei der begrenzten Fläche ausgeschlossen, und als Eiweißquelle war der Anbau von Hülsenfrüchten vorgesehen. Das Saatgut für diese Pflanzen, vor allem Bohnen, Erbsen und Linsen, war bereits geliefert und im Saatgut-Raum eingelagert worden. Diesen Raum hatten sie im Ostflügel des Laborkomplexes eingerichtet, dort, wo auch die hochinfektiösen Erreger in Kühlschränken aufbewahrt wurden. Auch anderes Saatgut für verschiedene Getreidesorten, Kartoffeln, Gemüse und Kräuter hatte Mia bestellt, und sie erwarteten täglich weitere Lieferungen, sodass sie direkt nach Beendigung der Bauarbeiten und der Dekontamination mit dem Einsäen beginnen konnten.

Zu Simones Aufgaben zählte es, einen Nahrungsmittelvorrat aus Grundnahrungsmitteln, Trockenfrüchten, Fleisch, Fisch und Konserven anzulegen, der zumindest die nächsten beiden Jahre für eine Vollversorgung reichen sollte, aber bei Selbstversorgung auch mehrere Jahre eingelagert werden konnte. Hierbei stand ihm in den letzten Tagen Anna hilfreich zur Seite, und darüber war er auch sehr froh.

Zwischen Anna und Alex hatte es in den letzten Tagen immer heftiger geknistert. Es war nur noch eine Frage der Zeit, bis es zwischen den beiden knallte. Anna hatte sich aus Rücksicht auf ihre trauernden Kinder Zeit gelassen – Zeit, die sie auch brauchte.

Alex verbrachte viel Zeit im alten Laborkomplex, der nicht unmittelbar von den Arbeiten betroffen war. Er betrieb dort seine Forschungen an der unheimlichen Infektion eigenbrötlerisch weiter, was ihn sehr in Anspruch nahm. Die anderen hatten ihn nur stundenweise gesehen und sich dann immer über die Wortkargheit bezüglich irgendwelcher Fortschritte bei seiner Arbeit gewundert. Selbst Anna gelang es nicht, irgendetwas aus ihm herauszubekommen.

Mia und Alex betraten gemeinsam die Küche. Die leere Kiste hatte Toni auf dem Küchentisch stehen gelassen, nachdem er die Lebensmittel ordentlich verstaut hatte.

Alex schaute sich suchend um, konnte Toni aber nicht entdecken. Auch im angrenzenden Essbereich war er nicht, obwohl er hier immer gerne auf dem Sofa in der Ecke herum lümmelte.

»Wo steckt der Kerl denn schon wieder?«

»Ach lass ihn doch. Er hat genug Sorgen und hängt wahrscheinlich nur oben mit seinem Laptop ab.«

Alex schaute um die Ecke den Aufgang zur zweiten Etage hoch, als er schon hören konnte, wie der Junge die Treppe hinunterlief. Toni kam um die Ecke des Treppenabsatzes gerannt, nahm die beiden letzten Stufen in einem Schritt und hielt ihnen den Laptop entgegen: »Habt ihr das aus Australien schon gehört? Ich hab' s eben im Internet gelesen.«

*Das Internet wird es auch nicht mehr lange geben,* dachte Alex, um Toni dann zu fragen: »Was ist denn da los? Meine Güte, du rennst ja die Treppe runter, als wäre der Leibhaftige hinter dir her. Junge, du brichst dir noch mal den Hals.«

»Die Ureinwohner, die Aporichinesen oder wie die heißen, versammeln sich an diesem roten Berg mitten in Australien. Sie haben aufgehört zu essen und zu trinken, weil sie glauben, das Ende der Welt wäre gekommen. Die Ersten sollen schon verdurstet oder verhungert sein, und dabei singen sie auch noch Lieder. Ich hab's eben auf einem Nachrichtensender gelesen.«

»Die Aporichinesen heißen Aborigines«, verbesserte ihn Mia. Normalerweise hätte sie Tonis Wortdreher zum Lachen gebracht, aber das, was er sagte, ließ ihr das Lachen im Hals stecken bleiben. »Was ist mit denen los? Zeig mir mal den Artikel.«

Toni stellte den Laptop auf den Tisch, und gemeinsam lasen sie.

*Die Menschen setzen sich einfach in den Kreis und stimmen in die Lieder der anderen ein. Mittlerweile sitzen unter den Eukalyptusbäumen mehrere Hundert Menschen und singen, aber sie nehmen keine Nahrung und kein Wasser zu sich. Die Ersten sind bereits gestorben und wurden bestattet. Andrew Irwin, seines Zeichens australischer Ranger, sagt, dass man versucht habe, die Menschen von ihrem Hungerstreik abzubringen. Dies hätte aber nur zu Tumulten geführt. Auch ein Versuch, wenigstens die*

*Kinder zu retten, war gescheitert. Irwin berichtete: »Die Leute sitzen hier, um zu sterben, und wir können und dürfen nichts unternehmen. Uns sind die Hände gebunden. Wir stehen mit einigen von ihnen im Kontakt. Sie sagen, dass nach einer uralten Prophezeiung das Ende der Welt gekommen wäre und dass ihnen nur noch der Weg ins Reich der Toten offen stehe. Sie sprechen von Geistwesen, die die Meere bewohnen, in den Himmel starren und nach ihren Brüdern rufen und davon, dass diese Geister den Weg ins Totenreich bald verschließen werden.«*

*Auch Irwin, der die Kultur der Aborigines gut kennt, kann sich keinen Reim auf dieses sonderbare Verhalten machen. Zur Zeit kann man hier nur zusehen, wie diese Menschen innerhalb weniger Tage verdursten. Mittlerweile gibt es auch Meldungen aus anderen Teilen des Landes, die von solchen Zusammenkünften berichten. Auch dort sollen bereits Menschen gestorben sein. Über das, was dies alles mit der in Asien und Europa grassierenden Pflanzenseuche zu tun hat, können wir nur spekulieren. Vielleicht handelt es sich auch nur um eine neue Form der Massenhysterie, wie sie von einigen Ethnologen bei anderen Naturvölkern schon beschrieben wurde ...*

»Massenhysterie? Das kann doch nicht wahr sein! Die setzen sich einfach zum Sterben hin und die unternehmen nichts? Schaut euch doch nur mal das Foto an.« Mia war fassungslos.

»Geisterwesen in den Meeren, die ihre Brüder rufen. Das klingt gruselig.« Alex klappte den Rechner zu und schüttelte ungläubig den Kopf. »Warum haben wir hier noch nichts davon in den Nachrichten gehört?«

»Das sind doch nur ein paar Primitive, die wahrscheinlich das falsche Kraut geraucht haben. Du weißt doch, wie die sogenannte zivilisierte Menschheit auf ein paar Eingeborene hinunter schaut. Das wird nicht ernst genommen. Wenn vor der Gold Coast wieder mal ein Taucher von einem Weißen Hai gefressen wird, weil er dieses Tier unbedingt streicheln wollte, erfahren wir das natürlich sofort.« Mias Sarkasmus entsprang einer tiefen Abneigung gegenüber dem westlichen Kulturchauvinismus. Sie schaute auf ihre Uhr. »Jetzt hätte ich es beinah verschwitzt. Ich muss los. Hab noch einen Termin mit dem Geologen, der uns bei der neuen Brunnenbohrung berät. Kommt ihr mit?«

»Na klar!«, rief Toni begeistert, und Alex stimmte auch zu. Sie würden auf der Baustelle nicht gebraucht werden, und falls doch jemand eine Frage hätte, so könnte er auch Simone oder Anna fragen, die von ihrem Einkauf bald wieder zurück sein mussten.

Eine halbe Stunde später fuhren sie in dem klimatisierten Hummer, der von einer neuen Brennstoffzellentechnik angetrieben wurde, durch die letzten Ausläufer des Waldes.

Alex und Toni waren in den letzten beiden Wochen nicht mehr aus dem Tal herausgekommen. Die meiste Zeit hatten sie in dem Schloss verbracht und nur ab und zu einen Ausflug in die nähere Umgebung unternommen, um für Dragos Auslauf zu sorgen.

Was sie zu sehen bekamen, nachdem Mia den Wagen über eine kleine, kurvige und sehr holprige Landstraße aus dem Wald heraus in die ehemals von Landwirtschaft geprägte Landschaft steuerte, raubte ihnen den Atem. Einige Felder waren frisch gepflügt und für die Aussaat nach dem langen Winter vorbereitet. Aber neben den Äckern mit noch nackter Scholle gab es auch die Rapsfelder, die im letzten Spätsommer ausgesät worden waren. Die kleinen Pflanzen waren schon im Herbst ausgekeimt und hatten den Winter unter einer geschlossenen Schneedecke mit geringer Stoffwechselrate recht gut überstanden. Doch mit dem Beginn der Vegetationsperiode vor einigen Tagen waren sie geschossen. In diesen wenigen Tagen hatte die Infektion zugeschlagen. Ausnahmslos alle Pflanzen zeigten den für den Befall typischen Chlorophyllabbau. Einige

Pflänzchen konnten noch Knospen bilden, waren aber dann auch der Seuche anheimgefallen, der sie nichts entgegenzusetzen hatten. Ähnlich sah es bei den anderen Wintergetreiden aus, die auch im letzten Jahr schon ausgekeimt waren und gerade begonnen hatten, in der Frühlingssonne, ohne wirksame Verteidigungslinie gegen die Erkrankung, intensiv Stoffwechsel zu betreiben. Augenscheinlich schlug die Infektion dann zu, wenn die Pflanzen anfingen, ihre Fotosyntheserate zu steigern und deshalb unwillkürlich den Gasstoffwechsel intensivierten, um an das lebensnotwendige Kohlendioxid zu gelangen.

Alex hatte schon lange geahnt, dass der Erreger den Weg durch die Spaltöffnungen nehmen würde. Er hatte seine Forschung in diese Richtung forciert und auch Ergebnisse erzielt, von denen er den anderen aber noch nicht berichtet hatte.

Der Anblick der orangen Felder und Wiesen wirkte in der sonst unveränderten Landschaft verstörend, und alle drei spürten an diesem herrlichen Frühlingstag die Ausweglosigkeit der Situation, die die normale Keimung der Pflanzen so unterdrückte, wie sie jede Hoffnung im Keim erstickte. Sie fuhren eine geraume Zeit, die sich in ihrer sprachlosen, sorgenvollen Pein wie Gummi zu dehnen schien, durch die groteske Landschaft, die mit den orangen Flächen wirkte, als sei sie dem Albtraum eines unter Drogeneinfluss halluzinierenden Avantgardekünstlers entsprungen. Es gab kein grünes Blatt mehr. Das Grün der Pflanzen, das die Menschen alle Zeit ihres Lebens begleitet und sich in ihrem Bewusstsein als das lebensspendende Prinzip schlechthin manifestiert hatte, war aus der Landschaft getilgt. Hin und wieder konnten sie noch ein kleines Pflänzchen sehen, das der Frühlingssonne soeben seine Blätter entgegen streckte und dessen Schicksal schon damit besiegelt war, dass es, seiner Natur entsprechend, den Hauch des Todes einatmete. Die Laubbäume, die vereinzelt an der Straße standen, waren noch nicht ausgeschlagen, und ihre dicken, saftigen Blattknospen, die kurz vor der Entfaltung standen, ließen grünes Blattwerk erwarten. Den Dreien im Auto war aber klar, dass dies ein Trugschluss bleiben würde. Die wenigen Nadelbäume, die manchmal am Straßenrand auftauchten oder sich aus einer Feldhecke emporstreckten, waren, wie die Koniferen des Waldes, bereits völlig abgestorben. Sie hatten das kranke Orange gegen ein ausgetrocknetes, verdorrtes Braun getauscht, das keinen Zweifel an ihrem endgültigen Exitus aufkommen ließ.

Mia zeigte nach oben in den Himmel, während sie den schweren Hummer über die Straße lenkte. »Schaut mal da, die Vögel!«

Alex und Toni hoben ihre Köpfe und schützen den Blick mit den Händen gegen das grelle Sonnenlicht. »Das sind Kraniche, die fliegen in V-Formation.« Alex orientierte sich am Sonnenstand und fügte dann hinzu: »Aber die fliegen in die falsche Richtung. Eigentlich sollten die jetzt nach Norden zu ihren Brutgebieten in Skandinavien fliegen. Die fliegen aber nach Süden! Das tun die eigentlich erst im Herbst, um dort zu überwintern.«

»Kein Wunder! Die Brutgebiete gibt es ja auch nicht mehr. Die finden wahrscheinlich nichts mehr zu fressen und haben sich für ihre Reiserücktrittsversicherung entschieden, aber bis nach Argentinien wird's nicht reichen.« Mia lachte gezwungen und schaute dabei angestrengt auf die Schlaglöcher in der Fahrbahn.

## 21. März, Deutschland – Marburg, Supermarktparkplatz

Anna und Simone waren dabei, die Vorräte in Simones Kombi zu verstauen. Heute hatten sie ausschließlich Fleischkonserven gekauft, die noch mindestens für zwei Jahre haltbar sein würden und mit denen sie ihre Ernährung zumindest in der Anfangszeit mit tierischen Eiweißen ergänzen wollten. Dabei mussten sie vorsichtig sein und durften nicht auffallen, wenn sie die Mindesthaltbarkeitsdaten überprüften oder wenn sie in einem Markt zu viele der Konserven erstanden.

Die beiden Männer hatten sie nicht bemerkt. Sie standen etwas abseits und schauten interessiert zu, wie sie den Inhalt des Einkaufswagens in den Kofferraum beförderten.

»Na ihr zwei Hübschen! Habt ihr ein paar Vorräte gekauft für das Wochenende, oder sind die schon für das Weltende?«

Simone sah Anna über den Einkaufswagen gebeugt an und hielt in seiner Bewegung inne. Er richtete sich auf und drehte sich in die Richtung, aus der die Stimme kam. Die beiden Typen waren zwielichtige Rocker eines ansässigen, verrufenen Motorradklubs. In speckigen Lederhosen mit der üblichen Kutte über ihren Bierbäuchen, vollbärtig mit langen Haaren in einem Zopf zusammengebunden und über und über mit Tattoos bedeckt, kamen sie langsam näher.

Auch Anna sah sie kommen, warf schnell die letzten Dosen in den Wagen und schlug die Heckklappe mit einem Ruck zu.

»Was geht euch das an?«, fragte Simone und blinzelte in der hellen Sonne, die durch eine Reihe Silberweiden am Ufer des nahen Baches schien. Die frischen, entfalteten Blätter der Weiden trugen auch schon die Todesmale der Infektion, wie er nebenbei bemerkte.

»Nicht so forsch! Wir haben uns nur gefragt, was man für ein romantisches Dinner mit fünfzig – oder sind's noch mehr? – Rindfleischdosen zaubern kann«, sagte der Größere der beiden finster und schlug dabei seinem Partner auf die Schulter.

»Genau, wir haben euch doch gestern schon hier bei eurem Großeinkauf beobachtet«, fügte der hinzu und lachte halbseiden.

»Ja und? Wir haben eine große Familie. Die Kinder fressen uns die Haare vom Kopf« Simone hatte sich langsam Anna genähert, die nur wenig Deutsch verstand, und sagte keck: »Ihr kennt das doch. Ab einem bestimmten Alter wollen sie nur noch Junkfood. Unsere stehen momentan auf Burger.«

»Ich glaub euch kein Wort! Ihr richtet euch doch nur darauf ein, dass es in ein paar Wochen nichts mehr zu fressen gibt. Die haben's gerade im Radio gemeldet. In Deutschland werden die Nahrungsmittel ab sofort rationiert, und der Staat übernimmt die Verteilung. Ihr seid Hamsterer, und ich denke, ihr macht das in unserem Territorium auf unsere Kosten.« Der Größere zog beim Sprechen einen Totschläger aus dem Hosenbund, der Kleinere fügte hinzu: »Und ich denke, ich hab eine gute Idee. Ihr nehmt jetzt den ganzen Dosenfraß und werft ihn da in den blauen Mercedes.« Er zeigte mit dem Daumen über die Schulter auf den Wagen hinter sich.

Plötzlich ging alles sehr schnell. Erst waren nur die Sirenen eines näherkommenden Streifenwagens zu hören. Die beiden Typen schauten sich verwirrt um. Zeitgleich knatterte ein Polizeihubschrauber über ihre Köpfe hinweg und senkte sich in einer scharfen Drehung über dem Eingangsbereich des Supermarktes ab. Der Helikopter verharrte in etwa dreißig Meter Höhe an Ort und Stelle, wobei er sich langsam drehte, so als ob die Crew irgendetwas auf dem Parkplatz suchen würde.

Die beiden Typen sahen sich kurz an, sprangen in ihren Mercedes, fuhren mit gemäßigtem Tempo über den Parkplatz und verließen in einer Reihe anderer Fahrzeuge das Supermarktgelände, ohne groß aufzufallen. Gleichzeitig fuhr ein Streifenwagen mit heulenden Sirenen auf den Parkplatz und hielt im Eingangsbereich. Zwei Uniformierte sprangen mit gezückten Waffen aus dem Wagen und liefen in den Markt, aus dem Anna und Simone die ersten Schüsse hören konnten.

Beide standen mit offenem Mund und zu Salzsäulen erstarrt da, bis Anna das Schweigen brach: »Was geht denn hier ab? Die sind einfach verduftet.«

»Und das machen wir jetzt auch ganz schnell! Was hier los ist, will ich im Moment gar nicht wissen. Komm, wir hauen ab!«

Sie stiegen in den Wagen. Anna steuerte in aller Seelenruhe vom Gelände und fuhr in Richtung Heimat, während Simone am Radio herumfummelte. Auf der Ausfallstraße kamen ihnen noch mehrere Streifenwagen mit Blaulicht und Martinshorn entgegen. Im Radio lief die übliche Musik. Simone mokierte sich darüber, dass sie immer die gleiche langweilige Musik spielten. Als ob es nicht noch ein paar tausend Songs mehr geben würde, die es wert wären, gespielt zu werden.

Anna sagte: »Die beiden Arschlöcher wollten uns am helllichten Tag ausrauben, mitten auf einem Supermarktparkplatz! Mit einem Totschläger und wegen ein paar Dosen Rindfleisch ...« Weiter kam sie nicht. Simone gab ihr zu verstehen, dass soeben die Nachrichten liefen, und drehte lauter.

*»Wie aus Kreisen der Regierung verlautbart wurde, werden ab morgen alle Nahrungsmittel in der Bundesrepublik Deutschland unter staatlicher Kontrolle verwaltet und nur noch rationiert verteilt. Wie der Regierungssprecher in einer soeben abgehaltenen Presseerklärung im Berliner Kanzleramt mitteilte, muss bei der momentan angespannten*

*Situation in der Landwirtschaft, bedingt durch die große Infektion, davon ausgegangen werden, dass es in Deutschland, aber auch in anderen europäischen Staaten zu Engpässen in der Versorgung der Bevölkerung kommen kann. Um dies zu verhindern, wurde beschlossen, sämtliche Nahrungsmittelvorräte in Handel und Industrie sowie den gesamten Nutztierbestand zu beschlagnahmen und unter staatliche Kontrolle zu stellen. Wie weiterhin gemeldet wurde, werden ab morgen Lebensmittelkarten an die Bevölkerung verteilt. Wie und wo dies geschehen soll, wird den Bürgern, wie der Sprecher der Regierung sagte, von den Städten und Kommunen mitgeteilt. Die Bevölkerung ist aber angehalten, das Radio anzulassen und auf entsprechende Meldungen zu achten. Jedweder private Verkauf oder sonstiger Handel mit Lebensmitteln und Nutztieren wird ab sofort unter Strafe gestellt. Dies geschehe alles zum Schutz der Menschen in unserem Land, sagte der Regierungssprecher und forderte die Bevölkerung auf, Ruhe zu bewahren.*

*Aus Kreisen der Opposition wurde heftige Kritik an dem Krisenmanagement der Regierung geäußert. Die Verteilungspläne seien noch nicht ausgearbeitet und nur Stückwerk. Außerdem müsse man den internationalen Schulterschluss suchen und vermehrt mit den europäischen Nachbarländern zusammenarbeiten. Vor allem in Hinblick auf die enorm in die Höhe geschossenen Weltmarktpreise für Getreide und Lebensmittel aller Art. Weiter hieß es aus diesen Kreisen, dass die Entwicklungs- und Schwellenländer schon heute ihre Bevölkerung nicht mehr ausreichend ernähren könnten, was schon zu Hungersnöten von Abermillionen in Zentralafrika geführt habe.«*

»Lebensmittelkarten? Aber das reicht doch nie im Leben für all die Menschen. Das weiß doch jeder. Wo wird das nur enden?«, rief Simone aufgebracht.

*»Soeben erreicht uns eine Sondermeldung aus Marburg. In einem Einkaufszentrum in der Innenstadt soll es eine bewaffnete Geiselnahme gegeben haben. Der oder die Täter sind schwer bewaffnet und sollen viele Geiseln in ihrer Gewalt haben. Die Polizei und mehrere Sondereinsatzkommandos sind vor Ort und sichern den Tatort …«*

»Jetzt weißt du auch, was da eben los war. Die beiden Idioten sind nur abgehauen, weil da zufällig die Polizei wegen der Geiselnahme reingeschneit ist. Glück gehabt!«

Simone schaute Anna von der Seite an und sah ihren angespannten Gesichtsausdruck.

»Klasse, jetzt haben wir hier den gleichen Mist wie in Finnland. Hat ja gerade mal sechs Tage gedauert, bis hier auch das Chaos ausbricht. Ich glaube, wir sollten uns beeilen.« Sie machte eine kurze Pause und sagte dann noch: »Ich meine beeilen mit allem, was wir noch vorhaben. Das ist der Anfang vom Ende!«

Als die beiden über die Zugbrücke in den Hof des Schlosses fuhren, war von Mias Wagen nichts zu sehen, und auch Alex und Toni waren wie vom Erdboden verschluckt. Die Handwerker arbeiteten noch fleißig an der Stahlkonstruktion, und Aada und Elias waren für eine Runde mit Drago in den Wald gegangen. Sie hatten eine Nachricht am Kühlschrank hinterlassen, die Anna und Simone fanden, als sie ihre Einkäufe in die Speisekammer brachten.

»Ich geh rüber und schau mal, wie die Zimmer der Kinder aussehen. Da ist bestimmt wieder eine Bombe eingeschlagen. Die müssen heute unbedingt aufräumen. Kommst du ohne mich klar, Simone?«

»Geh nur, ich mach den Rest. Wir sehen uns nachher.«

Anna ging durch die Küche, lief die Treppe in den Hof hinunter und schritt zum Südturm herüber, in dem sie mit den Kindern untergebracht war. Zwangsläufig musste sie dabei über die Baustelle gehen. Es war immer das gleiche Ritual. Ein Spießrutenlaufen für gut aussehende Frauen. Die Handwerker schauten ihr hinterher, manche pfiffen, andere riefen ihr freundliche Begrüßungen oder Komplimente entgegen. Aber alles lief in einem Rahmen ab, der es Anna erlaubte, den einen oder anderen schlagfertigen Kommentar abzugeben, wenn sie die Männer verstand. Die Arbeiter brachte sie mit ihren englischen Kommentaren zum Lachen, was auch ihr oft ein Schmunzeln ab nötigte. Die Handwerker waren überwiegend freundliche Männer, die sich über eine Abwechslung bei ihrer Arbeit freuten. Und gab es eine angenehmere Ablenkung auf einer Baustelle als den Anblick einer sehr schönen Frau? Nur ein Typ war Anna schon öfter unangenehm aufgefallen. Nicht durch irgendwelche frauenfeindlichen Machosprüche, sondern eher durch seine Verschwiegenheit und die unheimliche Art, wie er sie lüstern anstierte oder schamlos ihren Blick erwiderte. Ein verschlagener, großer Kerl mit einer leicht untersetzten Figur und roten Haaren, die ein kindliches, mit Sommersprossen gesprenkeltes Gesicht umrahmten, aus dem er mit einem leichten Silberblick schielte, was ihn auf den ersten Blick als naiven Einfaltspinsel erscheinen ließ. Aber Annas untrügliche Menschenkenntnis sah noch etwas anderes in ihm. Den gefährlichen, gewissenlosen Psychopathen, der, mit messerscharfem Verstand gesegnet, ständig den eigenen Vorteil auszuloten versuchte. Schon einige Male hatte sie ihn mit Vorarbeitern wegen Belanglosigkeiten streiten sehen. Einmal war er sogar mit Alex aneinandergeraten, eigentlich auch nur wegen einer Lappalie. Er hatte immer wieder Baumaterial in den Eingangsbereich der Schleuse zum Labor gelegt, und Alex musste ihn mehrmals höflich auffordern, das zu unterlassen. Dann war die Angelegenheit irgendwann eskaliert, und Alex hatte ihm unmissverständlich zu verstehen gegeben, wo er in der Rangordnung stand. Er hatte ihm auch gesagt, dass er sich gefälligst an seine Anordnungen zu halten habe.

Das hatte Alex auch Anna erzählt und ihr die Reaktion des Psychos geschildert, die eigentlich gar keine war: »Er stand nur da und starrte mich mit leicht geneigtem Kopf und mit irrem Blick an. Dabei hat er nichts gesagt und auch keine Gemütsregung gezeigt. Nur die Knöchel der Hand, in der er einen Zimmermannshammer hielt, sind weiß hervorgetreten, und ich hatte den Eindruck, als wolle er mir gleich den Schädel einschlagen. Er hat dann aber doch noch eingelenkt und wortlos das Zeug aus dem Schleusenbereich weggeschafft.«

Auch diesmal sah er sie mit starrem Blick an, wobei er wollüstig ihre Figur musterte, so als wäre sie nur ein Stück Fleisch. Anna sah zu, dass sie von der Baustelle wegkam und lief die Treppe zum Südturm hinauf. Die Zimmer der Kinder waren eine Katastrophe. Anna würde ihnen später sagen, dass sie unbedingt aufräumen mussten. In Aadas Zimmer lagen Berge dreckiger Wäsche herum, die sie in einen mitgebrachten Wäschesack stopfte.

Noch während sie hörte, dass die Zimmertür leise ins Schloss fiel, und sie sich mit einer Handvoll Unterwäsche aufrichtete, um sich umzudrehen, spürte sie einen heftigen Schlag auf den Hinterkopf und dann nichts mehr.

Sterne tanzten vor ihren Augen, und heftige Schmerzen pulsten durch ihren gesamten Kopf. Ihr war hundeelend, sie konnte ihre Arme nicht bewegen. Als sie die Augen aufschlug, sah sie, wie durch einen Nebel, den Rothaarigen, der sich mit irgendetwas an ihrem linken Fuß zu schaffen machte. Anna begriff nun sehr schnell, dass ihre Hände mit Kabelbindern, die hart in ihr Fleisch einschnitten, an Aadas Bett verzurrt waren und dass dieser kranke Typ damit beschäftigt war, ihr Bein ebenfalls am Bett festzumachen. Die Jeans hatte er ihr schon ausgezogen. Sie wollte aufschreien, wurde sich aber sofort gewahr, dass er ihr den Mund geknebelt und zugebunden hatte.

*Dieses Dreckschwein will mich auf dem Bett meiner Tochter vergewaltigen!*, schoss es ihr durch den Kopf, und sie wurde sehr wütend. In einer schnellen Bewegung winkelte sie das freie rechte Bein an und trat zu. Anna trat ihm mit äußerster Kraft – sie gab wirklich alles, was ihr zur Verfügung stand, legte alle ihre Wut in den Tritt – von unten gegen den Kehlkopf. Röchelnd taumelte ihr Peiniger zurück und griff sich mit beiden Händen an den Hals, während er aus weit aufgerissenen Augen schaute. Dann fokussierte er Anna mit irrem, angsteinflößendem Blick. Ihre Hände bekam sie nicht frei, so sehr sie auch an den Kabelbindern zerrte, die sich immer tiefer in ihr Fleisch einschnitten. Anna wusste, dass ihr nicht viel Zeit blieb, bis sie seine gesamte kranke Wut zu spüren bekäme, und sie hatte nur ihre Beine, um sich zu verteidigen. Angst kroch in ihr hoch. Sie versuchte, den Knebel aus ihrem Mund zu bekommen, während sie im Hintergrund immer noch das Geröchel des Irren hörte, den sie anscheinend hart getroffen hatte.

Sie schaffte es, in seiner sexuellen Gier hatte er den Knebel nicht richtig gebunden, und konnte endlich wieder durch den Mund atmen. Den ersten tiefen Atemzug nutzte sie, um einen Schrei loszuwerden, in den sie ihre gesamte Panik legte.

Das Geröchel war verstummt. Anna blickte sich um und sah, wie er näherkam. Blut lief an seinen Mundwinkeln herunter, und sein Blick hatte nichts Menschliches mehr. Diesmal war er besser vorbereitet und versuchte ihren Beinen auszuweichen, indem er sich seitlich vom Bett ihrem Oberkörper näherte. In der Hand hielt er das Rundholz, mit dem er sie schon mal niedergestreckt hatte.

»Na, du finnisches Luder! Du willst es wohl auf die harte Art?« Seine Stimme war nur noch ein heiseres Krächzen. »Kein Problem, sollst du kriegen! Ich besorg's dir jetzt mal so richtig, nicht wie dieser blonde Schlappschwanz. Ihr glaubt wohl, ich wüsste nicht, was ihr hier vorhabt.«

Anna drehte sich im Bett, um ihre Beine in eine bessere Verteidigungsposition zu bringen.

»Das wird dir auch nichts nützen, du Schlampe«, sagte er mit einem irren gutturalen Lachen. »Viel Zeit haben wir nicht mehr. Ich weiß genau, was ihr im Schilde führt. Schöne Überlebensinsel hier im Schlosshof bauen und dann zugucken, wie die anderen alle krepieren. Aber ich werde nicht so einfach abtreten. Vorher will ich noch ein bisschen Spaß haben, meine kleine Wildkatze.« Er schwang das Rundholz über dem Kopf und war jetzt sehr nah. Anna wusste, was jetzt kommen würde. Sie wusste auch, dass sie nicht den Hauch einer Chance hatte. Sie rechnete damit, dass er sie jetzt totschlagen würde und dass die Kinder sie dann blutüberströmt hier fänden. Was sollte nur aus den drei werden? Erst der Vater und dann die Mutter ...

Die Tür wurde aufgerissen. Dann ging alles sehr schnell. Alex rannte auf den Typen zu. Mit seiner blonden Mähne und seinem wutverzerrten Gesicht sah er aus wie ein der altnordischen Sage entsprungener Berserker. Der erste Tritt traf den Rotschopf, der das Rundholz beim Herumwirbeln immer noch über seinem Kopf schwang, mit voller Wucht zwischen den Beinen, worauf er in die Knie ging. Den Schlag konnte er noch ausführen und zog Alex das Holz hart über den Kopf. Aus der Platzwunde schoss das Blut, und einen Augenblick schien Alex zu taumeln. Anna, vom Knebel befreit, schrie auf und zerrte weiterhin verzweifelt an ihren Fesseln. Sie sah von dem blutüberströmten Alex in das vom Schmerz entstellte Gesicht des kranken Arschlochs, der sich langsam aufzurichten versuchte. Der zweite Tritt traf ihn aber so hart im Gesicht, dass sein Kopf mit voller Wucht gegen den Heizkörper unter dem Fenster prallte, sodass dieser aus der Verankerung gerissen wurde. Endlich sackte er bewusstlos zusammen.

Anna atmete erleichtert auf. Sie entspannte ihre Glieder, während Alex ein Bündel Kabelbinder aus der Hemdtasche des Ohnmächtigen zog und ihn fesselte. Darüber, dass er sie mit seinem Blut besudelte, während er mit einem Messer ihre Fesseln losschnitt, mussten sie später noch oft lachen. Vor allem die irritierten Gesichter der anderen Bauarbeiter, die kurze Zeit später ins Zimmer stürmten und ein knutschendes, blutverschmiertes Paar antrafen, während ein bewusstloser Mann an den Heizkörper gefesselt im Hintergrund niedergestreckt dalag, sollte bei beiden noch oft zu ungehemmten Lachanfällen führen.

Am Abend, die Kinder lagen schon im Bett, saßen sie zu viert zusammen bei einem Glas Wein im Essbereich der Küche. Sie ließen diesen, für alle furchtbaren Tag Revue passieren.

Alex' Wunde hatte ein Arzt versorgt und geklammert. Den Psycho hatten sie der Polizei übergeben, die schnell feststellte, dass der Typ polizeilich in mehreren europäischen Ländern wegen Vergewaltigung und bewaffneten Raubüberfällen gesucht wurde. Anna war weniger geschockt als wütend darüber, dass sie an einem Tag zwei Mal Opfer einer Gewalttat geworden war. Worauf Simone trocken darauf hinwies, dass sie zwei Mal nur beinahe Opfer einer Gewalttat geworden war. Alex und Mia konnten sie daraufhin nur mit viel Mühe und Überredungskraft davon abhalten, Simone zu lynchen. Auf jeden Fall hatten sie heute alle viel Glück gehabt und konnten das Geschehene in der entspannten Atmosphäre langsam ausblenden.

Nur das, was die Pflanzenerkrankung in den letzten Tagen in der Umgebung aus den bestellten landwirtschaftlichen Flächen gemacht hatte, ließ sie nicht mehr zur Ruhe kommen und wurde spät am Abend heiß diskutiert. Grundsätzlich waren sich aber alle einig, dass die große Infektion letztendlich alle Pflanzen befallen würde und sie ihr Vorhaben schnell zu Ende bringen mussten – auch vor dem Hintergrund des Geschehens in dem Marburger Supermarkt und auf dem Parkplatz. Sie hatten mittlerweile erfahren, dass die Täter mit der Geiselnahme eine Menge Geld erpressen wollten. Wahrscheinlich um ihr Überleben in den nächsten Jahren finanzieren zu können. Beim Einsatz eines Sondereinsatzkommandos waren die Mehrzahl der verzweifelten Täter und auch einige Geiseln zu Tode gekommen. Anna war immer noch der Meinung, dass das der Anfang vom endgültigen Ende, vom Zusammenbruch der Zivilisation war, und die anderen stimmten ihr zu. Alle waren sich sicher, jetzt täglich von solchen Gewaltausbrüchen zu hören oder auch selbst davon betroffen zu sein. Sie nahmen sich vor, ab jetzt noch mehr auf der Hut zu sein und das Schloss nur bewaffnet zu verlassen.

Später am Abend, sie waren bis auf die schwangere Mia alle ein wenig angetrunken, lenkte Alex das Gespräch auf die Ergebnisse seiner Arbeit, und es wurde sehr still, als er anfing, von seiner Forschung zu erzählen. »Ich hab was! Ich habe es niemandem erzählt, weil ich die Ergebnisse noch mal überprüfen wollte, aber es ist lupenrein.«

»Jetzt spann uns nicht so auf die Folter, raus damit!« Mia konnte es nicht abwarten.

»Ich hab euch doch schon erzählt, dass die erkrankten Pflanzen von Eiweißen überschwemmt werden, die aus einer fehlgeleiteten Genaktivität zu stammen scheinen. Die Fremdeiweiße, die sonst gar nicht in den Pflanzen vorkommen, werden aus Genen übersetzt – transkribiert, wie die Genetiker sagen –, die nicht im herkömmlichen Genom liegen, sondern in nicht codierenden DNS-Bereichen, die man bisher für unnütz hielt. Ihr erinnert euch, da werden unbekannte Gene aus den sogenannten Introns gelesen. Das wurde mittlerweile von mehreren Laboren unabhängig voneinander nachgewiesen. Ich hab mir nun gedacht, dass der Erreger der Infektion vielleicht auch nur ein Protein ist. Ähnlich wie die Prionen, die den Rinderwahnsinn und die Creutzfeldt-Jakob-Krankheit beim Menschen auslösen. Da war es naheliegend, nach so was zu suchen. Da das aber die Suche nach der Nadel im Heuhaufen ist und man davon ausgehen muss, dass das krankmachende Fremdeiweiß eins der ersten nachweisbaren Eiweiße im Keimling sein muss, habe ich meine gesamte Arbeit auf die Suche nach dem infektiösen Protein konzentriert. Ich hab einfach Pflanzen gezüchtet, und zwar hunderte, die mit der normalen Außenluft in Verbindung kamen, sodass zu erwarten war, dass sie auf jeden Fall an der Seuche erkranken würden. Der Rest war Fleißarbeit. Ich hab hunderte dieser Pflanzen in allen möglichen Entwicklungsstadien geschreddert, gemörsert, mit Lösungsmitteln aufgeschlossen und alles durch das NMR-Spektrometer geschickt. Und ich hab unseren Erreger gefunden! Es ist ein aus 165 Aminosäuren aufgebautes Protein, das von den infizierten Pflanzen massenhaft erzeugt und an die Luft abgegeben wird. Ich hab den klaren Nachweis erbracht, dass es sich bei diesem Eiweiß um das die Erkrankung auslösende Toxin handelt, indem ich in steriler Umgebung auskeimende Pflanzen gezielt mit diesem Protein kontaminiert habe. Alle sind an der Seuche erkrankt. In der gleichzeitig unter gleichen Bedingungen durchgeführten Blindprobe ohne Toxin ist kein einziger Keimling erkrankt.« Alex sah die Spannung in den Augen seiner Mitbewohner und sagte dann: »Was ich euch jetzt erzähle, glaubt es mir, habe ich mindestens fünfzig Mal in den letzten Tagen überprüft. Bei der Sequenzierung des Eiweißes habe ich Aminosäuren gefunden, die nicht von dieser Welt sind. Es gibt sie einfach nicht auf der Erde. Die

Aminosäuren, und damit auch das Protein, sind eindeutig extraterrestrischen Ursprungs.«

## 25. Mai, Vereinigte Staaten – Kansas, Corning

Die Kirche war Punkt elf Uhr aus, und die Predigt hatte alle Einwohner von Corning bewegt. Pfarrer Hunninghake hatte nach der üblichen Gedenkandacht für die Gefallenen über die zehn biblischen Plagen gesprochen und Vergleiche mit den Vorgängen in Europa und weiten Teilen Asiens gezogen. Er hatte auch gesagt, dass es diesmal keinen Exodus ins gelobte Land gebe, und er hatte wiederholt von einer Strafe Gottes gesprochen, die die Menschheit heimsuchen würde. Hunninghake war fünfundsiebzig und etwas merkwürdig, wenn man es vorsichtig ausdrücken wollte. Einige Gemeindemitglieder hatten schon laut den Wunsch geäußert, er solle endlich seinen wohlverdienten Ruhestand antreten und dem Nachwuchs eine Chance geben.

Beim abschließenden Gebet hatte er neben den Toten der Weltkriege auch die vielen Toten in Europa miteingeschlossen und den Herrn um Gnade für das auserwählte Volk der Amerikaner gebeten. Mit seinem Gottvertrauen hatte er die meisten Kirchgänger mitreißen können, und viele verließen die Kirche mit neuer Hoffnung. Jake Osterhaus gehörte nicht dazu. Die täglichen Berichte aus Europa, Asien und vor allem die aus Alaska und Kanada ließen ihn nicht mehr viel hoffen. Die große europäische Seuche hatte die Pflanzenwelt Europas und des sibirischen Teils von Asien zerstört. Sie bewegte sich entlang der Mittelmeerküste auf den Orient zu. Die nordafrikanischen Staaten Marokko, Algerien und Tunesien hatten schon vor Wochen die ersten Infektionen gemeldet, die die Meerenge von Gibraltar im Sturmschritt genommen hatten. Im Golf von Alaska löschte die Seuche große Teile der Tangwälder aus und zerstörte damit ganze Biotope. Viele Tiere waren verendet, weil ihnen einmal die Nahrungsgrundlage entzogen wurde, zum anderen wurden sie vergiftet, wenn sie den kranken Tang fraßen oder sich dessen Toxine in der Nahrungskette anreicherten. Nur ein paar Seeigel schienen zumindest eine Zeit lang den Giften widerstehen zu können. Was nicht von der Pflanzenerkrankung direkt dahin gerafft wurde, das wurde spätestens von der chemischen Keule der Einsatzkräfte vor Ort umgebracht. Lange versuchten sie, mit Herbiziden und Algiziden die Restbestände der Braunalgen zu vernichten, um so den Landgang der Seuche zu verhindern, der über die Beringstraße aus unerfindlichen Gründen noch nicht stattgefunden hatte. Vor drei Wochen kippte die Situation. Ein kanadischer Holzfäller entdeckte in einer schwer zugänglichen Region Britisch Columbias, mehrere hundert Kilometer nördlich von Vancouver, einen Brückenkopf der Infektion. Seitdem kämpfte ein Heer kanadischer und amerikanischer Truppen mit allen möglichen nationalen Organisationen wie Armee, Feuerwehr, Nationalgarde sowie tausenden Holzfällern einen ausweglos erscheinenden Kampf gegen die Ausbreitung des orangen Todes, wie er in Europa genannt wurde. Bis jetzt hatten sie eine Ausbreitung in die Nachbarstaaten Alberta und Washington auf amerikanischer Seite verhindern können. Es wurde mittlerweile mit harten Bandagen gekämpft. Weil sie aus den Erfahrungen in Europa gelernt hatten, dass man mit der maschinellen Rodung der Ausbreitung nur hinterherhinken würde, hatten sie den alten *Agent Orange* aus den Tagen des Vietnamkrieges wiederentdeckt und riesige entlaubte Schneisen in den Wald gesprüht. Dass das Entlaubungsmittel die Farbe der Seuche im Namen trug, war für viele Menschen nur ein schlechter Treppenwitz der Geschichte. Daneben flogen amerikanische und kanadische Kampfjets Angriffe mit Napalm gegen den orangen Invasor und versuchten so, die Infektion aus der Landschaft zu brennen. Die erwies sich aber als hartnäckigerer Feind als der Vietcong.

Das alles machte Jake Angst. Da half ihm auch nicht das senile Gequatsche eines Mannes, der schon an der Himmelspforte klopfte. Jake war achtundzwanzig Jahre alt und wollte noch nicht sterben. Heimlich begann er, sich für das Kommende zu rüsten. Er hatte sich eine Überlebensstrategie zurechtgezimmert, aber nicht in dem naiven Glauben daran, dass er das einzige Genie auf amerikanischem Boden sein würde, das vorausschauend denken konnte. Gerüchte machten mittlerweile nicht mehr nur hinter vorgehaltener Hand die Runde. Gerüchte von einem Überlebensmasterplan der Regierung, der nur den Besten das Weiterleben sichern sollte, und dazu gehörte Jake nicht, das war ihm schon immer klar gewesen!

Jake hatte frei. Heute war Memorial Day. Er wollte vor dem Mittagessen eine Runde auf seiner Indian Chief, Baujahr 1950, drehen. Dabei wollte er auch bei seiner neusten Geschäftsidee vorbeischauen und nach dem Rechten sehen. Die Mitglieder der Familie waren schon seit Generationen hart arbeitende Farmer in Kansas. Als deutsche Einwanderer lebten sie heute noch nach dem lateinischen Motto des Sonnenblumenstaates »ad Astra per Aspera«, was so viel bedeutete wie »auf rauen Pfaden zu den Sternen«. Das sollte den Pioniergeist der Gründerväter wiedergeben. Seit Jake denken konnte, hatte seine Familie Weizen und Mais angebaut. Um der Preisdrückerei auf dem Weizenmarkt wenigstens etwas entgegenzusetzen und den Verdienst aufzubessern, hatte er neue Wege beschreiten wollen. Nach langem Hin und Her konnte er der Familie ein zehn Hektar großes Versuchsfeld für die Verwirklichung seines Traumes abtrotzen. Jake hatte damals noch nicht damit rechnen können, dass die Getreidepreise mal so in den Himmel schießen würden, wie sie es momentan auf dem Weltmarkt taten.

Bis der Familienrat zustimmte, war viel Überzeugungsarbeit nötig. Jake hatte sehr gute Kontakte zu einem Manager eines Lebensmittelkonzerns, der auf Innovationen setzte und das Marktmonopol eines Chilisoßenherstellers brechen wollte. Im Konzern erhoffte man sich einen ordentlichen Verdienst und einen großen Batzen vom amerikanischen Marktanteil. Der Manager, der Vater eines Freundes, hatte ihn eines Tages angesprochen und ihn gefragt, ob es nicht möglich sei, in Kansas Tabasco-Chili anzubauen. So war eine Idee geboren, die für Jake eine neue und sichere Einnahmequelle erschließen konnte, was auch seiner Familie die Entscheidung erleichtert hatte.

Die Pflanzen gediehen prächtig. Seit einigen Tagen standen sie in voller Nachtschattenblüte. Gestern noch waren die Bienen fleißig ihrem Bestäuberjob nachgegangen. Über den Pflanzen hatte es nur so geschwirrt, sodass Jake auf ein gutes Geschäft hoffen konnte. Das hieß auch, dass er mit seiner Idee sehr gut vor der skeptischen Familie dastehen würde.

Die Straße war kerzengerade. Bis zum Horizont konnte Jake in der leicht hügeligen Landschaft nur ausgedehnte Weizenfelder überblicken. Er gab sachte Gas und beschleunigte die betagte Indian auf 120 km/h. Bis zum Chilifeld würde er ungefähr fünf Minuten brauchen. Jake genoss die Fahrt auf dem alten Motorrad. Er fuhr mit etwas gedrosselter Geschwindigkeit in eine lange Linkskurve, die direkt vor dem Chilifeld endete, als er vor sich auf der Fahrbahn einen merkwürdigen schwarzen Teppich sah und auch schon direkt hineinfuhr. Er spürte sofort, dass die Maschine auf dem rutschigen Untergrund ins Schlingern geriet und steuerte dagegen, während er das Tempo herausnahm. Die Fahrbahn war so rutschig, als ob ein Ölfilm über dem Asphalt läge. Jake hatte alle Mühe, das schwere Motorrad zu fangen. Das Vorderrad bewegte sich samt Lenker auf der schmierigen Straße hin und her und das Zweirad lief Gefahr, bei jeder Ausgleichsbewegung auch nach hinten auszubrechen. Während er mit der schwimmenden Maschine kämpfte und unbedingt einen Sturz verhindern wollte, schlugen ihm immer mehr Insekten hart ins Gesicht. Er war froh, dass er neben seinem Halbschalenhelm noch eine Motorradbrille trug.

Langsam, ganz langsam brachte er die Indian zum Stehen. Er schwang sich mit noch zitternden Knien aus dem Sattel. Auf der Straße lag kein Ölfilm. Jake musste erst die völlig verschmierte Brille abnehmen, um besser sehen zu können. Die Straße war über und über bedeckt mit toten und sterbenden Insekten. Jake entfernte sich von dem Motorrad in Richtung seines Feldes, wobei seine Stiefel bei jedem Schritt knackende Geräusche von sich gaben, wenn er auf die Gliederfüßer trat. Auf halber Strecke zwischen Motorrad und Chilifeld ging er vorsichtig in die Hocke und konnte erst jetzt genau erkennen, was da vor ihm auf dem Asphalt lag. Tausende Bienen, Hummeln und auch andere Insekten lagen tot in der heißen Maisonne auf der Straße. Sie hatten sich unter dem Druck seiner Reifen in einen schmierigen Belag verwandelt, der ihn beinahe das Leben gekostet hätte. Jake blickte sich um. Jetzt sah er auch in der Luft über der Straße viele Insekten orientierungslos herum schwirren. Er drehte sich zur Seite und sah hinüber zum Chilifeld. Etwa hundert Meter voraus konnte er durch einen dunklen Vorhang sterbender Insekten das Feld ausmachen. Er sah sofort die orangen Flecken im Grün der Pflanzen. Auch die angrenzenden Weizenfelder zeigten Anzeichen der Erkrankung, die sich dort manifestierte. Selbst die Ähren des Getreides hatten sich gespenstisch verfärbt.

Jake richtete sich auf, und ein saurer Geschmack machte sich in seinem Mund breit. Er begriff natürlich auf der Stelle, was er dort sah. Die grausame, nüchterne Logik des Anblicks ließ einen apokalyptischen Film vor seinem inneren Auge ablaufen. Er übergab sich in einem warmen Schwall, wobei er fast auf dem Insektenmatsch ausgerutscht wäre. Das hätte allerdings seinen sicheren Tod bedeutet. Der tonnenschwere Truck mit Tankauflieger, der mit blockierenden Reifen und hohem Tempo durch die Kurve schlitterte, hätte seinen Körper, ebenso wie die chitinhaltige Masse auf der Straße, zu Brei zermalmt.

Er konnte, aufgeschreckt durch die Signalhörner, dem Fahrer noch in das angstverzerrte Gesicht schauen und reagieren. Das Letzte, was Jake von dem Typen hinter dem Steuer wahrnahm, bevor er sich mit einem Hechtsprung in den Straßengraben rettete, waren die hilflosen Versuche des Fahrers, den riesigen Truck wieder unter Kontrolle zu bekommen. Nur Sekunden später donnerte der Truck ungebremst in die Indian Chief. Das Motorrad explodierte sofort in einer grellen Stichflamme und verkeilte sich unter der Zugmaschine, um dann brennend unter den seitlich ausbrechenden Tankauflieger zu rutschen, der mit reinem Ethanol gefüllt war. Die Hydraulikschläuche fingen sofort Feuer, während der Hänger mit ächzenden Geräuschen in Zeitlupe auf die Seite kippte.

Jake schaute über den Rand des Grabens. Er sah das Inferno auf sich zuschießen, als der auslaufende Bioalkohol zündete. Die gewaltige Explosion katapultierte den Hänger in einer hundert Meter hohen Stichflamme zehn Meter in die Höhe, wobei er die Zugmaschine mit riss. Die Fahrerkabine brannte lichterloh. Jake hörte die Todesschreie des Fahrers im Getöse der Explosionen und glaubte auch, den Mann in den züngelnden Flammen der Kabine mit krampfhaften, um sich schlagenden Bewegungen wahrnehmen zu können.

Zum zweiten Mal an diesem Tage rettete der Zufall Jake das Leben. Nur dem Umstand, dass der Graben an dieser Stelle zwei Meter tief war und er sich in das brackige Wasser am Grund werfen konnte, war es zu verdanken, dass er nicht in der heranrasenden Stichflamme bis zur Unkenntlichkeit verbrannt wurde.

## 27. Mai, Deutschland - Berlin

»Sie wollen mich doch nicht Glauben machen, das alles sei nur ein Zufall? Da soll ein Eiweiß aus dem All an den Gestaden unseres Planeten gestrandet sein? Das löscht dann mal eben die gesamte planetare Flora aus, sodass der planetaren Fauna nichts übrig bleibt, als in die Fußstapfen der Flora zu treten und ebenfalls den Löffel abzugeben?« Der Mann auf dem Bildschirm schlug mit der Faust auf den Tisch. »Ich kann das einfach immer noch nicht glauben. Was haben Sie gesagt? Ein Molekül aus 165 Aminosäuren kommt zufällig auf unseren Erdball, zerstört ein anderes Molekül, das aus 137 Atomen besteht und ohne das kein Leben mehr auf der Erde möglich ist? Und das alles nur aus einer zufälligen Laune der Natur heraus?«

Im Videokonferenzraum des Kanzleramtes drehte Alex seinen Kopf in die Kamera über dem Bildschirm und antwortete dem amerikanischen Präsidenten direkt: »Mister Präsident, meine Ergebnisse wurden in den letzten zwei Monaten von vielen namhaften Wissenschaftlern bestätigt. Das Eiweiß ist ein Biopolymer, ein Protein, wie wir es kennen, aber einige seiner 165 Aminosäuren sind nicht irdisch, sondern eindeutig extraterrestrischer Herkunft. Da sind sich alle Experten einig.«

»Aber woher, verdammt noch mal, wollen Sie das denn so genau wissen?«

»Mister Präsident, es handelt sich bei einigen der 42 Aminosäuren um solche, die bisher nur in einem Meteorit nachgewiesen wurden, der 1969 in Australien runtergekommen ist. Diese Aminosäuren sind eindeutig keinem irdischen Stoffwechsel oder einer auf unserem Planeten beheimateten chemischen Reaktion entsprungen.«

»Und Sie glauben, dass dieses Biopolymer, wie Sie es nennen, auch mit einem Meteoriten auf die Erde gekommen ist? Und wie soll dieses Eiweiß den Eintritt in unsere Atmosphäre unbeschadet überstanden haben? Ich meine, Eiweiße sind meines Wissens nach nicht sonderlich hitzestabil.«

Alex rutschte auf seinem Stuhl nach vorne, und sein Körper spannte sich, während er weiter redete: »Richtig, Mister Präsident, wir haben Augenzeugen, die am Abend des 24. Dezembers letzten Jahres in der finnischen Region Salla ein derartiges Naturschauspiel beobachtet haben. Nach übereinstimmenden Aussagen der Zeugen war der Himmel über Salla für mehrere Sekunden taghell erleuchtet. Dies deutet auf einen Meteoriten hin, der eventuell auch Bodenkontakt gehabt haben könnte. Wie Sie wissen, ist der Erstausbruch der Seuche auch in dieser Region dokumentiert worden, und wir denken, dass hier ein direkter Zusammenhang bestehen muss. Zum zweiten Teil Ihrer Frage: Vielleicht war das Protein im Inneren des Kometen eingekapselt und so vor der Reibungshitze des Eintritts geschützt. Wir wissen es nicht und müssen unbedingt diesen Meteoriten finden.«

»Ihre Zeugen sind ein vierzehnjähriger finnischer Teenager, der den Meteoriten mit seinem zwischenzeitlich verstorbenen Vater direkt beobachtet haben will, und dessen Mutter sowie seine beiden Geschwister, die lediglich ein helles Aufleuchten durch die Fenster ihres Hauses gesehen haben?« Seine Zweifel konnte der US-Präsident nicht verhehlen. »Aufgrund dieser mehr als zweifelhaften Aussage sollen wir ein Sondereinsatzkommando nach Finnland schicken, um einen wissenschaftlichen Mitarbeiter der Universität Oulu zu suchen? Das ist bei den momentanen Verhältnissen in Finnland ein Himmelfahrtskommando!«

Alex schaute sich hilfesuchend nach Markus Behringer um, der direkt neben ihm saß. Behringer gab ihm ein Zeichen, er würde jetzt übernehmen.

»Mister Präsident, entschuldigen Sie, dass ich mich einschalte, aber der Zeuge ist glaubwürdig! Ich habe selbst mit ihm sprechen können. Es ist von außerordentlichem Interesse, den Ursprung der Infektion eingrenzen zu können. Nach allem, was wir wissen, handelt es sich bei dem extraterrestrischen Eiweiß um ein Schalterprotein, das die DNS räumlich so faltet, dass Erbinformationen gelesen werden, die bis dato als genetischer Müll angesehen wurden. Diese sogenannten nicht codierenden Introns scheinen aber doch Gene zu enthalten, die für etwas codieren, was wir bisher nicht richtig verstehen, was aber mit Sicherheit mitverantwortlich für die Infektion der Pflanzen ist. Leider ist die Fakultät für Astrophysik und Astronomie der Universität Oulu vor zwei Wochen während der Wirren in Finnland völlig ausgebrannt. Wir haben keinen Zugriff auf irgendwelche Daten. Aus zuverlässiger Quelle wissen wir aber, dass ein wissenschaftlicher Mitarbeiter namens Viktor Kaspuhl den Eintritt des Meteoriten in unsere Atmosphäre am ersten Weihnachtsfeiertag mit Hilfe dreier Kameras untersuchte. Er konnte über die Bahngeschwindigkeit und verschiedene mathematische Berechnungen die Flugbahn und die Einschlagstelle berechnen. Zwei der Kameras – eine am Institut in Oulu und eine im finnischen Kuusamo – sind zerstört und die gespeicherten Daten verloren. Lediglich eine im schwedischen Boden ist noch vorhanden, und die Daten von Heiligabend letztes Jahr sind erhalten. Man erkannte auf dem Film tatsächlich die Spur eines Meteoriten, leider zu wenig, um Kaspuhls Berechnungen nachvollziehen zu können. Wir wissen auch, dass er seinem Chef noch am gleichen Tag eine E-Mail mit den Daten gesendet hat. Wie es das Schicksal will, hat der die Nachricht gelöscht, und der hauseigene Server der

Universität ist bei dem Brand abgefackelt. Kurz, wir haben nur einen rettenden Strohhalm. Wir müssen diesen Viktor Kaspuhl finden und hoffen, dass er seine Daten mit einer Kopie gesichert hat. Dann können wir den Beweis antreten, dass unser Problem tatsächlich außerirdischer Natur ist.«

Das amerikanische Staatsoberhaupt räusperte sich und zog seine Stirn skeptisch in Falten: »Warum ist das von so außerordentlichem wissenschaftlichen Interesse? Die Pflanzen sterben doch sowieso!«

»Weil eben nur fast alle Experten und Wissenschaftler, die mit Hochdruck an einer Lösung unseres Problems arbeiten, sprich an einem Gegenmittel, von der extraterrestrischen Eiweißhypothese überzeugt sind. Die anderen verschwenden lebenswichtige Forschungszeit auf der Suche nach anderen Erregern. Viele sind der Meinung, bei dem Protein handelt es sich lediglich um ein toxisches Stoffwechselprodukt eines irdischen Organismus, den es zu finden und zu eliminieren gilt. Nach unserem Dafürhalten ist dies Forschung ins Leere. Völlig sinnlos und nur Verschwendung von wissenschaftlichen Kapazitäten, die unbedingt in die richtige Richtung gelenkt werden müssen. Vielleicht haben wir dann noch eine kleine Chance. Dafür müssen wir aber unbedingt Teile des Meteoriten finden und Proben im Labor untersuchen, um den endgültigen Beweis für unsere These antreten zu können.«

»Das leuchtet mir ein und meinem amerikanischen Kollegen sicherlich auch.« Der kanadische Premierminister ergriff das Wort. »Wie Sie wissen, ist die Seuche vor zwei Tagen im US-Bundesstaat Kansas entdeckt worden, in der Nähe eines kleinen Ortes namens Corning. Verzeihen Sie deshalb die kritischen Fragen meines amerikanischen Kollegen, der momentan unter sehr hohem Druck steht. Immerhin liegt der entdeckte Infektionsherd in den Great Plains, der Kornkammer der USA. Alles, was wir bisher sagen können, ist, dass sich die Seuche dort mit der gleichen ungeheuerlichen Geschwindigkeit ausbreitet wie im Rest der infizierten Welt.«

»Er hat recht! Das leuchtet mir auch ein.« Der US-Präsident winkte ab. »Also gut, wir schicken ein Team nach Finnland, um diesen Kerl zu suchen. Wer fliegt mit?«

Alex hob die Hand: »Ich werde mitfliegen und eine finnische Lehrerin, die Mutter unseres Augenzeugen, die ich als Dolmetscherin brauche.«

Alle Anwesenden, ob physisch im Saal präsent oder virtuell auf den Bildschirmen, nickten das Vorhaben ab und wollten zum nächsten Tagesordnungspunkt übergehen, aber der französische Premierminister, der kurz mit einem wissenschaftlichen Berater gesprochen hatte, meldete sich aus Paris zu Wort: »Vom wissenschaftlichen Standpunkt ist alles, was wir bisher zu wissen glauben, interessant, aber auch sehr unwirklich und bedarf sicherlich der genauen Klärung, wie Sie eben dargestellt haben Herr Behringer. Aber von der philosophischen Warte aus betrachtet ist es alles eine Katastrophe der Kausalität. Ein Dilemma, welches sich aus der Frage nach Ursache und Wirkung ergibt. Sie erzählen mir hier, ohne mit der Wimper zu zucken, dass ein Eiweiß – wie nannten Sie es, ein Schalterprotein? – aus dem Kosmos dahergeflogen kommt, wie ein kleines Alienvöglein, und die Erbsubstanz aller Pflanzen in ihrer Struktur so faltet, dass plötzlich Gene aus Bereichen gelesen werden, die man bisher für genetischen Müll hielt: Ihre Introns. Aber da bleiben noch ein paar offene Fragen. Erstens: Ist dieses Protein nur ein Zufallsprodukt irgendeiner fotochemischen Reaktion in der Ursubstanz eines durchs All fliegenden Gesteinsbrocken? Aber noch länger wird die wissenschaftliche und philosophische Intelligenz dieses Planeten die sich hieraus zwangsläufig ergebende zweite Frage beschäftigen: Warum passt dieses Eiweiß aus dem All dann wie ein Schlüssel ins Schloss der nicht codierenden DNS unserer Welt, schaltet dort Gene an und aus und unterbindet gleichzeitig die normale Genexpression der Pflanzen? Wird da auch ein Ziel verfolgt? Ein Ziel, das sich uns momentan nur noch nicht offenbart? Ich kann mich des Eindruckes nicht erwehren, dass es hier eine höhere Sinnhaftigkeit gibt. Vielleicht werden wir auch angegriffen!«

Der letzte Satz führte in der Diskussionsrunde zu einem Zustand, der der babylonischen Sprachverwirrung in der alttestamentarischen Erzählung vom Turmbau zu Babel sehr nahekam. Alle redeten durcheinander, jeder in seiner Muttersprache, bis Alex es nicht mehr aushalten konnte und in sein Mikrofon schrie: »Ihre Vermutung ist nicht mal so abwegig! Ich habe auch schon in diese Richtung gedacht!«

In der jäh einsetzenden und Ruhe stiftenden Verwirrung sammelte er sich und fuhr ruhig fort: »Der Gedanke ist mir zum ersten Mal in Finnland vor fast fünf Monaten gekommen. Wir haben damals über den Organismus gesprochen, der in einem Binnensee in der Nähe von Salla entdeckt wurde. Sie kennen die Geschichte. Ich selbst bin mit einem russischen Kampftaucher zu dem Organismus abgetaucht. Der Russe blieb unten, ich habe mit viel Glück überlebt.« Während er sprach, wurden alte Wunden aufgerissen. Er redete ergriffen weiter, alle Konferenzteilnehmer lauschten ihm ergeben. »Damals saßen wir zusammen in der Küche unserer finnischen Gastgeber. Strindberg war noch am Leben, und wir philosophierten damals schon über einen tieferen Sinn der Infektion. Für uns hatte es den Anschein, dass die Infektion unter Wasser eine Strategie verfolgte und auf dem besten Weg war, sie dort auch zu perfektionieren. An Land sehen wir nur eine alles vernichtende Seuche, die Pflanzen über unser Schalterprotein veranlasst, Gene in uralten, bis heute als sinnlos angesehenen Introns anzuschalten und die Pflanzen mit Junk-Proteinen zu überfluten. Dabei werden die Energiereserven der Pflanzen verbraucht, das energiereiche Chlorophyll abgebaut, und die Pflanzen sterben. Im Wasser aber schien dieser

Proteinmüll die Bildung eines Superorganismus zu fördern, wenn nicht sogar zu steuern. Hier lief eine neue, unheimlich schnelle Evolution unter dem Einfluss dieser Eiweiße ab. Heute wissen wir aus Forschungsansätzen von befreundeten Biologen aus Finnland und England, die das einzige Probenmaterial intensiv untersucht haben, dass diese neuen Proteine einen Zellzusammenschluss unterschiedlichster pflanzlicher wie tierischer Zellen herbeiführten. Sie steuerten auch die Zelldifferenzierung in dem Fremdorganismus. Und dieser aus infizierten Zellen zusammengesetzte Organismus verbrauchte nicht mehr einfach Energiereserven wie die Landpflanzen. Nein, er war mittlerweile zur Fortbewegung fähig, um sich aktiv auf Nahrungssuche zu begeben. Dieser Organismus war unter Aufgabe aller pflanzlichen Strategien vollständig zur tierischen Lebensweise übergegangen. Diese Lebensform hatte sich mittels biochemischer, zellulärer Evolution im Zeitraffertempo zu einem Prädator entwickelt, der nach allem, was wir heute wissen, zur aktiven Jagd befähigt war. In Finnland wurden noch mehrere dieser Wesen in verschiedenen Seen entdeckt und zerstört, weil auch Menschen zu Schaden kamen. Dieser Organismus scheint das von Ihnen eben angesprochene Ziel zu verfolgen«, sagte Alex an den französischen Premierminister adressiert. »Er ist etwas völlig Neues in der irdischen Biologie, und er ist auf der Suche nach einer ökologischen Nische, die ihn ausreichend ernährt. In jedem See wird er früher oder später auch ein Energieproblem bekommen. Die Jagdgründe dort sind endlich, vor allem, wenn man bedenkt, dass dem Großteil seiner Beute durch die Seuche auch die Nahrungsgrundlage entzogen wird. Aber es gibt aquatische Ökosysteme, die fast unbegrenzt Nahrung zur Verfügung stellen. Die planetaren Ozeane. Ich habe es damals schon angedeutet. Wenn dieser Organismus in den marinen Ökosystemen überleben kann, dann werden wir sehen, welche Nische er dort besetzt und worin die höhere

Sinnhaftigkeit besteht, die Sie eben angesprochen haben. Interessant in diesem Zusammenhang sind auch die elektromagnetischen Störungen, die immer gemeinsam mit dem Organismus im näheren Umfeld der Binnenseen auftauchten, seine Wärmentwicklung sowie seine imposante Größe. Das macht eigentlich keinen Sinn. Es sei denn, er ist zu Größerem berufen. Ich meine, einen Blauwal oder einen Pottwal werden Sie auch nicht in einem finnischen Binnengewässer finden.«

Mit dem letzten Satz hatte Alex die Lacher auf seiner Seite, aber ein wirklich befreiendes Lachen bekam keiner zustande. Die Diskussion war einfach zu beängstigend und entwickelte sich in eine immer utopischere Richtung.

Ein englischer Wissenschaftler, der bisher nicht an der Diskussion beteiligt war, stellte sich kurz als Biologe und Kybernetiker vor: »Ich arbeite seit Jahrzehnten auf dem Gebiet der biologischen Steuerungs- und Regelungsmechanismen in Organismen und Ökosystemen. Dass wir direkt angegriffen werden, halte ich nach allem, was uns zurzeit vorliegt, für ausgeschlossen. Wenn eine außerirdische Intelligenz in der Lage sein sollte, ein so hochkomplexes Schalterprotein passend auf das Genom der Pflanzen zu designen, dann stellt sich die Frage, warum löscht diese Spezies, die uns intellektuell weit voraus sein müsste, die planetare Flora aus und nicht direkt uns? Wenn dieser hypothetische Angriff dazu dienen sollte, auf unserem Planeten einen Brückenkopf für eine spätere Invasion zu bilden, dann lösche ich doch nicht Organismen aus, von denen keinerlei Gefahr ausgeht. Was ich meine, ist, dass man dann doch erwarten müsste, dass diese Spezies den Organismus auf der Erde eliminiert, der die größte Gefahr für sie darstellt. Nämlich uns!«

»Da gebe ich Ihnen nur bedingt recht.« Sam O'Brian, seines Zeichens irischer Astrophysiker und SETI-Forscher, mischte sich energisch ein. »Sie machen einen entscheidenden Fehler in ihrer Analyse. Sie betrachten das Problem vom menschlichen Standpunkt aus. Aber eine außerirdische Intelligenz, die uns vollkommen fremd sein könnte, die noch nicht mal die Biochemie mit uns teilen müsste, die nicht mal eine auf Kohlenstoff basierende Lebensform sein müsste, vielleicht auf Silicium basierend - ich könnte das jetzt ewig weiterführen, der Fantasie sind da wenig Grenzen gesetzt - sieht das eventuell anders und hat Angst vor Pflanzen. Das sind alles nur Vermutungen, wir wissen es nicht. Aber mir ist da eben ein gänzlich anderer Gedanke gekommen. Vielleicht handelt es sich um eine Art von Terraforming.«

Wieder brach Tumult auf den Bildschirmen aus. »Lassen Sie den Mann doch mal ausreden!« Der Premierminister Frankreichs beruhigte die Meute und O'Brian fuhr fort: »Die Frage ist doch, warum killt diese Spezies, wenn es sie denn gibt, unsere Pflanzen und nicht uns?«

Behringer und Alex sahen sich an. Man konnte beider Groschen förmlich fallen hören, während sie wie gebannt O'Brian auf dem Bildschirm anstarrten. »Wenn sie gezielt unsere Flora und nicht uns vernichten, dann muss man davon ausgehen, dass sie etwas fürchten, was Pflanzen von uns unterscheidet. Zusammengenommen mit den bisher unerklärlichen Veränderungen in der pflanzlichen Biochemie und Genetik, nämlich Übergang von Fotosynthese zu heterotropher Atmung und völliger Zerstörung des irdischen Chlorophylls, kann ich da nur einen Grund erkennen. Diese rein hypothetische Spezies mag keinen Sauerstoff und hat sehr viel Zeit. Die weltweite Infektion der Pflanzen und deren Absterben wird im Endeffekt zu einer langfristigen Abnahme der Sauerstoffkonzentration in unserer Atmosphäre führen. Das meine ich, wenn ich von Terraforming spreche.«

Totenstille. Keiner der Konferenzteilnehmer war zu einer Regung fähig, bis der US-Präsident die Grabesruhe unterbrach: »Wieso wird die Sauerstoffkonzentration abnehmen? Ich sag es nicht gerne, aber wer soll denn den Sauerstoff verbrauchen? Wir gehen momentan davon aus, dass wir das Überleben für ungefähr 25.000 bis 30.000 Menschen sichern können. Das heißt, circa siebeneinhalb Milliarden Sauerstoff atmende menschliche Wesen fallen aus, und die restliche globale Tierwelt wird auch verhungern.«

»Sie vergessen einen, den Planeten im verborgenen beherrschenden und gern vergessenen Organismentyp: Die Einzeller!« O'Brian schaute hypnotisch in die Kamera. »Die gesamte abgestorbene Biomasse auf unserem Planeten wird letztendlich von einzelligen Bakterien und auch Pilzen unter immensem Sauerstoffverbrauch zersetzt. Das wird ein richtiges Festmahl für Mikroben. Eine Henkersmahlzeit, die die Zusammensetzung unserer Atmosphäre vollkommen zuungunsten des Sauerstoffs verändern wird. Darüber hinaus wird sich eine Menge Kohlendioxid aus der Atmung dieser Zersetzer in der Atmosphäre anreichern, und das wird zu einem starken Treibhauseffekt und einer Erwärmung der Erde führen. Unsere fiktiven Aliens dürften also einem sehr warmen Planeten mit sauerstoffarmer Atmosphäre entstammen. Dann macht das Abtöten der Sauerstoff erzeugenden Gattung Pflanzen Sinn. Im Übrigen schlägt man so zwei Fliegen mit einer Klappe. Sind die Pflanzen erst mal abgestorben, sterben auch wir und bilden keine Gefahr mehr für eine spätere Invasion.«

»Das würde dann Sinn machen, aber die Frage, die ich eben gestellt habe, steht weiterhin unbeantwortet im Raum.« Frankreichs Premier war ein kritischer Geist, oder er wurde von kritischen Beratern gebrieft, dachte Alex, der die Frage auch noch im Kopf hatte. »Wie kann jemand, oder sage ich besser, wie kann *etwas* aus den Weiten des Alls ein komplexes Molekül basteln, dass eine genetische Software in bisher für unnütz gehaltenen DNS-Abschnitten startet, die in dem Genom irdischer Organismen verborgen liegt?«

Sam O'Brian antwortete direkt: »Das liegt im Bereich des Möglichen, meine Damen und Herren. Über die Introns im Genom aller höheren Zellen wurde schon viel spekuliert. Diese DNS-Abschnitte scheinen sehr alt zu sein und sind in allen höheren Lebewesen vorhanden. Bei uns Menschen machen sie immerhin fünfundvierzig Prozent aus. Diese Abschnitte werden normalerweise bei der Genexpression herausgeschnitten und schienen bisher nutzlos zu sein. Manche Wissenschaftler nehmen an, dass es sich um Reste von Virusgenomen handelt, die während der Stammesgeschichte nach und nach in die normale DNS der Organismen eingebaut wurden und sich dort über Jahrmilliarden angehäuft haben. Es gibt aber schon lange auch Theorien, die davon ausgehen, dass die ersten Keime des Lebens aus dem All auf die Erde gekommen sind. Man nimmt an, dass komplexe organische Moleküle, Aminosäuren, organische Basen oder auch aromatische Kohlenwasserstoffe, eventuell sogar schon sich selbst reproduzierende Moleküle durch Meteoriten oder Kometen auf die frühe Erde kamen und sich so das erste Leben entwickeln konnte. Wir haben vorhin von dem australischen Meteoriten gehört. Eventuell sind diese Introns auch frühe Überbleibsel dieses Bombardements und kommen tatsächlich aus dem Universum. Dann sind sie dort vielleicht auch bekannt, oder die Intron-DNS ist sogar ein universelles Prinzip in unserem Kosmos.« O'Brian holte Luft und setzte noch einen drauf. »Es kann aber auch gut möglich sein, dass sie hierher gebracht wurde. Vielleicht waren diejenigen, die uns das Schalterprotein geschickt haben, sogar schon einmal hier, eventuell vor Milliarden von Jahren.«

»Nun gut, das alles wissen wir nicht. Diese Thesen gehören ins Reich der Spekulationen und sind für uns zum jetzigen Zeitpunkt wissenschaftlich nicht überprüfbar. Ich denke, wir sollten die ersten Schritte veranlassen und den Suchtrupp nach Finnland schicken, um diesen Kaspuhl und eventuell auch den Meteoriten zu finden. Dann können wir weitersehen und uns mehr Gewissheit verschaffen. Bis dahin sollten wir uns auf das Wesentliche konzentrieren und unsere Hauptaufgaben nicht aus den Augen verlieren.« Der US-Präsident versuchte, das Gespräch wieder in realistischere Bahnen zu lenken, aber Alex, der sich kurz mit Behringer beraten hatte, musste sich noch mal Luft machen.

»Entschuldigen Sie, dass ich Sie unterbreche, aber ich will noch mal auf die ominösen Organismen in den finnischen Seen zurückkommen. Wenn wir uns auf das Wesentliche konzentrieren, dann sollten wir dieses Problem auch weiterhin im Auge behalten und gezielt Ausschau nach solchen Anomalien halten. Dieser Organismus entstammt der neuen, von unserem Schalterprotein gestarteten genetischen Software, und er war aktiv auf der Suche nach Nahrung sprich Energie. Das lässt erwarten, dass diese neue Biologie ein Ziel verfolgt. In diesem Zusammenhang möchte ich auch wiederholt darauf aufmerksam machen, was fast vergessen scheint. Die Infektion der Pflanzen ging immer einher mit einer Umstellung des Pflanzenstoffwechsels auf Heterotrophie, und dabei wurden auch recht seltsame Wege beschritten. Ich denke an die Erweiterung des Nahrungsangebotes der Pflanzen über die Myzelien der Pilze, bei der auch Wirbeltiere verdaut wurden. Sogar ein Mensch fand so in Finnland seinen Tod in den Anfangstagen der Infektion. In Spanien hat man in den Gewächshäusern Andalusiens Tomatenpflanzen gefunden, die eine seltsame Strategie verfolgten. Diese Pflanzen entwickelten kurz nach der Infektion eine Enzymausstattung, die es ihnen ermöglichte, das Polyethylen der Gewächshausfolien zu verflüssigen und über die Spaltöffnungen auf der Unterseite ihrer Blätter aufzunehmen, indem sie die Blätter aktiv mit der Unterseite nach oben drehten. Diese Pflanzen haben sich nach Aufgabe der Fotosynthese von den Plastikfolien ernährt.«

O'Brian schaltete sich erbost ein: »Das ist das Erste, was ich höre. Das ist ja ungeheuerlich und nicht zu glauben. Warum erfahren wir erst jetzt davon?«

»Das Material müsste Ihnen eigentlich vorliegen, es wurde alles von der europäischen Taskforce in einem Bericht zusammengefasst«, Behringer hielt den entsprechenden Bericht in die Kamera. »Vielleicht ist er in der Masse der Informationen einfach nur untergegangen. Schauen Sie noch mal nach. Auf jeden Fall eine unheimliche Anpassungsstrategie. Die mutierten Pflanzen wurden eingehend untersucht. Kein Mensch konnte bisher klären, wie die Pflanzen es geschafft haben, ein Enzym zu synthetisieren, um den Kunststoff zu assimilieren. Aber in allen bisher genannten Fällen ging es um die gezielte Erschließung von neuen Energiequellen. Unter der Oberfläche kann man einen zielgerichteten Plan vermuten, der im Dienste einer neuen Evolution auf zellulärer Ebene im Verborgenen abläuft. Wir sollten das nicht vergessen und die Augen offen halten.«

»Sie haben es gehört! Beherzigen Sie Mister Behringers Warnung!« Der Präsident der USA übernahm wieder das Steuer und fuhr fort: »Ansonsten läuft der Bau der ersten Überlebenssphären auf Galapagos gut an. Zwei Biosphären sind so gut wie fertig, und unser Raumfahrtprogramm liegt auch gut in der Zeit. Die Berichte liegen Ihnen vor. Ich habe von einem meiner Stabschefs erfahren, dass eine Navy-Seal-Einheit für den Einsatz in Finnland bereit steht und sich momentan schon auf dem Flug nach Deutschland befindet.«

Nachdem die Konferenz beendet und das eben Besprochene noch intensiv in der kleinen Runde diskutiert worden war, verließen Alex und Markus Behringer gemeinsam das Gelände des Kanzleramtes. Sie fuhren zwei Blöcke weiter, und Behringer parkte seinen Audi vor einer schlecht besuchten Berliner Szenekneipe. Als sie das Lokal betraten, war es bereits früher Morgen, und einige Gäste saßen noch an der Theke. Nachdem sie sich in eine ruhige Ecke zurückgezogen und beide ein Bier vor sich stehen hatten, nahm ihr Gespräch, welches sich bisher nur um Oberflächlichkeiten drehte, einen anderen Verlauf.

Behringer trank mit großen Schlucken aus seinem Glas und sprach dann sehr leise zu Alex: »Ich hoffe, ihr könnt diesen Kaspuhl finden. Wir brauchen unbedingt diesen Meteoriten oder zumindest ein paar Bruchstücke von dem Ding. Wir müssen den Nachweis erbringen, dass unser Schalterprotein aus dem All kommt. Nicht, um ein paar skeptische Wissenschaftler zu überzeugen, sondern um endgültig zu klären, woher dieses Eiweiß stammt und wie es die Reise zur Erde überstanden hat. Es geht auch darum, zu überprüfen, ob wir eventuell angegriffen werden. Dieser Franzose ist ein schlauer Kerl, und auch die Thesen von O'Brian sind interessant.«

»Denkst du in die gleiche Richtung wie die beiden?«

Behringer trank noch einen Schluck und orderte beim Kellner zwei neue Biere. »Ich weiß nicht, aber diese Gedanken an einen Angriff oder gar an eine Form von Terraforming sind nicht von der Hand zu weisen. Es ist schon außerordentlich unwahrscheinlich, dass so komplexe Vorgänge, wie wir sie zurzeit beobachten können, durch einen puren Zufall ausgelöst werden. Ich denke, die Wahrscheinlichkeit hierfür ist so gering, dass sie unter der universellen Wahrscheinlichkeitsschranke liegt.«

Der Kellner stellte zwei Gläser auf den Tisch, und Alex bekam nur ein ungläubiges »Was?« heraus.

»Jedes zufällige Ereignis, welches eine niedrigere Wahrscheinlichkeit als die universelle Wahrscheinlichkeitsschranke hat, kann nicht spontan auftreten. Zumindest nicht durch schlichtes Ausprobieren der

Naturkräfte. Im Umkehrschluss bedeutet das, sollte das Ereignis trotzdem auftreten, dann muss zwangsläufig ein planender, intelligenter Geist die Hände mit im Spiel haben.« Behringer leerte sein Glas und nahm sich das zweite vor. »Da staunst du, was?«

Alex konterte: »Nein! Ist nur Pseudowissenschaft, aber seitdem ich mit dem Russen unter Wasser war und dieses Ding uns angegriffen hat, denke ich ähnlich. Ich hab's ja auch schon mehrfach gesagt.«

Behringer sagte nur: »Wir werden es erfahren, aber lass uns über Dinge sprechen, die wir jetzt schon wissen. Wie weit seid ihr mit eurer Überlebensinsel im Schloss?«

»Die Arbeiten sind beendet, und wir werden im Juni mit der Dekontamination beginnen. Das wird ein gutes Stück Arbeit, aber wir hoffen, dass wir noch in diesem Jahr etwas säen können. Die Energieversorgungseinheit steht, und auch die Wasserversorgung ist gesichert. Wenn wir unsere Nahrung selbst herstellen können, sind wir autark.«

»Sehr gut, denn nach den neusten mir vorliegenden Zahlen der USDA und der Zahlen aus meinem Ministerium kann es sehr schnell sehr eng werden.«

Alex flüsterte jetzt: »Wer ist die USDA, und von was für Zahlen sprichst du?«

»United States Department of Agriculture, und ich spreche von den Getreidelagervorräten weltweit und in Deutschland. Nach der Getreidebilanz meines Ministeriums sieht es für Deutschland nicht gut aus. Wir haben zurzeit circa zehn Millionen Tonnen Getreide aus der Vorjahresernte eingelagert. Die Getreidelager der Industrie mit einberechnet. Das reicht für ungefähr siebzig Tage Vollernährung der Gesamtbevölkerung, wenn wir kein Getreide mehr an Nutzvieh verfüttern, was sowieso kaum noch praktiziert wird, die meisten Tiere wurden bereits gekeult. Und wenn die industrielle sowie energetische Verwertung eingestellt wird. Dann kann man das noch ein bisschen strecken. Außerdem können wir die Bevölkerung länger ernähren, wenn wir den Tagesbedarf runter rechnen und die zugeteilten Kalorien auf den Lebensmittelkarten reduzieren, aber dann wird es zu einer Mangelernährung kommen.«

»Wie lange wird es dann reichen?«, fragte Alex desillusioniert.

»Vielleicht drei Monate, eventuell auch vier von jetzt an gerechnet. Wir können auch nichts mehr auf dem Weltmarkt zukaufen. Jeder sitzt auf seinen Getreidebeständen wie die Henne auf dem Ei, und die Getreidepreise steigen ins Unermessliche. Eine Unze Weizen wird momentan mit Gold aufgewogen.«

»Dann geht das große Sterben schon vor dem nächsten Winter los. Wie sieht es in anderen Ländern aus?«

»Noch schlimmer. In den letzten Jahren wurden in den meisten Ländern die eingelagerten Getreidebestände immer weiter zurückgefahren – zu teuer –, und heute schauen sie in die Röhre. Nur die Chinesen haben besser vorgesorgt, aber das wird ihnen letztendlich auch nicht helfen.«

»Scheiße, dann haben wir hier schnell Massenelend. Sind die Biosphären bis dahin fertig? Der Präsident sprach von zwei fast fertigen auf Galapagos?«

Soweit ich informiert bin, sollte das klappen. Die ersten Überlebenstickets an ausgewählte wichtige Persönlichkeiten sind auf jeden Fall schon rausgegangen.«

»Ich weiß!«

»Woher?« Behringer war erstaunt.

»Mia hat eins bekommen. Sie ist Expertin für Satellitennavigation. Schon vergessen?«

»Nein, ich habe nur nicht daran gedacht. Und wie hat sie es aufgenommen? Sie ist im fünften Monat, oder?«

»Ja, sie hat es kategorisch abgelehnt, uns und vor allem Simone zu verlassen. Sie wird mit uns allen in Marburg bleiben, sie hat den Platz schon zurückgegeben.«

»Und Simone, was sagt der dazu?«

»Keine Ahnung, der weiß es noch gar nicht. Er muss demnächst dringend nach Italien. Sein Bruder betreibt am Lago Maggiore ein Spezialitätenrestaurant und heiratet nächsten Monat. Simone ist Trauzeuge, und Mia will es ihm erst nach seiner Rückkehr erzählen.«

»Jetzt noch zu heiraten, das macht doch gar keinen Sinn.«

Alex lächelte und schüttelte seinen Kopf: »Du kennst doch die Italiener. Amore und Familie.«

## 05. Juni, Frankreich - Paris

Die paar hundert Meter zum nächsten Supermarkt ging sie jeden Tag mit den vier Kindern im Schlepptau. Eigentlich war der Spaziergang dort hin nur ein willkommener Ausbruch aus dem täglichen Einerlei. Zu kaufen gab es für sie nichts mehr. Das heißt, es gab noch jede Menge zu kaufen, nur keine Nahrungsmittel mehr.

Bis vor einer Woche gab es hin und wieder noch mal Fleisch in den Kühlregalen, aber auch das gehörte der Vergangenheit an. In der Europäischen Gemeinschaft war man in den letzten anderthalb Monaten dazu übergegangen, die Rinder-, Schweine- und Geflügelbestände aus ernährungspolitischen Gründen zu töten. In der jetzigen Situation wäre es auch vollkommener Unsinn gewesen, Vieh mit wertvollem Getreide bis zur Schlachtreife zu mästen, wenn man mit der gleichen Menge pflanzlicher Nahrung doppelt so viele, wenn nicht sogar dreimal so viele Menschen ernähren konnte.

Joie und ihr Mann Gérard lebten mit ihren vier Kindern im Stadtteil Quartier Latin in der Nähe der Sorbonne. Gérard war Verwaltungsangestellter an der Universität und hatte immer genug verdient, um seine Familie zu ernähren. Seit dem Ausbruch der großen europäischen Seuche schien ihr gesamtes Leben auf den Kopf gestellt. Zuerst hatten sie nur von den merkwürdigen Vorgängen in Finnland gehört und sich weiter keine Gedanken gemacht, bis der orange Tod immer weiter um sich griff. Schließlich hatte die Infektion auch Paris erreicht. Heute gab es im gesamten Stadtzentrum keine lebenden Pflanzen mehr. Die wenigen, die noch in dem anfänglichen typischen Orange leuchteten, waren nur noch selten zu finden. Die meisten waren schon abgestorben und lagen in mikrobieller Zersetzung faulend und vor sich hin modernd an den Straßenrändern oder in den Parkanlagen. Sie hatten mittlerweile nur noch Angst um ihre Kinder und versuchten zu überleben, so gut es ging. Seit Einführung der Lebensmittelkarten vor zwei Monaten waren sie ganz gut zurechtgekommen. Vor allem die Fleischrationen fielen am Anfang noch üppig aus. Aber seit einer Woche wurde kein Fleisch mehr ausgegeben, und die Nahrungsmittelrationen waren gekürzt worden. Von den zugeteilten Mengen konnte keiner mehr satt werden. Insbesondere die Kinder litten unter dem Hunger, schließlich waren sie noch im Wachstum. Die beiden einjährigen Zwillinge hatte es am schlimmsten erwischt. In den letzten Tagen schrien sie ununterbrochen. Joie und ihren Mann trieb das fast in den Wahnsinn. Sie hatten einfach nur Hunger, und Joie beschloss, einen Teil der Rationen für sich und ihren Mann an sie abzugeben. Das hatte den Kleinen geholfen, dafür stritten sich jetzt ständig die Eltern, die unter pausenlosem Hunger litten und sich der Ausweglosigkeit ihrer Situation immer bewusster wurden.

Auch im Familien- und Bekanntenkreis herrschte große Hoffnungslosigkeit bis hin zu nackter Verzweiflung, gepaart mit Entsetzen. Die täglichen Horrormeldungen in den Nachrichten und in den Zeitungen sorgten nicht gerade für Entspannung. Sie ließen die letzten Hoffnungen der Menschen auf eine bessere Zukunft im Sande verlaufen. Alle wussten doch, dass ihnen mit dem Fortschreiten der Seuche und dem weltweiten Absterben der Pflanzen die Lebensgrundlage entzogen wurde. Auf alle, auch auf die Kinder, wartete am Ende nur der Hungertod. Es war mittlerweile ein offenes Geheimnis, dass es unter dem Zusammenschluss einiger Nationen einen Überlebensplan für Auserwählte gab. Gerüchte machten die Runde, dass es schon Benachrichtigungen für Größen aus Wissenschaft, Politik und anderen gesellschaftlichen Bereichen gab. Die wenigen Privilegierten sollten in geschützten Bereichen überleben. Genaues war aber noch nicht an die Oberfläche gedrungen.

Die bewaffneten Übergriffe auf Lebensmittellager und die Plünderungen hatten in ganz Europa zugenommen. In Finnland, dem Ursprungsland der Seuche, herrschte mittlerweile Anarchie. Jeder kämpfte gegen jeden ohne Rücksicht auf menschliche Werte. Im Norden Finnlands hatten sich bewaffnete Gruppen unter der Führung eines polizeilich gesuchten Gewaltverbrechers zusammengetan und führten ein Terrorregime gegen die Restbevölkerung. Es sollte dort schon vermehrt zu Massenhinrichtungen gekommen sein. Die Zivilisation war völlig zusammengebrochen. Das würde auch auf die restlichen Teile Europas überschwappen, wie Joie und Gérard annahmen.

Die Telekommunikation sowie das Internet mit seinen sozialen Netzwerken funktionierten noch in weiten Teilen Europas und der Welt. So konnten sich Berichte über menschliche Barbareien schnell verbreiteten, und die Spirale der Angst drehte sich weiter. Dies führte letztendlich dazu, dass immer mehr Menschen zu den Waffen griffen, um sich zu bereichern. Die Angst führte unweigerlich über eine Eskalation der brutalen, nackten Gewalt zu einer humanitären Katastrophe, die niemand mehr zu stoppen in der Lage war. Auge um Auge, Zahn um Zahn, jeder sich selbst der Nächste und nach mir die Sintflut. Auch Gérard hatte mit Freunden schon wiederholt über dieses Thema gesprochen. Es war nur noch eine Frage der Zeit, bis aus ehemals anständigen Menschen unmenschliche Bestien wurden. Und es waren nicht nur die Männer, die Gefahr liefen, in steinzeitliche Brutalität zurückzufallen. Die Frauen standen ihnen in nichts nach. Im Gegenteil! Mütter würden zu Furien werden, wenn es um das Überleben ihrer wehrlosen Kinder ginge, und waren es auch in Skandinavien schon geworden.

Gérard saß im Park unter toten Bäumen und las die Schlagzeilen im *Le Parisien*, während er auf seine Frau und die Kinder wartete, die ihren täglichen Gang zum Supermarkt machten.

Wieder nur schlechte Nachrichten! Wie jeden Tag, und sie werden immer schlimmer, dachte er, als er die Zeitung durchblätterte. In mehreren Ländern war es zu Plünderungen gekommen. Es hatte wieder Tote gegeben. Auch in Frankreich. Besonders brutal war ein Überfall auf einen Lebensmitteltransport in Rennes in der Bretagne verlaufen. Die Täter hatten den Konvoi aus Getreidetransportern und Polizeieskorte mit schweren Waffen angegriffen und alle getötet. Insgesamt mussten vierundzwanzig Menschen ihr Leben lassen. Das Getreide war spurlos verschwunden. Im Artikel wurde der Innenminister Frankreichs zitiert, der von der Wiedereinführung der Todesstrafe für solche Vergehen sprach und eine entsprechende Abstimmung in der französischen Nationalversammlung anstrebte. Eine weitere Meldung auf der Titelseite berichtete von einem schweren Erdrutsch nach einem Unwetter im Zentralmassiv an der Ardèche. Eine ganze Ortschaft war in der Nacht von den Schlammmassen überrollt worden, und es hatte dutzende Todesopfer gegeben. Genaue Zahlen gab es noch nicht, weil die Rettungskräfte vor Ort minütlich neue Opfer aus den Erdmassen zogen. Ein offizieller Sprecher sprach aber von bis zu 280 Toten und dass es keine große Hoffnung auf Überlebende gab, da die Menschen im Schlaf von den Fluten überrascht worden wären. Er sprach auch über die möglichen Ursachen der Katastrophe. Er machte primär das Pflanzensterben für den Erdrutsch verantwortlich. Die abgestorbenen Bäume gaben dem Boden mit ihren vermoderten Wurzeln keinen Halt mehr. Das Erdreich war nach einem Starkregen, mit Wasser gesättigt und schwer beladen, einfach abgerutscht und hatte alles mitgerissen. »Man müsse jetzt gewarnt sein!«, wurde er zitiert und weiter: »Das könnte jetzt öfter vorkommen!«

Gérard schüttelte den Kopf. Er war schon bei der nächsten Nachricht, die ein Bild mehrerer Menschen an einem Kochtopf zeigte. Sie sahen glücklich aus. Ein Mann in der Mitte rührte mit einem großen Holzlöffel in dem Topf. Die Überschrift lobte die Improvisationskunst der Menschen und den Nährwert von Insekten. Gérard begriff erst beim Lesen des Artikels, um was es hier ging. Plötzlich wurde dem Großstädter bewusst, was ihm bisher noch nicht aufgefallen war. Es gab viel weniger Insekten als in den letzten Jahren. Er hatte seit Tagen, oder waren es Wochen, kaum noch Fliegen gesehen, auch keine Stechmücken, die ihn sonst im Sommer in der Abenddämmerung so gequält hatten. Es gab auch keine Schmetterlinge mehr, aber die sah man in den letzten Jahren sowieso nur noch selten in Paris. Er hatte sich immer gefreut, wenn er seinen Kindern ein Exemplar zeigen konnte.

Er stand auf und sah sich um. Kein lebender Baum, keine Blütenpflanze war zu sehen. Die einst grünen Wiesen, auf denen sich die Liebespaare im Sommer getummelt hatten, wo die nordafrikanischen Einwandererfamilien ihre großen, lauten Familienfeste gefeiert hatten, auf denen am Spätnachmittag nach Feierabend immer zahlreiche Grills entzündet worden waren, über denen in den Abendstunden die Luft mit den Düften der zubereiteten Speisen aus allen Herrenländern geschwängert war – all das gab es nicht mehr. Diese Wiesen waren von der Sonne vertrocknete Ödnis. Hier zeugte nur stellenweise ein oranger Farbklecks zwischen den verbrannten Halmen von der Widerstandsfähigkeit einiger zum Tode verurteilter Kräuter. Keine Biene, keine Hummel surrte durch die warme Sommerluft auf der Suche nach einer Blüte und dem lebensspendenden Pollen und Nektar. Kein Käfer krabbelte auf Nahrungssuche herum.

Plötzlich wurde ihm unmissverständlich klar, welches Geräusch er die ganze Zeit vermisst hatte. Der Gesang der vielen Vögel war verstummt, und er konnte auch keinen einzigen gefiederten Vertreter mehr ausmachen. Gérard ging auf eine vollkommen verdorrte Hecke zu und bahnte sich einen Weg in das Gestrüpp. Der Gestank drang erst, nachdem er sich einige Meter in das Dickicht vorgewagt hatte, in seine Nase. Überall lagen die verendeten Vögel und auch zahlreiche tote Insekten – alle verhungert. Zwischendrin ein totes Eichhörnchen.

Beinah hätte er sich übergeben, was er mit seinem schnellen Rückzug aber verhindern konnte. Wäre auch schade um das karge Frühstück, dachte er. Er hatte sowieso die ganze Zeit Hunger. Zu essen bekam er erst heute Abend wieder etwas. Er ging weiter. Jetzt sah er auch auf den verdorrten Wiesen und zwischen den Stämmen der verwelkten Bäume die toten Vögel herumliegen. Wie hatte er das nur so aus seinem Bewusstsein ausklammern können, fragte er sich und wäre fast in einen dicken Hundehaufen getreten, der zumindest einigen grün schimmernden Fliegen noch als Nahrungsquelle diente. Das trübe Bewusstsein erst mal geschärft, fiel ihm nun auch auf, dass es kaum noch Hundescheiße gab, über die er sich immer so geärgert hatte. Vor allem, wenn wieder mal eines seiner Kinder in die Exkremente getreten war. Keine Scheiße, keine Hunde und auch keine Hundebesitzer, die durch den Park gingen. Wahrscheinlich saßen die alle zu Hause und bereiteten sich ein leckeres Menü aus einer Dose Hundefutter oder gleich aus dem geliebten Vierbeiner. *Wer kann die denn jetzt auch noch durchfüttern?*, ging es Gérard durch den Kopf, während er zu seiner Bank zurück schlenderte. Er schlug die Zeitung wieder auf und dachte an all die Tiere, die sterben mussten oder schon tot waren, und daran, dass die Menschen am Ende der Nahrungskette die nächsten sein würden.

Der Mann mit dem Holzlöffel grinste ihn von dem Foto, wieder mit einer großen Zahnlücke zwischen den Schneidezähnen, an. Die hatten tatsächlich die toten Insekten eingesammelt und sich ein Süppchen daraus zubereitet. Und das wurde vom Autor des Artikels auch noch mit großen Worten gepriesen. Gérard konnte es nicht fassen. Ob sie auch schon tote Vögel aßen, überlegte er. Er stellte sich den Artikel in der morgigen Ausgabe vor, der von einem Barbecue berichtete. Vor seinem inneren Auge entstand dazu das passende Bild mit glücklichen Menschen, die ihre gehäuteten Katzen auf dem Rost brutzelten oder den blutigen Golden Retriever am Spieß langsam über dem offenen Feuer drehten. Wieder machte sich Übelkeit in ihm breit. Er versuchte, sich abzulenken, indem er weiterblätterte. Ganz weit hinten fiel ihm noch ein merkwürdiger Artikel auf. Im Département Doubs war um den drittgrößten Natursee Frankreichs, den Lac de Saint Point, ein militärischer Sperrbezirk eingerichtet worden. Mehrere Ortschaften mussten vom Militär geräumt worden sein. Das Gelände war weiträumig abgesperrt. Warum man diesen See vom Rest der Welt isolierte, ging aus dem Artikel nicht hervor. Augenzeugen berichteten lediglich von starken Störungen in den Telefonnetzen und wiederholt aufgetretenen Störungen im Radio- und Fernsehempfang.

Gérard wurde jäh in seinen Gedanken gestört, als seine fünfjährige Tochter laut rufend auf ihn zugelaufen kam und ihm um den Hals fiel.

»Papa, Papa! Mama hat uns Essen aus der Dose mitgebracht. Sie hat gesagt, es ist gesund und dass wir es ruhig essen können. Auch wenn vorne Katzen drauf sind!«

**05. Juni, Finnland - Oulu**

Der französische Hubschrauberträger Mistral brachte die Navy-Seal-Einheit zusammen mit Anna und Alex über die Ostsee in den Bottnischen Meerbusen. Zehn Tage waren seit der Videokonferenz im Berliner Kanzleramt vergangen. Nach zweieinhalb Tagen Fahrt bei ruhiger See war die Mistral, von Hamburg kommend, endlich in der Nähe einer Oulu vorgelagerten Insel vor Anker gegangen.

Es war 02:30 Uhr, und die Sonne würde in ungefähr zehn Minuten im Osten über Oulu aufgehen. Eine weitere kurze Nacht im Polarkreis ging zu Ende, die Sonne war auf diesem Breitengrad erst um 23:50 Uhr untergegangen. Alex spürte die Veränderung der Geräuschkulisse und der Schiffsbewegungen in der für höhere Offiziersdienstgrade vorgesehenen Doppelkabine sofort und wachte auf. Das monotone, dumpfe Dröhnen der schweren Dieselmotoren ging in ein leises Surren über, und das Schiff lag plötzlich ruhig in der See, ohne in den Wellen hin und her zu stampfen.

Anna lag im Bett neben ihm. Sie hatten die beiden Pritschen kurzerhand zusammengeschoben. Sie wälzte sich unruhig umher. Alex drehte sich zu ihr. Er betrachtete ihr wunderschönes Gesicht im ersten Licht der Dämmerung, das durch das Bullauge fiel und auf der Landschaft ihres nackten Körpers Schatten warf. Er rückte, von dem schönen Frauenkörper unwiderstehlich angezogen, näher an sie heran und ließ seine Finger vorsichtig über ihren nackten Bauch, am Bauchnabel vorbei, zu ihren runden Hüften gleiten. Anna schien immer noch zu schlafen. Ihre Augen waren geschlossen. Ihr Atem ging gleichmäßig, während sie sich langsam zu Alex drehte, der das Blut in seinem steifen Glied hart pochen fühlte, fast bis zu einer nach Erlösung heischenden Schmerzgrenze. Er spürte, wie sich ihre Hand um seinen harten Penis schloss und fest zudrückte, was ihn fast in den Wahnsinn trieb und ihn aufstöhnen ließ, während er ihre Brüste mit seiner Zunge liebkoste.

Anna öffnete plötzlich die Augen, schaute ihn voller Wollust an und erschauerte. Sie lachte laut auf, während sie ihre Brüste über sein Gesicht streifen ließ und sich rittlings auf ihn setzte, wobei sie ihn sofort in sich aufnahm und sich rhythmisch auf und ab bewegte. Alex bäumte sich von unbändiger Lust getragen auf und bewegte seine Hüften in ihrem Rhythmus, um noch tiefer in sie einzudringen. So ging es eine Weile ungestüm mit heftigen Bewegungen. Besonders leise waren sie dabei nicht. Bis sie wie in einer koordinierten Choreografie von einander ließen – kurz und für beide kaum auszuhalten –, um schnell in eine neue Stellung zu wechseln. Anna kniete vor ihm auf dem Bett. Den Oberkörper tief gebückt und die langen schwarzen Haare vorn überfallend, sodass sich ihr Hinterteil Alex entgegenstreckte und er von hinten in sie eindringen konnte. Alex liebkoste Ihren Rücken und ihre Pobacken mit den Händen, während sie sich in kreisenden Bewegungen seinen langsamen Stößen hingab. Sie ließen sich jetzt Zeit und genossen die Minuten des alle Sinne raubenden und die Zeit vergessen lassenden Liebesspiels. Bis, wie auf ein Kommando, der Takt schneller geschlagen und der Sex härter wurde. Es lief auf einen infernalischen Akt hinaus, der beide auf den höchsten Wellen der Lust, die ihre Körper hinabliefen, stöhnend und schreiend verkrampft den gleichzeitigen Orgasmus erleben ließ. Zuckend stand sein Glied in ihrer feuchten, sich zusammen ziehenden Vulva, und langsam, nur sehr langsam kamen sie erst keuchend zur Ruhe, um dann in ein lautes, befreiendes Lachen auszubrechen. Sie brauchten noch eine Weile, um sich seufzend zu trennen. Dann lagen sie eng aneinandergeschmiegt, völlig verschwitzt und mit verklebten Haaren und Geschlechtern nebeneinander. Sie streichelten und küssten sich noch immer, als es jäh und heftig an der Tür klopfte.

»Aufstehen, raus aus den Federn! Wir sind im Zielgebiet angekommen. Wir erwarten euch in einer Viertelstunde in der Messe zu einem schnellen Frühstück und der Einsatzbesprechung.«

Alex gab dem Mann vor der Tür zu verstehen, dass sie pünktlich da sein würden, und zog Anna beim Aufstehen aus dem Bett. Die Dusche der Kabine war zweckmäßig und ohne großen Luxus eingerichtet. Beide schlüpften nackt, wie sie waren, hinein und genossen den warmen Wasserstrahl auf der Haut. Während Anna sich mit ihrem Rücken an ihn schmiegte, fühlte sie, wie sein Glied wieder hart wurde. Sie gaben sich unter der Dusche ihrer zweiten wilden Ekstase an diesem Morgen hin, was wenig später dazu führen sollte, dass ihre zehnminütige Verspätung in der Messe einige der anwesenden Soldaten zu missbilligenden Blicken veranlasste.

Das Frühstück war dann wirklich schnell erledigt, obwohl Anna und Alex von dem vielen Sex völlig ausgehungert waren. Die anschließende Besprechung des kommenden Einsatzes verlief als problemlose Routine der Navy-Seals. Das Ziel des Einsatzes war einfach umschrieben. Mit dem Landing Craft Air Cushion, einem Luftkissen-Landungsboot vom 885 Quadratmeter großen Welldeck des Hubschrauberträgers, das für gewöhnlich vor einem Einsatz geflutet werden musste, um die Landungsboote ins Wasser zu entlassen, einfach über die Rampe ins offene Meer gleiten und zum Festland vor Oulu übersetzen. Dann an einer geeigneten Stelle anlanden, um mit den beiden Humvees die vierzehn Soldaten der Eliteeinheit und die beiden Zivilisten sicher an Land zu bringen. Oberste Priorität wurde bei dem Auftrag eingeräumt, Kaspuhl und die Sicherung seiner Datensätze zur Berechnung der Meteoriteneinschlagstelle aufzufinden. Primäres Ziel war es, die Zivilisten wieder lebend an Bord zu bringen, sekundäres, die menschlichen Verluste unter den Seals so gering wie möglich zu halten.

Nach erfolgreichem Abschluss der Aktion und einer Auswertung der Daten Kaspuhls würde man die eingegrenzte Einschlagstelle mit einem Hubschrauber anfliegen und nach Trümmern des Meteoriten suchen.

Während Anna und Alex ihre Ausrüstung für den kommenden Einsatz erhielten und sich umzogen, klingelte das Telefon von Alex. Behringer war am Apparat. Er erzählte von einem See in Frankreich: »Am Lac de Saint Point, in der Nähe von Bern, hat die französische Armee einen militärischen Sperrbezirk eingerichtet. Sie haben dort starke elektromagnetische Anomalien festgestellt und den See sofort mit Sonar und Infrarot gescannt.«

»Und, haben sie den ominösen Organismus finden können?«

»Ja, mit dem Sonar hatten sie gleich Erfolg. Sie haben drei dieser Wesen gefunden. Das Infrarotscreening brachte keinen Erfolg. Wahrscheinlich ist die Strahlung im Wasser einfach absorbiert worden. Sie sind dann mit einem Mini-U-Boot runtergegangen und haben sich die Sache mal näher angesehen. Und jetzt halt dich fest. Die Dinger waren riesengroß und bewegten sich nach Auskunft meines Kontaktmannes nicht mehr. Die lockten ihre Beute nur noch chemotaktisch an. Aber das Unheimlichste ist, dass sie keine Wärme mehr abgaben.«

Alex schaute Anna verwundert an. »Das kann nicht sein! Wie sollen sie den Wärmeverlust eingestellt haben? Dann müssten sie durch eine unheimlich schnell ablaufende Evolution in die Lage versetzt worden sein, ihre Biochemie vollständig umzukrempeln.«

»Wir wissen es auch nicht, aber das Phänomen wird eingehend untersucht. Eines ist aber sicher. Die Feldstärke des erzeugten elektromagnetischen Feldes hat zugenommen. Die Störungen haben ein größeres Gebiet erfasst als noch in Finnland.«

Alex überlegte kurz und sagte dann: »Das hört sich für mich so an, als würde dieser Organismus seinen Wärmeverlust minimieren, um mehr Energie in die Erzeugung eines elektromagnetischen Feldes zu stecken. Das klingt nicht gerade beruhigend. Habt ihr noch was?«

»Nein, im Moment nicht. Wenn ich was erfahre, melde ich mich. Wann geht's denn bei euch los, und wie geht's Anna?«

»Ich glaube, wir werden gerade abgeholt. Ihr geht's den Umständen entsprechend sehr gut«, sagte Alex an Anna gewandt und zwickte ihr in den Po, worauf sie ihm eine verpasste. »Lass uns Schluss machen. Wir müssen los!«

»Passt auf euch auf, und meldet euch bei mir, wenn es vorbei ist!«, waren Behringers letzte Worte, bevor er das Gespräch beendete.

Zehn Minuten später saßen Anna und Alex dicht gedrängt mit sechs wortkargen, bis an die Zähne bewaffneten Elitesoldaten im Heck des gepanzerten Humvees, das neben dem anderen Fahrzeug im Frachtraum des Luftkissen-Landungsbootes stand. Sie trugen, ebenso wie die Soldaten, Tarnanzüge, Helme und kugelsichere Kevlarwesten. Über die Kommunikationseinheit im Helm waren sie mit ihren Begleitern verbunden. Sie konnten hören, wie der befehlshabende Offizier Burrows nur sechs Worte an seine Kameraden richtete: »The only easy day was yesterday!«, als das Hovercraft mit aufbrausenden Propellern dröhnend über das Welldeck ins offene Meer brauste und im Wasser die 12.000 PS starken Gasturbinen das Luftkissenboot schnell auf Fahrt brachten. Mit annähernd 93 km/h brausten sie über das offene Meer. Die Fahrt verlief bei immer noch ruhiger See unkompliziert, wobei durch den Spritzwassernebel der Turbinen und Propeller und durch die Begrenzungen des nach oben offenen Frachtraums kein Detail von außen zu ihnen drang. Lediglich den Bluesgesang zweier schwarzer Navy-Seals konnten sie in ihren Helmlautsprechern durch den höllischen Lärm der Antriebsaggregate hören.

Nach nur halbstündiger Fahrt spürten sie endlich das Abschwellen der Motorengeräusche und der Vibrationen, die Alex stimuliert hatten und ihn ohne Unterlass an ihr gemeinsames Erwachen heute Morgen denken ließ. Plötzlich explodierten die gerufenen Kommandos in ihren Helmen, und die Humvees setzten sich spürbar in Bewegung, rollten die Frachtraumrampe des Hovercrafts hinunter auf das Festland. Erst jetzt konnte man durch die gepanzerten Scheiben erkennen, dass das Luftkissenboot auf einem seichten Strandabschnitt im Trockenen stand und schon wieder mit geschlossener Frachtluke, von den Hubpropellern angehoben, Fahrt aufs offene Meer machte und die beiden gepanzerten Fahrzeuge alleine zurückließ.

Auf Kommando des Offiziers, es war einer der Schwarzen, die eben noch den traurigen Blues gesungen hatten, nahmen sie Fahrt auf und rollten die kiesige, leicht ansteigende Küste hinauf. Sie fuhren in einen ehemaligen Kiefernwald, der nur noch aus vor langer Zeit abgestorbenen Pflanzen bestand, wie der Zustand der dürren, von der Sonne verbrannten Bäume erkennen ließ, und rumpelten auf einen ehemaligen Waldweg. Sofort bezogen zwei Soldaten Stellung an den MG-Ständen über dem Führerhaus und sicherten das Gelände. So fuhren sie etwa zwei Minuten durch den kahlen Wald, dessen nackte Stämme und Äste sich wie drohende Finger skelettierter Hände in den blauen Himmel reckten. Es war merkwürdig ruhig. Kein Geräusch war zu hören. Weder erzeugte der landeinwärts blasende Seewind in den blattlosen Bäumen irgend ein Rascheln, noch war der für die Jahreszeit typische Vogelgesang zu hören. Kein Hinweis auf Zivilisation, weder ein Automotor, noch ein Strahltriebwerk eines Verkehrsflugzeugs über ihnen. Dabei waren sie nach ihren Karten gerade mal acht Kilometer von einer Großstadt entfernt.

Langsam wichen die toten Bäume beiderseits der Humvees zurück, und sie fuhren langsam über eine abgestorbene Wiese auf ein Gehöft zu. Das Gelände schien verlassen. Weit und breit war keine Menschenseele zu sehen. Nur vor dem Eingang des Holzhauses stand ein alter, zerbeulter Yamaha Pick-up, dessen Türen weit offen standen. Vor der Scheune neben dem Haupthaus lag eine Kuh mit von Verwesungsgasen aufgeblähtem Bauch, der fast zu platzen schien. Die beiden Fahrzeuge hielten auf Kommando des Offiziers an. Vorsichtig stiegen sie alle aus, wobei die beiden MG-Schützen aufmerksam das Terrain auf mögliche Gefahren hin absuchten und den Finger am Abzug behielten. Mit den Waffen im Anschlag, die Soldaten mit ihren M4-Sturmgewehren, der schwarze Offizier Burrows mit einer Glock 17 in der Rechten, gingen sie auf das Haupthaus zu.

Anna und Alex hatten den Befehl bekommen, sich in der zweiten Reihe zu halten. Der Offizier gab seiner Einheit mit der gehobenen Faust das Zeichen, in Gefechtsformation zu warten. Er ging auf den Kuhkadaver zu und verpasste dem toten Rind einen Tritt in den bis zum Platzen gespannten Bauch. Mit einem fürchterlichen Geräusch suchten sich die Gase des fortgeschrittenen Verwesungsprozesses einen Weg durch Maul und After nach draußen. Sogleich brachte ein Übelkeit auslösender Gestank selbst einige der hart gesottenen Männer der Elitetruppe aus dem Tritt, und Alex hätte sich fast übergeben, als er plötzlich Anna zu seiner Rechten schreien hörte. Er fuhr erschrocken herum.

Ein Kind, höchstens vier, vielleicht fünf Jahre alt, kam langsam die Holztreppe des Hauses herunter. Es war in einem erbärmlichen Zustand. Ob Mädchen oder Junge, war nicht zu erkennen. Es litt unter starkem Haarausfall und konnte sich gerade noch auf den ausgemergelten Beinen halten. Das Kind hatte einen vom Hunger aufgeblähten Wasserbauch, schaute Anna aus leeren Augen an und versuchte etwas zu sagen, bekam aber nur ein unverständliches Röcheln heraus, wobei etwas Speichel an seinem Kinn herablief. Seine Beine waren mit Exkrementen verschmiert, es schien unter starkem Durchfall zu leiden.

Anna machte einige Schritte auf das Kind zu und sprach es auf Finnisch an. Im selben Moment ertönte die Stimme des Offiziers über den Platz vor dem Haus: »Bleiben Sie sofort stehen! Das ist ein Befehl! Dem Kind kann keiner mehr helfen. Entfernen Sie sich augenblicklich von der Göre. Sie gefährden die gesamte Mission. Das Kind leidet an Typhus im Endstadium. Hab ich schon oft gesehen. Da kommt jede Hilfe zu spät. Wir brechen sofort auf!« Er gab seiner Einheit das entsprechende Handzeichen für einen sofortigen Aufbruch, und die Männer zogen sich langsam zurück.

Anna erstarrte, und Alex nahm sie an der Hand, um sie langsam in Richtung der Fahrzeuge zurückzuziehen. Das Kind torkelte noch einige Schritte weiter, blieb dann aber stehen und brabbelte irgendetwas Unverständliches, während der Trupp wieder die Fahrzeuge bestieg.

Als sie auf dem Waldweg das Gelände des Hofes verließen, weinte Anna bitterlich. Sie konnte noch sehen, wie das Kind, immer noch am gleichen Ort verharrend, eine Hand in die Luft reckte, wie um zu winken. Das Letzte, was sie aus dem Heck des Wagens beobachtete, bevor das Gelände hinter der nächsten Kurve verschwand, war eine größere Gestalt, die in der Eingangstür des Hauses zu stehen schien und ihnen hinterherschaute. Nach einem Kilometer erreichte der Konvoi eine Landstraße und bog nach rechts ab. Nach weiteren hundert Metern passierten sie ein Straßenschild mit einer Entfernungsangabe. *Oulu 6 Kilometer*. Die beiden Fahrzeuge nahmen wieder mehr Fahrt auf und mussten mehrmals auf der Fahrbahn stehenden Autos ausweichen, die ihre Besitzer hier stehen gelassen hatten. Wahrscheinlich war ihnen der Sprit ausgegangen. Auf einer Weide konnten sie im Vorbeifahren mehrere verwesende Pferde in der Sonne liegen sehen. Über deren aufgeplatzte Bäuche machten sich Heerscharen von Fliegen her.

Nachdem sie das Gelände eines Golfplatzes hinter sich gelassen hatten, wich die ländliche Umgebung der mehr urbanen Infrastruktur einer Vorstadtsiedlung. Hier gab es, von ehemals gepflegten Gärten umgeben, kleine Holzhäuschen in allen möglichen Farben und einige Supermärkte und Einkaufszentren. Auch hier standen verlassene Autos herum, und kein menschliches Wesen war zu entdecken.

Der Offizier saß vorne neben dem Fahrer. Beide unterhielten sich. Anna und Alex konnten nicht verstehen, um was sich das Gespräch drehte, sahen aber, wie der Ranghöhere ein GPS-Ortungssystem aus einer Tasche seiner Uniform zog und irgendwelche Koordinaten in das Gerät tippte. Er drehte sich zu ihnen um und sagte: »Wir haben nur wenige Anhaltspunkte, um diesen Kaspuhl zu lokalisieren. Der letzte uns bekannte Aufenthaltsort von ihm ist eine Wohnung in einer Straße namens Virkakatu in der Nähe der Universität. Ich denke, dort sollten wir unsere Suche beginnen.«

Anna und Alex nickten ihm zu, er hatte sich aber bereits wieder umgedreht und navigierte den Fahrer durch Oulu. Während sie durch die leeren Straßen der Stadt fuhren, hatte Anna nur einmal kurz das Gefühl, aus den Augenwinkeln eine Bewegung wahrzunehmen. Nach einer gefühlten Ewigkeit erreichten sie endlich das Haus mit der Nummer 4 in der Virkakatu. Der Konvoi stoppte, und der Trupp verließ, bis auf die MG-Schützen und die Fahrer, die Fahrzeuge und sicherte in der engen Straßenschlucht die Umgebung, wobei sie die Deckung hier abgestellter Autos nutzten. Burrows gab zweien seiner Männer sowie Anna und Alex ein Zeichen, ihm in das Haus zu folgen. Langsam, mit den Waffen schussbereit in der Hand, stiegen sie die Treppe zum zweiten Stock empor. Burrows klopfte mehrmals gegen die Tür und trat sie dann mit einem kräftigen Fußtritt auf, wobei er sie aus der unteren Angel riss, sodass sie nur noch schief im Rahmen baumelte. Sogleich stürmten die beiden Soldaten und ihr Vorgesetzter in die Wohnung und schritten Zimmer für Zimmer ab. Nachdem Anna und Alex von Burrows ein Zeichen bekommen hatten, betraten sie die verlassene Wohnung ebenfalls und sahen den schauerlichen Zustand von Kaspuhl s Bleibe. Hier musste er gewohnt haben oder noch wohnen. Sein Namensschild prangte an der windschiefen Tür. Hier hatte lange niemand mehr aufgeräumt. Überall lagen die Reste von Nahrungsmittelverpackungen herum, die von Zeiten einer besseren Versorgung zeugten. Dazwischen leere Bierdosen und Schnapsflaschen. Kaspuhl musste saufen wie ein Loch, wenn er das alles alleine getrunken hatte.

Anna ging durch die Wohnung, die nur aus einem großen Wohn-Schlaf-Bereich, einer kleinen Küche und einem Badezimmer bestand. Sie schaute sich konzentriert um und sagte dann: »Alleine hat er hier die meiste Zeit nicht gewohnt. Er muss Frauenbesuch gehabt haben, vielleicht seine Freundin. Im Bad stehen eine Packung Tampons und eine zweite Zahnbürste. Im Bett liegen zwei Decken und Kissen. Schaut euch nach einem Rechner oder Laptop um, vielleicht sind die Daten auch auf einer Festplatte oder einer Speicherkarte.«

Zu fünft suchten sie die Wohnung ab, schauten in Schränke und rissen Schubladen auf. Sie durchwühlten den Kleiderschrank und das Geschirr in der Küche. In ihrem Eifer vergaßen sie ihre Umgebung. Selbst ein schlitzohriger Vollprofi wie Burrows ließ alle Vorsicht fahren, während er fieberhaft nach einem Datenträger suchte.

Sie bemerkten den langhaarigen Mann, der nur mit einem Bademantel bekleidet in der Eingangstür lehnte und ihnen zuschaute, erst, als dieser sich eine Zigarette anzündete. Vom Klicken des Feuerzeugs aus seiner Unachtsamkeit gerissen, fuhr Burrows herum und zielte mit der Glock auf den Kopf des Fremden.

»Kann ich euch vielleicht helfen?«, sagte der Fremde und blies einen Rauchkringel in die Luft. »Ich wusste gar nicht, dass Viktor so begehrt ist und ein Schwadron Navy-Seals hier nach Oulu in seine Wohnung locken kann. Was sucht ihr denn Wichtiges?«

Anna ging auf ihn zu und blieb neben Burrows stehen. Sie legte ihre Hand auf Burrows Arm mit der scharfen Waffe und drückte ihn nach unten.

»Wer sind Sie?«

Der Mann lächelte sie an und antwortete in bestem Englisch: »Eigentlich nur ein Nachbar, der mitbekommen hat, dass die Wohnung eines Bekannten aufgebrochen wurde. Aber du hast meine Frage noch nicht beantwortet!«

»Wir suchen in erster Linie Daten, die Viktor Kaspuhl vor ungefähr einem halben Jahr am Institut für Astrophysik erhoben hat!«

Alex klappte der Kinnladen herunter, und auch Burrows war fassungslos. *Was machte sie da? Warum verriet sie einem Wildfremden so arglos das Ziel ihres Auftrages?*, schoss es Alex durch den Kopf. Er schaute Burrows hilflos an.

»Daten? Vor einem halben Jahr, sagst du? Du meinst wahrscheinlich Daten aus der Zeit vor der Infektion? Ich glaube, ich weiß, was ihr sucht. Der alte Suffkopp hat von nichts anderem mehr gesprochen. Geglaubt hat ihm allerdings niemand. Der hat sich doch das Hirn schon weggesoffen!«

Anna warf einen kurzen Seitenblick auf Burrows und Alex, die mittlerweile nebeneinanderstanden. Die beiden Soldaten hielten sich im Hintergrund. »Von was hat er denn gesprochen?«

»Na von diesem Meteoriten am Heiligabend letzten Jahres. Er hat immer wieder behauptet, dass die große Seuche mit diesem Ding auf die Erde gekommen ist. Und er hat immer wieder behauptet, er hätte die Flugbahn des Meteoriten und seine Aufschlagstelle berechnet.«

Anna schaute den Mann an.

Er zog an der Zigarette und fuhr fort: »Ist da am Ende was dran?«

»Möglich, wir haben gewisse Hinweise darauf, dass die Infektion tatsächlich aus dem Weltall stammt. Wir brauchen unbedingt seine Daten, um den Meteoriten finden und untersuchen zu können.«

Der Typ nahm einen letzten Zug und trat die Kippe auf dem Boden aus. »Ihr werdet hier nichts finden. Kaspuhl ist durch den Suff total paranoid geworden. Er erzählt immerfort nur von Aliens, die uns angreifen und vernichten werden. Er hat so einen kleinen Rechner, den trägt er immer bei sich. Ich wette, darauf befinden sich alle wichtigen Daten, die ihr sucht.«

»Wo können wir ihn finden?«

Der Mann griff in seine rechte ausgebeulte Bademanteltasche und wollte einen Gegenstand hervorziehen. Sofort riss Burrows seine Waffe hoch und rief: »Mann, bleib jetzt ganz locker. Nimm die Finger langsam, sehr langsam, aus der Tasche. Hinter ihm hatten die beiden Soldaten den Typen ins Visier ihrer Schnellfeuergewehre genommen und ließen keinen Zweifel daran aufkommen, dass er tot auf dem Boden aufschlagen würde, bevor er irgendetwas aus der Tasche ziehen konnte.

»Cool Mann! Da ist nur eine Flasche Whiskey drin. Wollte nur einen Schluck nehmen.« Um es zu beweisen, zog er die Hand langsam aus der Tasche. Man konnte die braune Schnapsflasche erkennen, die er schließlich entschuldigend in die Höhe hielt. Auf seiner Stirn hatten sich kleine Schweißperlen gebildet und liefen nun langsam an seiner Nase herunter.

Burrows senkte die Waffe, die er in beiden Händen hielt: »Guter Stoff?«

»Quatsch, das ist der letzte Fusel. Dröhnt aber!« Er schraubte die Flasche auf und streckte sie Anna entgegen, die dankend ablehnte, worauf er einen kräftigen Schluck nahm.

»Also, wo können wir ihn finden?«, nahm Burrows das Gespräch wieder auf.

Der Typ wischte sich über den Mund. »Entweder ihr wartet hier, meistens kommt er irgendwann abends sturzbesoffen mit seiner Freundin im Schlepptau, oder ihr findet ihn in dieser Spelunke zwei Straßen weiter. Da erzählt er seine Fantasiegeschichten, die ihm sowieso keiner glaubt. Später am Abend versucht er dann meist noch, ein paar von den Vollalkis zu einer Expedition zum Meteoriten zu überreden. Er faselt dann immer irgend ein Zeug von Heilmitteln gegen die Seuche. Der hat'se nicht alle.«

Anna blickte kurz zu Alex und Burrows und fragte ihn dann nach dem Weg zu dieser Kneipe. Nachdem er ihnen ausführlich und wortreich den Weg beschrieben hatte, erkundigte sie sich noch: »Wo sind die Menschen hin? Die Straßen sind leer, und niemand ist zu sehen.«

»Die gehen nur noch nachts auf Nahrungssuche. Tagsüber ist das fast schon Selbstmord. Wenn dich diese Kerle aus dem Norden mit irgendetwas Essbarem erwischen, nehmen sie es dir weg und machen kurzen Prozess. Der Staat hat sich längst aufgelöst. Die Polizei gibt es nicht mehr. Übergelaufen oder tot! Hier wird nicht mehr lange gefackelt.«

Als sie sich von ihm am Hauseingang verabschiedeten, fing er an, um etwas Essen zu betteln. Burrows warf ihm aus dem fahrenden Humvee eine Tagesration zu, die er unterwürfig auffing und sofort damit im Dunkel des Hausflurs verschwand.

Die Kneipe war nur vom Hinterhof zu betreten. Als sie die Tür öffneten, schlug ihnen ein öliger Gestank nach abgestandenen Alkoholika, Tabakrauch und Urin entgegen. Im Inneren konnten sie erst nichts erkennen. Der kleine längliche Raum lag im Halbdunkel und wurde nur von ein paar Kerzen beleuchtet, die wild flackerten, als sie die Tür öffneten.

Alex, Anna und Burrows betraten hintereinander die Kaschemme. Sie hatten ihre Uniformen und Westen ausgezogen und waren jetzt in Zivil, um nicht aufzufallen und nicht zu viel Staub aufzuwirbeln. Burrows hatte sich anfangs gesträubt, seine Ausrüstung abzulegen, aber Anna konnte ihn letztendlich doch noch überzeugen. Sie machte ihm deutlich, dass von einem Haufen Trinker kaum eine Gefahr ausgehen würde und dass im Falle eines Falles noch vierzehn Navy-Seals vor der Kneipe warteten, die sofort eingreifen würden. Auf seine Glock hatte er aber dennoch nicht verzichten wollen. Der ausgebeulte Hosenbund würde nicht all zu sehr auffallen, wie Anna und Alex inständig gehofft hatten, als sie das Etablissement gemeinsam betraten.

Es dauerte eine Zeit lang, bis sich ihre Augen an das Halbdunkel gewöhnten. Irgendwo im Hintergrund dudelte psychedelische Musik aus Lautsprechern, die man in der stickigen, Rauch erfüllten Luft nicht sehen konnte. Sie befanden sich im Eingangsbereich an einer langen, hölzernen Theke und blickten in den länglichen Raum ohne Fenster. Entlang der gekalkten Wände standen mehrere niedrige Tische, umgeben von Matratzenlagern, auf denen sich acht bis zehn Personen tummelten. Alle schienen stark betrunken zu sein, teilweise auch schon deliriös. Keiner nahm Notiz von ihnen, obwohl sie hier als Fremde doch sehr auffallen mussten.

Burrows lehnte sich an die Theke und schaute sich langsam um. Anna und Alex taten es ihm gleich. Sie hielten Ausschau nach Kaspuhl, den sie bisher nur von einem alten, undatierten Foto kannten, welches sie sich vor dem Betreten der Kneipe eingeprägt hatten. Darauf sah er mit glatt rasiertem Kinn und Kurzhaarfrisur noch jung und gesund aus. Burrows hatte darauf hingewiesen, dass er sich im Verlauf des letzten Jahres sehr verändert haben könnte. Anna prägte sich seine große Hakennase unter den zusammengewachsenen Augenbrauen ein.

Alex konnte die plötzliche Nervosität von Anna sofort spüren, die sich von den unwirklichen Szenen an den Tischen abwandte und ihn hypnotisch anstarrte. Auch Burrows war ihr Verhalten aufgefallen. Die drei rückten an der Theke näher zusammen: »Der Tisch ganz hinten! Jetzt guckt aber nicht gleich alle so auffällig hin. Da sitzt er mit seiner Freundin. Er trägt die Haare lang und sieht sehr ungepflegt aus. Ich bin mir ganz sicher!« Während sie weiter in die entgegengesetzte Richtung zum Eingang schaute, nahmen die beiden Männer den Langhaarigen unter die Lupe.

Burrows nickte unmerklich: »Right! Das muss er sein. Sieht ziemlich fertig aus.« Während sie noch über ihre Vorgehensweise grübelten, nahm Kaspuhl eine auf dem Tisch stehende Flasche, wahrscheinlich war es billiger Wodka oder ein anderer übler Fusel. Er trank die halb volle Flasche mit mehreren gierigen Zügen aus. Ein Teil des Schnapses rann dabei aus seinen Mundwinkeln an seinem Hals hinunter. Plötzlich stand er auf. Er schaute sich orientierungslos in der Kneipe um. Dann sackte er auf dem Matratzenlager zusammen und rührte sich nicht mehr. Keiner nahm davon Notiz, selbst seine Begleiterin schien völlig unberührt von dem Kollaps.

»Und was machen wir jetzt?« Anna hatte sich umgedreht und das Geschehen ebenfalls beobachtet.

»Kommt mit!« Burrows schritt energisch voran und gab den beiden ein Zeichen, ihm zu folgen. Sie gingen an den stark alkoholisierten Personen vorbei, die immer noch keinerlei Regung zeigten, und Burrows fügte im Gehen hinzu: »Den schnappen wir uns!«

Die Männer packten Kaspuhl unter den Armen, zerrten ihn hoch und zogen ihn zum Eingang, wobei seine Füße über den Boden schleiften. Geistesgegenwärtig griff Anna den olivgrünen Armeerucksack, der unter ihm gelegen hatte und seine Habseligkeiten zu enthalten schien. Die volltrunkene Begleiterin Kaspuhls richtete sich auf ihrer Matratze auf. Sie wollte intervenieren, sackte aber lallend sofort wieder nach hinten. Anna ging mit gemäßigtem Tempo zielstrebig zum Ausgang, um nicht am Ende doch noch aufzufallen. Als sie erleichtert die Tür hinter sich schloss, stand sie mehrere Sekunden im grellen Sonnenlicht. Sie versuchte, ihre Augen mit der Hand abzuschirmen, um sehen zu können, was mit Kaspuhl geschah. Nachdem sich endlich klare Konturen aus dem gleißenden Licht schälten, sah sie ihn am Boden vor einem der Humvees liegen. Die Männer standen ratlos um ihn herum, ohne Idee, was als Nächstes zu tun war.

Anna ging an ihnen vorbei. »Mensch legt den Mann in den Schatten und lasst euch was einfallen, damit er wieder zu sich kommt. Ein Eimer kaltes Wasser sollte helfen.« Sie nahm den Rucksack und entleerte den gesamten Inhalt auf die Sitzbank eines ihrer Fahrzeuge. Unter einem Berg von Schnapsflaschen, Zigaretten und allerlei unnötigem Zeug kramte sie erst eine geladene Pistole und dann endlich den kleinen Tablet-PC hervor. Während sie im Hintergrund das Plätschern von Wasser hörte, schaltete sie den Rechner an und scheiterte wenige Sekunden später an einer Maske zur Passworteingabe. Entnervt drehte sie sich um und bemerkte, dass Kaspuhl immer noch nicht bei Bewusstsein war: »Wenn wir die Daten haben wollen, sollten wir diese arme Sau schnell wieder ins Leben zurückholen. Alternativ dazu könnten wir aber auch versuchen, sein abgefucktes Passwort zu knacken. Vorschläge?«

Burrows rannte wortlos zu einem Notfallkoffer im Heck eines der Fahrzeuge, riss ihn förmlich auf und zog zwei längliche Gegenstände hervor. Als er sich Kaspuhl näherte, sahen auch die anderen die sterile Einwegspritze und die Ampulle in seinen Händen. Er nestelte an der Verpackung herum und zog die Spritze heraus, um sodann die Nadel in die Ampulle zu stechen. Er zog die klare Flüssigkeit in die Spritze.

»Machen Sie den Oberkörper des Mannes frei!«, befahl er.

Während der Soldat Kaspuhl auszog, hielt Burrows die Spritze mit der Spitze nach oben gegen das Licht und drückte den Kolben hinein, bis auch der letzte Rest Luft entwichen war. Dann kniete er neben Kaspuhl nieder, suchte mit den Fingern eine geeignete Stelle zwischen den Rippen und rammte ihm die Nadel bis zum Anschlag ins Herz. Während er das Adrenalin in Kaspuhls Herzkammer injizierte, schaute Burrows zu Anna und sagte: »Vorschlag angenommen?«

Unvermittelt schoss Kaspuhls Oberkörper in die Senkrechte. Er saugte gierig Luft in die Lungen, während er erst mit weit aufgerissenen Augen Burrows anschaute und dann die aus seiner Brust ragende Spritze entdeckte. Mit einem schrillen Schrei packte er sie und zog sie mit einem Ruck heraus. Ein kleiner Strahl Blut quoll aus der Wunde, bis sie sich von selbst wieder schloss.

Das Passwort hatten sie aus ihm herausbekommen, nachdem alle wieder sicher auf dem Schiff angekommen waren. Kaspuhl nervte sie auf der Rückfahrt solange mit seinem hysterischen, kläglichen Gefasel und den Verschwörungstheorien über Aliens, bis Burrows ihm die Glock an die Stirn drückte. Sie verpasstem ihm daraufhin Handschellen und einen Knebel. Einige Zeit später war er in einen tiefen Schlaf gefallen und erst auf dem Schiff wieder wach geworden.

Sie konnten es kaum fassen, aber das Passwort ließ sie wirklich an seinem umnebelten Verstand zweifeln: *SternvonSalla2412*. Die Daten auf dem Rechner waren schnell gefunden, Kaspuhl hatte damals gute Arbeit geleistet. Die Koordinaten des von ihm berechneten Einschlaggebiets lagen tatsächlich in der Region um Salla. Als der Schiffsnavigator Anna den Ort des Meteoriten-Impaktes auf der Karte zeigte, wurde ihr schwindelig. Sie musste sich hinsetzen. Erst als man ihr ein Glas Wasser gereicht hatte und sie einige Schlucke getrunken hatte, konnte sie wieder an der Diskussion teilnehmen.

»Wenn das wirklich der Ort des Bodenkontaktes sein soll, dann muss dieser Vollpfosten früher mal ein geniales Talent besessen haben. Das ist exakt die Stelle, an der Toni damals den ersten kranken Baum gefunden hat.«

Sie beschlossen, die Nacht an Bord zu verbringen und am Morgen nach Sonnenaufgang mit einem Hubschrauber das Zielgebiet anzufliegen und nach dem Meteorit oder seinen Trümmern zu suchen.

## 06. Juni, Finnland – Sikorsky H-3 Sea King

»Nach was sollen wir eigentlich Ausschau halten?« Burrows schrie in die Kommunikationseinheit seines Helmes, um den Lärm der Motoren zu übertönen. »Ich meine, wir sollen gleich einen Meteoriten suchen, und ich frage mich, woran erkennt man so ein Ding eigentlich?«

Kaspuhl sah fürchterlich aus. Kein Wunder nach den Sauforgien der letzten Wochen und Monate. Sein Gesicht war aufgedunsen. Die Haut sah aus wie eine bleiche Wachstuchtischdecke mit geplatzten Äderchen. Trotzdem schien er geistig auf der Höhe zu sein.

Er schaute Burrows mit glasigen Augen an. »Normalerweise sind die Dinger magnetisch, weil sie hohe Anteile von Eisen und Nickel enthalten. Da hilft schon ein Test mit einem Magneten, um das herauszufinden. Es gibt auch welche, die nicht magnetisch sind. Meist kommen die vom Mond oder vom Mars. Aber die sind sehr selten. Die Dinger sind meist auch viel schwerer als ein vergleichbarer Stein auf der Erde, weil sie aufgrund des hohen Eisengehaltes eine hohe Dichte haben. Außerdem sollte ein Meteorit eine schwarze bis dunkelbraune dünne Schmelzkruste haben, die beim Passieren der Erdatmosphäre durch die extreme Reibungshitze entstanden ist. Oftmals haben sie kleine Mulden auf der Oberfläche, die aussehen können wie Daumenabdrücke. Es gibt noch eine Reihe anderer Erkennungsmerkmale, aber dafür müssten wir das Material im Labor untersuchen. Also halten Sie einfach Ausschau nach auffälligen Steinen, die ein wenig anders aussehen als das, was Sie kennen. Und wenn Sie was gefunden haben, dann rufen Sie mich!«

Seine kurze wissenschaftliche Einführung in die Meteoritenkunde hatten alle in der zur Landung ansetzenden Sikorsky H-3 Sea King hören können. Während der Hubschrauber sich weiter im Sinkflug befand, erstarben die Gespräche, und jeder machte sich so seine Gedanken über das Kommende.

Die Sea-King landete wenige Minuten später exakt auf dem Waldweg, wo Toni den ersten erkrankten Baum vor mehr als fünf Monaten entdeckte. Hier hatten sich am ersten Weihnachtsfeiertag des letzten Jahres Mikka, Toni und Mikkosen über Tonis Entdeckung unterhalten und beschlossen, die kranken Bäume einfach zu fällen. Was dabei herausgekommen war, lag nun vor ihnen. Der kleine Trupp Soldaten, ihr Vorgesetzter Burrows und die drei Zivilisten standen auf dem Weg inmitten einer riesigen Rodungsfläche. Die Harvester hatten ganze Arbeit geleistet und im Kerngebiet nur Baumstümpfe hinterlassen. Ansonsten erkannte man bis zum Horizont keine Hinweise auf Leben. Weder gab es Anhaltspunkte für Pflanzenwachstum, noch waren Tiere zu sehen. Keine Vögel, keine Insekten, und die Sonne stand hoch am Himmel. Nichts war da, um Schatten zu spenden, sie standen ohne Deckung auf offenem Gelände. Der riesige Hubschrauber mit auslaufenden Rotorblättern hinter ihnen. Burrows nahm seinen Feldstecher, um die sie umgebende Fläche auszukundschaften. Er drehte sich dabei langsam im Kreis und setzte das Fernglas schließlich ab. »Wir stehen hier wie auf dem Präsentierteller. Wenn irgendjemand in der Nähe den Hubschrauber gesehen hat, kennt er jetzt unseren genauen Aufenthaltsort. Das schmeckt mir nicht.«

Alex schaute sich um und sagte dann zu ihm: »Haben Sie irgendwelche Aktivitäten beobachten können?«

»Nein, alles ruhig. Dort hinten«, er zeigte dabei nach Norden, » haben sie einige Harvester stehen gelassen. Ansonsten konnte ich nichts entdecken. Aber wir sollten aufmerksam sein und uns beeilen. Unsere Landung hier ist alles andere als unauffällig, und der Hubschrauber gibt ein gutes Ziel ab.« Burrows befahl vier Männer als Wachposten ab. Sie bezogen mit Feldstechern ausgerüstet um den Hubschrauber herum ihre

Stellungen und sondierten das Gelände in alle Himmelsrichtungen auf feindliche Aktivitäten. Den beiden Piloten und den Bordtechnikern gab er Anweisung, sich jederzeit für einen Schnellstart bereitzuhalten und das auf der Heckrampe montierte Maschinengewehr zu besetzten. Dann briefte er seine Männer und schärfte allen noch mal ein, auf was sie zu achten hatten. Gemeinsam schwärmten sie im Abstand von fünf Metern aus. Die drei Zivilisten bewegten sich in der Mitte des kleinen Trupps. Burrows schaute ständig auf sein GPS-Ortungssystem und gab hin und wieder Befehle zur Korrektur ihrer Richtung. Alle suchten dabei den Boden nach auffälligen Steinen ab.

Anna flüsterte Alex zu, der sich langsam zu ihrer Rechten über das Gelände bewegte: »Das ist ja, als ob wir Pilze suchen würden!«

So ging das eine Zeit lang, bis Burrows abrupt stehen blieb, auf sein GPS-Gerät schaute und verkündete: »Das hier ist genau die von Kaspuhl berechnete Einschlagstelle. Ich müsste jetzt eigentlich in einem Krater stehen.«

Alle blieben stehen und schauten sich um. Kein Krater, nur Baumstümpfe und die Spuren der Harvester, die sich stellenweise tief in den Untergrund gefressen hatten. Der Soldat, der in der Reihe rechts von Alex ging, bückte sich plötzlich. Er schien etwas aus dem Boden ziehen zu wollen. Alex drehte sich zu ihm, und auch die anderen sahen jetzt gespannt auf sein Treiben. Irgendetwas musste dort von einem schweren Harvester tief in das Erdreich gedrückt worden sein, denn der Mann zerrte mittlerweile mit hochrotem Kopf an dem Gegenstand in der Harvesterspur. Plötzlich rief er, ohne seine Anstrengungen zu unterbrechen: »Melde komischen schwarzen Stein, Sir! Kann ihn nicht aus dem Boden ziehen!«

Alle eilten jetzt zum Fundort, und Kaspuhl schrie den Mann an, sofort aufzuhören, bevor er irgendwas zerstören würde. Der Soldat beendete sofort seine Bemühungen – und dort lag er. Der Stein wäre wirklich jedem sofort aufgefallen. Er hatte die Form eines nicht ganz perfekten Zylinders mit einem Durchmesser von annähernd fünfzehn Zentimetern und lief an dem aus der Erde ragenden Ende zu einer kegelförmigen Spitze aus. Seine Oberfläche erschien in einem matten Schwarz, das je nach Blickwinkel der Umstehenden dunkelblau zu schimmern schien. Über und über war er mit kleinen Vertiefungen übersät, den Mulden, die Kaspuhl auf dem Flug beschrieben hatte. Eine Schmelzkruste war allerdings nicht erkennbar. Eine Seite des seltsam anmutenden Steins sah aus, als ob dieser Teil von irgendetwas abgebrochen war. Das Ding schien ein Splitter von etwas Größerem zu sein, das in der Atmosphäre explodiert oder zerbrochen war. Entlang dieser Bruchstelle konnten sie halbkugelartige Vertiefungen erkennen, die beim Bersten des Meteoriten entstanden sein mussten. Die andere Hälfte der ehemals im Gestein eingeschlossenen kugelförmigen Blasen mussten im fehlenden Bruchstück zu finden sein. Teilweise schimmerten blasenförmige Einschlüsse durch die Oberfläche der Bruchkante, die mit irgendetwas gefüllt zu sein schienen. Circa zehn Zentimeter des Meteoritensplitters ragten aus der Spur des Harvesters. Wie viel noch im Erdreich steckte, war nicht zu erkennen.

Burrows wies einen Soldaten an, aus dem Hubschrauber einen Spaten zu holen, und versuchte nun seinerseits, den Splitter aus der Erde zu ziehen. »Keine Chance, der steckt fest! Wir müssen ihn vorsichtig ausgraben.«

Der Soldat eilte herbei und legte Burrows den Spaten in die Hand, der daraufhin anfing, in etwas Abstand zum Meteoritenbruchstück zu graben. Nach einigen Spatenstichen lief ihm der Schweiß aus den Poren, aber er war jetzt nicht mehr zu stoppen. Nach fünf Minuten hatte er das Meteoritenfragment ringsherum bis zu einer Tiefe von zehn Zentimetern freigelegt. Er legte eine kurze Verschnaufpause ein und war im Begriff weiterzumachen, als Anna ungeduldig mit dem Fuß gegen den oberen Teil des Splitters trat.

»Man, wie tief steckt das Scheißding denn da noch drin?«

Kaspuhl stöhnte für alle hörbar auf und wollte gerade zu einer Schimpftirade ansetzen, aber Anna fuhr ihn an: »Was willst du denn? Der wackelt doch schon!« Sie beugte sich zu dem aus dem Boden ragenden Ding und zog daran. Plötzlich löste sich der Splitter mit einem schmatzenden Geräusch und kippte schwer zur Seite. Anna versuchte vergeblich, das nun freie Bruchstück aus der kleinen Grube zu ziehen: »Ich kann ihn nicht hochheben. Kann mir vielleicht mal jemand helfen! Das Ding ist viel zu schwer!«

Sofort packten Burrows und Alex mit an. Zu dritt schafften sie es tatsächlich unter großer Anstrengung, den schwarzen Splitter aus dem Loch zu ziehen und neben der Grube abzulegen. Alles in allem war das Fragment des Meteoriten annähernd zwanzig Zentimeter lang, hatte auf der gesamten Länge einen Durchmesser von fünfzehn Zentimetern und die Form eines fast perfekten Zylinders, nur die nach oben weisende Abrisskante störte die geometrische Form und plattete den Körper auf einer Seite ab. Sehr gut waren jetzt auch die halbkugelförmigen Einschlüsse und die noch nicht geöffneten Blasen zu erkennen. In diesen befand sich eine fremdartige Substanz, die nicht die gleiche Farbe wie das restliche Material hatte.

Kaspuhl kniete sich neben den Splitter und fasste ihn vorsichtig an: »Das Ding ist auf keinen Fall irdischen Ursprungs. Scheint tatsächlich ein Teil eines größeren Meteoriten zu sein, der in den unteren Atmosphärenschichten auseinandergebrochen ist. Merkwürdiges Material, ich habe so was noch nicht zu Gesicht bekommen. Auffällig ist auch, dass dieses Bruchstück keine Schmelzkruste hat. Die enorme

Reibungshitze beim Flug durch die Atmosphäre scheint ihm nichts ausgemacht zu haben.

Burrows wies zwei seiner Soldaten an, das Fundstück vorsichtig in den Hubschrauber zu bringen. Kaspuhl wollte auch helfen, zu dritt schafften sie es aber nicht, den Splitter zu fassen und hochzuheben. Kaspuhl hatte eine Idee. Er rannte zum Hubschrauber und kam wenig später mit einer Krankentrage zurück. Nur unter großer Anstrengung schafften sie es, den Splitter darauf zu hieven. »Das kleine Ding wiegt locker hundertdreißig Kilo, unfassbar! Muss eine enorme Dichte haben!« Kaspuhl ächzte, und seine Worte kamen gepresst hervor, während sie zu zweit die Trage schleppten.

Anna hatte sich zu Alex und Burrows gesellt, die in ein Gespräch über das weitere Vorgehen vertieft waren. Beide waren der Meinung, sie sollten noch nach anderen Bruchstücken suchen, als unvermittelt einer der Wachposten Alarm schlug. Der Mann zeigte nach Norden und schrie irgendetwas Unverständliches. Burrows und der Rest des Trupps rannten in seine Richtung. Sie konnten ihn jetzt deutlich hören.

»Ein Fahrzeug nähert sich aus nördlicher Richtung! Wahrscheinlich ein Lastwagen mit mehreren Personen auf der Ladefläche. Ich kann es noch nicht genau erkennen.«

Burrows entriss ihm den Feldstecher und blickte nach Norden. »Das ist ein altes russisches Armeefahrzeug, und sie kommen schnell näher. Fahren auf einem ehemaligen Forstweg. Drei Mann auf der Ladefläche, vorne ein schweres Maschinengewehr. Ich schätze noch ungefähr fünf bis sechs Kilometer entfernt. Wir brechen sofort auf!« Burrows bellte seine Befehle, und die Motoren der Sea King erwachten donnernd zu neuem Leben. Während sie hinter sich das Knattern des Maschinengewehrs hörten, rannten sie zu dem startbereiten Hubschrauber. Nachdem alle drin waren, schrie Burrows zwei Worte in sein Walkie-Talkie. Die Sea

King hob sofort ab und gewann an Höhe, während sie eine Wende flog. Anna wäre beinahe in dem schräg in der Luft liegenden Hubschrauber ausgerutscht und gefallen. Sie konnte sich gerade noch an Alex und Kaspuhl festhalten. Über den Lärm hinweg hörten sie, wie ein Soldat ihnen hektisch zurief, sie sollten sich auf der Stelle setzen und sich anschnallen, wenn sie nicht aus der Heckrampe fallen wollten. Anna saß plötzlich zwischen Kaspuhl und Alex, der sie angurtete, und sah zur noch offenen Heckrampe.

Burrows saß dort an dem Maschinengewehr. Er feuerte mehrere Salven auf den schnell näher kommenden Armeelaster, von dem das Feuer erwidert wurde. Die Kugeln trafen aber nicht den Hubschrauber, sondern verfehlten ihr Ziel nur knapp, da der Schütze auf dem über den holprigen Waldweg rumpelnden Lastwagen nicht richtig zielen konnte. Burrows schweres M3M hingegen verfehlte sein Ziel nicht. Die Geschosse der letzten Salve zerfetzten den Kopf des Fahrers, rissen dem Maschinengewehrschützen einen Arm ab und trafen den Tank des Fahrzeugs, welcher in einer grellen Stichflamme explodierte, während der führerlose Lastwagen vom Weg abkam und gegen einen Baumstumpf krachte.

Burrows drehte sich mit breitem Grinsen zu den anderen um. »Das dürfte von den Arschlöchern keiner überlebt haben.«

Anna war erschüttert und schrie: »Warum hast du das gemacht?«

Burrows schnallte sich ab und schlug mit der flachen Hand auf einen roten Schalter im Heck, worauf die schwere Laderampe von der Hydraulik geschlossen wurde. Sofort war es ruhiger im Laderaum des Hubschraubers, und die Luftverwirbelungen stoppten sogleich.

Er ging auf Anna zu. »Das waren miese Terroristen, die keine Gnade kennen. In Finnland herrscht Anarchie. Hier im Norden ziehen diese marodierenden Horden durch die Gegend und töten für Nahrung und

Waffen alles, was ihnen vor die Flinte kommt.« Er sah sie jetzt sehr streng an. »Was glaubst du eigentlich, warum ihr beiden euch in Begleitung eines Sondereinsatzkommandos der Navy-Seals befindet und wir euch nicht einfach alleine hierher geschickt haben?« Er war sichtlich erzürnt und fügte hinzu: »Wenn ich diese Schweine nicht ausgeschaltet hätte, wären wir jetzt wahrscheinlich alle tot. Und glaub mir, du willst denen nicht lebend in die Hände fallen!«

## 15. Juni, Italien – Lago Maggiore

In den letzten Wochen hatte es die Sonne in Oberitalien und im Schweizer Kanton Tessin gut gemeint. Die Temperaturen stiegen auf 35 Grad und teilweise noch höher. In den letzten beiden Tagen war es am Lago Maggiore extrem schwül geworden. Die Menschen litten unter der brütend heißen Luft. Das feuchtwarme Wetter ließ alle auf ein reinigendes Gewitter hoffen, und tatsächlich hatten sie heute Morgen in den Nachrichten vor heranziehenden Gewittern gewarnt, die hier in den Bergen mitunter heftig ausfallen konnten.

Simone war vorgestern hier in Ghiffa am Westufer des Sees angekommen. Die Hochzeitsvorbereitungen seines Bruders und dessen zukünftiger Frau Giulia waren bis auf ein paar Kleinigkeiten fast beendet. Aber die Hochzeit sollte nur im kleinen Rahmen der engsten Verwandtschaft gefeiert werden, da auch in Italien die Ernährungslage mehr als schlecht war und sie mittlerweile auf Lebensmittelkarten und staatliche Verteilung der Nahrungsmittel angewiesen waren. Das Restaurant hatte sein Bruder längst schließen müssen.

Er war bei Mia und den drei Kindern in ihrem Jagdschloss bei Marburg geblieben. Während Anna und Alex in Finnland auf der Suche nach diesem Kaspuhl und dem Meteoriten waren, hatten sie das Schloss nicht verlassen. Sie verbrachten die Zeit mit den letzten Arbeiten an den autonomen Energieversorgungseinheiten. Die Arbeiten an den Solarpaneelen wurden noch von den Handwerkern beendet, aber den Wechselrichter für ihre Wechselstromversorgung hatten Mia, die mittlerweile im sechsten Monat schwanger war, und Simone selbst anschließen wollen.

Vor fünf Tagen waren sie endlich nach Hause gekommen. Anna und Alex hatten viel zu erzählen. Sie hatten tatsächlich ein Bruchstück des Meteoriten gefunden und heil mit nach Deutschland gebracht. Der Splitter wurde mittlerweile in einem Labor eingehend untersucht. Sie erzählten auch von dem Angriff auf ihren Hubschrauber, und man konnte den Eindruck gewinnen, dass ihnen erst jetzt, mit etwas zeitlichem Abstand, bewusst wurde, dass sie dem Tode gerade noch mal von der Schippe gesprungen waren. Dieser Elitesoldat Burrows hatte ihnen eindeutig das Leben gerettet. Auch von diesem irren Vogel Kaspuhl berichteten sie. Er war mittlerweile in einer Klinik und machte einen Alkoholentzug. Es schien ihm von Tag zu Tag besser zu gehen. Sie hatten noch einige Male mit ihm telefoniert.

Nachdem sie sich von dem finnischen Himmelfahrtskommando erholt hatten, begannen sie Pläne für die nächsten Wochen zu schmieden. Dann hieß es schon wieder Abschied nehmen. Simone wollte unbedingt an der Hochzeit seines Bruders teilnehmen. Bei der momentanen Lage war es nicht klar, ob er ihn und seine aus Sardinien anreisende Familie überhaupt noch mal sehen würde. Also hatte Simone seinen Kram zusammen gerafft und alles, auch den italienischen Designeranzug, in seinem Rucksack verstaut. Mia hatte nur gelacht und spöttische Kommentare über den neuen italienischen Knitterlook abgegeben, den er mit diesem Anzug auf der Hochzeit vorführen würde. Simone machte sein Motorrad für die Fahrt fertig und war dann mit seiner KTM 950 Supermoto vom Hof gefahren, während sie alle winkend auf dem Wehrgang über der Zugbrücke standen. Als er sich auf dem schmalen Weg langsam vom Schloss entfernte und aus dem Tal fuhr, drehte er sich noch mal um und hob die Hand zu einem letzten Gruß. Die sechs winkten daraufhin noch überschwänglicher. Simone hatte nur daran gedacht, dass er sie bald wiedersehen würde und dass sie mit der Dekontamination der Gewächshäuser viel Arbeit haben würden. Dann hatte er Gas gegeben.

Die Fahrt nach Süddeutschland und weiter über die Schweiz verlief ruhig. Auf den Autobahnen war nicht mehr viel los. Der private Pkw - Verkehr war nahezu zum Erliegen gekommen. Die Lkw - Schlange auf der rechten Fahrbahn, beladen mit all den Gütern für die moderne Konsumgesellschaft, gab es nicht mehr. Hin und wieder überholte er einen Nahrungsmitteltransport. Meistens waren es Getreidelieferungen aus der Bundesreserve Getreide, die von bewaffneten Armeefahrzeugen patrouilliert wurden. Auch in Deutschland hatten bewaffnete Banden angefangen, diese Transporte zu überfallen; man hatte daraus gelernt. Die Getreidelager der Notstandsreserven waren an geheimen Orten untergebracht und wurden mittlerweile scharf bewacht, um Plünderungen zu verhindern.

Irgendwann, es war nur eine Frage der Zeit, dachte Simone auf seiner Enduro, würden ein paar bewaffnete Verrückte herausfinden, wo so ein Lager war, und dann knallte es. Die mussten nur den Transportern hinterherfahren oder in der Umgebung von Getreidemühlen suchen, dann würden sie früher oder später auch so ein Lager finden.

So hing er während der gesamten Fahrt seinen Gedanken nach und lenkte sich ab, um nicht am Anblick der toten Wälder, Felder und Wiesen auf beiden Seiten der Autobahn zu verzweifeln. Wenn er eine Pause einlegte, um etwas zu essen oder einen mitgebrachten Kaffee zu trinken, und zu rauchen, achtete er immer darauf, dass er einen Parkplatz ansteuerte, der verlassen war. In den jetzigen Zeiten war niemandem mehr zu trauen, und Simone war vorsichtig. Die annähernd siebenhundert Kilometer hatte er in zehn Stunden hinter sich gebracht, dann war er endlich in Italien, seinem Heimatland.

Heute war er alleine in dem großen Haus seines Bruders wach geworden, das direkt an der Uferpromenade Ghiffas lag. Sein Bruder und dessen Verlobte waren schon in aller Herrgottsfrühe aufgebrochen und nach Lugano gefahren. Der Flieger seiner Familie aus Sardinien sollte dort gegen Mittag landen, und sie würden nicht vor dem frühen Abend zurück sein. Simone hatte den Tag frei und wollte noch ein Hochzeitsgeschenk besorgen. Den Grappa, den er suchte, gab es im fünfzehn Kilometer weiter nördlich am Ufer des Sees gelegenen Cannobio. Er wollte aber nicht die Route entlang des Seeufers nehmen. Das machte mit den 98 PS seiner Enduro unter dem Hintern keinen Spaß, und so hatte er sich für eine Tour durch die Berge entschieden. Simone kannte die Gegend gut. Er war schon oft hier gewesen und hatte dann die Zeit für ausgedehnte Motorradtouren genutzt.

Die KTM stand unter einem mit wildem Wein bewachsenen Carport. Simone legte die Motorradausrüstung an. Bevor er sich den Crosshelm über den Kopf zog, schaute er die ehemals bewaldeten Hänge des Lago Maggiore hoch, die sich bis in vierhundert Meter Höhe und zum Teil noch höher über den See erhoben, und sah das Heer der toten Bäume. Auch auf der Ostseite des Sees hatte der orange Tod alles ausradiert. Überall war das anfängliche typische Orange der Blätter gewichen, und nur die kahlen, blattlosen Baumgerippe streckten sich dem Himmel entgegen. Simone setzte sich den Helm auf und startete die Maschine.

In den letzten Stunden waren Wolken aufgezogen und der Wind hatte aufgefrischt. Er bog von der Uferstraße ab und fuhr den steilen Weg hoch, der ihn direkt in die toten Wälder führte. Das Fahren auf den holprigen, vom Wasser ausgewaschenen, schmalen Wegen, die sich in Serpentinen den extrem steilen Hang hinaufwanden, verlangte Mensch und Maschine viel ab. Simone nahm nichts anderes mehr wahr außer dem steilen Weg und den Unebenheiten, den Anzeichen starker Erosion. Er war hoch konzentriert bei der Sache und fühlte sich eins mit der schweren Maschine, bis ihn ein fernes Grollen aus seinen Gedanken riss. Ein Blick zum Himmel über dem Ostufer zeigte ihm die heranziehende Gewitterfront. Die Wolken waren rabenschwarz, und die ersten Blitze zuckten durch die gewaltige Gewitterzelle über den Bergen, während der Wind um Simone herum heftig zunahm und in starken Böen das dürre Geäst der Bäume durchschüttelte.

*Keine Zeit zu verlieren*, dachte er und gab Gas. Noch einen weiteren Kilometer den Berg hinauf gab es eine Schutzhütte, wie er wusste. Simone konnte hören, wie sich das Donnergrollen schnell näherte, und er konnte bereits den Regen riechen. Als er die Hütte erreichte, fielen die ersten Tropfen schwer auf den extrem trockenen Boden und wurden sogleich aufgesaugt. Simone öffnete, weit auf seinem Motorrad nach vorne gebeugt, mit einer Hand die Tür und fuhr vorsichtig hinein. Während er die Tür schloss, brach das Unwetter los, und das Verhängnis nahm seinen Lauf.

Mit dem Handy am Ohr stand er an dem kleinen Fenster der Hütte und schaute nach draußen. Über dem Lago ging ein wahrer Wolkenbruch nieder. Das Ostufer war durch den dichten Vorhang des sintflutartigen Regens nicht mehr zu sehen, und Blitze erhellten im Sekundentakt den Himmel, überlagert von dem dröhnenden Brüllen des Donners. Heftige Windstöße klatschten den niederprasselnden Regen gegen die kleine Scheibe, und die Schutzhütte ächzte im Sturm.

Simone konnte seinen Bruder auch nach mehreren Versuchen nicht erreichen. Aus dem Lautsprecher war immer nur die computeranimierte Stimme des Netzanbieters zu hören: *»The person you have called is temporarily not available!«* Dabei erzeugte der auf das Hüttendach niedergehende Platzregen einen derartigen Krach, dass Simone nur die Hälfte verstehen konnte. Er schaute auf das Display des Smartphones und bemerkte, dass er vollen Empfang hatte: »Zehn Minuten vor zwölf, die müssen jetzt am Flughafen sein. Die Maschine landet Viertel vor eins. Dann muss das Netz in Lugano gestört sein. Der Flughafen muss doch eine perfekte Netzabdeckung haben«, murmelte er vor sich hin.

Simone stand noch immer am Fenster, rauchte eine Zigarette und schaute sich die Naturgewalten über dem See an. Nach einer halben Stunde ebbte das Unwetter ab. Er bemerkte zuerst, dass der Geräuschpegel des Regens abnahm, dann registrierte er auch, dass die Blitze mit geringerer Frequenz einschlugen. Nun konnte er auch das Ostufer wieder sehen, und am Himmel wurde es heller. Zum Teil rissen die dichten Wolken über dem östlichen Ufer auf, und vereinzelt warf die Sonne die ersten Strahlenbündel auf die Berge im Osten. Er drückte die Wahlwiederholung. Erneut konnte er nur die nervige Ansage der aufgesetzt freundlichen Frauenstimme vernehmen. »Scheiße, was ist da los? Der hat doch sein Handy nicht ausgeschaltet!«

In der letzten Stunde waren in der Region um Ghiffa, dem schweizerischen Locarno und den beiden Städten Luino und Laveno auf der Ostseite des Sees fünfzig Liter Regen pro Quadratmeter niedergegangen. Die Wassermassen wurden von den trockenen Böden der Berghänge wie von einem riesigen Schwamm aufgesaugt. Die oberen Erdschichten der Hänge waren plötzlich nach der langen Trockenheit mit Wasser gesättigt und lasteten nun mit enormen Gewicht auf den darunterliegenden geologischen Formationen. An dem Berghang des achthundert Meter über dem See gipfelnden Sasso del Ferro bei Laveno, wie auch an den anderen Berghängen, die von dem Unwetter betroffen waren, fand das Wasser seinen Weg durch die Wurzelkanäle der abgestorbenen Bäume in noch tiefere Schichten. Die Wurzeln waren vermodert und gaben den oberen Erdschichten an den Hängen des Sees längst keinen Halt mehr. Vereinzelt waren schon kleinere Erdrutsche heruntergekommen. Aber hier am Sasso del Ferro lag unter diesen mit Millionen Tonnen Wasser gesättigten Böden der oberen Schichten toniges Erdreich, das durch das nun eindringende Wasser aufquoll. Damit nahmen diese Tonschichten an Volumen zu und dehnten sich aus, was zu einer katastrophalen Kette von Ereignissen führen sollte, die niemand vorauszusehen gewagt hatte.

Simone trat aus der Hütte und betrachtete den Himmel. Das Gewitter war abgezogen, nur aus der Ferne erklang noch schwaches Donnern. Er schaute über den See zum Ostufer. Dort lagen mehrere Städte, es gab so gut wie keinen nennenswerten Tourismus. Nur der Ort Laveno, von ihm aus im Süden gelegen, zog mit der Seilbahn auf dem Gipfel des Sasso del Ferro ein paar Schaulustige an. Die Fahrt mit der Bahn auf den Gipfel dauerte sechszehn Minuten, und von dort oben hatte man eine wunderschöne Aussicht über den See und auf die malerischen Ortschaften am gegenüber liegenden Ufer und in den Berghängen.

Simone war noch nie dort oben gewesen und nahm sich vor, das in den nächsten Tagen nachzuholen. Er drehte sich um und wollte gerade zurück zur Hütte, sein Motorrad holen, als ein Geräusch, das direkt aus der Hölle zu kommen schien, ihn herumwirbeln ließ. Noch nie hatte er Vergleichbares gehört. Es war ein sehr dumpfes Grollen, dass den Boden unter seinen Füßen zum Vibrieren brachte. Er dachte erst an ein Erdbeben, konnte dann aber am Ostufer, genau in der Bergflanke des Sasso del Ferro, einen gigantischen, horizontalen, sich nach unten schnell vergrößernden Riss mit mehreren hundert Metern Ausdehnung sehen. Von dort hallte dieses markerschütternde, alles durchdringende Geräusch über den See und wuchs mit der schnell voranschreitenden Vergrößerung des Spaltes zu einem infernalischen Dröhnen an. Wie zur Salzsäule erstarrt und seinen Augen nicht trauend sah er die unheilvolle Tragödie ihren unabwendbaren Lauf nehmen. Dort auf der anderen Seite kamen

320 Millionen Kubikmeter Erdreich und Gestein auf den aufgequollenen Tonschichten, wie auf einer überdimensionierten Rutsche, erst nur langsam in Fahrt, beschleunigten dann und donnerten mit gewaltigem Getöse in nur wenigen Sekunden über das kleine Städtchen Laveno hinweg in den See. Der Aufprall des Hangrutsches erzeugte eine unfassbar große Energiemenge, die Millionen Tonnen Wasser des über dreihundert Meter tiefen Sees auf einen Schlag verdrängte und sich in einer hundertvierzig Meter hohen Flutwelle entlud.

Simone sah dem unvorstellbaren Inferno als vom Schicksal verdammter Zaungast mit offen stehendem Mund zu. Er war vollkommen entsetzt. Große Teile des Stadtgebietes von Laveno wurden innerhalb weniger Sekunden vernichtet. Tausende von Menschen fanden unter dem stürzenden Berg einen schrecklichen Tod, der völlig überraschend und ohne Vorwarnung über sie hereinbrach. Aber das war nur der Anfang eines weit größeren Unheils, welches in Form einer Flutwelle, einer dreckigen, dunklen Wasserwand von der Höhe eines Hochhauses und mit der Geschwindigkeit eines Düsenjets, auf die dicht besiedelten Uferzonen des Lago Maggiore zuraste und Tod und Verderben brachte. Simone stand vor der Schutzhütte in 320 Meter Höhe. Er sah weit unter sich all die Menschen in den Gassen von Ghiffa, wie sie noch ahnungslos ihren alltäglichen Geschäften nachgingen, und er sah die Autos auf den Straßen. Wie Spielzeug sahen sie von hier oben aus. Er hatte den Eindruck, auf die heile Welt einer Modelleisenbahn zu schauen. Aber er sah und hörte auch das Verderben heranrollen.

Er fing an zu schreien. Einige wollte er wenigsten noch warnen. Doch seine Schreie verhallten ungehört in dem unerträglichen Donnergrollen, das jedes Geräusch erstickte. Auf dem See sah er die voll besetzte Personenfähre von Intra nach Laveno, die von der Freakwelle einfach geschluckt wurde. Er konnte jetzt auch die unfassbare Geschwindigkeit der Wasserwand abschätzen, was ihn verstummen ließ. Simone blickte wieder nach unten. Er sah in den Gassen von Ghiffa und an den Ufern Menschen, die, gewarnt durch ein Donnern, das nicht von dieser Welt zu sein schien, im letzten Moment ihres Lebens auf die heranrasende Wasserwand blickten und stehen blieben, da ihr Fluchtinstinkt von panischer Todesangst unterdrückt wurde. Sie gaben sich im Angesicht des sicheren Todes einfach dem Unabwendbaren hin. Vereinzelt umarmten Mütter und Väter noch ihre Kinder und versuchten, einem inneren Impuls folgend, sie vor der Wand zu schützen, die den Tag verdunkelte. Natürlich vergebens. Sie wurden von den Abermillionen Tonnen Wasser einfach zerquetscht, zerrissen oder in den Trümmern zermalmt.

Nach nur fünfzehn Sekunden erreichte der Tsunami die gegenüberliegenden Ortschaften Susello und Ghiffa, nur einen Lidschlag später Verbania, und schlug mit der Energie zweier Hiroshimabomben gegen das Ufer.

Simone wurde von den Füßen gerissen und glaubte, den Weltuntergang live mitzuerleben. Er hoffte momentan nur inständig, dass das Wasser nicht bis in diese Höhe reichte, und auch, dass der Boden unter seinen Füßen nicht in den Schlund fiel. Zur Flucht war er nicht mehr fähig, und die Zeit hätte auch nicht mehr gereicht. Also blieb er völlig benebelt liegen und ergab sich seinem Schicksal, während es zu regnen anfing. Es dauerte eine Weile, bis er begriff, dass das kein Regen war, sondern die Gischt der Todeswelle, die bis hier oben vor Wut schäumte.

Da die Monsterwelle sich, wie jede Welle, kreisförmig ausbreitete, überrollte sie nach weiteren fünfzehn Sekunden, nachdem sie zuvor die Isola Superiore und die Isola Bella dem Erdboden gleich gemacht hatte, die westlich am See gelegenen Städte Stresa und Baveno und löschte jedes Leben sofort aus. Ihre Energie war damit aber noch nicht erschöpft.

Um über die gesamte Länge des vierundsechzig Kilometer langen Sees zu toben, brauchte der Tsunami nur drei Minuten. Sämtliche Ortschaften am südlichen Lago Maggiore wurden von der Oberfläche der Ufer rasiert. Der Tod schlug tausendfach zu, ohne dass Zeit für eine Warnung der Menschen geblieben wäre. Auch im Norden wurden die Städte auf italienischer wie auf Schweizer Seite vernichtet. An der schmalsten Stelle des Sees, in Höhe von Cannobio, entfaltete der Tsunami eine noch größere Vernichtungskraft, indem er, durch die Berge gestaut, an Geschwindigkeit und Höhe zunahm und dann über die Region Locarno das Verderben brachte. Die wenigen, die diese Welle durch eine glückliche Fügung überlebten, konnten ihr Glück nicht fassen und begriffen nicht, was da eben über sie hereingebrochen war, bevor auch sie, von den zurück flutenden Wassermassen mitgerissen, doch noch den Tod fanden.

Simone kniete auf dem Boden. Seine Hände zitterten. Das, was er eben aus sicherer Höhe gesehen hatte, überstieg die menschliche Vorstellungskraft, er würde es nie wieder vergessen können. Er blickte hinab auf einen Ort der Verwüstung, ein noch nie gesehenes Werk der Zerstörung, wie es sich nur ein krankes Hirn ausmalen konnte. Die malerischen Städtchen unten am Ufer gab es nicht mehr. Begraben unter Schlammlawinen oder einfach von dieser Faust der Naturgewalten pulverisiert und dann in den See gerissen; sie waren vollständig ausgelöscht. Der See selbst glich einer gigantischen aufgewühlten Dreckpfütze, in der hohe Wogen gegeneinander tobten und riesige Strudel sich drehten. Am Westufer, dort wo ehemals Stresa und Baveno lagen, sah er gewaltige Wassermassen aus den Hängen in den aufgepeitschten See zurückfluten und als zweiten kleineren Tsunami erneut über die Region Verbania hereinbrechen. Das Bild, das sich ihm bot, erweckte den Eindruck, der See würde von einer unbekannten Macht hin und her geschwenkt werden, um mit den unvorstellbaren Mengen Wasser die Uferzonen von jeglichem Unrat zu befreien.

Während er noch lange stehen blieb, und versuchte, das Unbegreifliche zu begreifen, schickte der gigantische Hangrutsch seine seismischen Wellen strahlenförmig durch die tiefen Gesteinsschichten und brachte die Erde zum Beben. Auch im zwanzig Kilometer entfernt gelegenen Lugano.

## 15. Juni, Italien – Lago di Lugano

Der Flug aus Sardinien hatte Verspätung. Eigentlich hatten alle Flüge Verspätung, denn die Flieger waren angewiesen worden, in Warteschleifen ihre Runden zu drehen, bis die technischen Schwierigkeiten der Flugüberwachung beseitigt waren.

In der letzten Nacht war eine mit zwei Personen besetzte Piper PA-28 Cherokee aus noch nicht geklärter Ursache in einen Berghang über der Gemeinde Carabietta geflogen und explodiert. Die völlig ausgetrockneten Baumskelette des toten Waldes fingen sofort Feuer. Die Feuerwehren der Umgebung versuchten bis zum jetzigen Zeitpunkt, die Flammen unter Kontrolle zu bekommen, um ein Übergreifen auf benachbarte Ortschaften zu verhindern. Die schwarze Rauchsäule des Brandes stand über dem südlichen Teil des Sees bei Lugano und hatte den Flugverkehr bisher nicht behindert. Gestört wurde er durch extreme Beeinträchtigungen des Funkverkehrs, der Radarüberwachung und des Funkfeuers sowie der Leitstrahltechnik. Auch die Mobilfunknetze über Lugano waren ausgefallen. Was die Ursache hierfür war, hatte man bisher nicht feststellen können. Nur dass das Problem seit letzter Nacht bestand und auch der Absturz der Piper damit zusammenhing, war klar.

Der Pilot der PA-28, ein erfahrener, umsichtiger Mann, hatte vor dem Absturz noch mehrmals Funkkontakt mit dem Tower des Flughafens gehabt und von einem seltsamen blauen Leuchten im Schweizer Teil des Sees vor Lugano berichtet. Er bat darum, tiefer gehen zu dürfen, um das Phänomen im Tiefflug genauer untersuchen zu können. Nachdem der Tower das Okay gegeben hatte, war die Maschine in vierzig Metern Höhe über den See geflogen und hatte mehrere Runden gedreht. Der Pilot stand während der gesamten Zeit mit der Flugsicherung in Kontakt und berichtete fasziniert von einem blauen, pulsierenden Leuchten in den Tiefen des Sees. Seinen Beschreibungen nach musste es ein herrlicher Anblick gewesen sein. Es hätte Ähnlichkeit mit einem Polarlicht unter Wasser gehabt. Beim letzten Überflug war der Funkverkehr teilweise zusammengebrochen, die Flugsicherung konnte nur noch Wortfetzen verstehen. Anscheinend hatten die Cockpitinstrumente verrücktgespielt. Höhenmesser, künstlicher Horizont oder Magnetkompass schienen nicht mehr zu funktionieren. Genaues war nicht mehr zu verstehen, und eine Minute später war das Flugzeug in die Bergflanke gekracht.

Auf dem Flughafen wurde fieberhaft nach der Ursache für die Störung gesucht. Die Flugzeuge in den Warteschleifen mussten vom Himmel geholt werden, bevor ihnen der Sprit ausging. Mittlerweile hatte auch der Wind gedreht. Der Rauch des Feuers zog zu den Landebahnen, sodass man unter extremem Zeitdruck stand. Sollte der Rauch die Sicht auf dem Flughafen erst behindern, war an Landungen in Lugano gar nicht mehr zu denken. Einige Flugzeuge wurden bereits zu benachbarten Flughäfen am Lago Maggiore und nach Mailand umgeleitet.

Simones Bruder Antonio und seine Verlobte Giulia beschlossen, die Wartezeit bis zur Landung zu überbrücken, nachdem sie von der Verspätung der Maschine aus Sardinien erfahren hatten. Da sie seit den frühen Morgenstunden nichts mehr gegessen hatten, lag es nahe, in einem Lokal direkt an der Zufahrtsstraße zum Flughafen, am Ufer des Sees gelegen, eine Kleinigkeit zu sich zu nehmen. Mehr als einen Imbiss würden sie dort nicht bekommen. Das war beiden klar. Sie legten die wenigen hundert Meter bis zum Restaurant nach dem leichten Gewitter, das weiter in südöstliche Richtung gezogen war und erst über dem Lago Maggiore seine Gewalten entfesseln würde, zu Fuß zurück. Über eine steile, nach unten zum See hinabführende Treppe betraten sie die Terrasse mit Seeblick. Das Lokal war zur Mittagszeit sehr gut belegt.

Wahrscheinlich nutzten auch die anderen Gäste die Wartezeit aufgrund der vielen Verspätungen am Flughafen für ein warmes Essen auf dem mittlerweile wieder sonnigen Freisitz.

Antonio und Giulia bekamen leider keinen guten Platz. Die Tische mit hervorragendem Blick auf den See waren schon besetzt, sodass sie mit einem im hinteren Bereich der Terrasse, in direkter Nähe zur Treppe, vorliebnehmen mussten. Am östlich gelegenen Berghang über der Gemeinde Carabietta konnte man die schwarze Rauchsäule des Brandes aufsteigen sehen. Das Feuer war zwar vom Gewitterregen zunächst geschwächt worden, wurde mittlerweile aber durch einen auffrischenden Wind wieder angefacht. Der Qualm zog bedrohlich in Richtung Lugano im Norden.

Antonio winkte dem Kellner, überreichte ihm zwei Lebensmittelkarten für eine öffentliche Essensausgabe und bestellte für sich und Giulia einen halben Liter Weißwein und eine Flasche Mineralwasser. Während die Bedienung ihnen die Karte brachte, schaute Antonio wiederholt auf sein Handy. Auf der Karte standen zwei Gerichte zur Auswahl. Italienische Gemüsesuppe Minestrone und ein vegetarisches Risotto. Es war jetzt 12:10 Uhr.

»So ein Mist! Ich hab immer noch keinen Empfang. Wir müssen Simone Bescheid geben. Das wird sich heute alles verzögern. Hast du Netz?«

Giulia zog ihr Telefon aus der Handtasche. »Nein, auch keinen Service. Komisch, was ist denn hier los?«

»Keine Ahnung, ich denke, die Flugverspätungen und der Absturz der Maschine da drüben hängen irgendwie auch mit den Störungen zusammen. Vielleicht ein Sonnensturm. Ich hab neulich gelesen, dass starke Sonnenaktivitäten solche Störungen im Funkverkehr auslösen können. Ich glaube auch, dass die Flugzeuge nicht alle Verspätung haben. Die können aufgrund der Störungen nur nicht landen und befinden sich bis auf Weiteres in Warteschleifen über uns.« Antonio zeigte wie zum Beweis in den klaren Himmel. Giulia konnte tatsächlich mehrere Flugzeuge in großer Höhe über dem See ausmachen, deren helle Aluminiumhaut hin und wieder im Sonnenlicht aufblitzte.

Soeben hatte der Kellner ihnen ihr Essen serviert. Antonio hatte sich für die Minestrone entschieden, Giulia für das Risotto. Beide Gerichte reichten bei Weitem nicht an das heran, was man sich noch vor der großen Infektion darunter vorgestellt hatte. Die Minestrone war eine dünne, wässrige Brühe, in der einige nicht identifizierbare Gemüsesorten aus der Dose schwammen, und das Risotto war ein klebriger Reis, der die gleichen Zutaten wie die Suppe zu enthalten schien. Trotzdem waren beide froh über eine warme Mahlzeit, lächelten sich an und wünschten sich einen guten Appetit.

Als sie sich den ersten Löffel in den Mund schoben, war es 12:25 Uhr, und die seismischen Wellen des gigantischen Hangrutsches am Lago Maggiore erreichten soeben die Region Lugano. Das Beben war nicht sonderlich stark. Es brachte lediglich die Tische im Lokal zum Wackeln, sodass das eine oder andere Glas umfiel und die Gespräche der Gäste plötzlich erschrocken stockten. Gebäudeschäden gab es durch die Erdbewegung keine, und es wurde auch niemand verletzt. Nur ein paar Auffahrunfälle durch plötzlich bremsende Verkehrsteilnehmer führten zu einigen Blechschäden.

Giulia schaute Antonio erschrocken an, der ihre Hand genommen hatte. »Keine Angst, Liebes, nur ein kleines Beben. Kein Grund zur Besorgnis. Das passiert hier hin und wieder. Es hört gleich wieder auf. Lass uns weiter essen, bevor es kalt wird.« Seine Worte waren noch nicht verhallt, da war das Beben schon wieder vorbei, und sie aßen beruhigt weiter.

Ein heftiges Blubbern – fast ein Zischen wie beim Öffnen einer Mineralwasserflasche, nur hundertfach verstärkt – ließ sie wieder innehalten. Auch die anderen Gäste im Lokal schauten sich, nach dem kleinen Beben mittlerweile wieder in ihre Gespräche vertieft, erschrocken nach der Ursache dieses merkwürdigen Geräusches um, das an Intensität zunahm. Der Kellner, der Giulia und Antonio bedient hatte, sah es zuerst und zeigte mit erstauntem Gesichtsausdruck zur Mitte des Sees. Als Antonio seinem Blick folgte, sah er es auch sofort. Er stand auf, wobei er sein Weinglas umstieß. Auch Giulia und die anderen Gäste standen nun und schauten in die Richtung, aus der das Geräusch kam. In der Mitte des Sees schien das Wasser zu brodeln und ohne erfindlichen Grund zu sieden. Die Wasseroberfläche wurde von großen, aus der Tiefe aufsteigenden Blasen zerrissen und blähte sich weiß schäumend auf. Fast sah es aus, als ob man den Korken aus einer geschüttelten Sektflasche gezogen hatte, nur dass die Flaschenöffnung hier die Dimension eines Fußballplatzes hatte.

Antonio nahm Giulias Arm und zog sie zu sich heran. Unter den Gästen herrschte großes Erstaunen über dieses einmalige Naturschauspiel. Einige machten Fotos. Ein Mann, der unterhalb der Terrasse am Bootssteg des Lokals sein Boot mit Außenborder befestigt hatte, startete den Motor, löste die Leinen und fuhr auf die aufgewirbelte Wasseroberfläche zu. Seine blonde Frau mit großem Sonnenhut filmte das Geschehen mit einer Kamera. Sie stand im Boot, während der Mann neben ihr am Steuerrad laut auf sie einredete.

Antonio beobachtete die beiden. »Guck mal, die spinnen doch. Wie kann man denn da hinfahren? Die wissen doch nicht, was da los ist. Irre, müssen immer alles filmen. Die filmen auch noch, wenn Menschen zu Schaden kommen!«

Das Boot hatte keine hundert Meter zurückgelegt, als der Außenborder abrupt anfing zu stottern. Knatternd gab er seinen Dienst auf. In einer letzten Fehlzündung spuckte der Motor noch eine schwarze Rußwolke aus dem Auspuff, dann war es ruhig. Während die Frau weiter filmte und nun ihrerseits mit dem Mann schimpfte, bückte sich dieser zu dem Motor hinab und versuchte, das Ding wieder zum Laufen zu bringen.

Alle Gäste des Lokals schauten den beiden gebannt zu. Plötzlich war eine Veränderung in der Körperhaltung des Mannes zu beobachten. Gerade eben noch an dem Motor herum nestelnd, erschlaffte er urplötzlich. Sein Kopf fiel ihm auf die Brust, und er sackte nach hinten kippend im Boot zusammen. Die Frau schien es erst gar nicht zu bemerken. Sie filmte laut meckernd weiter, bis auch sie plötzlich verstummte und die Arme senkte, wobei ihr die Kamera aus der Hand glitt. Dann ging sie über Bord und versank wie ein Stein im See. Von ihr war nichts mehr außer dem Sonnenhut zu sehen, der auf den Wellen hin und her wippte.

Während die umstehenden Gäste irritiert um Fassung rangen und keiner das soeben Gesehene richtig einordnen konnte, trieb das kleine Boot führerlos in das schäumende Wasser. Antonio hielt Giulia im Arm, und beide sahen zu, wie es, von den aufsteigenden Gasblasen nicht mehr getragen, plötzlich im Wasser absackte und spurlos im See verschwand. Das nun Folgende geschah in rasantem Tempo, und nur wenigen blieb noch die Möglichkeit, eine Flucht überhaupt in Erwägung zu ziehen. Die Keimzelle der Massenpanik bildete sich an den Sitzplätzen in direkter Seenähe. Ein Mann schrie auf und schaute fassungslos auf den Terrier an der Leine in seiner Hand. Das Tier zuckte nur noch spastisch und lag offensichtlich im Todeskampf. Während neben ihm seine im Rollstuhl sitzende Frau kollabierte und mit dem Kopf in den Suppenteller klatschte, tat er das einzig Falsche. Er bückte sich zu ihr hinab.

Ein anderer Mann in Motorradoutfit sprang auf den Tisch und schrie nur: »Gas!« Während andere Gäste es ihm gleichtaten – auch sie versuchten dem farblosen, geruchslosen Gas, das schwerer als Luft über den Boden waberte, zu entkommen, indem sie auf die Tische stiegen –, ereilte den Hundebesitzer das Schicksal seiner Frau, und die Menge drehte vollends durch.

In dem nun ausbrechenden Tohuwabohu sahen Antonio und Giulia Menschen auf Tische springen, die unter der Last zusammenbrachen. Sie sahen Personen, die sich zur Flucht vom See abwandten, aber nach einigen Metern vom Gas gelähmt zusammenbrachen und mit verdrehten Augen starben. Am schnellsten erwischte es die kleinen Personen, denen das Gas keine Chance ließ. Mütter und Väter schrien in ohnmächtiger Verzweiflung um ihre sterbenden Kinder, bis sie bei dem Versuch, sie aus dem unsichtbaren Gas zu ziehen, selbst ohnmächtig wurden und den Tod fanden.

Als Antonio Giulia an der Hand wegzerrte, fielen einige, die es tatsächlich geschafft hatten, auf einem Tisch stehend dem Gas fürs Erste zu entkommen, benommen um und starben. Antonio, der sofort erkannte, dass der Gaspegel weiter gestiegen war, und dem auch schnell klar wurde, dass er noch weiter steigen würde, denn das vom See kommende Zischen hatte an Intensität zugenommen, zerrte seine Verlobte von der Terrasse. Gemeinsam erklommen sie die Treppe zur Straße. Dabei nahmen sie zwei Stufen auf einmal und schauten sich gehetzt immer wieder nach der Terrasse um, konnten aber keine Personen hinter sich ausmachen. Es schien, als hätte ihnen der schlechte Sitzplatz in dem voll besetzten Lokal das Leben gerettet.

Oben am Parkplatz des Lokals angekommen, der direkt an der Straße lag, blickten sie sich noch einmal zum See und der Terrasse um. Hand in Hand und völlig atemlos standen sie dort und schauten den skurril anmutenden Vorgängen in der Seemitte und der bizarren Szene auf der soeben noch belebten Terrasse zu. Dort lagen dutzende Menschen – Frauen, Kinder und Männer – entweder schon tot oder noch im

Todeskampf zuckend, während das Wasser immer noch tobte. Augenscheinlich wurden riesige Mengen Gas aus der Tiefe des Sees befördert, und der Ausgasungsprozess schien noch an Heftigkeit zugenommen zu haben. Und diese Gasmassen beförderten etwas aus den Tiefen mit nach oben, von dem bis dato keiner gewusst hatte, dass es dort unten lauerte. Nur die elektromagnetischen Störungen hätte man als Warnung begreifen müssen. Auch den Aussagen des Piloten der Piper, der von einem Leuchten im See berichtete, hätte man mehr Aufmerksamkeit schenken sollen. Aber das Unheil, das sich hier in den letzten Wochen und Monaten angebahnt hatte und nun durch eine unselige Verkettung von nicht vorhersehbaren Umständen ausgelöst wurde, hatte kein Mensch in diesem Teil der Welt wirklich voraussehen können. Dazu hätte man die einzelnen Puzzleteile zu einem komplexen Gesamtbild zusammenfügen müssen. Puzzleteile, die sich aber dem Auge des Betrachters entzogen und so die düstere Prognose des Kommenden verhinderten.

Die Organismen im See waren einer fehlgeleiteten Evolution entsprungen. Sie hatten sich im Vergleich zu früheren Exemplaren weiterentwickelt und ihre Überlebensstrategien perfektioniert. Keine überschüssige Wärme wurde an die kalte Unterwasserwelt abgegeben. Auch die elektromagnetischen Störungen wurden erst am Ende ihrer Metamorphose, die sie zu höheren Aufgaben befähigen sollte, von Menschen registriert. Das Nahrungsangebot im See war ausreichend und ließ die Wesen mit neu entwickelten Nahrungsbeschaffungsstrategien prächtig gedeihen. Aber die Naturgesetze des Planeten setzten dem Wachstum Grenzen, und die Entwicklung mündete letztendlich in einer Katastrophe, die auch das Ende der Organismen bedeutete. Während die runden Dinger unbemerkt im Dunkel des Sees Nahrung anlockten, die Beute mit ihren Tentakeln packten und mit den Giften ihrer Nesselzellen töteten, um sie dann zu verdauen, mussten sie zwangsläufig, den Metabolismus der irdischen Zellen nutzend, atmen. In dem Maße, wie sie Sauerstoff aus dem Wasser aufnahmen, gaben sie große Mengen Kohlendioxid an das umgebende Wasser ab.

In 200 Metern Wassertiefe herrschte eine konstante Temperatur von 4 Grad Celsius und ein Druck von 21 bar, dem 21-fachen des normalen Luftdruckes. Unter diesen Umständen wurde das Wasser des Sees mit Kohlendioxid gesättigt und nahm die 200-fache Menge des tödlichen Gases auf. Jetzt im Sommer sorgten auch keine Veränderungen der Oberflächentemperaturen für eine natürliche Umwälzung des Sees, wie durch die Herbst- und Frühjahrszirkulation, die die Entstehung dieses Konzentrationsgradienten im See durch eine Durchmischung des Wassers verhindert hätten. So glich der See einer 200 Meter tiefen, gigantischen Mineralwasserflasche, die sich in einem gefährlichen, instabilen Gleichgewicht befand. Solange kein äußeres Ereignis diese wackelige Balance gestört hatte, war auch nichts passiert. Aber ein unvorhersehbarer Vorfall am Lago Maggiore, nur zwanzig Kilometer Luftlinie entfernt, schickte seine seismischen Wellen unbarmherzig zu dem See und brachte das Kartenhaus zum Einsturz. Die Erschütterungen des kleinen Bebens reichten aus, um die mehr oder weniger stabile Schichtung des Wassers durcheinanderzubringen.

Es war, als würde die unbekannte Macht, die den Lago Maggiore hin und her geschwenkt hatte, jetzt die gigantische Mineralwasserflasche des Luganersees heftig schütteln, um dann in einer Ausgeburt an Boshaftigkeit den Deckel der Flasche aufzudrehen. Durch das Beben gelangten größere Mengen mit Kohlendioxid gesättigten Wassers in höhere Schichten des Sees. Der geringere Druck ließ das Gas ausperlen. Es schoss nach oben und riss in einer gewaltigen Kettenreaktion weiteres

Tiefenwasser mit sich – und das Verderben nahm seinen Lauf. Aber nicht nur das mit Gas gesättigte Wasser wurde nach oben gerissen …

Während Antonio und Giulia auf die fünfzehn Meter unter ihnen liegende Terrasse blickten, sahen sie einige Vögel tot aus einem Pfirsichbaum fallen, der sich dort unten befand. Dann wurden sie von einem von der Mitte des Sees kommenden Geräusch abgelenkt und entdeckten inmitten der Gasblasen einen diskusförmigen, im Sonnenlicht perlmuttfarben schimmernden riesigen Körper auftauchen. Der gigantische Ponton schoss vom Gas getragen in die Höhe und klatschte dann laut auf die Wasseroberfläche.

Sie standen dicht an dicht, und Giulia zitterte so, dass Antonio sie noch näher heranzog.

»Was ist das denn?«

Antonio wusste keine Antwort auf ihre Frage.

In dem vom Gas aufgewirbelten Wasser schwamm der im Sonnenlicht hell reflektierende, tellerförmige Körper mit einem Durchmesser von mindestens dreißig Metern. Er blendete die beiden, sodass sie ihre Blicke abwenden mussten.

»Lass uns verschwinden! Das Gas sprudelt immer noch aus dem See, und der Pegel wird weiter steigen. Nichts wie weg hier!« Antonio zog Giulia über den Parkplatz in Richtung der Straße, auf der kaum Verkehr herrschte. Als er sich noch einmal umdrehte, erkannte er auf dem riesigen Ding im Wasser Einzelheiten. Aus der Mitte der schüsselförmigen Struktur mit imposanter Größe ragte etwas hervor, das wie ein verzweigter Baum aus Metall aussah. An den Rändern waren armdicke, lappenartige Tentakel zu erkennen, die sich immer mehr verjüngten. An den Enden dieser Auswüchse, die jetzt aus dem Wasser ragten, erkannte er allerlei Getier. Was genau dort in der Umklammerung der Fangarme hing, konnte er aus der Entfernung und hinter dem Sprühnebel des immer noch heftig aus dem See entweichenden Gases nicht sehen. Aber deutlich konnte er die langen, blonden Haare der Frau ausmachen, die vor einigen Minuten noch mit der Kamera in der Hand auf dem Boot gestanden hatte. Ihr Körper hing reglos in einem der Fangarme.

»Hallo, hallo, stehen bleiben, warten Sie auf uns!« Giulia hatte ihn zuerst entdeckt und rief lautstark um Hilfe. Antonio, der sich von dem widerwärtigen Anblick abwandte, konnte jetzt auch den Mitarbeiter eines Paketdienstes sehen, der in seinen Wagen gestiegen war und losfahren wollte. Der Mann startete den Motor und war im Begriff auf die Straße zu fahren, als er die beiden wahrnahm. Er bremste erschrocken und kam zum Stehen. Antonio riss die Tür des Fahrzeugs auf und sprang hinein, wobei er Giulia mit hineinzog. Der Fahrer fing an zu zetern und zu schimpfen.

Antonio schrie ebenfalls auf ihn ein: »Fahr einfach los und gib Gas, sonst sind wir gleich alle tot, und fahr nur bergauf! Hast du mich verstanden? Es geht um Leben und Tod!«

Der Mann schaute irritiert Giulia an, die nur vielsagend nickte, wobei ihr die Todesangst im Gesicht stand. Dann trat er das Gaspedal voll durch und raste die leicht ansteigende Straße hinauf.

Antonio nahm Giulias Hand und schaute ihr in die Augen: »Wir werden es schaffen!« Er wandte sich dem Fahrer zu und wollte zu einer Erklärung ansetzen, als sein Telefon klingelte. Während er genervt vom Klingeln das Ding in einer seiner vielen Taschen suchte, wandte sich Giulia an den Fahrer und redete auf ihn ein. Antonio fischte endlich das Telefon hervor. Er konnte sehen, wie der Fahrer den Worten seiner Verlobten lauschte und verständig nickte, um dann den Lieferwagen noch mehr zu beschleunigen.

Im Display seines Smartphones erkannte Antonio das Konterfei seines Bruders Simone und nahm das Gespräch an.

»Mensch Antonio, ich versuche seit Stunden, dich zu erreichen!« Irgendetwas lag in Simones Stimme, das Antonio erschauern ließ. Das war nicht seine normale Stimme und auch nicht sein normaler, gut gelaunter italienischer Singsang. Antonio war sofort gewarnt.

»Der See, der See! Hier muss es tausende Tote gegeben haben.« Simones Stimme stockte, und er musste immer wieder von Neuem beginnen. Unter Tränen erzählte er seinem Bruder von den unfassbaren Geschehnissen am Lago Maggiore. Antonio hörte ihm trotz oder vielleicht auch wegen des selbst erlebten Grauens geduldig zu. Er stellte seinem völlig aufgelösten Bruder immer wieder Zwischenfragen, um dem Bericht folgen zu können.

Als Simone mit der Horrorstory zum Ende kam und bereits anfing, sich zu wiederholen – Antonio spürte förmlich, dass er die Erlebnisse unbedingt mit jemanden teilen musste, um das Ungeheuerliche zu verarbeiten –, unterbrach er ihn. »Simone, komm zur Besinnung! Wir haben hier auch ein kleines Problem, und mein Haus in Ghiffa interessiert mich momentan nicht. Dann ist es eben ausradiert! Aber wir haben hier vor einigen Minuten auch dutzende Menschen einen fürchterlichen Tod sterben sehen und sind selbst dem Tod gerade noch von der Schippe gesprungen.«

Antonio berichtete Simone mit hastigen Sätzen von den merkwürdigen Gaseruptionen und dem Tod so vieler Menschen im Gas aus dem See. Die beiden Brüder konnten sich zuerst keinen Reim auf ihre erschütternden Erlebnisse machen. Sie waren aber der Meinung, dass es einen Zusammenhang geben musste. Erst als Antonio den schimmernden Diskus erwähnte und erzählte, wie dieser durch die Wasseroberfläche geschossen war, ordneten sich die einzelnen Teile zu einem großen

Ganzen. Simone wurde blitzartig bewusst, in welcher Gefahr sich sein Bruder und dessen Verlobte befanden.

»Antonio, hör mir zu. Ihr müsst da sofort verschwinden!«

»Ja was glaubst du denn, was wir hier machen? Ich sitze mit Giulia in irgendeinem Lieferwagen ...«, Antonio warf einen Seitenblick auf den Fahrer, dem der Schweiß auf der Stirn stand, obwohl der Fahrtwind ihm die Haare aus dem Gesicht blies, »und geben Vollgas!«

Das war der Moment, als der Motor des Lieferwagens anfing zu stottern und schließlich den Geist aufgab. Der Fahrer hielt an und betätigte wieder und wieder den Zündschlüssel. Der Anlasser drehte wie immer, aber der Motor startete nicht. Ohne Sauerstoff keine Verbrennung im Zylinder, und ohne Sauerstoff auch kein Leben, wie es Antonio sofort durch den Kopf schoss.

»Was ist bei euch los?«, hörte er seinen Bruder aus dem Telefon schreien.

»Simone, ich glaube, es ist jetzt Zeit, Abschied zu nehmen. Der Motor hat den Geist aufgegeben, wahrscheinlich stehen wir im Gas.«

»Nein, nein, steigt aus und lauft weiter. Ihr habt noch eine Chance!«

Antonio beobachtete den Fahrer, der ausgestiegen war, um die Motorhaube zu öffnen. Er konnte sehen, wie er plötzlich und ohne Vorwarnung vor dem Lieferwagen zusammenbrach. »Simone, ich liebe dich! Mein kleiner Bruder, sei nicht traurig. Wir werden uns an einem anderen Ort wiedersehen. Leb wohl und grüß unsere Mutter.« Antonio beendete das Gespräch, drückte seine Giulia, die schon bewusstlos war, in Erwartung des Kommenden fest an sich. Während ihm die Sinne schwanden, sah er im Hintergrund den vom Gas aufgewühlten See, auf dem noch mehrere dieser diskusförmigen Körper schwammen. Und er sah auf der anderen Seite des Sees, wie die Flammen des Brandes, die bisher den Bemühungen der Feuerwehren getrotzt hatten, vom ausgasenden Kohlendioxid gestoppt wurden und erloschen. In den

Gemeinden am Ufer und in großen Teilen Luganos lebte zu diesem Zeitpunkt keine Menschenseele und auch kein anderes Lebewesen mehr. Nur wenigen war die Flucht aus dem heimtückischen Gas gelungen, von dem mehrere Millionen Tonnen freigesetzt wurden und das hinterhältig ohne Geruch oder andere sinnlich wahrnehmbare Warnhinweise über sie gekommen war. Dann starben Antonio und Giulia Arm in Arm im Fahrzeug eines Paketzustellers.

## 15. Juni, Italien – Lago Maggiore, Flughafen Locarno

Die Turboprop-Maschine aus Cagliari-Sardinien, in der sich die Familie der beiden Brüder befand, hatte noch für maximal zwanzig Minuten Sprit. Sie wurde deshalb als eine der ersten Maschinen aus der Warteschleife am Flughafen Lugano nach Locarno am Lago Maggiore umgeleitet. Die anderen mussten nach Mailand geordert werden.

Da die Turboprop eine minimale Landedistanz von 1035 Metern benötigte, hielten die Piloten den Flughafen von Locarno, dessen längste Landebahn nur eine Länge von 800 Metern hatte, für ungeeignet. Selbst wenn die Landung gelingen sollte, war ein Start vollkommen ausgeschlossen und würde zwangsläufig zu einer Katastrophe führen. Sie protestierten gegen diese Maßnahme und verlangten unverzüglich die Landeerlaubnis für Lugano. Immerhin trugen sie die Verantwortung für achtundvierzig Passagiere aus Sardinien.

Nach Auskunft der Flugsicherung gab es zurzeit aber keine andere Option. An eine Landung in Lugano war aufgrund der starken Rauchentwicklung über der Gemeinde Carabietta nicht mehr zu denken, und der Flughafen Mailand war mit den Kerosinreserven in den Tanks nicht mehr sicher zu erreichen. So mussten sie schließlich in den sauren Apfel beißen und den zugewiesenen Flughafen ansteuern. Die Piloten rechneten mit einer Bruchlandung. Sie instruierten die Flugbegleiterinnen, die Passagiere, so gut es ging, auf eine Notlandung vorzubereiten. Gleichzeitig informierten sie die Flugsicherung in Locarno und erbaten entsprechende Vorsichtsmaßnahmen zu ergreifen. Viel Zeit blieb ihnen nicht. Der Flug zum neuen Zielflughafen würde maximal drei bis vier Minuten in Anspruch nehmen. Ein längerer Aufenthalt in der Luft, um die Tanks so weit wie möglich für die gefährliche Landung zu leeren, kam nicht in Frage. Die Piloten rechneten damit, dass sie beim ersten Landeversuch wieder durchstarten und danach noch mehrere Anflüge vornehmen mussten.

Die Uhr im Cockpit zeigte 12:27 Uhr, als sie Sichtkontakt mit dem Zielflughafen hatten. Etwa einen Kilometer hinter der Landebahn sahen sie die ruhige Wasseroberfläche des Lago Maggiore im Sonnenlicht glitzern. Rätselhaft erschien den beiden Männern nur, dass sich das Wasser des Sees zurückgezogen hatte, und weite Teile des Ufers matschig und schlammig in der Sonne glänzten. Ihnen blieb jetzt aber keine Zeit, um sich mit diesem merkwürdigen Detail zu beschäftigen.

Simones und Antonios Mutter saß mit ihrem Bruder und dessen beiden Töchtern im vorderen Teil des Flugzeugs direkt bei der Passagiertür, die Erwachsenen nebeneinander in der Zweierreihe, die Schwestern dahinter. Soeben war die Durchsage des Kapitäns verklungen, der sie über den Stand der Dinge informiert und die Passagiere aufgefordert hatte, Ruhe zu bewahren. Die beiden Flugbegleiterinnen gingen durch die Reihen. Sie überprüften die Sicherheitsgurte, brachten den einen oder anderen in die richtige Lage, manchmal zogen sie einen Hüftgurt enger. Außerdem forderten sie die Passagiere auf, die Crash Position mit nach vorne an den Vordersitz gedrücktem Kopf und seitlich davon abgelegten Händen einzunehmen, da die Landung kurz bevorstand.

Simones Mutter sah ihren Bruder an. Er nahm ihre Hand und drückte sie fest: »Keine Angst! Das wird schon klappen. Wir haben doch ganz andere Sachen überstanden, altes Mädchen!« Dann musste er lachen und drehte sich zu seinen Töchtern in der Reihe hinter ihm, um zu sehen, wie es ihnen erging. Die beiden, achtzehn und zwanzig Jahre alt, machten einen abgeklärten Eindruck. Sie schienen keine Angst vor der bevorstehenden Landung zu haben. Nachdem er sich wieder nach vorne gedreht und die Notfallposition eingenommen hatte, begann er leise einen Rosenkranz zu beten. Simones Mutter tat es ihm gleich und stimmte flüsternd in das Gebet mit ein.

Die Saab 2000 steuerte den kleinen Flughafen an. Die Piloten nahmen den Schub raus und gingen tiefer, um kurz vor der Landebahn die Landeklappen auszufahren. Durch den erhöhten Luftwiderstand wurde die Geschwindigkeit weiter gedrosselt. Das Flugzeug wurde bei gleichzeitig nicht abreißendem Auftrieb nach unten gedrückt.

Die Uhr im Cockpit zeigte jetzt 12:28 Uhr. Die Piloten waren so auf die Landung konzentriert, dass sie außer der sich rasend schnell nähernden Landebahn und den Instrumenten nichts mehr wahrnahmen. Beide wussten, dass die Rollbahn zweihundert Meter zu kurz war und dass sie mit maximal gedrosselter Geschwindigkeit - gerade so viel, dass die Maschine nicht abschmierte - die Bahn erwischen mussten. Am besten direkt am Anfang, sodass sie das Bremsmanöver so früh wie möglich einleiten konnten. Das Flugzeug könnte dann auch ohne große Probleme auf der angrenzenden Wiese ausrollen.

Der erste Landeanflug schien geglückt. Die Maschine setzte keine zehn Meter hinter der Landebahn auf. Die Spoiler der Tragflächen wurden ausgefahren, wobei sich der Auftrieb reduzierte. Die Piloten leiteten zusätzlich mit maximaler Verzögerung das Bremsmanöver ein. Im Passagierraum flog daraufhin das Handgepäck aus den Gepäckfächern, und der eine oder andere Passagier zog sich leichte Blessuren zu. Einige schrien geschockt auf, wurden aber durch das Bremsmanöver hart gegen die vordere Sitzbank gedrückt, dass ihnen keine Zeit mehr blieb, um noch weiter zu schreien. Sie mussten all ihre zur Verfügung stehende Muskelkraft gegen die Trägheit ihres Körpers richten, um zu verhindern, dass sie aus den Sitzen herauskatapultiert wurden.

In diesem Moment entspannte sich für einen kurzen Augenblick die Lage im Cockpit. Die Piloten konnten wieder aufatmen. Die Landung war geglückt, jetzt galt es, die Maschine zu bremsen, um nicht zu weit über die Landebahn hinaus zu schießen. Dieser kurze Moment der Entspannung wurde aber abrupt unterbrochen, als der Copilot hysterisch auf den Kapitän einschrie: »Durchstarten, durchstarten! Voller Schub – und die Landeklappen rein!«

Der Kapitän schaute von seinen Instrumenten auf und blickte in die graue Wand, die mit großer Geschwindigkeit vom See heranrollte. Das Dröhnen der unvorstellbaren Wassermassen, die auf ihrem Weg in den nördlichen Bereich des Sees alles von den Ufern mitgerissen hatten, was sich ihnen in den Weg stellte, übertönte jetzt sogar die Motoren des Flugzeugs. Instinktiv, die Worte des Copiloten hallten noch in seinen Ohren, gab er vollen Schub auf die beiden Turboprop Rolls-Royce-Triebwerke und zog die Maschine in einer steilen Kurve in die Höhe. Während das Flugzeug mit annähernd 400 km/h fast senkrecht nach oben beschleunigte, wurden die Passagiere in ihren Sitzen nach hinten geworfen, und erste Panik brach aus. Die ungeheuerliche Wasserwand des Tsunamis, der vor drei Minuten durch einen gigantischen Erdrutsch ausgelöst worden war, raste mit annähernd 600 km/h dem Flugzeug entgegen.

Der Kapitän und sein Copilot schrien in höchster Todesangst. Das Flugzeug gewann mit aufheulenden Motoren rasch an Höhe und hatte fast den Wellenkamm erreicht. Das Schreien der Männer kippte in ein triumphierendes, fast jubelndes Jauchzen. Sie glaubten, der Katastrophe des heranbrausenden Wellenberges mit einer immer noch gewaltigen Höhe von hundert Metern entkommen zu sein, als die Welle brach, das Flugzeug und seine Insassen atomisierte und die Region Locarno im Bruchteil einer Sekunde vom Erdboden tilgte.

## 20. September, Deutschland - Bayerischer Wald

Der Hof lag weit ab von der nächsten Ortschaft, tief im Wald, nah an der tschechischen Grenze. Die Menschen, die hier zu Hause waren, hatten in den Jahren vor der großen Infektion vom Wald gelebt. Sie fristeten hier schon immer ein hartes, kümmerliches Dasein. Aber seit die Seuche den Wald samt aller niederen Pflanzen ausradiert hatte, war ihre Lebensgrundlage zunichte.

Anfangs erhielten sie noch in der fünfzehn Kilometer entfernten Ortschaft Lebensmittel. Sie konnten sich so, mit den staatlichen Essensausgaben und ihren Vorräten aus dem letzten Jahr, über Wasser halten. Dann wurden erst die Kalorien auf den Lebensmittelkarten immer mehr reduziert, bis die staatliche Versorgung schließlich gänzlich versiegte. Als sie auch das bisschen Vieh im Stall, eine Milchkuh und ein Pferd, nicht mehr versorgen konnten - Gras gab es auf den Weiden schon lange nicht mehr, und das Heu der letzten Mahd war aufgebraucht -, entschied Patrick Hacker, Vater von vier Kindern, dass sie die Tiere schlachten mussten. In den folgenden Wochen hatten sie genug zu essen. Fleisch wurde gepökelt, getrocknet und eingefroren. Die Stromversorgung war noch nicht zusammengebrochen. Wahrscheinlich war das die letzte noch funktionierende technische Errungenschaft einer dahinscheidenden Zivilisation. Alle anderen vermeintlichen Annehmlichkeiten der modernen Industriegesellschaft waren Geschichte. Kein Internet, keine Mobilfunknetze, kein Fernsehprogramm, weder per Satellit noch über Antenne, und kein Festnetztelefon. Alles seit Wochen tot, und der Strom war auch schon zwei Mal stundenweise ausgefallen. Glücklicherweise konnte man die Tiefkühltruhe im Keller auch mit dem Notstromaggregat versorgen, sonst hätten sie ihre gesamten

Fleischvorräte in Salz legen müssen. Auch der Hund bekam Reste des nicht verwertbaren Fleisches. Aber die beiden Erwachsenen wussten, dass das nicht mehr lange so weiterging. Mit den Kindern hatten sie aber noch nicht darüber gesprochen.

So lief es noch ein paar Wochen gut, aber die Fleischvorräte würden bald zu Ende gehen, und was dann kam, war den Eltern schmerzlich bewusst. Auch die beiden älteren Söhne fragten schon zögerlich und ängstlich nach ihrer Zukunft. Sie erhielten aber von ihren ratlosen Eltern keine ehrliche Antwort. Hilfe war auch keine zu erwarten. Eher das Gegenteil, wie sie den letzten Meldungen der Medien noch entnehmen konnten. Da draußen regierten Raub, Mord und Plünderung. Anscheinend kämpfte dort jeder gegen jeden, und einzig das eigene Überleben für die nächsten Tage war wichtig. Hin und wieder hörten sie auch Schüsse durch die Nacht hallen.

Am Morgen waren die Eltern sehr früh wach geworden. Die Kinder schliefen noch, und ihnen war klar, dass sie heute nicht freudig von ihrem Hund begrüßt werden würden. Dichter Nebel hing über dem toten Geäst der vor langer Zeit gestorbenen Bäume. Der Herbst verdrängte mit fallenden Temperaturen den sonnigen Spätsommer.

Patrick Hacker warf sich den schweren Sack über die Schulter. Er gab seiner Frau Lisa einen Abschiedskuss auf den Mund und schritt mit dem Spaten in der Hand in den Wald. Vielleicht würde er wenigstens noch ein paar Pilze finden, die es auch ohne Leben in den Bäumen geschafft hatten, Fruchtkörper auszutreiben. Ein paar Täublinge hatte er letztens bei einem Spaziergang bunt aus der Nadelstreu herausragen sehen. Leider waren sie allesamt ungenießbar.

Lisa Hacker ging zurück ins Haus. Sie setzte für sich und die Kinder auf dem Gasherd Teewasser auf. Es würde nicht Tee zum Frühstück geben, sondern Tee war das Frühstück. Feste Nahrung, Fleisch, gab es erst mittags, und auf den Tee würden sie demnächst auch verzichten müssen. Auch die Gasflasche wurde immer leichter, und im Schuppen stand nur noch eine kleine 11- Kilogramm- Flasche. Aber Holz gab es ja zum Heizen und Kochen in Hülle und Fülle, dachte sie und fragte sich dann, was sie in Zukunft überhaupt noch kochen sollte.

Während das Wasser im Topf langsam anfing zu sieden, dachte sie über die ersten körperlichen Anzeichen der Mangelernährung bei ihrer Familie nach. Die Kinder hatten rissige Fingernägel und litten unter trockener Mundschleimhaut. Auch über Kopfschmerzen klagten sie immer wieder. Die Kleine hatte schon eine chronische Zahnfleischentzündung und wollte sich die Zähne nicht mehr putzen. Was sollte nur aus ihnen werden?

Der Rothaarige stand direkt hinter ihr, als sie nach den Topflappen griff. Sie hatte nicht bemerkt, wie er durch die offen stehende Tür hereingekommen und hinter sie getreten war. Lediglich ein Schatten war vor ihr über die Wand gehuscht, als er kurz das vom Sonnenlicht geflutete Rechteck der Tür verdeckte. Lisa hatte es für den Schatten einer vorbeiziehenden Wolke gehalten und sich nichts weiter dabei gedacht.

Als sie sich aus unerfindlichen Gründen mit den Topflappen in der Hand umdrehte, blickte sie in das kindliche, sommersprossige Gesicht, und ihr fiel der leichte Silberblick auf, bevor es plötzlich dunkel wurde. Ihr letzter Gedanke war: Ich muss jetzt ein bisschen schlafen.

Patrick Hacker kam gegen Mittag nach Hause. Pilze hatte er zwar keine gefunden, aber immerhin hatte er mehrere dicke, proteinreiche Engerlinge für sich und seine Frau entdeckt, als er das Grab für den Hund ausgehoben hatte. Die Käferlarven hatten bis jetzt in der Erde überlebt und ernährten sich von den noch vorhandenen Baumwurzeln. Die Kinder ekelten sich davor, aber für Lisa und ihn würden sie ein kleines Festmahl abgeben.

Dass er den Hund nicht mit nach Hause gebracht hatte, würde den Kindern sofort auffallen, aber Lisa und er hatten sich eine plausible Geschichte für sie ausgedacht: Der Hund sei einem Hasen hinterher, der es irgendwie geschafft hatte zu überleben, und Patrick hatte ihn nicht zurückhalten können. Wenig später habe er zwei Schüsse gehört und dann nach einiger Zeit den toten Hund gefunden. Wahrscheinlich ein Wilderer, der auf der Jagd nach einem der letzten Hasen den vierbeinigen Konkurrenten aus dem Weg geräumt hatte.

Patrick hatte Angst, seinen Kindern so ein Lügenmärchen aufzutischen. Er hatte vor allem Angst, sich zu verplappern. Die Kinder würden auch so schon sehr traurig sein. Aber ihnen war kein anderer Ausweg aus dem Dilemma geblieben. Ein zusätzliches hungriges Maul konnten sie nicht durchfüttern, ohne ihre eigene Lebenserwartung zu beschneiden. Am Anfang war er der Meinung gewesen, sie könnten auch das Fleisch des Hundes nicht vergeuden und müssten es konservieren. Den Gedanken hatte er aber nach massiven Protesten seiner Frau wieder aufgeben müssen, da sie bei der Vorstellung, den geliebten Hund heimlich den Kindern vorsetzen zu müssen, vollständig durchzudrehen drohte.

Als er sich dem kleinen Anwesen näherte, fiel ihm auf, dass es auf dem Hof ungewöhnlich ruhig war. Normalerweise hätte er erwartet, dass die Kinder bei dem schönen Wetter ausgelassen im Freien herumtollten. Aber da sich leichter Rauch aus dem Schornstein kringelte, wähnte er die Familie in der Küche. Hungrig würden sie dort auf seine Ankunft warten, und das schlichte Essen dampfte auf dem Herd. Also beeilte er sich, sprang über die niedrige Einzäunung und lief ins Haus: »Hallo, wo seid ihr? Ich bin wieder zu Hause!«

Keine Antwort. Wollten sie ihn überraschen oder ärgern? Egal, er öffnete knarrend die Küchentür, trat ein und blieb wie versteinert stehen.

Drei wildfremde Burschen saßen an seinem Küchentisch und starrten ihn schmatzend an.

*Das Essen meiner Familie!*, schoss es ihm durch den Kopf. *»Warum essen die das Essen meiner Kinder?«* Namenlose Furcht ergriff sein Herz und drückte es immer fester zusammen, sodass es ihm die Luft zum Atmen nahm und er wie angewurzelt im Türrahmen stehen blieb.

Zuerst rührte sich der Rothaarige. Der verschlagene Kerl stand langsam von seinem Stuhl auf, wobei er Patrick keine Sekunde aus den Augen ließ, und ging ohne jede Hast auf ihn zu: »Na Papa, so nennen dich deine kleinen Gören doch bestimmt! Bleib ganz ruhig, dann passiert dir nichts!«

Patrick nahm unbewusst eine Abwehrhaltung an und ärgerte sich jetzt, dass er den verflixten Spaten hinter einem Baum versteckt hatte. Die Kinder sollten das Ding nicht zu sehen bekommen. Wer nahm schon einen Spaten mit in den Wald, wenn er nach Pilzen suchen wollte? Jetzt hätte er ihm sicherlich gute Dienste erwiesen. Aber dafür spürte er das große Bowiemesser in der Scheide hinter seinem Rücken. Vorsichtig legte er eine Hand um den Griff des Messers.

Der Rothaarige registrierte sofort Patricks angespannte Körperhaltung und seine Handbewegung: »Ich hab gesagt, bleib ruhig, dann passiert nichts! Auch nicht deinen Kindern und deiner Frau. Ich denke, wir verstehen uns?«

In Patrick zerbrach in diesem Moment etwas, und die Hoffnungslosigkeit der Situation ließ seine Gedanken an einer Mauer seines Geistes abtropfen und alternativlos im Sande verlaufen.

Während auch die beiden anderen Männer sich erhoben – sie schienen angetrunken zu sein, offensichtlich hatten sie die Schnapsvorräte entdeckt –, wurde ihm klar, dass ihm keine Wahlmöglichkeit blieb. Wenn er kämpfte, einer gegen drei, gingen seine Chancen gegen Null. Zog er die Flucht vor, lieferte er seine Familie schutzlos diesen Typen aus. Wie auch immer, er konnte nur dem Pfad des Verlierers folgen. Andere Optionen standen nicht zur Wahl, und er wusste, dass er in der nächsten Sekunde eine Entscheidung zu treffen hatte. Folgerichtig entschied sich Patrick für die Möglichkeit, bei der die Überlebenswahrscheinlichkeit für seine Familie nur gegen Null ging und nicht bei Null lag. Wortlos stürzte er sich auf den Rothaarigen und zog im Sprung das Messer mit der fünfundzwanzig Zentimeter langen Klinge.

Mit unheimlich schnellen Reflexen wich das rothaarige Babyface mit einem Seitenschritt aus. Patrick fing seine Vorwärtsbewegung ab, um das Messer dann dem nächst stehenden Typen aufs Geratewohl bis zum Heft ins Herz zu rammen. Die Rippen, die im Weg waren, konnte er mit einem grässlichen Krachen bersten hören, bevor der Mann röchelnd zusammenbrach, wobei Patrick das Messer mit Schwung herauszog.

*Zwei gegen einen!*, dachte er, wirbelte herum und blickte in die eiskalten Augen des Rothaarigen. Das Jagdmesser, das dieser ihm mit aller Kraft durch sein rechtes Auge bis ins Großhirn trieb, war ein Erbstück seines Vaters gewesen, und der hatte es schon von seinem Vater geerbt. Noch nie hatte dieses Messer einen Menschen getötet. Patrick brachte es einen schnellen, schmerzlosen Tod.

»Was machen wir jetzt? Ich meine, wir haben ein paar Probleme zu viel! Stu liegt hier mit einem wirklich sehr großen Loch in der Brust, dem Typen hast du eben den Kopf perforiert, und im Keller liegen noch fünf Probleme gefesselt und geknebelt, davon eines mit einem ziemlichen Dachschaden, seitdem du ihr den Knüppel übergezogen hast.«

Ian schaute den Rothaarigen aus verwässerten Augen etwas verzweifelt an. In den letzten Stunden hatten sie sehr tief ins Glas geschaut und mittlerweile die dritte Flasche Schnaps geleert. An der ersten hatte sich noch Kollege Stu beteiligt, aber jetzt saßen sie nur noch zu zweit in der Küche. Alle anderen lagen tot auf dem Boden herum. Ian hoffte, dass der Rothaarige, den sie Ben nannten, ihm wieder mal sagte, was als Nächstes zu tun war. Er hatte Angst vor Ben. Er wusste, dass der Typ vollkommen unzurechnungsfähig war. Seit mehreren Wochen waren sie mit ihm durch die Lande gezogen, und er musste zugeben, dass es ihnen in seiner Gegenwart gut ergangen war. Immer gab es genug zu essen, und Frauen hatten sie sich auch genommen, wie es ihnen passte. Aber er hatte auch schon mehrmals in Bens Abgründe schauen müssen, wenn dieser Psychopath aus nichtigen Gründen vollkommen ausgerastet war. Manchmal reichte ein falsches Wort. Irgendetwas in seiner Hirnchemie schien dann aus dem Gleichgewicht zu geraten, und wenn der falsche Knopf erst mal gedrückt war, gab es kein Zurück mehr. Wenn dieser *Point of no Return* überschritten war, verlor er vollkommen die Kontrolle über sich und explodierte in der Gewaltorgie eines empfindungslosen Psychopathen. Gewissenlose, maßlose und brutalste Gewalt entlud sich dann in einer Kettenreaktion, die erst endete, wenn er völlig erschöpft war und seine Widersacher auf der Strecke geblieben waren. Ian hatte so schon einige Menschen sterben sehen. Auch vor Kindern und Frauen machte er keinen Halt, wenn sie ihm im Weg waren. Ian hatte Angst davor, irgendwann diesen falschen Knopf zu drücken und dann selbst Opfer einer seiner Gewaltausbrüche zu werden. Nie war er sicher, und er konnte nie wissen, wo er sich auf Bens roter Liste zurzeit befand. Dem Typen konnte man nicht in den Kopf gucken, und Ian war überzeugt, dass das auch besser so war. Denn da wollte mit Sicherheit niemand freiwillig und schon gar nicht unfreiwillig hineinschauen.

»Man, quatsch nicht so viel! Was kümmert mich das Gesindel im Keller, sind sowieso schon tot. Ohne ihren Papa sind die vollkommen verloren, aber das wären sie auch mit ihm. Vielleicht ist dir auch schon aufgefallen, dass es nichts mehr zu fressen gibt. In ein paar Wochen ist Winter, und dann verrecken sowieso alle.«

Ian war vom Alkohol benebelt und rang vorsichtig um die richtigen Worte. Nur nicht noch Öl ins Feuer gießen und ihn provozieren. »Hast du einen Plan? Ich meine, wir müssen doch überleben!«

»Blablabla, ich hab' s dir doch gesagt! Quatsch nicht so viel, sonst bist du der Nächste, der nicht überleben wird!« Ben trank den Schnaps mittlerweile aus der Flasche. Er wurde zusehends betrunkener und damit auch gefährlicher. Aber der Alkohol löste auch seine Zunge. Nüchtern bekam man oft kein Wort aus ihm heraus. Meistens hatten sie lange im Trüben gefischt, bevor er ihnen seine Planung für die nächsten Tage offenbarte. »Man Ian, wir werden schon überleben!« Sein Ton wurde immer vertraulicher.

Ian konnte sich entspannen, ein wenig zumindest.

Der Rothaarige schaute ihn jetzt mit stierem, entrücktem Blick über den Tisch gelehnt an und fing an zu fabulieren: »Ja, wir werden überleben. Ich weiß auch schon, wo. Du hast doch von diesen Glaskuppeln gehört, wo sie in steriler Umgebung Pflanzen züchten wollen, oder?«

»Ja, aber Alter, da kommen wir nicht rein. Die sind nur für die Reichen. Außerdem wissen wir gar nicht, wo die gebaut wurden. Würde uns wahrscheinlich auch nix bringen, weil das sowieso in Übersee ist und die von einer Armee bewacht werden.«

»Ja, das ist wohl richtig. Aber was wäre denn, wenn ich von so einer Art Miniaturausgabe dieser Glaskuppeln wüsste, keine 600 Kilometer von hier? Hab vor einem halben Jahr selbst geholfen, das Ding zu bauen. Nicht besonders groß, eher ein Gewächshaus als eine Glaskuppel. In dem Hof von einem kleinen Schloss, mitten im Wald versteckt gelegen, und keine Armee, die uns aufhält. Da leben höchstens sieben, acht Leutchen, und die werden uns nicht aufhalten, das verspreche ich dir!« Sein Blick ging jetzt vollends ins Leere, er schien in Gedanken woanders zu sein.

Ian hatte ihn so noch nicht gesehen. Bens Gesicht zuckte angestrengt, und er griff sich gedankenverloren an den Hals, wobei er wirklich echte Emotionen zu verspüren schien. Aber offensichtlich keine positiven.

»Und was hast du vor?«

»Das will ich dir sagen! Übermorgen treffe ich mich mit zwei alten Kumpels von mir. Richtig nette Jungs, die haben mich auch aus dem Knast geholt. Dann sind wir zu viert und fahren dahin. Wir machen das Schloss samt der kleinen Überlebenskuppel klar. Ist unsere einzige Chance – vorerst. Aber du musst mir erst noch einen Gefallen tun. Nichts Großes. Damit ich weiß, dass ich mich auf dich verlassen kann!«

»Kein Ding, was soll ich machen? Klar kannst du mir vertrauen!«

Ben rückte noch näher heran, und sie saßen sich nun Auge in Auge gegenüber, wobei sich ihre Nasenspitzen fast berührten: »Du nimmst dir jetzt das Messer von dem toten Typen da und gehst in den Keller. Und wenn du wieder hochkommst, dann haben wir fünf Probleme weniger!«

## 29. September, Deutschland – Jagdschloss Marburg, Aada

Jede Nacht derselbe Traum. Toni hatte schon Angst vor dem Einschlafen. Seit drei Nächten erschien ihm immer dieser Typ, und er sagte immer das Gleiche. Unentwegt dieselben Wörter. Sätze in einer fremden, gutturalen Sprache, die Toni im Traum seltsamerweise verstehen konnte. Bis er irgendwann in der Nacht schweißgebadet aufwachte und es nicht wagte, sich zu rühren, geschweige denn wieder einzuschlafen. Den anderen konnte er davon nichts erzählen, zu wahnwitzig und rätselhaft. Dass er in den letzten Tagen sehr übernächtigt war, hatten sie schon bemerkt, aber bisher noch keine Fragen gestellt.

Toni war heute früh ins Bett gegangen. Die schlaflosen Nächte forderten ihren Tribut. Lange lag er trotz großer Müdigkeit noch wach auf seiner Matratze und starrte in die Dunkelheit. Seine Schwester Aada schlief schon. Er konnte ihre gleichmäßigen Atemzüge in der Stille der mondlosen Nacht neben sich hören. Von ihren monotonen Atemzügen begleitet, versank auch er irgendwann in einen tiefen Schlaf.

Da war wieder das Licht. Er fiel in einer regenbogenfarbig leuchtenden Spirale und um die eigene Achse rotierend dem Licht entgegen ins scheinbar Bodenlose. Dabei berührten seine Hände und Füße die imaginären Ränder des schraubenförmigen Tunnels immer wieder und schlugen kalte Funken in sämtlichen Spektralfarben heraus. Wie in den Nächten zuvor endete der Sturz schlagartig, und er fand sich in einer in gleißendem Weiß illuminierten Umgebung ohne klar erkennbare Grenzen oder Dimensionen wieder. Hier schienen die Gesetze der Physik nicht zu gelten. Weder gab es ein Bezugssystem, an dem man sich im Raum orientieren konnte, noch eines für den zeitlichen Ablauf von Ursache und Wirkung. Für Toni gab es kein Oben, kein Unten, kein Vorne und kein

Hinten. Es gab keine Richtung und keine Anhaltspunkte für die Dauer von Zeiträumen. Toni hatte im Traum auch keinen sinnlich erfahrbaren Körper. Er war einfach, der Raum war um ihn – und da war noch jemand. Aus dem gleißenden Licht blickte er ihn mit dunklen Pupillen an, das Weiß seiner Augen blutunterlaufen. Der asketische Körper nackt bis auf ein ockerfarbenes Tuch um seine Lenden, und die fast schwarze Haut überall mit wilden, weißen Ornamenten übersät. Auf der Brust hatte er kalkweiße Abdrücke zweier Hände. Das Gesicht war vollkommen weiß bemalt. Selbst der Bart war weiß. Aber am auffälligsten waren die beiden schlangenähnlichen Linien, die sich an seinen Armen hinunter wanden und mit Schlangenköpfen auf den Handrücken endeten. Seine schwarzen Haare standen struppig und verfilzt, nur von einem roten Tuch gebändigt, in alle Richtungen und schienen ein Eigenleben zu haben. Durch die breite Nase hatte er sich ein dünnes Holz getrieben, und in der Hand hielt er einen langen Stock – vielleicht ein Speer.

Immer hockte er einfach auf dem imaginären Boden. Die Beine gespreizt und den leicht nach vorne gebeugten Oberkörper mit dem Stock dort abgestützt, wo sich nach Tonis Meinung Unten befinden musste.

Toni ging in dem heutigen Traum zum ersten Mal ebenfalls in die Hocke, und so kauerten sie, ohne ein Gefühl für Zeit, so dicht beieinander, dass sie sich hätten berühren können. Lange schauten sie sich nur an. Ob nach unseren Zeitmaßstäben Minuten oder Wochen, Monate oder gar Jahre vergingen, war ohne ein zeitliches Bezugssystem nicht zu entscheiden. Selbst die vertrauten körpereigenen Zeitgeber Atmung und Herzschlag konnte Toni nicht spüren.

Dann fing die Gestalt an zu sprechen, wobei ihre freie Hand die Worte gestenreich begleitete: *»Es hat angefangen, nach ihnen zu rufen. Sie können es noch nicht hören, aber es wird von Tag zu Tag lauter. Aus den Wassern wird sein Rufen bis in die Unendlichkeit zu hören sein. Wir* *verlassen diese Welt, aus der du hierher gefunden hast, und gehen in die Traumzeit. Die Regenbogenschlange wird uns führen. Wir müssen gehen, weil sie uns den Weg in das Totenreich zu unseren Ahnen versperren wollen. Sie haben ihre eigenen Ahnen in der Traumzeit zurückgelassen und leben seitdem ohne Wechsel. Die Türen des Übergangs zu ihren Altvorderen haben sie selbst geschlossen. Die Traumpfade, die wir nehmen, schließen wir hinter uns für immer. Das Ende aller Zeiten ist nahe, und die Welt wird verdorren. Wenige nur werden es erleben und überleben. Du wirst dabei sein. Geh jetzt und werde, was du bist, was du sein wirst und was du warst! Und finde deine Traumpfade mithilfe der Schlange!«*

So wie er aus dem Nichts erschienen war, verschwand er dann auch wieder. Toni lag alleine in seinem Zimmer, schweißgebadet, und wagte es nicht, die Augen wieder zu schließen. Der Aborigine hatte sich in seine Netzhaut eingebrannt, und seine Worte hallten noch in seinem Kopf nach.

Aada schlich sich in aller Frühe aus dem Zimmer. Der Hunger hatte sie geweckt, und sie hoffte, dass die anderen schon am Frühstückstisch saßen. Toni schien noch tief zu schlafen, als sie ihr gemeinsames Zimmer verließ. Hin und wieder hatte er im Schlaf gesprochen und sich unruhig hin und her gewälzt.

Gestern war Aadas Geburtstag gewesen. Sie war jetzt siebzehn Jahre alt und wusste nicht, ob sie sich über ihre Geschenke jemals freuen würde. Das heißt, über die CDs aus Alex' Sammlung hatte sie sich schon sehr gefreut. Aber ein Geschenk hatte gestern zunächst ihr Missfallen erregt. Erst hatte sie gerätselt, was in der schweren Holzkiste wohl drin war. Als sie sie geöffnet hatte und die halb automatische Pistole in der Hand hielt, war ihr bange und auch plötzlich wieder bewusst geworden, in welchen Zeiten sie lebte.

*Das ist nicht fair*, hatte sie gedacht. Siebzehn Jahre alt und das ganze Leben noch vor sich, balancierte sie heute mit ihren Leuten am Abgrund. Das wäre vor der großen Infektion eindeutig kein adäquates Geschenk für eine Siebzehnjährige gewesen. Aber die Zeiten änderten sich, wie Bob Dylan auf einer der CDs sang, während sie Kaffee tranken. Als Mia sie später, nach dem Kuchen mit den siebzehn Kerzen, zur Seite nahm und ihr anbot, mit ihr das Schießen zu trainieren, war sie für das Vertrauen, das ihr entgegengebracht wurde, dankbar. Sie fühlte sich erwachsen und ernst genommen. Wahrscheinlich musste man in den jetzigen Zeiten einfach früher erwachsen werden.

Heute Morgen, zwar noch müde, freute sie sich dennoch auf das Training mit der schweren Waffe und begriff nach einer durchgeschlafenen Nacht auch die Notwendigkeit dieses Geschenkes. Vielleicht würde sie irgendwann mit dieser Pistole ihrer Familie das Leben retten, wer wusste das schon. Als sie die Treppe im Wohnturm von Alex hochstieg, konnte sie die anderen schon hören, wie sie ausgelassen herumalberten. Der Duft des Kaffees stieg ihr in die Nase, als sie durch die offene Eichentür eintrat.

Freudig wurde sie von allen begrüßt und nahm zwischen Alex und Simone platz. Ihr gegenüber saßen Mia und Anna, die den kleinen Elias auf dem Schoss hatte. Nur Toni fehlte. Aada erzählte den anderen von seiner unruhigen Nacht und wie er im Schlaf mit fremder Stimme gesprochen hatte, ohne dass sie ein Wort verstehen konnte. Sie schaufelte tonnenweise Müsli in sich hinein und hoffte inständig, dass sie noch genug Vorräte an Kondensmilch hatten. Irgendwann war damit auch mal Schluss, und trockenes Müsli würde sie nicht runter bekommen.

Aada lauschte den Gesprächen der Erwachsenen und schaute hin und wieder verstohlen zu Simone, der immer noch nicht wieder der Alte war. Die unbekümmerte, lässige Art hatte er verloren, seitdem er vor drei

Monaten am Lago Maggiore und am Lago di Lugano seine gesamte Familie verloren hatte. Er konnte bis heute noch nicht von seinen Erlebnissen am Lago berichten. Wie er mit dem Motorrad heil nach Hause gekommen war, blieb für alle schleierhaft. Er musste für die Heimfahrt mindestens zwei Wochen gebraucht haben. Wo er gewesen war und was er in diesen zwei Wochen gemacht hatte - ein Mysterium. Es war auch mehr als zweifelhaft, ob dieses Geheimnis jemals gelüftet wurde. Simone litt unter einer Amnesie. Wahrscheinlich durch die traumatischen Erlebnisse in Italien ausgelöst. Er würde einfach Zeit brauchen, um wieder der Alte zu werden. Mia, die ihn damals schon tot geglaubt hatte und die mittlerweile kugelrund war, hoffte sehr, dass die bevorstehende Geburt seines Kindes ihm helfen und den alten Simone wieder zurückholen würde.

Aada hatte ihr Frühstück beendet. Sie hörte immer noch den Erwachsenen zu, die den heutigen Tag planten, wobei sie selbstvergessen ihr Lippenpiercing zwischen Zeigefinger und Daumen drehte und sich ab und zu mit der anderen Hand durch das Schwarz ihrer Kurzhaarfrisur fuhr.

Alex musste auf einen wissenschaftlichen Kongress, der an einem geheimen Ort stattfand. Er stand über eine eigens für die Marburger eingerichtete Satellitentelefonverbindung ständig mit Behringer in Verbindung, der in einer der ersten fertiggestellten Biosphären lebte. Von dort koordinierte er die Forschung der über den gesamten Globus verteilten wissenschaftlichen Eliten. Zu der Tagung waren neben Wissenschaftlern auch hochrangige Militärs und Politiker eingeladen. Auf der Tagungsordnung standen Themen, die das Überleben der Menschheit betrafen. Außerdem Berichte der global vernetzten Wissenschaftsteams zu Fortschritten bei der Infektionsforschung und zu Ergebnissen der

Analyse des in Finnland gefundenen Meteoritensplitters. Auch die geopolitische Lage würde ein Thema sein.

Alex sollte von einem Sondereinsatzkommando der internationalen Streitkräfte mit einem Hubschrauber abgeholt und zu dem geheimen Treffpunkt geflogen werden. Der Hubschrauber konnte unmöglich in der Nähe des Jagdschlosses landen. Das würde nur ihren Standort verraten und wäre somit kontraproduktiv. Draußen im Land herrschte reine Anarchie, es gab keine staatliche Gewalt mehr. Die Berichte von marodierenden Horden und Gräueltaten unter der Bevölkerung wurden immer wüster. Alex hatte zeitliche und räumliche Koordinaten des Landeplatzes erhalten. Sie berieten darüber, wie sie ihn da am besten hinbringen und in drei Tagen auch wieder abholen könnten. Mia schlug vor, ihn mit dem Hummer so nah wie möglich zum Treffpunkt zu bringen. Da der Landeplatz auf offenem Gelände lag, schlug sie außerdem vor, dass Alex unter Feuerschutz von ihr und Simone aus der Deckung heraus den letzten Rest zu Fuß zurücklegen müsste. Bei seiner Abholung an einem anderen Meetingpoint wollten sie genauso vorgehen.

Aada wurde jäh aus ihrer selbstvergessenen Trance gerissen, als Mia sie direkt ansprach: »Und, Aada, kommst du auch mit? Ein bisschen Luftveränderung tut dir gut, glaub ich. Außerdem können wir dann unser Schießtraining aufnehmen. Selbstverständlich nur mit Schalldämpfer.«

Aada lächelte und wollte gerade etwas erwidern, als plötzlich der Hund anfing zu knurren, der bis eben unter dem Tisch gedöst hatte. Alle Blicke richteten sich auf die offen stehende Küchentür, in der Toni stand.

Nackt bis auf eine Unterhose stand er dort und starrte sie mit weltentrücktem Gesicht an. Sein Körper war über und über mit weißen Ornamenten bedeckt. Am auffälligsten waren die weißen Hände auf seiner Brust und die an den Armen herablaufenden Schlangen. Selbst sein Rücken war mit spiralförmigen Mustern bedeckt.

Anna, die zu ihm gelaufen war, konnte sich nicht erklären, wie er sich alleine den Rücken angemalt hatte. »Das ist keine Farbe. Er hat Zahnpasta benutzt, man kann es ganz deutlich riechen!« Erst jetzt sah sie auch das Blut, das aus seiner Nase tropfte und am Mund herablief. Toni hatte sich ein spitzes Holz durch die Nasenscheidewand getrieben. Anna konnte den Holzspieß mit den blauen Spirallinien nicht sofort einordnen, aber irgendwie kam er ihr bekannt vor. Erst als Elias das dünne Holz sah und anfing zu weinen, erkannte sie den Mikado aus dem geliebten Holzspiel ihres Jüngsten wieder.

Zwei Stunden später saßen Mia, Simone, Alex und Aada in dem großen Hummer. Mia steuerte, im neunten Monat hochschwanger, den schweren Wagen langsam aus dem Tal hinaus. Auf dem Wagenboden hatte sich Drago zusammen gerollt und schlief. Tonis Wunde hatten sie versorgt und ihm ein starkes Beruhigungsmittel gegeben. Er selbst konnte nicht zusammenhängend erzählen, was ihn zu diesem mehr als merkwürdigen Verhalten getrieben hatte. Er machte auf alle einen sehr konfusen Eindruck, erzählte immer wieder wirr von einem seltsamen Traum, aber Sinn ergab das für niemanden. Sie beschlossen, ihn erst mal in Ruhe zu lassen, damit er zur Besinnung kommen konnte.

Alex hatte dann auch noch in Zweifel gezogen, ob es sinnvoll war, wenn er von einer bewaffneten Hochschwangeren begleitet würde. Aber Mia hatte sich auf das Spiel nicht eingelassen und nur lapidar geantwortet, sie sei schließlich nicht krank oder behindert, sondern nur schwanger.

Den Treffpunkt konnten sie anhand der Koordinaten schnell lokalisieren. Sie waren circa dreißig Kilometer auf ehemaligen Wald- und Feldwegen gefahren und hatten bisher nichts Auffälliges beobachtet. Nur einmal sahen sie Menschen und hielten an. Das Dorf lag einen Kilometer von ihrem Standort entfernt in einer Senke. Sie schauten sich aus sicherer

Deckung mit dem Feldstecher abwechselnd die unheimliche Szenerie in der Ortsmitte an.

Mehrere Personen, vielleicht zehn bis fünfzehn Männer, Frauen und Kinder, standen um eine Feuerstätte herum. Über dem Feuer drehten sich an einem Spieß mehrere ausgeweidete Tiere. Was da genau gegrillt wurde, war nicht zu erkennen. Alex tippte aufgrund der Größe der Körper auf mindestens zwei bis drei Katzen und einen mittelgroßen Hund, die hintereinander auf dem Schaschlik über dem offenen Feuer schmorten. Ein Mann mit einer Schrotflinte schien das Sagen zu haben und kommandierte die anderen herum. Die kleinen Häuser der Siedlung sahen aus wie eh und je, und auch die übliche Neubausiedlung am Dorfrand machte einen normalen Eindruck, so als ob alles noch beim Alten wäre und das Leben seinen normalen Lauf nehmen würde. Selbst die Autos der jungen Pendler parkten noch in den Garagen und unter den Carports, obwohl sie früher zur Mittagszeit dort nicht gestanden hätten. Sie waren mit einer dicken Staubschicht bedeckt. Die zunehmende Versteppung der Landschaft erzeugte Unmengen an Staub, der sich überall festsetzte. Die Autos wurden nicht mehr gewaschen, geschweige denn bewegt. Wohin hätte man auch fahren sollen?

Früher wäre jetzt die eine oder andere gestresste Mutter mit den Kindern von der Schule oder dem Kindergarten nach Hause gekommen. Vielleicht nach einem kurzen Abstecher in den Supermarkt, in dem es jetzt aber nichts mehr gab und in dem es auch in Zukunft nichts mehr geben würde. Sie hätte den Kleinen danach eine warme Mahlzeit zubereitet und den Rest für den Ehemann in die Mikrowelle geschoben, sodass der die Mahlzeit nach getaner Arbeit nur noch aufwärmen musste und seinen wohlverdienten Feierabend im Kreise seiner Familie genießen konnte.

Auflösungserscheinungen erkannten sie auch in den ehemals gepflegten Gärten. Die einst penibel gepflegten Rasenflächen der Neubausiedlung waren verdorrt und von der Sonne verbrannt. Jetzt stand der klägliche Rest der Dorfgemeinschaft um das Feuer herum. Einige der Bewohner waren bestimmt schon auf der Strecke geblieben. Entweder hatte sie der Hunger frühzeitig dahingerafft, oder sie waren Opfer der Verteilungskämpfe im Ort geworden. Das Recht des Stärkeren hatte überall Einzug gehalten!

Bei allen erkannten sie Zeichen der wochenlangen Unterernährung. Die Menschen waren vollkommen abgemagert und ausgehungert. Die Kinder zeigten schon erste Anzeichen von Hungerbäuchen. Sie machten einen sehr apathischen Eindruck.

Jedem in ihrer Gruppe war klar, dass von diesen Leuten dort unten in dem kleinen Tal keiner den nächsten Winter überleben würde und dass deren Schicksal von der Mehrheit der Menschheit in den nächsten Wochen geteilt werden würde. Wortlos und vom Grauen der Realität eingeholt standen sie noch eine Weile herum. Sie wussten, dass es keine Hilfe mehr für diese Menschen gab.

Als sich die Situation im Dorf verschärfte – es schien Streit über die Verteilung der Fleischrationen zu geben, und der Schrotflintenmann schoss in die Luft, um seinen Anspruch auf Führung zu legitimieren –, bestiegen sie deprimiert den Hummer und fuhren los. Bis zur Landung des Hubschraubers hatten sie eine halbe Stunde Zeit und konnten so das Terrain noch auf menschliche Aktivitäten kontrollieren und sichern. Alles war ruhig. Der Helikopter landete wie angekündigt zum vereinbarten Zeitpunkt. Alex rannte geduckt unter dem sich drehenden Rotor und winkte ihnen zum Abschied aus dem seitlichen Kabinenfenster zu, während die Maschine abhob. Da die Motorengeräusche des Hubschraubers weit über die offene Landschaft hallten, galt es jetzt schnell zu verschwinden, bevor vom Lärm angelocktes Pack vorbeikam und sie Gefahr liefen, entdeckt zu werden.

Mia rumpelte etwa auf halber Strecke zum Schloss unsanft über einen abschüssigen Waldweg und brachte den Hummer abrupt zum Stehen. Aada und Simone, die in ihren Sitzen fast vornüber gegangen wären, beschwerten sich lautstark über diese harte Landung. Aber Mia ermahnte sie sogleich: »Seid doch leise, sonst sind wir nicht mehr lange alleine! Und raus mit euch aus dem Wagen. Wir machen jetzt ein paar Schießübungen, wie versprochen.« Sie nahm eine große Papierrolle, die seit ihrem Aufbruch neben Aada auf der Rückbank gelegen hatte, stieg aus und ging zielstrebig auf einige morsch aus dem Boden ragende Baumstümpfe zu, die sie für geeignet hielt. Der Hund rannte zwischen ihnen hin und her und freute sich über den Auslauf.

Erst als Mia die runden Papierscheiben an die Stümpfe pinnte, erkannte Aada die Zielscheiben mit den typischen konzentrischen Kreisen und den aufgedruckten Zahlen. In der Mitte waren die Scheiben schwarz. Aada war sofort klar, dass sie lernen musste, ins Schwarze zu treffen.

**30. September, internationale Gewässer vor der amerikanischen Ostküste**

Die Greenland Warrior und ihr Begleitschiff waren vor zwei Tagen vom Hafen der Biosphäre IX auf der westindischen Insel Mona in See gestochen. Das Eiland lag zwischen der Insel Hispaniola, mit den Staaten Haiti und der Dominikanischen Republik, und der Hauptinsel Puerto Rico. Sie war von der internationalen Biosphärenvereinigung der Nordhalbkugel und Südamerika für den Bau einer der fünfundzwanzig Überlebenssphären ausgewählt worden, da die 57 Quadratkilometer große Insel bis auf einen biologischen Außenposten völlig unbewohnt war. Außerdem bot sie mit ihrer Lage in der Karibik optimale Lebensbedingungen.

Die internationale Gemeinschaft der nördlichen Halbkugel und Südamerika - auch die Staaten der ehemaligen Sowjetunion samt Russland waren dieser Staatengemeinschaft letztendlich notgedrungen beigetreten - hatten vor einem halben Jahr mit allen zur Verfügung stehenden Geldmitteln unter größten Anstrengungen und strengster Geheimhaltung optimistisch mit dem Bau von Überlebenssphären begonnen. Ein Joint Venture dieser Größenordnung, das so viele Interessen so vieler Staaten unter einem Hut vereinigen sollte, hatte es in der langen Geschichte der Menschheit noch nicht gegeben. Die logistischen, finanziellen und politischen Anstrengungen waren unter der absoluten Geheimhaltung des Projektes enorm. Vieles musste vollkommen neu gedacht werden. Der Plan war allerdings alternativlos. Das war allen beteiligten Nationen klar.

Sämtlichen am Bau beteiligten Ingenieuren, Architekten, Bauarbeitern und Zulieferern konnte man natürlich keine Hoffnung auf einen ersehnten Platz in einer der Überlebenssphären machen. Aus diesem Grund wussten nur die oberen Hierarchieebenen von dem allem zugrunde liegenden Plan. Alle anderen dachten sich ihren Teil, in einer Welt, die am Abgrund stand.

Es machten innerhalb der Bevölkerungen schnell Gerüchte die Runde. Gerüchte vom Überleben weniger Auserwählter in den Glaskuppeln, die hinter vorgehaltener Hand zuerst nur geflüstert wurden. Mit der Zeit wurden diese Gerüchte immer lauter, weil das unabwendbare Ende immer mehr ins Bewusstsein der Menschen rückte und vielerorts bereits die Auflösungserscheinungen der bekannten Zivilisation beobachtet werden konnten. Als die Nahrungsmittelversorgung regional ins Stocken geriet oder gar vollends versiegte und der Hunger das Kommando über die Ratio übernahm, als der nackte, animalische Überlebensinstinkt das Ruder an sich riss, machten schließlich einige Gruppierungen ihrem Zorn Luft und posaunten diese himmelschreiende Ungerechtigkeit in die Weltöffentlichkeit hinaus. Dann kam vielerorts das, was kommen musste. Darwins *»Survival of the fittest«* bahnte sich mit gewissenloser Gewalt den Weg durch sämtliche Gesellschaftsschichten.

Um nach dem endgültigen Untergang der Zivilisation Übergriffe von militanten Horden oder einfach nur verzweifelten Menschen, die nicht mehr als dem sicheren Hungertod entkommen wollten, im Keim zu ersticken, wurden fast alle Biosphären auf mehr oder weniger weit ab vom Festland gelegenen Inseln erbaut und Mensch und Material dorthin verschifft.

Biosphären auf Inseln wie Mona, die zwischen dicht besiedelten Eilanden lag, mussten auch militärisch vor Flüchtlingen geschützt werden. Hier hatte man schon in der Planungsphase vorgesorgt. Der Eigenschutz ging vor, und man würde, da waren sich alle beteiligten Nationen einig, nicht zimperlich sein, wenn es um die Verteidigung der eigenen Überlebensplanung ging. Immerhin war das in den Augen der Verantwortlichen die Strategie zum Überleben der Menschheit. Nicht mehr und nicht weniger!

Lange wurde um die Verteilung der Tickets für die Überlebensinseln geschachert und gestritten. Jede Nation hatte für sich genommen gute Gründe, um mehr Plätze für ihre Eliten einzufordern. Aber die Plätze in den Sphären waren begrenzt und mit einem einfachen Produkt hinreichend beschrieben: *25 x 4000*.

Hunderttausend Plätze wurden angestrebt. Jede Biosphäre sollte 4000 Menschen ernähren. Ein paar sollten noch zusätzlich in einer Raumstation und an strategisch wichtigen Orten stationiert werden, wie an einigen weit abgelegenen Radioteleskopen und anderen astronomischen Einrichtungen zur Himmelsbeobachtung sowie Anlagen zur Energiegewinnung. Die Versorgung dieser Exklaven musste aber auch zentral von einer der Sphären organisiert werden. Als Raumhafen, von dem aus Material zur Errichtung einer Raumstation in den Orbit befördert wurde, diente zunächst Kap Canaveral. In Baikonur / Kasachstan und Kourou / F ranzösisch- Guayana hatte man die Arbeiten an zwei weiteren Biosphären beendet und damit die nötige Infrastruktur für die neuen Weltraumbahnhöfe geschaffen.

Wie es den Menschen schon immer eigen war, alles mit einem passenden Namen auszustatten, brauchte man auch einen Namen für dieses weltumspannende Projekt, und der war schnell gefunden. Ein amerikanischer Astronom kam darauf. Es ging um nicht mehr und nicht weniger als das nackte Überleben der Menschheit an ausgelagerten Orten, meist am Arsch der Welt gelegen, und das alles beinhaltete der Begriff »survival«. Schnell wurde daraus »survival 100000« und schließlich $SU10^5$.

Das Ziel der Greenland Warrior war der Nordatlantik bis hin zum Ostgrönlandschelf. Das Schiff gehörte zur Fangflotte der internationalen Biosphärenvereinigung SU$10^5$ und hatte unter anderem den Auftrag, Fischbestände des Nordatlantiks zu kontrollieren und die Fanggebiete zu kartieren. So lange die sich auf den Kontinenten austobende Pflanzenseuche noch nicht vollständig die marine Flora und damit die Lebensgrundlage vieler Fische zerstört hatte, wollte man die ozeanische Proteinquelle Fisch zur Ernährung der SU$10^5$ - Bevölkerung ausnutzen und zusätzlich auch Vorräte einlagern. An der Entwicklung von infektionsresistenten Fischfarmen wurde fieberhaft gearbeitet, aber die Realisierung eines geschlossenen, submersen Ökosystems, das gegenüber dem Eindringen von Krankheitserregern, genauer gesagt extraterrestrischen Schalterproteinen, hermetisch abgeschlossen werden konnte, erwies sich als äußerst schwieriges Unterfangen. Die marine Flora war an den Kontinentalsockeln des europäischen Festlands und Nordamerikas schon Opfer des orangen Todes geworden. Angefangen hatte es vor circa einem halben Jahr mit dem Algensterben an Norwegens Küste und der Infektion der Tangwälder vor Alaska. Über diese Primärinfektionen hatte sich die Seuche ausgebreitet und streckte nun ihr Finger in Richtung des marinen Phytoplanktons aus. Satellitenbilder hatten im Nordatlantik bereits einen starken Rückgang des Chlorophylls dokumentiert, der die Abnahmen des Phytoplanktons begleitete. Ähnlich sah es in der Beringsee aus. Die große Seuche war längst in den Weltmeeren angekommen und radierte so schonungslos wie auf dem Land jegliches pflanzliche Leben in den Ozeanen aus.

Jake Osterhaus stand auf der Kommandobrücke der Greenland Warrior. Mit ihm standen hier noch der Kapitän, sein erster Offizier und der nautische Wachoffizier. Die Uhr zeigte 01:15, und die See war bei sternenklarer Nacht nur von einer leichten Südostbrise gekräuselt. Die Warrior machte gute Fahrt, und für die Besatzung gab es momentan nicht viel zu tun. Die meisten schliefen in ihren Quartieren. Nur die Brücke war mit der üblichen Seewache besetzt.

Jake hatte nicht einschlafen können. Er war auf die Brücke gegangen, um mit Kapitän Smithson ein wenig zu plaudern und sich die Zeit zu vertreiben. Smithson war ein exzellenter Seemann und ausgewiesener Fachmann der Meeresökologie. Er hatte sich schon vor der Seuche um die Meeresökologie verdient gemacht, insbesondere auf dem Gebiet der marinen Nahrungsketten und Nahrungsnetze. Schon lange vor der Infektion hatte er einen massiven jährlichen Rückgang des ozeanischen Phytoplanktons um ein Prozent im globalen Durchschnitt nachgewiesen. Dies war wahrscheinlich auf die globale Erwärmung infolge des Klimawandels zurückzuführen. Mit seinen Messwerten und einer ordentlichen Recherche konnte er einen weltweiten Rückgang des Phytoplanktons um vierzig Prozent in den letzten Jahrzehnten dokumentieren.

Das alles hatte damals in der Fachwelt zu großer Sorge geführt und hohe Wellen geschlagen. Diese Entwicklung wurde aber mittlerweile von der noch realeren Bedrohung der Pflanzenseuche in rasantem Tempo in den Schatten gestellt, und der menschengemachte Treibhauseffekt war Schnee von gestern. Die damaligen Probleme verhielten sich im Vergleich zum jetzigen Bedrohungsszenario wie ein Schnupfen gegenüber einem bösartigen Gehirntumor, der seine Metastasen bereits in die lebenswichtigen Organe des Körpers gestreut hatte.

Jake schlenderte auf das Brückennock. Er stand unter sternenklarem Himmel an die Reling gelehnt. Eine leichte Brise fuhr ihm durchs Haar. Weit im Westen konnte er eine Rakete wie einen Stern mit hell leuchtenden Triebwerken am Himmel aufsteigen sehen. Als Kapitän

Smithson sich neben ihn an die Reling lehnte, beobachteten sie gemeinsam, wie der Feuerschweif der Rakete kurz erlosch, während die erste Antriebsstufe abgeworfen wurde. Dann sahen sie die zweite Stufe in einem hell leuchtenden Feuerball zünden.

»Das ist eine Trägerrakete. Material für die neue Raumstation. Die bringen von Kap Canavaral fast stündlich so ein Ding in den Orbit. Wir befinden uns momentan ungefähr dreihundert Seemeilen östlich von der Küste Floridas und werden bei der Sicht in den nächsten Stunden bestimmt noch die eine oder andere aufsteigen sehen.«

Jake schaute der Feuerspur am Himmel hinterher und wunderte sich, wie schnell die Rakete an Höhe gewann. »Warum werden wir eigentlich von dieser bewaffneten Fregatte der SU10[5] begleitet? Ich meine, wer soll uns denn hier draußen gefährlich werden?«

Smithson zeigte auf das Schiff in ihrem Fahrwasser: »Mein Junge, die Menschheit steht am Abgrund, und nicht alle wollen da runter fallen. Du wolltest es ja auch nicht, sonst wärst du jetzt nicht hier. Es gibt Gruppierungen, die ihr Glück auf den Weltmeeren suchen. Bis an die Zähne bewaffnete Piraten mit gut ausgerüsteten Schnellbooten. In letzter Zeit gab es gehäuft Zwischenfälle mit unseren Schiffen. Es gab Tote und Entführungen samt Erpressungen. Die wollten natürlich kein Lösegeld, sondern andere Dinge wie Naturalien, Waffen und dergleichen. Wenn wir diese vogelfreien Freibeuter treffen, wirst du froh sein, ein Kriegsschiff mit schwerer Bewaffnung in deiner Nähe zu haben.«

Jake fröstelte. »Der Name unseres Schiffes ist doch eher ein Anachronismus? Ich meine, wer nennt denn heute ein Schiff Greenland Warrior? Wir sollten es umtaufen. *Orange-Death Victim* wäre wohl passender, oder?«

»Du hast doch einen an der Murmel! Ein Schiff umzutaufen bringt nur Unglück. Und das gibt es auf unserem Planeten momentan in Hülle und

Fülle. Mehr kann man nicht mehr verkraften.« Smithson zog eine Pfeife und einen Beutel Tabak aus einer seiner vielen Taschen und fing an, die Pfeife zu stopfen. »Eine schlechte Nachricht jagt die andere. Man hat kaum noch Zeit, durchzuatmen. Hast du die eine nach dem Frühstück verdaut, kommt der Nächste mit einer noch viel schlimmeren Hiobsbotschaft im Gepäck angelaufen und versaut dir das Mittagessen.« Die Pfeife wurde kritisch begutachtet und nach positiver Endkontrolle zufrieden angezündet. »Ich hab mir heute Nachmittag die neuesten Satellitenaufnahmen des SU$10^5$-Space Operation Centre angeschaut. Das hat mir auch noch das Abendessen verdorben.«

»Wirklich so schlimm?« Jake war sich nicht sicher, ob er das überhaupt hören wollte.

Smithson blies den Rauch in den Wind. »Die Seuche hat die schlimmsten Prognosen weit übertroffen. Nordamerika ist so gut wie tot. Du weißt am besten, wo es seinen Anfang nahm. Schließlich hast du es vor nur vier Monaten in deinem Chilifeld entdeckt. Die Kornkammer des mittleren Westens gibt es nicht mehr. In der kurzen Zeit hat die Infektion fast die gesamte Pflanzenwelt der USA und Kanadas ausgelöscht. Die Appalachen leuchten orange, und das ist nicht der Indian Summer. Die Blue Ridge Mountains sollte man wirklich umtaufen, nicht unser Schiff!« Smithson schaute in den Sternenhimmel und ließ einen blauen Rauchkringel aufsteigen. »Von den Küstenmammutbäumen in Kalifornien müssen wir uns wohl auch verabschieden. Aber das Mittagessen hat mir derjenige versaut, der mit dem Satelliten im Amazonasbecken vorbeigeschaut hat. Der südamerikanische Regenwald sieht aus, als hätte jemand Orange drüber gekotzt. Beim Abwischen des Mundes hat er gleich noch die argentinische Pampa und Feuerland vollgekleckert.«

Jake sah ihn von der Seite an. Der nächste blaue Kringel stieg zu den Sternen empor, und er sagte nur: »Und das Abendessen?«

»Der ganze scheiß Globus ist infiziert. Afrikas Regenwälder leuchten orange am Äquator, und Südostasien ist auch schon krank. Das südlichste Infektionsnest ist auf Papua-Neuguinea zu finden, und die Australier können sich schon mal warm anziehen. Da wird es gerade Frühling. Die Seuche steht vor der Tür, und sie hat Hunger. In Neuseeland wird sie auch noch anklopfen, und dann finden wir höchstens im Pazifik noch ein paar grüne Nadelköpfe. Ich schätze, Mitte nächsten Jahres ist die terrestrische planetare Flora Geschichte.«

»Warum terrestrische planetare Flora? Ist doch doppelt gemoppelt!«

»Nein Jake, dann ist noch die marine planetare Flora dran. Das Phytoplankton. Der Erreger ist schon in der marinen Pflanzenwelt angekommen und macht dort momentan Land gut. Deshalb sind wir hier auf diesem Schiff unterwegs in den Nordatlantik. Unser Auftrag besteht nicht nur darin, die Fischbestände zu kontrollieren. Wir sollen auch die Ausbreitung der Seuche im Phytoplankton der Nordhalbkugel dokumentieren.«

Jake kannte sich als Farmer selbstverständlich mit Pflanzen aus, aber die ökologischen Zusammenhänge in den Meeren waren ihm nicht ganz klar. »Deine Prognose für die planetare Flora ist vernichtend, und das weltweite Pflanzensterben wird zu einem Massensterben auf unserem Planeten führen. Ich habe auch von der Infektion der Tangwälder vor Alaska gehört, aber was interessiert uns denn das bisschen Plankton in den Meeren, wenn wir an Land ohnehin keine Chance mehr haben?«

»Das bisschen Plankton? Machst du Witze? Unter Plankton verstehen wir alle frei im Wasser schwebenden Lebewesen. Im Meer macht das achtundneunzig Prozent der Biomasse aus. Und das Phytoplankton ist die Lebensgrundlage allen tierischen Lebens in den Ozeanen, genauso wie die Landpflanzen auf den Kontinenten. In einem Liter Meerwasser findet man Millionen an einzelligen Algen. Ein Heer an Kieselalgen, Grünalgen,

Cyanobakterien und Dinoflagellaten, um nur einige zu nennen. Die machen aus Sonnenlicht organische Substanzen, die allem anderen Lebensformen als Nahrungsgrundlage dienen. Nebenbei produzieren diese Einzeller bei der Fotosynthese noch geschätzte sechzig bis achtzig Prozent des atmosphärischen Sauerstoffs und binden Unmengen an Kohlendioxid. Kurze Lehrstunde der Meeresökologie! Was glaubst du denn, was passiert, wenn die alle ausfallen, weil ihr Chlorophyll zerstört wird?« Er machte eine kurze dramatische Pause, um einen tiefen Zug aus der Pfeife zu nehmen und Jake dabei stirnrunzelnd anzugucken, anschließend fuhr er fort: »Dann ist absolut Schicht im Schacht. Dann haben wir einen globalen Exitus. Dann überlebt kein Lebewesen an Land und auch keines im Meer. Alles Leben wird von diesem Planeten getilgt werden. Ich denke, da werden uns auch keine fünfundzwanzig Biosphären auf längere Sicht helfen. Was sollen wir denn atmen, wenn die Sauerstoffproduktion ausfällt und auf einer immer wärmer werdenden Erde die Myriaden Tonnen toter Biomasse unter enormer Sauerstoffzehrung von Myriaden Mikroben zersetzt werden, bis der Sauerstoff verbraucht ist?«

Jake war platt, und die Antwort gab sich Smithson gleich selbst.

»Nichts mehr zu fressen, außer ein paar Kulturpflanzen in ein paar überdimensionierten Gewächshäusern, und keinen Sauerstoff mehr zum Atmen. Das versaut uns dann den gesamten Appetit auf jedwede Mahlzeit, oder?«

Eine Zeit lang standen sie stumm nebeneinander und starrten Löcher in die Dunkelheit über dem Meer. Der Seegang hatte zugenommen, und das Schiff fing merklich an, in der aufgewühlten See zu schwanken. Dann fand Smithson wieder tröstliche Worte: »Na ja, fürs Erste sind wir beide auf der sicheren Seite. Wir wären keine Menschen, wenn wir nicht zuversichtlich und erfinderisch wären. Den Sauerstoff könnte man zum

Beispiel auch aus massenhaft auf der Erde vorhandenen Verbindungen wie Eisenoxid freisetzen. Mal sehen – manchmal geschehen ja auch Zeichen und Wunder! Dass du ein Ticket hast, grenzt ja auch an ein Wunder, und das sollte unser Geheimnis bleiben.« Mit den letzten Worten löschte er seine Pfeife, indem er den Inhalt kurzerhand über Bord verfrachtete, und ließ Jake alleine an der Reling stehen.

In Jakes Kopf ließen seine Worte die unfassbare, schicksalhafte Verkettung zweier Lebensläufe noch mal wie ein Film ablaufen. Nachdem er vor vier Monaten in Corning die Ankunft der Seuche in der Kornkammer der USA entdeckt hatte und in den Wochen darauf Zeuge von der unglaublichen Ausbreitungsgeschwindigkeit geworden war, hatte er beschlossen, die Familie zu verlassen. Er wollte sein Glück woanders versuchen. Seine Familie wollte zu Hause bleiben. Immer im festen Glauben an Gott, die gerechte Sache und Vater Staat. In dieser Reihenfolge. Eigentlich verhielten sich alle Menschen im Angesicht des unglaublichen Pflanzensterbens, das alles mit ins Verderben reißen würde, ähnlich. Wie die sprichwörtlichen Lemminge rannten sie optimistisch die Klippe hinauf, es ging ja bergauf. Von dem Abgrund am Ende wollten sie am besten gar nichts wissen. Irgendwie würde es schon weitergehen, und nach dem Motto *»Was nicht sein darf, das nicht sein kann«* wurden alle Zweifel am Überleben der eigenen Rasse zerstreut. Die wenigen Mahner, die im Vollbesitz ihrer geistigen Kräfte und ohne hellseherische Fähigkeiten vor dem Ende warnten, wurden mundtot gemacht, nicht ernst genommen oder mit pseudowissenschaftlichem Getöse übertönt.

Jake, der im Vollbesitz seiner geistigen Kräfte war, trieb das fast in den Wahnsinn. Diese Zuversicht in Erwartung des unausweichlichen Endes machte ihn so wütend, dass er manchmal am liebsten alles kurz und klein geschlagen hätte.

Eines Nachts, es hatte wieder mal Streit gegeben, hatte er seine sieben Sachen gepackt und war auf den nächsten Zug in Richtung Ostküste aufgesprungen. Jake fühlte sich gut und war froh, all das endlich hinter sich lassen zu können. Für seine Mutter hatte er einen Abschiedsbrief auf den Küchentisch gelegt, in dem er ihr seinen Entschluss zu erklären versuchte. Um alles nicht so endgültig wirken zu lassen, hatte er *»Bis bald, euer Jake«* daruntergeschrieben, aber selber nicht daran glauben können, dass dies nur ein Abschied auf kurze Zeit sein würde. Er wusste, dass es nur noch ums Überleben ging, und ihm war auch klar, dass ihn seine Familie wahrscheinlich nie wieder zu Gesicht bekommen würde.

Einige Wochen tingelte er durch die Staaten des mittleren Westens. Der Weg führte ihn dabei immer weiter der Ostküste entgegen. Er arbeitete an wechselnden Orten für Kost und Logis. Überall wehte ihm, trotz der apokalyptischen Meldungen in allen Medien, der amerikanische Nationalstolz und der typisch amerikanische unerschütterliche Optimismus entgegen. Aber wenn Jake mit den Menschen redete - und er konnte mit Menschen nicht nur reden, sondern er konnte auch zuhören -, dann konnte er den Dunst, der den Geist ihrer Worte umgab, fast riechen. Es stank überall nach entsetzlicher Angst. Aus jedem beherrschten Wort, jeder kontrollierten Geste und jeder diszipliniert vorgetragenen und zuversichtlichen Gesinnung quoll, unübersehbar für jemanden, der es sehen wollte, die nackte, existenzielle Angst vor dem endgültigen Ende.

Eines Abends, er wollte weiterziehen und stand mit seinem Rucksack an einer Auffahrt zu einer weiteren Interstate, hielt ein schwarzer Lincoln im strömenden Regen, und der Fahrer winkte ihn heran. Es sollte nach Virginia und dann weiter nach Florida gehen. Jake erzählte dem Mann, dass ihm das gut passen würde, er wäre auf dem Weg zu seiner kranken Mutter nach Tampa in Florida. Er log, dass sich die Balken bogen. Hauptsache, weiter auf der Suche nach ... Selbst das wusste er nicht genau, und für den Moment war er nur froh, nicht mehr im kalten Regen stehen zu müssen. Dass der Typ auch nach Tampa musste, war der erste unheimliche Zufall in einer Reihe von unglaublichen Vorfällen, die nun folgen sollten. Die lange eintönige Fahrt machte sie zu Schicksalsgenossen dieser Nacht. Sie fingen an, sich zu unterhalten. Der Regen prasselte auf die Windschutzscheibe, und die Scheibenwischer hatten ihre Mühe, die Wassermassen zu bewältigen.

Der Mann stellte sich Jake als Kurt Stewart vor. Er war im gleichen Alter wie Jake. Die Unterhaltung entwickelte sich nach ein paar freundlich ausgetauschten Floskeln recht schnell zu einem Monolog. Kurt ging dazu über, Jake ohne Punkt und Komma von seiner Arbeit zu erzählen, und Jake hielt das Gespräch am Laufen, indem er interessiert immer wieder nachfragte. Eigentlich kam ihm der Redeschwall gelegen, so musste er nicht zu viel von sich preisgeben. Der Mann war ein hohes Tier an der Universität von Baltimore. Ein anerkannter Wissenschaftler. Ein Meeresbiologe, der international schon viele Fachbeiträge über die Einflüsse des Treibhauseffektes auf die Korallenbleiche in der Karibik und die Nahrungsnetze des marinen Planktons veröffentlicht hatte. Er war auf dem Weg nach Tampa, um von dort aus an einer Forschungsreise teilzunehmen. Ein sonderbarer Kauz, der die fast tausend Meilen mit dem Auto einem Flug vorgezogen hatte – Flugangst.

Er erzählte so viel von seiner Arbeit, dass Jake ihn irgendwann nach seiner Familie fragte. Aus den einsilbigen Antworten des Mannes konnte er herauslesen, dass er keine eigene Familie hatte und auch keine lebenden Verwandten mehr. Der Typ lebte einzig für seine wissenschaftliche Karriere. Selbst für Frauengeschichten schien da kein Platz zu sein. Jake fand ihn eigentlich ziemlich langweilig. Er hoffte inständig für den Kerl, dass er doch noch ein paar Leichen im Keller liegen hatte und er es aus ihm herauskitzeln könnte. Über seine

Forschungsreise konnte Jake nichts weiter erfahren. Jedes Mal, wenn er nachhakte, tat Kurt sehr geheimnisvoll und wechselte schnell das Thema.

So verging Stunde um Stunde, und Jake erfuhr immer mehr Details über den Mann, der von ihm bisher lediglich den Namen und sein Alter wusste. Irgendwo in South Carolina - die Straße war kerzengerade, seit einer Stunde war ihnen kein Auto mehr entgegen gekommen, und es musste so gegen drei Uhr nachts gewesen sein - stöhnte Kurt kurz auf und sank dann über dem Lenkrad zusammen, während der Lincoln mit sechzig Meilen über die regennasse Fahrbahn rollte. Jake hatte keine Zeit, das Geschehen richtig zu interpretieren. Er hatte genug damit zu tun, den Wagen geradeaus zu lenken und den Mann auf dem Fahrersitz mit aller Gewalt etwas zur Seite zu schieben, um an das Bremspedal zu kommen. Vorher musste er noch den verkrampften Fuß des Typen vom Gaspedal wegschieben, das dieser vollkommen durchgetreten hatte, wodurch der Wagen immer mehr beschleunigte. Es dauert eine gefühlte Ewigkeit, bis er das Auto sicher auf dem Standstreifen zum Stehen gebracht hatte. Jake saß fast auf dem Schoß des Mannes und registrierte nur langsam, dass der kein Lebenszeichen von sich gab und überhaupt nichts mehr mitzubekommen schien. Er drehte sich in der Enge des Wagens so, dass er ihm ins Gesicht schauen konnte. In der Dunkelheit erkannte er nicht viel, aber plötzlich erinnerte er sich wieder an seinen Erste-Hilfe-Kurs und die Standardprozedur in einem Notfall. Lebensfunktionen überprüfen: Bewusstsein, Atmung, Herzschlag. Automatisch legte er seine Hand auf den Brustkorb und sprach Kurt an. Keine Antwort! Offensichtlich nicht bei Bewusstsein, und Atmung war auch nicht vorhanden. Jake riss die Fahrertür auf, und Kurt fiel ohne irgendwelche Reflexe wie ein nasser Sack auf den Asphalt, wobei er mit dem Kopf hart aufschlug. Seine Beine lagen immer noch im Wagen, sodass Jake darüber klettern musste. Es hatte mittlerweile aufgehört zu regnen, und Jake kniete neben Kurt. Weder Atmung noch Puls konnte er fühlen. Den Gedanken an einen Notruf verwarf er schnell. Das nächste Krankenhaus dürfte weit entfernt sein. Die letzte Stadt hatten sie vor einer Stunde passiert, und ein Krankenwagen, geschweige denn einen Rettungshubschrauber, würde ohnehin niemand mehr schicken. Zu viele fingierte Notrufe waren eingegangen, und immer wieder wurden dabei die Sanitäter Opfer von Überfällen. Meist ging es dabei um alle möglichen Medikamente, die nicht mehr zu bekommen waren, und immer waren Schmerzmittel und insbesondere Morphine begehrtes Diebesgut.

Jake riss das Hemd auf und begann mit der Wiederbelebung. Dreißig Mal Herzdruckmassage, zwei Mal Atemspende. Nach zwanzig Minuten verließ ihn die Kraft. Verzweifelt kämpfte er um Kurts Leben. Er hielt noch weitere zehn Minuten durch, dann musste er aufgeben. Über Kurt gebeugt kniete er atemlos am Straßenrand, während er vor sich einem Menschen beim Sterben zusah. Merkwürdigerweise nahm er dabei zum ersten Mal wahr, wie ähnlich dieser Kurt Stewart ihm sah. Nachdem er seinen eigenen Schockzustand überwunden hatte, wurde er sich der Situation wieder bewusst. Er schaute sich um. Nirgends waren Lichter zu sehen. Weder eine Siedlung, noch irgendwelche Fahrzeuge konnte er ausmachen. Jake zog die Leiche an den Füßen um den Wagen, sodass von der Straße nichts mehr zu sehen war. Nur jetzt keinen unnötigen Ärger mit einem fremden Toten auf einer verlassenen Interstate. Da war schon so mancher Cop auf dumme Gedanken gekommen.

Er brauchte Zeit, um zu verschnaufen und um nachzudenken. Mit dem Rücken an die Beifahrertür gelehnt saß er neben dem toten Kurt Stewart und zündete sich eine Zigarette an. Während er angestrengt überlegte, was er jetzt tun würde, schaute er in die noch offenen, toten Augen. Er schloss sie schnell mit einer Handbewegung. *Gehirnblutung*, schoss es ihm durch den Kopf. Der Typ war bestimmt an einer Gehirnblutung gestorben. Er hatte schon mal so einen plötzlichen Tod durch ein geplatztes Gefäß im Kopf gesehen. Einer seiner Cousins war so auf einer Familienfeier gestorben. Einfach umgekippt und sofort tot.

Jake stand auf, trat die Kippe aus und stieg in den Wagen. Er öffnete das Handschuhfach und griff nach Kurt s Brieftasche. Von dem Revolver nahm er Notiz, ließ ihn aber fürs Erste liegen. Das, was ihm aus der geöffneten Brieftasche in den Schoß fiel, ließ seinen Atem stocken. Das grüne, zusammengefaltete Dokument mit den Amtssiegeln der Vereinigten Staaten und dem Siegel einer Vereinigung namens SU10[5], von der er noch nichts gehört hatte, ließ ihn staunen. Er musste nicht lange in den anderen Papieren suchen, um zu wissen, was er hier in der Hand hielt. Das war ein Überlebensticket. Er wusste es sofort.

Leiche vergraben und mit dem Wagen nach Tampa. Ins reservierte Hotel einchecken und dann ein Wochenende Recherche an Kurts Laptop und in seinen Papieren. Mit den Passwörtern in seinen Konten und sozialen Netzwerken herumstöbern, Analyse seines Freundeskreises – Fehlanzeige! Auch keine Verwandten. Bart abgenommen und Frisur im hauseigenen Friseurstudio angepasst. Verwandlung in einen Wissenschaftler. Seine biologische Forschung auf dem Server der Uni überprüft. Alle Daten von der Cloud gecheckt und Lebenslauf zum eigenen gemacht. Gehirnwäsche. Verlust der eigenen Identität und Geschichte. Aus Kurt wurde Jake und aus Jake wurde Kurt. Sie waren jetzt eins. Nach außen war er jetzt Kurt, und im innersten Kern, da gab es auch noch Jake, der sich köstlich amüsierte, bis das leichte Lampenfieber der ersten Tage kalter Angst wich und die Stunde der Wahrheit näher rückte.

Alles ging gut. Er wurde am Montag abgeholt, bezog seine Kabine auf der Greenland Warrior und ließ sich als genialer Wissenschaftler herumführen und hofieren. Dann kam die Begegnung mit Smithson, und alles schien aus zu sein. Der Schwindel musste auffliegen. Smithson kannte Kurt aus früheren Tagen. Kurt hatte ein Seminar von ihm an der Uni besucht, und Jake war nicht im Bilde, als Smithson es ansprach. Smithson wusste sofort Bescheid. Jake konnte es an seinen Augen sehen, aber Smithson spielte das Spiel weiter und ließ sich nichts anmerken. Später irgendwann nahm er ihn zur Seite. Sie führten ein langes, intensives Gespräch.

Der Film endete. Jake war wieder im Hier und Jetzt, auf dem Brückennock unter sternenklarem Himmel an die Reling gelehnt. Am Horizont sah er die nächste Trägerrakete aufsteigen. Weit, weit im Osten würde die aufgehende Sonne in zwei Stunden ihre ersten Strahlen zur Begrüßung des neuen Tages in den Nachthimmel schießen. Aber bis dahin musste Jake unbedingt noch eine Mütze Schlaf bekommen.

## 30. September, Baikonur / Kasachstan – Biosphäre IV

Zwei Tage sollte der Kongress der SU$10^5$ in Baikonur andauern. Die 1178 Teilnehmer waren aus allen Mitgliedsländern der Biosphärenvereinigung angereist. Ein Teil von ihnen kam aus bereits fertiggestellten Siedlungen der im Bau befindlichen Sphären. Ein sehr großer Teil der politischen, wirtschaftlichen und wissenschaftlichen Eliten wurde auf gesicherten Transportwegen der SU$10^5$ aus Compounds ihrer Heimatländer nach Kasachstan gebracht. Diese Compound-Siedlungen waren als Zwischenlösung bis zur endgültigen Fertigstellung der Biosphären aus dem Boden gestampft worden. Sie waren im Grunde schnell improvisierte und von bewaffneten SU$10^5$-Truppen bewachte Militärlager, die lediglich dem Schutz der Eliten in einer Übergangszeit dienen sollten.

Einer Zeit des Wandels, von einer mehr oder weniger funktionierenden globalen Zivilisation über den Zusammenbruch der gesellschaftlichen Wertvorstellungen, einhergehend mit dem Zerfall der Staatswesen und dem Einzug der Anarchie, bis zum Exitus der Menschheit.

Auf der Agenda des Kongresses standen zentrale Themen, die nicht nur das Überleben der Menschen sichern sollten. Es ging vordergründig auch um die Planung eines reibungslos funktionierenden Organisationsablaufs innerhalb der Gemeinschaft. Zur Sprache sollten administrative Themen wie die Regierungsform und der nötige Demokratisierungsprozess der Gemeinschaft kommen. Militärische Themen wie die Schaffung zentral gesteuerter Streitkräfte aller Waffengattungen mit einer klaren Befehlshierarchie. Landwirtschaftliche Themen zur Ernährungslage jetzt und in der Zukunft. Geopolitische Themen bezüglich der Zusammenarbeit mit der Organisation der Südhalbkugel und gesellschaftspolitische

Themen über die Formen des Zusammenlebens und eventuell nötige Geburtenregelungen zur Reduzierung oder Anhebung der Geburtenrate. Auf der Tagesordnung standen Vorträge über die Planung und Sicherung der Energieversorgung, die Fortschritte des Raumfahrtprogramms und die neuesten Ergebnisse der Infektionsforschung. Ein Vortrag wurde aber unter der Hand schon zu Beginn der Vortrags- und Diskussionsforen als Blockbuster gehandelt. Einige Vorabinformationen waren über undichte Kanäle durchgesickert, und gespannt wartete die Gemeinschaft auf die Analyseergebnisse der Meteoritenprobe aus Finnland.

Nachdem der Hubschrauber Alex zum Militärflughafen Ramstein gebracht hatte und er nach dem zwölfstündigen Flug relativ ausgeruht in Baikonur angekommen war, obwohl er während des Fluges kaum ein Auge zugetan hatte, bezog er mit der deutschen Delegation das Quartier in der Siedlung der Biosphäre auf dem Gelände des ehemals russischen Weltraumbahnhofs.

Die Uhren im Quartier der Deutschen taten so, als ob es sechs Uhr morgens wäre, aber die innere Uhr der aus Deutschland Angereisten stand auf eine Stunde nach Mitternacht. Eigentlich war es jetzt höchste Zeit, in die Federn zu kriechen, aber der Kongress sollte in zwei Stunden beginnen, pünktlich um 08:00 Uhr Ortszeit. Also hieß es, schnell unter die Dusche hüpfen und dann Ausschau nach einem ordentlichen Frühstück halten. Der durch die fünfstündige Zeitverschiebung verursachte Jetlag würde ihnen heute noch viel Spaß bereiten.

Alex war zuvor mit den anderen müde über die Landebahn des Flughafens geirrt, bis sie von ihrem Führer endlich am zugewiesenen Treffpunkt aufgegabelt wurden. Die Sonne würde heute erst gegen 07:44 Uhr aufgehen, und eigentlich sollte es noch stockdunkle Nacht sein. Der Himmel über dem fast 7000 Quadratkilometer messenden Kosmodrom war aber von den Lichtern des Raketenstartgeländes derart illuminiert, dass sie glaubten, es dämmere bereits. So sahen sie auf dem Weg zu ihrem Treffpunkt die gigantische Stahl-Glas-Konstruktion der fertiggestellten Biosphäre in den Himmel über der kasachischen Steppe ragen. Die Ausmaße der Kuppel sprengten beim ersten Anblick die Vorstellungskraft der meisten Menschen, auch wenn sie schon über die technischen Daten im Bilde waren. Ein Superdome der Superlative, in dem aber keine Sportgroßereignisse stattfanden, sondern in dem einfach nur Pflanzen wachsen würden - hoffentlich! Die Kuppel aus Stahlbeton und Glas überspannte eine Fläche von vierhundert Hektar. Diese Fläche von vier Quadratkilometern war nötig, um die angestrebten 4000 Menschen pro Sphäre ausreichend zu ernähren. Dabei hatte man nicht zu eng kalkuliert, sondern ausreichend Reserve für Ernteausfälle mit einbezogen. Eng kalkuliert hätte man mit dieser Fläche und intensiv betriebener Landwirtschaft gut und gerne die doppelte Anzahl Menschen ernähren können. Ein Punkt, über den aber nicht viele Worte verloren wurden. Imposant war vor allem die Höhe der Kuppel, deren höchster Punkt 1128 Meter über dem Boden lag. Das, und auch der Umfang, den man mit sieben Kilometern nur erahnen konnte, sprengte alle bisherigen Dimensionen. Das Auge des Betrachters musste sich erst langsam an diesen Gigantismus gewöhnen.

Im Innern der Biosphäre entstand durch die klimatischen Bedingungen des in sich geschlossenen Systems ein eigenes Wetter. Das hatte an die Ingenieurskunst die aller höchsten Ansprüche gestellt. Um die riesige Halbkugel ausreichend zu klimatisieren und die Wetterereignisse nicht gänzlich dem Zufall zu überlassen, sondern im Sinne optimaler Wachstumsbedingungen für den Pflanzenbau innerhalb der Sphäre zu steuern, war man vollkommen neue Wege gegangen. Die meisten der hier zur Anwendung kommenden Techniken hatte es vor der großen Infektion noch gar nicht gegeben. Die Belüftungssysteme mit den mächtigen Ventilatoren zur Bewetterung der Kuppel waren aus einer gänzlich neuen Stahllegierung. Die Luftfiltersysteme, die über mehrere Reinigungskaskaden jeglichen Keim, auch Partikel im Nanometerbereich, eliminierten und für eine sterile Biosphärenatmosphäre sorgten, waren Meilensteine einer aus der Not geborenen technischen Entwicklung. Wie so oft entwickelte sich die Not der Menschen zum effektivsten Innovationsbeschleuniger und ließ ihren Erfindergeist quasi explodieren. Ein weiteres Problem, das es zu lösen galt, war der mit dem Schalterprotein kontaminierte Boden unterhalb der Kuppel. Dieses ominöse Eiweiß, das über eine noch nicht verstandene biochemische Kaskade für den Vernichtungsfeldzug gegen das irdische Chlorophyll verantwortlich war, konnte mit einem eigens entwickelten einfachen Test mit monoklonalen Antikörpern mittlerweile überall in hohen Konzentrationen nachgewiesen werden. Also entwarf man riesige Bodenwaschanlagen, die das Protein effektiv aus dem Substrat Boden entfernen konnten, ohne aber das empfindliche Gefüge des Erdreichs nachhaltig zu zerstören. Die Anlagen liefen seit einigen Wochen Tag und Nacht. Es würde auch noch eine Weile dauern, um die verschiedenen Bodenschichten der vier Quadratkilometer Ackerland bis zu einer Tiefe von einem Meter auszukoffern und die annähernd sieben Millionen Tonnen Boden zu dekontaminieren. Aber man ging optimistisch davon aus, unter der Kuppel des kolossalen Gewächshauses schon bald mit der Aussaat beginnen zu können, vielleicht schon das Wintergetreide auf dekontaminierten Teilflächen vor dem Winter. Von den Außentemperaturen und der Sonneneinstrahlung war man mit energiefressenden Bodenheizungen und Beleuchtungssystemen unabhängig. Energie war auf dieser Welt kein knappes Gut mehr, und »Energie sparen« war ein Begriff aus einer nahen Vergangenheit. Nach dem Winter würde der weitaus größte Teil der Menschheit keine Energie mehr verbrauchen, sondern selbst als Energiequelle für ein letztes Aufgebot hungriger Mikroben und Würmer herhalten müssen.

Alex saß um Punkt sieben Uhr frisch geduscht in einer der Kantinen der Siedlung. Er fragte sich, ob die anderen Speisesäle auch mit dem ansprechenden Charme eines Bahnhofrestaurants aufwarteten, während er lustlos Kartoffelbrei mit Würstchen in sich hinein schaufelte.

*Der Hunger treibt's rein, der Ekel schiebt's runter …* , dachte er, ansonsten wusste er nicht, wie er die Qualität der Mahlzeit anders hätte würdigen können. Der Gedanke sorgte aber sogleich für ein schlechtes Gewissen. Weitergedacht stellte sich ihm unvermittelt die Frage, was der weitaus größte Teil der Menschheit heute Morgen zum Frühstück bekommen würde, und so blieb ihm der letzte Löffel des klebrig-pappigen Kartoffelbreis fast im Halse stecken.

Gerade schob er den Teller beiseite, als er aus dem Off ein freudiges »Hi Alex, was machst du denn hier?«, hörte. Er zuckte zusammen, als wäre er bei etwas erwischt worden. Dann spürte er schon den freundschaftlichen Klaps auf seiner Schulter und fuhr herum.

Vor ihm stand Viktor Kaspuhl und lächelte auf ihn herab. Hinter Kaspuhl stand eine asiatische Schönheit, die ihm sofort bekannt vorkam. Bevor er etwas anderes als ein verdattertes »Hallo« erwidern konnte, schob Kaspuhl schon sein Tablett mit einer riesigen Portion Kartoffelpampe auf den Tisch. Er fläzte sich hin und fing an, eine Breitseite leerer Worthülsen abzufeuern, während die Asiatin auch Platz nahm.

Trotzdem erfuhr Alex in der nächsten Viertelstunde, dass Kaspuhl und seine Begleiterin zu einem kleinen Team Radioastronomen gehörten. Sie suchten unter der Leitung eines gewissen Sam O'Brian – bei dem Namen klingelte es sofort in seinen Ohren – in der Atacamawüste der nordchilenischen Anden den Himmel nach auffälligen Signalen ab.

An Sam O'Brian konnte er sich noch gut erinnern. Der Ire hatte bei der Videokonferenz Ende Mai im Berliner Kanzleramt die These vertreten, dass es sich bei dem extraterrestrischen Schalterprotein auch um eine Art Angriff auf den Planeten handeln könnte. Einen Angriff mit dem Ziel einer Atmosphärenumwandlung, um das Treibhausgas Kohlendioxid anzureichern. Ein von fiktiven, unfreundlichen Außerirdischen eingeleitetes Terraformingfür eine spätere Besiedlung des Planeten.

Als Kaspuhl ihm endlich seine Begleiterin als Naomi Mae Wood vorstellte, wurde das Klingeln in Alex' Ohren zu einem Glockengeläut. Klar, das war die Frau, die vor einer gefühlten Ewigkeit Kasimir van Baazan in der Talkshow zur besten Sendezeit das Messer an die Kehle gesetzt hatte.

Alex schaute Kaspuhl zu, wie er ein fettiges Würstchen in den Mund schob. Die Haare trug er wieder lang, aber auf den ersten Blick sah er viel besser aus, als damals nach seiner Rettung aus dem finnischen Delirium. »Sag mal, Viktor, was macht ihr eigentlich mit eurem Radioteleskop in 5000 Metern Höhe in einer vollkommen unwirtlichen Wüste? Ich meine, in Zeiten wie diesen, was sucht man da in den Weiten des Kosmos noch für Signale, wenn wir augenscheinlich in Finnland fast selbst drauf getreten sind?«

Kaspuhl holte zu einer Antwort aus, konnte aber mit gefülltem Mund die Worte noch nicht richtig artikulieren.

Naomi sprang mit einem angewiderten Seitenblick auf seine Ess- und Redeversuche für ihn ein: »Nun, wir können doch nicht mit Bestimmtheit sagen, dass das Material aus Finnland wirklich extraterrestrischer Natur ist oder gar von einem unbekannten Absender mit böser Absicht hierher geschickt wurde. Wir arbeiten dort im Übrigen im Auftrag des SU10[5] -

Space Operations Centre und sind am Raumfahrtprogramm beteiligt. Satellitennavigation, globale Überwachungsaufgaben und terrestrische Kommunikation, such stuff, wenn du mich verstehst.«

Sie lächelte ihn kalt an. Ihre Mahlzeit hatte sie noch nicht einmal angerührt. »Und wenn Zeit ist, dann dürfen wir ein bisschen mit dem Teleskop spielen und nach den bösen Aliens Ausschau halten. Die sind Sam O'Brian s liebstes Kind, und außerdem ist er noch immer der Ansicht, dass wir sie auch finden werden, nicht wahr, Viki?«

Viktor verschluckte sich beinahe und antwortete mit noch vollem Mund: »So ein Quatsch! Sam glaubt seit Finnland, dass *sie* uns gefunden haben. Wartet einfach den Vortrag über den Materialfund aus Finnland ab. Sollte heute Nachmittag gegen drei Uhr losgehen. Ihr werdet schon sehen, Sam hat mir schon ein paar Vorabinfos gegeben. Ich soll aber noch nicht drüber sprechen.«

»Nicht drüber sprechen! Du bist vielleicht ein Arschloch, genau wie dein Chef. Ich geh mich jetzt erst mal frisch machen, es geht gleich los, und Viki ...«

»Du sollst mich nicht so nennen!«

»Kannst meine Portion auch noch haben!« Naomi Mae Wood stand auf und stelzte in Richtung Damentoilette davon.

Viktor schüttelte nur den Kopf: »So ein Miststück! Weißt du, wie das ist, mit dem Biest in dieser Einöde zu leben? Irgendwann schlägt sie einer tot.«

»Woher weiß dein Chef mehr als wir?«

»Mensch, der arbeitet seit Jahrzehnten im Wissenschaftsbetrieb. Da kennt man doch irgendwann jeden. Ich weiß nix und sag auch nix mehr! Warts einfach ab. Ach ja, den Vortrag über die seltsamen Organismen in verschiedenen Binnenseen solltest du dir auch nicht entgehen lassen. Ich glaube, der ist kurz vorher. Aber das weißt du bestimmt?«

»Natürlich, immerhin habe ich den Ersten gefunden, schon vergessen?«

»Nee, aber ich glaube, wir müssen los, es fängt gleich. Ach, was ich noch sagen wollte. Van Baazan soll auch hier sein. Mit einer sehr aparten Assistentin.« Kaspuhl musste lachen und fügte hinzu: »Ich denke, wir sollten ein Treffen zwischen ihm und Naomi arrangieren, dann haben wir bestimmt viel zu lachen.«

Alex staunte: »Wie kommt der denn hierher? Ich dachte, der lebt in dieser Reichensiedlung in Argentinien und lässt sich die Sonne auf den Bauch scheinen.«

Kaspuhl winkte im Gehen mit der Hand und rief belustigt: »Na, wir Survivor müssen doch zusammenhalten. Gerade in Zeiten wie diesen heißt es, noch näher zusammenzurücken. Da spielt es auch keine Rolle mehr, dass mit dem Kapital für den Bau der Geldadel-Luxussphäre in der Pampa einige tausend Menschen mehr hätten gerettet werden können. Ich glaube, Darwin hatte mit seinem *survival of the fittest* nicht monetäre Fitness gemeint, aber Schwamm drüber. Money makes the world go round!«

Alex konnte es kaum glauben. Sollte die $SU10^5$ wirklich gemeinsame Sache mit diesen Epikureern machen, die ihr gesamtes Kapital vor Monaten schon abgezogen hatten, um sich selbst den Arsch zu retten und den Rest der armen Schlucker ihrem Schicksal zu überlassen?

Aber im Endeffekt, dachte er, während er Kaspuhl hinterherrannte, machen wir das ja auch so. Haben wir überhaupt eine andere Wahl? Alex sah die unglaublich riesige Glaskuppel der Biosphäre in der Sonne glitzern, während er nach draußen trat. Er war sich nicht mehr sicher, ob er hier auf der richtigen Seite stand.

Vier Stunden später saß er nach einigen langatmigen Vorträgen über die neue Verfassung und die Regierungsform der $SU10^5$ wieder im Speisesaal und plauderte mit Kaspuhl. Auch Behringer, van Baazan und seine Begleiterin hatten sich hinzugesellt und ließen sich den russischen Borschtsch schmecken, auch wenn darin garantiert keine frische Rote Beete schwamm. Über van Baazans Flucht in die argentinische Oase wurde kein Wort verloren, und Kaspuhl konnte seinen Blick nicht mehr von Irinas Brüsten abwenden. Sie war van Baazans neue Gespielin.

Alex war das peinlich. Er bemerkte, dass auch Behringer zunehmend Zeichen von Fremdschämen zeigte. Dann sah er das Unheil in Person einer gut aussehenden, ein Meter achtzig großen Asiatin über ihre Tischrunde kommen.

Naomi Mae Wood lief direkt auf sie zu, schüttelte ihr schulterlanges, pechschwarzes Haar aus dem Gesicht und setzte sich verkehrt herum so auf einen Stuhl, dass sie van Baazan direkt ins Gesicht sehen konnte: »Ahoi zusammen! So sieht man sich wieder. Leider habe ich heute keine Farbspritze dabei. Da wäre jetzt auch keine orange Farbe drin, sondern Flusssäure.« Dabei grinste sie ihn herausfordernd an.

»Na mein Fräulein, gemach, gemach. Was habe ich Ihnen denn getan?«

»Wenn du blasiertes, selbstgefälliges Arschloch noch einmal *mein Fräulein* zu mir sagst, dann füge ich dir Schmerzen zu, die du nie wieder vergessen wirst. Du hast noch vor einem halben Jahr den Menschen Hoffnung gemacht, wo es schon längst keine mehr gab. Hast ihnen was von Nahrungsmittelreserven erzählt, die es auch nicht gab, und während du das tatest, hattest du schon ein Ticket für eine mondäne Oase in Argentinien in der Tasche. Du bist in meinen Augen einfach nur eine Kakerlake, die man zertreten sollte!« Dabei zielte sie mit ihrem Zeigefinger direkt auf van Baazans Kopf, der ihren Blick trotzig erwiderte. »Was sag ich!«, fuhr sie fort. »Das ist eine Beleidigung für jedes Insekt, und dass du hier frei rumlaufen darfst, ist eine Beleidigung für die noch lebenden Menschen auf dieser Welt, ein Schlag ins Gesicht der freien Welt.«

Alex wohnte diesem Schauspiel mit einer Mischung aus Genugtuung und Abscheu bei. Mia würde Naomi Mae Wood jetzt Beifall klatschen, da war er sich absolut sicher.

»Wieso? Sie laufen doch auch frei hier herum, oder spielen *S*ie vielleicht mit dem Gedanken, Ihren Platz an eine bedürftige Familie abzugeben?« Das war van Baazans erste und sogleich letzte Retourkutsche, zu mehr kam er nicht mehr. Wenn Alex und Kaspuhl sie nicht von ihm weggezogen hätten, wäre es nicht bei einem gezielten Schlag auf sein rechtes Auge geblieben, und er hätte wahrscheinlich nicht an dem nun folgenden zweiten Teil der Vortragsreihe teilnehmen können, der soeben vom Signalgong eingeläutet wurde.

Während sie mit Naomi Mae Wood in ihrer Mitte im Strom der Menschen dem Kongresssaal zustrebten, riskierte Alex noch einen Blick nach hinten. Er sah, wie sich Irina fürsorglich um van Baazan kümmerte, dessen Auge schon zugeschwollen war und die Farbe einer Aubergine angenommen hatte. Die bockige Asiatin schrie immerfort: »So ein Mist, ich hab nicht richtig getroffen! Ich hätte ihm das Nasenbein ins Hirn rammen sollen! Warum habt ihr mich denn weggezogen? Lasst mich los, dann bring ich' s zu Ende!«

Sie hatten es geschafft, drei freie Plätze zu ergattern. Naomi Mae saß zwischen ihnen, und ihre Systeme waren wieder im grünen Bereich, als der nächste Vortrag begann.

Es wurde dunkel im Saal, und die mehr als tausend Menschen im Plenum verstummten wie auf ein Kommando. Auf dem ausladenden Bildschirm, der fast die Hälfte der Wand hinter dem Podium bedeckte, war ein Bild zu sehen, dass dem Pinselstrich eines Hieronymus Bosch zu entstammen schien. Eine sonore, tiefe Stimme mit skandinavischem Akzent war zu hören, ohne dass man den Sprecher sehen konnte. Alex hatte diese Stimme schon mal gehört. Es schien eine Ewigkeit her zu sein, aber plötzlich fiel es ihm wieder ein. Auf der Videokonferenz im Kanzleramt – vor vier Monaten. Er suchte im Halbdunkel des Saals nach dem Mann mit den blonden, schulterlangen Dreadlocks, der ihm gut in Erinnerung geblieben war. Aber das, was Mårten Halla jetzt sagte, erforderte seine gesamte Aufmerksamkeit, und er lauschte nur noch den Worten.

»Diese Aufnahme zeigt den Lago Maggiore am 15. Juni um 16:00 Uhr. Sie wurde von einem Hubschrauber aus gemacht, der nach der Katastrophe mit einer Rettungsmannschaft als Erster am Unglücksort eintraf. Was Sie hier sehen, ist die Region Laveno auf dem linken Bildrand, die Region Verbania rechts. Im Hintergrund sehen Sie das Ufer des Sees, wo sich noch dreieinhalb Stunden zuvor die Städte Stresa und Baveno befunden haben. Davor erkennen wir noch Reste der Isola Superiore und der Isola Bella.«

Jetzt konnte Alex den blonden Schopf von Mårten erkennen, der mit einem Laserpointer die entsprechenden Gebiete auf dem Foto markierte. Neben ihm stand ein Mann, der sich damals auf der Videokonferenz als Tyler vorgestellt hatte. Beide sahen wirklich komisch aus. Alex hätte fast losgeprustet bei ihrem Anblick. In ihren schwarzen Anzügen erinnerten sie ihn an zwei Pinguine, die auf dem Podium herumwatschelten. Aber der Ernst der Lage und die Worte Mårtens brachten ihn schnell wieder zur Räson.

»Um 12:24 Uhr Ortszeit ging über dem Städtchen Laveno, unter dem Gipfel des Sasso del Ferro, ein gewaltiger Erdrutsch zu Tal. Insgesamt 320 Millionen Kubikmeter Erdreich und Gestein rutschten über Laveno hinweg in den See. Laveno wurde praktisch sofort und ohne jegliche Vorwarnung ausgelöscht. Durch die enorme Energie des Aufpralls wurden riesige Mengen Wasser auf einen Schlag verdrängt. Nach unseren

Berechnungen und auch nach der Auswertung der Satellitenbilder muss sich eine Flutwelle von hundertvierzig Metern Höhe aufgetürmt haben, die die furchtbaren Zerstörungen verursacht hat. Augenzeugen konnten wir leider keine mehr befragen. Der Tsunami löschte in den nächsten drei bis vier Minuten jedes Leben an den Ufern das Lago Maggiore aus.«

*Hast du eine Ahnung!*, dachte Alex. Mit einem Mal wurde ihm bewusst, was Simone sich da hatte ansehen müssen. Kein Wunder, dass er nicht mehr der Alte war.

»Insgesamt gehen wir von fünfundsiebzig- bis neunzigtausend Toten aus. Genauere Zahlen stehen uns leider nicht zur Verfügung. Das gesamte Gebiet wurde mittlerweile zur militärischen Sperrzone erklärt, weil es unmöglich war, Aufräumungsarbeiten durchzuführen, geschweige denn die Toten zu bergen. Der Lago Maggiore ist heute ein Massengrab. Nun, Sie fragen sich jetzt wahrscheinlich zu Recht, warum ich Ihnen das überhaupt erzähle. Es ist ja alles schon bekannt. Lediglich ein Foto mit den unglaublichen Schäden an den Ufern dürfte noch keiner von Ihnen gesehen haben.«

Der Bildschirm erlosch kurz, um dann ein Bild eines anderen Sees zu zeigen. Auf den ersten Blick schien er, im Vergleich zum gerade eben gezeigten, idyllisch in der Sonne zu liegen. Nur der tote Wald an den Hängen über den Ufern störte das Postkartenpanorama, was aber keinen Einzigen unter den Zuhörern aus der Fassung brachte.

»Den genauen Zeitpunkt des Unglücks am Lago Maggiore konnten wir mit der Auswertung mehrerer Seismografendaten bestimmen. Hierzu möchte ich Sie aber nicht mit Einzelheiten langweilen. Nur so viel: Um 12:25 Uhr erreichten die seismischen Erdbebenwellen, ausgelöst durch den Hangrutsch über Laveno, den Lago Lugano und entfesselten dort eine weitere, vielleicht weitaus beunruhigendere Katastrophe.«

Wieder wechselte das Bild. Diesmal konnte man die Oberfläche des Sees in der Vergrößerung sehen. Er schien von irgendwas aufgewühlt zu werden. Die Ursache hierfür war nicht zu erkennen. Was aber zu erkennen war,und was zu einem Raunen im Auditorium führte, waren die unzähligen, in der Sonne stark reflektierenden schüsselförmigen Scheiben, die auf dem Wasser schwammen.

Da der direkte Größenvergleich fehlte, schätzte Alex, der sofort wusste, was er da vor sich hatte, die Größe einiger Wesen und musste schockiert schlucken. Auf dem Foto waren Organismen in den unterschiedlichsten Größen zu erkennen. Manche schienen kaum einen Meter Durchmesser zu haben, andere waren riesig. Alex sah einen, der gut dreißig bis vierzig Meter im Durchmesser zu haben schien.

Jetzt sprach Tyler: »Ich denke, alle Anwesenden wissen, was wir hier vor uns haben. Nur dass wir diesen sonderbaren Organismus bisher lediglich aus Berichten kennen und nie zuvor auf einem Foto gesehen haben.«

*Nee, aber vierzig Meter unter Wasser!*, ging es Alex durch den Kopf.

Wieder wurde der Bildausschnitt verändert. Alex sah die Mitte des Sees mit den sonderbaren Wesen im Weitwinkel - ihre Zahl schien wirklich in die Hunderte zu gehen. Im Vordergrund des Bildes lagen dutzende im Todeskampf erstarrte Leichen, und er konnte jetzt auch Einzelheiten der Organismen erkennen.

»Wie Sie selbst sehen können, befinden sich auf der Wasseroberfläche viele dieser Organismen in allen möglichen Entwicklungsstadien. Wir haben es ausgezählt. Insgesamt schwimmen dort 238 Individuen einer gänzlich unbekannten Art, die so noch nie beschrieben wurde. Alle Organismen waren zum Zeitpunkt der Aufnahme tot, und es sieht so aus, als ob das, was am Lago Lugano insgesamt 77.000 Menschen das Leben gekostet hat, auch diesen Lebensformen zum Verhängnis wurde. Der durch die seismische Welle des Hangrutsches am Lago Maggiore ausgelöste Erdstoß setzte am Lago Lugano eine Kette von verhängnisvollen Ereignissen in Gang. Diese unbekannte Lebensform muss im Ökosystem des Sees perfekte Bedingungen vorgefunden haben, sodass die Organismen dort nicht nur gut gedeihen, sondern sich auch explosiv vermehren konnten. In den Wochen vor dem Unglück müssen diese Lebewesen Millionen Tonnen ihres Stoffwechselproduktes Kohlendioxid an das umgebende Wasser abgegeben haben. Da sich das Gas bei den Druck- und Temperaturverhältnissen in 200 Metern Wassertiefe sehr gut im Wasser lösen konnte und es im Sommer zu keinerlei Umwälzung der tiefen Wasserschichten kam, musste sich ein Kohlendioxidgradient ausbilden. Die Kohlendioxidkonzentration in den tiefen Wasserschichten war nach unseren Berechnungen zweihundert Mal höher als im darüber liegenden Wasser. Dieses äußerst instabile Gleichgewicht brauchte jetzt nur noch einen kleinen Schubs in Form eines an und für sich unspektakulären Erdstoßes, und aus dem See wurde eine geschüttelte Sektflasche, aus der man den Korken zog. Nach einigen Berechnungen, denen das verringerte Volumen des Sees als Grundlage diente, müssen mehrere Millionen Tonnen Kohlendioxid aus dem See entwichen sein. Diese Gaswolke legte sich, schwerer als Luft mit einer Höhe von annähernd vierzig Metern, über den See und floss geruchlos, nicht wahrnehmbar über die anliegenden Ortschaften hinweg und erreichte schließlich auch Lugano. Ab acht Volumenprozent Kohlendioxid tritt nach Symptomen wie Schwindel, Kopfschmerz, Verwirrung und Kurzatmigkeit rasch Ohnmacht und dann recht schnell der Tod ein. Zum Zeitpunkt der Aufnahmen lag über dem See eine reine Kohlendioxidatmosphäre, in der kein Lebewesen überleben konnte. Ein fürchterliches Schicksal für die vielen Menschen am See. Aber unter wissenschaftlichen Aspekten ein Glück für uns Biologen, hatten wir jetzt genug Probenmaterial von dieser seltsamen Lebensform, um sie in den letzten Monaten im Labor einer genauen Analyse zu unterziehen. Einige Ergebnisse, die ich Ihnen jetzt vorstellen möchte, muten seltsam an, andere geben neue Rätsel auf, aber alles in allem bewegen wir uns auf bis dato völlig unbekanntem biologischem Terrain. Und ich sage es nur ungern. Eigentlich tappen wir, was diese Dinger angeht, noch immer im Dunkeln!«

Der nun folgende Vortrag wurde von einer Reihe Fotos und Animationen visualisiert. Aufnahmen der Organismen wechselten sich mit Gewebeschnitten, licht- und elektronenmikroskopischen Aufnahmen ab. Die Menschen im Saal hörten gebannt den Ausführungen von Mårten, Tyler und ihren zwei Kollegen Lars Willmann und Max Krause zu, die Alex aus den gemeinsamen Tagen in Finnland kannte. Eine wichtige Erkenntnis war, dass diese fremdartige Lebensform aus Zelltypen ganz unterschiedlicher Organismen bestand, was auch aus den Proben des finnischen Prototyps, der Alex angegriffen und Lew getötet hatte, bereits bekannt war. Biochemische Untersuchungen bestätigten, dass der Organismus sich aus befallenen pflanzlichen Zellen entwickelt hatte. Wie bei den Landpflanzen, so wurde auch hier durch das Schalterprotein eine molekularbiologische, genetische Kettenreaktion ausgelöst.

Tyler verwies in seinem Vortrag ausdrücklich auf den anschließenden Vortrag über die Untersuchungsergebnisse des Meteoritensplitters, der nun mit noch größerer Neugier erwartet wurde. Die pflanzlichen Zellen wurden über eine Aktivierung der Intron-DNS mit einer völlig neuen Enzymausstattung ausgerüstet. Die normalen genetischen Programme der Zellen wurden zum Teil angehalten und der Zellstoffwechsel einem radikalen Umbau unterzogen. Dabei wurde, wie an Land, das Chlorophyll zerstört, die Fotosynthese gestoppt und der Stoffwechsel auf tierische Atmung umgestellt. Sensationell war aber,dass das, was die Landpflanzen letztendlich umbrachte, im Medium Wasser einen Organismus entstehen ließ, der mittels der neuen Strategien überleben und sich sogar vermehren konnte. Besonders befremdlich waren die Untersuchungen der verschiedenen Entwicklungsstadien. Die ursprünglichen, zuerst befallenen Pflanzenzellen, meist einzellige Algen, bildeten zunächst Zellkonglomerate, die ohne Chlorophyll und Fotosynthese unter dem extremen Druck standen, sich Nahrung zu beschaffen. Und genau an diesem entwicklungsgeschichtlichen Stolperstein, der an Land die planetare Flora zerstört hatte, geschah das Unglaubliche. Kein Baum, kein Strauch, keine Staude, kurz, keine standortgebundene Landpflanze wäre in der Lage gewesen, ihr Nahrungsangebot zu erweitern, es blieben ihr bis zum Tode nur die eigenen Reservestoffe und manchmal ein Pilzmyzel. Aber im Wasser wurde in rasantem Tempo ein völlig neuer evolutionärer Zweig beschritten. Da wurde alles, was neue Überlebensstrategien versprach, assimiliert und kopiert. Zellen der unterschiedlichsten Lebensformen, sie hatten in weiterentwickelten Stadien wirklich fast alles gefunden, was das Ökosystem See hergegeben hatte, wurden entweder vollständig in den neuen Bauplan eingegliedert, oder die gewünschten Erbinformationen wurden einfach aus der DNS der Fremdzelle geschnitten, in die eigene DNS kopiert und die Zelldifferenzierung selbstständig und zielgerichtet gesteuert. Die genetische Software zur Realisierung des neuen Bauplans wurde fortlaufend aus dem Genpool der im Wasser vorhandenen Organismen upgedatet und den Umweltbedingungen optimal angepasst. Und dieser Bauplan, der in einer Chimäre aus tierischem wie pflanzlichem Erbgut zu enden schien, machte aus dem Ding schließlich etwas, das zur aktiven Nahrungssuche befähigt war. Schon die ersten Entwicklungsstadien, eigentlich nur einfache Algenklumpen mit einer kranken Genetik, waren mit begeißelten Zellen zur freien Ortsbewegung fähig. Über andere aus dem Tier- und Pflanzenreich frech zusammengeklaute zelluläre Mechanismen waren sie in der Lage, Nahrung zu erbeuten und zu verdauen. Der Speiseplan wurde im Laufe der Individualentwicklung erweitert, bis man am Ende einen Prädator vor sich hatte, dessen einziges und vordergründiges Ziel darin bestand, Nahrung heranzuschaffen.

»Bei der Untersuchung der unterschiedlichen Entwicklungsstadien fiel uns auf, dass mit der zunehmenden Komplexität der Organismen der Komplexitätsgrad immer mit der Erschließung neuer Nahrungsquellen mit noch energiereicheren Nährstoffen einherging. Zum Schluss, ich meine ab einer bestimmten Größe, fressen diese Dinger selbst ihre Artgenossen.« Tyler machte eine kurze Pause. Er schien zu überlegen. Dann fuhr er fort: »Jede uns bekannte, räuberisch lebende Art hat ein bestimmtes Beuteschema aufgrund von artspezifischer Körpergröße, Jagdverhalten, Lebensraum und so weiter. Aber dieses Ding verhielt sich vollkommen anders. Es ist ungefähr so, als würde eine Forelle, die sich von Insekten, Insektenlarven, Schnecken und kleinen Fischen ernährt, plötzlich große Fische und Säuger fressen, um dann ihre eigenen Artgenossen zu verspeisen und dabei immer größer zu werden. Der am weitesten fortgeschrittene Organismus, den wir fanden, hatte einen Durchmesser von fünfunddreißig Metern. In seinen Fangarmen befanden sich Fische und Amphibien sowie große Säuger und die eigenen Artgenossen. Wir haben selbst Kühe, Schafe und ein Pferd in verschiedenen Stufen der Verdauung gefunden. Auch eine Frau war unter den Opfern. Bei der Obduktion wurde aber festgestellt, dass sie an einer akuten Kohlendioxidvergiftung gestorben war. Wahrscheinlich ist sie im Laufe des Ausgasungsprozesses ohnmächtig ins Wasser gefallen und wurde von dem Organismus nur zufällig erwischt. Wie allerdings die großen Säuger in die Fangarme dieser Lebensform gelangen konnten, ist uns allen vollkommen schleierhaft. Wir können momentan auch nicht abschätzen, wie groß dieser Organismus noch werden kann. Ich meine, wir wissen nicht, ob dem Wachstum irgendwelche Grenzen gesetzt sind. Nach einer einfachen Räuber-Beute-Beziehung wird der Organismus zwangsläufig den Löffel abgeben müssen, wenn er mit Unterstützung seiner Artgenossen den See leer gefressen hat. Aber aus Gesprächen mit anderen Wissenschaftlern wissen wir, dass es in anderen Biotopen, ich meine hier die Ökosysteme der Weltmeere, nahezu unbegrenzt Nahrung für diese Dinger gibt. Bisher haben uns aber noch keine Meldungen über solche Lebensformen in marinen Biotopen erreicht. Vielleicht ist der Organismus auch nur an das Leben im Süßwasser angepasst. Aber nach allem, was wir über seine Wandlungs- und Anpassungsfähigkeit bisher wissen, ist dies eine Möglichkeit, die wir weiterhin mit Sorge in Erwägung ziehen müssen. Eine Frage, die bleibt, ist die nach dem Grund für diesen unersättlichen Hunger.« Geschickt machte Tyler eine Kehrtwende in seinen Ausführungen und leitete mit einer mikroskopischen Aufnahme zu einem neuen Aspekt seines Vortrages über.

Es wurde immer rätselhafter und unbegreiflicher.

»Diese Aufnahme zeigt das elektrische Organ eines stark elektrischen Fisches. Hier im Beispiel das sogenannte Elektroplax eines südamerikanischen Zitteraals, Electrophorus electricus.« Tyler zeigte die nächste Aufnahme. »Gut zu erkennen ist, wie sich dieses Organ aus tausenden Zellen, den Elektrocyten, zusammensetzt. Diese werden entweder seriell angeordnet, was zu einer Erhöhung des elektrischen Potenzials führt, oder parallel geschaltet, was die Stromstärke erhöht. Der Aal ist mit diesem Organ in der Lage, Stromstöße von achthundert Volt abzugeben, was zur Lähmung der Beute führt oder gar ihren Tod herbeiführen kann. Die erzeugten elektrischen Felder dienen nebenbei auch der Orientierung im schlammigen Wasser, können aber auch einen Menschen töten. Neben dem Aal gibt es viele tierische Vertreter,die in der

Lage sind, elektrische Felder zu erzeugen.« Wieder klickte er einige Bilder weiter und zeigte je einen Zitterrochen, Zitterwels und den Himmelsgucker, einen Fisch, der eingegraben im Sediment lebt und nach oben guckend auf Beute wartet.

Alex wurde dabei schlagartig an eine Szene in ihrer Küche erinnert. Toni hatte damals im Internet einen merkwürdigen Artikel über australische Ureinwohner gefunden. In dem Artikel hieß es, die Aborigines würden sich am Ayers Rock versammeln, um zu sterben. Komische Sache, hatte er völlig vergessen. Nur eins war ihm noch gut in Erinnerung geblieben - unheimlich! Die Aborigines hatten von irgendwelchen Geisterwesen in den Meeren gesprochen, die in den Himmel starrten und nach ihren Brüdern riefen. Vielleicht bestand da ja ein Zusammenhang, wer wusste das schon? Aus seinen Gedanken gerissen, hörte er wieder Mårtens Stimme, der mit dem Vortrag fortfuhr.

»Dieses Bild zeigt Ihnen den größten Organismus vom Lago Lugano in einem extra hergerichteten Formalinpool. Kein leichtes Unterfangen bei fünfunddreißig Metern Durchmesser, wie Sie mir glauben können. Sie sehen den Organismus jetzt von unten. Achten Sie bitte auf die runde, strukturelle Auffälligkeit, die mit einer Breite von fast zwei Metern im Randbereich des Organismus konzentrisch verläuft und mehrere Ausläufer zur Mitte der Lebensform bildet.« Mårten begleitete seine Ausführungen wieder mit dem Laserpointer und zeigte die entsprechenden Strukturen. »Das, was Sie hier sehen können, ist das größte jemals auf unserem Planeten untersuchte elektrische Organ. Würde ich es mit dem Elektroplax des Zitteraals vergleichen, so würde ich sagen, der Aal hat einige Batterien in Reihe geschaltet und dieser hier hat einen Hochspannungsgenerator.«

Während er sprach, klickte er die Bilder weiter, und gemeinsam mit ihm fuhr das Auditorium durch verschiedene mikroskopische und schließlich elektronenmikroskopische Vergrößerungen in das Innere des Organismus hinein.

»Dieses unglaubliche Organ haben wir in nahezu allen Entwicklungsstadien ab einem Durchmesser von anderthalb Metern gefunden. Im gezeigten Stadium besteht dieses Elektroplax aus mehreren Milliarden seriell und parallel angeordneten elektrischen Zellen. Wir nehmen an, dass dieser Organismus mithilfe seines Organs in der Lage ist, Hochspannung oder Hochströme mit mehreren Megawatt Leistung zu erzeugen.«

Im Publikum wurde es immer unruhiger, vereinzelt waren Zwischenrufe zu hören. Alex dachte, dass er später unbedingt ein Gespräch mit Mia und Anna über Satellitentelefon führen musste.

»Welchem Zweck dieses unglaubliche Organ dienen soll, wissen wir momentan nicht. Dient es der innerartlichen Kommunikation, der Orientierung im Erdmagnetfeld oder dem Beutefang und der Feindabwehr - wir wissen es nicht. Lediglich, dass es wiederholt zu elektromagnetischen Störungen der menschlichen Kommunikationstechnik führt, können wir heute unzweifelhaft sagen. Und wir nehmen an, dass der vorhin erwähnte Hunger der Organismen nach Energie mit dem energiefressenden Prozess in diesem Organ zusammenhängt. Kurz gesagt, das Ding muss ständig fressen, um elektrische Felder dieser Größenordnung zu erzeugen. Allerdings hat es gelernt, sparsam mit seinen Energiereserven umzugehen. Im Gegensatz zu anderen Seen, in denen ein solcher Organismus gesichtet wurde, waren die elektromagnetischen Störungen am Lago Lugano nicht permanent vorhanden. Sie tauchten periodisch und dann mit zunehmender Intensität auf. Nach unseren Recherchen gab es in den Wochen vor dem Unglück am Lago immer nachts zur annähernd gleichen Zeit Störungen des Telekommunikationsnetzes. Anfänglich unbedeutend, wurden sie mit der Zeit immer stärker, bis sie in der Nacht vor dem tragischen Unglück den Flughafen lahmlegten und eine einmotorige Piper zum Absturz brachten. Die Organismen erzeugen anscheinend nicht fortwährend ein elektromagnetisches Feld, sondern nur zu gewissen Zeiten. Diese Beobachtung am Lago passt auch zu den Ergebnissen einer Langzeitbeobachtung dreier noch lebender Organismen im Lac de Saint Point in der Nähe von Bern. Diese Organismen, mit Durchmessern zwischen fünfzehn und zwanzig Metern, liegen dort im Wasser, locken ihre Beute nur noch chemotaktisch an und geben keinerlei Wärme mehr ab. Die elektromagnetischen Anomalien, die dort gemessen wurden, sind um einiges stärker als zuvor in Finnland und betreffen ein größeres Gebiet. Es scheint, als hätten die Organismen ihren Wärmeverlust minimiert, um mehr Energie in ein elektromagnetisches Feld zu stecken.«

Das nächste Bild zeigte den Organismus von oben. In der Mitte des Diskus entsprang eine verzweigte, an ein Baumskelett erinnernde, metallisch glänzende Struktur. Mårten zeigte mit seinem Laserpointer darauf und sagte: »Dieses Gebilde wächst aus ihrer Mitte heraus, wenn sie eine gewisse Größe erreicht haben, wenn das elektrische Organ ausgereift ist und mehrere Ausläufer zur Mitte hin ausgebildet hat. Wie es scheint, gehört diese auffällige Struktur physiologisch zu dem Elektroplax. Welche Funktion sie hat, ist uns nicht bekannt. Sie ist wahrscheinlich an der Bildung des elektromagnetischen Feldes beteiligt.

Zum Ende meines Vortrages möchte ich der Vollständigkeit halber noch auf ein blaues Leuchten hinweisen, das der Pilot der Piper kurz vor seinem Absturz in den Tiefen des Sees gesehen haben will. So eine blaue Leuchterscheinung ist uns nur aus Kernreaktoren und Abklingbecken von Kernkraftwerken bekannt. Sie entsteht beim schnellen Durchgang von Elektronen durch Wasser. Man bezeichnet dieses Leuchten nach ihrem

Entdecker als Tscherenkow-Strahlung. Wie diese Zeugenaussage zu bewerten ist, können wir heute nicht mehr feststellen.«

Der Vortrag war beendet, und in der folgenden Diskussion wurden die Ergebnisse kurz besprochen. Tyler hatte es zu Beginn seiner Ausführungen angedeutet. Die Forschungsresultate zu der seltsam anmutenden Biologie des Organismus waren alles andere als geneigt, irgendetwas zur Aufklärung des biologischen Sinns der Lebensform beizutragen. Allgemeiner Tenor war, dass man sich auf völlig unbekanntem Terrain bewegte. Der Organismus gab in Bezug auf seine ökologische Nische, seinen Beruf, wie es ein Teilnehmer ausdrückte, wirklich viele Rätsel auf. Es wurde zu Protokoll gegeben, dass die Entwicklung dieser Lebensform weiter mit Sorge im Auge behalten und nach Populationen dieser Spezies Ausschau gehalten werden sollte. Vor allem in den Ozeanen der Welt sollte nach Anomalien gesucht werden. Aber es war auch jedem klar, dass es unmöglich sein würde, die Weltmeere vollständig einer Art *Neuer-Lebensform-Monitoring* zu unterziehen. Es sollte zumindest zu stichprobenartigen Untersuchungen kommen.

Nach der kurzen, aber intensiv geführten Diskussion der Ergebnisse bedankte sich das Team bei seinen Zuhörern, und alle gingen in eine kurze Pause vor dem nächsten Vortrag, der mit großer Spannung erwartet wurde.

Alex schlenderte gemeinsam mit Kaspuhl und Naomi Mae Wood aus dem Saal. Ein Kaffee würde guttun, wie Kaspuhl meinte. Alex verspürte allerdings wenig Lust, mit der verrückten Asiatin erneut auf Dottore van Baazan zu treffen und einem weiteren Wissenschaftler-Wrestling beizuwohnen. Deshalb entfernte er sich. Er verließ die Kuppel und ging an die frische Luft, um per Satellitentelefon Mia und Anna in Marburg anzurufen.

Das Telefon hatte zwei Mal geklingelt, als Mia atemlos abhob und seinen Namen rief.

»Woher weißt du denn, dass ich es bin?«

»Ja, woher weiß ich das wohl? Da klingelt ein Satellitentelefon auf unserem Küchentisch, und komischerweise bist du dran. Sicher hätte es auch das Finanzamt oder Onkel Kuckuck aus Lissabon sein können. Oder jemand, der eine Pizza bestellen wollte und sich verwählt hat.« Mia kicherte.

Jetzt musste Alex wegen seiner blöden Frage selbst lachen. »Okay, ich bin ein bisschen durcheinander von den vielen Vorträgen hier.« Er erzählte ihr kurz von den rätselhaften Organismen und von seinem unvermuteten Wiedersehen mit Kaspuhl, van Baazan und Naomi Mae Wood. Auch dass er Lars Willmann und Max Krause wieder gesehen hatte. Von den apokalyptischen Bildern des Lago Maggiore berichtete er ihr nichts. Er wollte nicht, dass sie sich in ihrem Zustand noch mehr Sorgen um Simone machte, wenn sie erfuhr, was er in Italien miterleben musste.

Der Treffer, den Naomi Mae in van Baazans Gesicht gelandet hatte, belustigte Mia: »Wenn du sie das nächste Mal zurückhältst, kriegst du Ärger mit mir. Sie hat doch recht! Was macht dieser Widerling eigentlich auf dem Kongress?«

Alex war ratlos. »Ich war selbst total überrascht, dass die $SU10^5$ mit den Überlebenskapitalisten zusammenarbeitet. Keine Ahnung, woher diese Direktive kommt, aber ich finde es noch raus! Wie sieht es eigentlich bei euch aus?«

»Gut, gut, wir freuen uns aber darauf, dass du bald wieder zurückkommst. Am meisten freut sich wahrscheinlich Anna! Sie ist leider momentan nicht in der Nähe, sonst würde ich sie dir geben.«

»Schade, ich ruf einfach heute Abend noch mal an. Wie geht's dem Kind unter deinem Herzen?«

Mia musste wegen dieser Formulierung lachen: »Alles gut, aber ich denke, es ist bald so weit. Beeil dich lieber, sonst verpasst du noch was. Ach ja, was ich dir noch erzählen wollte: Toni ist wieder normal. Er konnte sich, glaube ich, selbst nicht erklären, was ihn da geritten hat. Es hatte irgendetwas mit einem Traum zu tun, sagte er. Mehr war nicht aus ihm herauszubringen. Du kennst ja das Mitteilungsbedürfnis von Pubertieren. Ach so, Aada hat ihr erstes Schießtraining erfolgreich hinter sich gebracht. Du wirst es nicht glauben, das Mädchen ist ein wahres Naturtalent. Sie hat einfach die schwere Knarre genommen und drauflos geballert wie eine Verrückte. Sniper! Jeder Schuss ging ins Schwarze.«

Alex hörte den Signalgong. Der nächste mit Spannung erwartete Vortrag würde gleich beginnen. »Hey Mia, ich muss Schluss machen. Der Vortrag über den Meteoritensplitter fängt gleich an. Das will ich auf keinen Fall verpassen. Ich melde mich heute Abend noch mal. Grüß mir die anderen.«

Alex hatte sich neben Naomi Mae in seinen Sitz geworfen, Kaspuhl war auch schon da. Sie hatten van Baazan nicht getroffen, sonst wäre die Stimmung eine andere gewesen.

Ein Mann mit langen, schneeweißen Haaren betrat das Podium. Zeitgleich erschien ein Bild des Splitters, das ihn in einer Glasvitrine zeigte.

Kaspuhl zischte Alex zu: »Ich kann heute noch nicht glauben, was das kleine Ding für ein Gewicht hatte.«

»Sei still, der Alte wird es dir gleich sagen!« Naomi war von der Gestalt des Mannes gebannt und erwartete mit großer Spannung, was er zu berichten hatte.

»Mein Name ist Professor Andrew Ferguson, Abteilung Experimentalphysik SU10[5], ehemals Abteilung Radionuklid- und Schwerionenforschung Universität Amsterdam. Das interessiert heute aber keinen mehr!«, stellt er sich vor, lachte über seinen eigenen Scherz und fuhr dann fort. In dem riesigen Saal hätte man jetzt eine Nadel fallen hören können. »Nun, ich bin beauftragt worden, Ihnen heute etwas über diesen schwarzen Gegenstand hinter mir auf dem Foto zu erzählen. Wo fang ich da am besten an, schwierig, schwierig!«

Ferguson räusperte sich für alle gut hörbar, und Kaspuhl drehte Alex und Naomi flüsternd den Kopf zu: »Der hat doch einen an der Waffel.« Naomis Seitenblick brachte ihn aber sofort zum Schweigen.

»Ja, ich weiß, alles klar, hab meine Gedanken wieder geordnet. Also, dieses Objekt – so werde ich es erst einmal nennen – wurde am sechsten Juni dieses Jahres in Finnland von einem Team Wissenschaftler unter militärischem Schutz einer Navy-Seal-Einheit geborgen. Diese Männer begaben sich auf die gefährliche Suche nach einem Meteoriten oder seinen Bruchstücken. Da das sogenannte Schalterprotein damals durch einen genialen Wissenschaftler namens Alex Krämer entdeckt und seine Aminosäuresequenz ebenfalls von ihm aufgedeckt wurde und Herr Krämer darüber hinaus erkannt hat, dass einige dieser Aminosäuren nicht irdischen, sondern extraterrestrischen Ursprungs sein mussten, war es naheliegend, nach einem Meteoriten zu suchen, der als Transportvehikel dienen konnte. Mit den Berechnungen zur Flugbahn eines von Augenzeugen beschriebenen Meteoriten, der am Heiligabend letzten Jahres über der finnischen Region Salla niedergegangen sein musste, konnten wir die Einschlagstelle sehr genau eingrenzen. Wir stellten fest, dass diese nahezu mit dem Ort identisch war, an dem die ersten infizierten Bäume von einem Vierzehnjährigen namens Toni Susi entdeckt worden waren.«

»Krämer, Susi! Ich fasse es nicht. Kein Wort von Kaspuhl, dem genialen Astronomen.« Der Ellenbogen von Naomi Mae Wood in seiner Seite, da, wo seine Leber saß, beendete Kaspuhls Nörgelei.

»Dieses Objekt, welches ich Ihnen gleich im Original zeigen kann, ist, ebenso wie unser Protein, nicht irdisch, wie verschiedene Tests belegten und wie sein innerer Aufbau beweist. Dazu gleich mehr. Es handelt sich um ein Bruchstück eines wahrscheinlich viel größeren Meteoriten, der in den unteren Atmosphärenschichten zerbrochen sein muss. Leider konnten nicht mehr Fragmente geborgen werden. Ich hoffe, dass dies noch möglich sein wird. Aber ich will mich jetzt nicht verzetteln. Nun zum inneren Aufbau.«

Das Podium wurde plötzlich von hellen Scheinwerfern erleuchtet. Zwei Mitarbeiter fuhren einen stabilen Rolltisch herein, auf dem der eben gezeigte Glaskasten zu sehen war,in dem sich das Bruchstück befand. Von der anderen Seite wurde ein zweiter Rolltisch hereingefahren. Es war aber nicht genau zu erkennen, was darauf stand.

Ferguson hatte sich zwischenzeitlich eine Kamera gegriffen, deren Bilder live auf den Bildschirm übertragen wurden. Während die Mitarbeiter den Glaskasten anhoben und wegstellten, konnte jetzt jeder im Saal den mattschwarzen, zylinderförmigen Splitter sehen.

»Wie Sie sehen, handelt es sich um ein matt schwarzes Material, das zuweilen blau schimmert.« Um den Blauschimmer zu zeigen, ging er sehr nah an das Fragment und schwenkte die Kamera hin und her. Der wirklich schöne Farbeffekt brachte einige im Publikum zum Klatschen.

»Wir haben das Volumen dieses Meteoritenfragmentes bestimmt. Bei einer Länge von gut zwanzig und einem Durchmesser von fünfzehn Zentimetern ergibt sich für diesen unregelmäßig geformten Zylinder ein Volumen von dreitausendvierhundertvierundzwanzig Kubikzentimeter. Das entspricht ungefähr dem Volumen von drei Komma vier Litern

Wasser. Wir, und ich betone *wir*, werden den Splitter jetzt auf die hoffentlich recht stabile Waage in Tisch zwei legen und seine Masse bestimmen.«

Es war wirklich kaum zu fassen. Vier Männer wurden gebraucht, um das zwanzig Zentimeter lange Bruchstück mit größter Mühe auf die Waage zu schieben, die in dem Tisch eingelassen war. Ferguson zeigte mit der Kamera, für alle sichtbar, wie sich die Ziffern im Display der Waage langsam beruhigten und eine Zahl anzeigten: 162,166 Kilogramm.

»Ich kann mir heute noch nicht erklären, wie das Ding so schwer sein kann.«

Naomi schaute den kopfschüttelnden Kaspuhl mit einem sonderbaren Blick an.

»Ist ja gut, bin ja schon ruhig!«

»Ja, meine Damen und Herren, ich sehe, Sie sind jetzt sehr erstaunt, und glauben Sie mir, ich war es auch, als ich das zum ersten Mal gesehen habe. Aber seien Sie versichert, Sie werden heute aus dem Staunen nicht mehr herauskommen. Einige von Ihnen haben schon den Taschenrechner gezückt, wie ich sehe. Lassen Sie uns die Rechnung gemeinsam durchführen. Also, was haben wir da? Einen Meteoritensplitter mit einem Volumen von dreitausendvierhundertvierundzwanzig Kubikzentimeter und dem sagenhaften Gewicht von 162.166 Gramm. Teilen wir jetzt die Masse in Gramm durch das Volumen ...«, Ferguson tippte die Zahlen für jeden auf dem Bildschirm sichtbar in einen Laptop und drückte die Entertaste, »dann erhalten wir die unglaubliche Dichte von 47,36 und ein paar zerquetschten Gramm pro Kubikzentimeter.«

Die meisten der anwesenden Wissenschaftler wussten, was das zu bedeuten hatte, und ein kleiner Tumult brach aus, den Ferguson aber sofort beendete. Er fuhr fort. »Sie sehen, das ist unglaublich. Das natürlich vorkommende Element mit der größten Dichte ist Osmium mit 22,59

Gramm pro Kubikzentimeter. Ich muss schon sagen, dieses Zeug hier hat eine mehr als doppelt so große Dichte. So was dürfte es eigentlich gar nicht geben.«

Auf dem Bildschirm erschien jetzt ein Periodensystem der Elemente, und Ferguson schnappte sich den Laserpointer. »Lassen Sie uns ein wenig Chemie machen für diejenigen unter uns, die vor zu langer Zeit die Schulbank gedrückt haben und nicht mehr auf dem Laufenden sind.« Er zeigte in die Mitte des Periodensystems und sagte: »Das hier ist übrigens das Element Osmium, ein Übergangsmetall mit der Ordnungszahl 76. Einige werden sich erinnern. Die Ordnungszahl ist gleichbedeutend mit der Anzahl der Protonen, den positiv geladenen Teilchen im Atomkern. Es gibt allerdings auch noch die nicht geladenen Neutronen im Kern. Ich könnte vereinfacht sagen: Je mehr Protonen und Neutronen ein Atom hat, umso schwerer ist es. Das letzte uns bekannte, in der Natur vorkommende Element ist Uran mit der Ordnungszahl 92. Alle mit höheren Ordnungszahlen kommen nicht natürlich vor, sondern wurden von Menschen freiwillig in Teilchenbeschleunigern oder eher unfreiwillig bei Atombombentests erzeugt. Diese sogenannten Transurane sind nicht stabil, sondern zerfallen radioaktiv. Ab Ordnungszahl 104 werden sie als superschwere Elemente bezeichnet. Das letzte, das schon einen Namen erhalten durfte, ist übrigens Element 112. Copernicium – hier!« Wieder wanderte der rote Lichtpunkt zur entsprechenden Stelle in der großen Tabelle. »Danach sehen Sie noch sechs Elemente mit den Ordnungszahlen 113 bis 118. Alle wurden für Bruchteile einer Sekunde im Teilchenbeschleuniger nachgewiesen und sind noch ohne Namen. Deshalb die Bezeichnungen, wie Ununtrium für 113 und Ununoctium für 118. Ich hoffe, der eine oder andere kann sich noch an den Chemieunterricht erinnern. Ich will es jetzt nicht zu kompliziert machen. Wir wurden nur immer wieder gefragt, warum wir mit unseren

Teilchenbeschleunigern so viel Geld verschleudern, nur um riesige instabile Atome zu erzeugen, die sofort wieder zerfallen. Grundlagenforschung, habe ich dann immer gesagt, und dass wir aufgrund theoretischer Überlegungen hoffen, irgendwann, vielleicht bei Ordnungszahl 126, auf eine Insel der Stabilität zu treffen. Einen Ort der Glückseligkeit, an dem wir auf ein stabiles Element treffen, mit Eigenschaften, die wir nur erahnen können, die aber auch ungeahnte Möglichkeiten versprechen.«

Die Spannung im Auditorium brachte die Luft über den Zuhörern quasi zum Knistern, und Ferguson ließ jetzt die Katze aus dem Sack. »Das, was wir hier vor uns haben, ich erwähnte es eingangs schon, darf es eigentlich gar nicht geben. Dieser Meteoritensplitter besteht aus Unhexaquadium.« Den nun folgenden Tumult musste Ferguson übertönen, um seine letzten Worte ins Publikum feuern zu können: »Sie haben richtig gehört! Das hier ...«, er deutete auf den Splitter, »ist das chemische Element mit der Ordnungszahl 164. Um genauer zu sein, es ist das Isotop Unhexaquadium 482 mit 164 Protonen und 318 Neutronen. Dieser Stoff ist äußerst stabil, wie ich Ihnen versichern kann und ...«, er legte eine kurze dramatische Pause ein, »dieses Material stammt auf keinen Fall von unserem Planeten.«

Der letzte Satz Fergusons löste ein lärmendes Durcheinander aus, das aber vom Signalgong in geordneten Bahnen in die Pause kanalisiert wurde. Einer Pause, in der es viel zu diskutieren gab. Mit heißer Nadel wurden die wüstesten Hypothesen gestrickt und wieder verworfen. Woher kam plötzlich ein Stoff, ein neues Element, das es weder auf der Erde noch sonst irgendwo hätte geben dürfen? Wieso schien dieses Material als Träger für ein Schalterprotein zu dienen, das geeignet war, jedes Leben auf der Erde auszulöschen? Unverständnis, Ungläubigkeit und fassungsloses bis ehrfürchtiges Erstaunen machten sich breit.

Manche Menschen verfielen in kindlich naive Ansichten über die Herkunft des Splitters. Zum Teil waren diese Spekulationen auch religiöser Natur, was Alex an ihrem Verstand zweifeln ließ.

»Um mit dem letzten Satz zu beginnen: Dieses Material stammt auf keinen Fall von unserem Planeten!« Die Pause war zu Ende. Ferguson stand wieder mit dem Headset im Fokus der versammelten SU10$^5$-Gemeinde.

»Und um ehrlich zu sein, ich weiß auch nicht, wo es sonst herstammen könnte. Um dieses Element in einer solchen Reinheit und Menge herstellen zu können, sind ungeheure Energien notwendig, die in keiner Sonne erreicht werden. Auch nicht bei einer Supernova. Es dürfte Ihnen bekannt sein, dass beginnend mit dem Wasserstoffbrennen der Sterne die schweren Elemente bis zum Eisen aus anderen Atomen fusioniert wurden.« Wieder wanderte sein roter Laserstrahl über das Periodensystem. »Das, was nach dem Eisen kommt, ich meine bis zum letzten natürlich vorkommenden Element Uran, muss durch viel extremere kosmische Ereignisse erschaffen worden sein. Zum Beispiel durch die eben genannten Supernovae – Sternenexplosionen, die am Ende eines Sternenlebens ungeheure Energiemengen freisetzen. Aber keine uns bekannte kosmische Katastrophe vermag es, diesen Splitter und den restlichen, wahrscheinlich irgendwo in Finnland liegenden Meteoriten zu erzeugen. Und damit meine ich nicht nur das Material Unhexaquadium 482. Sondern ich denke dabei auch an den inneren Aufbau des Meteoriten. Ich sagte am Anfang meines Vortrages zu Ihnen, Sie würden heute nicht mehr aus dem Staunen herauskommen.«

Ferguson nahm wieder die Kamera zur Hand, und der blauschwarze Splitter erschien auf dem Bildschirm. »Wenn ich näher heranzoome, können Sie blasenförmige Einschlüsse im Material sehen, die zum Teil hier an der Abrisskante schon geöffnet sind. Sie hinterlassen dann kleine halbkugelförmige Vertiefungen im Splitter. Einige sind aber noch geschlossen und scheinen irgendeinen Stoff oder auch ein Stoffgemisch zu enthalten, das sich farblich vom restlichen Splitter abhebt.«

Deutlich erkannte jeder der Anwesenden die sich in dunklem Grau vom Schwarz des Splitters abhebenden Einschlüsse.

»Was sich in diesen Blasen befindet, war uns zunächst unklar. Aber dazu gleich mehr. Wir haben selbstverständlich viele Tests mit dem Material unternommen, um so viel wie möglich über die Stoffeigenschaften dieses Elementes herauszubekommen. Und dieses Material zeichnet sich wirklich durch außerordentliche Eigenschaften aus. Erst einmal ist es ein metallischer Supraleiter. Aber wirklich Seltsames haben wir entdeckt, als wir den Schmelzpunkt bestimmen wollten. Also wir haben es erhitzt und mussten bei 2057 Grad Celsius eine sonderbare Entdeckung machen. Das Material war noch nicht geschmolzen. Der Schmelzpunkt liegt bei weit über 5000 Grad, und alleine das hätte schon gereicht, um uns stutzig zu machen, denn kein Element hat solch einen hohen Schmelzpunkt. Aber ab 2000 Grad Celsius geschah etwas sehr Merkwürdiges in den kugelförmigen Einschlüssen. Ausgelöst durch die extreme Hitze schien in den Blasen, denen wir bis dato noch keine große Aufmerksamkeit geschenkt hatten, eine chemische Reaktion abzulaufen. Eine, die dazu führte, dass sich die enthaltene Substanz regelrecht durch das Unhexaquadium fraß und als gelbliche Flüssigkeit nach außen trat.«

Wieder wurde sein Vortrag durch entsprechende Bilder auf dem Bildschirm begleitet. Es waren erst die blasenförmigen Einschlüsse zu sehen und dann folgte ein Bild mit der eben von ihm beschriebenen gelben Flüssigkeit, die aus dem schwarzen Material heraus sickerte.

»Wir haben diese Flüssigkeit sofort analysiert, und ich denke, jeder hier im Saal ahnt schon, was wir gefunden haben. Ganz recht, neben einer

Menge unbekannter Stoffe haben wir in dieser Flüssigkeit das Schalterprotein in hoher Konzentration nachweisen können. Das chemische Verhalten der anderen Substanzen gab uns große Rätsel auf. Diese Stoffe sind aber mit Sicherheit an dem durch Hitze induzierten Öffnungsmechanismus der Kapsel beteiligt.«

Wieder brach ein Tumult aus, Ferguson wurde mit lauten Zwischenfragen bombardiert.

»Aber, aber, meine Damen und Herren, alles der Reihe nach. Lassen Sie mich doch bitte fortfahren. Wir werden nach meinem Vortrag noch ausreichend Zeit haben, das Gehörte zu diskutieren. Ich weiß, was Sie jetzt beschäftigt, und auch ich gehe nach meinem jetzigen Kenntnisstand nicht davon aus, dass es sich hier noch um eine zufällige Anordnung handeln kann. So wie es aussieht, ist dieser Meteorit von einem wie auch immer gearteten planenden Geist konstruiert worden. Es scheint, als handelt es sich hier um eine biologische Sonde, die nur zu dem Zweck entwickelt worden ist, das biologisch aktive Protein sicher auf die Oberfläche eines Planeten zu bringen, der eine Atmosphäre besitzt. Nur beim Eintritt in eine dichte Atmosphäre wird das Material zwangsläufig durch die Reibungshitze der atmosphärischen Gase auf eine so hohe Temperatur erhitzt, die geeignet ist, die chemische Reaktion in den Blasen zu starten. Damit wird der Öffnungsmechanismus angestoßen, um letztendlich das hoch infektiöse Material am Ziel abzuliefern. Meiner Meinung nach handelt es sich bei unserem Meteoriten um nichts anderes als eine hochkomplexe biologische Waffe, die von einer unbekannten Intelligenz geplant und konstruiert wurde. Ob sie gezielt oder nur durch Zufall in das Schwerefeld der Erde gelangte und hier einschlug, darüber können wir nur spekulieren. Ich beende meinen Vortrag an dieser Stelle und stehe für Fragen und Diskussionen der wirklich sensationellen Ergebnisse zur Verfügung.«

Als Erster wurde einem kleinen, leicht untersetzten Mann das Wort erteilt. Er schritt zu einem der Saalmikrofone und stellte sich als Peter Douglas vor. Douglas war Mitarbeiter des meteorologischen Dienstes der SU10[5]. »Meine Frage bezieht sich auf die Reibungshitze beim Eintritt in unsere Atmosphäre. Wenn sich der Meteor auf diese Temperatur erhitzt, wie kann es dann sein, dass ein Protein, noch dazu ein biologisch aktives Eiweiß, dabei nicht denaturiert und seine Funktionalität verliert?«

Ferguson antwortete ihm direkt: »Das ist eine gute Frage, Peter. Bei der Beantwortung kann ich gleich mit dem alten Mythos von rauchenden und glühenden Meteoritentrümmern aufräumen, wie wir sie aus verschiedenen Filmen kennen. Beim Flug durch unsere Atmosphäre erhitzt sich die Außenhülle eines Meteoriten zwar auf mehrere Tausend Grad, aber aufgrund der kurzen Flugzeit findet keine Wärmeleitung nach innen statt. Dafür reicht die Zeit einfach nicht aus. Im Gegenteil werden diese Geschosse aus dem All in den oberen Atmosphärenschichten stark abgebremst und fallen schließlich mit normaler Fallgeschwindigkeit zu Boden, sodass sie in der kalten Höhenluft stark abgekühlt werden. Man hat schon Meteoriten gefunden, die durch die extreme Abkühlung an ihrem Fundort mit einer Eisschicht überzogen waren. Unser Meteoritentrümmer zeigt noch nicht einmal die typische Schmelzkruste eines normalen Meteoriten, was wahrscheinlich mit der hohen Schmelztemperatur des Unhexaquadium 482 zusammenhängt. Die Temperaturen müssen lediglich ausgereicht haben, die chemische Reaktion in den Blasen zu aktivieren. Sie haben damit den Öffnungsmechanismus angestoßen. Außerdem glauben wir, dass einige der unbekannten Stoffe in den Blasen zur Hitzestabilisierung der Eiweiße dienen. Und wie soll ich sagen: It works, wie wir leider alle erfahren mussten. Habe ich Ihre Frage damit ausreichend beantworten können?«

Douglas bedankte sich für die Informationen, und der nächste Fragesteller trat an das Mikrofon. Ohne sich vorzustellen, begann der Mann, der mit seiner imposanten Körpergröße wahrscheinlich den Großteil der Menschheit überragte, zu reden: »Professor Ferguson, wie Sie uns ausführlich dargelegt haben, müssen wir davon ausgehen, dass die Menschheit von einer uns völlig unbekannten Lebensform angegriffen wird. Ich will noch mal zusammenfassen, was für diese These spricht. Ein Meteorit aus einem uns bis dato völlig unbekannten Material, einem neuen Element, das es so eigentlich gar nicht geben dürfte, schlägt am 24. Dezember des letzten Jahres irgendwo in der Nähe des finnischen Salla auf der Erdoberfläche ein. Beim Eintritt in unsere Atmosphäre wird er erhitzt, wodurch im Gefüge des Materials eine chemische Reaktion aktiviert wird, die es dergestalt modifiziert, dass sich die flüssigkeitsgefüllten Blasen nach außen hin öffnen können. Das hochinfektiöse Protein wurde so freigesetzt und beginnt die Flora unseres Planeten vollständig zu eliminieren. Dabei wird es über einen autokatalytischen Prozess von Pflanze zu Pflanze weitergegeben. Was das im Weiteren für uns bedeutet, muss ich nicht ausführen. Diese Vorgänge können nicht zufällig ablaufen, und das lässt keinen anderen Schluss zu, als dass alledem eine perfide Planung zugrunde liegt. Nun zu meinem Vorschlag. Wenn wir doch die Flugbahndaten dieses Meteoriten haben, warum extrapolieren wir nicht die uns bekannte Flugbahn einfach in den Kosmos hinaus und finden heraus, woher dieses Ding kam und wo die Dreckschweine sitzen, die uns diese Scheiße eingebrockt haben?«

Im Saal brandete tosender Applaus auf, und die Menge grölte. Endlich jemand, der nicht alles nur in wissenschaftlicher Nüchternheit analysierte und mit stoischer Ruhe den Untergang der Menschheit ertrug, sondern versuchte, den Spieß umzudrehen.

Ferguson wollte auch ihm direkt antworten, sah aber Sam O'Brian an einem weiteren Saalmikrofon stehen und ihm zuwinken. Da beide sich aus ihren Studienzeiten kannten und Ferguson wusste, dass O'Brian als Astrophysiker und SETI-Forscher mit Sicherheit der richtige Mann für eine passende Antwort war, erteilte er ihm das Wort.

»Sam O'Brian, Astrophysiker!«, stellte er sich kurz mit energischer Stimme vor. »Das, was Sie vorgeschlagen haben, also die Herkunft des Himmelskörpers zu klären, dürfte sich schwieriger gestalten, als Sie sich das vorstellen. Eine genaue Flugbahnberechnung dürfte bei den unvorstellbaren Dimensionen unseres Kosmos unmöglich sein. Wir könnten feststellen, aus welchem Quadranten das Ding kam, aber einen genauen Ursprungsort werden wir nicht ausmachen können. Selbst wenn wir dazu in der Lage wären, was sollten wir denn tun, wenn wir ein Sonnensystem in mehreren Lichtjahren Entfernung oder gar einen diese Sonne umkreisenden Planeten als Abschussbasis unserer Proteinsonde identifizieren könnten? Was tun wir dann? Wollen Sie als Vergeltungsmaßnahme Raketen mit atomaren Sprengköpfen auf die lange Reise zu einem imaginären Feind schicken, oder senden wir ein Radiosignal und bitten um Hilfe? Bei den zu erwartenden kosmischen Entfernungen mutet das wie ein schlechter Witz an. Die Ankunft der Raketen würden dann Ihre Urenkel oder irgendjemand zwanzig oder mehr Generationen später nur vermuten können. Einen Beweis für einen Treffer würden wir nie erbringen können. Außerdem würden wir niemals treffen. Ein Radiosignal wäre auch viel zu lange unterwegs, um irgendetwas ausrichten zu können. Wenn ich mich so reden höre, beschleicht mich langsam das Gefühl, nicht mehr Herr meiner Sinne zu sein. Diese Gedankengänge sind vollkommen absurd. Auch vor dem Hintergrund, dass derjenige oder diejenigen – oder sollte ich vielleicht sagen, dasjenige – uns technisch um Längen voraus sein muss. Das

Material und die Konstruktion dieser, nennen wir es einfach mal so, biologischen Waffe lassen einen hochintelligenten, planenden Geist hinter allem erwarten. Immerhin war dieser in der Lage, uns ein Schalterprotein zu schicken, das wie ein Schlüssel ins Schloss des pflanzlichen Erbgutes passt. Und dass ohne sichtbaren räumlichen und zeitlichen Bezug zu unserem Planeten. Entweder ist die terrestrische DNS mit ihren Introns ein allgemeingültiges Prinzip im Kosmos oder, und ich habe das schon mal gesagt, er- sie- es war schon mal hier. Das dürfte dann schon eine Weile her sein und würde ihre Überlegenheit gegenüber unserer Spezies ins Unermessliche steigen. Wir können uns noch nicht mal ein Bild von dieser Lebensform machen. Vielleicht ist es gar keine Lebensform. Wer weiß, es könnte auch einer technischen Evolution entsprungen sein.

Lassen Sie es mich mit einem kleinen Gedankenexperiment verdeutlichen. Die Menschwerdung auf der Erde begann irgendwann vor fünf Millionen Jahren mit der Abspaltung der Schimpansen von der menschlichen Entwicklungslinie. Vor drei Komma sieben Millionen Jahren hinterließ eine kleine Familie der ersten aufrecht gehenden Hominiden, nämlich Australopithecus, in einer Ascheschicht des Vulkans Sadiman in Tansania ihre Fußspuren. Vor drei Komma sieben Millionen Jahren! Das ist ein Tausendstel des Alters des Lebens auf Erden. Wenn wir uns nun die Entwicklung anschauen, hat es drei Komma sieben Millionen Jahre von diesen Schritten bis zu den ersten Schritten eines Menschen auf dem Mond gebraucht. Stellt sich die Frage, wo wir in weiteren drei Komma sieben Millionen Jahren stehen? Aber eine andere Frage ist viel beunruhigender. Wo könnte eine extraterrestrische Lebensform bei einem geschätzten Alter des Universums von fast vierzehn Milliarden Jahren stehen? Seien wir realistisch und sagen, ihre ersten Fußabdrücke, oder was auch immer sich abgedrückt hat, haben sie vor fünf Milliarden Jahren auf ihrem Planeten hinterlassen. Dann wären sie uns rein hypothetisch um fast fünf Milliarden Jahre in ihrer Entwicklung voraus. Das wäre mehr, als unsere Erde mit vier Komma fünf vier Milliarden Jahren auf dem Buckel hat. Und dann wären sie ebenfalls der menschlichen Intelligenz - vorausgesetzt es gibt so etwas - um Milliarden Jahre voraus. Solch einen Vorsprung kann man selbst mit irdischen Beispielen nicht annähernd verdeutlichen. Auch der oft bemühte Vergleich von der extraterrestrischen Superzivilisation, deren Überlegenheit gegenüber der Menschheit sich wie unser Verhältnis zu einer Ameise verhält, hinkt. Die Ameise und uns trennen keine fünf Milliarden Jahre Entwicklung. Wer weiß, was aus einer Ameise oder einem Ameisenstaat in dieser Zeit bei optimalen Bedingungen auf einem fernen Planeten alles werden könnte. Was ich meine, ist, dass wir bei einer solchen Kontaktaufnahme äußerst vorsichtig agieren müssten, wenn wir nicht den Kürzeren ziehen und unter einem wie auch immer gearteten extraterrestrischen Körperteil zerquetscht werden wollen.

Also, ich appelliere an Ihre Vernunft, auf keinen Fall den Versuch einer Kontaktaufnahme über ein Radiosignal zu unternehmen, sondern einfach nur stillzuhalten und abzuwarten. Aber gerne erkläre ich mich bereit, mit meinen Mitarbeitern die Flugbahn soweit als möglich zu berechnen und mit unseren Teleskopen den Himmel zu überwachen. Wer weiß, vielleicht entdecken wir ja eine Armada außerirdischer Raumschiffe, die sich der Erde nähert. Dann sollten wir uns treffen, um zu diskutieren, was zu tun, bleibt.

## 01. Oktober, Deutschland – Jagdschloss Marburg

»Alex hat eben noch mal angerufen!« Anna stürmte freudestrahlend in die Küche und setzte sich zu den anderen.

Mia hatte heute Morgen für alle Pfannkuchen gemacht und stellte einen Teller mit einem Berg dampfender Eierkuchen auf den Tisch. Elias Augen schienen bei dem Anblick überzulaufen. Er langte ordentlich zu. Seine Geschwister und Simone taten es ihm gleich. Die Pfannkuchen wurden dick mit Marmelade bestrichen und verschwanden zusammengerollt in den Mündern.

Mit den Händen in die Hüfte gestemmt stand Mia mit ihrem mittlerweile ausladenden Bauch da und musste lachen. »Hey Anna, nimm dir einen Teller und hau rein. Das waren die letzten frischen Eier für den Rest unseres Lebens. Ab jetzt gibt's nur noch Trockenei, und auch das geht irgendwann aus. Was sagt Alex?«

Anna ließ sich das nicht zweimal sagen und langte zu. Mit vollem Mund fing sie an zu erzählen: »Morgen ist er wieder zu Hause, und er sagt, du sollst mit deinem Kind auf jeden Fall auf ihn warten. Außerdem freut er sich tierisch auf uns alle. Er erzählte auch vom Kongress. Am Lago Lugano müssen sie eine Vielzahl dieser seltsamen Organismen gefunden haben, die wir schon aus dem finnischen See kennen. Und er sagte auch, dass man den Grund für die elektromagnetischen Störungen entdeckt hat. Offenbar haben diese Viecher elektrische Organe und erzeugen mit deren Hilfe elektrische Felder. Wahrscheinlich zur Orientierung oder zum Beuteerwerb, man weiß es nicht genau. Aber der Hammer muss der Vortrag über den Meteoritensplitter aus Finnland gewesen sein.«

»Wieso? Was hat er erzählt?« Mia setzte sich neben Anna an den Tisch und fuhr Elias durch die Haare.

»Die Analyse des Materials hat ergeben, dass der Meteorit aus irgendeinem neuen Element besteht, das es auf der Erde nicht gibt. Alex hat einen Namen genannt, den ich mir nicht merken konnte. Irgendwas Lateinisches. Klang wie Unexagwadium.«

Die Physikerin in Mia war plötzlich hellwach und schaute Anna mit forschenden Augen an: »Hat er vielleicht Unhexaquadium gesagt?«

»Ja, ich glaube, das hat er gesagt, und noch eine Zahl.«

»Die Zahl bestimmt das Isotop. Das kann doch nicht wahr sein. Wenn das stimmt, was du sagst, dann handelt es sich um ein völlig neues Element. Das käme einer Sensation gleich, denn dieses Element gibt es wirklich nicht auf der Erde und dürfte es eigentlich gar nicht geben. Höchstens in der theoretischen Chemie.«

»Er hat auch noch erwähnt, dass sie in den Blasen des Meteoriten hohe Konzentrationen des Schalterproteins gefunden haben und dass damit der Beweis für die außerirdische Herkunft der Pflanzenseuche erbracht ist.«

Mia dachte nach. Sie schaute dabei aus dem Fenster auf die toten Bäume, die ihr Gerippe kahl in den Himmel streckten. Dann murmelte sie vor sich hin: »Wenn das Zeug aus dem All stammt, was hat es dann mit diesen runden Organismen in den Seen auf sich? Welches Ziel verfolgt diese Lebensform mit ihren elektromagnetischen Feldern?« Sie schaute Anna in die Augen: »Das ist kein Zufall! Ich war schon immer der Meinung, dass dieser Organismus nicht zufällig entstanden ist, sondern eine Aufgabe zu erfüllen hat. Es ist so naheliegend, dass man die Hände danach ausstrecken kann, es aber nicht zu fassen bekommt. Ich werde noch wahnsinnig. Es ist zum Greifen nahe, aber ich kann es nicht begreifen.« Mia ließ resigniert die Hände auf den Tisch fallen und schüttelte besorgt den Kopf. »Egal, dieses Rätsel wird sich früher oder später von selbst lösen. Ich kann und will mir jetzt nicht länger den Kopf zerbrechen. Wir müssen an unsere Zukunft und die unserer Kinder denken.« Sie nahm Annas Hände in ihre und lachte Aada an: »Hey Aada, was meinst du, sollen wir noch ein bisschen schießen üben?«

»Ja gerne, aber wir sollten uns mit deinem dicken Bauch nicht mehr allzu weit vom Schloss entfernen. Wer kommt noch mit?« Aada schaute abenteuerlustig und voller Tatendrang in die Runde, und alle mussten lachen, als Elias rief, er wolle auch mal schießen üben. Am Ende waren es wieder Mia, Aada und Simone, die im Hummer das Schloss verließen. Anna, Elias und Toni blieben zurück, um den schönen sonnigen Herbsttag im Schloss zu verbringen und das gemeinsame Abendessen vorzubereiten.

Wie bei jedem Ausflug nahmen sie auch Drago mit, der sich über den zusätzlichen Auslauf freute. Mia steuerte den schweren Wagen sicher den schmalen Weg hinauf. Sie betätigte die Automatik für das Schließen der Zugbrücke, die sogleich von den schweren Elektromotoren an den beiden Stahltrossen angehoben wurde. Hätte Mia im richtigen Moment in den Rückspiegel gesehen, wäre ihr die große, leicht untersetzte Gestalt mit den roten Haaren vielleicht noch aufgefallen. Die Person setzte mit einem gewagten Sprung über den Graben hinweg, um sich dann an der Zugbrücke hochzuziehen und schnell ins Hofinnere zu rutschen.

Aber niemand beobachtete das sonderbare Geschehen. Die Brücke schloss sich und wurde sogleich in das Alarmsystem des gesamten Komplexes miteinbezogen.

## 01. Oktober, Irland – Insel Dursey

Das einst als *Grüne Insel* bekannte irische Eiland lag braun und vermodert in den nassen atlantischen Herbststürmen, die solche Unmengen an Regen über das Land trieben, wie es seit Menschengedenken keiner mehr gesehen hatte. Die noch vor einer Woche in der letzten Herbstsonne verdorrenden toten Wiesen und Wälder verfaulten mittlerweile unter den Wassermassen.

Alles war klamm. Das Wasser lief am Küchenfenster hinab, während Doreen O'Sullivan ihren letzten Kaffee trank. Heute, wie in den letzten Tagen auch, ohne ihre geliebte Morgenzigarette. Es gab keine Zigaretten mehr. Überhaupt gab es nichts mehr, was man noch besorgen konnte. Die Läden, Supermärkte und Vorratslager waren leer und deren Besitzer längst verhungert, oder sie würden in den nächsten Tagen und Wochen den Löffel abgeben. Selbst die einstmals fetten Mäuse waren am Verhungern. Doreen sah sie in den letzten Tagen oft ausgemergelt und auf Nahrungssuche, ohne Deckung, über die verregneten Straßen torkeln. Sonst sah sie niemanden mehr durch die Straßen gehen. Die meisten, besonders die Alten und Schwachen, waren schon lange tot. Die anderen hauchten gerade ihr Leben mit den letzten spärlichen Vorräten in den eigenen vier Wänden aus.

Dass das alles seinen Anfang mit einem orangen Ball in einem Baum genommen hatte, der nichts anderes als eine kranke Mistel gewesen war, konnte Doreen immer noch nicht fassen. Heute war sie mit letzten Kräften aufgebrochen. Den Kindern hatte sie gesagt, dass sie bald wieder zurück sein und ihnen dann auch etwas mitbringen würde. Den Weg bis zur Apotheke im Nachbarort legte sie in einer halben Stunde zurück. Gestärkt durch das Frühstück war sie besser als gedacht vorangekommen und hatte keine Pausen einlegen müssen. Zum Frühstück hatte sie den Kindern und sich selbst die gesamten Reste ihrer Vorräte aufgetischt. Für jeden gab es zwei Scheiben Toast. Es war zwar schon ein wenig Schimmel daran, aber mit den Resten der Aprikosenmarmelade konnte man den schlechten Geschmack überdecken. Die Kinder hatten sich sehr über das üppige Mahl gefreut. Sie wussten natürlich nicht, dass es ihre letzte Mahlzeit sein würde, und Doreen hatte es ihnen auch nicht erzählt.

Die Apotheke war verschlossen. Doreen wusste, dass es keinen Sinn machen würde, auf die Klingel der Privatwohnung zu drücken. Der Besitzer und seine Frau waren seit einer Woche tot - Selbstmord. Sie hatte es letzte Woche vom Pfarrer gehört, der immer noch mal nach ihr und den Kindern gesehen hatte. Sie hatte nur gedacht, dass das nicht die schlechteste Lösung in Anbetracht des unausweichlichen Todes war. Sie war sich ziemlich sicher, dass ein studierter Pharmazeut wusste, wie man so etwas am besten anstellen musste, ohne lange zu leiden. Der Pfarrer dachte genau wie sie. Er schob sich am nächsten Tag in Ermanglung pharmazeutischer Kenntnisse eine Schrotflinte in den Mund, um sein Leben zu beenden. Auch das wäre für Doreen annehmbar gewesen, aber sie hätte es niemals ihren beiden Kindern antun können. Also blieb nur noch der Weg zur Apotheke.

Doreen zog das Nageleisen aus dem Rucksack und hebelte mit einem Ruck die Nebeneingangstür der Apotheke auf. Sie war nicht abgeschlossen, sondern nur ins Schloss gefallen, und gab sofort nach. Im Inneren war es stockdunkel. Ein fürchterlicher Verwesungsgeruch schlug ihr entgegen. *Die müssen länger hier gelegen haben!*, schoss es ihr durch den Kopf.

Sie schritt langsam durch den Flur und kramte eine Taschenlampe hervor. Ungute Gedanken krochen aus den dunklen Winkeln ihres Unbewussten. Hoffentlich hatte man wenigstens die Leichen noch beerdigen können und sie vergammelten nicht hier. Doreen wusste aus dem Bericht des Pfarrers, dass die beiden im Wohnzimmer der Privatwohnung gefunden wurden. Sie leuchtete mit der Taschenlampe den Flur aus. Direkt drei Meter weiter sah sie die Treppe zur Wohnung im ersten Stock. Der ekelige Geruch und der Gedanke an die verwesenden, nicht begrabenen Leichen nahm an Intensität immer mehr zu. Oben fand sie schnell das Wohnzimmer und atmete hörbar auf. Hier lagen keine Leichen mehr.

Doreen leuchtete den Raum mit ihrer Lampe aus und entdeckte schließlich den Lichtschalter. Dort auf dem Sofa und dem Sessel mussten sie gelegen haben. Zwei leere Wassergläser standen noch auf dem Tisch, und auch noch etwas anderes stand dort. Doreen hoffte, dass sie fand, was sie für ihre Zwecke brauchte.

## 01. Oktober, Alaska – Prospect Creek

Der Winter streckte in diesem Jahr schon früh seine eiskalten Klauen aus. Die Temperaturen in Zentralalaska fielen jetzt Ende September schon weit unter den Gefrierpunkt. Letzte Nacht hatte das Thermometer mit 21 Grad unter Null einen neuen Tiefenrekord für das laufende Jahr aufgestellt.

Der Motor des Dodge wäre beinah nicht mehr angesprungen. Erst mit einem letzten verzweifelten Jaulen des Anlassers erwachte der Achtzylinder zu neuem Leben. Akecheta Lavoie trat das Gaspedal voll durch. Der Wagen schlingerte mit durchdrehenden Reifen und aufheulendem Motor auf der schockgefrosteten Straße hin und her, bis er wieder die Gewalt über das Fahrzeug hatte. Endlich konnte *er* die Fahrtrichtung vorgeben.

Gestern Nacht hatte er seine Familie erlöst. Das heißt, er hatte seinem einundneunzig Jahre alten Vater und seiner neunzigjährigen Mutter einen schnellen und barmherzigen Tod gebracht. Sein Vater hatte ihn darum gebeten. Es war für den alten Mann eine fürchterliche Vorstellung, am Ende eines langen, erfüllten Lebens an der Seite seiner Frau auf einen erbärmlichen Hungertod warten und würdelos dahinsiechen zu müssen. Am schlimmsten empfand er aber die Vorstellung, seiner geliebten Frau dabei zusehen zu müssen und sie am Ende noch zu überleben.

Akecheta hatte ihm versprochen, zuerst die Mutter im Schlaf zu erschießen und sich erst dann um ihn zu kümmern. Als er aus dem gemeinsamen Schlafzimmer der betagten Eltern in das Wohnzimmer trat, saß sein Vater in Indianerkleidung und mit dem Schmuck der Ahnen auf dem alten Sessel. Die zwei Schüsse hatte er gehört. Eine Träne lief an seiner Wange herunter. Akecheta sah ihn zum ersten Mal im Leben weinen.

»Hat sie leiden müssen?«

»Nein Vater,sie war sofort tot. Sie hat nichts mitbekommen.«

»Gut, mein Sohn, dann lass es uns jetzt beenden. Ich will sie so schnell wie möglich wiedersehen und sie in meine Arme schließen. Sie darf nicht lange alleine bleiben. Es ist kalt dort, und du weißt doch, wie schnell sie friert.«

Akecheta trat einen Schritt auf ihn zu, die Waffe lag schwer in seiner Hand.

»Nein, du hast heute genug für mich getan. Gib mir den Revolver. Ich werde wie ein Mann sterben. Wenn wir uns verabschiedet haben, geh! Schau dich nicht mehr um und kehre niemals hierher zurück.«

Sie umarmten sich ein letztes Mal sehr innig. Akecheta verließ mit Tränen in den Augen den kleinen Bungalow und rannte die letzten Meter zu seinem Wagen. Als er den ersten Schuss hörte, drehte er sich um und sah, wie die Flammen aus dem Küchenfenster schlugen. Sein Vater musste auf den Kanister mit Benzin geschossen haben, den er für ihn auf den Küchentisch gestellt hatte. Als der zweite Schuss durch die hereinbrechende Nacht hallte, wusste Akecheta, dass er alleine auf dieser Welt war. Vater und Mutter würden nun wieder vereint sein.

Akecheta steuerte den großen Wagen immer tiefer über verschneite Waldwege in den verdammten toten Wald. Er war seinem Ziel schon sehr nah. Schließlich hielt er den Wagen an, drehte den Zündschlüssel, und der Motor erstarb sofort. Er verschwendete keinen Gedanken daran, ob er bei dieser Kälte wieder anspringen würde, und warf den Schlüssel beim Aussteigen in hohem Bogen über die Schulter in den Schnee. Die letzten paar hundert Meter wollte er zu Fuß gehen. Die Scheinwerfer des Dodge leuchteten ihm ein Stück, bis Akecheta einem Knick des Weges tiefer in den Wald folgte und das Licht immer schwächer wurde. Die Batterie des Wagens hatte nicht mehr viel zu bieten, nachdem er sie beim Starten fast leer genudelt hatte. Aber er sah genug. Der klare Himmel wurde vom Licht des fast vollen Mondes in seinem Rücken erhellt. Akecheta sah, wie sein Mondschatten seinen Schritten vorauseilte, so als wolle er ihm den Weg weisen, den er sowieso kannte. Und dann sah er ihn, oder die Reste von ihm, die sich immer noch majestätisch in den Himmel reckten. Heute stellte er nur ein Abbild seines ursprünglichen erhabenen Glanzes dar.

Sein Vater hatte ihm den Baum damals gezeigt. Er war noch ein kleiner Junge gewesen, höchstens fünf oder sechs Jahre alt. Er hatte lange ehrfürchtig vor der mächtigen Eiche gestanden und den Worten seines Vaters gelauscht. Uralt war dieser Baum, den sie in ihrer Sprache Chichilbaye nannten. Er wurde schon in den Liedern der Urahnen besungen, und das war zu Zeiten, als noch kein Weißer den amerikanischen Kontinent betreten hatte. Aber selbst dieser alte Baumriese hatte der Pflanzenkrankheit letztendlich nichts entgegenzusetzen. Jetzt war auch er gestorben. Nie wieder würde Akecheta das Rauschen und Rascheln seiner Blätter im Wind vernehmen können. Heute Nacht wollte er im Schatten seines mächtigen Stammes diese Welt für immer verlassen.

Akecheta setzte sich am Fuße des massigen Stammes nieder und lehnte sich an den toten Baum. Das Mondlicht erhellte die Umgebung. Hin und wieder konnte er den Schatten einer schnell vorbeiziehenden Wolke mit seinen Blicken verfolgen, bis das Gesichtsfeld sich langsam verengte. Im Geiste lag er auf einer sonnigen Wiese und lauschte dem Gesang der Vögel. Seine Gliedmaßen konnte er zu dem Zeitpunkt bei Minus 19 Grad schon nicht mehr spüren. Als der Tod seine Kreise immer enger um ihn zog, legte sich ein wissendes Lächeln auf Akechetas Lippen, und er hörte von Ferne eine Stimme rufen. Aus der einen wurden viele. Als sie den

Vogelgesang übertönten, ließ er sich fallen und war sich sicher, dass er alle, die da riefen, schon mal gesehen hatte. Ob in diesem Leben oder in einem anderen, war jetzt ohne Belang für ihn.

## 01. Oktober, Frankreich – Paris

Zwei ihrer Kinder hatten Gérard und seine Frau Joie schon unter die Erde bringen müssen. Die beiden einjährigen Zwillinge hatten dem Hungertod nichts mehr entgegenzusetzen. Mittlerweile war es schwierig, im Park noch eine freie Fläche für ein Begräbnis zu finden. Zu viele Menschen starben in letzter Zeit an den Folgen der ständigen Unterernährung. Auf den einst grünen Rasenflächen reihte sich Grab an Grab.

Einige groß, einige klein – für die Kleinsten der Gesellschaft. Manche augenscheinlich schon einige Wochen alt, manche noch frisch. Zu erkennen an dem noch feuchten, aufgeworfenen Erdreich, das nur langsam trocknete. Die frischen Gräber waren eindeutig in der Mehrzahl. Sie schienen in den letzten Tagen wie die sprichwörtlichen Pilze aus dem Boden geschossen zu sein.

Gérard und sein Freund Till kamen von einem ihrer vielen Streifzüge zurück, der sie diesmal bis in die Randbezirke von Paris geführt hatte. Sie gingen über den zum Friedhof umgewandelten Park. Dabei versuchten sie keine unnötigen Geräusche zu machen, um nicht so kurz vor dem Ziel doch noch Aufmerksamkeit auf sich zu ziehen. Die Holzkreuze standen in allen Größen und allen Form- und Farbvariationen an den Gräbern. Sie ließen das Ambiente in den letzten Strahlen der untergehenden Sonne unwirklich erscheinen.

Gérard hielt die doppelläufige Schrotflinte fest in der Rechten. All seine Sinne waren bis zum Äußersten gespannt. Till ging direkt hinter ihm, und Gérard konnte das klackernde Geräusch hören, welches der Lauf von Tills Pumpgun bei jedem seiner Schritte machte, wenn er gegen die Schnalle des Rucksacks schlug. Sie hatten tatsächlich noch etwas Essbares in einem heruntergekommenen Lokschuppen der französischen Staatsbahn gefunden. Das Dosenfutter in dem Metallspind war wahrscheinlich für den Wachhund auf dem Gelände der Eisenbahngesellschaft gedacht. Von dem Hund oder gar einem Mitarbeiter der Bahngesellschaft war weit und breit nichts mehr zu sehen, und so hatten sie sich bedient. Insgesamt vierundzwanzig Dosen Hundefutter hatten sie für sich und ihre Familien klarmachen können. Das hieß für sieben Menschen vier bis fünf Tage überleben. Mit den Dosen in ihren Rucksäcken waren sie den langen Rückweg angetreten und hofften, vor Sonnenuntergang wieder zu Hause zu sein. Auf dem Weg hatten sie niemanden mehr getroffen. Hin und wieder sahen sie Anzeichen von menschlichem Leben. Einmal war es der Rauch aus dem Schornstein eines baufälligen Hauses, der sie daran erinnerte, dass sie nicht alleine auf der Welt waren. Ein anderes Mal hörten sie eine Stimme über die Straße hallen und waren sich sicher, auch eine Antwort darauf vernommen zu haben. Jedes Mal zogen sie schnell weiter und nutzten dabei jede mögliche Deckung aus, um nicht in eine direkte Konfrontation mit ausgehungerten, verzweifelten Menschen zu geraten. Die waren zu allem fähig, wie sie aus ungewollten Begegnungen der letzten Wochen wussten. Mehrmals waren sie dabei in sehr gefährliche Situationen geraten und hatten ihr Leben oft nur retten können, indem sie sich mit Waffengewalt wehrten und sich den Weg frei schossen. Dabei hatten sie zwangsläufig auch schon töten müssen, um ihr eigenes Leben zu retten.

Am schlimmsten war es vor drei Tagen in ihrem eigenen Stadtteil gewesen. An dem Tag entdeckten sie eine lebende Ziege in den Straßen des Quartier Latin. Sie verfolgten das Tier bis in den Botanischen Garten, der direkt am Seineufer lag. Während sie ihr Glück nicht fassen konnten, debattierten sie schon darüber, wie sie das Tier am besten erlegen könnten, ohne die Aufmerksamkeit ihrer letzten noch lebenden Mitmenschen auf sich zu ziehen. Die Benutzung von Schusswaffen schied von vornherein aus. Viel zu laut. Dann hätten sie gleich das ganze Arrondissement auf den Fersen. Nach den Schätzungen von Gérard und Till lebten noch einige Hundert ausgehungerte und zwischenzeitlich schwer bewaffnete Menschen in ihrer unmittelbaren Umgebung. Also lagen sie auf der Lauer. Sie beobachteten das Tier, das scheinbar ziellos umherlief und eine wunderbare Zielscheibe abgegeben hätte, wie Till immer wieder meinte. Sie waren auf zwanzig Meter herangepirscht und fanden hinter einer kleinen Mauer Deckung. Eine gute Entfernung für einen Schuss mit der Schrotflinte. Plötzlich sahen sie den kleinen Futtertrog, den die Ziege nun zielstrebig ansteuerte, als ob sie gewusst hätte, dass es dort etwas zu fressen gab. Der Trog stand einsam und verlassen auf einer runden Lichtung, die einstmals von dichtem Strauchwerk umgeben war. Die Lichtung war konzentrisch von der kleinen Mauer eingefasst. Der Trog, beide konnten es jetzt deutlich erkennen, war bis zum Rand mit goldenen Getreidekörnern gefüllt.

Gérard und Till tauschten fragende Blicke aus. Urplötzlich wurde ihnen bewusst, dass sie in eine Falle geraten waren. Die Ziege war nichts als ein verdammter Köder. Kein lebender Mensch würde eine Ziege auf einer Lichtung füttern, schon gar nicht mit Getreide. Aber dann ging alles ziemlich schnell. Nicht ihnen galt die Falle, sondern den beiden Jugendlichen, die alle Vorsicht im Angesicht der fetten Beute hatten fahren lassen. Sie liefen, bewaffnet mit Speeren, auf das Tier zu. Ihre Waffen aus Rundhölzern, wahrscheinlich ehemalige Besenstiele mit langen Kochmessern an der Spitze, waren zum todbringenden Stoß bereit. Die beiden ausgemergelten Gestalten hatten fast ihr Ziel erreicht. Plötzlich brachen mehrere sonderbar gekleidete Personen aus dem dichten, toten Strauchwerk, welches ihnen noch genug Deckung geboten hatte. Sie kreisten die beiden Speerträger schnell und professionell ein. Diese Geschöpfe waren vollkommen in Rot gekleidet. Die Füße in roten

Gummistiefeln und mit roten Tüchern um die Lende und Schultern, sahen sie aus wie aus einem Film über die Menschen der Steinzeit. Wäre da nicht ihr sonderbares Schuhwerk aus Kunststoff gewesen, was den meisten bis zu den Knien reichte. Aber nicht nur ihre spärliche Kleidung war von roter Farbe. Auch die nackte Haut und ihre struppig zusammengebundenen Haare hatten sie dunkelrot eingefärbt. In den Händen hielten sie lange Messer, Macheten und Äxte.

Die beiden Jugendlichen, es waren ein Junge und ein Mädchen, höchstens fünfzehn Jahre alt, wie Till und Gérard aus ihrer Deckung nun erkennen konnten, blieben erschrocken stehen. Sie drehten sich Rücken an Rücken mit ängstlichen Blicken und den zur Verteidigung bereiten Speeren im Kreis und versuchten, die roten Angreifer in Schach zu halten. Ein hoffnungsloses Unterfangen. Mittlerweile stand es zwei gegen zwanzig, vielleicht fünfundzwanzig der Roten, und immer noch brachen einige aus dem Unterholz.

Was nun geschah, mussten die beiden aus ihrer Deckung angewidert mit ansehen, waren aber froh, selbst nicht aufzufallen. Die beiden Teenager fingen an, auf die sie immer enger Umkreisenden einzureden. Sie unternahmen den verzweifelten Versuch einer Kontaktaufnahme in der Hoffnung, dieser albtraumhaften Begegnung entkommen zu können. Plötzlich feuerten zwei der Roten mit einer Art Schleuder blitzartig etwas aus der Deckung und mit voller Wucht auf die beiden ab. Der Junge und das Mädchen wurden hart an der Stirn getroffen. Till und Gérard sahen, wie sie augenblicklich zusammensackten, während aus ihren großen Stirnwunden das Blut herausschoss. Doch nicht genug damit, dass sie offensichtlich schon schwer verletzt, wenn nicht sogar schon tot waren, stürzten sich die Angreifer mit ihren Messern und Äxten auf die beiden und fingen an, sie zu zerstückeln. Dabei spritzte das Blut der beiden mehrere Meter weit und benetzte auch ihre Mörder, die sich wie im

Blutrausch in dem roten Lebenssaft suhlten. Das Blut verrieben sie dabei auf Haut und Haaren. Das erklärte die rote Färbung ihrer Körper und ließ vermuten, dass sie das hier nicht zum ersten Mal taten.

Till drehte den Kopf hinter der niedrigen Mauer zu Gérard und fing an, wimmernd unverständliche Worte zu brabbeln. Gérard versetzte ihm einen ordentlichen Stoß. Er gab ihm wortlos zu verstehen, dass er sein Maul zu halten habe, wenn er nicht das Schicksal der beiden Halbwüchsigen teilen wolle.

Irgendetwas an den Bewegungen der Gruppe kam Gérard sonderbar vor. Die Roten gaben sich nicht einfach einem wilden, ekstatischen Blutrausch hin. Sie schienen die Kontrolle über ihr Handeln nicht gänzlich verloren zu haben. Die Bewegungen derjenigen, die hauptsächlich mit der Zerstückelung der beiden Opfer beschäftigt waren, liefen zu koordiniert ab. Sie ließen eine Absicht hinter den Axthieben und Messerschnitten erkennen, und just in dem Moment, als Gérard das auffiel, fiel es ihm wie Schuppen von den Augen. Die beiden Teenager wurden nicht einfach zerstückelt. Sie wurden nach allen Regeln des Schlachterhandwerks fachgerecht zerlegt. Jeder Hieb mit der Axt, jeder Schnitt mit dem Messer wurde mit Bedacht ausgeführt. Wenn sich wieder eine Extremität vom Torso löste, wurden von Handlangern die Reste der Kleidung entfernt. Gérard konnte dann die blasse, zarte Haut der eben noch lebenden Menschen sehen. Ein Anblick, bei dem ihm speiübel wurde. Bei dem Gemetzel spritzten Unmengen an Blut aus den Körpern der Opfer. Aus den abgetrennten Gliedern lief es nur träge heraus, und schlagartig wurde ihm bewusst, dass spritzendes Blut einen Herzschlag voraussetzte. Unversehens wurde ihm noch übler.

Till schaute nicht mehr hin. Er hielt sich wie ein Kind mit beiden Händen die Augen zu. Vielleicht war ihm bei diesem Anblick auch schon früher als Gérard gedämmert, was hier vor ihren Augen ablief. In Gérards

Bewusstsein formte sich erst jetzt langsam ein Gedanke, der eigentlich von keinem der beiden gedacht werden wollte, der sich aber zwangsläufig den Betrachtern der unbeschreiblichen Vorgänge aufdrängen musste. Wer sein Opfer so fachmännisch zerlegt, der wird es auch fachmännisch zubereiten und verzehren. Alles, was sie dort sahen, war das Werk von Kannibalen, von Menschenfressern.

Als die ihre Mordsarbeit endlich beendet hatten, wurden die Leichenteile von den Roten geschultert und abtransportiert. Einer der Letzten, der die groteske Szenerie verließ, nahm einen Strick. Er legte ihn der Ziege um den Hals, die sich vollgefressen von ihm fortführen ließ. Gérard und Till lagen noch einige, ihnen unendlich lang vorkommende Minuten hinter ihrer Mauer und wagten nicht, sich zu bewegen oder zu sprechen.

Das war jetzt erst drei Tage her. Sie hatten keinen der Roten mehr gesehen, wussten aber, dass diese Gruppierung den Pfad der Zivilisation verlassen hatte und vollständig der Barbarei verfallen war. Sie hatten die beiden Jugendlichen bestialisch getötet und zerlegt. Irgendwo in ihrem Viertel gab es eine verrohte Bande Kannibalen, vor denen sie sich unbedingt in Acht nehmen mussten. Die waren auf den Geschmack gekommen und hatten ihr Handwerk augenscheinlich schon perfektioniert. Gérard und Till wussten auch, dass sie damit nicht mehr am Ende der Nahrungskette standen. Ihren Frauen und Kindern hatten sie davon natürlich nichts erzählt.

Als sie den Park fast durchschritten hatten, die Dämmerung war weiter vorangeschritten und in fünfzehn Minuten würde die Sonne untergehen, beschleunigten sie ihre Schritte, um noch vor der Dunkelheit zu Hause zu sein. Plötzlich stieß Gérard Till an. Er zeigte auf eines der frischen Gräber. Sofort gingen beide in die Knie und robbten hinter einem Grab in Deckung. Dort standen sie. Etwa zehn der Roten waren in dreißig Meter

Entfernung mit der Öffnung eines der Gräber beschäftigt. Während einige von ihnen noch mit Schaufeln zugange waren, zogen drei andere aus einem bereits geöffneten Grab einen Leichnam. Sie legten ihn ab, um sofort mit der Zerlegung der Leiche zu beginnen.

»Die fressen nicht nur die Lebenden!« Gérard s Finger bohrten sich derart heftig in Till s Unterarm, sodass dieser beinahe aufgestöhnt hätte, wenn er sich nicht stattdessen die Unterlippe blutig gebissen hätte.

»Mensch lass meinen Arm los, das tut weh! Lass uns abhauen, bevor diese kranken Arschlöcher uns entdecken und Ragout fin aus uns machen.«

Die Deckung einiger Gräber ausnutzend, zogen sie sich langsam zurück, sehr darauf bedacht, kein Geräusch zu machen. Sie erreichten den ehemals dicht bewaldeten Abhang, der den Park von ihrem Wohnblock abgrenzte. Sie stolperten ihn hinunter und gerieten damit außer Sichtweite der Roten an den Gräbern. Gérard und Till freuten sich auf ihre Familien, als sie plötzlich auf einem Weg zu ihrer Linken einen anderen Trupp der Roten den Weg hinaufkommen sahen. Sie gingen zum wiederholten Mal in Deckung, um nicht gesehen zu werden. Hinter den Stämmen der toten Bäume waren sie relativ gut den Blicken der Kannibalen entzogen, konnten aber selbst das Geschehen beobachten. Die Roten waren gut organisiert. Es war eine klare Hierarchie von den unteren Rängen zu den oberen Befehlsgebern zu erkennen, die für eiserne Disziplin zu sorgen schienen. Der fast schon paramilitärisch anmutende Trupp in roter Montur wurde von einem Mann angeführt, der sich durch seine Körperfülle und das Gewehr auf dem Rücken von den anderen abhob. Er ritt auf einem rot gefärbten Esel voran und bellte hin und wieder einen Befehl, wobei er dem Esel mit den Hacken in die Flanken trat und ihn mit der Reitgerte bearbeitete, um das Tier zu höherem Tempo anzutreiben. Das schien aber nicht von Erfolg gekrönt zu sein. Der ihm folgende kleine Trupp marschierte, bewaffnet mit Stich- und Hiebwaffen aller Couleur, in Zweierreihen hinterher. Etwa in der Mitte des Trupps sahen Gérard und Till jetzt einige Menschen in Zivil. Sie hatten ihnen die Hände gefesselt und sie wurden von ihren Peinigern immer wieder zur Eile angetrieben. Unter ihnen befanden sich Männer und Frauen.

Gérard machte Till auf mehrere Männer aufmerksam, die lange Hölzer auf ihren Schultern trugen, an denen irgendetwas an kurzen Seilen zu hängen schien.

»Verdammt Gérard, da hängen Kinder dran!« Till flüsterte zwar, aber seine Stimme schien sich dennoch zu überschlagen. »Die tragen da Kinder wie Schlachtvieh, und ich glaube, die leben nicht mehr!«

»Nein, die sind sicherlich tot, sonst würde man sie wohl kaum tragen.« Gérard stimmte ihm zu. Beide sahen wieder vorsichtig in Richtung des kleinen Zuges. Sie erkannten jetzt mehr Details. Insgesamt wurden dort drei Kinder und eine Frau, an Armen und Beinen an Holzstangen hängend, transportiert. Alle vier waren nicht mehr am Leben. Die Roten hatten ihnen die Kehlen durchgeschnitten und sie ausbluten lassen. Ihre Köpfe baumelten in unnatürlichen Winkeln an den Resten ihrer Hälse, und alle vier waren wie Wildbret aufgebrochen und ausgenommen. Ihre Rippen standen weit auseinander, und sie konnten in ihre Leibeshöhlen blicken.

Wieder machte sich Übelkeit breit, diesmal erwischte es beide. Till stand Rücken an Rücken mit Gérard hinter einem abgestorbenen Baumstamm, und Gérard konnte ihn heftig um Atem ringen hören.

»Mensch Till, bleib bloß ruhig! Ich habe es auch gesehen. Das sind zu viele. Wir können nichts für sie tun.«

Till drehte sich um. Er zwang Gérard, ihm in die Augen zu sehen. Dabei hielt er die schwarze Pumpgun fest in beiden Händen. »Wir müssen aber was unternehmen. Wir können diese armen Menschen doch nicht einfach ihrem Schicksal überlassen. Die fressen sie auf. Die Kinder auch!«

»Wir hätten keine Chance, Till. Wir sind zwei gegen zwanzig, die da oben bei den Gräbern nicht mitgerechnet. Lass sie vorbeiziehen, dann verschwinden wir hier, holen unsere Frauen und Kinder und verlassen diese Stadt.«

Till signalisierte ihm mit einem Nicken, dass er einverstanden war. Er drehte sich wieder so, dass er die Gruppe sehen konnte. Auch Gérard sah zu dem Menschenzug, und ihm stockte der Atem, als er das Ende des Zuges erblickte. Dort gingen, gefolgt von einer Nachhut Roter, seine und Tills Frau mit all ihren Kindern.

## 01. Oktober, Irland – Insel Dursey

Für den Rückweg durch den strömenden Regen hatte sie, wie für den noch trockenen Hinweg, auch eine halbe Stunde gebraucht. Doreen kam vom Regen bis auf die Haut durchnässt zu Hause an und fand ihre Kinder gut gelaunt und beim Spielen vor.

Nachdem sie ihren beiden Töchtern im Kinderzimmer eine Weile bei ihrem Spiel mit den Puppen zugeschaut hatte – unter ihr bildete sich auf dem billigen Teppichboden bereits eine Pfütze, und die Kälte kroch ihr langsam in die Knochen –, beschloss sie, noch einmal warm zu duschen und sich für das Kommende neu einzukleiden. Ob sie sich eine Erkältung holen würde, war ihr egal. Sie hatte in der Wohnung des Apothekers auf dem Tisch im Wohnzimmer tatsächlich gefunden, wonach sie gesucht hatte.

Sie gab sich sehr lange der Wärme des Wassers hin. Ihre Haut war schon aufgeweicht und rosig von der Hitze, als sie in ihr bestes Kleid schlüpfte und sich für den Abend zurechtmachte. Dann nahm sie die beiden Pappschachteln aus ihrer Tasche und legte sie auf den Küchentisch. Die Kinder konnte sie im Nachbarzimmer hören. Die dreijährige Sinéad und die mittlerweile fünfjährige Grainne spielten immer noch mit den Puppen im Kaufladen. Dabei erledigten die *Tochter*, von Sinéads Puppe dargestellt und deren *Mutter*, gespielt von der älteren Grainne, Einkäufe. Beide trugen sie dann die vollen Taschen nach Hause und bereiteten leckere Gerichte zu.

Doreen setzte das Wasser für den Tee auf und holte drei Becher sowie den letzten Kandiszucker aus dem Küchenschrank. Die Teekanne stand bereits auf der Arbeitsplatte und Doreen füllte das Tee-Ei mit dem schwarzen Tee. Während das Wasser auf dem Gasherd langsam warm wurde, setzte sie sich an den Küchentisch und betrachtete die beiden Schachteln aus der Wohnung des Apothekers. Das schnell wirkende Schlafmittel würde sie den Kindern in den Tee mischen und den Geschmack mit viel Kandiszucker verdecken. Die Wirkung des Barbiturats sollte innerhalb von dreißig Sekunden einsetzen. Doreen studierte den Beipackzettel des anderen Medikaments, eines Muskelrelaxans zur Lähmung der Atemmuskulatur, als der Teekessel anfing zu pfeifen.

Nachdem Sinéad und Grainne den süßen Tee getrunken hatten, fielen sie innerhalb einer Minute in einen tiefen Schlaf. Doreen trug die beiden Kinder in ihr Bett im Schlafzimmer. Sie schliefen einen traumlosen, narkotischen Schlaf, und Doreen O'Sullivan küsste ihre beiden Töchter zum Abschied auf die Stirn. Während sie die zwei Spritzen fertigmachte, liefen ihr Tränen über die Wangen, sie wusste aber, dass es keinen anderen Ausweg gab. Nachdem sie den Mädchen die Injektion verabreicht hatte und die Atmung der beiden aussetzte, legte sie sich zwischen ihre Töchter und spürte schon die benebelnde Wirkung der Barbituratüberdosis, die sie soeben mit dem Tee zu sich genommen hatte.

Dann schloss sie ihre Augen und schlief für immer ein. Ihre beiden geliebten Kinder hielt sie dabei im Arm.

## 01. Oktober, Frankreich – Paris

Alles wäre vielleicht anders ausgegangen, wenn der rote Drecksack nicht Tills kleiner, achtjährigen Tochter mit der Reitgerte ins Gesicht geschlagen hätte.

Gérard und Till hatten den Trupp vorbeiziehen lassen, um sie sodann in sicherer Entfernung zu verfolgen. Die Gruppe war auf dem Weg zu den roten Grabräubern, deren Anblick Gérard und Till noch bis vor wenigen Minuten ertragen mussten. Mittlerweile hatten die Grabschänder oben auf dem improvisierten Friedhof scheinbar genug Tote für ein Abendessen ausgegraben. Sie waren dabei, die zerlegten Leichen für den Abtransport fertig zu machen, als der von dem Reitgertenmann auf dem Esel angeführte Trupp mit den Gefangenen schließlich zu ihnen stieß. Mit großem Hallo begrüßten sich die Roten, allen voran der Gertenmann und einer der Grabräuber, wahrscheinlich ihre Anführer. Gemeinsam wurde die fette, tote Beute aus den Gräbern und schließlich auch die noch lebende Beute aus der Stadt begutachtet.

Gérard konnte es den Gesichtern ansehen, dass sie über die Nahrungsvorräte mehr als glücklich waren. Auch Till blieb das nicht verborgen. Als die beiden vermeintlichen Anführer die Reihe der Gefangenen abschritten und die Lebendnahrung inspizierten, kam es zu dem Zwischenfall.

Bei Tills und Gérards Frauen und deren Kindern blieben die beiden stehen. Der Dicke mit der Gerte griff nach einer Frau und zog sie an den Haaren zu sich heran, um das gut genährte Weib dem anderen zu präsentieren. Gérard hörte Till an seiner Seite aufstöhnen und wie er seine Waffe mit einem metallischen Klicken durchlud. Die Frau, die hier wie ein gut gemästetes Tier zur Fleischschau herum gereicht wurde, war seine. Gérard wusste nicht, wie lange er den Mann noch zurückhalten konnte.

Als der Chef des Totengräberkommandos nach der Frau griff, die der Dicke immer noch an den Haaren hielt, um an ihrer Hüfte und den Beinen offensichtlich den Ernährungszustand und damit ihren Nährwert für die Gemeinschaft zu überprüfen, schrie sie auf. Sie versuchte, sich gegen den Dicken zur Wehr zu setzten, und das Verhängnis nahm seinen Lauf.

Die achtjährige Rebecca stürmte gegen die beiden Peiniger ihrer Mutter an. Der heftige Schlag mit der Gerte, der das Gesicht des kleinen Mädchens förmlich in Blut und Hautfetzen explodieren ließ, war der erste Dominostein, der die Kettenreaktion der folgenden Ereignisse unaufhaltsam in Gang setzte. Der erste großkalibrige Schuss aus Till s Pumpgun zerfetzte den Kopf des Dicken mit der Reitgerte. In der Folge drehten sich mindestens dreißig rote Gesichter in Richtung des Schusses.

Tills Frau schrie jetzt hysterisch. Sie lief zu ihrer Tochter, die über und über mit ihrem eigenen und dem Blut und der Hirnmasse des Dicken besudelt war. Unterdessen lud Till erneut durch und schoss dem anderen Anführer in den Brustkorb, worauf dieser sofort zusammensackte.

Gérard, für den Bruchteile einer Sekunde Gefangener einer Flight-or-Fight-Überlegung, blickte in die Augen seiner Frau und sah dort ihre unbändige Angst. Er stürmte los, die Schrotflinte auf die rote Flut gerichtet, die ihm entgegenbrandete, und feuerte.

Till hatte noch zwei Patronen im Lauf , als die ersten Roten ihn mit Äxten und Messern erreichten. Zwei der Angreifer konnte er mit der Schusswaffe niederstrecken. Dem Nächsten schlug er den Kolben der Waffe ins Gesicht und sah den Mann zu Boden gehen. Dann bemerkte er einen weiteren Roten mit irrem Blick und erhobener Axt auf sich zu rennen, während er die mit beiden Händen gehaltene Waffe ausschwingen ließ.

*Das war's dann wohl!*, dachte er, und ein ohrenbetäubender Knall direkt neben seinem Kopf warf ihn herum. Der Rote mit der Axt wurde, wie von einer unsichtbaren Faust getroffen, mehrere Meter nach hinten geworfen.

Till sah noch das Blut wie eine Fontäne aus seinem Hals herausschießen. Hören konnte er mit dem Knalltrauma auf beiden Ohren nichts mehr. Der Schuss aus Gérards Schrotflinte hatte sein Gehör fürs Erste ausgeschaltet. Gehetzt sah er sich um. Das Geschehen um ihn herum lief in Zeitlupe ab, wobei er die dynamischen Szenen wie durch einen Schleier wahrnahm. Da kamen Rote mit hasserfüllten Gesichtern und im Schrei verzerrten, offenstehende Mündern auf ihn zu. Er sah ihre Waffen metallisch aufblitzen. Er sah auch das Mündungsfeuer aus Gérard s Schrotflinte, aber kein Geräusch drang an seine Ohren. Die Schreie der Getroffenen konnte er nicht hören, selbst wenn er ihre furchtbaren Wunden sah, und wusste, dass sie schrien.

Eine sonderbare innere Ruhe machte sich in ihm breit. Es kam ihm vor wie die Ahnung des eigenen, immer näher kommenden Todes. Seine Bewegungen erschienen ihm nur noch wie mechanische Automatismen, die aber effizient ihr Ziel erreichten, wenn er wieder mit dem Gewehrkolben der Waffe zuschlug. Knochen splitterten und Blut spritzte.

Dann bemerkte er, dass er und Gérard nicht alleine kämpften. Da war Gérards Frau, die sich die Waffe des Dicken geschnappt hatte und wild um sich schoss, und da waren noch andere, die über die rote Flut herfielen und die Kannibalen niedermachten. Selbst die Kinder hatten sich Stöcke und Messer der toten und verwundeten Roten gegriffen und setzten sich zur Wehr.

Als der letzte Menschenfresser am Boden lag, stand Till blutbesudelt und nach Atem ringend auf dem Schlachtfeld und blickte sich um. Er sah Gérard, der seine Frau umarmte. Er sah all ihre Kinder, die wie durch ein

Wunder noch am Leben waren. Er sah auch die anderen Gefangenen, die zum Teil erschöpft mit den erbeuteten Waffen herumstanden. Einige weinten, andere gingen kaltblütig herum und überprüften die am Boden liegenden Roten auf Lebenszeichen. Dem einen oder anderen, der sich noch regte oder zuckte, verpassten sie ein One-Way-Ticketin die Hölle.

Till wusste, dass kein Wunder geschehen war, sondern dass hier nur der nackte Überlebenswille ausgereicht hatte, um die Gefangenen über ihre Peiniger und Schlächter triumphieren zu lassen. Während auf seinen Ohren noch ein lästiges Pfeifen lag, schaute er sich um. Endlich fanden seine Blicke die Augen seiner Frau, die ihn irre anstarrte. Plötzlich wurde ihm bewusst, dass er soeben dem Ende der menschlichen Zivilisation beigewohnt hatte. Ab heute würde alles anders sein.

Nachdem sie festgestellt hatten, dass wie durch ein Wunder keiner fehlte und noch alle am Leben waren, außer den armen ausgeweideten Kindern und der toten Frau, gingen sie, ohne sich noch mal umzudrehen, einer ungewissen Zukunft entgegen. Die Kadaver der Kannibalen ließen sie für die letzten hungrigen Wildtiere zurück.

Vielleicht, dachte Till, würden die auch in den Töpfen der übrig gebliebenen Roten landen. Wenn es noch welche von ihnen gab. Wenn nicht, würden neue kommen. Da war er sich sehr sicher.

## 01. Oktober, Deutschland – Jagdschloss Marburg

Anna hatte einen Lachanfall. Jedes Mal, wenn sie Toni ansah, fing sie erneut an zu kichern. Beinahe fühlte sie sich an die Tage ihrer Pubertät erinnert, wenn oft ein nichtiger Anlass zu so einem Lachkrampf geführt hatte und sie nicht mehr aufhören konnte, bis ihr alles wehtat.

Toni war die Ursache ihres Lachanfalls. Als er ausgelassen die Treppe runter gelaufen kam und gut gelaunt in einer Art improvisiertem Hopserlauf in die Küche einlaufen wollte, sprang er kurz vor der Küchentür so unglücklich ab, dass er mit dem Kopf aus vollem Lauf gegen den hölzernen Türrahmen knallte. Eigentlich nicht zum Lachen, musste Anna immer wieder denken, aber der Knall des Aufpralls und Tonis Gesichtsausdruck, als er benommen vor der Küchentür saß, ließen sie nicht mehr los. Jedes Mal, wenn sie daran denken musste, brach eine erneute Lachsalve aus ihr heraus, was Toni zunehmend zu ärgern schien und Anna um so mehr zum Lachen brachte – ein Teufelskreis.

Nach einer Weile hatte sie sich wieder im Griff. Sie hoffte inständig, dass Toni kein weiteres Missgeschick passierte, sonst würde sie an akutem Zwerchfellkrampf sterben.

»Hast du dich bald mal beruhigt? Mein Kopf dröhnt immer noch von dem Aufprall, und meiner Mutter fällt nichts weiter ein, als sich totzulachen. Sehr fürsorglich, danke!«

»Tut mir leid, Toni, aber du sahst so komisch aus, wie du da gesessen und mich angeschaut hast.« Wieder fing sie an zu kichern, konnte sich aber durch das Gespräch mit ihrem Sohn ablenken.

»Was brauchen wir eigentlich außer den Kartoffeln für das Essen heute Abend noch aus dem Vorratslager? Ich weiß, wir brauchen auch noch ein paar Zwiebeln. Toni, bist du so gut, gehst runter in den Keller und holst die Sachen?«

»Ja klar, mach ich,« rief er ihr zu und war schon mit dem großen Korb auf dem Sprung Richtung Kellertreppe.

Anna rief ihm noch hinterher: »Und pass diesmal besser auf deinen Kopf auf.«

Sie hörte noch einige Unmutsbekundungen, konnte aber nicht mehr genau verstehen, was Toni von sich gab. Dann konzentrierte sie sich wieder auf das Rezept für das heutige Essen und vergaß die Welt um sich herum. Sie fing an, die Möhren für die Kartoffelsuppe zu putzen, einige hatte sie noch im Kühlschrank gefunden.

Nach einer Weile begann sie sich zu fragen, was Toni so lange im Keller trieb, da wurde sie von einem Geräusch gestört, das von draußen zu kommen schien. Irgendetwas oder irgendjemand war auf der Treppe, die vom Hof zur Küchentür führte. Das konnte eigentlich nur Elias sein. Aber der war viel zu klein und zu leicht, um so ein Knarren auf der alten Treppe hervorzurufen. Da musste jemand hochsteigen, der viel mehr Gewicht auf die Waage brachte.

Anna drehte sich mit geschärften Sinnen zu der Küchentür um. Kurz flammte Hoffnung in ihr auf. Vielleicht Alex, der ungeplant und unerwartet früher nach Hause gekommen war und sie nun überraschen wollte.

Kurz bevor sie anfing zu schreien, war das Erste, was sie wahrnahm, während sich die Tür einen Spalt öffnete, der metallische Glanz der Messerklinge an der Kehle ihres Sohnes. Elias' Augen waren weit aufgerissen. Sein Mund öffnete und schloss sich rhythmisch, so als ob die Lippen versuchten, ein Wort zu formen, aber keinen Laut hervorbrachten.

Anna fing just in dem Moment an zu schreien, da sie erkannte, welches Wort die Lippen ihres sechs Jahre alten Sohnes herauszubringen versuchten: Mama!

Toni war aus dem Vorratsraum im Keller nach oben unterwegs. Er nahm dabei immer zwei Stufen auf einmal. Den Korb hielt er in der Rechten, gefüllt mit Kartoffeln und Zwiebeln.

Der Schrei seiner Mutter ließ ihn in der Bewegung erstarren, und er wusste sofort, dass dort oben in der Küche schlimme Dinge vor sich gingen. Sehr schlimme Dinge, denn so plötzlich der Schrei seiner Mutter zu hören war, erstarb er auch wieder, und das ließ ihn erschaudern. Toni überlegte panisch, was er jetzt tun sollte. Sollte er hoch in die Küche laufen und nach sehen, eventuell auch, um seiner Mutter zu helfen, die ihrem Schrei nach zu urteilen in großer Not war? Oder sollte er lieber im vergleichsweise sicheren Keller bleiben? Er entschied, dass dies keine annehmbare Option war, und stürmte die Treppe hinauf, der Ungewissheit entgegen. Der Korb entglitt dabei seiner Hand, die Kartoffeln und Zwiebeln kullerten die Treppe hinab. Zum Teil einer inneren Eingebung folgend, zum Teil aus Anspannung schlug er im Vorbeilaufen auf den großen roten Startknopf des Notstromaggregates am Eingang zum Kellergewölbe.

Ben war mit dem kleinen Jungen mehrere Schritte in die Küche gestürmt und hatte der schreienden Anna den Messerknauf ins Gesicht geknallt, sodass sie sofort k. o. ging. Er hatte sie sofort wiedererkannt, konnte sich noch zu gut an ihren schmerzhaften Tritt gegen seinen Kehlkopf erinnern. Seine Stimme hatte sich danach nie wieder richtig erholt. Das ließ ihn noch oft voller Zorn an dieses Weib denken. All diesen Zorn hatte er soeben ungebremst in den Schlag gelegt, und er fragte sich jetzt, ob sie nach dem harten Treffer überhaupt noch für seine Belange zu gebrauchen war oder ob sie vielleicht nie wieder aufstehen würde.

Der Junge im Arm wurde ihm jetzt auch lästig, da er nach der Attacke gegen dessen Mutter nur noch wild um sich schlug und Ben gegen die Schienbeine trat, wobei er aber immer noch keinen Laut über die Lippen brachte. Ben entschied sich dafür, ihn zu fesseln. Er warf ihn auf den Küchentisch, wobei er einige Teller und Tassen abräumte. Mit Brachialgewalt hielt er Elias im Klammergriff und fesselte ihn mit Kabelbindern, die er immer bei sich zu tragen pflegte.

Der Junge starrte ihn mit vor Angst geweiteten Augen an und rang nach Luft. Ben versetzte ihm eine gehörige Ohrfeige und zog dem wimmernden Kind danach einen Knebel durch den offenen Mund, den er hinter seinem Kopf sehr fest zuzog. Danach ließ er den besinnungslosen Jungen einfach auf dem Tisch liegen. Er wollte soeben seine Aufmerksamkeit wieder Anna zuwenden, als er jemanden auf sich zulaufen sah. Ben war gerade noch zu einer halbherzigen Ausweichbewegung imstande.

Toni stürmte atemlos aus dem Keller und bog in dem Moment in die Küche ein, da der rothaarige Mann seinem gefesselten Bruder auf dem Küchentisch eine saftige Ohrfeige verpasste, um ihm den Knebel anzusetzen. Dann sah er seine im Gesicht blutende Mutter auf dem Boden liegen. Ohne lange abzuwägen und die Lage genauer zu sondieren, rannte Toni, den unfassbare Wut packte, auf den Typen zu und sprang ihn von hinten an. Im letzten Moment wich der Kerl aus, und Toni bekam ihn nicht richtig zu fassen. Eigentlich hatte er vorgehabt, von hinten seinen Hals zu umklammern und ihn umzuwerfen, aber der Rothaarige war trotz seiner untersetzten Figur sehr behände und setzte sich heftig zur Wehr. Toni versuchte verbissen, seinen Hals in den Würgegriff zu bekommen.

Plötzlich stemmte der Typ sein gesamtes Gewicht kraftvoll nach hinten, und Toni konnte dem erbitterten Impuls dieser jähen Rückwärtsbewegung nichts weiter entgegensetzen, sodass sie beide nach hinten umfielen. Toni ruderte in der Abwärtsbewegung mit den Armen. Er spürte den massigen Körper über sich, während er schon hart auf den Boden aufschlug und sein Hinterkopf zu bersten schien, dann wurde es dunkel vor seinen Augen.

Mia drückte auf der Fernbedienung den Sensor, um den Zugbrückenmechanismus in Gang zu setzen. Sie drosselte die Geschwindigkeit des Hummers, bis die Zugbrücke sich vollständig geöffnet hatte, und steuerte den Wagen vorsichtig über die Brücke in den Hof des Schlosses.

Die Schießübungen waren sehr erfolgreich verlaufen. Aada war wirklich ein Naturtalent. Was sie zu Alex gesagt hatte, Sniper und jeder Schuss ins Schwarze, war wirklich nicht übertrieben. Das Mädchen schien eins zu sein mit der Waffe. Wenn sie schoss, war es, als wäre die Pistole oder auch das Gewehr ein Körperteil von ihr. Aada traf jedes Ziel, auch wenn das Ziel oder sie selbst sich bewegte. Fast schon ein bisschen unheimlich. Mia und Simone hatten sich, während Aada schoss, mehrmals erstaunt angeschaut. Es war nicht zu glauben, wie sie das machte.

Der Hof lag vor ihnen. Eine einzige große Glasfläche der Gewächshäuser breitete sich vor ihnen aus, und niemand war zu sehen. Wahrscheinlich bereiteten sie das Abendessen zu. In der Küche brannte auf jeden Fall Licht. Mia ließ den Motor ausgehen, und sie stiegen aus dem Wagen. Die Waffen nahmen sie mit, um sie sicher in den Waffenschränken zu verstauen. Hier im Schloss musste keiner mit einer Waffe herumlaufen. Wenn die Zugbrücke geschlossen und arretiert war, war die Alarmanlage des Schlosskomplexes scharf. Niemand würde unbemerkt von den hunderten Bewegungsmeldern und automatischen Kameras die Mauer des Jagdschlosses überwinden können, ohne einen Alarm auszulösen. Sollte der Alarmfall eintreten, war immer noch genug Zeit, sich zu bewaffnen. Deshalb hatten sie beschlossen, im Schloss keine Waffen zu tragen, um den Anschein eines normalen Lebens zu wahren.

Gemeinsam schlenderten sie ausgelassen auf dem Weg zwischen den hermetisch von der Außenwelt abgeschirmten Gewächshäusern zum Westturm hinüber. Simone machte sich über Aada lustig, deren Magenknurren von einem unbändigen Hunger zeugte und sich seiner Meinung nach anhörte wie ein sprungbereites Raubtier. Die hell erleuchteten Rechtecke der Turmfenster wurden immer größer, während sich die kleine Gruppe dem Westturm näherte. Drago hielt die ganze Zeit die Nase dicht über dem Boden. Es sah aus, als würde er einer Fährte folgen.

Aada sagte: »Ich glaube, wir haben Ratten im Schloss. Wir sollten ein paar Fallen aufstellen.«

Mia und Simone unterhielten sich über Kindererziehung, momentan eines ihrer Lieblingsthemen. Sie hatten Aada nicht gehört, die einige Schritte hinter den beiden her ging. Sie war auf den letzten Metern immer ruhiger geworden. Aada war beunruhigt. Irgendetwas schien im Hof des Schlosses nicht stimmig zu sein. Sie schaute sich um und überlegte krampfhaft, welches Teil nicht in das Puzzle passen wollte. Es war doch alles wie immer.

In der Ferne hörte sie das leise Surren des Stromaggregates, das die autonome Energieversorgung unterstützte, sollte der Stromverbrauch im Schloss nicht mehr alleine über die durch Solarstrom gespeisten Akkumulatoren gewährleistet werden. Dies war nur bei hohem Energieverbrauch, bei schlechtem Wetter oder nachts zu erwarten, wenn sie die Gewächshäuser bei extrem niedrigen Temperaturen zusätzlich beheizen mussten. Das war aber bisher noch nie vorgekommen. Selbstverständlich wollten sie das möglichst vermeiden, da das Aggregat wertvolles Diesel verbrauchte. Sie konnten natürlich jederzeit an einer der verlassenen Tankstellen neuen Kraftstoff besorgen, aber das war mit einigen Gefahren verbunden, denen sie lieber aus dem Weg gingen, so lange es möglich war. Also hieß es für die Bewohner, sparsam mit den Ressourcen umzugehen, damit sie das sichere Schloss nicht all zu oft verlassen mussten. Es bestand immer die Gefahr, den sicheren Standort zu verraten, denn es gab noch Überlebende da draußen, die auf so eine Chance nur warteten.

Aada hatte unbewusst das nicht passende Puzzleteil entdeckt. Warum zum Teufel lief das Stromaggregat, wenn die Gewächshäuser bei den gemäßigten Temperaturen der letzten Tage nicht beheizt wurden und die Akkus bei den vielen Sonnenstunden der letzten Tage vollgeladen sein mussten? Hier im Schloss verbrauchten momentan nur drei Menschen Strom, und die waren an nachhaltiges Wirtschaften gewöhnt. Anna, Toni und Elias würden niemals so viel Strom verbrauchen können, dass sich das Aggregat automatisch einschaltete. Entweder, schloss Aada mit unbestechlicher Logik, lag hier ein Defekt in der Steuerung der Energieversorgung vor, es waren mehr Leute im Schloss als sonst, die verbrauchten mehr Strom, oder jemand hatte das Aggregat per Hand zugeschaltet. Bei einem Defekt in der Steuerung hätte man sich keine Sorgen machen müssen und könnte die Störung einfach beseitigen. Sollte aber eines der beiden anderen Szenarien zutreffen, war äußerste Vorsicht geboten, denn das bedeutete, es waren mehr Personen im Schloss als heute Mittag, oder jemand wollte sie mit dem Aggregat vor etwas warnen. Beides deutete darauf hin, dass wahrscheinlich ungebetene Gäste hier waren, und das bedeutete äußerste Gefahr.

Während Aada leise pfiff und Mia und Simone sich zu ihr umdrehten, wollte sie nur zu gerne an einen Fehler in der Steuerung glauben, aber ihr Gesicht spiegelte den beiden etwas anderes.

»Was ist mit dir los?«, fuhr Mia sie an. »Du siehst so beunruhigt aus.«

Aada legte ihren Zeigefinger vor die Lippen und führte die beiden in einen dunklen Winkel zwischen den Gewächshäusern, wobei sie Drago am Halsband hinter sich her zog. »Ist euch nichts aufgefallen?«

»Nein!« Mia schaute ratlos.

Simone zuckte mit den Schultern. »Was stimmt denn nicht?«

Aada flüsterte jetzt, und sie rückten näher zusammen. »Das Notstromaggregat läuft die ganze Zeit. Das sollte es eigentlich nicht tun. Die Akkus müssen proppenvoll sein. Da stimmt was nicht!«

»Sie hat recht!«, pflichtete Simone ihr bei. »Ist mir gar nicht aufgefallen.«

Auch Mia stimmte ihr zu. Sie sprach jetzt auch im Flüsterton: »Du hast recht. Man kann das Ding ganz deutlich hören. Entweder hier verbraucht jemand extraordinär viel Strom ...«

»Oder es hat jemand per Hand angeschaltet!«, wurde der Satz von Aada beendet. »Vielleicht eine Warnung. Wir sollten sehr vorsichtig sein.«

»Gut, ladet eure Waffen durch. Wir gehen jetzt langsam in Richtung Westturm. Sichert euch gegenseitig und nutzt jede Deckung. Seid vorsichtig und passt auf, dass ihr nicht in einen Hinterhalt geratet. Ich gehe vor. Wenn ich dir ein Zeichen gebe, folgst du, Aada. Simone, du bildest die Nachhut und sicherst uns nach hinten. Bei drei!« Mia lud ihr Sturmgewehr durch, zählte lautlos mit den Fingern, drehte sich beim dritten Finger aus der Ecke ihrer Deckung in den Weg und lief mit dem Gewehr im Anschlag etwa zwanzig Meter in Richtung des Westturms mit der immer noch beleuchteten Küche. Nachdem sie hinter einer Palette mit Ausrüstungsgegenständen Deckung genommen hatte, gab sie Aada ein Handzeichen zu folgen.

Aada war nicht mal fünf Meter gelaufen, als sie unter schweren Beschuss geriet und ihr mehrere Kugeln um die Ohren flogen. Sie konnte sich nur mit einem Hechtsprung hinter einen Abfallbehälter retten. Drago hatte es auch irgendwie geschafft, ihr unverletzt zu folgen. Er saß hechelnd neben ihr. Augenblicklich wurde das Feuer eingestellt und es war plötzlich wieder ruhig auf dem Gelände. Das konnte kein Zufall sein. Der oder die Schützen wussten genau, was sie taten. Erst hatten sie Mia vorlaufen lassen, ohne sie anzugreifen. Dann hatten sie Aada nach einem Stück des Weges unter Beschuss genommen, sodass sie sich gerade noch hinter den Container retten konnte. Jetzt waren sie getrennt. Es gab für die drei keine Möglichkeit mehr, miteinander zu kommunizieren.

Aada ging jede Wette ein, dass das feindliche Sperrfeuer sofort beginnen würde, wenn sie oder einer ihrer Freunde den Kopf aus der Deckung heben würde. Der oder eher die Angreifer hatten sie in die Falle tappen lassen und voneinander isoliert. Jetzt war jeder auf sich alleine gestellt. Der Feind hatte sie die ganze Zeit beobachtet. Dass er sie genau hier an dieser Stelle gestellt hatte, war kein Zufall. Aada wusste, dass sie alle drei hier im Kreuzfeuer des West- und Nordturmes saßen. Es war eine tödliche Falle. Sie hoffte, dass auch Mia und Simone sich über die Gefahr bewusst waren.

Aada dachte angestrengt nach. Es mussten mindestens zwei Schützen auf den Beobachtungsplattformen der Türme sitzen oder in einem Fenster der Türme Stellung bezogen haben. Wenn sie die Angreifer ausschalten wollte, musste sie ihre genaue Position herausbekommen. Dafür gab es nur eine Möglichkeit. Sie musste das Mündungsfeuer ihrer Waffen sehen. Das war gefährlich und konnte tödlich enden.

Plötzlich hörte sie die Stimme von Mia, konnte sie aber nicht verstehen, da sofort ein Dauerfeuer losbrach und jegliche Kommunikation zwischen ihnen unterband. Wie konnten sie sich nur verständigen? Aber war eine Verständigung zwischen ihnen überhaupt nötig? Eigentlich mussten auch Mia und Simone sich zusammenreimen können, in was für einer verfahrenen Situation sie sich befanden. Aada kramte die verspiegelte Sonnenbrille aus ihrer Jackentasche und hielt sie an einem Bügel über ihren Kopf. Langsam, Zentimeter um Zentimeter, schob sie die Brille so über den Rand des Abfallbehälters, hinter dem sie Deckung bezogen hatte, dass sie den Westturm in dem verspiegelten Glas sehen konnte. Kippte sie das Brillenglas um einige Grad nach unten, sah sie Mia hinter ihrer Palette. Dann sah sie den wandernden Lichtpunkt ihres Brillenspiegels, in dem sich das Licht einer Gaslaterne spiegelte. Das brachte sie auf eine Idee. Aada brach die Brille entzwei und hatte jetzt zwei kleine Spiegel am Stiel. In einem konnte sie Mia sehen. Mit dem zweiten ließ sie den Lichtpunkt über die Glasfläche der Gewächshäuser wandern, bis er Mia blendete.

Mia schloss reflexartig die Augen und gab Aada, nachdem diese den Lichtpunkt aus Mias Gesicht wegbewegt hatte, einen Daumen nach oben. Jetzt wussten sie wenigstens, wie weit sie voneinander entfernt waren. Mia gab Aada mit Handzeichen zu verstehen, dass sie das Geschehen mit ihrer verspiegelten Brille weiter beobachten sollte. Nachdem sie signalisiert hatte, dass sie verstanden hatte, hob Mia ihr Sturmgewehr über ihre Deckung hinaus und gab mehrere Salven ab. Sofort wurde das Feuer erwidert. Aada sah jetzt durch ihren behelfsmäßigen Spiegel, dass vom Turm mit Leuchtspurmunition geschossen wurde. Sie hatte auch erkannt, aus welchem Fenster der Schütze auf Mia geschossen hatte. Damit hatte sie ein Ziel. Wenn es ihr jetzt gelang, auch noch den anderen in einem Fenster des anderen Turmes ausfindig zu machen, hätte sie zwei Ziele. Dann wäre sie in der Lage, sie auszuschalten.

Sie drehte ihre Spiegel in die Richtung, in der sie Simone vermutete, und entdeckte ihn tatsächlich. Er schaute in ihre Richtung und hatte das Geschehen bis jetzt beobachtet. Wieder ließ Aada ihren Lichtpunkt wandern, und Simone gab ihr, als er geblendet wurde, ebenfalls zu verstehen, dass er kapiert hatte. Er hielt seine AK 47 in die Luft und drückte ab. Aus der anderen Richtung konnte Aada Mias Sturmgewehr rattern hören, und sofort ballerten die Arschlöcher in den beiden Türmen aus allen Rohren.

Aada schaute angestrengt mithilfe der Spiegel nach dem zweiten Schützen und machte die Quelle der Leuchtspurmunition im zweiten Turm schnell aus. Den Standort des ersten Schützen überprüfte sie noch mal und fand ihn an der gleichen Stelle wie zuvor. *Leuchtspurmunition, eine schöne Sache!* , dachte sie. Der Schütze konnte die Flugbahn der Geschosse beobachten und sich besser auf das Ziel einschießen, aber er verriet damit natürlich auch seine Position – nicht an den Beschossenen, aber an einen zweiten, der seitlich von ihm verharrte: an Aada.

*Diese Cretinos!* , dachte Aada verbittert. *Jetzt sind sie dran!* Sie überprüfte ihre halb automatische Waffe und stellte fest, dass noch genug Munition im Magazin war. Im Geiste konnte sie Mia und Simone bis Zehn zählen hören und wartete ab.

Zehn ... Die Hölle brach los. Mias Sturmgewehr und Simones Kalaschnikow ratterten im Dauerfeuer. Sofort wurden sie von den Türmen aus mit Salven bestrichen, deren rötliche Leuchtspuren schön anzusehen waren und Aadas Blicke direkt bis zu ihren Verursachern lenkte. Aada stand jetzt. Sie hatte die Deckung des Abfallbehälters verlassen. Ihre kurzen, schwarzen Haare glänzten im Licht der Gaslaternen. Sie spielte mit dem Piercing zwischen ihren Lippen, während sie erst das Fenster im Nordturm ins Visier nahm. Dreimal betätigte sie den Abzug, worauf die dort beginnende Leuchtspur abrupt endete. Dann drehte sie sich blitzschnell, mit der Waffe immer noch im Anschlag, zum anderen Turm. Dort sah sie, wie sich die herausquellende Lichtschlange der Leuchtspurmunition auf ihren Standort zubewegte. Sie drückte solange den Abzug, bis ihr Magazin leer war, der Lauf qualmte und der Schlitten nach vorne schnellte. Vollgepumpt mit Adrenalin wollte sie sich zum Nachladen wieder in ihre Deckung fallen lassen, als sie die plötzliche Stille um sich herum wahrnahm. Kein Schuss fiel mehr. Oben aus einem Fenster des Nordturmes konnte sie einen reglosen Körper erst langsam, dann immer schneller fallen und schließlich auf der Glasfläche des Gewächshauskomplexes aufschlagen sehen.

Dann schlug ihr jemand auf die Schulter. Es war Simone, der neben ihr stand und ihr ins Gesicht grinste. »Du hast sie erledigt, Glückwunsch!«

Einen Augenblick später hörten sie Mia, die im Zickzack auf sie zugerannt kam: »Seid ihr von allen guten Geistern verlassen? Zurück mit euch in die Deckung! Wer weiß, wer hier noch alles rumballert!«

Wie um das Gesagte zu unterstreichen, fiel ein einzelner Schuss.

Simone schaute mit sonderbarem Blick erst Aada an und dann an sich herunter. Blut quoll aus seinem Oberschenkel. Er stöhnte kurz auf und klappte dann zusammen. Aada kniete neben ihm hinter dem Abfallbehälter, als Mia trotz ihres dicken Bauches um die Ecke gesprungen kam und auch in Deckung ging.

»Ist er getroffen?« Sie schaute Aada direkt an. Die zeigte auf seinen rechten Oberschenkel und lud ihre Waffe nach.

Mia schnitt mit einem Taschenmesser sein Hosenbein auf, wischte mit einem Stofffetzen das herausquellende Blut beiseite und betrachtete die Wunde sorgfältig. Sie drehte das Bein energisch zur Seite, wobei Simone heftig die Luft einzog, und sagte dann: »Glück gehabt! Glatter

Durchschuss, keine Arterie verletzt, sonst würde das Blut jetzt mehrere Meter weit spritzen. Ich mach dir einen improvisierten Verband. Dann müssen wir uns um den Rest kümmern.«

»Hey ihr da, legt eure Waffen nieder und ergebt euch!« Die Stimme klang sehr selbstbewusst. Sie ließ keinen Zweifel an der Durchsetzungskraft des Mannes, der irgendwoher aus dem Off zu ihnen sprach. Der Hund, der bisher ängstlich auf dem Boden gelegen hatte, schlug sofort an. Mia konnte ihn gerade noch halten, bevor er losstürmte.

»Ihr habt zwei Leute von mir erledigt. Jetzt ist Schluss damit! Ich hab die Frau und die beiden Kinder in meiner Gewalt und werde sie killen. Den Kleinen hab ich gleich mitgebracht. Dann kann ich ihn vor euren Augen schlachten, wenn ihr nicht spurt. Also raus mit euch! Schön langsam, und die Waffen haltet ihr dabei über eure Köpfe. Mehrere Waffen sind auf euch gerichtet. Ihr seit tot, bevor ihr den Knall hört. Raus jetzt, oder ich schneid ihm die Kehle durch!«

Sie schauten sich in ihrer Deckung an und konnten es nicht fassen. Mia war die Erste, die die Contenance wiedergewann und Haltung annahm. Simones Bein hatte sie mittlerweile notdürftig verbunden.

»Die Stimme kenne ich. Das ist der Psycho, der Anna im Frühjahr beinah vergewaltigt hätte, wenn Alex ihm nicht dazwischen gekommen wäre. Erinnert ihr euch?«

»Klar erinnere ich mich!« Über Simones schmerzverzerrtem Gesicht lag ein dunkler Schatten. »Der Typ ist ein Psychopath. Egal, was der sagt und macht, glaubt ihm kein Wort. Der wird uns alle erledigen, ohne auch nur mit der Wimper zu zucken. Hätte er ja beinahe schon geschafft. Der braucht uns nicht. Der will lediglich unsere Überlebensinsel hier.«

»Ich hör euch doch reden. Kommt raus, und zwar jetzt. Das ist die letzte Chance für den kleinen Bastard!«

Mia war die Erste, die sich langsam erhob und über den Abfallbehälter linste. Ihre Waffe hielt sie dabei mit einer Hand demonstrativ über ihren Kopf, mit der anderen hielt sie den Hund fest. Aada tat es ihr gleich und half dem verletzten Simone beim Aufstehen. Sie musste ihn stützen, weil er nur auf dem gesunden Bein stehen konnte. Die Blutung schien aber gestoppt zu sein.

Der rothaarige Ben stand keine zehn Meter von ihnen entfernt und hielt Elias in fester Umklammerung. Der Junge hing in seinem rechten Arm und sah weggetreten aus. Sein Kopf fiel nach hinten über die Schulter, der Mund stand weit offen. Speichel lief an seinem Kinn hinab. Ben drückte das große Messer an seine Kehle. Sie sahen schon eine dünne, rote Linie am Hals des Jungen, wo das rasiermesserscharfe Stück Stahl die Haut geritzt hatte. Eine kurze Handbewegung des irren Psychos, und Elias' Hals wäre durchtrennt.

So standen sie sich jetzt gegenüber, während Drago wild knurrte. Es war Mia, die zuerst ihre Sprache wiederfand: »So sieht man sich wieder! Und was hast du jetzt vor?«

»Kommt erst mal ganz langsam hinter dem Ding hervor und legt eure Waffen vorsichtig vor euch auf den Boden. Und halt den Scheiß Köter fest. Dann sage ich euch, was ich vorhabe.« Ein irres Lachen entfuhr ihm, und kurz bleckte er dabei seine außergewöhnlich weißen Zähne.

Mia machte einen Schritt zur Seite, Aada folgte ihr, wobei sie Simone weiterhin stützte. So bewegten sie sich langsam um den Abfallbehälter herum und hielten dabei ihre Waffen über die Köpfe gestreckt. Als sie Ben gegenüberstanden, senkte Mia langsam ihre Waffe. Sie zielte auf ihn, wobei sie das Gewehr in der Armbeuge ablegte und den Hund zurückhielt. Auch Aada senkte ihre halb automatische Waffe. Sie zielte mit ausgestrecktem linken Arm auf Bens Nasenwurzel.

»Und wenn wir dich jetzt einfach abknallen? Was dann?«

»Dann opfert ihr das Leben dieses Jungen und könnt zusehen, wie ich ihn schächten werde. Sein Blut wird euch ins Gesicht spritzen, und ihr werdet im warmen Blutregen mit den Augen blinzeln. Das dürfte eine Erfahrung sein, die ihr nie wieder vergessen werdet, wenn ihr das hier überlebt.«

»Wer sollte uns daran hindern, das zu überleben?«, fragte Simone abwertend. Er war diesen Typ überdrüssig, man konnte es an seiner Betonung hören und daran sehen, wie er verächtlich vor ihm ausspuckte.

»Glaubt ihr wirklich, ich stehe hier alleine vor euch, nur mit dem Jungen und dem Messer?« Er pfiff durch die Zähne. Aus einem Winkel zwischen den Gewächshäusern, den sie bisher nicht einsehen konnten, schritt eine große, hagere Gestalt mit einem Präzisionsgewehr im Anschlag.

»Darf ich vorstellen? Das ist mein Freund Ian. Er kann sehr gut schießen. Sag *Hallo*, Ian!«

Der Mann machte einige Schritte nach vorne, wobei er sein rechtes Bein nachzog. Sie konnten ein heiseres Hallo aus seinem Munde vernehmen.

»Also was ist? Die Waffen runter!« Während die Worte aggressiv aus ihm herauszischten, erhöhte er den Druck auf die Klinge. Sie konnten sehen, wie eine Wunde im Fleisch von Elias' Hals aufzuklaffen begann. Der Körper des Jungen bäumte sich stöhnend auf.

Ian stand regungslos hinter Ben. Er zielte genau an Bens Hinterkopf vorbei auf Mias Gesicht, während diese und Aada ihre Waffen senkten, um sie abzulegen.

Ian war mit Ben gemeinsam hierher gekommen. Seit der hässlichen Geschichte im Bayerischen Wald waren elf Tage vergangen. Die Wunde an seinem Bein hatte sich so schwer entzündet, dass er in den letzten Tagen kaum noch laufen konnte. Die beiden Typen, die sie auf ihrem Weg nach

Marburg aufgelesen hatten, waren der reinste Abschaum. Was anderes hatte er aber von Bens Freunden auch nicht erwartet. Sie hatten keinerlei Respekt vor dem Leben, und viele Menschen waren auf ihrer gemeinsamen Reise gestorben. Mit seiner Wunde war Ian ihnen ein Klotz am Bein. Er musste von Tag zu Tag mehr um sein Leben fürchten. Jetzt waren die beiden glücklicherweise tot. Warum sie Leuchtspurmunition verwendet hatten, gab ihm immer noch Rätsel auf. Die beiden waren vollkommen verblödet, aber die Geschichte mit seinem Bein wollten sie ihm nicht abnehmen. Zum Schluss hatte auch Ben seine Zweifel an Ians Story gehabt. Damals war er mit dem Messer in den Keller gestiegen, um das Leben der Familie Hacker zu beenden. Als er dann aber in die ängstlichen Augen der vier Kinder und in die flehentlichen der Mutter geschaut hatte, war seine Traute dahin. Er konnte sie einfach nicht abschlachten, und so hatte er für den Irren, der oben auf ihn wartete und einen Beweis für seine Zuverlässigkeit sehen wollte, die Geschichte erfunden: Zuerst habe er der Mutter und dann den Kindern, eines nach dem anderen, die Kehle durchschneiden wollen. Als er mit der Arbeit an der Frau beschäftigt war, hätte die einen hoffnungslosen Versuch unternommen, sich zur Wehr zu setzen, um ihre Kinder zu retten, und ihm mit einem kleinen Messer, das sie versteckt bei sich getragen hatte, den Unterschenkel aufgeschlitzt. Er hätte sie natürlich abgestochen, um dann sein Werk an den Kindern zu vollenden. Das war die offizielle Version, und bis jetzt hatte der rothaarige Ben ihm das auch abgenommen.

In Wirklichkeit hatte er es nicht übers Herz gebracht, die Familie zu töten. Er war kein Killer wie die anderen, und von dem ganzen Morden hatte er auch die Schnauze voll. Also hatte er sich die Wunde selbst zugefügt. Nicht zu tief. Gerade tief genug, dass er genug blutete, um sich damit so aussehen zu lassen, wie man nun mal aussah, wenn man vier Kindern und ihrer Mutter die Kehlen durchgeschnitten hatte.

Ja, so war das gelaufen. Ben hatte es ihm erst abgenommen, aber in den letzten Tagen hatten die beiden Typen seine Zweifel genährt. Warum sie ihm nicht glaubten, erfuhr Ian nicht. Das war jetzt auch egal, denn sie waren tot. Aber Ben würde früher oder später dahinter kommen, und dann war es aus mit ihm.

Jetzt stand Ian hier in diesem Hof bei diesen unschuldigen Menschen. Diesmal sollte er dem Wahnsinnigen dabei zuschauen, wie er einen kleinen Jungen abschlachtete, und er würde sich mit seinem Gewehr an diesem sinnlosen Töten beteiligen müssen. Ian fasste einen Entschluss. Schweißtropfen rannen an seiner Schläfe hinab. Ian war sich sicher, dass Ben ihn irgendwann auch ins Gras beißen lassen würde. Er wollte keine Unschuldigen töten. Wenn er töten würde, dann nur jemanden, der es auch verdient hatte.

Langsam, sehr langsam schwenkte er das Gewehr um einige wenige Zentimeter nach rechts, und da war jetzt nicht mehr Mias Gesicht im Fadenkreuz. Ian zielte auf den Hinterkopf des Monsters, das ein Messer an die Kehle eines Sechsjährigen drückte.

Ein einzelner Schuss zerriss die unerträgliche Stille, und das Echo hallte mehrfach von den kahlen Hängen der Umgebung hinab.

## 02. Oktober, Deutschland – Jagdschloss Marburg, Eyna

Mia schrie unter unvorstellbaren Schmerzen. Die Adern ihrer Schläfen traten stark hervor. Wenn sie den Kopf stöhnend zurücknahm, hatte man das Gefühl, ihre Halsschlagadern würden gleich platzen. Schweiß quoll aus jeder Pore in ihrem Gesicht und lief ihr über die aufgeplatzten Lippen, während sie mit offenem Mund hechelte.

Die Wehen kamen im Minutentakt. Anna sah bereits das Köpfchen des Kindes. »Mia, du musst jetzt pressen! Ich kann es sehen. Du hast es gleich geschafft!«

Mia presste mit aller Kraft in die nächste Wehe, und Anna sah zu, wie der Kopf geboren wurde. Mit der nächsten Wehe drehte sich das Kind um 90 Grad im Geburtskanal. Dann ging alles sehr schnell. Die Schultern rutschten heraus, und das Baby fiel Anna förmlich in die Hände. Sie nahm den Säugling und legte ihn in die Arme der glücklichen Mutter, in deren Gesicht noch die Strapazen der letzten Stunden zu lesen waren. Doch die Erinnerung an die Tortur der Geburt verblasste mit dem neuen Mutterglück, und Mias Gesicht entspannte sich in einem freudigen Lächeln.

»Es ist ein Mädchen! Wie in meinen Träumen.« Mia drückte das Kind an sich. Tränen des Glücks liefen ihr über die Wangen.

Anna schaute sie an und nickte. »Wie willst du sie nennen? Du hast mir bisher noch keinen Namen verraten, du abergläubische Kuh.«

»Sie heißt Eyna, Wasser des Lebens! Ich denke, wir müssen ihr etwas für ihren Lebensweg mitgeben. Wenigstens ihr Name sollte ihr Mut machen auf diesem scheiß kaputten Drecksplaneten.«

Anna musste lachen. Mia hatte ja recht, aber nur sie konnte es in so drastische Worte kleiden, ohne den einmaligen Zauber nach der komplikationslosen Geburt zu zerstören. Die beiden Frauen wussten, dass es auch anders hätte ausgehen können. Wäre irgendetwas schiefgegangen, hätte man keine schnelle Hilfe herbeiholen können. Die Zeiten einer intensivmedizinischen Betreuung waren vorbei. Es gab keine Krankenhäuser mehr,die schnelle Hilfe versprachen.

Anna band gerade die Nabelschnur ab, als sie beide den Motorenlärm hörten. Sie hob kurz den Kopf und sagte erfreut: »Das ist ein Hubschrauber. Sie bringen Alex zurück.«

Mia schaute sie mit ihren roten Augen, in denen beim Pressen alle Adern geplatzt waren, sorgenvoll an. »Das klingt sehr nah. Die werden doch nicht hier in der Nähe landen und unseren Standort verraten? Mehr von diesen Typen wie gestern können wir hier nicht gebrauchen. Wir hatten nur Glück. Wenn dieser Ian dem Psychopathen nicht den Kopf weggepustet hätte, wären wir jetzt wahrscheinlich alle tot.«

Anna hatte die Nabelschnur abgebunden. Sie fasste sich gedankenverloren an das in allen Blau- und Violetttönen schimmernde Hämatom unter ihrem linken Auge. »Nein, die sind nur über uns weggeflogen. Sie landen an einem geheimen Treffpunkt ein paar Kilometer entfernt. Simone und Aada sind unterwegs, um Alex und ein Telekommunikationsteam der SU10[5] dort aufzunehmen und hierher zu bringen. Ian haben sie auch mitgenommen. Denkst du, wir können ihm trauen?«

»Ich bin mir noch nicht ganz sicher. Aber nachdem, was er gestern für uns getan hat, denke ich, dass er in Ordnung ist. Wir sollten ihn trotzdem im Auge behalten und beobachten. Er hatte einige sehr traumatische Erlebnisse mit der Psychotruppe, und wir wissen nicht genau, wie er tickt.«

Anna stimmte ihr zu. Sie hatten gestern noch ein längeres Gespräch mit Ian geführt, und ihnen war schnell klar geworden, dass er eine sehr schwache Persönlichkeit besaß, an deren Zurechnungsfähigkeit man Zweifel haben musste. Allerdings mussten sie sich zwangsläufig um ihn kümmern, denn abschieben konnten sie ihn jetzt nicht mehr. Er wusste zu viel. Er war jetzt praktisch im inner circle der Geheimnisträger um ihren Standort. Eine Alternative gab es nicht, da waren sie sich alle einig.

Als der Säugling zu schreien begann, legte Mia ihn an ihre Brust. Anna verließ das Zimmer, um Toni und Elias von der geglückten Geburt zu berichten.

Am Abend saßen sie alle gemeinsam in der großen Küche am Tisch. Im Ofen brannte ein Holzfeuer. Anna hatte zur Feier des Tages zwei Bienenwachskerzen auf den Tisch gestellt, und nun saßen alle nach der gemeinsamen Mahlzeit satt und zufrieden in großer Runde. Ihre Gesichter leuchteten schwach im Schein der Kerzen, wobei sie hin und wieder vom flackernden Feuer des Ofens erhellt wurden.

Alex hatte russischen Schnaps aus der Biosphäre mitgebracht. Die Erwachsenen stießen reichlich auf Simones Vaterschaft und Mias Mutterglück an. Mehr als alle anderen hatte aber Simone ins Glas geschaut, sodass er schon ein bisschen verwaschen redete. Mia versuchte deshalb vergeblich, ihn vom Weitertrinken abzuhalten, aber Alex füllte Simones und sein Glas immer wieder und ließ ihr Widerreden nicht gelten.

Alles in allem war es heute ein glücklicher Abend für die Menschen am großen Tisch. Anna freute sich darüber, dass sie ihren Alex wieder wohlbehalten zurückhatte. Aada, Toni und Elias freuten sich sehr über die Geburt des kleinen Mädchens, und Mia und Simone waren sowieso glücklich. Alle freuten sich, dass sie den gestrigen Angriff abgewehrt hatten und dass es einen eher glimpflichen Verlauf genommen hatte, wenn man bedachte, was alles hätte passieren können. Die körperlichen Verletzungen waren nur oberflächlicher Natur. Ein paar Beulen und blaue

Flecken für Toni und Anna. Ein glatter Oberschenkeldurchschuss bei Simone, der aber keinerlei Anzeichen einer Entzündung oder einer Sepsis zeigte. Auch Elias hatte einen Bluterguss im Gesicht und eine ordentliche Schramme an der Kehle. Bei dem Jungen galt es abzuwarten, ob neben den körperlichen nicht auch seelische Wunden zurückbleiben würden. Der kleine Kerl hatte einiges abbekommen, er musste Todesängste ausgestanden haben, denn er hing in Bens Armen, als Ians Kugel den Kopf des Psychopathen explodieren ließ. Sie hatten ihn unter der Dusche von Knochensplittern, Gehirnmasse und Blut befreit, während er sich mit Händen und Füßen zur Wehr setzte und hysterisch schrie. Die Zukunft würde zeigen, was er davon bewusst erlebt hatte und ob er ein psychisches Trauma zurückbehalten würde.

Ian hatte vor zwei Stunden hohes Fieber bekommen. Seine Wunde sah schrecklich aus. Sie war entzündet. Anna und Alex hatten ihm ein Antibiotikum verpasst und einen entzündungshemmenden Umschlag angelegt. Er lag momentan oben im Gästezimmer und schlief tief und fest. Sie mussten ihn am Bett mit Verbandsmaterial festmachen. Leicht war ihnen das nicht gefallen, aber beide waren sie der Meinung, dass sie den Mann erst seit gestern kannten und ihm nicht trauen durften. Selbst wenn er ihnen allen wahrscheinlich das Leben gerettet hatte.

»Ich hab's euch doch schon drei Mal gesagt. Ich kann mir auch keinen Reim auf das alles machen.« Alex war sichtlich genervt, müde und auch etwas angetrunken.

Die Kinder hatten sich schon zurückgezogen. Die beiden Teens wollten ihren kleinen Bruder ins Bett bringen. Sie erklärten sich bereit, auf ihn aufzupassen, damit er in seinem Zimmer im Südturm nicht alleine war. Den Hund hatten sie auch mitgenommen.

»Noch mal: Der Meteorit besteht aus einem uns gänzlich unbekannten Material – aus einem Element, das wir nicht kennen: Unhexaquadium

482. Mit diesem kosmischen Geschoss kam das Schalterprotein auf die Erde und löste das weltweite Pflanzensterben aus. Der Meteorit war so konstruiert, dass er sich erst beim Eintritt in die dichte Gasatmosphäre eines Planeten öffnet und seine tödliche Fracht übergibt. Wir können momentan nur darüber spekulieren, welches Ziel hiermit verfolgt wird und wer dieses Ziel verfolgt. Keine Ahnung, wer da draußen ...«, Alex zeigte dabei nach oben, »so was bauen kann und wer oder was so profunde genetische Kenntnisse von unseren Pflanzen hat, dass er dieses Schalterprotein so genau auf die Intron-DNS der Pflanzen designen konnte. Ist es nur eine biologische Waffe, die zufällig hier gestrandet ist? Und ist die DNS ein universelles Prinzip im Weltall? Oder ist es eine biologische Sonde mit dem Ziel, die Flora unseres Planeten zu eliminieren? Dient das alles eventuell einem Terraforming für eine sauerstoffhassende Spezies, oder findet es doch nur statt, um uns auf Umwegen auszumerzen? Ein Angriff vor einer Invasion? Wir wissen es nicht!

Habt ihr euch schon mal gefragt, warum das Protein, dieser virale Partikel, primär nur pflanzliche Zellen befällt? Nicht auszumalen, wenn das Schalterprotein auch tierische Zellen befallen hätte. Stellt euch nur mal vor, die menschliche Genetik wäre das Ziel dieses Angriffs gewesen. Was wäre aus uns geworden?«

Da niemand antwortete, lieferte Alex die Antwort gleich selbst: »Das wissen wir natürlich auch nicht, wie wir so vieles nicht wissen.«

Mia hatte ihre neugeborene Tochter im Arm und wog sie sanft hin und her. »Was ist mit den ekligen Organismen und ihren elektrischen Organen? Immerhin leben die. Sie sterben nicht wie die Pflanzen und scheinen auch noch prächtig zu gedeihen.«

»Keine Ahnung. Wissen wir auch nicht!« Alex klang resigniert.

Mia schüttelte ihren Kopf. »Es gibt keine Zufälle! Die Pflanzen werden befallen und sterben, nachdem ihr Stoffwechsel auf tierische Atmung umgestellt wurde. Ist ja klar, wie soll sich eine Pflanze auch aktiv Nahrung beschaffen? Dafür sind Pflanzen als standorttreue Lichtsammelfallen gar nicht konstruiert. Sie sind nicht zur freien Ortsbewegung fähig, aber ich denke, da erzähle ich euch nichts Neues, oder?« Mia blies verächtlich die Luft durch die Lippen. »Aber der Organismus im Wasser kann das. Der bewegt sich und beschafft sich aktiv Nahrung – Energie. Es ist ein Prädator, eine Fressmaschine. Und was macht er damit? Er baut ein starkes elektromagnetisches Wechselfeld auf! Was soll das? Das ist doch keine ungerichtete, zufällige Entwicklung. Da steckt doch irgendeine Absicht dahinter. Welche Rolle spielen die Dinger in dem ganzen Drama? Oder anders gefragt: Welche Rolle werden sie noch spielen? Ich bin davon überzeugt, falls irgendetwas aus den Weiten des Kosmos uns den ganzen Schlamassel eingebrockt hat, dann steckt auch eine Absicht hinter allem, die wir nur noch nicht erkennen können oder erkennen wollen.«

Es war jetzt sehr ruhig am Tisch. Alle spürten die Anstrengungen der letzten Tage. Alex war es, der zuerst wieder Worte fand: »Wie auch immer, Mia. Wir wissen es nicht. Ich habe das Gefühl, dass wir in diesem Spiel keine Akteure mehr sind, geschweige denn irgendwann mal waren. Wir dürfen nur noch als Zaungäste zusehen, was als Nächstes passieren wird.«

»Ich denke, du hast recht«, sagte Mia leise, um das Baby nicht zu wecken, das in ihren Armen eingeschlafen war. »Wir sollten uns alle schlafen legen. Morgen ist ein neuer Tag, und wir haben noch einiges zu tun. Wie steht's eigentlich um die Arbeiten an der neuen Telekommunikationsanlage?«

Alex stand bereits vom Tisch auf. Er hielt Anna die Hand hin. »Das Telekommunikationsteam wird morgen fertig. Dann sind wir im neuen

Intranet der SU10$^5$ online und können weltweit mit dem Rest der Menschheit kommunizieren, vorausgesetzt die wollen auch mit uns reden.« Er legte den Arm um Anna und grinste. »Alles satellitengestützt und gesteuert von Sam O'Brians Team in der Atacamawüste. Ihr wisst schon, Kaspuhl und Naomi Mae Wood, auch bekannt unter dem Synonym *Furie von Baikonur* oder *Baazans Schicksal*.«

Jetzt mussten alle lachen, und Mia hoffte inständig, das Baby würde weiterschlafen. »Ja, ja, beruhigt euch. Ich wette, die werden demnächst auch bei dir anfragen. Immerhin bist du eine ausgewiesene Satellitenexpertin, oder, Mia?«

»Ja, schon, und es würde mich auch freuen, wieder etwas Nützliches machen zu können. Ich meine damit natürlich, dass ich nach der Schwangerschaft gerne wieder etwas für die Gemeinschaft tun würde. Wie kommen wir eigentlich zu der Ehre? Warum werden wir hier mit unseren paar Leutchen in das weltumspannende Kommunikationsnetz mit einbezogen?«

»Weil man in den oberen Hierarchieebenen denkt, dass wir bisher viel geleistet haben. Immerhin haben wir einige Lösungen zu den Rätseln der vergangenen Monate beigetragen. Man bietet uns damit auch Schutz. Ihr wisst, was da draußen los ist. Es gibt aus einigen Regionen Berichte über Kannibalismus. Die Zivilisation ist allerorts zusammengebrochen. Wir stehen somit mit der einzigen verbleibenden menschlichen Organisation in Verbindung, die um unsere Verdienste weiß. Immerhin hast du die Seuche in Finnland entdeckt, Mia.«

»Entdeckt? So ein Quatsch! Das wäre früher oder später sowieso nicht mehr zu verheimlichen gewesen. Du hast den Erreger entdeckt und dass die Aminosäuren und damit das Protein extraterrestrischen Ursprungs sind. Ohne dich wären die nie so weit und hätten auch nie in Finnland nach dem Meteoriten gesucht.«

Anna wurde ungeduldig und wollte nur noch ins Bett. Sie sagte voller Ironie: »Jetzt hört schon auf, euch gegenseitig die Lorbeeren zuzuschieben. Der Einzige, dem wirklich die Ehre gebührt, als Entdecker in die Geschichtsbücher einzugehen, ist doch Toni. Er hat den ersten kranken Baum gefunden.«

»Darauf können wir uns alle verständigen«, sagte Mia und fügte lachend hinzu: »Toni for Präsident! Aber ich muss jetzt auf jeden Fall ins Bett und schlafen. Man beerdigt nicht jeden Tag drei Leichen und bekommt danach ein Baby.«

Als sie bereits auseinandergingen, rief Simone noch: »Nicht nur ein Baby, sondern Eyna, das Wasser des Lebens!« Er wollte noch etwas hinzufügen, aber Mia zerrte ihn bereits weg, und es wurde ruhig in der Küche.

## 29. Oktober, Greenland Warrior

Grau und hart schlug die See gegen die Schiffswand des Trawlers, und das Schiff stampfte heftig in der schweren Dünung. Die Wellen waren in der letzten Stunde des Sturmes immer höher geworden. Jeder zweite Wellenberg knackte bereits die 15-Meter-Marke, und das kalte, salzige Meerwasser ergoss sich brutal über das Deck des Schiffes, bereit, jedermann über Bord zu schicken, der sich jetzt noch heraus traute und die Naturgewalten herauszufordern wagte.

In den letzten beiden Wochen war die Greenland Warrior im Nordatlantik unterwegs, um die Fischbestände zu kontrollieren. Dabei kreuzte sie in den letzten Tagen auf der Suche nach neuen Fanggebieten vor der Südspitze Grönlands und befand sich momentan auf dem Ostgrönlandschelf nördlich von Island. Der Rückgang des marinen Phytoplanktons war über den Rückgang des Chlorophylls im Atlantik belegt. Die Satellitenbilder der letzten Wochen hatten das ganze Ausmaß der Katastrophe gezeigt. Die Pflanzenseuche radierte die marine Flora aus und zerstörte so das gesamte Nahrungsgefüge der Weltmeere. Einen für die Hochseefischerei rentablen Fischschwarm hatte das Sonar der Greenland Warrior in diesem Herbst noch nicht gezeigt. Das Artensterben an Land fand seine Entsprechung in den Ozeanen.

Der Sturm hatte noch zugelegt und peitschte das Wasser gegen die Scheiben der Brücke und die tiefen grauen Wolken über das Schiff und die unruhige See hinweg. Ab und zu erhellte am Horizont ein Blitz das schwarze Gewölk. Die dunklen Wolkenbänke sahen aus, als würden sie von der aufgewühlten See beleuchtet. Der Himmel leuchtete dann in einem merkwürdigen Farbenspiel, das nicht zu dem alles dominierenden Grau passen wollte.

Die drei Männer auf der Kommandobrücke navigierten das Schiff bei der schlechten Sicht in der rauen See nur noch mittels der nautischen Instrumente und der Bordelektronik, während das letzte Licht der Dämmerung im Ostgrönlandschelf nördlich von Island schwand. Es wurde Nacht, und diese Nacht würde länger dauern als die Nächte zuvor. Immer, wenn sich das Schiff aus einem Wellental heraus in einer Aufwärtsbewegung befand, sahen die Männer auf ihrer Brücke die Positionslichter der schwerbewaffneten Fregatte aufblitzen, die hinter der Greenland Warrior in der zerwühlten See zurückgeblieben war und ebenfalls von Wind und Wellen durchgeschüttelt wurde. Man stand mit dem Begleitschiff ständig in Funkverbindung. Die Mannschaften beider Schiffe hofften auf ein baldiges Ende des Sturmes.

Auf der Brücke stand Kapitän Smithson mit seinem ersten Offizier unter der nur spärliches Licht verbreitenden roten Notbeleuchtung. Er schaute mit zusammengekniffenen Augen in den Rundsichtradar. In den Gesichtern der beiden Männer spiegelte sich das grüne Licht des Radarbildschirms, auf dem sich der Radarzeiger drehte. Er überstrich die vom Radar erfassten Objekte ständig, ließ sie grün aufleuchten und hinter sich wieder verblassen, um sie beim erneuten Umlauf auf ihrer neuen Position wieder in leuchtendem Grün hervorzuheben. Der Mittelpunkt des Bildschirms stellte dabei die Position der Greenland Warrior dar. Die beiden Männer konnten so im Bereich des Radars die Relativbewegungen aller Objekte im Verhältnis zum Schiff mitverfolgen. Das Problem für sie war, dass der Schirm eigentlich nur ein Objekt auf sieben Uhr im Fahrwasser des Trawlers zeigen sollte. Deutlich sahen die beiden Männer aber etwa fünf Seemeilen voraus zwei weitere Objekte. Eines bewegte sich mit hoher Geschwindigkeit auf sie zu, das andere schien bewegungslos im Wasser zu liegen und lieferte nur ein schwaches Echo. Der grüne Punkt auf sieben Uhr mit gleichbleibendem Abstand war das

Begleitschiff. Was sich der Warrior näherte, schien ein Schnellboot zu sein. Das andere Objekt war kreisrund und hatte dem Radarbild nach zu urteilen einen Durchmesser von etwa hundertfünfzig Metern - und es bewegte sich nicht.

Smithson fuhr sich durch die kurzen grauen Haare. »Hab so was noch nie gesehen! Schauen Sie sich mal die Ausmaße dieses Dings an. Das ist groß, so groß wie mehrere Fußballplätze. Es sieht aus wie ein Donut und liegt vollkommen still in der See. Und das bei diesem Sturm.«

Sein erster Offizier zeigte auf den Bildschirm. »Yes Sir, in der Mitte scheint das Ding keine Konturen zu haben. Dort ist wahrscheinlich Wasser,aber es sieht aus, als ob ihr Donut breiter und die Wasserfläche in der Mitte kleiner wird. Was bewegt sich da eigentlich mit hoher Geschwindigkeit auf uns zu?«

»Ich tippe auf ein Piratenschnellboot, das sich von unserem Donut wegbewegt. Vielleicht ist das ein schwimmender Ponton, eine künstliche Plattform, verankert im Meeresboden. Eine Art künstliche Insel, eine Zufluchtsstätte für diese Piratenbrut. Auf dem Radar kann man kaum Details erkennen. Wie tief liegt das Ding im Wasser? Was zeigt eigentlich das Sonar?«

Der nautische Wachoffizier beugte sich über die Konsole des Sonars und pfiff durch die Zähne. »Kommen Sie her und gucken Sie selbst. Das glauben Sie mir sonst nicht.«

Smithson wollte den Mann gerade zurechtweisen, hatte aber die drei Schritte in Richtung der Sonarkonsole schon gemacht. Er konnte jetzt auch sehen, was der Wachoffizier sah. Das hätte er ihm wirklich nicht geglaubt, und er schluckte seinen Ärger über die flapsige Antwort des Mannes herunter. Das runde Ding war auch hier deutlich zu erkennen, aber im Gegensatz zum Radar, der das Objekt nur über Wasser abbildete, zeigte das Sonarbild auch den unsichtbaren Teil unter Wasser.

»Bis in welche Tiefe erstreckt sich dieses Gebilde? Was meinen Sie?«, fragte Smithson den Mann.

»Nach allem, was ich hier zu sehen bekomme, taucht diese Struktur bis in einhundert Meter Tiefe ein und hat an der Oberfläche einen Durchmesser von bis zu einhundertfünfzig Metern. Sieht aus wie ein umgedrehter Kegel. Spitze nach unten, mit einer eingebeulten Basis, die zum Teil aus dem Wasser ragt und auf dem Radar aussieht wie ein Donut.«

Smithson überlegte: »Könnte es ein Eisberg sein?«

»Nein Sir, zu wenig Masse unter Wasser. Wäre schon längst umgekippt, und ein Eisberg würde auf dem Radarbild anders aussehen. Außerdem habe ich noch nie einen Eisberg gesehen, der aussieht wie ein umgedrehter Kegel. Eins kann ich aber mit Bestimmtheit sagen. Das Ding bewegt sich in der Vertikalen schnell nach oben.«

Smithson hielt den Mann seit Beginn ihres Kommandos für einen Klugscheißer und war seine Geheimniskrämerei langsam leid: »Was meinen Sie genau damit, es bewegt sich in der Vertikalen nach oben? Ein Objekt dieser Größe liegt ruhig in der stürmischen See, ohne sich horizontal vom Fleck zu bewegen. Das spricht dafür, dass es am Meeresgrund verankert ist, und Sie sagen mir jetzt, es bewege sich vertikal zur Wasseroberfläche - und das auch noch schnell?«

»Ganz recht, Sir! Es scheint, das Objekt taucht auf. Und es tut mir leid, es sagen zu müssen, aber nach allem, was ich momentan sehe, sieht es aus wie ein lebendiger Organismus.«

Smithson war vollkommen platt. »Wie kommen Sie zu dieser Einschätzung?«

»Nun Sir, wie Sie gerade richtig festgestellt haben, bewegt sich das Objekt selbst bei diesem Sturm und den hier vorherrschenden starken Meeresströmungen nicht in der Horizontalen. Es sollte nach unseren

Strömungskarten aber in südwestliche Richtung, in Richtung der Südspitze Grönlands abdriften. Tut es das nicht, muss es einen Antrieb haben, der das Abdriften mit der Strömung kompensiert, oder es ist im Meeresboden verankert. Dagegen spricht aber die schnelle Aufwärtsbewegung. Wie soll sich ein Objekt dieser Größe und Masse so schnell in der Vertikalen nach oben bewegen, wenn es mit Stahltrossen oder Ankerketten gegen ein Wegtreiben gesichert ist? Diese Überlegung führt zwangsläufig zu der Annahme, dass es bei der gegenwärtigen Aufwärtsbewegung seine Position nur mit einem maschinellen Antrieb halten kann. Eine Bewegung in der Vertikalen lässt sich immer durch eine Veränderung des Auftriebs, über die Dichte der Struktur erklären, setzt aber auch, ähnlich wie bei einem U-Boot, technische Einrichtungen voraus. Stimmen Sie mir bis hierhin zu?«

Der improvisierte Kurzvortrag hatte Kapitän Smithson offensichtlich imponiert, er nickte: »Schon, und ich denke, ich weiß, auf was Sie hinauswollen.«

»Genau! Alles, was dieses Ding tut oder nicht tut, setzt technische Einrichtungen – Maschinen – voraus, und die sollten auf unserem Radarbildschirm ein deutliches Echo erzeugen. Was wir zu sehen bekommen, ist aber eine konturlose Form, die an einen Fischschwarm erinnert. Allerdings einen, der sich zum Teil über dem Wasser befindet. Also mich erinnert das an ein sehr großes Lebewesen, das auch ein solches Radarecho erzeugen dürfte, oder hier arbeitet jemand mit Stealth-Technik. Aber wer sollte Tarnkappentechnik mitten im Atlantik einsetzten, und vor welchem Radar sollte er sich damit verbergen wollen? Ich meine, in der jetzigen globalen Situation gibt es keine Armeen mehr und auch niemanden, der so was bauen könnte, außer die SU10[5],

und das sind wir selbst. Und dann noch die Form auf dem Radar und das, was uns das Sonarbild unter Wasser zeigt. Ich meine, das macht einfach keinen Sinn. Ich habe so was noch nie gesehen. Es ist keine Stromlinienform zu erkennen, wie bei einem U-Boot oder Schiff zu erwarten wäre, sondern einfach ein umgedrehter Kegel mit einer eingedellten Basis, die aus dem Wasser guckt und wie eine Suppenschüssel noch mit Meerwasser gefüllt ist ...«

Smithson sah, dass der Mann wirklich mit seinem Latein am Ende war. Er ergänzte das von ihm Gesagte: »Und es taucht auf! Das müssen wir uns näher ansehen. Gab es nicht in Europa vor ein paar Wochen einen Vorfall mit seltsamen runden Organismen in einigen Binnenseen? Irgendwo in Italien, denke ich. Am Lago Soundso. Kann mich nicht mehr erinnern. Das müssen wir checken. Versetzen Sie das Schiff in Alarmbereitschaft, setzen Sie einen Funkspruch an unser Begleitschiff ab und nehmen Sie Kurs auf das Objekt!« Smithson dachte kurz nach und fügte hinzu: »Und bevor ich es vergesse: Sorgen Sie dafür, dass die SU10$^5$-Einsatzzentrale informiert wird. Wir brauchen Daten über diesen fremdartigen Organismus in Europa.«

Auf der Fregatte, der ehemaligen USS Morgan, war man zu ähnlich irritierenden Ergebnissen gekommen wie Smithson und sein Team. Nachdem er sich mit Smithson verständigt hatte, gab der Kapitän der »Morgan« Befehl, an der Greenland Warrior vorbei zu ziehen und nach dem sich schnell nähernden Schiff Ausschau zu halten. Auch auf dem Begleitschiff herrschte höchste Alarmbereitschaft, und alle Waffensysteme waren aktiviert.

Jake Osterhaus hatte sich mittlerweile auf der Brücke eingefunden und betrachtete die hektische Betriebsamkeit der Wachmannschaft. Er war von Smithson über die Lage informiert worden. Er konnte im abflauenden Sturm voraus die Positionslichter der Morgan sehen, die soeben an der Warrior vorbeigezogen war. Er stand neben dem

Wachoffizier,Kapitän Smithson und dem ersten Offizier vor den Konsolen der nautischen Geräte und hatte den wenigen Worten, die bisher gesprochen wurden, gelauscht.

Der erste Offizier stand in ständigem Funkkontakt zur Fregatte und erstattete seinem Kapitän Bericht. »Unbekanntes Schnellboot nähert sich aus nördlicher Richtung weiterhin mit hoher Geschwindigkeit und antwortet auf keinen Funkspruch der Fregatte. Die haben es auf mehreren Frequenzen versucht, aber es herrscht Totenstille. Die Jungs werden in einer Minute einen Warnschuss abgeben. Die haben ausdrücklichen Befehl, das Boot zu versenken, sollte bei gleichbleibendem Kurs immer noch niemand antworten.«

»Sir, wir haben nur noch ein unbekanntes Signal auf dem Radar. Der Donut ist verschwunden. Er ist lediglich auf dem Sonar noch zu sehen. Das Ding ist abgetaucht!« Der Wachoffizier erstattete Meldung, und der erste Offizier bestätigte, die gleiche Meldung vom Begleitschiff bekommen zu haben. Er fuhr fort: »Schnellboot dreht ab und nimmt wieder Kurs auf das untergetauchte Ding.«

»Sieht fast so aus, als hätten die Piraten die Wahl zwischen Pest und Cholera.« Smithson lachte und zeigte auf den grünen Lichtpunkt auf dem Radarbildschirm. »Erst flüchten sie vor dem auftauchenden Objekt und geraten dabei in die Reichweite unserer Geschütze, um dann sofort in die entgegengesetzte Richtung zu fliehen, wenn das Ding wieder abtaucht.«

Die Männer auf der Kommandobrücke verfolgten das Geschehen auf ihren Monitoren. Der Sturm hatte weiter nachgelassen, und man konnte von beiden Schiffen aus sehen, wie die tief liegenden Wolken immer noch von Blitzen erhellt wurden, die aus der See zu kommen schienen.

»Wir müssten jetzt auf Sichtweite heran sein!« Smithson nahm sein Fernglas und suchte den Horizont nach dem Schnellboot ab.

Jake schnappte sich ebenfalls ein Fernglas und schaute angestrengt in die ruhiger gewordene See. »Da sind sie! Auf zwei Uhr! Haben alle Lichter aus und bewegen sich nur noch langsam von uns weg.«

Jetzt sahen es auch die anderen. Auch von der Fregatte, die näher dran war, kam eine Bestätigung des Sichtkontaktes. Bei dem Schnellboot handelte es sich um ein Boot russischer Bauweise. Sämtliche Hoheitskennzeichen waren entfernt worden, und die Crew hatte eine Piratenflagge gehisst.

»Und jetzt?« Smithson klang unsicher. »Was sollen wir tun?« Er schaute in die Runde.

»Die haben Befehl, jedes identifizierte Piratenschiff zu versenken!«, kam die Antwort vom ersten Offizier. »Und ich höre gerade, dass sie zwei Torpedos klarmachen.«

»Das Ding bewegt sich wieder!« Die Überraschung war dem Wachoffizier anzusehen. »Es taucht auf, und das Schnellboot befindet sich momentan direkt über dem Objekt.«

Das nun Folgende wurde von mehreren Hundert Männern auf der Greenland Warrior und ihrer Begleitfregatte Morgan unabhängig voneinander beobachtet und in den Logbüchern beider Schiffe festgehalten. Später sollte noch viel Seemannsgarn darüber gesponnen werden, aber nur Jake Osterhaus war geistesgegenwärtig genug, um das Geschehen mit einer Kamera festzuhalten.

Zuerst war im Wasser nichts zu erkennen. Das Schnellboot lag scheinbar ohne Antrieb in den Wellen und dümpelte hin und her. Mehrere Personen liefen auf dem Deck herum. Was sie dort taten, war nicht zu erkennen. Plötzlich wanderten über die Aufbauten des Schiffes bläuliche Lichterscheinungen, die besonders von den spitzen Enden der Antennen, Masten und Geschütze in die Luft tänzelten. Einige Zeit später lag die Korona dieses Elmsfeuers über dem gesamten Schiff und fiel jetzt auch den Piraten auf. Die elektrostatischen Entladungen mussten ihnen die Haare zu Berge stehen lassen. Sie schauten nach oben, in die über die Schiffsaufbauten zuckenden Entladungen, die heftiger wurden. Einige, die an der Reling standen, zeigten aufgeregt in die Tiefe, aus der mittlerweile ein blaues Leuchten nach oben stieg. Wie eine unterseeische Aurora borealis sah es aus, und seine Intensität nahm zu, wie man auch auf der Warrior erkennen konnte. Doch das blaue Leuchten kam nicht aus den Tiefen der See, sondern entsprang dem auftauchenden Objekt unter dem Schnellboot. Einige der Besatzungsmitglieder auf dem Schnellboot hatten die Warrior und ihr Begleitschiff entdeckt. Sie gaben wild Zeichen, die nur eine Interpretation zuließen.

»Wir sollen verschwinden! Die versuchen uns vor irgendwas zu warnen!« Jake sah den anderen an, dass sie es genauso verstanden hatten wie er. Dann sahen sie das Ding auftauchen. Zuerst nur einen hellen, in sich geschlossenen, kreisrunden Wall, der vom Zentrum weggeneigt war und einen Durchmesser von annähernd hundertfünfzig Metern hatte. Bei diesem Ding handelte es sich ohne Zweifel um das Erste, was man von dem auftauchenden Kegel sehen konnte. Außerhalb dieser runden Struktur sahen sie die Wellen, vom nachlassenden Sturm noch aufgepeitscht, gegen den Wall schlagen. Mancher Wellenkamm brandete noch darüber hinweg, wobei die Wellen brachen und sich schäumend in das Innere ergossen, während diese weißliche Wand weiter aus der See wuchs. Innerhalb dieses runden Gebildes lag das Meer relativ ruhig, wie in einer künstlichen Lagune, und wurde nur ein wenig vom Wind gekräuselt. In diesem abgeschottetem Stück Meer befand sich das Schnellboot, dem dadurch der Weg in die offene See versperrt war.

Auf den beiden $SU10^5$-Schiffen konnten sie beobachten, wie der gigantische Kegel weiter auftauchte, wobei für den Betrachter auf See die wirklichen Verhältnisse nicht zu erkennen waren. Die Männer sahen nur den Teil des Kegels, der sich wie ein riesiger Swimmingpool über die Wellen erhob. Niemand hätte die Größe des auftauchenden Dings abschätzen können, wäre da nicht das Sonarbild gewesen. Der Kegel wuchs immer höher aus dem Wasser und offenbarte dabei seine wahre Form. Das, was dort emporstieg, erinnerte immer mehr an eine große Schüssel. Eine Art Wanne, in der das Schnellboot bewegungslos lag. Neue, noch stärkere Entladungen griffen jetzt vom Rand dieser auftauchenden Schüssel auf das Boot über.

»Mein Gott, das ist unglaublich. Ich habe so was noch nie gesehen! Ich glaube, Sie haben recht, Captain.« Der erste Offizier schien sich auch an die Vorfälle in Europa erinnern zu können. »Diese seltsamen Dinger in europäischen Seen sahen ähnlich aus. Ich kann mich an einen Bericht der SU10[5] erinnern. Da war die Rede von hellen Organismen, die die Form eines eingedellten Diskusses hatten, ähnlich wie eine Schüssel. So wie das Ding da.« Er zeigte erst auf den Radar und dann auf das Sonar. »Aber unser Exemplar dürfte um einiges größer sein als die Dinger in den Seen. Das, was wir submers auf dem Sonar sehen, diese umgedrehte Kegelform, ist neu. Daran kann ich mich nicht erinnern. Außerdem hatten diese Organismen ein elektrisches Organ und erzeugten starke elektromagnetische Felder, die das Funkfeuer und die Mobilfunknetze störten.«

Vor allem sich rot und violett verästelnde Entladungen tanzten jetzt vom Rand der auftauchenden Struktur zu dem Boot, dessen Besatzung mittlerweile von Panik ergriffen zu sein schien und hin und her rannte. Es sah aus, als suchten die Männer einen Ausweg aus ihrer Situation. Einen Fluchtweg aus dem sie einkesselnden runden Ding, das sich weiter aus dem Wasser erhob, wobei die elektrischen Entladungen noch zunahmen und das Schnellboot immer mehr von dem Ringwall des auftauchenden Objektes verdeckt wurde. Mit zunehmender Höhe wurde die eingeschlossene Wasserfläche, auf der sich das Schnellboot befand, kleiner und kleiner. Die auftauchende Struktur verjüngte sich schüsselförmig nach unten, und das Wasser schien irgendwo abzulaufen. Der untere Teil des Schnellbootes war hinter den Rändern der Struktur schon nicht mehr zu erkennen.

»Haben wir bereits Kontakt zur SU10[5]?«, fragte der erste Offizier.

»Sir, melde Ausfall aller Systeme! Kein Funk mehr! Sonar und Radar sind ausgefallen. Wir sind taubstumm und blind! Außerdem lassen sich auch Maschine und Ruder nicht mehr steuern, wir sind manövrierunfähig!« Der Wachoffizier spulte diese Meldung mit einer Haltung ab, die einer unheimlichen inneren Ruhe zu entspringen schien, obwohl die Situation auf einem manövrierunfähigen Schiff auch im abflauenden Sturm für alle höchste Lebensgefahr bedeutete. Dann überschlugen sich die Meldungen. Kurze Zeit später kamen sie den realen Ereignissen nicht mehr hinterher.

Jake hörte noch die Worte des ersten Offiziers: »Kontakt zum Begleitschiff abgerissen, wir haben keinen Funkkontakt! Ich wiederhole, wir haben keinen Funkkontakt mehr!« Dann erfasste er mit seiner Kamera die Lichtblitze von dem Begleitschiff und machte die Männer auf der Brücke der Warrior auf die Lichtsignale aufmerksam: »Die Morgan morst mit Signalscheinwerfern, sehen Sie doch!« Kapitän Smithson begann die Lichtmorsesignale simultan zu übersetzen: »Haben Totalausfall sämtlicher elektronischer Systeme, wie nach EMP, sind manövrierunfähig, over!«

»Scheiße Mann! Wir haben da draußen einen abflauenden Sturm und zwei manövrierunfähige Schiffe. Das gibt's doch nicht!« Smithson schaute in die Runde. »Ich erwarte Ihre Vorschläge, meine Herren!«

Die anwesenden Männer konnten seine Worte zwar noch hören, aber eine Antwort brachte keiner mehr heraus. Dazu waren sie jetzt alle von den Vorgängen, die sich eine halbe Seemeile voraus in der See abspielten, zu sehr gefesselt. Dort sah man einige Menschen auf dem Schnellboot von Panik ergriffen über die Reling springen. Das runde Objekt war noch weiter aufgetaucht, und das Schnellboot neigte sich auf die Seite. Es schien, als ob es in dem riesigen Ding, das immer mehr einer gigantischen halbkugelförmigen Wanne glich, Bodenkontakt bekommen hatte und auf dem Kiel aufsitzend zur Seite kippte. Das, was alle auf dem Schnellboot jetzt von dieser Wanne sahen, hatte eine sehr glatte, perlmuttfarbene Oberfläche. In der Mitte sahen sie den Rest des Wassers, das wie ein kreisrunder See vor ihnen lag. Das Boot lag jetzt nur noch halb darin. Die andere Hälfte war gegen die aus dem Wasser ragende Wand geneigt, und das Wasser lief immer weiter ab.

Mittlerweile war im Scheitelpunkt des unwirklichen Objekts etwas anderes aufgetaucht. Eine verzweigte und sich nach oben immer mehr verästelnde, metallisch glänzende Struktur schien herauszuwachsen, wurde aber nur durch das Auftauchen des Dings weiter aus dem Wasser gehoben. In dieser baumartigen Struktur liefen bläulich schimmernde Biolumineszenzen nach oben. Aus der Spitze schossen blaue Blitze zum Wannenrand und wurden von dort zurückgeworfen. Da, wo sich das Schnellboot befand, war dieses Entladungsmuster zwischen der Struktur in der Mitte und dem Wannenrand gestört. Das Boot war ein Fremdkörper, und die Männer auf den beiden Schiffen der SU10[5] mussten mitansehen, wie die Entladungen Funken aus den metallischen Oberflächen herausschlugen.

Langsam begann der Lack des Bootes Blasen zu werfen, und kurz darauf sahen sie, wie die Aufbauten anfingen, sich an einigen Stellen unter extremer Hitzeentwicklung zu verformen. Dann konnten sie auch schon Bereiche entdecken, die rot leuchtend glühten, worauf das Schiff an mehreren Stellen zugleich in Flammen aufging. Alle auf der Brücke sahen durch ihre Ferngläser,wie die Menschen dort brennend und wild um sich schlagend aus dem Führerhaus des Schnellbootes auf Deck liefen und sich dann über die Reling stürzten. Am schlimmsten erwischte es diejenigen, die sich am Heck aufhielten. Hier spielten sich unglaubliche Szenen ab.

Die Männer auf der Brücke der Warrior sahen zu, wie diese Menschen sich vor Schmerzen krümmten, wobei ihre Haut sich erst stark rötete und dann Blasen warf, genau wie der Lack des Bootes vor einigen Minuten. Es sah aus, als würden sie von einer unsichtbaren Energiequelle unbarmherzig von innen heraus erhitzt. Bis sich schließlich erst ihre Haut abschälte und in Streifen herunterhing und sie anschließend wie zu heiß gewordene Brühwürstchen aufplatzten. Aber selbst in dem Augenblick schien noch ein Rest Leben in ihnen zu versuchen, vor dem Unausweichlichen zu fliehen. Blutüberströmt gingen diese armen Kreaturen noch einige ungelenke Schritte ohne festes Ziel, bevor sie zusammenbrachen.

Smithson stand breitbeinig auf der Brücke. Er schaute angewidert durch das Fernglas auf die apokalyptischen Bilder. Jake stand neben ihm und hielt das Fernglas gesenkt in den Händen. Der Wachoffizier stützte sich mit beiden Händen auf der Konsole ab und versuchte, tief atmend zu verhindern, dass er sich übergab. Der erste Offizier hatte sich von den furchtbaren Geschehnissen abgewandt.

»Deshalb haben sie uns gewarnt. Sie ahnten, was auf sie zukam, und haben uns deshalb Zeichen gegeben, zu verschwinden.«

Smithson senkte nun ebenfalls sein Fernglas und befand sich sofort wieder im Befehlsmodus. »Was ist mit unseren Navigationsgeräten. Ich brauche sofort einen Bericht über den Zustand unserer Maschinen. Sind wir wieder manövrierfähig?«

Während der Wachoffizier sich wieder gefangen hatte und die nautischen Geräte überprüfte, sah Jake den ersten Offizier, der immer noch um Fassung rang, über das noch funktionierende Bordnetz mit dem Maschinenraum sprechen. Dabei schüttelte er immer wieder energisch den Kopf und machte einen besorgten Eindruck. »Nein Sir, melde immer noch Ausfall aller Systeme. Der Diesel steht, und wir sind immer noch manövrierunfähig.«

Während der Wachoffizier ebenfalls seine Hiobsbotschaften über den Ausfall der nautischen Instrumente von sich gab, wanderte Jakes Blick nach draußen zum Bug des Schiffes. Der Sturm war fast vorbei, und stellenweise rissen die Wolken bereits auf. Deutlich konnte er das gleiche blaue Elmsfeuer über die Aufbauten der Warrior tänzeln sehen, wie einige Minuten zuvor auf dem Schnellboot. Dann ergriff ihn ein Frösteln, und er erwischte sich bei dem panischen Gedanken an das Schicksal der Männer auf dem Deck des Schnellbootes. Jake sah jetzt, dass sie nicht mehr weit von dieser wannenförmigen Struktur entfernt waren. Einige hundert Meter trennten das Schiff und auch das steuerbord liegende Begleitschiff nur noch von dem weiter aufgetauchten Objekt. Er hatte Angst, dass es ihm ebenso ergehen könnte wie der Besatzung des Schnellbootes.

Auch die anderen sahen jetzt die blauen Entladungen über die Warrior tanzen und ahnten, was das zu bedeuten hatte. Weiter draußen war ein vollkommen mit Perlmuttglanz ausgekleideter, schüsselförmiger Hohlkörper aufgetaucht. Er lag für die noch sehr aufgewühlte See viel zu ruhig im Wasser. Irgendetwas schien das im Durchmesser gut und gerne hundertfünfzig Meter messende, kolossale Ding in der rauen See zu stabilisieren.

Das, was oben aus dem Wasser ragte, war die Basis eines umgedrehten Kegels, die wie eine Steel Drum eingedellt war und die sichtbare schüsselförmige Struktur bildete. Die Spitze dieses Kegels musste immer noch eine Wassertiefe von sechzig Metern erreichen.

Das Ding war so weit aus dem Wasser aufgetaucht, dass man von dem Schnellboot nichts mehr sah. Mithilfe welcher Mechanismen das Objekt seinen Auftrieb verändern und auf- und abtauchen konnte, war mittlerweile gut zu erkennen. Um die aus dem Wasser aufgetauchte Kegelbasis waren in konzentrischen Kreisen Gasblasen mit mehreren Metern Durchmesser angeordnet. Diese hatten Ähnlichkeit mit denen einiger Blasentangarten, nur waren sie viel größer. Der Organismus war offensichtlich in der Lage, über den Füllzustand der Blasen aktiv den Auftrieb im Wasser zu steuern.

Smithson zeigte darauf und sagte zu seinem Wachoffizier: »Da haben Sie ihre technischen Einrichtungen. Das Ding ist keine Maschine. Wir haben hier einen unbekannten Organismus vor uns, der einen Auftriebsmechanismus der Natur kopiert hat. So was kennt man von Fischblasen oder verschiedenen Tangarten. Und schauen Sie hier im Sonar. Da laufen Wellenmuster ringförmig und koordiniert über den Körper dieser Lebensform. Das erinnert mich an was. Wissen Sie, was das ist?«

Jake konnte seinen Blick nicht mehr abwenden. Er hatte das tatsächlich schon mal in einer TV-Dokumentation über die Weltmeere gesehen. Es war eine Ewigkeit her, aber er konnte sich noch gut an die wunderschönen Tiere erinnern. »Ich habe das auch schon mal gesehen. In einer Fernsehsendung vor langer Zeit. Da haben sie diese Tintenfische gezeigt.«

»Ganz recht! Sepias haben so einen um den Körper verlaufenden Flossensaum wie unser Freund hier. Nur erreicht das Ding ganz neue Dimensionen. Es hat nicht nur ein Band Flossen um seinen Körper laufen, sondern gleich mehrere. Sieht fast so aus, als wären große Teile des untergetauchten Kegels mit Schwimmflossen gesäumt. Damit hält es die

Position in der Horizontalen. Ich bin sicher, dass es das auch bei hohem Seegang kann.«

»Sie meinen, das Ding ist trotz der immensen Größe in der Lage, die Position in der offenen See zu halten, und das nicht nur in Bezug auf ein waagrechtes Koordinatensystem, sondern auch in der Vertikalen?« Der erste Offizier schaute Smithson skeptisch an. »Wissen Sie, was ein Organismus dieser Größe fressen müsste, um seinen Energiebedarf zu decken?« Er wollte noch etwas hinzufügen, aber ein wahres Feuerwerk an Farben, begleitet von heftigen Donnerschlägen und Explosionen, ließ ihn stocken.

Das in dem Organismus gefangene Schnellboot wurde von heftigen Explosionen erschüttert, während die Entladungen ihren Höhepunkt erreichten. Immer noch liefen heftige Biolumineszenzen durch die baumartig verzweigte Struktur im Zentrum der Schüssel. Dann schoss plötzlich aus der Mitte eine gigantische Lichteruption senkrecht in den Himmel. Bei dem in gleißendem Licht pulsierenden Strahl, der in mehreren Kilometern Höhe in die dichte Wolkendecke über der See fuhr und diese von innen heraus illuminierte, als würde ein wahres Höllenfeuer in den Wolken brennen, handelte es sich um die ionisierte Luft einer hochenergetischen, elektromagnetischen Entladung, um ein mehrere tausend Grad heißes Plasma, das in Sekundenschnelle an Intensität zuzunehmen schien. Dann explodierten kurz hintereinander Treibstofftank und Munitionskammer des Schnellbootes in einer heftigen Detonation, die ein gewaltiges Loch in den Organismus riss. Sofort senkte sich das Boot und rutschte durch die klaffende Öffnung in die See, wodurch der Organismus in Schieflage geriet. Der in den Himmel reichende Lichtbogen fing an, wie ein Kreisel herumzueiern, und es erweckte den Anschein, als wollte er Löcher in die Wolkendecke brennen.

Dann war es plötzlich vorbei. Es wurde dunkel. Der Organismus lag jetzt in bedrohlicher Schieflage und sank. Oder tauchte er ab?

Jake blickte über die Warrior und sah, dass die blauen Elmsfeuer so plötzlich verschwunden waren, wie sie aufgetaucht waren. Er atmete auf. Sie waren außer Gefahr – fürs Erste.

»Alle Systeme wieder aktiv. Wir haben wieder Kontakt zur Morgan, und die Maschinen laufen!« Die Stimme des ersten Offiziers verriet seine Erleichterung.

Smithson gab unverzüglich Befehle: »Steuer hart Backbord und volle Fahrt voraus. Funkspruch an die Morgan: Sie sollen verdammt noch mal ihre Torpedos abfeuern und dieses Scheißding versenken!«

Während die Warrior vor dem monströsen Geschöpf hart abdrehte und Fahrt aufnahm, konnte Jake, der auf dem Brückennock im Freien stand, im Wasser vor ihrem Begleitschiff, dicht unter der Oberfläche, zwei schmale Silhouetten ausmachen, die sich mit hoher Geschwindigkeit dem Organismus näherten.

»Hier ist die Einsatzleitung der SU10[5]«, drang die sonore Stimme einer hohen Führungskraft aus Lautsprechern über die Brücke der Warrior. »Wir haben Meldung über Ihren Kontakt mit einer unbekannten Lebensform erhalten. Bestätigen Sie uns unverzüglich Ihre momentanen Koordinaten und unternehmen Sie nichts, was diese Lebensform gefährden könnte. Ich wiederhole: Bestätigen Sie ihre Koordinaten und greifen Sie diese Lebensform nicht an!«

Die beiden Mark 46 Torpedos aus den Torpedorohren der Morgan bohrten ihre hochexplosiven Gefechtsköpfe mit einer Geschwindigkeit von fünfundvierzig Knoten in den fremdartigen Organismus. Jake musste sich vor dem grellen Lichtblitz der Detonationen abwenden. Dann erreichte ihn die Druckwelle und nahm ihm für kurze Zeit den Atem.

## 30. November,nordchilenische Anden – Chajnantor-Plateau

Das Rauschen aus den Lautsprechern war einschläfernd langweilig. Sein Team hatte ihn schon mehrfach gebeten, den Ton wieder abzustellen und auf die Computersoftware zu vertrauen, die eine Anomalie in den vom Rechner vorgefilterten Datensätzen sofort melden würde. Das in hörbare Frequenzen modulierte kosmische Rauschen war die konzentrierte Essenz aus der Unmenge der Signale, die von dem Radioteleskop empfangen wurden. Den anderen in der chilenischen Atacamawüste ging dieses Rauschen in der Steuerzentrale derart auf die Nerven, dass sie den Ton schon nach kurzer Zeit abstellten, wenn sie Dienst hatten. Es erinnerte sie doch zu sehr an die Hoffnungslosigkeit ihres Unterfangens, aus der Unendlichkeit des Raumes mit seinen Myriaden Sternen und möglichen Welten, ein Signal einer außerirdischen Lebensform zu empfangen.

Nur Viktor Kaspuhl empfand so etwas wie Entspannung, wenn er den automatisierten Suchlauf über einen winzig kleinen Himmelsausschnitt überwachte und dabei dem Rauschen aus den Lautsprechern zuhörte. Das unspezifische Geräusch war die reinste Musik in seinen Ohren. Der Job für das SU10[5] – Space Operations Centre ließ O´Brians Team, neben der Satellitennavigation und der Koordinierung der terrestrischen Kommunikation noch viel Raum, um den Himmel nach auffälligen Signalen abzusuchen. Bei der Berechnung der Flugbahn des Meteoriten waren sie nicht weit gekommen. Irgendwo im Sternbild des Schützen, in einer Region der Milchstraße mit sehr hoher Sternendichte, verlor sich seine Spur und konnte natürlich keinem Himmelskörper in hunderten Lichtjahren Entfernung eindeutig zugeordnet werden.

Sam O'Brian hatte das schon in Baikonur vorausgesagt. Eine Armada feindlicher Raumschiffe hatten sie auch noch nicht finden können. Auf jeden Fall stand ihnen viel Teleskopzeit zu Verfügung, um das Projekt *Search for Extraterrestrial Intelligence*, kurz SETI, weiter zu verfolgen, und das taten sie auch. Hier in der Atacamawüste Chiles dachten sie alle, dass es ein Privileg war, bis jetzt überhaupt überlebt zu haben und dass man es all den bereits verstorbenen SETI-Forschern schuldig war, weiter nach potenziellen Nachbarn Ausschau zu halten. Um überhaupt eine Chance bei dieser Suche zu haben, hatte man schon vor langer Zeit die Frequenzen eingegrenzt. Aus all den möglichen Frequenzen, auf denen eine außerirdische Rasse senden könnte, hatte man sich den Bereich des sogenannten Wasserlochs ausgesucht. Das war der Bereich im Frequenzband der elektromagnetischen Wellen, der zwischen der Emissionsfrequenz von Wasserstoff bei 1420 Megahertz und der Emissionsfrequenz von Hydroxylradikalen, also OH-, bei 1662 Megahertz liegt. Beide zusammen, Wasserstoff und OH, ergeben $H_2O$ - Wasser. Zwischen diesen Frequenzen im sogenannten Wasserloch würde man gleichgesinnte Funker im Weltraum finden, da waren sich alle einig. Denn bei diesen Wellenlängen zwischen 21 und 18 Zentimetern würde eine außerirdische Intelligenz senden, da jedes intelligente Lebewesen wissen müsste, dass das häufigste Element im Universum der Wasserstoff und Entstehung von Leben ohne Wasser nicht möglich ist. Das war die Theorie. In der Praxis hatte man am 15. August 1977 für 72 Sekunden am Big-Ear Radioteleskop der Ohio State University im Rahmen eines SETI-Projektes tatsächlich ein Signal aus diesem Wasserloch empfangen, welches sich signifikant von dem Grundrauschen abhob und dreißig mal stärker war. Aber leider war es damals von keinem anderen Radioteleskop auf der Erde empfangen worden, und auch in den darauffolgenden Jahren konnte man aus der Region des Alls, aus der dieses Signal gekommen war, nichts mehr empfangen. Nach diesen 72 Sekunden herrschte absolute Funkstille. Das Signal ging als das sogenannte Wow-Signal in die Geschichte ein, weil Jerry R. Ehman, der es als Erster auf einem Computerausdruck entdeckte, ehrfürchtig das Wort »Wow« an den Rand geschrieben hatte. Dieses Signal war aus dem Sternbild des Schützen gekommen, da, wo sich auch die Spur des finnischen Meteoriten verloren hatte.

Viktor Kaspuhl lag in dem Schreibtischsessel, hatte die Füße auf der Computerkonsole und stopfte Nachos in sich rein, die er in Salsa dippte. Die letzte Reserve und wahrscheinlich die letzten Nachos auf dem gesamten Erdball. Gestern war er an seinem freien Tag mit dem Land Rover und mit Naomi Mae auf dem Beifahrersitz in das kleine Städtchen am Fuß des Berges gefahren. Dort gab es früher immer ein wenig Abwechslung für die Arbeiter aus den Kupfermienen und für das Personal der Radioteleskope. Entweder ging man ins örtliche Kino oder betrank sich in der Bar, die von einem Spanier betrieben wurde und aus unerfindlichem Grund den Namen *El Pescador* trug. Warum der Kerl eine Bar mitten in der Wüste unter dem Namen *Der Fischer* betrieb, war für keinen hier nachvollziehbar. Auf jeden Fall waren Naomi und er durch eine Geisterstadt gefahren, die vollkommen menschenleer in der Hitze der mittäglichen Sonne vor sich hin flimmerte. Wohin die Leute gegangen waren, konnten sie nur vermuten. Sicherlich war die Versorgungsinfrastruktur den Bach runtergegangen, und die Menschen hatten woanders ihr Glück versucht. Wahrscheinlich waren die meisten sowieso schon nicht mehr am Leben. Das Ganze hatte einen sehr gespenstischen Eindruck gemacht, und sie beschlossen, im einzigen Supermarkt im Ort nachzuschauen, ob es noch was zu futtern gab. Aber alles, was sie dort in den Regalen fanden, waren kiloweise Nachos und eimerweise Salsasoße. Sie hatten den ganzen Kram in den Geländewagen geworfen und sich auf der Rückfahrt darüber gewundert, warum die Menschen ausgerechnet Nachos und Salsa zurückgelassen hatten.

Kaspuhl fand es gut, er genoss die Abwechslung. Das, was ihnen die SU10[5] an Nahrung lieferte, war eintönige Kost und oft nicht mal genießbar. Es sollte nur den Magen füllen und sie am Leben erhalten. So waren in den heutigen Zeiten die Kriterien für Nahrung neu definiert worden.

Während aus den Lautsprechern das Rauschen des Universums tönte, dachte er noch an die heiße Nummer, die er mit Naomi auf der Rückbank des Land Rovers geschoben hatte, bevor sie am Spätnachmittag zurückgekehrt waren. Diese Frau konnte richtig nervig sein, aber der Sex mit ihr war atemberaubend und überwältigend. Kaspuhl rekelte sich in seinem Schreibtischsessel. Ihm wurde ganz heiß bei dem Gedanken an Naomi. Er hatte die Augen geschlossen und überlegte krampfhaft, wie er heute noch mal zum Schuss kommen konnte, als seine Sensorik eine Anomalie meldete. Er konnte aber nicht gleich ausmachen, worin der Fehler in seinem Umfeld bestand. Nur dass es wichtig war, spürte er, da sofort seine gesamte Aufmerksamkeit vom geistigen Bild der nackten Naomi und der Doggystyle-Nummer im Heck des Wagens abgezogen wurde. Plötzlich war das Kopfpornokino zu Ende, und Kaspuhl saß senkrecht im Sessel. Mucksmäuschenstill und ein wenig zittrig vom Adrenalin in seinen Adern.

Über dem monotonen Grundrauschen der kosmischen Hintergrundstrahlung, einem Relikt des Urknalls, die ihn eben noch so schön eingelullt hatte, lag eine Tonfolge hoher und lauter Frequenzen, die vom Rechner für das menschliche Ohr hörbar gemacht wurden. Sie wichen vollkommen von allem ab, was Viktor Kaspuhl bisher aus den Lautsprechern gehört hatte. Sofort sprang er aus dem Sessel und ging angespannt den für diesen Fall tausend Mal eingeübten Routinen nach.

Nachdem er die Daten des Großrechners vor Augen hatte, konnte er es erst nicht fassen. Sollte er wirklich so ein Glück haben und als erster Mensch einen Kontakt hergestellt haben? Ihm wurde ein wenig kribbelig, und fahrig schob er sich eine Handvoll Nachos in den Mund. Kaspuhl überprüfte noch mal die Berechnungen und wunderte sich über die Stärke des Signals. Es musste aus dem Zentrum der Milchstraße kommen. Die Berechnungen lieferten den Ursprung der 21-Zentimeter- Welle bei circa hundertfünfzig Lichtjahren Entfernung. Außerdem pulsierte das Signal rhythmisch und schien ein Informationsmuster zu enthalten.

Das war nach allem, was er momentan sehen konnte, kein Signal einer natürlichen astronomischen Quelle, wie zum Beispiel der elektromagnetische Puls eines Pulsars. Das Signal schien einer künstlichen Quelle zu entspringen, und das deutete auf intelligentes Leben hin. Außerdem kam das SETI-Signal auch aus dem Sternbild des Schützen, und das ließ alle Alarmglocken Kaspuhls im Gleichklang schlagen. Er hätte jetzt gerne Alarm geschlagen. Noch vor einem Jahr hätte ein solcher Alarm dazu geführt, dass sich alle verfügbaren Radioteleskope mit Blick auf das Zentrum der Milchstraße innerhalb der nächsten Minuten nach der vermeintlichen Quelle des Signals ausgerichtet und die von ihm berechneten Koordinaten des Signalursprungs überprüft hätten. Die verfügbaren Teleskope waren aber rar geworden, und das einzige noch besetzte stand in Australien, in Parkes, New South Wales.

Viktor Kaspuhl griff nach dem Telefon und wählte die Kurzwahlnummer für das Radioteleskop der SU10[5] in Australien. In Chile war es jetzt vier Uhr am Nachmittag, in Australien musste es demnach sechs Uhr morgens sein. Die Nachtschicht war dort bald beendet, aber wie er seinen australischen Kollegen kannte, lag der mit Sicherheit im Sessel und schlief schon seit Stunden.

Das Telefon klingelte und klingelte, keiner ging dran. Kaspuhl wurde nervös und beobachtete die Daten auf einem seiner Bildschirme. Das Signal war immer noch deutlich, und es war sogar noch stärker geworden. Kaspuhl hielt mit der Rechten das Telefon an sein Ohr und überprüfte mit ein paar Handgriffen auf seinem Desktop und der entsprechenden Software den Sternenhimmel über Australien. Als er fand, was er gesucht hatte, haute er das Telefon hart, fast schon zu hart, in die Ladeschale.

Der Teil des Schützen, und damit der Himmelsausschnitt der Milchstraße, aus der das Signal zu kommen schien, würde in Australien erst um 07:45 Uhr Ortszeit aufgehen. Vorher brauchte kein Mensch in Australien danach Ausschau halten. Auch nicht, wenn er den Tageshimmel mit einem Radioteleskop beobachten konnte. Er musste sich gar nicht verrückt machen und konnte in aller Ruhe das Signal weiter untersuchen. Vielleicht bekam er ja etwas über das Informationsmuster heraus.

Er konnte es kaum erwarten und stellte sich vor,was wäre, wenn er das Signal auch morgen noch empfangen könnte. Und auch übermorgen. Vielleicht hatte er ja auch ein Signal entdeckt, das regelmäßig von einer intelligenten Lebensform gesendet wurde. Denn nur dann konnte die auch sicher sein, dass es irgendwann wirklich empfangen wurde. Ein einmal von einer punktförmigen, Lichtjahre entfernten Quelle gesendetes Signal auf einer Wellenlänge unter unzähligen zu erwischen, das war in etwa so, wie einen bestimmten Punkt im Himmel zu beobachten und auf eine Sternschnuppe zu warten. Aber nicht irgendeine Sternschnuppe, sondern eine aus purem Gold und mit der Form eines Narwals. Schlechterdings unmöglich oder vergleichbar mit einem Lotteriegewinn. Deshalb ja auch die Begrenzung der Suche auf die Frequenzen im sogenannten Wasserloch.

Nach seinen Berechnungen hatte er jetzt noch gut sechs Stunden Zeit, bis der Schütze in Chile untergehen und damit das Signal aus seinem Empfangsbereich wandern würde. Wenn es sich wirklich als ein Funkfeuer einer außerirdischen Spezies herausstellen sollte, dann wäre das eine astronomische Jahrtausendentdeckung, und Kaspuhl musste dabei unwillkürlich an seinen Chef Caspary und dessen Sichtung des Meteoriten denken. Das war jetzt fast ein Jahr her, und was war in dieser Zeit alles passiert? Die Pflanzenwelt des Globus im Arsch, die Landlebewesen schon ausgestorben oder noch am Aussterben, und der Rest der Menschen fristete ein kümmerliches Dasein mit nichts weiter als ab und zu Nachos, Salsa und einer kurzen heißen Nummer im Heck eines Geländewagens.

Wieder wurde ihm ganz heiß. Er dachte noch darüber nach, was ihm der Ruhm dieser Entdeckung auf einer leeren, kargen Welt noch nützen sollte, als er plötzlich vom Telefon aus seinen Gedanken gerissen wurde.

»Ja, hallo! Viktor Kaspuhl hier! Überlebender der großen Seuche und Großimperator der chilenischen Atacamawüste. Wer wagt es, mich zu stören, und welch Ansinnen dünkt euch?«

»Viktor, hör auf mit dem Quatsch. Du hast eben versucht, uns zu erreichen. Was gibt es Neues in Chile? Hast du wieder angefangen zu saufen?«

Viktor erkannte sofort das typische Australian English seines Kollegen Cooper am Teleskop in Parkes.

»Hey Cooper, gut dass du dich meldest! Ich hab ein klares Signal auf 1420 Megahertz plus minus 10 Kilohertz aus dem Schützen. Das Signal ist mehr als deutlich und kommt aus der gleichen Region der Milchstraße wie 1977. Du verstehst, was ich meine?«

Coopers Interesse war sofort geweckt. »Du meinst, du hast ein Wow?«

»Ich hab mehr als ein Wow. Ich hab ein Signal mit rhythmischem Puls und wahrscheinlich Informationsgehalt. Es ist in der letzten Stunde noch stärker geworden, und ich kann es mit meiner Schüssel weiterverfolgen. Stell dir das mal vor!«

»Wow! Du sagst, es kommt aus dem Schützen? Gib mir mal die Koordinaten. Wir füttern unseren Rechner damit und dann werden wir sehen. Aber du weißt, dass ...«

»Ja, ich weiß, wann du den Schützen anpeilen kannst. Scheiße, dass wir zwischen mir und Down Under nicht mehr Teleskope zu Verfügung haben. Mann Cooper, kannst du nicht dein Teleskop auf ein Boot verfrachten und in den Großen Teich paddeln?«

»Wenn du mir in der Mitte entgegenkommst? Aber ich will sehen, was ich machen kann. Her mit den Koordinaten!«

## 30. November, Biosphäre I – Kontrollraum der europäischen Taskforce

»Moonbounce, Moonbounce! Ich kann es nicht mehr hören! Was erzählen Sie mir da? Ich hab ja in den letzten Monaten so einiges schlucken müssen, aber das toppt jetzt wirklich alles bisher Dagewesene.«

Der Krisenstab der Task Force saß im Kontrollraum der Biosphäre I und schaute in die Monitore. Fast jeden Tag trafen sie sich hier in einer Videokonferenz und besprachen die neusten Hiobsbotschaften mit dem Rest der Menschheit, verteilt auf fünfundzwanzig Biosphären. Die Entscheidungsträger der SU$10^5$ waren immer noch die gewählten Repräsentanten aus den Zirkeln der untergegangenen Demokratien, zum Teil auch nicht gewählte Souveräne weniger demokratischer Staaten. Aber ihre Ämter hatten sie nur kommissarisch übernommen. Wenn sich die Wogen ein wenig geglättet hatten, wollten sie weltweit offizielle Neuwahlen ausrufen.

»Mister Präsident, ich will es Ihnen noch mal erklären. Ich denke, auch die anderen an unserem virtuellen Konferenztisch brauchen noch ein bisschen Bedenkzeit, um das alles in seiner gesamten Tragweite zu verstehen.« Sam O'Brian versuchte zu vermitteln. Dabei war der irische Astrophysiker und SETI-Forscher von den Vorgängen der letzten Stunden selbst noch vollkommen durcheinander. Er sah sehr müde aus, und er war nicht der Einzige, der müde war. Auch viele andere hatte man zu völlig unpassenden Zeiten aus dem Bett geholt. Hier in der kurzfristig anberaumten Videokonferenz saßen Teilnehmer aus allen Zeitzonen der SU$10^5$.

»Wir haben bereits von den Vorgängen im Nordatlantik gehört, und Kapitän Smithson von der Greenland Warrior, der freundlicherweise auch an unserer Konferenz teilnimmt, wird später noch Zeit haben, uns ausführlich von den Geschehnissen auf dem Ostgrönlandschelf zu berichten. Nun aber zurück zu den Entdeckungen meines Mitarbeiters Viktor Kaspuhl und den sich daraus ergebenden, wirklich erschreckenden Konsequenzen. Vor zwei Stunden wurde von Herrn Kaspuhl hier zu meiner Rechten ...«, Kaspuhl schaute betroffen in die Kamera und sah sehr durcheinander aus, »......mit unserem Radioteleskop in Chile ein Signal entdeckt, welches nach seinen Berechnungen, aus dem Sternbild des Schützen zu kommen schien.

Er hat es aufgezeichnet, und wir hören im Hintergrund gerade eine in hörbare Frequenzen modulierte Version des vermeintlichen Signals aus dem Kosmos. Es zeigt rhythmisch wiederholende Sequenzen und scheint eine Botschaft, eine Information zu transportieren. Das alles und die Tatsache, dass es auf einer Wellenlänge gesendet wurde, die wir bei SETI für eine vielversprechende Kommunikationsfrequenz im kosmischen Funkverkehr halten und die deshalb seit Jahren für den irdischen Funkverkehr gesperrt ist, sprachen für eine Botschaft aus dem Zentrum der Milchstraße. Diese Frequenz dürfte von einer intelligenten Lebensform bevorzugt werden, weil die 1420 Megahertz der Emissionsfrequenz von Wasserstoff entsprechen und jede intelligente Lebensform wissen muss, dass dieses Element das weitaus häufigste im Universum ist. Außerdem werden Frequenzen in diesem Bereich kaum von der Atmosphäre der Erde und wahrscheinlich auch nicht von Atmosphären anderer Welten geschluckt.«

O'Brian schaute kurz zur Seite, wo Kaspuhl saß. Naomi Mae Wood konnte man auch kurz sehen. Dann sah er nach unten. Im Hintergrund konnten die anderen Teilnehmer der Konferenz das nervige Piepsen hören, welches das unspezifische kosmische Grundrauschen überlagerte. Schließlich schaute er mit einem Blick, der nichts Gutes erahnen ließ und manchem Zuhörer eine Gänsehaut bescherte, wieder in die Kamera: »Dieses Signal aus dem All, auf das ich zeit meines Lebens vergeblich gewartet und das zu hören ich mir während der mir noch verbleibenden Lebenszeit so sehr gewünscht habe, erfüllt alle Bedingungen eines Signals von einer fremden Lebensform aus dem Kosmos.« Wieder machte er eine kurze Pause: »Aber leider kommt dieses Signal nicht aus den Weiten des Alls. Das Signal kommt von der Erde!«

Behringer saß neben dem ehemaligen Brigadegeneral von Eiff im Kontrollraum der Biosphäre I. Neben den beiden war der gesamte Krisenstab im Raum und schaute auf den großen Monitor an der Wand, auf dem die Sprecher der vierundzwanzig anderen Biosphären zu sehen waren. Momentan sprach niemand mehr. Der letzte Satz von O'Brian hallte noch in ihren Ohren. Behringer und von Eiff waren die Sprecher ihrer Biosphäre, die man auf der Baleareninsel Formentera errichtet hatte, und Markus Behringer freute sich, dass auch seine Freunde aus Marburg auf dem Bildschirm zu sehen waren. Momentan redete Mia angestrengt auf Alex ein und sah dabei sehr streng aus. Überhaupt hatte sie sich seit der Geburt ihrer Tochter vor fast zwei Monaten sehr verändert, wie er meinte. Ihre Züge waren schmaler und härter geworden. Der Babyspeck war weg, die Geburt hatte das Mädchen zur Frau werden lassen.

Behringer beugte sich nach vorne, um besser in die kleine Kamera schauen zu können, und sprach in bestem Englisch: »Sam, wenn ich richtig verstanden habe, war das von Kaspuhl empfangene Signal eine Reflexion an der Mondoberfläche, wie Sie vorhin schon versucht haben uns zu erklären. Die Reflexion eines Signals hoher Intensität, welches stark an der Oberfläche des Mondes gestreut wurde und somit gleichzeitig auch von dem Radioteleskop in Parkes detektiert werden konnte. Gemeinsam haben dann Kaspuhl und Cooper die Quelle des Signals im Pazifik lokalisieren können, und jetzt im Moment befinden sich zwei Aufklärungsflugzeuge der SU10[5] auf dem Weg dorthin.«

»So ist es, und ich denke, wir werden in einer halben Stunde genauere Informationen über die Quelle des Signals erhalten. Die beiden Aufklärer sind vor etwa einer Stunde von der Biosphäre VIII auf Niihau, einer Insel des Hawaii-Archipels, gestartet. Sie sollten in circa einer halben Stunde den Sender im Pazifik erreichen.« Sam O'Brian trank seinen starken Kaffee aus einem Becher mit dem Aufdruck einer Piratenflagge.

Eine weibliche Stimme meldete sich zu Wort. Es war Mia, die neben Alex in Marburg an ihrem Computerterminal saß: »Wird dieses Signal denn momentan immer noch gesendet, oder hat der unbekannte Sender seine Aktivität eingestellt?«

Sam O'Brian antwortete ihr direkt: »Nein, wir empfangen immer noch ein Signal von der Mondoberfläche. Dieses Moonbounce-Signal ist aber in der letzten Stunde stärker geworden. Das, was von der Mondoberfläche in unsere beiden Teleskope zurückgeworfen wird, entspricht einer zunehmenden Sendeleitung im Pazifik.«

Mia schien plötzlich sehr interessiert zu sein und betrat ein zweites Mal das Parkett, wobei sie auf das Protokoll pfiff: »Also haben wir die Koordinaten eines Ortes mitten im Pazifik, von dem aus ein unbekannter Sender ein Signal auf einer SETI-Frequenz in den Himmel schießt und dabei den Mond trifft. Was mich aber mehr umtreibt, ist die Frage, was unser unbekannter Sender mitten im Ozean eigentlich versendet und an welchen Adressaten er diese Botschaft richtet. Ich meine damit, es glaubt doch keiner von Ihnen tatsächlich, dass der Adressat auf dem Mond sitzt oder es sich hierbei wirklich nur um eine Erde-Mond-Erde-Funkverbindung handelt.«

O'Brian war, wie alle anderen, von ihren Worten verwirrt. »Ich weiß nicht, was Sie damit meinen. Natürlich gehen wir momentan alle von einer Moonbounce-Funkverbindung aus. Vielleicht sind es Piraten.« Weiter kam er nicht, er wurde von Mia Schindler unterbrochen.

»Was ich mit meiner Frage nach dem Adressaten zum Ausdruck bringen wollte, ist, wen hätte unser Sender mit mehreren Megawatt Leistung denn erreicht, wenn ihm nicht der Mond im Weg gewesen wäre?« Die Tragweite ihrer Äußerung war ausnahmslos jedem, der ihre Worte gehört hatte, sofort klar, und wieder war es O'Brian, der sofort reagierte: »Verdammt! Dass ich da noch nicht selber drauf gekommen bin. Klar, wir müssen auch in Betracht ziehen, dass dieser wie auch immer geartete Sender ein Ziel anpeilt, das hinter dem Mond liegt. Bei der Sendeleistung, mit der wir es hier zu tun haben, ist eine interstellare Botschaft nicht auszuschließen. Wir müssen sofort neue Berechnungen durchführen und versuchen, ein mögliches Ziel auszumachen. Das wird nicht einfach werden! Ich werde alles Nötige sofort in die Wege leiten und denke, ich kann ihnen die Ergebnisse noch im Rahmen dieser Konferenz präsentieren.«

»Das glaubt ihr doch nicht wirklich! Da verwendet irgendwer eine so fortschrittliche Technik, um damit von der Erde aus ein hochenergetisches Signal mit einer klar abgegrenzten Wellenlänge auf ein Ziel im Universum abzufeuern ...« Naomi Mae Wood klang mehr als skeptisch. »Und dann trifft er dabei aus Versehen den Mond, und das Signal wird zurückgeworfen. Dass ich nicht lache. So einen ausgemachten Bockmist habe ich noch nie gehört. Ich bleibe dabei, das Ganze ist Moonbounce, Erde-Mond-Erde- Funk. Basta! So blöd kann niemand sein, der diese Technik beherrscht!«

Mia war nicht mehr zu bremsen und schoss ihre nächsten Fragen in die Runde. Man merkte ihr jetzt an, dass sie mehr wusste oder ahnte. Sie hatte sich, offensichtlich für jedermann, der ihr nun zuhörte, aus der Summe der Teilinformationen eine Arbeitshypothese gestrickt und suchte nun gezielt nach weiteren Beweisen für ihre logischen Schlussfolgerungen: »Okay Naomi, aber was ist, wenn nicht irgendjemand diese Technik benutzt, sondern hier nur ein automatisiertes Programm abläuft? Eine wie auch immer geartete Software, die nur dazu dient, ein Signal von der Erde abzusetzen und dabei nicht die Möglichkeit in Betracht ziehen konnte, dass ein Planet auch einen Mond haben kann. Vielleicht ist das für die Strategie, mit der wir es hier zu tun haben, auch ohne Belang. Was mich aber auch noch brennend interessiert, sind die Vorgänge im Nordatlantik, die eben nur kurz angerissen wurden. Was ist da auf dem Ostgrönlandschelf passiert? Sam, Sie sprachen vorhin von einem Kapitän Smithson von der Grönland Warrior, der uns noch ausführlich von den Vorgängen dort oben berichten wird.«

Ein grauhaariger Mann mit einem militärischen Haarschnitt meldete sich offensichtlich von der Kommandobrücke eines Schiffes zu Wort. Er fing an, von den unwirklichen Geschehnissen im Atlantik zu erzählen, während er zwischendurch immer wieder an seiner Pfeife zog. »Das Ding, das wir zuerst auf unserem Sonar und den Rest über Wasser auf unserem Radar hatten, war ... Ich weiß nicht recht, wie ich es sagen soll. Aber an Bord waren sich alle, die es gesehen haben, einig, dass es sich wie ein Lebewesen verhielt. Ein riesengroßer Organismus, den bisher noch keiner zu Gesicht bekommen hatte. Es war mit Flossen zur freien Ortsbewegung fähig und konnte mithilfe von gasgefüllten Blasen seinen Auftrieb regulieren. Als uns der Befehl der SU10[5] erreichte, es nicht zu zerstören, waren die beiden Torpedos schon im Wasser, und wir konnten sie nicht mehr aufhalten. Das, was wir dann sahen, waren heftige Explosionen und ein sterbendes Lebewesen. Das Ding wurde regelrecht zerfetzt. Es sah aus wie ein riesiger Walkadaver. Nur die Form war anders, und es war so viel größer. Das ganze Meer war von seinen Körperflüssigkeiten blau gefärbt, wahrscheinlich von seinem Blut. Kopffüßler haben blaues Blut. Die besitzen Hämocyanin als Blutfarbstoff, und das ist blau, wenn es Sauerstoff gebunden hat. Vielleicht hat der Organismus es bei den Tintenfischen abgekupfert. Unvorstellbar, aber sehen Sie selbst. Wir haben dank einem meiner Männer, der geistesgegenwärtig genug war, mit einer analogen Kamera zu drehen, ein Filmdokument von diesem Organismus. Ich muss Sie aber warnen! Die Bilder sind grausam und verstörend, nicht für jedermanns Augen geeignet.«

Der Film wurde nun abgespielt, und das Entsetzen spiegelte sich in den Augen der Menschen, die sich nicht von den brutalen Bildern der auf dem Schnellboot Sterbenden abgewendet hatten. Dann konnten alle die heftigen Explosionen in der gigantischen Schüssel beobachten und schließlich die Detonationen der beiden Torpedos, die den Organismus in Stücke rissen. Und sie sahen das viele Blut der sterbenden Kreatur.

Es herrschte betroffenes Schweigen, bis eine leise Frauenstimme zu hören war. Es war Mia, die zuerst ihre Worte wiederfand und, noch gefangen von den verhängnisvollen Bildern, nur verhalten sprechen konnte. »Ich habe in den letzten Wochen viel über die in Binnenseen gefundenen Organismen nachgedacht. Die ganze Zeit über habe ich gewusst, dass diese Lebensform mit ihrem elektrischen Organ und ihren elektromagnetischen Feldern einen biologischen Sinn in der aus dem Ruder gelaufenen Evolution erfüllen muss. Jetzt eben, nach diesen Bildern aus dem Nordatlantik und nachdem ich von den Vorgängen im Nordpazifik gehört habe, ist es mir klar geworden. Es ist so naheliegend und doch so unglaublich unvorstellbar, dass ich es bis jetzt nicht gesehen habe. Wir, und damit meine ich den Rest der Menschheit, sind in noch größerer Gefahr, als wir bisher angenommen haben.« Mia sprach nun mit fester Stimme, sodass alle sie gut hören konnten. »Sie alle haben es doch selbst gesehen. Was glauben Sie denn, was das für ein Ding war? Das war nichts anderes als ein biologischer Sender, der über Wasser nicht zufällig die Form eines Parabolspiegels hatte. Das Ding war ein im Meer schwimmendes, lebendiges Radioteleskop.« Mia wurde jäh unterbrochen. Mehrere Personen redeten gleichzeitig, und man verstand erst nicht viel, bis sich die Stimme des ehemaligen US-Präsidenten durchsetzte, der maßgeblich an der militärischen Führung der $SU10^5$ beteiligt war.

»Ich entziehe Ihnen das Wort! So einen Unsinn kann und will ich mir nicht mehr anhören. Ein Lebewesen dieser Form gibt es nicht. Der Film muss eine Fälschung sein!«

»Bei allem Respekt, Mister Präsident, aber der Film ist echt. Das können Sie mir glauben!« Smithson war über die Worte des Präsidenten enttäuscht. »Ich habe es mit meinen eigenen Augen gesehen und mit mir noch ungefähr dreihundert Männer der Schiffsbesatzungen zweier $SU10^5$-Schiffe. Die Frau hat recht. Es erinnerte wirklich an eine überdimensionale Satellitenschüssel – und es hat gelebt.«

Auch in Chile war man erzürnt über die unüberlegten Worte des Präsidenten. Man konnte sehen, wie sich Kaspuhl und Naomi Mae Wood angeregt unterhielten, während O'Brian wieder den Diplomaten spielte: »Nein, ich denke, Frau Schindler hat nicht unrecht mit dem, was sie sagte. Wir sollten sie ausreden lassen.«

Mia, die sich eben mit Alex beraten und auch von Behringer Rückendeckung erhalten hatte, ergriff wieder das Wort: »Lassen Sie mich einfach noch mal alle Erkenntnisse der letzten Wochen zusammenfassen, und dann werden die logischen Schlussfolgerungen hieraus auch den letzten Zweifler überzeugen. Was haben wir also bisher? Lassen Sie mich sehen, ob ich alles ins rechte Licht rücken kann. Wenn Ihnen spontan etwas einfällt, unterbrechen Sie mich. Also, wir haben ein extraterrestrisches Protein, das mit einem künstlichen Himmelskörper unbekannter Herkunft vor nicht ganz einem Jahr auf unseren Planeten gelangte. Für den nicht natürlichen Ursprung dieses Meteoriten spricht das Material, aus dem er besteht, nämlich das neue Element Unhexaquadium 482, das mit Sicherheit nicht von der Erde stammt. Außerdem sein innerer Aufbau, der ausschließlich dazu diente, das infektiöse Material sicher auf einem Planeten mit Atmosphäre abzuliefern. Nur beim Eintritt in die gasförmige Atmosphäre eines Planeten erhitzt sich das Material durch die Reibungshitze des Eintritts und entlässt das Protein. Dieses Eiweiß verändert dann die DNS der Pflanzen derart, dass sie sämtliches Chlorophyll abbauen und ohne Fotosyntheseapparat ihre Speicherstoffe aufbrauchen, wodurch ihnen nur noch ein kurzes Leben bleibt. Die globale Flora stirbt aus, und wir konnten nur zusehen, wie dieses Protein aus dem All die Intron-DNS der Pflanzen neu faltet und Gene anschaltet, von deren Existenz wir bis dato gar nichts wussten. Hier lief eine genetische Software mit uns unbekanntem Ziel ab. Das und die Form der Infektion unseres Planeten lässt die Planung eines denkenden Geistes erahnen, der vielleicht auch das Erbgut der irdischen Pflanzen kannte. Ich sage hier an dieser Stelle auch wieder bewusst *vielleicht*, denn ich glaube, dass das Pflanzensterben nur eine Art Kollateralschaden darstellt. Primäres Ziel der Infektion war zwar die Intron-DNS, aber nicht die der Landpflanzen. Unser Problem war bisher, dass wir den zugrunde liegenden Masterplan noch nicht erkennen konnten, weil uns wichtige Details fehlten. Parallel zum Sterben der Pflanzen, das uns natürlich sehr in Atem hielt und auch noch hält, entwickelte sich in mehreren Binnenseen aus pflanzlichen und tierischen Zellen aller möglichen Arten ein fremdartiger Organismus, der mit Hilfe eines überdimensionierten elektrischen Organs elektromagnetische Felder erzeugt. Dabei frisst er ganze Seen leer, und am Ende geht er zugrunde. Und dieser Organismus erinnert dabei mit seiner Form immer an eine Schüssel. Dass dieses Tier, und ich nenne es jetzt mal so, im Wasser lebt und sich räuberisch ernährt, ist auch kein Zufall. Ich denke, dieses Lebewesen ist der fleischgewordene Masterplan der außerirdischen Schalterproteingenetik und verfolgt nur ein Ziel.« Mia schaute Alex an, der nur zustimmend nickte, und plötzlich wusste sie, dass ihr alle Zuhörer in den Kontrollräumen der Biosphären an den Lippen klebten. »Dieses genetische Programm führt auf einem Planeten zur Entwicklung dieses Organismus. Aber nur unter vier Prämissen: Erstens, der Planet hat eine Atmosphäre. Zweitens, der Planet befindet sich in der habitablen Zone um einen Stern, vergleichbar mit unserer Sonne und damit einhergehend angenehmen Temperaturen, die, drittens, dafür sorgen, dass es flüssiges Wasser gibt und viertens, dass es Leben als zusätzlichen Bioindikator für die ersten drei Prämissen gibt. Wenn dieses Leben dann eine DNS besitzt, die den Sequenzen der Intron-DNS entspricht, die vom Schalterprotein in eine neue Struktur gefaltet werden können, mündet die genetische Software zwangsläufig in dem Tier, dem Masterplan. Und dieses Tier entwickelt sich zu einer biologischen Sendeanlage mit dem Ziel, eine elektromagnetische Nachricht mit einfachem Inhalt und Lichtgeschwindigkeit in den Kosmos an den planenden Geist zu schicken: Hallo ihr da draußen! Ich bin hier, und hier gibt es eine Atmosphäre, hier gibt es flüssiges Wasser, hier gibt es Leben mit einer Intron-DNS und hier ist es gemütlich. Kommt und schaut doch selbst. Aber eigentlich müssen wir gar nicht versuchen, den Inhalt der Nachricht zu dechiffrieren, denn die Nachricht selbst ist die Botschaft. Und je kürzer die Botschaft ist, desto besser. Für eine lange Nachricht könnte der Organismus gar keine Energie bereitstellen. Mehr als die kurze braucht es nicht, denn wenn diese erst mal verschickt wurde, ist es eigentlich schon zu spät. Keiner kann die Ausbreitung einer elektromagnetischen Welle mit Lichtgeschwindigkeit aufhalten. Derjenige, den ich eben mit planendem Geist meinte, muss dann da draußen einfach nur noch in den Raum lauschen und warten, bis er hört, was er hören will. Er kennt ja die Kaskade aus Ursachen, Wirkungen und Prämissen, die ausschließlich zu dem Signal führen können. Und wenn er es hört, dann weiß er Bescheid, und vielleicht kommt er dann und schaut vorbei.«

Sprachlose Gesichter, aus denen Fassungslosigkeit, Schrecken, Bestürzung und nacktes Entsetzen sprachen, schauten sich halt suchend um. Keinem fiel eine ungläubige Erwiderung ein oder ein Wort des Zweifels.

Dann gab Alex ihnen den Rest: »Und dafür musste das Tier auf unserem Planeten erst ein Prädator in den Ozeanen werden. Denn für diese Aufgabe brauchte es viel Energie, und die konnte sich nur eine räuberische Spezies am Ende der Nahrungskette in einem Biotop mit nahezu unerschöpflichem Nahrungsangebot besorgen: im Wasser der Weltmeere. Eine Pflanze hätte niemals so viel Energie für ein interstellares Signal bereitstellen können. Die Organismen in den Binnenseen mit ihrem begrenzten Nahrungsangebot ebenso wenig. Das Sterben der globalen Flora und das Sterben der Fauna, inklusive der sieben Milliarden Menschenleben, war, wie sie es eben schon gesagt hat, nur ein Kollateralschaden.«

Und Mia fügte noch hinzu: »Der erste Biosender wurde gestern im Nordatlantik zerstört. Er konnte wahrscheinlich keine Nachricht abschicken. Der zweite feuert seinen elektromagnetischen Puls momentan gegen den Mond, und ich hoffe, die beiden Flugzeuge erreichen ihn, bevor der Mond die Schussbahn freigibt. Und ich hoffe auch, dass es nicht noch mehr dieser Ungeheuer gibt. Sonst wird die Erde in ihrem abgelegenen, ruhigen Winkel der Milchstraße markiert, und dann leuchtet sie für jedermann im Universum wie ein elektromagnetisches Leuchtfeuer.«

Von Eiff saß immer noch neben Behringer und ergriff das Wort, wobei er den Präsidenten direkt ansprach: »Mister Präsident«, den Titel hatte er zwar nicht mehr, aber von Eiff war ein Militär der alten Schule und würde den Mann immer so ansprechen, »alle meine Erfahrungen aus meiner langjährigen Tätigkeit im militärischen Abschirmdienst und mein Bauchgefühl, das mich auch noch nie im Stich gelassen hat, sagen mir, dass Frau Schindler recht hat und wir umgehend auf diese Gefahr reagieren müssen.«

Der Präsident tätschelte, wie es seine Gewohnheit war, wenn er nervös war, den Kopf seines schwarzen Labradors. »Du lieber Himmel, das sind aber keine guten Nachrichten. Was sollen wir denn machen, wenn sich das bewahrheiten sollte?«

Von Eiff rutschte energisch auf seinem Stuhl nach vorne. »Wir müssen diese Dinger in Grund und Boden bomben. Niemals darf dieses Signal unseren Planeten verlassen. Wenn es sich so verhält, wie sie es eben logisch geschlussfolgert hat, dann haben wir von der außerirdischen Intelligenz, die uns den Schlamassel eingebrockt hat, nichts Gutes zu erwarten.«

Naomi Mae Wood fuhr ihm schroff, ihrer Art entsprechend, über den Mund: »Wie kommen Sie denn darauf? Typisch Militär! Unbekanntes wird erst mal atomisiert. Bevor man die Sachverhalte richtig klären kann, wird erst mal geschossen. Typisch!«

O'Brian, der sie nur zu gut kannte und den nahenden Ärger schon zwischen den Zeilen lesen konnte, mischte sich ein und wechselte schnell das Thema: »Okay, okay, ein paar Fragen bleiben aber noch offen und sollten beantwortet werden. Mia, wie kommen Sie darauf, dass der Organismus im Atlantik noch kein Signal senden konnte?«

»Was wir eben in dem Video sehen konnten, war ein Organismus mit gigantischen Ausmaßen. Ich kann mir nicht vorstellen, dass dieses Ding noch größer werden kann oder muss. Die Frage an sie O´Brian. Die Sendeeinheit hatte einen Durchmesser von hundert bis hundertfünfzig Metern?«

»Die Schüssel hatte gut hundertfünfzig Meter im Durchmesser!«, bestätigte Smithson.

»Also frage ich mich, ob das für ein Radioteleskop, mit dem man eine interstellare Botschaft verschicken möchte, ausreichen würde?«

»Na klar reicht das!«, antwortete O'Brian.

»Hab ich mir gedacht! Also handelte es sich hier wahrscheinlich um ein ausgewachsenes Exemplar. Die Natur arbeitet ökonomisch und verschwendet keine Ressourcen. Es hat aber keine Botschaft gesendet. Ich hab das von dem SU$10^5$-Space Operation Centre abklären lassen. Keiner unserer Satelliten hat ein Signal auf der Frequenz des Wasserstoffs empfangen. Wir haben die Aufzeichnungen dieser Nacht über dem Ostgrönlandschelf überprüft. Da herrschte auf allen Frequenzen Funkstille. Nur die Funksprüche zwischen der Greenland Warrior und ihrem Begleitschiff konnten wir aufzeichnen. Selbst von Piraten war nichts zu hören. Was wir in dem Film sehen konnten, waren elektrostatische Entladungen und dieses blaue Leuchten über der Kreatur und dem Schnellboot, das sich in der Schüssel der Sendeeinheit befand. Das alles zusammengenommen waren nur elektrische Entladungen, die zeigten, dass hier ein massives elektrisches Feld aufgebaut wurde, um ein hochfrequentes Signal zu erzeugen und in den Himmel zu schießen. Der Organismus übt noch, denn er erzeugte zwar Mikrowellenstrahlung. Aber nicht die, die er für ein Signal zu den Sternen bräuchte, nämlich unsere 1420 Megahertz, sondern die, die sie aus ihren Küchenmikrowellen kennen. Damit hat er letztendlich im Metall des

Schnellbootes starke Ströme fließen lassen. Dabei kam es zu Entladungen und zu Bränden. Schließlich hat er damit den Wasseranteil der armen Menschen zum Sieden gebracht. Sie haben es eben gesehen. Und das Ende kennen wir alle. Dann hat er es irgendwann geschafft, tatsächlich ein Signal in den Himmel zu schießen. Dabei ist er aber augenscheinlich übers Ziel hinaus geschossen und hat seine Energien für hochfrequente ionisierende Strahlung vergeudet. Diese hat dann die Luft bis in die Wolken zum Leuchten gebracht und den Lichtbogen erschaffen, den wir alle beobachten konnten. Nach meinem Dafürhalten war das zwar ein ausgewachsener Organismus, aber kein erwachsener. Das war ein Welpe oder eher ein Teenager,der mit seinen Kräften schlaksig herumprobierte und dabei allerhand Unfug anrichtete, aber eben kein Signal erzeugte, das bis zu den Sternen reichte. Der hat mit seinem Sender nur gespielt und seine Energien in die falschen Bahnen gelenkt. Dabei hätte er fast noch zwei Schiffe der $SU10^5$ versenkt.«

O'Brian hielt einen Computerausdruck in den Händen und stimmte Mia zu: »Ja, Sie haben recht, ich sehe das genauso, und wir sollten froh sein, dass der Organismus zerstört wurde, oder sollte ich besser getötet sagen?« Er drehte sich verstohlen um und fuhr dann fort. Hinter ihm konnte man Viktor Kaspuhl mit Naomi Mae Wood streiten hören, aber man konnte nicht verstehen, was sie sagten. »Im Übrigen stimme ich auch Ihnen zu, von Eiff. Diese Organismen müssen unbedingt vernichtet werden, bevor sie ein Signal absetzen können. Mia hat es uns eben erklärt. Ein einmal gesendetes Signal ist nicht mehr aufzuhalten und wird seinen Empfänger mit Lichtgeschwindigkeit in einigen Jahren erreichen. Und ich möchte nicht erleben, mit welchen Absichten uns dann eine extraterrestrische Intelligenz entgegentritt. Wenn wir uns nur die letzten Jahrhunderte der Menschheitsgeschichte anschauen, dann wissen wir, was die Entdecker der sogenannten zivilisierten Kulturen mit den

Ureinwohnern der neuen Kontinente gemacht haben. Ich hatte schon in Baikonur vor einer Kontaktaufnahme mit Aliens gewarnt. Die sind uns wahrscheinlich technisch überlegen. Wenn sie es wirklich schaffen sollten, die für uns unüberwindbaren Entfernungen des Alls mit Raumschiffen zu bewältigen, dann haben sie uns gegenüber einen geradezu gigantischen technischen Vorsprung. Wir sollten dann nicht von einem guten Willen dieser Raumfahrer ausgehen. Eher wahrscheinlich ist, dass es sich bei ihnen um Nomaden handelt, die mit Generationenschiffen auf der Suche nach Ressourcen und Energie im Kosmos kreuzen und keine Gefangenen machen werden.«

»Wir haben soeben einen Funkspruch der Aufklärungsflieger erhalten. Sie melden Sichtkontakt zu einem weiß schimmernden, runden Körper, der in der See zu treiben scheint.« Der Mann auf dem Bildschirm hatte ein Headset auf dem Kopf und trug die Uniform der SU10$^5$.

»Die Jungs sollen auf sich aufpassen, das Ding erzeugt einen elektromagnetischen Puls, der alle elektronischen Bauteile ausfallen lässt. Die müssen Abstand halten, sonst stürzen sie ab!« Kapitän Smithson machte einen besorgten Eindruck. Er hatte auf dem Piratenschnellboot genug Menschen sterben sehen.

»Die Flieger sind abgeschirmt, ihnen wird nichts passieren.« Als Führungsstab des SU10$^5$-Militärs war der ehemalige US-Präsident ein Kenner der Materie. »Ich will sofort die Bilder der Aufklärer auf den Monitor!«

Die Bildschirme in sämtlichen Kontrollräumen flackerten. Plötzlich sahen alle die Bilder aus den beiden Bordkameras der Aufklärungsflugzeuge. Unter den Flugzeugen, deren Spitze man noch sehen konnte, sah man die aufgewühlte See hinwegschießen. Die beiden Aufklärer schienen im Tiefflug über das Meer zu fliegen. Dann sah man die Wellenberge des zerfurchten Pazifiks unter den Flugzeugen immer kleiner werden. Die Flugzeuge gewannen an Höhe, und dann sahen sie es.

Die Kreatur hatte sehr viel Ähnlichkeit mit dem Organismus aus dem Nordatlantik. Schon das äußere Erscheinungsbild ließ auf die gleiche abnorme genetische Grundlage schließen. Die Bilder der Kameras wurden jetzt von Zahlen und Liniengittern überlagert, und sie konnten bereits die Größe des Organismus abschätzen. Das Exemplar hier war ein wenig kleiner als sein Vetter im Atlantik. Vielleicht ein Merkmal, das ernährungsbedingt war. Im Durchmesser maß die Wanne der Sendeeinheit auch ihre hundertfünfzehn Meter. Deutlich sahen alle die konzentrisch um die Schüssel angeordneten Gasblasen, die das Sendeorgan über Wasser hielten. Darunter sah man schemenhaft einen wellenförmig verlaufenden Flossensaum, der den kegelförmigen Körper im Meer stabilisierte. Entfernt erinnerte er mit den Flossen an den eines Kopffüßlers. Der Flossensaum war allerdings konzentrisch um den mit der Spitze nach unten im Wasser liegenden Kegel angeordnet. Da, wo sich normalerweise die Arme des Tieres befanden, ragte die Schüssel des Sendeorgans aus dem Wasser. Außerdem waren die Ausmaße des Tieres wirklich gigantisch. Sie konnten jetzt, da sie es in der natürlichen Umgebung des Wassers sahen, seine Größe wirklich nicht begreifen. Allein der Flossenschlag unter Wasser wühlte das Meer derart auf, dass man glaubte, einem großen Schiffsantrieb bei der Arbeit zuzusehen. In der Mitte der Schüssel sah man die metallisch glänzende, an einen Baum erinnernde Struktur. Der gesamte Organismus wechselte seine Farbe von einem braun gepunkteten Muster ins Rot. Das leuchtende Rot konnte man unter Wasser und an der Außenseite der hellen Sendeschüssel sehen.

»Was ist das denn? Schauen Sie, es kann seine Farbe ändern!« Von Eiff war perplex und offensichtlich auch sehr angetan von dem Farbspiel.

Alex sprach in das Mikro, während er die Übertragungsbilder der Flugzeuge auf dem Monitor weiter beobachtete: »Sie sehen dort einen Farbwechsel, sehr verbreitet im Tierreich. Das dient meistens der Tarnung, aber unser Freund hier zeigt durch das intensive Rot eine deutliche Warnung. Wahrscheinlich sind ihm die Flieger zu nah gekommen und er fühlt sich bedroht.«

»Das Signal ist weg!« O'Brian hielt wieder einen seiner Computerausdrücke in der Hand. »Entweder sendet das Ding zu schwach über den Mond als Reflexionsfläche, oder der Mond reflektiert nicht mehr, und es sendet jetzt seine Botschaft ins All. Dann ist die Kacke am Dampfen.«

»Der fühlt sich bedroht? Fühlen kann er also auch noch! Jetzt bekommt er auch etwas zum Fühlen. Nämlich einen 500- Kilogramm- Penetrator auf einem Marschflugkörper. Der durchschlägt auch mehrere Meter Stahlbeton. Da kannst du rot anlaufen, wie du willst, jetzt ist Schluss mit der Signalsenderei an irgendwelche Aliens!«, der US-Präsident gab einen entsprechenden Befehl. Ein Flugzeug gewann an Höhe und setzte sich über das andere, sodass sie nur die untere Maschine auf dem Kameramitschnitt sahen.

Dann beobachteten alle, wie das untere Flugzeug den Marschflugkörper ausklinkte. Beide Maschinen legten sofort an Höhe zu und drehten ab, sodass sie den Kurs des Marschflugkörpers weiterhin beobachten konnten. Der klappte seine Tragflächen aus, flog das Zielobjekt im Tiefflug an, ging in einen extremen Steigflug über, um dann in einem senkrechten Sturzflug mit annähernd Schallgeschwindigkeit in der Mitte der Schüssel einzuschlagen. Der Blitz der Detonation wurde von den Kameras nicht mehr wiedergegeben, da die Belichtungsmesser versagten und die Verschlusszeiten die Lichtintensität der Explosion nicht mehr regulieren konnten. Der Bildschirm war weiß.

»So, fürs Erste war es das. Dieser Welpe sendet auf jeden Fall keine Signale mehr ins All!« Die Stimme des Präsidenten war zu hören, und der Bildschirm wurde kurz schwarz, bevor man wieder die Konterfeis der Konferenzteilnehmer sehen konnte. Von Eiff applaudierte, während von den beiden Piloten über dem Pazifik die vollständige Zerstörung des Organismus bestätigt wurde.

O'Brian saß immer noch mit dem letzten Computerausdruck vor der Kamera in dem Kontrollraum seines Teleskops in der chilenischen Atacamawüste. Von Kaspuhl und Naomi war weit und breit nichts zu sehen. »Bleibt nur die Frage, ob er überhaupt ein Signal senden konnte? Mia, können Sie das für uns checken?«

»Ist schon passiert. Unsere Satelliten konnten ein Signal detektieren, als der Mond die Schussbahn freigab.«Über O'Brians Schulter hinweg reckte Naomi Mae ihr Gesicht für alle sichtbar in die Kamera: »Na bitte, hat er's doch geschafft! Vielleicht ist das auch besser so. Wer weiß, vielleicht sind die Empfänger der Botschaft die einzigen, die uns retten können. Die haben das alles erschaffen und wissen wahrscheinlich auch, wie man es wieder rückgängig machen kann.«

»Ich muss dich leider enttäuschen, Naomi! Da war zwar eine 21-Zentimeter - Welle, die abgegeben wurde, aber die Signalstärke war zu schwach. Das Signal wird in einigen astronomischen Einheiten so stark zerstreut sein, dass es als schwacher Impuls nicht mehr nachweisbar sein wird. Das ist, als wollte man mit einer Taschenlampe jemanden auf dem Mond Morsesignale senden.«

»Schade, wirklich schade! Aber vielleicht gibt es ja noch mehrere dieser Organismen. Du hast sie vorhin Tiere genannt, und der eine oder andere wird es vielleicht doch noch schaffen, seinen Brüdern da oben eine Nachricht zukommen zu lassen.«

»Das darf auf keinen Fall geschehen!«, kam es zeitgleich aus zwei Mündern geschossen. Von Eiff war ein paar Millisekunden schneller als der US-Präsident und fuhr fort: »Für alle unsere Einheiten ist es oberste Priorität, den Kontakt zu verhindern. Soeben ging die Direktive mit der Order heraus, nach diesen Organismen zu suchen und jeden Biosender unverzüglich zu melden und zu zerstören. Wir müssen nach allem, was wir jetzt zu wissen glauben, unbedingt verhindern, dass eine 1,42 Gigahertz-Botschaft von einem dieser Organismen an ein unbekanntes Ziel versendet wird.«

Naomi verschwand ohne ein Wort so plötzlich aus dem Bild, wie sie hinein gekommen war, und O'Brian war wieder alleine. »Und es gibt noch etwas zu tun. Jetzt, wo wir ein Signal mit den Satelliten aufgefangen haben, sollten wir in der Lage sein, den Empfänger zu ermitteln. So schwach das Signal auch gewesen ist, den Organismus muss es als gebündelter Strahl in Richtung des Adressaten verlassen haben.«

Mia schlug mit der Faust auf den Tisch, sodass sich Alex neben ihr fast an seinem Wasser verschluckt hätte: »Sie haben recht! So, wie eine Botschaft der Kreatur unseren Planeten verrät, verrät sie uns im Gegenzug auch den Aufenthaltsort der Schurken, die uns das wahrscheinlich alles eingebrockt haben. Allerdings wird die Signalstärke erst ihr Maximum erreichen, wenn der Antennenkomplex des Wesens genau auf einen möglichen Empfänger gerichtet ist. Der Organismus kann seinen gebündelten Strahl ja nicht frei bewegen und quasi wie mit einer Taschenlampe den Himmel nach seinem Ziel absuchen. Er ist wahrscheinlich mithilfe der gasgefüllten Blasen nur zu einer Feinabstimmung der Sendeeinheit in der Lage. Nein, er muss zu einer bestimmten Zeit an einem ganz bestimmten Ort auf unserem Globus sein. Nur von diesem Ort auf der Erdkugel kann er sein Ziel im Himmel für wenige Sekunden anpeilen, bevor es sich mit der Erddrehung wieder aus seinem Fadenkreuz hinaus dreht. Ihm bleibt nichts weiter übrig, als seine Position im Meer zu halten und dann bei diesen Koordinaten abzuwarten, bis sein Signalstrahl mit der Erddrehung für ein bis zwei Minuten über eben jenes Ziel streicht. Und dann muss er feuern, was er nur feuern kann. Mit der Feinabstimmung kann er wahrscheinlich das Paraboloid um einige Grad auf sein Ziel nachjustieren. Wobei sich natürlich zwangsläufig die Frage stellt: Woher weiß dieses Ding eigentlich, wohin es senden und wann es sein Signal mit Maximalenergie absenden muss? Und das führt uns zum nächsten Problem. Wenn das Ding erst mit Maximalenergie sendet, wenn der Empfänger sich im Fokus seiner Antenne befindet, dann stellt es einen Kontakt her, und das muss verhindert werden. Also können wir einen möglichen Adressaten bei verminderter Signalstärke nur anhand der Signalentwicklung und der Erdrotation extrapolieren. Wir können nicht bei maximaler Sendeleistung einfach schauen, auf welchen Stern das Ding seine elektromagnetische 1420 Megahertz-Botschaft fokussiert. Denn dann ist es, wie gesagt, zu spät, dann ist die Botschaft raus, was es ja unbedingt zu verhindern gilt.«

O'Brian schüttelte resigniert seinen Kopf. »Wir werden das auf jeden Fall versuchen müssen, und wir werden sie auch finden! Nur wird uns das nicht viel helfen, denn wir werden sie niemals für das belangen können, was sie unserem Planeten angetan haben. Uns trennen Lichtjahre voneinander.«

»Mal sehen, ob wir sie wirklich zuerst finden werden.« Mia war skeptisch. »Wir brauchen aber unbedingt eine standardisierte Vorgehensweise für den nächsten Kontakt mit einer solchen Lebensform. Um zu verhindern, dass wir zuerst entdeckt werden, sollten alle Kampfverbände der SU10[5] genaue Instruktionen erhalten, wie sie sich bei einem solchen Kontakt mit ansteigender Signalintensität zu verhalten haben, und ich bin da ganz bei von Eiff und dem Präsidenten. Schickt die

Dinger ab einem bestimmten Schwellenwert der Signalintensität mit allem, was wir haben, in die Hölle!«

## Teil 3 – Jahr 2

Brihadaranyaka Upanishad

Aus dem Nichtseienden führe mich zum Seienden;

Aus der Finsternis führe mich zum Licht;

Aus dem Tod führe mich zur Unsterblichkeit

Om Friede, Friede, Friede

Nach heutiger astronomischer Lehrmeinung ist das Universum 13,7 Milliarden Jahre alt und in einem gewaltigen Big Bang entstanden. Da mit dem Urknall unsere Zeit ihren Anfang genommen hat, handelt es sich hierbei um das längste uns bekannte Zeitintervall. Vor dem Big Bang gab es keine Zeit, und ein Später als das Jetzt gibt es nicht, weil wir im Moment mit Zeitgeschwindigkeit auf der unendlich kleinen Zeitpanne namens Gegenwart in die ungewisse Zukunft rasen und die Vergangenheit hinter uns lassen. Mit dem Urknall entstand aber nicht nur die Zeit, sondern auch der Raum. Beides miteinander in einem vierdimensionalen Raum-Zeit-Kontinuum untrennbar verwoben.

Ungeheure Temperaturen und Energien müssen in den ersten Sekunden und Minuten nach dem Urknall gewütet haben. Kräfte sind entstanden, Antimaterie- und Materie-Teilchen wurden geschaffen, zerstörten sich gegenseitig und zerstrahlten in einem Reigen der Vernichtung. Nur einem winzigen Überschuss an Materie-Teilchen ist es zu verdanken, dass bei dem ersten Lidschlag des Universums für den Bau unserer Welt überhaupt etwas übrig geblieben ist.

Die folgenden Jahrtausende nach der kosmischen Initialzündung brachten, außer Ausdehnung und Abkühlung, nichts Neues für den neugeborenen Kosmos. 380.000 Jahre dauerte es, bis sich nach dem Urknall die ersten Atome bildeten. Vor allem Wasserstoff und Helium. Nach den langen Phasen der Abkühlung wurde das Universum jetzt erstmals durchsichtig. Das erste Licht der Schöpfung konnte sich ungehindert ausbreiten, bis der Kosmos nach 14 Millionen Jahren unter den Gefrierpunkt von Wasser abgekühlt war. Dann wurde es dunkel. Das All war ab jetzt für eine lange Zeit in Finsternis getaucht. Aber Asymmetrien in der Verteilung der Materie sorgten dafür, dass nach circa

100 Millionen Jahren kosmischer Entwicklung die Gravitation das Licht im Dunkel des Universums wieder anknipsen konnte.

An einigen Stellen im Kosmos waren mehr Atome vorhanden als an anderen. Sie bildeten aufgrund der Anziehungskräfte Gaswolken, die sich weiter verdichteten und in sich zusammenfielen. Dabei nahm die Temperatur im Innern der Gaskugeln immer mehr zu, bis die stellaren Fusionsreaktoren zündeten. Die ersten Sonnen erhellten das dunkle All. Sonnen, in denen zunächst der Wasserstoff zu Helium fusioniert wurde.

Heute besteht die gesamte uns bekannte Materie aus 94 natürlich vorkommenden Elementen plus dem einen, aus dem der Salla-Meteorit besteht. Dessen Herkunft ist vollkommen rätselhaft. Aber wo kommen die 92 Elemente vom Lithium bis zum Plutonium her, die nicht, wie der Wasserstoff und das Helium, schon von Anbeginn der Zeit vorhanden waren oder, wie das Helium, zusätzlich in den Sternen erzeugt wurden?

Die Antwort liegt auch bei den Sternen.

Nachdem in den ersten Sternen der Wasserstoff verbraucht war und damit das Wasserstoffbrennen stoppte, wurden die stellaren Reaktoren von der Gravitation weiter zusammengequetscht und erhitzten sich auf Temperaturen, bei denen das Heliumbrennen startete. Die schwereren Elemente wie Beryllium und Kohlenstoff entstanden aus der Fusion von Heliumkernen. Dieser, als chemische Evolution bezeichnete, Jahrmilliarden dauernde Prozess mündete letztendlich über weitere Gravitationskollapse der Sterne in immer schwereren Elementen. Bis schließlich in den Brennkammern der Sonnen am Ende der Syntheseprozesse das Eisen stand. Dann reichten die Energien der Sterne nicht mehr aus, um die restlichen noch schwereren Elemente zu bilden, die in unserer Materie zu finden sind.

Für all die schweren Elemente nach dem Eisen mussten die Sterne erst ihr Leben lassen. Bei den Sternenexplosionen, die man Supernovae nennt, zum Teil auch bei Zusammenstößen von exotischen Sternenleichen namens Neutronensternen, wurden die schweren Elemente wie Kupfer, Silber, Gold und Platin in den Schmieden dieser Infernos geschaffen. Für fast alle Elemente der Natur gilt, dass sie in den Jahrmilliarden der chemischen Genese in den Sternen entstanden sind und bei deren Sterben hinaus in das All geschleudert wurden. Bei günstigen Bedingungen konnten sie sich dann in einem weiteren Jahrmilliarden dauernden Prozess neu organisieren und Leben hervorbringen.

Die Entstehung des uns bekannten Lebens ist aber alles andere als ein Spaziergang gewesen. Schon seit Menschengedenken stellt sich die Frage, ob wir alleine sind oder ob sich auch an anderen unwirtlichen Orten unseres Kosmos tote Materie so organisieren konnte, dass sich daraus Leben entwickelte. Eventuell entstand dort an diesen Orten auch etwas, das, ähnlich wie wir, nach einer langen Entwicklungsgeschichte in die Lage versetzt wurde, über sich selbst und den Kosmos nachzudenken und daraus entsprechende Schlüsse zu ziehen.

Vielleicht fragt sich dieses Etwas im Moment, ähnlich wie wir Menschen, ob es alleine ist in den unendlichen Weiten des Weltenraumes. Und vielleicht fängt es an, nach verräterischen Signalen im Hintergrundrauschen des Alls zu lauschen.

Das größte Problem dürfte aber gewesen sein, in den lebensfeindlichen Gefilden des Alls ein Gestade zu finden, dass die für das junge Start-up-Unternehmen *Leben* günstigen Voraussetzungen bieten konnte. Da braucht es zunächst einmal Wärme, Licht und Wasser auf einem Planeten, der sich auf einer Umlaufbahn in der richtigen Entfernung zu einem passablen Zentralgestirn bewegt. In der sogenannten habitablen Zone. Nicht zu heiß und nicht zu kalt, sodass Wasser in all seinen drei Aggregatzuständen vorkommt. Es sollte kein Planet sein, der von einer Eiskruste gefrorenen Wassers oder gar einer gefrorenen Atmosphäre umgeben ist oder auf dem es flüssiges Eisen vom Himmel regnet, weil er von der riesigen Scheibe einer zu nahen Sonne dominiert wird. Am besten ein kleiner Planet, der um eine kleine, nicht zu heiße Sonne kreist. Vorzugsweise in den leeren, langweiligen Randbezirken einer Galaxie. Da, wo das neu entstandene Prinzip Leben nicht gleich in den ersten Millionen Jahren vom Gammablitz einer sterbenden Nachbarsonne gegrillt wird.

Auch das energieliefernde Zentralgestirn sollte bestimmte Voraussetzungen erfüllen. Sind die Sterne sehr groß, kann eventuell einfaches Leben entstehen, aber es wird niemals eine Entwicklung von Einzellern zu Höherem durchlaufen, weil ein großer Stern in wenigen Millionen Jahren den Brennstoff verbraten hat und das junge Leben durch seinen frühen Tod mit in den Abgrund reißen wird. Auf der Erde ließ die Evolution das Einzellstadium erst nach zwei Milliarden Jahren hinter sich. Uns würde es heute nicht geben, hätte jemand den ersten Algen das Licht abgedreht.

Zu kleine Sterne sind schlicht und ergreifend zu kalt. Ein potenzieller Planetenkandidat müsste schon sehr nah um solch einen Bonsaistern kreisen, um genug Wärme für die Entstehung von Leben zu ergattern. Dann liefe er aber auch Gefahr, von der Gravitation des Sterns zerrissen oder vom intensiven Sonnenwind der stellaren Fusion einer keimtötenden Strahlentherapie unterzogen zu werden. Keine guten Voraussetzungen für die Entstehung von Leben.

Auch ein Planet sollte für die Entwicklung des Lebens ganz bestimmte Erwartungen erfüllen. Eine gewisse Mindestgröße muss er haben. Nur dann kann er eine lebensnotwendige Atmosphäre halten. Ein intaktes Magnetfeld ist ebenfalls von großer Bedeutung. Es hält als Schutzschild die harte Strahlung aus dem All von dem aufkeimenden Leben ab. Auch die Zusammensetzung der Atmosphäre spielt eine entscheidende Rolle.

Zu viele Treibhausgase und ein Platz in der habitablen Zone, sehr nahe an einer Sonne, würden für Temperaturen sorgen, die geeignet sind, Blei zu schmelzen, wie auf unserem Nachbarplaneten Venus. Ebenfalls keine gute Voraussetzung für die Entstehung von Lebewesen. Zumindest keine gute für Lebewesen, wie wir sie kennen. Lebewesen, die nach langer Entwicklungsgeschichte letztendlich in die Lage versetzt wurden, über sich und ihre Stellung im Universum nachzudenken. Um dann zu erfahren, dass sie nichts weiter sind als Sternenstaub auf einem höheren energetischen Niveau namens Leben. Einem stabilen chemischen Fließgleichgewicht, das uns erlaubt, zumindest einen kosmischen Wimpernschlag lang, der Abnahme von Ordnung im Universum zu trotzen.

Man könnte auch konstatieren, die Raumzeit hat es über die Jahrmilliarden chemischer und biologischer Evolution geschafft, sich zu materialisieren. Dann entwickelten sich ihre stofflichen Entsprechungen, die lebendigen Organismen, so, dass das Bewusstsein ab einem bestimmten Komplexitätsgrad der Materie erwacht. Kurz: Das Universum wird in die Lage versetzt, als denkendes und fühlendes Wesen über sich selbst nachzudenken.

Bleibt nur die Frage, welches Ziel hiermit verfolgt wird, und ob das schon mehr als einmal im Universum geschehen ist oder ob wir im Kosmos doch die Einzigen sind, die nach auffälligen Signalen im Hintergrundrauschen lauschen?

## 02. Februar,Formentera – Biosphäre I

In der Sonne stiegen die Temperaturen am Vormittag schnell auf über zwanzig Grad Celsius. Sie mussten nach den Wintermonaten sehr acht geben, in der ersten Frühlingssonne keinen Sonnenbrand zu bekommen. Mia hatte Gesicht, Hände und Hals ihrer erst vier Monate alten Tochter Eyna dick mit Sonnencreme eingerieben, aber länger als eine halbe Stunde wollte sie nicht mit ihr hier draußen am Wasser bleiben.

Mia saß auf der Mole des Biosphärenhafens und ließ ihre Füße im Meerwasser baumeln. Das Kind lag in ihrem Arm und blinzelte zufrieden in der Sonne. Eine Fregatte der SU10[5] war soeben eingelaufen und machte am Kai fest. Hinter ihr reflektierte die Sonne in der fast 1200 Meter hohen Kuppel der Biosphäre I.

Mia las den Namen der Fregatte. Morgan stand in großen weißen Buchstaben auf dem Bug. Das USS war übermalt worden. In der letzten Woche hatte sie sich so wohl gefühlt wie schon lange nicht mehr und sich von den Strapazen der letzten Monate erholen können. Behringer hatte sie und Simone samt Kind auf die sonnige Baleareninsel eingeladen. Er bestand darauf, dass sich Mutter und Kind in der medizinischen Abteilung der Biosphäre einer intensiven Kontrolle unterzogen. Drei Tage lang ließ sie alle erdenklichen Tests über sich ergehen. Dann konnte Mia aufatmen. Alles war in Ordnung, hatte man ihr mitgeteilt und ihr geraten, die restlichen Tage auf der Mittelmeerinsel zu genießen.

Simone erzählte ihr in den ersten Tagen täglich von seinen Gesprächen mit den Marburgern. Dort schien alles in Ordnung zu sein. Die erste Gemüsesaat war in den beheizten Gewächshäusern aufgegangen. Das Wintergetreide machte sich auch hervorragend, obwohl sie es spät ausgesät hatten. Wenn alles gut ging, würden sie im Juni die erste

Getreideernte einfahren können, und auch das erste Gemüse wäre dann soweit. Danach wollten sie entsprechend der vorgesehenen Fruchtfolge die Gewächshäuser weiter bewirtschaften. Gute Nachrichten, aber auch viel Arbeit.

Doch es gab auch weniger gute Nachrichten. Alex und Anna waren nach dem harten Frost der Wintermonate, die sie im Schloss alle sehr gut überstanden hatten, draußen gewesen und mit dem Hummer nach Marburg gefahren, um ihre Vorräte an Medikamenten aufzustocken. Anna hatte darauf bestanden. Sie waren natürlich mit dem Nötigsten ausgestattet, aber warum sollten sie die Vorräte in den Apotheken und Wohnungen der Stadt verkommen lassen? In der Gemeinschaft der SU10[5] war das Versorgungsproblem mit den wichtigsten Arzneien bereits mehrfach angesprochen worden. Die Gründung einer eigenen Pharmazieabteilung mit angegliedertem Forschungslabor stand kurz bevor.

Die Fahrt in die Stadt hatte sich zu einer Tragödie entwickelt. Sie waren natürlich darauf vorbereitet gewesen, Tote zu sehen, aber das wirkliche Ausmaß der humanitären Katastrophe hatte alles bisher Dagewesene übertroffen. Überall fanden sie die ausgezehrten, hohlwangigen Leichen. Die meisten Menschen hatten sich in ihre Wohnungen zurückgezogen und waren mit ihren Lieben gemeinsam gestorben. Anna und Alex fanden sie meist in ihren Betten. Die kalten Temperaturen hatten sie gut konserviert. Der Verwesungsprozess war noch nicht weit vorangeschritten. Der Hungertod musste ein furchtbarer Tod sein. Immer wieder fanden sie Familien, die von einem Familienmitglied, meist war es der Vater, den Gnadentod erhalten hatten. Glücklich mussten sich die geschätzt haben, die eine Waffe besaßen und so für einen schnellen Tod sorgen konnten. Die meisten waren aber anders gestorben. Viele waren von Tieren angefressen und einige waren regelrecht zerlegt worden. Es musste am Ende der Nahrungskrise zu Fällen von Kannibalismus gekommen sein. Die Spuren ließen keinen Zweifel daran, und Alex hatte Anna zur Eile getrieben. Es war nicht auszuschließen, dass einige der Menschenfresser noch lebten und gerne auf Frischfleischreserven zurückgreifen würden.

Als sie die Stadt verließen, war es sehr ruhig im Wagen. Beide wussten, dass es jetzt überall auf der Nordhalbkugel so aussah. Auf der Südhalbkugel wurde es gerade Herbst. Die letzten Satellitenbilder dokumentierten das Ende des Chlorophyllzeitalters, auch auf der Südhalbkugel. Die Seuche hatte hier in der vergangenen Vegetationsperiode ganze Arbeit geleistet. Lediglich auf einigen Pazifikinseln gab es noch grüne Pflanzenbestände.

»Hey Mia, ich habe dich schon gesucht!«

Behringers Stimme riss Mia aus ihren Gedanken. Sie drehte sich zu ihm um und lächelte ihn an. Ihre blonden Haare hatte sie zu einem Zopf geflochten. »Hi Markus, was kann so wichtig sein, dass du die Biosphäre verlässt und mich hier draußen aufsuchst?« Sie stand auf, schlüpfte in ihre Flip-Flops und ging ihm mit Eyna auf dem Arm entgegen.

»Wir haben ein Signal! Es wurde vor einer halben Stunde im Mittelmeer entdeckt, und es wird stärker. Wir haben die Koordinaten. Es scheint einer dieser Organismen zu sein. Er sendet auf 1420 Megahertz.«

»Woher kommt es?« Mia drückte das Kind fester an ihre Brust und beschleunigte neben Markus Behringer ihre Schritte auf dem Weg zu seinem Elektromobil, das an einen kleinen Bus erinnerte.

»Das Signal wird von einer punktuellen Quelle gesendet, die wir südöstlich von Sardinien, im Tyrrhenischen Meer, auf halben Weg nach Sizilien lokalisiert haben.« Behringer ließ sich in den Fahrersitz gleiten.

Mia öffnete die hintere Schiebetür und setzte sich mit Eyna hinter ihm auf die Sitzbank. »Ist die Sondereinheit 1420 MHz informiert?« Sie schlug die Schiebetür heftig ins Schloss, während Behringer mit dem Wagen zurückstieß. Der Knall hatte das kleine Mädchen erschreckt, und Eyna fing an zu weinen. Mia musste sie trösten.

»Ja, die Maschinerie läuft bereits. Alle wissen Bescheid. Von Eiff wollte dich aber unbedingt dabei haben!«

»Warum? Die Standard- Operation-Prozedur der SU10[5] für solch einen Fall steht doch fest! Wir haben sie selbst entwickelt und einstimmig beschlossen.«

Behringer hatte das kleine Elektromobil gewendet, und sie fuhren mit Höchstgeschwindigkeit auf die gigantische Glaskuppel zu.

»Ach Mia, du weißt doch, wie es läuft! Wenn du ihnen nicht den Kopf gewaschen hättest, wären wir heute mit anderen Problemen beschäftigt. Wahrscheinlich wäre das Ding im Pazifik nie zerstört worden, und das Signal wäre jetzt unaufhaltsam unterwegs. Zu wem auch immer. Ohne dich gäbe es auch keine SOP. Die wollen dich einfach dabei haben und deine Meinung hören.«

»Quatsch! Die brauchen nicht meine Meinung, die wollen, dass ich ihnen die Entscheidung abnehme! So läuft es doch schon immer im Leben. Keiner will Verantwortung übernehmen, sonst würde es überhaupt keine SOP's geben. Egal, fährt das Scheißding nicht schneller?«

Der Kontrollraum der Biosphäre war nur von den Monitoren an der Wand und dem interaktiven Tisch in der Mitte beleuchtet. Die Sondereinheit 1420 MHz der Biosphäre I stand an dem Tisch in der Mitte des Raums und betrachtete die auf die Tischoberfläche projizierte Karte des Mittelmeeres. Die Signalquelle konnten sie zwischen Sardinien und Sizilien als rot blinkenden Punkt ausmachen.

Alle an der Videokonferenz teilnehmenden SU10$^5$-Mannschaften konnten, über den gesamten Globus verteilt, die Kartenprojektion ebenfalls auf einem speziellen Monitor sehen und das Geschehen live mitverfolgen.

»Ich weiß nicht, auf was wir warten. Die Daten zeigen eindeutig ein Signal, und sie zeigen auch, dass es stärker wird. Ich schätze, uns bleibt noch eine halbe bis eine Stunde, dann wird die Signalintensität für eine interstellare Übertragung ausreichen. Der Organismus wird dann sein Ziel in der Himmelskugel anpeilen und mit Maximalenergie feuern. Wir müssen sofort handeln! Welche Einheiten befinden sich momentan in der Nähe und können sofort eingreifen?« Mia war sauer, und Behringer merkte es ihr auch an. Eyna, die sie mittlerweile in einem Tragetuch trug, war eingeschlafen. »Warum haben Sie nicht schon längst Order zur Zerstörung gegeben?«

Von Eiff schaute sie direkt an »Wir haben nicht damit gerechnet, dass die Intensität des Signals so schnell zunimmt. Bei dem letzten und einzigen Organismus seit den Vorfällen im Nordpazifik und vor Grönland hatten wir mehr Zeit. Der hier gibt ganz schön Gas!«

»Der lag auch im Nordmeer vor Spitzbergen. Das Ding hier ist aber im Mittelmeer. Bei den Temperaturen, die hier herrschen, ist über eine schnellere Stoffwechselrate mit so was zu rechnen. Im wärmeren Mittelmeerwasser kommt unser Freund hier schneller auf Betriebstemperatur. Also, wo ist die nächste bewaffnete Einheit?«

Von Eiff deutete auf einen Kartenausschnitt auf dem Tisch. »Wir haben einen Flugzeugträger südlich vor Kreta, der nach dem Atomschlag gegen das ehemalige Israel auf dem Weg in den Suezkanal ist. Auftrag: Radioaktivitätsmessungen im Roten Meer und insbesondere im Golf von Akaba. Zwei Super Hornet sind vor zwei Minuten gestartet. Sie können unser Ziel in maximal vierzig Minuten erreichen. Die Maschinen werden aber bei der Entfernung und der Fluggeschwindigkeit nicht mehr zum Flugzeugträger zurückkehren können. Sie müssen nach dem Einsatz irgendwo in Sizilien oder Sardinien zwischenlanden und nachtanken. Wir arbeiten momentan daran. Kann für die Piloten gefährlich werden. Wir haben auf keiner der Inseln einen gesicherten SU10$^5$-Flugplatz, und wir wissen nicht, wie es auf den Flugplätzen dort aussieht. Wird auf jeden Fall eng werden.«

Mia streichelte ihrer schlafenden Tochter sanft den Kopf: »So ein Mist! Wenn ich mir anschaue, wie sich das Signal entwickelt, dann sind vierzig Minuten knapp. Haben wir schon Daten über das potenzielle Ziel seiner elektromagnetischen Botschaft?«

Auch das Team aus der chilenischen Atacamawüste war wieder mit an Bord. O'Brian fing an zu reden, während ihm Viktor Kaspuhl eine Reihe von Zetteln in die Hand drückte. Von Naomi Mae Wood weit und breit kein Lebenszeichen. »Bei der jetzigen Signalentwicklung, den Standortkoordinaten des Organismus und der Erddrehung kommen zwei Sterne im Sternbild Leier als mögliche Ziele in Betracht. Einmal die Wega in 25,3 Lichtjahren Entfernung oder in 900 Lichtjahren Entfernung Sheliak, besser bekannt unter dem Namen Beta Lyrae. Eigentlich ein Sternensystem aus mehreren Sternen. Wenn ich ein Telefonat zu führen hätte, würde ich es aber vorziehen nur 25,3 Jahre auf eine Antwort zu warten. Die Wega ist aber auch als ein Hauptreihenstern, der wie unsere Sonne Wasserstoff zu Helium fusioniert – und mit einem Alter von 380 bis 580 Millionen Jahren – das wahrscheinlichere Ziel. Auch wenn wir nichts über ein Planetensystem wissen und die Entstehung von Leben in einem so jungen Sonnensystem eigentlich ausgeschlossen werden kann.«

Mia schaute abwechselnd von Eiff und Behringer an. Sie dachte angestrengt nach. »Danke Sam! Sie haben die genauen Koordinaten des Signals?«

»Natürlich, sonst hätten wir die Berechnungen gar nicht durchführen können.«

»Wie lange noch, bis die beiden Zielsterne im Fokus stehen?«

O'Brian blätterte in dem Papierstapel: »Ich weiß nicht, kann ich nicht genau sagen.«

»Come on, O'Brian, gib uns eine Hausnummer! Los, mach schon!«

»Also gut, weil du es bist, Mia.« Er sprach sie jetzt auch mit dem Vornamen an. »Die Wega ist nach den mir vorliegenden Daten in dreiundvierzig Minuten im Visier. Plusminus fünf Minuten!«

Mia wand sich direkt an von Eiff. »Sagen Sie den Piloten in den beiden Flugzeugen, sie sollen Gas geben und sich beeilen!«

Während die Welt der letzten Menschen, jedenfalls der letzten zivilisierten Menschen mit der entsprechenden technischen Ausrüstung, den Atem anhielt, wertete das Team um O'Brian die hereinkommenden Daten der Aufklärungssatelliten aus. In den Datenströmen konnten sie das anschwellende Signal des Organismus klar erkennen. Mia ging mit Behringer und von Eiff in die Kantine der Biosphäre I, um etwas zu essen und einen Kaffee zu trinken. Simone hatte ihr zwischenzeitlich Eyna abgenommen und war mit dem Kind in ihren Privaträumen verschwunden.

»Wir können nichts machen! Wieder mal heißt es nur .....«

»Abwarten und Kaffee trinken«, ergänzte Behringer von Eiffs Satz.

Mia stand zwischen den beiden Männern. Sie kaute ohne große Lust auf einem Thunfischsandwich herum. Richtiger Appetit wollte nicht aufkommen. Das, was da auf dem Brot wie Thunfisch schmeckte, konnte alles Mögliche sein. Die Thunfischwahrscheinlichkeit lag unter fünf Prozent.

»Alle Mitarbeiter der Sondereinheit 1420 MHz werden sofort in den Kontrollraum gebeten! Ich wiederhole: Alle Mitarbeiter der

Sondereinheit 1420 MHz werden unverzüglich in den Kontrollraum gebeten!«

Mia schaute von Eiff und Behringer an und rannte los. »Auf Männer, beeilt euch! Ihr habt doch die Durchsage gehört. Irgendetwas ist faul.« Das Thunfischsandwich warf sie in hohem Bogen in den Mülleimer am Ausgang der Kantine.

Im Kontrollraum war die Hölle los. Der diensthabende Offizier berichtete ihnen augenblicklich: »Die beiden Flugzeuge wurden angegriffen. Man hat sie mit Bodenluftraketen beschossen. Wahrscheinlich infrarotgelenkte Flugabwehrraketen von einem Piratenschiff. Genaues wissen wir zum jetzigen Zeitpunkt noch nicht. Eine Super Hornet wurde zerstört und der Pilot getötet. Die zweite wurde schwer beschädigt und ist auf dem Rückflug zum Flugzeugträger. Bei dem Schaden an der Maschine blieb dem Piloten keine andere Möglichkeit.«

»Welche Alternativen bleiben uns noch?«, fragte von Eiff und stützte sich auf den Projektionstisch im Kontrollraum.

»Vom Flugzeugträger sind zwei weitere Maschinen mit dem gleichen Ziel gestartet.«

Mia stemmte neben von Eiff die Hände in die Hüfte: »Wie viel Zeit bleibt uns noch?«

»Nach den Berechnungen aus Chile haben wir noch fünfundzwanzig bis dreißig Minuten«, sagte der Offizier.

»Pfeifen Sie sofort die Flugzeuge zurück. Das können die jetzt nicht mehr schaffen. Wer ist noch in der Nähe dieser Ausgeburt der Hölle?«

»Es befinden sich keine weiteren Einheiten in der Nähe, die eingreifen könnten!«

»Doch! Wir sind hier, und wir befinden uns circa fünfzehn Flugminuten entfernt.« Kapitän Smithson schaute von seiner Kommandobrücke der

Greenland Warrior in die Kamera und machte einen sehr entschlossenen Eindruck.

Über von Eiffs Gesicht huschte ein Ausdruck des Erstaunens, aber er schien nicht erleichtert zu sein. »Wo liegt Ihr Schiff genau?«

»Wir liegen siebenundzwanzig Seemeilen entfernt und könnten den Organismus mit unserem Hubschrauber in fünfzehn Minuten erreichen.«

»Eine kleine Hoffnung und unsere letzte!« Mia versuchte, zuversichtlicher als von Eiff und der Rest der Sondereinheit zu sein. »Über welche Bewaffnung verfügt ihr Hubschrauber?«

»Er besitzt überhaupt keine Bewaffnung. Er dient entsprechend unserem Auftrag nur der Kontrolle von Fischbeständen und der Kartierung von Fanggebieten aus der Luft.«

Mias Zuversicht erlosch. »Danke, Kapitän Smithson, aber wir brauchen etwas mit mehr Schlagkraft, etwas mehr als einen mit Tauchsonar ausgerüsteten Hubschrauber.«

»Nein, Sie verstehen mich nicht richtig! Ich sagte, wir können den Sender in fünfzehn Minuten erreichen. Ich dachte daran, jemanden auf dem Ding abzusetzen, der das Senden des Signals sabotiert, indem er den Organismus schädigt oder zerstört. Wir haben einen Freiwilligen, der sich bereits im Hubschrauber befindet.«

## 02. Februar,Jake Osterhaus

Der Hubschrauber flog einen weiten Bogen und er konnte den fremdartigen Organismus unter sich in der ruhigen See des Mittelmeeres sehen. Das Ding war nicht so groß wie das vor Grönland - höchstens achtzig Meter im Durchmesser -, aber immer noch unglaublich groß für ein Lebewesen, wenn es denn wirklich eins war.

Jake dachte daran, dass die Erde wahrscheinlich in ihrer gesamten Entwicklung kein so großes Lebewesen hervorgebracht hatte. Dazu brauchte es erst außerirdische Genetik. Richtig verstanden hatte er die genetische Grundlage der Seuche immer noch nicht und auch nicht diesen Organismus, der wie ein Sender funktionieren sollte. Aber für seinen Auftrag war das alles ohne Belang. Er hatte sich sofort freiwillig gemeldet, weil er das Gefühl hatte, der Menschheit und der $SU10^5$ etwas schuldig zu sein. Ohne die Organisation und Smithson hätte er keine Chance gehabt. Auch dem toten Kurt Stewart schuldete er etwas für die geliehene Identität, ohne die Jake niemals auf das Schiff gekommen wäre. Das wusste er, und Kapitän Smithson wusste das auch. Deshalb hatte er seine freiwillige Meldung zu diesem Himmelfahrtskommando sofort angenommen. Jake ahnte, dass er erst ein vollständiges Mitglied der $SU10^5$ sein würde, wenn er das hier durchzog und dabei auch noch überlebte. Deshalb saß er jetzt in seinem Neoprenanzug und der Tauchausrüstung, die er hoffentlich nicht brauchen würde, in dem Hubschrauber und wurde soeben mit einem Karabinerhaken in die Seilwinde eingeklinkt,

Die Flossen in dem Rucksack neben der 10- Liter- Pressluftflasche auf seinem Rücken, in der Rechten eine Feueraxt vom Schiff, auf der sogar der Name *Greenland Warrior* stand. Am Bleigürtel baumelten anstatt der

Bleigewichte drei Handgranaten. Was für ein Waffenarsenal hatte ihm Smithson da gegeben? Eine Axt und drei Handgranaten gegen einen völlig fremdartigen Organismus mit achtzig Metern im Durchmesser, einem Tiefgang wie ein untergetauchtes fünfzehnstöckiges Haus und einem Lebendgewicht von mehreren tausend Tonnen.

»Wir sind da, Jake!«

»Ich weiß. Lasst mich runter!« Jake Osterhaus sprang in die Leere und hing plötzlich unter dem Hubschrauber, schwankend an einem Seil, das immer länger zu werden schien. Unter sich sah er das Perlmuttweiß der lebenden Parabolschüssel schnell näherkommen. Kurz erblickte er das Ding im Scheitelpunkt, bevor er hart auf dem Organismus landete. Von dort ging wahrscheinlich das Signal aus, hatten sie ihm eingetrichtert.

Jake machte, noch benommen von dem harten Aufprall, den Karabiner los. Er hörte über sich den aufheulenden Motor des Hubschraubers, der sich schnell entfernte. Dann war er alleine. Das heißt, nicht ganz alleine! Da war noch das Ding, auf dem er stand. Er schaute auf seine Uhr. Der Countdown hatte gerade die 8- Minuten-Marke hinter sich gelassen und die Zahl hinter der Sieben wurde auch rasend schnell kleiner. Jake schaute sich um. Er registrierte, dass er in einer riesigen Schüssel stand, deren Oberfläche hell schimmerte. Der obere Rand des Paraboloids war mindestens dreißig Meter über ihm, und ohne Seilwinde würde er niemals rauskommen. Hier eine Handgranate zu werfen, wäre nur dämlich. Die würde einfach nur zu ihm an die tiefste Stelle zurückkullern und dann ihren Job erledigen.

Das gesamte Gebilde lag völlig bewegungslos im Wasser. Der Organismus besaß die Fähigkeit, seinen Körper im Wasser derart zu stabilisieren, dass er die Bewegungen der umgebenden See völlig neutralisierte. Jake hatte das Gefühl, auf dem Festland zu stehen.

Die metallisch glänzende, verzweigte Struktur im Scheitelpunkt entwuchs, keine zehn Meter von ihm, aus dem Untergrund. Jetzt konnte er auch die Lichtmuster erkennen, die sich wellenförmig durch diese Struktur nach oben bewegten. Hier musste der Organismus sein Radiosignal erzeugen.

Noch 6 Minuten 57 Sekunden. Jake nahm die Axt fest in beide Hände und ging zu dem mehrere Meter in die Höhe reichendem Ding. 06:10. Der erste Axthieb, mit voller Wucht ausgeführt, traf, die Schneide drang tief in die Substanz. Jake hatte das Gefühl in Fleisch zu hacken. Ein Zittern ging durch den Organismus, und eine bläuliche Flüssigkeit sickerte erst langsam, dann schneller aus der Wunde. Jake hebelte mit einiger Mühe die Axt aus dem blutenden Ding und hieb ein zweites Mal in die zuvor geschlagene Kerbe. Die blaue Körperflüssigkeit quoll nun stoßweise hervor. Jake konnte spüren, wie der riesige Organismus zu seinen Füßen ins Wanken geriet. Das Ding reagierte auf jeden Fall auf die Verletzung.

04:45. Jake schlug wie ein Wilder auf die Struktur ein. Ströme von blauem Blut ergossen sich aus der Wunde auf den Boden und auf Jake, der seine Umgebung vollkommen vergessen hatte. Plötzlich spürte er, dass er bis zu den Knöcheln in etwas Nassem stand, und schaute an sich herunter. So viel von dem blauen Blut konnte noch nicht aus dem Wesen gelaufen sein. Er sah das Meerwasser, das vom verdünnten Blut noch einen blauen Schimmer hatte, schnell an seinen Waden hochsteigen.

»Was verdammt noch mal ist das?« Jakes Bewusstsein weigerte sich noch, das Gesehene zu begreifen. Er schaute eine Weile zu, wie das Wasser immer schneller an seinen Beinen hochstieg.

Das Mistvieh taucht ab! , war sein erster geradliniger Gedanke, und er ließ die Axt ins mittlerweile hüfthohe Wasser fallen.

02:44. Jake setzte die Maske auf, zog die Flossen aus dem Rucksack und drehte die Pressluft auf. Mit den zehn Litern in der Flasche würde er wenigstens einige Zeit überleben können. 01:12. Jake hatte die Flossen an den Füßen und den Lungenautomaten zwischen den Lippen, als das Wasser über seinem Kopf zusammen klatschte. Dann ging es sehr schnell nach unten. Über sich konnte er noch die Wassermassen der umgebenden See über den Rand der gigantischen Schüssel schwappen sehen. Er hielt sich an einem Ausläufer der seltsamen Struktur im Scheitelpunkt fest, um nicht von den starken Strömungen davon gewirbelt zu werden. Sein Tiefenmesser zeigte beim Countdown von 00:12 bereits eine Tiefe von sechsundvierzig Metern an, und er wusste, dass er das Ding jetzt loslassen musste. Er musste sofort von dem gewaltigen, abtauchenden Wesen wegkommen, sonst hatte er keine Chance mehr zu überleben. Die war schon jetzt, bei einer Tiefe von annähernd fünfzig Metern, nicht mehr sonderlich gut.

Jake legte all seine Kraft in die Flossenschläge, konnte sich aber nicht aus dem Sog der abtauchenden Kreatur befreien. Erst nachdem es ihm gelang, seitlich herauszuschwimmen, sah er, dass die Entfernung zwischen ihm und der monströsen Gestalt größer wurde. Ein Blick auf seinen Tiefenmesser ließ ihm den Atem stocken. Achtundsiebzig Meter! Das war kein Nullzeittauchgang mehr. Jake hatte die Dekompressionstabelle nicht im Kopf, bezweifelte aber, dass ihm die zehn Liter Pressluft für die diversen Sicherheitsstopps unter Wasser ausreichen würde. Er blickte durch seine Tauchermaske nach unten und sah das eigentlich Unbeschreibliche. Die kegelförmige Gestalt des Wesens schoss mit der Spitze voran in die Tiefe, wobei der Körper durch den Flossensaum in Drehung versetzt wurde. Wellenförmige Farbwechsel zeigten eine erhöhte Erregung des Organismus an. Dann bemerkte er, dass der Kegel nicht einheitlich aufgebaut war, sondern sich aus unzähligen Tentakeln zusammenfügte, die an der Spitze des Kegels entsprangen und bei der Vorwärtsbewegung im Wasser hinten angelegt wurden. Diese Fangarme bildeten die äußere Hülle des Körperkegels, und Jake sah, wie einige etwas abgespreizt wurden. Das alles geschah sehr koordiniert. Die abgewinkelten Tentakel bildeten ein Muster auf dem sonst glatten Kegel.

Plötzlich schoss ein besonders langer Fangarm nach oben, direkt auf ihn zu. Er verfehlte Jake nur knapp und wickelte sich um den hölzernen Griff der Feueraxt, die neben ihm im Wasser nach unten trudelte. Die Axt wurde mit in die Tiefe gerissen. Jake war sich absolut sicher, dass dieser Angriff eigentlich ihm gegolten hatte und es ihm mit Sicherheit das Leben gekostet hätte, wenn die Kreatur sich nicht vergriffen hätte.

Dann beschleunigte das Ding extrem nach vorne. Es hatte auf Rückstoßprinzip geschaltet. Aus Poren, die sich in der perlmutternen Schüssel weit geöffneten hatten, schoss Wasser heraus, das der Organismus weiter vorne durch Siphons, die unter den Tentakeln liegen mussten, angesaugt und mit unfassbarer Kraft nach hinten beschleunigt hatte. Diese nach hinten beschleunigten Wassermassen ließen Jake wie in einem harten Strahl nach oben wirbeln, ohne dass er seine Richtung beeinflussen konnte. Er stieg schnell auf – zu schnell! Der Tiefenmesser zeigte an, dass er wieder die 50- Meter- Marke unterschritten hatte. Bei gleichbleibendem Tempo bestand die Gefahr, dass ihm der Stickstoff in den Adern ausgasen würde. Das wäre sein sicherer Tod. Mühsam gelang es ihm, den Fahrstuhl nach oben zu verlangsamen und schließlich zu stoppen. Weit unter sich konnte er den Organismus unglaublich schnell in die Tiefe fahren sehen, wobei jetzt auch helle Lichtmuster, Biolumineszenzen, über seinen Körper liefen. Er entschwand aus Jakes Blickfeld in der Dunkelheit. Das Letzte, was er von ihm sehen konnte, waren flackernde Lichteffekte, dann war er verschwunden.

Jake verschwendete keinen Gedanken daran, wohin er verschwunden war und welchem Ziel er nun entgegen schwamm. Dafür blieb ihm keine

Zeit. Er hatte genug Luft in der Flasche, um einige Dekostopps einzulegen, und erreichte nach einer gefühlten Ewigkeit endlich die Oberfläche. Mit den letzten Luftreserven füllte er seine Tarierweste, um über Wasser ohne kraftraubende Flossenschläge treiben zu können. Er wechselte den jetzt nutzlosen Lungenautomaten gegen den Schnorchel.

Körperlich ging es ihm nach dieser ungewollten Tauchfahrt gut. Da war scheinbar kein Gas in seinen Blutgefäßen. Nur die Sonne blendete ihn. Während er in den seichten Wellen auf und ab schaukelte, überlegte er, wie weit er von dem ursprünglichen Treffpunkt mit dem Organismus abgetrieben worden war und wie lange er hier warten musste, bis ihn der Hubschrauber auflesen würde. Wenn sie ihn überhaupt fanden. Vielleicht war er auch zu einem einsamen Tod in den Wellen verdammt.

Jake versuchte, sich auf eine lange Wartezeit einzustellen. Aber dann fielen ihm die drei Handgranaten an seinem Gürtel wieder ein.

## 11. März, Deutschland – Jagdschloss Marburg

Auch heute Morgen hatte Alex routinemäßig die Konzentration des Schalterproteins in der Außenluft bestimmt. So wie er es fast jeden Tag nach seiner Entdeckung im März des letzten Jahres getan hatte. Und obwohl es keine Pflanzen mehr auf der Welt gab, außer denen, die unter Glas in einem sterilen Umfeld wuchsen, war die Konzentration des Eiweißes, welches nur im Stoffwechsel kranker Pflanzen erzeugt wurde, extrem hoch. Aber es war ein langsamer Rückgang feststellbar. Ein sehr langsamer, sodass Alex vorsichtig eine Prognose für die zukünftige Entwicklung der Proteinkonzentration abgeben konnte.

Das Protein war gegen die meisten Umwelteinflüsse persistent und würde mit einer sehr langen Halbwertzeit noch Jahre in hohem Maße infektiös in der Atmosphäre nachweisbar bleiben. Aber die Konzentration war rückläufig. Das war endlich mal eine gute Nachricht. Nach all den Schreckensnachrichten des letzten Jahres war das für alle ein kleiner Lichtblick.

Als Anna die Schleuse zum Gewächshaustrakt betrat, war sie sich sehr wohl über die Gefahr einer Kontamination und deren Folgen für sie alle bewusst. Das, was sich in der argentinischen Pampa ereignet hatte, konnte sich jederzeit und überall wiederholen. Ein Teil der Reichenbiosphäre war wahrscheinlich durch eine unsachgemäße Desinfektion eines Mitarbeiters kontaminiert worden. Sie hatten die Infektion eindämmen können, da sie schon bei der Planung der Biosphären ein Sicherheitssystem mit mehreren voneinander abgeschotteten Pflanzenkulturen vorgesehen und auch realisiert hatten. Die Versorgung der Bevölkerung war trotzdem nicht ausreichend gewährleistet, wenn die Nahrungsmittelreserven zu Ende gingen. Die

$SU10^5$ hatte entsprechende Hilfegesuche aus Argentinien ablehnen müssen. Sie durften gespannt sein, was in dem Rückzugshabitat der Kapitalisten passieren würde.

Anna durchlief deshalb gewissenhaft die einzelnen Dekontaminationsstufen und betrat dann das erste Gewächshaus mit der Pflanzenkultur IX, dem Winterweizen. Die kleinen Getreidepflänzchen standen in Reihe und Glied und gediehen prächtig. Annas Aufgabe war es heute und in den nächsten Tagen, das durch Fremdbesatz des Saatgutes eingebrachte Unkraut zu entfernen. Als sie sich nach ihrem Werkzeug umsah, bemerkte sie die schemenhafte Figur eines Mannes hinter dem Glas. Sie erschrak fürchterlich.

Alex stand dort und hatte ein breites Grinsen aufgesetzt. Er musste beobachtet haben, wie sie sich eben umgezogen hatte, und gab ihr Zeichen, an die Gegensprechanlage zu kommen.

»Hey, meine süße Landarbeiterin! Wegen mir musst du da drin nichts anziehen. Ist doch warm genug, oder?«

»Lass den Quatsch, oder soll mich Ian auch so sehen?« Anna musste lachen bei dem Gedanken. »Warum hältst du mich von der Arbeit ab, hast du nichts zu tun?«

»Doch, doch! Aber ich wollte dir nur schnell sagen, dass Kaspuhl sich über das Satellitentelefon aus Chile gemeldet hat. Elias war dran und hat es mir eben erzählt. Du sollst dich heute noch bei ihm melden. Er möchte mit der letzten lebenden Finnin auf unserem Globus in seiner Muttersprache kommunizieren.«

»Das glaub ich doch nicht! Der hat schon immer einen an der Waffel gehabt. Ich ruf ihn später an.«

Alex überlegte kurz und fragte dann: »Weil du gerade Ian angesprochen hast. Wie macht er sich denn?«

»Gut! Ich kann nichts Negatives über ihn sagen. Er ist ein guter Gärtner und bringt sich sehr gut ein. Momentan ist er in der IV und vereinzelt Gemüsepflänzchen. Warum fragst du?«

»Er hat mich angesprochen. Er hat ein schlechtes Gewissen wegen der Frau mit ihren vier Kindern im Bayerischen Wald.«

»Wieso? Er hat ihnen doch das Leben gerettet und seines dabei aufs Spiel gesetzt!«

»Was weiß ich. Er will zu ihnen zurück und ihnen helfen. Er ist in dem festen Glauben, sie leben noch.«

»Aber dann soll er doch gehen. Er ist ein Guter!«

»Ich weiß, dass wir ihn nicht aufhalten können, aber ich glaube, dass sie längst tot sind. Er wird nicht mehr zurückkehren, wenn er sich auf diese Reise begibt. Er hat mich um Proviant und Waffen gebeten.«

»Ja, dann stellen wir ihm was zusammen. Das sollte kein Problem sein. Wir haben genug Proviant, und genug Waffen haben wir auch. Soll er haben! Immerhin wären wir wahrscheinlich nicht mehr am Leben, wenn er nicht gewesen wäre.«

»Wir müssen aber weiterdenken! Was ist, wenn er sie lebend vorfindet und dann mit ihnen hierher zurückkommt?«

»Ja mein Gott, dann ist es eben so! Dann kommt er mit vier Kindern und einer Frau. Ich werde sie dann kaum an der Tür abweisen. So ein Zuwachs wäre an sich gar nicht schlecht für uns. Bringt neue Gene in die Gruppe.«

»Gut, so sehe ich es auch. Viele Menschen dürfte es jetzt nicht mehr geben. Ich rede aber auch noch mit den anderen.«

»Mach das!«

Spät am Abend saß Anna alleine in Alex' Arbeitszimmer und wählte die $SU10^5$-Kurzwahl für das Teleskop in der chilenischen Atacamawüste.

Beinahe hätte sie vergessen, Kaspuhl anzurufen. Nach einer halben Minute knackte es in der Leitung. Eine Männerstimme meldete sich: »Hallo, Kaspuhl hier!«

»Hallo Viktor, ich habe gehört, dass es dich nach einem Gespräch in finnischer Sprache gelüstet. Hast du etwa Angst, deine Muttersprache zu verlernen?«

Kaspuhl wechselte ins Finnische. »Nein, aber ich habe lange darüber nachgedacht, wie ich jemanden von den Vorgängen hier berichten kann, ohne dass *sie* es mitbekommt, und da bist du mir eingefallen.«

Auch Anna sprach jetzt finnisch. »Wen meinst du mit *sie*, und was soll die Geheimnistuerei?«

»Ich meine Naomi! Sie wird verrückt oder ist es bereits. Keine Ahnung, ich bin kein Psychologe. Auf jeden Fall dürfen wir ihren Namen ab sofort nicht mehr am Telefon benutzen!«

»Wie kommst du darauf? Wahrscheinlich macht sich bei euch einfach nur der Lagerkoller breit. Ihr hängt alle sehr dicht aufeinander. Ich kenne das von uns hier. Ist manchmal schon schwierig, und das wird nicht besser. Wir haben schon an Supervision gedacht.«

»Nein, das ist es nicht! Sie und ich, wir verstehen uns und ... wie soll ich sagen ...«

»Ihr vögelt miteinander!«

»Woher weißt du das?«

»Ich bin eine Frau. Dafür muss man nicht Psychologie studiert haben!«

»Ja, was soll man hier auch sonst tun? Große Auswahl habe ich hier nicht!«

»Naomi auch nicht!« Anna lachte still in sich hinein und stellte sich sein dummes Gesicht vor.

»Du sollst ihren Namen nicht nennen! Sie ist in letzter Zeit sehr merkwürdig geworden.«

»Warum? Will sie ein Kind von dir?« Bei der Vorstellung hätte sie beinah laut losgeprustet.

»Quatsch! Sie spricht nur noch von den Organismen, die von der $SU10^5$ vernichtet wurden.

»Ja und? Darüber sprechen alle! Ich meine, das ist ja auch eine Sensation, oder? Gott sei Dank hat dieser Jake Osterhaus die letzte Kreatur von ihrem Job abgehalten. Man müsste ihm einen Orden dafür verleihen. Er hat's ja gerade so überlebt, wie ich hörte.«

»Genau, Anna! Das ist der springende Punkt. So wie du es dargestellt hast, sieht es auch der Rest der Menschheit. Aber leider nicht N. M. W.!«

»Hä, wie soll ich das jetzt verstehen?«

»Sie ist davon überzeugt, dass es ein Fehler ist, diese Organismen davon abzuhalten, die Botschaft zu senden. Sie glaubt, man sollte die Dinger senden lassen. Denn nur diese Außerirdischen können uns retten, weil sie das alles geplant haben und den kompletten Masterplan haben.«

»Okay, das ist ein bestechender Gedanke! Du hast recht. Sie ist wirklich verrückt geworden.«

»Sag ich doch! Aber es kommt noch schlimmer!«

»Wieso? Hält sie sich so einen Organismus als Schoßhündchen?«

»Nicht witzig! Das braucht sie gar nicht. Sie hat doch einen perfekten bionischen Nachbau der Kreatur aus dem Wasser hier in der Wüste stehen!«

Anna begriff mit einem Mal, was Kaspuhl ihr sagen wollte. Sie war sich über die Tragweite dieser Verdächtigung sofort im Klaren. »Du redest tatsächlich deshalb finnisch mit mir, damit sie uns nicht verstehen kann?«

»Endlich hast du es kapiert. Seit einigen Tagen beobachte ich sie jetzt. Genauer, seitdem sie mit dem blöden Geschwätz über diese Viecher im Meer und ihre Botschaft angefangen hat. Sie hat bisher nicht gemerkt, dass ich ihr auf die Schliche gekommen bin.«

»Wie meinst du das?«

»Anna, sie hat sich in alle Computer unserer kleinen Gemeinschaft hier eingehackt. Sie kontrolliert alles. Jede Mail und jedes Telefonat. Alles, was rausgeht und reinkommt, wird von ihr überwacht. Ich bin sicher, dass sie jetzt auch zuhört. Deshalb dürfen wir ihren Namen nicht sagen, sonst weiß sie sofort, dass wir beide über sie reden, und dann ist dieses Gespräch schneller beendet, als du denkst.«

»Okay, okay! Aber was denkst du, hat sie vor?«

»Ich denke, sie hat eine paranoide Phase. Vielleicht ist es auch eine Form der Schizophrenie, ich weiß es nicht. Aber sie vertraut keinem mehr. Sie hält sich für auserwählt. Sie hat mir vor zwei Tagen erzählt, sie wüsste, woran diese Organismen ihre Zielsterne erkennen.«

»Du meinst, sie hat das Rätsel gelöst, wie diese Dinger entscheiden welche Sterne sie anpeilen müssen, wenn sie ihr Signal senden wollen? Wie sich ihnen der Adressat in den unterschiedlichsten Winkeln des Alls zu erkennen gibt, der diese Botschaft zu lesen weiß?«

»Genau! Das hat sie mir erzählt, und sie glaubt, dass es Götter sein müssen, die uns nur helfen wollen.«

»Ja klar, und dabei zerstören sie nebenbei mal eben unseren Planeten!« Anna lachte kurz enerviert auf. »Ja verdammt! Jetzt rück schon damit raus! Woran erkennen die Dinger den oder besser die Heimatsterne dieser Wesen?«

Das letzte Wort hatte sie nicht gerne benutzt, Kaspuhl merkte es sofort.

»Das hat sie mir nicht verraten. Ich bin auch nicht mehr vertrauenswürdig. *Sie* ist die Auserwählte.«

»Das hast du eben schon mal gesagt. Für was hält sie sich denn auserwählt?«

»Anna, ich befürchte, sie wird das Signal selber abschicken. Sie hat sich eine Kopie meiner ersten Aufzeichnung gezogen. Das Moonbounce-Signal aus dem Pazifik. In ihrer wirren Welt glaubt sie, damit die Erde retten zu können. Sie hat die Telefonnummer zu Gott herausgefunden – und sie hat ein Telefon.«

»Dann darf sie auf gar keinen Fall mit eurem Radioteleskop spielen. Ihr müsst auf sie aufpassen und sie zur Not auch mit Gewalt von ihrem Plan abhalten. Sie hat doch überhaupt kein Mandat, um sich als Sprecherin der Menschheit zu generieren.«

»Anna, du hast es immer noch nicht kapiert. Ich rufe dich nicht an, um ein bisschen mit dir zu plaudern. Das hier ist ein Hilferuf an euch da draußen! N. M. W. hat hier die Kontrolle übernommen. Sie ist sozusagen HAL 9000 aus Stanley Kubricks 2001 – Odyssee im Weltraum. Sie hat zwar kein Raumschiff, aber sie hat ein funktionstüchtiges Radioteleskop. Und sie wird es benutzen!«

»Bei mir ist es bereits nach Mitternacht. Ich werde jetzt Alex und Mia informieren. Dann werden wir einige Leute aus dem Bett holen müssen.«

»Ja, macht schnell und meldet euch bei mir! Aber nur auf Finnisch. Sie darf keinen Verdacht schöpfen.«

Anna war ratlos. »Wir müssen unbedingt herausbekommen wie sie die Zielsterne erkennen!«

Viktor Kaspuhl sagte nur: »Ich habe da eine Theorie. Ich werde das überprüfen«, dann legte er auf.

## 11. März, Biosphäre in der argentinischen Pampa

Natalie Seybold saß auf dem Balkon ihres Appartements und sah in den argentinischen Sternenhimmel. Sie kochte vor Wut. Schon seit Tagen.

Alles war bisher so gut für sie und ihre Kinder gelaufen. Es war heute auf den Tag genau ein Jahr her, seit sie diesem aufgeblasenen von Eiff die Pistole auf die Brust gesetzt hatte. Es schien alles so einfach. Mit ihrem Familienerbe hatte sie sich in der argentinischen Biosphäre eingekauft und für sich und ihre sieben Kinder eine Existenz in der Überlebenskuppel gesichert. Dann hatte sie von Eiff erpresst, um nach Fertigstellung der Biosphäre an einen Flieger nach Argentinien zu kommen, und zwar einen exklusiv nur für ihre Familie. Dieser Kerl galt als Hardliner in der Regierung. Wie es der Zufall gewollt hatte, war dieser harte Knochen vor zwei Jahren bei dem Regierungstreffen in Paris im gleichen Hotel wie ihre Equipe untergebracht. Orientierungslos war sie im zweiten anstatt im dritten Stock aus dem Fahrstuhl gestiegen, nachdem sie von einem privaten Inkognito-Trip aus der Stadt der Mode zurückgekehrt war. Dem Grundriss des Hotels folgend, war sie in ihre Unterkunft gegangen. Sie hatte sich im Appartement noch kurz über die offene Tür und die veränderte Einrichtung gewundert, als sie die Geräusche aus dem Nebenzimmer hörte. Geistesgegenwärtig hatte sie verstohlen um die Ecke geblickt und dann flink mit ihrer Handykamera einige sehr aufschlussreiche Fotos von dem nackten Hotelpagen und von Eiff gemacht. Die beiden bekamen im Eifer des Gefechtes nichts davon mit. Als sie später von Eiff die Fotos gezeigt hatte, war der harte Mann des militärischen Abschirmdienstes gefügig und fraß ihr aus der Hand. Der Flug in die neue Welt des europäischen Geldadels war nur noch ein Kinderspiel. Dort angekommen, hatte sie die beiden Piloten angewiesen, die Maschine volltanken zu lassen und am Flughafen für den Rückflug auf sie zu warten.

Den Mann, der den nichts ahnenden Piloten eine Kugel in den Kopf verpasste, hatte sie im Voraus bezahlt und ihn nach Erledigung des Auftrages selbst eliminiert. Skrupel hatte sie keine. Es ging schließlich um das Überleben ihrer Kinder. Aber in den letzten Tagen waren die Dinge aus dem Ruder gelaufen. Seitdem irgendein Idiot sich nicht richtig dekontaminiert hatte und sie hier ein Proteinproblem hatten, ging es rapide bergab. Die Nahrungsreserven würden in einem halben Jahr zur Neige gehen, und ein Teil der erhofften ersten Ernte unter der mächtigen Glaskuppel fiel aus. Der kontaminierte Teil der Kuppel musste erst aufwendig sterilisiert werden, bevor man dort wieder etwas anbauen konnte. Im Klartext hieß das: Nicht alle, die sehr viel Geld bezahlt hatten, um hier zu überleben, würden durchkommen. Mit den vorhandenen Reserven und den Ernteerträgen würde es auf jeden Fall eng werden.

Vor vier Tagen war der Führungsstab der argentinischen Biosphäre, dem auch sie als ehemalige Ministerin angehörte, bei der SU10$^{5}$-Führung vorstellig geworden und zu Kreuze gekrochen. Sie beraumten eine Videokonferenz an, und diese Speichellecker aus ihren eigenen Reihen hatten um Hilfe in dieser Notlage gebeten. Es ging hin und her, es wurde lange getagt, aber am Ende hatten sie nichts erreichen können. Die SU10$^{5}$ würde kein Carepaket nach Argentinien schicken, und alle waren genauso schlau wie vorher. Sie waren auf sich alleine gestellt. Aber am schlimmsten für sie war der überhebliche Blick von Eiffs, der ihr zu sagen schien: *Na Mädchen, jetzt sitze ich doch am längeren Hebel, und du wirst schon sehen, wo das alles für dich enden wird. Wer zuletzt lacht, lacht am besten!* Das fiese Lächeln auf seinen Lippen würde sie nie vergessen können.

Deshalb war Natalie Seybold so wütend. Sie war eine Selfmadefrau, und sie war sich auch nicht zu schade, selbst mit anzupacken. Wenn nötig, dann war sie auch die Frau fürs Grobe und scheute sich nicht davor, sich die eigenen Hände dreckig zu machen. Und sie hatte eine Menge Geld in dieses Unternehmen gepumpt. Immerhin hatte sie für acht bezahlt. Es musste eine Lösung her. Sie mussten überleben, um es diesen blasierten SU10$^5$-Arschlöchern zu zeigen.

Das Telefon auf ihrem kleinen Balkontisch vibrierte, und sie griff danach. Fast hätte sie dabei ihren Gin Tonic umgeworfen, was einer Katastrophe gleich gekommen wäre, so sündhaft teuer, wie der war. Eigentlich war das Zeug für ein freudiges Ereignis gedacht, aber heute hatte sie einen gebraucht, um den ganzen Ärger hinunter zu spülen.

Den Speichellecker van Baazan erkannte sie sofort an seiner distinguierten, schöngeistigen Art zu sprechen: »Hallo Natalie, wie ich sehe, spülst du dir gerade den Ärger mit etwas Hochprozentigem runter.«

Natalie Seybold war entgeistert. »Wieso kannst du mich sehen?«

»Schau mal hoch zu dem Balkon im dritten Stock, im Appartementblock gegenüber!«

Sie lehnte sich mit dem Gin in der Hand über die Balustrade und sah van Baazan mit einer Hand das Fernglas auf sie richten. In der anderen hielt er das Telefon. »Du alter Spanner! Du Lustgreis solltest doch genug Ablenkung mit deiner Irina haben. Wofür brauchst du noch ein Fernglas?«

»Damit ich dich besser sehen und deine Gin Tonic zählen kann. Aber jetzt mal Spaß beiseite. In einer halben Stunde ist Treffen des Führungsstabes. Mach dich frisch, es gibt sensationelle Neuigkeiten.«

Gespannt wie ein Flitzbogen saß sie eine halbe Stunde später am ovalen Tisch des Führungsstabes. Sie konnte kaum glauben, was sie dort zu hören bekam. Van Baazan hatte einiges zu erzählen. Er stand in engem

Kontakt mit der SU$10^5$ und berichtete von den Vorgängen der letzten Tage, wobei er einen sehr abgeklärten Eindruck machte und aus seiner Überlegenheit in den Verhandlungen mit der Führungsspitze der SU$10^5$ keinen Hehl machte.

»Ja, es ist kaum zu glauben! Aber im Moment stehen sie mit der Crew in Chile nur über diese Finnin in Marburg in Verbindung. Kaspuhl und sie tauschen sich auf Finnisch aus, sodass Naomi sie nicht verstehen kann. Die Frau scheint nicht mehr Herr ihrer Sinne zu sein. Wahrscheinlich ein akuter Schub einer paranoiden Schizophrenie. Wodurch ausgelöst, wissen sie nicht. Auf jeden Fall hat sie über das Teleskop und die Crew die Kontrolle übernommen. Sie ist wahrscheinlich bewaffnet und hat sich in den Großrechner eingehackt. Naomi Mae Wood ist der Meinung, dass es ein großer Fehler der SU$10^5$ war, die befremdlichen Meeresorganismen vom Senden der Botschaft an eine wie auch immer geartete Lebensform abzuhalten. Viktor Kaspuhl hat berichtet, dass sie sich immer mehr in den Wahn gesteigert hat, nur das Senden der Nachricht an diese außerirdische Intelligenz könne die Erde und am Ende auch uns retten. Sie muss in anderen Kategorien denken. Sie vermutet einen göttlichen Plan hinter allem und hält sich für auserwählt, einen Kontakt herzustellen.«

Seybold konnte nicht länger an sich halten. Sie unterbrach van Baazan gereizt. »Wie kommt sie darauf?«

»Das wissen wir nicht genau, aber die SU$10^5$ vermutet, dass sie weiß, woran die Organismen das Ziel ihrer Botschaft unter den Milliarden von Sternen am Himmel erkennen. Sie hat wahrscheinlich herausgefunden, wo diese vermeintlichen Gottheiten sitzen, und jetzt dreht sie vollkommen durch.«

Simon Klok, charismatischer Milliardär und Entscheidungsträger innerhalb der Führungsebene, mischte sich jetzt auch ein: »Lassen Sie mich raten! Sie hat natürlich eine Signalkopie, wahrscheinlich von Kaspuhl aufgenommen, und will die Botschaft jetzt mit ihrem Teleskop an die Aliens da draußen senden?«

»Bingo!« Van Baazan nickte erleichtert. Wenigstens einer war von selbst drauf gekommen.

»Und wie machen diese Aliens auf sich aufmerksam?« Klok ging in medias res.

»Weiß keiner, aber Kaspuhl muss einen Verdacht haben.« Van Baazan machte eine Pause und fuhr dann mit einem Lächeln fort: »Um es kurz zu machen: Kaspuhl hat die SU$10^5$ um Hilfe angefragt, und die haben uns um Hilfe gebeten. Sie sichern uns im Gegenzug Nahrungsmittel zu, um unsere kleine Notlage zu überbrücken. Und jetzt zu den eigentlich wichtigen Informationen. Die SU$10^5$ hat keine bewaffneten Einheiten in der Nähe, um einzugreifen. Die nächsten operativen Einheiten sitzen auf Galapagos. Sie unterhalten dort zwei Biosphären. Das sind fast 3600 Kilometer Luftlinie. Sie haben dort zwar einen Flugplatz, aber zur Zeit keine Flugzeuge mit dieser Reichweite, und mit dem Schiff schaffen sie es niemals rechtzeitig. Aber wir haben einen Flugplatz und eine vierstrahlige, vollgetankte Boeing C-17 Globemaster, die die 2698 Kilometer nach Chile in gut drei Stunden zurücklegt, eine Fallschirmjägereinheit dort absetzt und dann wieder nach Hause kommen wird.«

Natalie Seybold lehnte sich entspannt zurück. Sie dachte: Punkt für uns! Ich muss unbedingt diesen von Eiff noch mal sehen. Laut sagte sie: »Wann geht's los?«

Van Baazan wühlte in seinen Papieren und antwortete: »Wie gesagt, die Maschine ist flugbereit, und wir sind schon dabei, ein Team für Chile zusammenzustellen. Mehrere Spezialisten, alles trainierte Fallschirmjäger und Waffen- sowie Sprengstoffexperten. Ich denke, wir warten nur auf das Okay der SU10[5].«

Natalie Seybolds Neugier war noch nicht gestillt: »Warum, van Baazan, sagen Sie immer *wir*?«

»Ich werde auf jeden Fall mit in die Atacamawüste fliegen. Ich habe mit dieser Irren nämlich noch etwas Persönliches zu klären!«

## 12. März, Deutschland – Jagdschloss Marburg

In der Küche roch es nach Kaffee. Draußen hatte der Frühling Einzug gehalten. Nur diesmal ohne Frühblüher und frischem, sich entfaltendem Grün, das den Beginn der Vegetationsperiode einläutete. Dieses Jahr gab es nur Verwesung, Fäulnis und Moder.

Zu viert saßen die Erwachsenen müde am Küchentisch. Elias, Toni, Aada und auch Ian schliefen noch. Drago hatte sich auf dem Boden zusammengerollt, döste vor sich hin, und Eyna schlief in der Babyschale daneben. Nach dem gestrigen Telefonat hatte Anna die anderen umgehend von den Vorgängen in Chile und von Naomis wirren Plänen informiert. Nach einer kurzen Debatte waren sie sich aber schnell einig, dass sie unverzüglich die Führungsebene der SU10$^5$ informieren mussten, wie es auch im Sinne von Viktor Kaspuhl war. So waren in der letzten Nacht noch viele Telefonate geführt worden. Keiner von ihnen hatte ein Auge zu machen können. Schon wieder war die kleine Marburger Gemeinschaft im Mittelpunkt der weltumspannenden Vorgänge. Sie standen mit der SU10$^5$ in ständiger Verbindung, weil die gesamte Kommunikation mit der Atacamawüste nur noch über Anna und Kaspuhl lief. Der hatte sich in den letzten acht Stunden aber nicht mehr gemeldet, und von Seiten der SU10$^5$ gab es klare Order, erst mal abzuwarten, wie sich die Lage entwickelte.

Anna goss allen einen starken, schwarzen Kaffee ein und verteilte die Becher. Simone bedankte sich wortkarg bei ihr. Die schlaflose Nacht hatte bei allen Spuren hinterlassen und das wirkte sich nicht förderlich auf die Gespräche aus.

Anna ließ sich in einen Stuhl fallen und nahm ihre Tasse in beide Hände. »Es ist nicht mehr zum Aushalten! Wann melden die sich endlich und geben uns ein Zeichen? Ich habe Kaspuhl versprochen, dass wir uns bei ihm melden!«

Alex versuchte sie zu beruhigen: »Mach dir keine Sorgen, die haben das im Griff. Die haben schnell ein Team in Chile, um sie davon abzuhalten. Außerdem dürfen wir nichts riskieren, sonst schöpft sie noch Verdacht.«

Mia intervenierte müde: »Ihr wisst, dass ich immer alles noch mal von verschiedenen Standpunkten beleuchten muss!«

Simone funkte ihr unmotiviert dazwischen: »Ach komm, nicht schon wieder, Mia! Wir haben die ganze Nacht drüber gesprochen!«

»Doch! Ich muss mir das alles noch mal durch den Kopf gehen lassen. Ihr könnt ja einfach zuhören und euren Senf dazugeben, wenn es passt. Immerhin geht es hier um unsere Zukunft, die unserer Kinder und die des ganzen Planeten!«

»Der ist doch sowieso völlig im Arsch!«, sagte Simone kopfschüttelnd.

Mia fuhr unbeirrt fort: »Schlimmer geht immer! Naomi Mae Wood ist eine intelligente Frau! Was ist, wenn sie gar nicht verrückt ist?«

Das war Anna zu viel: »Ach ja, was soll das denn heißen? Sehr vernunftbegabt scheint sie aber auch nicht zu sein. Diese Aliens wollen unseren Planeten markieren, um ihn zu finden, und dabei haben sie bewusst den Tod von Milliarden Menschen in Kauf genommen!«

»Wieso bewusst? Vielleicht wussten die gar nichts von uns und unserem Planeten«, konterte Mia. »Vielleicht haben sie diese Sonde mit dem Protein, oder sollte ich besser Spore sagen, vielleicht haben sie sie nur entwickelt und massenhaft ins All entlassen, um neue Welten zu entdecken.«

Alex erwiderte: »Zu viele *vielleicht's*, Mia! Derjenige, der diese Spore konstruiert und auf den Weg gebracht hat, muss gewusst haben, dass das Schalterprotein nur mit einem bestimmten Teil der Intron-DNS wechselwirken kann, um die genetische Kaskade auszulösen, an deren

Ende wir momentan im wahrsten Sinne des Wortes teilhaben. Das setzt aber die Kenntnis von diesen DNS-Bereichen voraus, und die kommen nur in Lebewesen vor.«

»Da gebe ich dir recht.« Mia war wieder in ihrem Element. »Aber das setzt ja noch nicht voraus, dass es sich dabei um höher entwickeltes Leben handeln muss.«

»Du meinst, sie haben dieses Protein entwickelt, um es auf fernen Planeten mit der DNS primitiver Lebewesen reagieren zu lassen?« Alex bewunderte ihre unkonventionelle bis kreative Sicht der Dinge.

»Ja, und ich gehe noch einen Schritt weiter. Sie mussten natürlich zwangsläufig und a priori von dieser Intron-DNS gewusst haben, sonst hätten sie nicht das passende Schalterprotein entwickeln können. Also ist diese Form der Erbinformation entweder ein universelles Prinzip in ihrem Universum und offensichtlich auch in unserem, *oder* ......«

Alex hatte verstanden, auf was sie hinaus wollte und ergänzte ihren Satz: »*Oder* sie sind auch die Erfinder dieser DNS. Sie haben sie selbst im Universum gestreut, um dann im zweiten Schritt mit dem Protein nach bewohnbaren Welten zu suchen, auf denen die DNS-Saat aufgegangen ist und primitives Leben entstanden ist. Vielleicht diente diese Saat einer Art Terraforming auf fremden Planeten, und die Infektion mit dem Schalterprotein leitet die Ernte ein.«

Jetzt war auch Simone hellwach. »Aber dann wären es unsere Schöpfer! Wir wären dann praktisch aus ihrer Saat entstanden. Leider sind wir beim zweiten Schritt versehentlich vernichtet worden.«

»Ich will das nicht denken!« Anna bereitete diese Theorie fast körperliche Schmerzen. »Das würde ja bedeuten, dass Naomi recht hat und wir sie mit dem Signal um Hilfe rufen sollten. Vielleicht kommen sie dann und retten ihr DNS-Meisterstück.«

Auch Simone war skeptisch: »Es gab aber vor dem *oder* auch noch die andere Möglichkeit. Die DNS ist der universelle Informationsträger im All und hat sich ohne ihr Zutun im Kosmos verbreitet, eventuell durch Kometen und Asteroiden. Dann wäre es möglich, dass das, was auf unserem Planeten passiert ist, schon auf anderen Welten geschehen ist und von diesen Wesen billigend in Kauf genommen wurde. Dann würde ich es vorziehen, nicht mit ihnen zu telefonieren.«

»Das sehe ich genauso!«, pflichtete Anna ihm bei. »Logisch betrachtet bestehen diese zwei Möglichkeiten. Aber selbst bei einer Fifty-fifty-Chance könnte ein Telefonat mit ihnen ein ordentlicher Griff ins Klo sein!«

Als plötzlich das Telefon auf dem Tisch vibrierte, schauten die vier sich erschrocken an. Nach einer endlos erscheinenden Weile zischte Mia Anna zu: »Jetzt geh schon ran. Das kommt von der Erde!«

Während Anna kein Mucks von sich gab, konnten die anderen in der Stille der Küche schon die ihnen bekannte finnische Stimme aus dem Telefon hören, das sich Anna verkrampft an ihr Ohr drückte.

»Hallo Anna! Da ich bisher noch nichts von euch gehört habe, ruf ich jetzt an. Die Situation hat sich verschärft.«

Als Anna ihre Stimme wiedergefunden hatte, fragte sie: »Wieso, was ist passiert, und wie geht es dir?«

»Es geht mir gut! Ich glaube, dass sie jetzt schläft. Ein guter Moment, um euch anzurufen. Ich weiß jetzt mehr. Sie hat wirklich vor, die Nachricht zu überbringen. Wahrscheinlich schon morgen. Ich hab sie vorhin dabei erwischt, wie sie an der Steuerung unserer Hundertmeterschüssel herum programmierte. Auf dem Schreibtisch vor ihr lag eine Waffe unter den Handbüchern. Ich hab sie kurz gesehen. Sie hat schnell ein Datenblatt drüber geworfen und sich richtig erschrocken, als sie mich bemerkte, und sie ist sauer geworden. Warum ich mich anschleichen würde und so weiter. Ich bin dann gegangen und hab so getan, als hätte ich nichts bemerkt.«

»Und, hat sie's gefressen?«

»Ja, ich denke schon! Hab vorhin an einem anderen Rechnerterminal noch die Programmierung für das Radioteleskop überprüfen können. Heute früh um sieben Uhr zehn wird der Antrieb den Hauptreflektor auf einen nordöstlichen Bereich im Himmel, wenige Grad über dem Horizont, ausrichten. Genauer auf 61 Cygni, ein Doppelsternsystem im Sternbild Schwan, Cygni A und Cygni B. Die Software wird das Teleskop auf 61 Cygni A ausrichten, elf Komma vier Lichtjahre entfernt und circa sechs Komma eins Milliarden Jahre alt. Der Stern geht um sieben Uhr achtzehn Ortszeit auf, und dann wird sie das Signal senden.«

»Viktor, das müssen wir unbedingt verhindern!«

»Ich weiß, deshalb mein Anruf. Aber es ist nicht so einfach, wie du denkst. Wir können hier nichts mehr unternehmen. Sie hat sämtliche Passwörter geändert, und wir können die Programmierung nicht mehr abbrechen. Es war schon ein glücklicher Zufall, dass ich die Programmierung noch einsehen konnte. Das geht aber jetzt auch nicht mehr. Sie hat auch diese Möglichkeit für uns mit einer Zugangssperre belegt.«

»Dann schalte ihr den Strom ab! Du musst sie aufhalten!«

»Das Teleskop verfügt über eine separate Stromversorgung, ein Notstromaggregat und mehrere Notstrombatterien. Da kommen wir nicht dran. Sie hat die Schlüssel und beobachtet jeden unserer Schritte, und sie hat eine Waffe!«

»Was machen wir dann?«

»Du musst jetzt sofort die Einsatzleitung der $SU10^5$ informieren! Die müssen das Teleskop hier in Chile vernichten, und zwar schnell.«

»Okay, wie lange haben wir noch?«

»Hier bei uns ist es jetzt vier Uhr drei nachts. Euch bleiben noch etwas mehr als drei Stunden. Wir müssen extrem vorsichtig sein und wir dürfen nicht mehr lange telefonieren. Ich hab den Verdacht, dass sie unsere Gespräche aufzeichnet. Es gibt auch Übersetzungsprogramme.«

»Das spielt doch jetzt keine Rolle mehr. Sie hat den Reflektor doch schon programmiert.«

»Ja, richtig, aber ich denke, sie hat noch einige potenzielle Ziele für die Botschaft, die sie auch jetzt sofort anpeilen könnte.«

Anna fragte erschrocken: »Warum dann ausgerechnet dieser Cygni A?«

»Ich denke, sie hat diesen Stern ausgewählt, weil er mit elf Lichtjahren relativ nah ist und die Botschaft in elf Jahren dort ankommen wird. Dann würde eine Antwort noch in ihrer Lebensspanne die Erde erreichen. In zweiundzwanzig Jahren ist sie vierundfünfzig. Sie hat nicht so viel Zeit wie ihre angeblichen Götter, die offensichtlich auch noch längere Zeiträume in Kauf nehmen.«

»Wie kommst du zu dieser Einschätzung?«

»Alle anderen Zielsterne, von denen ich Kenntnis habe, sind weiter von der Erde entfernt!«

»Woher weißt du das?«

»Anna, ich kann nicht mit zu vielen Fachbegriffen um mich werfen. Das würde sie auch auf Finnisch verstehen. Nur so viel: Sag den Leuten von der Organisation, sie sollen den Stern und den letzten vom Mittelmeer angepeilten auf gemeinsame Besonderheiten untersuchen. Die wissen dann, was zu tun ist, und sie werden auch fündig.«

»Okay, mach ich!«

»In genau 195 Minuten ballert bei uns ein 100- Meter- Teleskop eine Nachricht mit hoher Energiedichte in den Himmel und verrät unseren Standort an jemanden da draußen. Unaufhaltsam wird dann eine elektromagnetische Botschaft mit Lichtgeschwindigkeit die elf Lichtjahre zurücklegen. Danach wird eine sehr bizarre Wartezeit auf uns zukommen. Nach elf Jahren werden wir dann die Tage, Stunden und Minuten zählen und auf eine Antwort warten, auf deren Inhalt und Form wir sehr gespannt sein dürfen. Vielleicht braucht es für die Antwort auch keine elf Jahre, wer weiß?« Dann legte er auf.

## 12. März, Biosphäre in der argentinischen Pampa

»Wood will heute mit dem Radioteleskop einen Stern im Sternbild Schwan anpeilen und das Signal mit aller ihr zur Verfügung stehenden Leistung abschicken.«

Ein Raunen ging durch den kleinen Saal. Van Baazan las die Fragen in den Gesichtern, bevor sie gestellt wurden. »Sie vermutet ihre Götter in der Nähe des Sterns 61 Cygni. Dabei handelt es sich um ein Doppelsternsystem in elf Komma vier Lichtjahren Entfernung, circa sechs Komma eins Milliarden Jahre alt. Der Stern 61 Cygni A geht heute in Chile um sieben Uhr achtzehn Uhr Ortszeit auf und um vierzehn Uhr sechsunddreißig wieder unter. Genug Zeit, um das Signal tausendfach zu senden.«

»Dann bleiben uns, wenn wir sofort starten - lassen Sie mich rechnen - circa zweieinhalb Stunden für den Flug. Wenn alles gut geht, können wir um sieben heute Morgen im Zielgebiet sein und die Fallschirmspringer absetzen. Dann hätten wir noch achtzehn Minuten Zeit, unser Ziel zu zerstören. Das wird knapp!«

»Was haben die Leute von der SU10[5] noch gesagt?« Simon Klok zog die Augenbrauen kritisch zusammen. »Ich meine, gibt es irgendwelche Informationen darüber, woher diese Frau weiß, welchen Himmelskörper sie anpeilen muss, um einen Kontakt herzustellen?«

»Nach den mir vorliegenden Informationen hat sie 61 Cygni A aus einer Reihe möglicher Sterne ausgewählt, die sie zum Teil auch schon jetzt im Fokus ihres Teleskops haben könnte. Sie hat diesen Stern ausgewählt, weil er von den in Frage kommenden Zielsternen der nächste ist und sie noch in ihrer Lebenszeit mit einer Antwort rechnen kann.«

Natalie Seybold griff helfend ein: »Ich denke, du hast Simon nicht ganz richtig verstanden, Kasimir! Er wollte wissen, woher Naomi und auch diese elenden Kreaturen in den Ozeanen wissen können, wohin sie ihr Signal senden müssen. Immerhin gibt es schätzungsweise mehr Sterne im erkennbaren Kosmos, als es Sandkörner in allen Wüsten unseres Planeten gibt. Ihr seht, ich bin vorbereitet!«

»Danke Natalie, das war meine Frage!«

Van Baazan antwortete, wobei er amüsiert lächelte: »Das weiß momentan keiner außer Viktor Kaspuhl. Er hat am Telefon nur Andeutungen gemacht, um sich nicht vor Wood zu verraten. Aber die $SU10^5$-Astronomen arbeiten bereits mit Hochdruck daran. Sie nehmen momentan die Sterne und Sternhaufen, die von den organischen Sendern im Pazifik und vor Spitzbergen angepeilt wurden, unter die Lupe. Sie vergleichen deren Sternenspektrum mit dem der Wega und dem von 61 Cygni A. Leider kommen für den Biosender im Pazifik mehrere Zielsterne in Betracht. Wir müssen uns noch ein wenig gedulden.«

»Welche sind das, und welchen hat das Geschöpf vor Spitzbergen angepeilt?«, wollte Klok wissen.

»Nach Aussage der $SU10^5$ wurde von Spitzbergen aus ein Stern im Sternbild Ursa Minor, ihnen besser bekannt als Kleiner Bär, angepeilt. Es handelt sich hierbei um den Zirkumpolarstern Polaris, den Polarstern, der auf der nördlichen Hälfte der Erde nicht untergeht. Daher die Bezeichnung *zirkumpolar*. Der Stern ist etwa vierhundertdreißig Lichtjahre entfernt und steht in direkter Nähe des nördlichen Himmelpols. Eigentlich ist er ein Dreifachsternsystem. Welcher der drei angepeilt wurde, ist noch nicht geklärt. Für den Organismus im Pazifik gestaltet sich die Identifizierung eines Zielsternes auch schwierig, weil von dort der mehr als zweihundert Lichtjahre entfernte Stern Epsilon Bootis, auch bekannt unter dem Namen Izar, im Sternbild Bärenhüter angepeilt wurde. Dieser Stern besteht aber aus zwei Einzelsternen, die untersucht werden müssen.«

»Was für Sterne sind das?« Klok wollte es genau wissen.

»Izar ist ein Doppelstern, bestehend aus einem orangeroten Stern und einem blauen.«

Noch immer war Simon Kloks Wissensdurst nicht gestillt, und er hob zu einer weiteren Frage an, worauf van Baazan ihn aber rabiat abwürgte.

»So, meine Damen und Herren, jetzt ist aber Schluss mit der Fragerei. Ich muss umgehend zum Flieger. Wir starten in Kürze! Alles andere lässt sich noch klären, wenn wir dieses Teleskop erst mal zerstört haben.«

## 12. März, nordchilenische Anden – Chajnantor-Plateau

Viktor Kaspuhl stand unter dem klaren Nachthimmel und atmete mehrere Male tief ein. Die kühle Luft tat ihm gut, gab ihm neue Energie und machte seine müden Glieder wieder munter. Er war jetzt auf der Besucherterrasse des Verwaltungs- und Wohntraktes. In etwa vierhundert Metern Entfernung sah er die imposante Schüssel des Teleskops, die mit einem Gewicht von zweitausend Tonnen auf einer Stahlkonstruktion in alle Himmelsrichtungen gedreht und gekippt werden konnte.

Das Gebäude, zu dem die Terrasse gehörte, beinhaltete nicht nur die Schlaf- und Essensbereiche, sondern auch Seminar- und Vortragsräume. Es war über einen langen mit Fassadenblechen aus Aluminium verkleideten Gang mit dem mehrstöckigen Gebäude verbunden, das den Steuerraum für das Teleskop, die Rechenanlage, eine Werkstatt und die Messeinrichtungen beheimatete.

Am südlichen Himmel sah er das markante Kreuz des Südens. Im Osten über der Gebirgskette der Anden waren noch keine Anzeichen einer Dämmerung zu erkennen. Die Sonne würde heute erst um sieben Uhr vierzig aufgehen. Kurz nach 61 Cygni A. Für einen kurzen Moment hatte er Naomi und ihren heimtückischen Plan vergessen, aber der Gedanke an den Stern im Schwan holte ihn wieder zurück auf den Boden der Realität. Kaspuhl wusste, dass er nicht zu lange hier draußen bleiben durfte. Die Temperaturen lagen hier nachts weit unter dem Gefrierpunkt. Momentan zeigte das Thermometer gerade noch minus zwölf Grad Celsius an.

Er schlüpfte leise durch die Tür in den Gebäudekomplex zurück und fand sich in einem geräumigen Speisesaal wieder. Nur spärliches Licht brannte hier, und keinerlei Geräusche waren zu hören. Kaspuhl wusste nicht, wo sich O'Brian aufhielt. Er hatte ihn seit Stunden nicht gesehen und konnte ihn bis jetzt nicht in Naomis perfiden Plan einweihen, da sie immer in Reichweite war, wenn er ihn getroffen hatte. Vielleicht ahnte er aber bereits etwas. Naomi vermutete er in dem Gebäudekomplex mit der Teleskopsteuerung. Also machte er sich auf den Weg dorthin, um ihr einen Besuch abzustatten. Er hatte noch einigen Klärungsbedarf. Mit dem von der frischen Luft klar gewordenen Astronomengehirn erschien ihm plötzlich alles in einem anderen Licht. Natürlich war sie verrückt. Das war sie aber schon immer gewesen, und er mochte das. Immerhin hatten sie Sex miteinander. Kaspuhl glaubte, dass da noch mehr war. Warum eigentlich diese Geheimniskrämerei mit Anna und den Telefonaten in finnischer Sprache? Er wusste jetzt einiges von Naomis Plänen und ihren Beweggründen. Warum sollte er nicht mit offenen Karten spielen? Was sie vorhatte, war ein wenig voreilig, und darüber sollte man ruhig noch mal ein paar Nächte schlafen.

Das war es, was er ihr vor schlagen wollte. Viktor glaubte, ihre Gedankengänge besser nachvollziehen zu können, nachdem auch er das letzte Rätsel um die elektromagnetischen Nachrichten der Organismen erkannt hatte. Ganz so abwegig waren ihre Schlussfolgerungen aus den Geschehnissen der letzten Monate gar nicht. Er wollte mit Naomi reden, um sie umzustimmen, bevor es in einigen Stunden zu spät war. Sie brauchte einfach ein bisschen mehr Zeit und vielleicht auch den Rat und die Meinungen anderer Menschen, um zu kapieren, dass sie eine Entscheidung dieser Tragweite auf gar keinen Fall alleine treffen konnte.

Kaspuhl hatte fast den Gang erreicht, der zu dem anderen Gebäudeteil führte, als er aus einem unbenutzten Wohnraum zu seiner Linken ein merkwürdiges Geräusch hörte. Er hielt inne und lauschte an der Tür. Nichts! Doch, da war es wieder. Eine Art Kratzen, ein leises quietschendes Geräusch, so als würde jemand mit den Fingernägeln über die Oberfläche einer Tafel kratzen. Vorsichtig öffnete er die Tür und blickte in den dunklen Raum. Nur langsam gewöhnten sich seine Augen an das vom Flurlicht erhellte Halbdunkel. Er sah zuerst den Schrank. Dann ein unbenutztes Bett und einen Schreibtisch. Nichts Außergewöhnliches, alles schien normal. In dem Moment hörte er es wieder, und sein Blick fiel auf die Tür, die nach draußen zu einem kleinen Freisitz führte. Das, was er dort sah, ließ ihn erschaudern. Dort draußen auf der kleinen Terrasse lag in der eiskalten Nacht der chilenischen Atacamawüste ein Mensch, und das, was das Geräusch erzeugt hatte, waren die steif gefrorenen Finger seiner linken Hand, die über das Glas der Scheibe kratzten.

Wie er so dastand, hörte er es wieder, und diesmal konnte er auch sehen, dass die kratzenden Finger schon Blutspuren auf der Scheibe hinterlassen hatten. Blutspuren, die zuerst in langen Bahnen verlaufen waren, aber beim letzten Kratzen nur kurze, kraftlose Striche ergaben.

Kaspuhl lief zu der Tür, ohne das Licht anzuschalten, und riss sie auf. Die Hand mit den blutigen Fingern klatschte vor seinen Füßen in den Raum, und er konnte sehen, dass an Zeige- und Mittelfinger die Fingernägel fehlten. Er griff dem Mann unter die Arme und zog ihn über die Türschwelle ins Innere des Gebäudes auf den Teppich in der Mitte des Raums. Mit letzter Anstrengung drehte Kaspuhl ihn um. Dann hatte er Gewissheit. Vor ihm lag Sam O'Brian. Das zweite männliche Wesen hier oben in der Wüste. Ihm war sofort klar, als er die Wunde auf der Stirn betrachtete, dass O'Brian von jemandem niedergeschlagen und absichtlich ausgesperrt worden war, um ihn dort draußen erfrieren zu lassen. Und das ließ nur eine Schlussfolgerung zu. Da er es nicht getan hatte, musste sie es gewesen sein. Naomi Mae Wood hatte versucht, O'Brian umzubringen, und vielleicht würde sie auch noch Erfolg haben.

O'Brian zeigte kaum mehr Lebenszeichen. Viktor deckte ihn schnell mit der Decke vom Bett zu, um ihn wenigstens zu wärmen. Dann bettete er noch seinen Kopf auf dem Federkissen und fühlte seinen Puls. Mehr konnte er momentan nicht für ihn tun. Kaspuhl stand noch eine Weile in dem Raum. Er versuchte, das alles zu begreifen, bevor er sich mit Gefühlen, die zwischen blanker Wut, Frustration und Ernüchterung schwankten, auf die Suche nach Naomi begab.

Als er sie schließlich fand, saß sie im Kontrollraum des Radioteleskops in einem Rollsessel an der Steuerkonsole. Die Füße auf dem Schreibtisch, sie wandte ihm den Rücken zu, hatte Kopfhörer auf und hörte Musik. Neben ihr standen einige geleerte Dosen Bier. Kaspuhl wunderte sich darüber und fragte sich, wo sie das herhaben könnte. Seltsam war, dass er die Musik aus den Boxen hören konnte, obwohl sie den Kopfhörer an dem Rechner angeschlossen hatte. David Bowie sang *Starman*, während Kaspuhl sich dem Rollsessel näherte und erst jetzt registrierte, dass sie eingenickt sein musste. Das wäre die Gelegenheit, sie einfach zu erschlagen. Alles wäre vorbei, dachte er und schämte sich sogleich für den Gedanken. Als er ihr gegenüber stand, betrachtete er eine kleine Weile lang ihr Gesicht. Wie aus Marmor gehauen, so kalt und bleich und doch so anmutig und betörend.

»Und, gefällt dir der Song?« Sie hatte ein Auge geöffnet, schaute ihn erwartungsvoll an und nahm den Kopfhörer ab.

»Ich weiß nicht recht! Hast du ihn gehört?«

»David Bowie?«

»Nein, den kosmischen Swing.«

»Den hab ich nicht nur gehört, sondern auch gesehen.« Naomi hatte jetzt beide Augen geöffnet und lächelte Kaspuhl an, während der Song zu Ende ging.

»Was hast du gesehen?« Er wunderte sich über ihre Coolness.

Sie lachte laut auf und fügte hinzu: »Du hast es doch auch herausgefunden, oder?«

»Das mit den Sternenspektren habe ich nur herausgefunden, weil ich dich bespitzelt habe!«

»Du böser Junge! Du hast es doch hoffentlich niemandem erzählt? Du hast gehört, was David eben gesungen hat! Und das wollen wir doch nicht, oder?«

Der Wahnsinn sprach aus ihr, und Kaspuhl wusste nicht, inwieweit sie Bescheid wusste. Er musste vorsichtig sein. »Ach Naomi, das werden sie doch früher oder später sowieso herausfinden. Jeder Astrophysiker weiß, dass die Sterne uns nur über ihr elektromagnetisches Spektrum Informationen preisgeben können. Jeder würde nach gemeinsamen Anomalien in dem Licht der Sterne suchen, die von den Organismen angepeilt wurden.«

»Eigentlich eine schöne Idee, diese biologischen Sender auf fremden Welten nachts nach besonderen Spektrallinien in Sternen suchen zu lassen. Und dann das Signal, die Nachricht nur an Sterne zu schicken, die über ein besonderes Muster an Spektrallinien verfügen. Das ist ein bisschen wie ein Fingerabdruck, den sie in ihren Sternen hinterlassen haben, um es den Organismen leichter zu machen, das richtige Ziel anzupeilen. Das muss man erst mal hinkriegen. Ich meine, sie müssen in der Lage sein, die Spektren ihrer Sonnen zu manipulieren. Das sind Astro-Ingenieure, die uns im wahrsten Sinne des Wortes Lichtjahre voraus sind. Du hast es ihnen verraten, oder?«

»Ich hab ihnen nichts verraten! Vielleicht hab ich eine Andeutung gemacht, aber du weißt doch selbst, dass sie es herausfinden werden, oder?«

Naomi schaute ihn gespielt vorwurfsvoll an und drohte ihm mit dem erhobenen Zeigefinger. Dann fing sie an den Bowie-Song *Starman* zu singen.

»Um sieben Uhr achtzehn werden wir sein Licht sehen können, und um sieben Uhr zwanzig werden wir anfangen zu strahlen, wenn nichts dazwischen kommt.« Sie schaute ihn sehr merkwürdig an.

Kaspuhl überlegte, wie er sie von ihrem Plan abhalten könnte, während sie schon wieder sang.

»Also ich hoffe, dass wir das Signal senden können. Heute wird er zwar nicht mehr landen, aber in ungefähr elf Jahren sind wir schlauer!«

»Das darfst du nicht machen! Du kannst so eine Entscheidung nicht alleine treffen. Das muss von allen noch lebenden Menschen abgestimmt werden. Immerhin weißt du doch gar nicht, wem du die Botschaft schickst.« Kaspuhl schaute auf seine Uhr. Noch ein bisschen mehr als eineinhalb Stunden.

»Doch, das weiß ich!«, sagte sie sehr entschlossen und fügte streng hinzu: »Und ich weiß auch, warum du dauernd auf deine Uhr guckst! Wann erwartest du das Team der SU10[5] hier? Noch vor sieben, oder?«

»Naomi, du darfst dich nicht in irgendwas hineinsteigern. Lass uns über alles noch mal reden und eine Nacht drüber schlafen. 61 Cygni A geht auch morgen früh wieder auf. Wir haben noch viel Zeit, um Kontakt aufzunehmen.«

Naomi schaute ihn verklärt an. »Weißt du eigentlich, bei wie vielen Sternen ich in der kurzen Zeit die Spektralanalyse durchgeführt habe?«

Kaspuhl zuckte mit den Schultern. »Hab dir dabei quasi zugeschaut, ohne dass du es gemerkt hast.«

»Quatsch, ich war immer im Bilde und hab deinen Atem in meinem Nacken gespürt. Es waren zuerst nur die zwei, die von den Organismen angepeilt wurden. Wega und der Polarstern. Über die beiden habe ich die neuen Spektrallinien entdeckt. Mir war sofort klar, dass es die eines neuen, unbekannten Elementes sein mussten. Das heißt, wir kennen es wahrscheinlich schon. Nur habe ich keine Vergleichsspektren, da sich keine Probe des Unhexaquadium 482 in meinem Besitz befindet. Ich konnte keine Spektralanalyse von dem Element durchführen. Aber das wird man noch nachholen können, denke ich. Mit der Entdeckung der Spektrallinien ist mir alles klar geworden. Dann hab ich auch den Kandidaten bei Izar gefunden und noch acht andere Sterne unter den zweihundertsechsundvierzig, die ich untersucht habe. Ist dir eigentlich bewusst, was das bedeutet, Viktor?«

Viktor Kaspuhl lief ein Schauer den Rücken hinab, wenn er über die logischen Konsequenzen ihrer Entdeckungen nachdachte. »Ich denke, ich weiß, was du meinst!«

Naomi stand auf. »Natürlich weißt du, was ich meine! Wir haben da draußen ......«, dabei streckte sie ihren Arm in die Luft, »...... hyperintelligente Wesen, - Göttern gleich, - die die Erde mit einem biologischen Funkfeuer im Weltall markieren, um zwar nicht uns, sondern unseren recht komfortablen Planeten zu finden. Dabei geben sie diesen biologischen Sendern über Erbinformationen, die schon in Organismen auf unserem Planeten angelegt waren, eine Anleitung, wie sie ihr Ziel erkennen und anpeilen können. Und das Erkennungsmerkmal sind Spektrallinien eines neuen Elementes, das diese göttlichen Sternenwandler in ihren Sonnen synthetisieren. Die sind in der Lage, Sterne für ihre Zwecke zu manipulieren, um neue Materie herzustellen. Und als ob das noch nicht unfassbar genug wäre, befinden sich die Sterne mit den absonderlichen Unhexaquadium 482 - Spektren in zum Teil völlig anderen Bereichen unserer Galaxie. Hunderte, ja tausende Lichtjahre voneinander entfernt.

Diese Lebensform, Aliens – ich weiß gar nicht, wie ich sie nennen soll – haben das All bereits bereist und kolonialisiert. Die müssen über unvorstellbare technische Möglichkeiten verfügen. Sie beherrschen die interstellare Raumfahrt über Lichtjahre hinweg und sind in der Lage, die stellaren Brennkammern des Kosmos zu nutzen, um zumindest ein neues Element herzustellen.« Kaspuhl stand nur noch mit offenem Mund, wie gelähmt von ihrem Informationsbeschuss, vor ihr und hörte ihr zu. »Und folgerichtig kann es für mich, und sollte es auch für dich, nur eine Konsequenz aus alledem geben. Uns, die Menschheit, die gesamte Fauna und Flora unseres Planeten kann niemand mehr retten außer ihnen. Wir sind hoffnungslos verloren. Wir sind nur die Opfer eines von ihnen nicht gewollten Nebenkriegsschauplatzes, und nur sie sind in der Lage, uns aus diesem Dilemma zu befreien. Wir müssen sie jetzt gleich, Punkt sieben Uhr zwanzig, anpeilen und ihnen die Botschaft schicken. Sie sind unsere einzige Hoffnung. Nur von dort oben haben wir Hilfe zu erwarten.«

»O Naomi, hast du dir mal überlegt, was eigentlich passiert, wenn du dich irrst?« »Ich irre mich nicht!«

»Mit deiner Interpretation der Daten, die uns zur Verfügung stehen, kannst du recht haben oder dich irren. Beide Möglichkeiten haben mit gleicher Wahrscheinlichkeit nebeneinander Bestand.«

»Es gibt keine zwei Möglichkeiten!«

»Doch Naomi, hör mir doch zu! Es gibt diese zwei Möglichkeiten. Klar ist nur, dass mit dem Meteoriten etwas auf unseren Planeten gelangte, das zu dem planetaren Massensterben und den Organismen führte, die nur einen Zweck zu erfüllen hatten: fressen, wachsen und Energie bereitstellen, um nur einem Ziel zu dienen. Ein Signal abzusetzen an ihre Schöpfer, wenn ich es mal so nennen darf. Und dabei waren sie nicht zimperlich. Sie haben gefressen, was sie kriegen konnten. Bei ihrer genetischen Entwicklung hat der planende Geist im Hintergrund eiskalt in Kauf genommen, dass die Lebensgemeinschaft eines infizierten Planeten über den Jordan geht. Hauptziel des Masterplans war der Biosender, der nur auf einem bewohnbaren Planeten mit Wasser und Leben – und das ist das perfide, Naomi – nur auf einem mit entwickelten

Lebewesen besiedelten Planeten entstehen konnte. Leben mit den richtigen, im Verborgenen liegenden Genen.«

»Aber das müssen sie nicht so geplant haben. Das war nur eine unglückliche Verkettung der Umstände auf unserer Welt!«

»Diese Ansicht kann ich so nicht mit dir teilen. Selbst ich als Lebensform, die nicht Sternenspektren verändern, geschweige denn in Sternen neue Elemente synthetisieren kann, und die nicht die interstellare Raumfahrt beherrscht, wie sie es augenscheinlich können – du hast es eben selbst gesagt –, kann mein Handeln reflektieren und weiß um die Konsequenzen meiner Taten. Ihr Protein schaltet Gene in der Erbsubstanz von Lebewesen an. Das ist Fakt, und das müssen sie wissen! Um diese Logik kommen wir nicht herum. Wer so etwas planen, entwickeln und realisieren kann, wer über solche technischen Voraussetzungen verfügt, der hat auch den entsprechenden Intellekt. Dieser Jemand hätte auch wissen müssen, dass es auf einem fernen Planeten zum Inferno kommen kann. Und alleine dieses *kann* hätte eine intelligente, höher entwickelte Spezies mit einer entsprechenden Ethik und Moral und einem Gewissen, das dem unseren ähnelt, von dem Vorhaben abhalten müssen.«

»Dass ich nicht lache! Wohin uns dein menschliches Gewissen führen kann, haben wir doch in den letzten Jahrhunderten Menschheitsgeschichte erfahren. So ein Bullshit!«

»Ganz genau, Naomi! Und mit den Schlächtern der Menschheit hättest du auch nicht telefonieren wollen, um ihnen deinen Standort zu verraten, wenn du dir über ihre wohlwollende Haltung nicht sicher gewesen wärst. Oder hättest du Adolf Hitler in den letzten Kriegstagen angerufen, um ihm zu sagen, dass du noch drei gesunde Söhne im waffenfähigen Alter hast, die er noch nicht zum Wehrdienst eingezogen hat? Aber genau das hast du vor! Du willst heute um acht Uhr ein Signal an eine völlig unbekannte Größe versenden, von der wir nur wissen, dass sie uns technisch um Längen voraus sein muss, aber über eine Moral verfügt, die der unseren nicht weit voraus zu sein scheint, wenn es um die Entdeckung von neuen Planeten geht, die sie ausbeuten können.«

»Meine Entscheidung steht fest! Ich nehme zur Kenntnis, was du sagst, aber in der Lage, in der wir uns auf diesem Planeten befinden ...«

Viktor Kaspuhl unterbrach sie barsch: »Sie werden kommen wie ein Schwarm Heuschrecken und über diesen Planeten herfallen. Und dann werden sie uns endgültig schröpfen. Sie werden sich aller Ressourcen bedienen, bis die gute alte Erde völlig ausgeblutet ist. Und danach werden sie, ohne sich noch einmal umzuschauen, zu neuen Welten aufbrechen. Hier werden sie nur einen qualmenden, leblosen Gesteinsbrocken zurücklassen, auf dem nie wieder etwas leben wird. Und daran willst du alleine schuld sein, Naomi?«

Naomi Mae Wood zielte plötzlich seelenruhig mit einer Waffe auf ihn. Sie sagte mit einer Gelassenheit, die nicht zu der Situation passen wollte: »Ach Viktor, setz dich da auf den Sessel und streck mal deine Hände nach hinten!«

Während er tat, was sie mit vorgehaltener Waffe von ihm verlangte, fügte sie hinzu: »Das, was gleich um sieben Uhr zwanzig hier in der Atacamawüste passiert, wird den Weg in die Geschichtsbücher der Menschheit finden. In elf Jahren wird mein Name für immer mit der ersten Kontaktaufnahme zu einer außerirdischen Lebensform in Verbindung gebracht werden.« Während sie ihm die Handschellen anlegte, fügte sie noch hinzu: »Und alle zukünftigen Generationen der Menschheit werden sich meiner erinnern. Naomi, die Frau, die den Göttern die Hände entgegenstreckte.«

»Die werden sie dir abhacken, und wir dürften die letzte Generation sein, die diesen Planeten bewohnt! Die Menschheit braucht in zwei

Jahrzehnten keine Geschichtsbücher mehr!«, waren die letzten Worte, die Kaspuhl erwidern konnte, bevor sie ihm den Knebel anlegte.

Seine Uhr zeigte jetzt sechs Uhr zwölf.

## 12. März, Deutschland – Jagdschloss, Marburg

»Was macht sie da? Wir wollen doch jetzt frühstücken!« Anna sprach leise mit Alex, weil Simone am Tisch eingeschlafen war, wobei er seinen Kopf auf den Armen liegen hatte und leise schnarchte. Ein Speichelfaden rann aus seinem Mund.

»Ich glaube, sie hat das Kontrollzentrum der SU10[5] auf dem Rechner. Sie müssen irgendeine wichtige Entdeckung gemacht haben.«

Mia saß auf dem großen Sofa im Essbereich, der an die Küche angrenzte, und hatte ihren aufgeklappten Laptop auf den Knien. Mittlerweile hatte sich Aada zu ihnen gesellt und schaukelte die kleine Eyna auf ihrem Arm. Die anderen schliefen noch alle, die Uhr zeigte jetzt 10:30.

»Wie kommst du darauf?«, wollte Anna wissen.

»Ich kenne sie schon so lange. Ich kann es an ihrer Körperhaltung und ihrem Gesicht sehen. Sie ist sehr angespannt und denkt fieberhaft nach.« Alex kannte Mia wirklich schon länger als alle anderen hier im Schloss, schließlich waren sie vor langer Zeit mal ein Paar gewesen.

Plötzlich schlug die Küchentür auf. Elias stürmte gut gelaunt herein. Er rannte zu seiner Mutter und umarmte Anna, die ihn dabei auf ihren Arm nahm und sich wunderte, wie schwer er mittlerweile schon geworden war. Von dem Trubel war jetzt auch Simone wach geworden. Er reckte sich verschlafen auf dem Stuhl.

Mia sagte noch einige Worte zu irgendeinem Menschen auf Formentera und stellte den Laptop dann auf den kleinen Tisch neben dem Sofa. »Ihr habt ja den Tisch schon gedeckt, und der Vater meiner Tochter ist auch wieder unter den Lebenden.« Sie sprang auf, ging zu Simone und gab ihm einen Kuss. Dann ließ sie sich in den Stuhl neben ihn fallen. »Ich hab vielleicht einen Hunger nach dieser Nacht! Können wir anfangen? Ich muss euch etwas Wichtiges erzählen!«

Die anderen schauten sie erst nur neugierig an, setzten sich dann aber an den gedeckten Tisch. Während Anna für Elias ein selbst gebackenes Brot schmierte, goss sich Mia einen großen Becher schwarzen Kaffee ein und fragte, wem sie auch eingießen solle.

»Jetzt spann uns nicht so auf die Folter und rück schon raus mit deinen Neuigkeiten von der Insel!« Alex machte sich ebenso wie seine Mitbewohner Sorgen um die Vorgänge in Chile, auf die Viktor Kaspuhl sie erst aufmerksam gemacht hatte.

Mia schnitt sich eine große Scheibe des frischen Brotes ab und fing an, es mit Ahornsirup zu beträufeln. »Also, die SU$10^5$ hat van Baazan und sein Team in Argentinien um Hilfe gebeten. Von dort können sie mit einem Sondereinsatzkommando schneller in Chile sein als von jedem SU$10^5$-Stützpunkt.«

Während sie mit großem Appetit in das Brot biss, sagte Alex voller Sarkasmus: »Da wird sich Naomi Mae Wood sicherlich sehr auf den Besuch freuen! Das wird ja ein richtig netter Kaffeeklatsch.«

»Besonders, wenn die Jungs aus Argentinien dann kurz nach sieben ihr Spielzeug kaputtmachen, wenn ihr versteht, was ich meine?« Mia sagte das mit vollem Mund und schüttete schwarzen Kaffee hinterher.

Anna musste schmunzeln, sagte dann aber besorgt: »Wir können nur hoffen, dass sie es noch rechtzeitig schaffen!«

»Die schaffen das! Ich habe eben erfahren, dass die Eingreifgruppe gegen sieben Uhr Ortszeit mit Fallschirmen in der Atacamawüste abgesetzt wird. Die SU$10^5$ steht mit dem Flieger aus Argentinien in Funkkontakt. Die liegen gut in der Zeit. Sie werden Naomis Radioteleskop rechtzeitig vor dem Aufgang von 61 Cygni A atomisieren.«

Alex schaute skeptisch in die Runde und fragte erstaunt: »Du willst mir doch nicht erzählen, dass unser Schöngeist van Baazan mit einem Fallschirm aus einem Flugzeug springt?«

»Doch! Liebe macht blind. Er hat seit dem Veilchen in Baikonur an Naomi einen Narren gefressen!«, erwiderte Mia und musste lachen. »Das ist aber noch nicht alles, was ich euch erzählen muss!« Sie legte ihre Stulle beiseite und berichtete von den Fortschritten der $SU10^5$-Astronomen. »Sie haben das Erkennungszeichen der Sterne herausgefunden, die von den Organismen angepeilt wurden. Jeder Stern zeigte die gleichen Anomalien in den Spektralbildern. Sie haben diese neuen Spektrallinien der Sterne identifizieren können. Die Wega, der Polarstern und der von Naomi angepeilte 61 Cygni zeigen die gleichen Spektrallinien wie das Element Unhexaquadium 482 aus dem in Finnland entdeckten Meteoritensplitter.«

Anna schaute Simone an, und der sah ratlos zu Alex. Aada sagte schließlich: »Kannst du uns das vielleicht mal so erklären, wie du es einem dreijährigen Kind erklären würdest?«

»Klar. Also aufgepasst! Jedes chemische Element absorbiert aus dem Licht bestimmte Wellenlängen, wenn es von weißem Licht durchstrahlt wird. Grund ist der unterschiedliche Aufbau der Elektronenhülle jedes Elementes. Entsprechend seiner Elektronenhülle werden nur bestimmte Wellenlängen absorbiert, ganz bestimmte Farben aus dem gesamten Spektrum des Lichtes. Diese Farben fehlen dann im Spektrum, wenn man Licht, das durch diese Atome gestrahlt wurde, in einem Prisma in seine Bestandteile, seine Farben zerlegt. Also hinterlässt jedes Element in seinem Spektrum ein charakteristisches Muster dunkler Linien dort, wo die absorbierten Farben fehlen. Jedes Element hinterlässt damit einen typischen Fingerabdruck. Noch besser kann ich es vielleicht mit dem Strichcode in Supermärkten vergleichen. Ihr erinnert euch noch? Jedes

Produkt hatte einen bestimmten Barcode mit Angaben zu Preis und Hersteller. Der musste an der Kasse nur noch gelesen werden, um das Produkt zu erkennen. Genauso ist es mit den Elementen in den Sternen. Jedes Element, das in einem bestimmten Gestirn vorkommt, filtert aus dessen Licht die für dieses Element typischen Farben heraus und erzeugt das Strichmuster dunkler Linien. Durch die Spektralanalyse des Lichtes ist es den Astronomen möglich, die elementare Zusammensetzung eines auch sehr weit entfernten Sternes zu bestimmen. Nur mit seinem Licht verrät er sozusagen alles über seine Zusammensetzung. Die von den Organismen angepeilten Sterne – und auch der gleich von Naomi angepeilte – zeigen das gleiche spektrale Linienmuster, wie es das in Finnland entdeckte Element Unhexaquadium 482 erzeugt.«

Simone und die anderen waren vollkommen geplättet. Simone fragte zuerst: »Du meinst, diese Meeresorganismen erkennen die Heimatsonnen ihrer Erzeuger an den Sonnenspektren? Und wie können sie die der Sterne analysieren, wenn es Tag ist?«

»Das können sie nicht. Die Spektren der Sterne analysieren sie nachts. Den Verlauf der Sterne müssen sie verfolgen, bis der auserwählte Stern über einem Punkt auf der Erdkugel nahezu im Zenit steht. Von dort muss der Organismus seine Botschaft senden. Das kann auch am helllichten Tag passieren. Einige Sterne werden sie nicht anpeilen können, weil sie über dem Land im Zenit stehen. Die Organismen müssen über einen astronomischen Instinkt verfügen, der es ihnen ermöglicht, die Bewegung von Sternen am Firmament zu berechnen und vorauszusagen. Die Erzeuger dieser Wesen geben ihre Sonnen über das Unhexaquadium-482- Spektrum nicht nur als Ziel für eine Nachricht zu erkennen, sondern sie sind wahrscheinlich in der Lage, die Kernfusionsmechanismen ihrer Sonnen so zu beeinflussen, dass in diesen Sternen neue Elemente für sie entstehen. Sie erzeugen neue Materie, die es ohne ihr Zutun im Kosmos gar nicht geben würde.«

Alex war fasziniert von diesem Gedanken. »Dann haben sie sozusagen ihre Heimatsonnen domestiziert!«

Mia nickte und fuhr fort: »Richtig, so könnte man es ausdrücken! Wir haben den Wolf domestiziert, sie haben Sterne gebändigt, um sie für ihre Zwecke zu verändern. Das Problem ist aber nicht nur ihr technischer Vorsprung in dieser Hinsicht. Man hat neben den Sternen Wega, Polarstern und 61 Cygni A sowie dem einen im Bärenhüter noch ein Dutzend andere gefunden, die dieses Spektrum aufweisen.«

Alex nahm Annas Hand. Die Frage, die er Mia nun beklommen stellte, hätte er sich auch selbst beantworten können: »Und, was willst du uns damit sagen?«

»Diese Sterne sind nicht nur potenzielle Ziele für das Signal, sie sind auch hunderte, ja tausende Lichtjahre voneinander entfernt. Wenn sie sich als Heimatsonnen der außerirdischen Spezies herausstellen sollten, dann haben wir es mit einer unvorstellbar hoch entwickelten Superintelligenz zu tun, die die interstellare Raumfahrt beherrscht und auf der Suche nach neuen Welten ist.«

Jetzt nahm Anna den Faden auf. »Und du meinst, auf einer dieser neuen Welten leben wir?«

»Das haben wir doch schon durch!« Simone ließ seiner Ungeduld wieder freien Lauf. »Aber wenn ich noch mal unsere Gedankengänge der letzten Nacht aufgreife, dann bekomme ich es bei dem sich in meinem Kopf entwickelnden Bild dieser Hochzivilisation wirklich langsam mit der Angst zu tun. Wenn sie tatsächlich erst Lebenskeime in Form von Intron-DNS im All gestreut haben, um dann nach der vielleicht Jahrmilliarden dauernden Entwicklung dieses Lebens auf fernen Welten im zweiten Schritt ihre Schalterproteinsonde loszuschicken, dann scheinen sie viel Zeit zu haben. Und das lässt nur einen Schluss zu, der noch beängstigender ist: Diese Zivilisation ist uralt und plant ihre Zukunft in anderen Zeitabschnitten als der Mensch. Die dürften uns in ihrer Entwicklung um einige Milliarden Jahre voraus sein.«

»Sie beherrschen die interstellare Raumfahrt, sind uns um einige Milliarden Jahre voraus und auf der Suche nach neuen Claims. Drei gute Gründe, keinen Kontakt zu ihnen aufzunehmen!« Alex erinnerte sich an Baikonur. »O'Brian hat auf dem Kongress schon davor gewarnt. Eine derart überlegene Zivilisation wird uns vernichten. Vielleicht sogar, ohne es zu merken.«

»Das haben sie bereits erledigt.« Mia klang zynisch. »Und gemerkt haben sie davon mit Sicherheit auch noch nichts. Ich denke, das sollte auch so bleiben. Leider sieht das Naomi mit ihrem Radioteleskop in Chile anders. In einer halben Stunde wird van Baazan mit seinem bewaffneten Trupp über der Atacamawüste abspringen. Dann sollten wir ihm die Daumen drücken, damit wenigstens Hunderttausend die nächsten Jahrzehnte überleben können.

## 12. März, Chile – Atacamawüste, Boeing C-17 Globemaster

Van Baazan schaute auf die Uhr. Vier Minuten vor der geplanten Ankunftszeit – sie lagen gut im Rennen. Er hatte in den letzten Stunden noch mehrmals Kontakt zur Einsatzleitung der $SU10^5$ gehabt. Nicht die Informationen, die er bekommen hatte, waren es, die ihm Bauchschmerzen bereiteten, sondern es waren die Schlussfolgerungen aus den Erkenntnissen der $SU10^5$–Astronomen. Das, was er als versierter Wissenschaftler zwischen den Zeilen lesen konnte, war geeignet, ihm Angst zu machen.

Was diese irre Asiatin vorhatte, war die Wahnsinnstat einer kranken Persönlichkeit. In Anbetracht der vorliegenden Daten erschien es van Baazan als ein erweiterter Suizid mit einer Zeitverzögerung von zweiundzwanzig Jahren. Konkrete Angst hatte er aber jetzt, weil der heftige Luftzug in seinem Rücken und das höllische Rauschen in dem Frachtraum der Boeing ihm signalisierte, dass es soweit war. Die Ausstiegsluke war geöffnet, und gleich würde er zum ersten Mal in seinem Leben mit einem Fallschirm aus einem Flugzeug springen. Aus dreihundert Metern Höhe!

Der Leiter des Sondereinsatzkommandos war ein ehemaliger Navy-Seal, der nach dem Zerfall der Zivilisation in Argentinien angeheuert hatte. Sein Name war Burrows. Der muskelbepackte Ex-Soldat stand jetzt an der geöffneten Ausstiegsluke und gab das Zeichen für den Absprung. »Null sechs Punkt achtundfünfzig«, tönte es aus dem Helmlautsprecher van Baazans. »Absprung bei T null sieben Punkt null null.«

Die zehn Männer standen in Reihe und Glied an der offenen Luke. Van Baazan war der Letzte. Er würde gemeinsam mit Burrows zum Schluss springen. Im Tandemsprung. Plötzlich erklang Burrows »Go!« aus dem Lautsprecher, und er schlug jedem Soldaten kurz vor dem Sprung noch ermunternd auf die Schulter. Nachdem der letzte der schwer bewaffneten Männer sich in den Abgrund gestürzt hatte, zog er van Baazan zu sich heran und klinkte ihn in das Geschirr vor seinen Bauch. Zwei, drei Schritte rückwärts. Für van Baazan fühlte es sich mehr wie stolpern und geschleift werden an, dann drehte sich die Welt um ihn herum. Es gab für einige Sekunden kein Oben und kein Unten mehr. Das Adrenalin in Sturzbächen durch die Adern pulsierend, fiel er in den Abgrund. Dann ein heftiger Ruck, und es war ruhig um ihn herum. Er hing unter Burrows und sah unter sich den Boden der Atacamawüste langsam näher kommen. Eine leichte Drehung – und da ragte auch schon das riesige Radioteleskop in den Himmel.

»So Dottore, aufgepasst. Da kommt sie!«

Van Baazan konnte sie jetzt auch sehen. Die vierstrahlige, riesenhafte Boeing C 17 kam direkt auf sie zu. So sah es zumindest aus ihrer Perspektive aus. In Wirklichkeit hatte die dunkelgraue Maschine nach dem Absetzen des Fallschirmtrupps einen weiten Bogen geflogen. Jetzt befand sie sich dicht über der Wüste auf einem Kurs, der sie direkt über das Teleskop bringen würde. Das Radioteleskop war schon auf den Himmelsabschnitt wenige Grad über dem Horizont ausgerichtet. Dort würde in wenigen Minuten 61 Cygni A aufgehen.

Van Baazan hörte wieder Burrows Stimme auf dem Intercom: »Wenn der Vogel drüber fliegt, wird das Teleskop von den Turbulenzen zerrissen oder wenigstens aus der Verankerung geworfen. Das war's dann mit ihrem Telefonatzu den Sternen!«

»Das will ich hoffen! Und da stehe ich nicht alleine!«

»Keine Sorge, Doktor Baazan, das Ding steht da wie ein Spinnaker. Der Flieger wird es einfach weggeblasen. Wenn nicht, erledigen wir den Rest vom Boden aus! Aber aufgepasst, wir landen gleich!«

Kurze Zeit später standen sie nebeneinander auf festem Grund. Noch im Gurtzeug sahen sie die Boeing in niedriger Höhe über das Teleskop rasen. Ihr Fallschirm wurde selbst in der sicheren Entfernung von den Turbulenzen der Maschine aufgebläht und zog heftig an den Gurten.

Das 2000 Tonnen schwere Paraboloid des Teleskops fing gefährlich an, in der Luft zu schwanken. Selbst aus der Entfernung hörten sie das Ächzen der Metallkonstruktion. Nachdem die Globemaster über die riesige Schüssel geflogen war, gewann sie schnell an Höhe und verschwand hinter der nächsten Bergkuppe. In der nun folgenden Ruhe sammelte sich ihr kleiner Trupp. Burrows bellte wie üblich seine Befehle. Van Baazan betrachtete kritisch das Teleskop und schaute dann auf den Countdown seiner Uhr: T minus fünfzehn Minuten und fünfundvierzig Sekunden.

»Was meinen Sie? Hat das gereicht?«

Burrows schaute van Baazan direkt an. »Das kann ich so nicht beurteilen. Dazu müssten wir näher heran!« Er nahm den Feldstecher aus einer Beintasche seiner Cargohose und sah zu den Wohnquartieren und dem Steuergebäude der astronomischen Forschungseinrichtung. »Alles ruhig da drüben. Seltsam, wir haben uns ja nicht gerade angeschlichen.« Er sondierte weiterhin das Gelände und sprach dabei weiter: »Nein, wir müssen nicht näher ran. Dem Ding machen wir jetzt von hier den Garaus! Wie lange haben wir noch?«

»Der Countdown hat eben die vierzehn Minuten angezeigt.«

»Das reicht locker für dreißig Radioteleskope!« Burrows spuckte verächtlich aus und rief einen Soldaten heran. Nach einem kurzen Gespräch schulterte der Mann eine Bazooka und feuerte die Waffe ab. Der raketenangetriebene Sprengkopf explodierte in der Mitte der Parabolschüssel und zerfetzte einen Großteil der Antenne. »Damit telefoniert niemand mehr mit E. T.!« Burrows drehte sich um. Er entfernte sich ohne ein weiteres Wort in Richtung der Gebäude. Nachdem er das Zeichen zum Aufbruch gegeben hatte und der kleine Trupp ihm in Gefechtsformation folgte, zog er die Glock aus dem Holster an seinem Gürtel und entsicherte die Waffe.

## 12. März, Naomi Mae Wood

Seit einer Stunde saß er jetzt mit diesem Knebel im Mund auf dem Sessel. Die Hände durch die Streben der Armlehnen gesteckt und mit den Handschellen am Stuhl gefesselt, konnte er sich kaum noch bewegen. Sein Mund war mittlerweile vollkommen ausgetrocknet, und ihm schmerzten die Glieder.

Viktor Kaspuhl hätte jegliches Zeitgefühl verloren, wenn er nicht die Songs gezählt hätte, die sie sich anhörte, während sie seelenruhig in dem Rollsessel an der Steuerkonsole lag und sich ein Bier nach dem anderen reingoss. Gerade lief der fünfzehnte Rocksong in einer Lautstärke, die keine Unterhaltung mehr zuließ. Am Anfang hatte er noch mit lautstarken Geräuschen auf sich aufmerksam machen wollen, aber nach dem fünften Song waren seine Kräfte geschwunden, und er hatte einsehen müssen, dass es keinen Sinn machte. Fünfzehn mal vier Minuten, die er für einen herkömmlichen Song veranschlagte, machte sechzig Minuten. Eine Stunde schätze Kaspuhl und kam damit den tatsächlichen dreiundsechzig Minuten recht nahe, was er aber nicht ahnen konnte. Draußen lieferte ihm mittlerweile das Licht der Dämmerung einen weiteren zeitlichen Referenzpunkt. Er erwartete minütlich den Aufgang von 61 Cygni A.

*Iggy Pop liefert die richtige Begleitmusik für das, was gleich geschieht,* dachte Viktor. Er wusste aber auch, dass es hier auf diesem Planeten keine große Aufmerksamkeit erregen würde, wenn gleich ein elektromagnetisches Signal auf einer schmalbandigen Frequenz mit hoher Energie an irgendjemand oder irgendwas in der Nähe von 61 Cygni A gesendet wurde. Auf einem Planeten dieses Sternensystems sähe das in elf Jahren eventuell anders aus und würde sehr viel Aufmerksamkeit erregen. Aufmerksamkeit, auf die man dann hier auf der Erde lieber verzichtet hätte.

Naomi hatte immer noch die Augen geschlossen und lauschte der Musik. Ab und zu nippte sie an ihrem Bier. Was Kaspuhl immer noch nicht verstehen konnte, war der Umstand, dass sie schon wieder diese Kopfhörer auf dem Kopf hatte, obwohl ihre Musik doch den gesamten Kontrollraum flutete. Aber als Iggy seinen letzten Zeilen trällerte und die Musik abrupt endete, wusste er, dass es kein Zufall war und dass der Stern, ihr Stern, jetzt aufgegangen war. Es musste jetzt sieben Uhr achtzehn sein. Hatte sie vorhin nicht gesagt, um sieben Uhr zwanzig werde sie senden? *Strahlen* hatte sie gesagt, so wie es Bowie gesungen hatte!

Plötzlich wusste Kaspuhl, wofür der Kopfhörer war. Sie wollte das 1420 Megahertz-Signal, vom Rechner in hörbare Töne auf den Kopfhörer moduliert, live mitverfolgen. Sie wollte mit der Frequenz an eine fremde Intelligenz swingen. Sie wollte bei der ersten menschlichen Kontaktaufnahme mit außerirdischen Wesen die Botschaft hören, während sie die Antenne verließ und sich für elf Jahre auf den Weg machte.

Kaspuhl konnte jetzt nichts mehr unternehmen. Er sah, wie ein Ruck durch ihren Körper ging und sie jeden Muskel anspannte. Dann bewegte sie die Arme im Takt einer Tonfolge, die Kaspuhl nicht hören konnte. Es war so weit. Es musste jetzt sieben Uhr zwanzig sein, und Naomi Mae Wood dirigierte in ihrem Sessel liegend die Melodie der kosmischen Strahlung, die soeben mit 299.792,458 Kilometern pro Sekunde das Teleskop in Richtung 61 Cygni A verlassen haben musste.

Während er ihr zuschaute, hatte er den Eindruck, dass sie dabei einen Zustand totaler innerer Entspannung erreichte und sich mit dem Signal in den Kosmos verflüchtigte. Dann spürte er die Hand auf seiner Schulter. Er registrierte zugleich mehrere Bewegungen in der Umgebung. Der Knebel wurde ihm aus dem Mund gerissen, und Soldaten mit Sturmgewehren im Anschlag bewegten sich mit kleinen, sicheren Schritten durch den Raum auf Naomi zu. Auf ein Zeichen des schwarzen Soldaten mit der Glock an Kaspuhls Seite erstarrte der Trupp in seiner Bewegung und eine Männerstimme richtete sich lautstark und bestimmt an Naomi: »Fräulein Wood, ich darf Sie bitten, den Kopfhörer abzusetzen. Das Spiel ist aus! Ihr Radioteleskop wird an niemanden mehr eine wie auch immer geartete Botschaft versenden!«

Viktor Kaspuhl hatte die Stimme von van Baazan sofort wiedererkannt. Er hatte sie zuletzt in Baikonur gehört – war schon eine Weile her.

Das, was dann geschah, konnte Viktor Kaspuhl nie wieder im Leben vergessen. Naomi öffnete sehr langsam ihre Augen. Sie sah van Baazan mit einem sonderbar leeren Gesichtsausdruck an. »Ich habe es dir schon einmal gesagt. Nenn mich nicht Fräulein! Und ich sag so was nicht zwei Mal, *Männlein!*«

»Wie auch immer, Wood! Er hat recht! Das Teleskop ist zerstört, es wird keine Botschaft mehr geben!« Burrows wollte van Baazan unterstützen.

»Doch, wird es, ihr Anfänger! Glaubt ihr, ich mache solche Zaubertricks ohne doppelten Boden und verlasse mich auf mein Glück?« Während sie den letzten Satz sagte, setzte sie sich in ihrem Sessel auf, drückte mit einer lässig spielerischen Bewegung ihres Zeigefingers die Entertaste auf der Computertastatur vor sich auf dem Schreibtisch und sang die Zeilen des Bowie-Songs. Das Funksignal erreichte das Radioteleskop in Parkes, Australien, über die Satellitenverbindung in Bruchteilen einer Sekunde und aktivierte in der Rechenanlage den dort Tage zuvor implementierten Trojaner, der die Steuerungsroutinen der Teleskopsoftware mit den Koordinaten des 7,79 Lichtjahre entfernten Sterns Wolf 359 im Sternbild des Löwen fütterte. Die automatische Steuerung schwenkte daraufhin die

Reflektorschüssel über den von leistungsstarken Elektromotoren angetriebenen Zahnradantrieb auf den Zielstern ein. Insgesamt dauerte die Peilung der von Naomis kleinem Programm übermittelten Koordinaten weniger als neun Minuten.

Cooper wurde von dem leisen Brummen der Elektromotoren über ihm im Antriebshaus des Teleskops geweckt. Er war auf seinem Schreibtisch eingeschlafen. Kein Wunder bei diesem eintönigen Job hier, wie er dachte.

Er lauschte in die Stille. Die Motoren hatten ihre Arbeit soeben beendet, und Cooper glaubte, er habe geträumt. Dann legte er seinen Kopf wieder auf die Tischplatte.

Während die surrende elektromagnetische Sendeeinheit ein Signal, tausendfach verstärkt, aus dem Brennpunkt der Parabolantenne in den Kosmos schoss, schlief er einen langen, traumlosen Schlaf.

## Epilog

Ich sitze hier oben auf dem Wehrgang in der Sonne und schaue in den Hof hinab. Durch das Glas der Gewächshäuser sehe ich meinen Leuten bei der Ernte des ersten eigenen Winterweizens zu.

Toni und Aada helfen, selbst Elias ist mit Feuereifer dabei und unterstützt Anna, Simone und Mia, die sich ständig den Schweiß von der Stirn wischen müssen. Die Ernte des Getreides ist ohne Maschinen unter dem Glas des Treibhauses harte Knochenarbeit und verlangt ihnen viel ab. Aber von hier oben sieht es für mich so aus, als ob sie viel Freude bei der Ernte des ersten eigenen Getreides haben. Ausgelassen sind sie, und es wird viel herumgealbert. Gut so! Sie können auch stolz auf das sein, was wir hier gemeinsam erreicht haben!

Heute vor genau einem Jahr haben wir den Meteoritensplitter in Finnland gefunden. Als sie den kleinen Splitter damals in Finnland in den Hubschrauber schleppten, konnte noch keiner ahnen, wohin sich das alles entwickeln würde. Fast acht Milliarden Menschen sind gestorben. Nur wenige haben in den sechsundzwanzig Biosphären und an einigen anderen Orten auf der Welt und auch im Weltraum überlebt. Die Welt, so wie wir sie kennenlernen durften, gibt es nicht mehr. Der Planet hat innerhalb von eineinhalb Jahren sein in Jahrmilliarden gewachsenes Antlitz verloren. Wir erleben momentan den vollständigen Kollaps der Natur unter einem letzten Aufbäumen der Mikroben, die zur letzten Schlacht angetreten sind. Alles, was mal lebendig war und früher nach dem Tod mineralisiert in dem ewigen Kreislauf der Stoffe von den Lebewesen wieder recycelt wurde, endet heute in einer stofflichen Sackgasse – Asche zu Asche, Staub zu Staub. Es gibt keine Lebewesen mehr auf der Erde, die Stoffe aufnehmen können. Oder sollte ich besser sagen, auf der Erde gibt es sie nur noch in sechsundzwanzig Biosphären und bei uns? Nein! Denn das wäre unfair gegenüber den Myriaden Mikroben, die ihren letzten Job machen, und den Lebewesen, die man sehr vereinzelt noch antreffen kann, wenn man Glück hat.

Die kleine Eyna liegt in ihrer Schale im Schatten und döst vor sich hin. Ich bin heute als Babysitter abgestellt und habe ihr eben die Flasche gegeben. Sie ist vor vier Tagen acht Monate alt geworden und hat sich gestern zum ersten Mal am Stuhl hochgezogen. Sie stand für mindestens zwei Minuten auf ihren eigenen beiden Beinen. Mein Laptop liegt vor mir auf meinen Knien. Ich habe gestern beschlossen, Tagebuch zu führen. Irgendjemand muss doch alles für die nächste Generation aufschreiben. Die Generation von Eyna. Momentan ein noch sehr geburtenschwacher Jahrgang. Also habe ich überlegt, welches Datum ich über den gestrigen Tag schreiben soll. Den Kalender so weiterzuführen wie bisher, ohne Zäsur, und einfach so zu tun, als ob nichts geschehen wäre, halt ich für keine gute Idee. Soundso viele Jahre nach Christi Geburt? Nein! Ich denke, es hat eine neue Zeitrechnung angefangen. Ich weiß nur noch nicht genau, welchen Zeitpunkt wir als Fixpunkt für den neuen Kalender nehmen sollen.

Nachdem eine uns wahrscheinlich vollkommen überlegene außerirdische Intelligenz mit einem einfachen Eiweiß eine in Intron-DNS versteckte genetische Software angeschaltet hat – zufällig oder willentlich ist für uns momentan noch ohne Belang –, entwickelten sich auf unserem Planeten Kreaturen mit nur einem Ziel: Die Erde mit ihrem Funkfeuer für die da draußen im All zu markieren. Und nachdem wir das zunächst verhindern konnten, ist es eine Ironie des Schicksals, dass ausgerechnet ein Mensch die Nachricht vor knapp drei Monaten erfolgreich an den Adressaten verschicken konnte. Um so schlimmer erscheint es heute, da wir die Organismen auch weiterhin vom Senden dieser Botschaft abhalten konnten. Da wir das Erkennungsmerkmal ihrer Sonnen im Weltall und somit die Koordinaten ihrer Heimatsterne kennen, konnten wir die genauen Sendepositionen dieser Biosender in den Meeren vorhersagen. Und tatsächlich wurden in den letzten Monaten schon erfolgreich neun dieser Wesen an genau den vorhergesagten Positionen detektiert und vernichtet.

Wir hätten dieser außerirdischen Superintelligenz ein Schnippchen schlagen und uns fast als ebenbürtiger Gegner erweisen können, wäre nicht Naomi Mae Wood gewesen. Die Frau, die den Göttern die Hände entgegenstreckte. Kaspuhl hat es Anna erzählt. Dass ich nicht lache!

Ich weiß gar nicht, was Naomi jetzt macht. Kaspuhl hat berichtet, dass van Baazan sie als Gefangene mit nach Argentinien nehmen wollte. Aber Viktor und O'Brian haben dafür gesorgt, dass das nicht passiert und sie flüchten konnte – immerhin ist sie eine rechtmäßige Bürgerin der SU$10^5$. Sie hat eine faire Verhandlung verdient, die sie unter van Baazan niemals bekommen hätte. Wahrscheinlich sitzt sie jetzt irgendwo in Chile und wartet darauf, dass die Wogen sich wieder etwas glätten.

Aber ich schweife ab! Welchen Fixpunkt nehme ich für meinen Kalender der neuen Zeitrechnung? Leben wir sechsundachtzig Tage nach dem Signal oder rechnen wir anders herum und sagen dann, wir leben heute am Tag 2.757 vor der Ankunft des Signals bei Wolf 359? Oder rechnen wir 2.757 + 2.757 + 86 Tage. Dann erhalten wir 5.600 Tage bis zur möglichen Ankunft einer Antwort von Wolf 359 auf der Erde. Oder kommt in circa 15 Jahren plus einigen Monaten etwas anderes mit Lichtgeschwindigkeit auf der Erde an? Oder kommt es später?

Ich weiß es nicht! Auf jeden Fall stand Eyna gestern zum ersten Mal, und das wird der erste Eintrag in meinem Tagebuch. Als Zweites werde ich eintragen, dass die Konzentration des Schalterproteins in der Außenluft weiterhin sinkt. Ich hab' s extrapoliert und denke, in elf bis zwölf Jahren sollte es nicht mehr nachweisbar sein. Das habe ich gestern auch den anderen gesagt. Wir haben beschlossen, uns Saatgut aller möglichen Wild- und Kulturpflanzen in der Pflanzensamenbank auf Spitzbergen zu besorgen, das dort für den Tag X eingelagert wurde. Das wird eine lange Reise werden, aber mit Hilfe er $SU10^5$ werden wir es schaffen. Vielleicht ist Ian bis dahin auch wieder da und kann uns von draußen berichten. Er hat sich gestern per Funk gemeldet und ist wohlauf. Bis jetzt hatte er noch keine Kontakte zu lebenden Menschen. Er wird in etwa zwei Tagen im Bayerischen Wald ankommen.

Was gibt es noch zu erzählen? Unsere Ernährung scheint gesichert, die Pflanzen sprießen nur so unter der sterilen Atmosphäre der Gewächshäuser. Wenn wir weiterhin aufpassen, dann wird uns nicht dasselbe wie in Argentinien passieren. Ansonsten leben wir in einer Zeit des Wartens. Man muss abwarten, was für ein psychischer Druck sich entwickelt, wenn der Tag der ersten Ankunft in sieben Komma sieben neun Jahren minus sechsundachtzig Tagen näher rückt, oder wenn der Tag der potenziellen zweiten Ankunft in gut fünfzehn Jahren kommt. Noch viele Tage bis dahin! Jeden Morgen werden wir mit dem gleichen unguten Gefühl aus dem Schlaf erwachen, und es wird uns so vorkommen, als ob sich alle Tage gleichen in dieser öden Welt. Der Countdown zählt sie einfach monoton runter.

Eben ist Eyna wach geworden. Ich stelle den Laptop vor mir auf den Boden und nehme sie auf den Schoß. Sie quengelt, streckt sich nach dem Rechner und tippt auf der Tastatur herum. Wenigstens schreit sie dann nicht und ist zufrieden. Oben am Himmel kann ich die Raumstation der $SU10^5$ im Sonnenlicht aufblitzen sehen. So groß ist sie schon, dass man sie am Tag mit bloßem Auge sehen kann.

Simone steht schon eine Weile hinter uns und beobachtet Eyna. Wir schauen auf den Monitor und sehen die zwei merkwürdigen Wörter, die sie getippt hat:

*Sie kommen*

**Ende**

9544941R10381

Printed in Germany
by Amazon Distribution
GmbH, Leipzig